Wissenschaftsethik und Technikfolgenbeurteilung
Band 3

Schriftenreihe der Europäischen Akademie zur Erforschung
von Folgen wissenschaftlich-technischer Entwicklungen
herausgegeben von Carl Friedrich Gethmann

Springer

Berlin
Heidelberg
New York
Barcelona
Hongkong
London
Mailand
Paris
Singapur
Tokio

Helmuth Harig · Christian J. Langenbach (Hrsg.)

Neue Materialien für innovative Produkte

Entwicklungstrends und gesellschaftliche Relevanz

Springer

Reihenherausgeber
Professor Dr. Carl Friedrich Gethmann
Europäische Akademie zur Erforschung von Folgen wissenschaftlich-technischer Entwicklungen
Bad Neuenahr-Ahrweiler GmbH
Postfach 1460, D-53459 Bad Neuenahr-Ahrweiler

Bandherausgeber
Professor Dr.-Ing. Helmuth Harig
Faserinstitut Bremen e.V.
Postfach 105807, D-28053 Bremen

Dr.-Ing. Christian J. Langenbach
Europäische Akademie zur Erforschung von Folgen wissenschaftlich-technischer Entwicklungen
Bad Neuenahr-Ahrweiler GmbH
Postfach 1460, D-53459 Bad Neuenahr-Ahrweiler

Redaktion
Dagmar Uhl, M. A.

Die Deutsche Bibliothek - Cip-Einheitsaufnahme
Harig, Helmuth: Neue Materialien für innovative Produkte : Entwicklungstrends und gesellschaftliche Relevanz / Helmuth Harig ; Christian J. Langenbach.- Berlin; Heidelberg; New York; Barcelona; Hongkong; London; Mailand; Paris; Singapur; Tokio: Springer, 1999
(Wissenschaftsethik und Technikfolgenbeurteilung ; Bd. 3)

ISBN-13: 978-3-642-64310-1 e-ISBN-13: 978-3-642-60223-8
DOI: 10.1007/978-3-642-60223-8

Einbandgestaltung: de'blik, Berlin; Herstellung: ProduServ GmbH Verlagsservice, Berlin
Satz: Reproduktionsfertige Vorlage vom Herausgeber
SPIN:10732227 62/3020 - 5 4 3 2 1 0 - Gedruckt auf säurefreiem Papier

Europäische Akademie
zur Erforschung von Folgen
wissenschaftlich-technischer Entwicklungen
Bad Neuenahr-Ahrweiler GmbH

Die Europäische Akademie

Die *Europäische Akademie zur Erforschung von Folgen wissenschaftlich-technischer Entwicklungen Bad Neuenahr-Ahrweiler GmbH* widmet sich der Untersuchung und Beurteilung wissenschaftlich-technischer Entwicklungen für das individuelle und soziale Leben des Menschen und seine natürliche Umwelt. Sie will zu einem rationalen Umgang der Gesellschaft mit den Folgen wissenschaftlich-technischer Entwicklungen beitragen. Diese Zielsetzung soll sich vor allem in der Erarbeitung von Empfehlungen für Handlungsoptionen für Entscheidungsträger in Politik und Wissenschaft sowie die interessierte Öffentlichkeit realisieren. Diese werden von interdisziplinären Projektgruppen bestehend aus fachlich ausgewiesenen Wissenschaftlern aus ganz Europa erstellt. Darüber hinaus bearbeiten die Mitarbeiter der Europäischen Akademie übergreifende und methodologische Fragestellungen aus den Bereichen Wissenschaftsethik und Technikfolgenbeurteilung.

Die Reihe

Die Reihe „Wissenschaftsethik und Technikfolgenbeurteilung" dient der Veröffentlichung von Ergebnissen aus der Arbeit der Europäischen Akademie und wird von ihrem Direktor herausgegeben. Neben den Schlußmemoranden der Projektgruppen werden darin auch Bände zu generellen Fragen von Wissenschaftsethik und Technikfolgenbeurteilung aufgenommen sowie andere monographische Studien publiziert.

Geleitwort

Mit dem dritten Band erscheint in der Reihe „Wissenschaftsethik und Technikfolgenbeurteilung" erstmals das Memorandum einer Projektgruppe der Europäischen Akademie. Die beiden ersten Bände hatten das Ziel, die methodischen reflexionswissenschaftlichen Angebote und Konzeptionen zum Umgang mit Wissenschafts- und Technikfolgen darzustellen. Die Intention bestand darin, sowohl den internen Diskussionsstand als auch den Ausgangspunkt einer externen Diskussion um wissenschaftliche Konzepte im Umgang mit Technikfolgen zu dokumentieren. Hier werden nun die Resultate einer themenspezifischen Untersuchung den wissenschafts- und technikpolitisch relevanten Instanzen, besonders im nationalen und europäischen Bereich, als Beratungs- und Entscheidungsgrundlage zur Verfügung gestellt. Darüber hinaus ist das Memorandum an die interessierte Fach- und allgemeine Öffentlichkeit sowie an alle von den Wissenschafts- und Technikfolgen potentiell Betroffenen adressiert.

Die interdisziplinären Projektgruppen der Europäischen Akademie bearbeiten spezielle bereichsübergreifende wissenschaftlich-technische Aufgabenstellungen, die Folgen für die Gesellschaft haben. Anders als bei disziplinären Aufgabenstellungen müssen hierfür interdisziplinäre Projektgruppen eingerichtet werden. Zu ihrer Durchführung entwickelte die Europäische Akademie eigens ein projektbezogenes Instrumentarium.

Dieses Memorandum beschäftigt sich mit Fragen, die die technische Leistungsfähigkeit und die Fördermöglichkeit des herausragenden Komplexes *Neue Materialien* in Deutschland betreffen. Daher ist es für Personen und Institutionen gedacht, die für die Materialwissenschaft Verantwortung tragen, sei es, daß sie selbst materialwissenschaftliche Forschung und Entwicklung durchführen, oder daß sie für solche Aufgaben den geeigneten Rahmen schaffen müssen. Das Memorandum richtet sich auch an jene, die sich mit der Frage der Technikfolgenbeurteilung in diesem Feld befassen.

Die Beschäftigung mit langfristigen Orientierungen in der Gestaltung des wissenschaftlich-technischen Fortschritts führt dazu, daß die Forschungsergebnisse der Europäischen Akademie – anders als etwa die Beratungsleistungen parlamentarischer TA-Einrichtungen – weniger auf die *direkte* Umsetzung in konkrete Entscheidungen angelegt sind. Statt dessen sollen sie perspektivische Beurteilungen der Möglichkeitsräume erlauben, in denen sich wissenschaftlich-technische Entwicklungen ereignen. Rationale Technikfolgenbeurteilung ist *praxisbezogen*, nicht aber direkt *umsetzungsorientiert*.

Bad Neuenahr-Ahrweiler, im März 1999 — Carl Friedrich Gethmann

Vorwort

Die Europäische Akademie reagierte im Jahre 1996 mit der Berufung der Projektgruppe *Neue Materialien* (PG-MAT) auf die Tatsache, daß materialwissenschaftliche Entwicklungen von großer wissenschaftlicher und wirtschaftlicher Bedeutung sein können. Diese erarbeitete bis Ende 1998 im Auftrag des Bundesministeriums für Bildung und Forschung (BMBF) die wissenschaftlichen Resultate zu den im Vorprojekt gesichteten Problemen und den konkret ausformulierten Fragestellungen. Der Wissenschaftliche Beirat der Europäischen Akademie begutachtete Anfang September 1997 das im Vorprojekt konkretisierte Arbeitsprogramm positiv. Das Hauptprojekt begann im Januar 1997 und richtet sich in seinem Angebot an die einschlägigen politischen Entscheidungsinstanzen (z.B. die verschiedenen Referate im BMBF) sowie Vertreter und Einrichtungen aus den Fachbereichen der Materialwissenschaft und der Technikfolgenbeurteilung.

Die Verbindung von Theorie und Praxis ist in diesem Buch unser Anliegen. Daß dies gelungen ist, verdanken wir unter anderem den Mitgliedern der Projektgruppe sowie deren daran beteiligten wissenschaftlichen Mitarbeitern. Die Mitwirkenden der PG-MAT und ihre Funktionen waren:

Mitglieder der Projektgruppe:	Professor Dr.-Ing. H. Harig, Faserinstitut Bremen e.V. (Vorsitzender)
	Priv.-Doz. Dr. A. Grunwald, Europäische Akademie Bad Neuenahr-Ahrweiler GmbH
	Professor Dr.-Ing. H. Hofmann, EPFL Lausanne
	Professor Dr. W.A. Kaysser, DLR Köln
	Professor Dr.-Ing. R. Renz, Universität Kaiserslautern
	Professor Dr. G. Schmid, Universität Essen
Projektleiter:	Dr.-Ing. C.J. Langenbach, Europäische Akademie Bad Neuenahr-Ahrweiler GmbH
Wissenschaftliche Mitarbeiter:	Dipl.-Ing. J. Müssig, Faserinstitut Bremen e.V.
	Dipl.-Phys. K.-M. Nigge, Europäische Akademie Bad Neuenahr-Ahrweiler GmbH
	Dipl.-Chem. Th. Sawitowski, Universität Essen

Die Behandlung spezieller Fragestellungen bedurfte der Kooperation mit Forschungseinrichtungen verschiedener Fachdisziplinen. Darüber hinaus wurde bei erkannter Notwendigkeit das Memorandum mit fachspezifischer Expertise aus dem nationalen und europäischen materialwissenschaftlichen Umfeld zur Darstellung spezieller Themenbereiche ergänzt. Folgende, zu Dank verpflichtende Aktivitäten wurden durchgeführt:

Im Juni 1996 hatte die Arbeitsgruppe ihr Kick-Off Meeting, das durch die Vorträge und Diskussionen der wissenschaftlichen Bestandsaufnahme und der Eingrenzung des Themas diente. Referenten dieses Treffens waren: Dr. H.-G. Nüsser (DLR Köln), Professor Dr. W. A. Kaysser (DLR Köln), Dipl.-Ing. H.-G. Haldenwanger (Audi AG), Dr. R. Schmidberger (Daimler-Benz AG) sowie Professor Dr.-Ing. E. Hornbogen (Universität Bochum).

Die Arbeit der Projektgruppe war in den ersten vier Monaten des Jahres 1997 von intensiven Diskussionen mit Fachleuten der Materialwissenschaft und Betriebswirtschaft, sowie der Technikfolgenbeurteilung geprägt. So ging es in dem Vortrag von Professor Dr. H. Hofmann (EPFL Lausanne) über „Tendenzen in der Materialforschung". Die betriebswirtschaftlichen Aspekten in den Bereichen Kreislaufwirtschaft, Umweltfaktor Werkstoff und Reduktionswirtschaft waren zentraler Punkt des Vortrags von Professor Dr. D. G. Liesegang (Universität Heidelberg).

Ein Workshop am 10. April 1997 erörterte kritisch die Ergebnisse des Endberichts zum Vorprojekt und die weitere Vorgehensweise. Gäste aus der TA-Community waren: Dr. F.-J. Bremer (Projektträger NMT, Jülich), Dipl.-Phys. J. Kohlhoff und Dr. T. Kretschmer (Fraunhofer-INT, Euskirchen), sowie Dr. M. Rohr (AfTA Baden-Württemberg). Dabei gaben die Mitglieder der Gruppe zunächst einen Überblick über die bisher geleistete Arbeit und stellten anschließend ihre Thesen zu dem Thema vor. Der rege Informationsaustausch mit externer Fachkompetenz fand damit einen vorübergehenden Abschluß.

Zwischenzeitlich berief die Europäische Akademie, auf Vorschlag der Mitglieder der Projektgruppe, Professor Dr. H. Hofmann von der EPLF in Lausanne als neues Projektgruppenmitglied und in das Kollegium der Akademie. Professor Hofmann nahm die Ernennung im März 1997 an.

Mit zunehmendem Arbeitsfortschritt zeigte sich zu Anfang des Jahres 1998, daß es für die Analyse der Bereiche *Stahl*, *Polymerwerkstoffe*, *Beschichtungen* und *Holzwerkstoffe* sowie *Simulation* dringend erforderlich war, Beiträge von kompetenter Seite einzuholen. Dabei gewann die Projektgruppe für die Bearbeitung der Perspektiven und zukünftigen Trends im Bereich der Stahlwerkstoffe Professor Dr.-Ing. Wolfgang Bleck (Institut für Eisenhüttenkunde, RWTH Aachen) im Rahmen einer Expertise. Eine weitere wurde für den Bereich der Polymerwerkstoffe eingeholt, die Professor Dr.-Ing. Volker Altstädt (Institut für Kunststoffe und Verbundwerkstoffe, TU Hamburg-Harburg) verantwortlich bearbeitete. Unter Beteiligung der Industrie führte Professor Dr. Alex Dommann (Labor für Mikrosystemtechnik, Neu-Technikum Buchs) federführend den Beitrag über die Beschichtungen aus. Dipl.-Ing. Volker Thole (Fraunhofer-Institut für Holzforschung, Braunschweig) fertigte den Abschnitt zum nachwachsenden Rohstoff Holz an. Die Ausführungen des Abschnitts 3.4 rundeten die Ausführungen von Dr. Werner Dirschmid (AUDI AG, Ingolstadt) zur Simulation und Visualisierung von Bauteilen ab.

Wertvolle Hinweise, Anregungen und handschriftliche Beiträge, nicht nur für die Empfehlungen, steuerte Frau Dr.-Ing. Margarete Hofmann (MAT SEARCH and SVMT, Pully) in zwei Diskussionsrunden mit der Projektgruppe bei. Dafür sind wir ihr zu großem Dank verpflichtet.

Ende Juli 1998 war die kritische Prüfung der Saattexte so weit fortgeschritten, daß ein Arbeitstext für das Memorandum zusammengestellt werden konnte. Nach weiteren Überarbeitungen organisierte die Projektgruppe am 20. November 1998 einen Workshop zur Diskussion der entwickelten Empfehlungen. Dazu wurde im Vorfeld dem ausgesuchten Teilnehmerkreis eine Arbeitsversion des Memorandums zu Verfügung gestellt. Durch diese vorgutachterliche Beurteilung konnten, vor dem offiziellen Projektende am 31.12.1998, inhaltliche Ergänzungen am Memorandum vorgenommen werden. Teilnehmer des Workshops waren: Professor Dr.-Ing. V. Altstädt (Institut für Kunststoffe und Verbundwerkstoffe, TU Hamburg-Harburg), Professor Dr.-Ing. W. Bleck (Institut für Eisenhüttenkunde, RWTH Aachen), Dr. F.-J. Bremer (Projektträger NMT, Jülich), Dr. H. Eickenbusch (VDI-TZ, Düsseldorf), Dipl.-Ing. W. Faul (Projektträger NMT, Jülich), Professor Dr. H. Hahn (Fachbereich Materialwissenschaft, TH Darmstadt), Professor Dr. J.G. Heinrich (Institut für Nichtmetallische Werkstoffe, TU Clausthal), Dr. A. Herrmann (Institut für Strukturmechanik, DLR Braunschweig), Professor Dr. H. Paschen (TAB, Bonn), RD Dr. J. Roemer-Mähler (BMBF, Bonn), Professor Dr. J. Rösler (Institut für Werkstoffe, TU Braunschweig), Dr. Socher (Staaliches Umweltfachamt, Leipzig), Dipl.-Ing. V. Thole (Fraunhofer-Institut für Holzforschung, Braunschweig).

Ein besonderer Dank gilt an dieser Stelle Professor Dr. E. Gugel (Cremer Forschungsinstitut (CFI), Rödental) und Dr. Eberhard Seitz (Projektträger NMT, Jülich) für ihre spontane Zusage, sich zu einer bilateralen Diskussionsrunde der Keramikkapitel zur Verfügung zu stellen.

Parallel zur Weiterentwicklung der Saattexte starteten Ende 1997 vorbereitende Aktivitäten, um ab Mitte 1998 eine europäische Fragebogenaktion im Bereich der Materialwissenschaft durchzuführen. Als kompetenten Berater für die Entwicklung der Fragen, die Gestaltung des Fragebogens, die Ziehung von repräsentativen Stichproben bis hin zu Problemen der Datenaufbereitung und statistischen Auswertung konnte Dipl.-Soz. Rolf Porst, Abteilungsleiter der Feldabteilung vom Zentrum für Umfragen, Methoden und Analysen (ZUMA) in Mannheim gewonnen werden. Die erfolgreich verlaufene schriftliche Befragung von europäischen Materialforschern aus dem akademischen und industriellen Umfeld, mit standardisierten Fragebögen diente grundsätzlich zur Belegung der aufgestellten Empfehlungen zur Forschungsförderung.

Die Erarbeitung der wissenschaftlichen Resultate erfolgte innerhalb der Diskussionen der Projektgruppe. Das Verfahren erforderte eine intensive interdisziplinäre Zusammenarbeit innerhalb der Projektgruppe, wovon 26 ganztägige Sitzungstreffen im Plenum der Projektgruppe zeugen. In den Kapiteln des Memorandums werden zentrale Probleme und Herausforderungen für die Materialwissenschaft und deren Förderung in knapper Form dargestellt. Die vorgenannten ausgewiesenen Fachwissenschaftler gaben Hinweise insbesondere zu Aspekten, die in anderen Studien kaum behandelt wurden. Die Schlußfolgerungen zu einzelnen Abschnitten sollen dem Leser die schnelle Orientierung durch eine überblickhafte Beschäftigung mit den wichtigsten Einzelaspekten in den verschiedenen Themenbereichen ermöglichen. Verweise zwischen den einzelnen Kapiteln dienen der Vernetzung von Methodik, Bestandsaufnahme, Problemkreisen (Fallbeispielen) und Handlungsempfehlungen. Die Praxisbezogenheit des Memorandums zeigt sich darin, daß aus der Menge der materialwissenschaftlichen Forschungen und Entwicklungen exemplarisch einige Materialklassen ausgewählt und mit ihren aktuellen Entwicklungen sowie absehbaren Trends dargestellt werden.

Nicht zuletzt danken wir der Europäischen Akademie für das Ermöglichen der in diesem Memorandum dokumentierten interdisziplinären Arbeit, die vielfältige technische Unterstützung und ihre Gastfreundschaft. Das Bundesministerium für Bildung und Forschung hat die Projektgruppe Neue Materialien durch Zuweisung von Bundesmitteln gefördert.[1]

Bad Neuenahr-Ahrweiler, im März 1999

Helmuth Harig
Christian J. Langenbach

[1] Gefördert mit Mitteln des Bundesministeriums für Bildung und Forschung unter dem Förderkennzeichen PLI 1452. Die Verantwortung für den Inhalt dieser Veröffentlichung liegt bei den Mitgliedern der Projektgruppe.

Autorenblatt

Die Erstellung des Memorandums erfolgte schrittweise, indem die Autoren gemäß ihrer thematischen Zuständigkeit „Saattexte“ erstellten, welche zunächst nur aus Stichworten, Gliederungspunkten, Thesen o.ä. bestanden, die im Zuge der interdisziplinären Diskussionen sowohl modifiziert wie auch zu vollständigen Texten weiterentwickelt wurden. Auf der Basis dieser innerhalb der Projektgruppe kritisch geprüften Saattexte entstand ein Arbeitstext, der gemäß der aktuellen Arbeitsgliederung, den Inhalten des Arbeitsprogramms und den Ergebnissen der abgehaltenen Expertenanhörungen in dem erwähnten Saattext-Verfahren vervollständigt wurde. Nach Abschluß dieser Arbeitsphase lag der vollständige Text des Memorandums vor, den die Gruppe nach dem Konsensprinzip verabschiedet hat.

Die im folgenden aufgeführte Autorenschaft ist ein Resultat der vorhandenen thematischen Kompetenz in der Projektgruppe *Neue Materialien*:

Grunwald, Armin	Kapitel 2; 6; 7
Harig, Helmuth	Kapitel 1; 3.1; 3.2.7; 4.4
Hofmann, Heinrich	Kapitel 3.2.4; 3.2.5; 3.4; 4.1; 4.2; 5
Kaysser, Wolfgang A.	Kapitel 3.2.2; 3.3; 4.6
Langenbach, Christian J.	Kapitel 1; 5; 6
Müssig, Jörg	Kapitel 3.2.7; 4.4; 5
Nigge, Karl-Michael	Anhang
Renz, Rainer	Kapitel 3.2.6; 4.3
Sawitowski, Thomas	Kapitel 3.2.9; 3.3; 4.5
Schmid, Günter	Kapitel 3.2.9; 3.3; 4.5

Für bestimmte thematische Teile wurde die Zuständigkeit in das wissenschaftliche Umfeld in Form von Expertisen an weitere Autoren übertragen. Diese haben zum Teil an einer Sitzung der Projektgruppe teilgenommen um ihren Saattext vorzustellen. Folgende Autoren waren an der Erstellung des Memorandums beteiligt:

Altstädt, Volker	Kapitel 3.2.3
Bleck, Wolfgang	Kapitel 3.2.1
Dirschmid, Werner	Kapitel 3.4
Dommann, Alex *in Zusammenarbeit mit:* Bader, Martin; Baumgartner, Franz; Brändle, Hans; Dvorak, Michael; Ramm, Jürgen	Kapitel 3.2.10
Thole, Volker	Kapitel 3.2.8

Inhaltsverzeichnis

I. Kurzfassung

II. Memorandum

I. Kurzfassung

1 Gegenstand, Zielsetzungen und Methodik

Stets haben Menschen die in der Natur vorkommenden Materialien wie Leder, Knochen, Lehm und Holz verarbeitet. Zum Einsatz gelangten die Materialien in der Frühzeit der menschlichen Entwicklung so, wie sie in der Natur vorgefunden wurden. Oft führte der Zufall zu Erkenntnissen, daß Materialien verschiedene Eigenschaften besitzen und diese veränderbar sind. Archäologische Funde dokumentieren diese experimentellen Anfänge der Materialforschung.

Im Laufe der Jahrhunderte lernten Menschen, verschiedene Materialien zielorientiert durch Bearbeitung zu verändern. Kunst- und Gebrauchsgegenstände aus Keramik, Bronze, Gold und Eisen sind Zeugen des rasch fortschreitenden Kenntnisstandes bei der Bearbeitung und Veredlung der entdeckten Materialien. Den Kulturen dieser Epochen fehlten aber grundlegende Kenntnisse über die komplexen Zusammenhänge zwischen den Werkstoffeigenschaften und dem atomaren Aufbau der Materialien.

Erst in der Mitte des 19. Jahrhunderts erlaubten neue Erkenntnisse auf den Gebieten der Chemie und Physik, die Eigenschaften der Materialien mit wissenschaftlichen Methoden aufzudecken. Voraussetzung hierfür waren Erfindungen von Präzisionsmeßgeräten. Die Änderungen in der Struktur der Materialien sowie die Prozesse bei der Verarbeitung konnten von nun an näher analysiert und zielorientiert eingesetzt werden.

Heutzutage forschen auf dem Gebiet der Materialwissenschaft – unentbehrlich bei der Herstellung *Neuer Materialien* – Chemiker, Physiker und Ingenieure in interdisziplinären Gruppen. Forschungsanforderungen an die Materialwissenschaft haben sich verschoben. Entwickelte man früher ein Material und versuchte anschließend, eine passende Anwendungsmöglichkeit zu finden, wird heute vornehmlich das Material anwendungsgerecht entworfen, d.h. entsprechend den Anforderungen des technischen Systems, für das es gebraucht wird. Die Materialgruppe der Faserverbundwerkstoffe ist so entstanden. Die Erfolge in der Halbleitertechnik basieren nicht unwesentlich auf den Forschungsergebnissen der Materialwissenschaften, auch wenn dies dem Nutzer im allgemeinen nicht klar ist.

1.1 Zielsetzungen

Das hier vorliegende Memorandum stellt das Ergebnis von Untersuchungen dar, welche – auch immer unter europäischer Sicht – die technische Leistungsfähigkeit und die Fördermöglichkeiten und -anforderungen des Komplexes *Neue Materialien* in Deutschland betreffen. Obwohl die vorgelegte umfassende Themenanalyse keinen Anspruch auf Vollständigkeit erheben kann, da die Materialwissenschaft auf das engste mit Schlüsseltechniken der näheren und ferneren Zukunft verbunden ist, wird dennoch auf die breite Erfassung der aktuellen Forschungsgegenstände und ihrer absehbaren Entwicklungen Wert gelegt. Deutschland genießt auf vielen Gebieten der Materialforschung weltweit einen erstklassigen Ruf. Weil die deutsche Volkswirtschaft auf Exporte der auf neuen Materialentwicklungen basierenden Systeme angewiesen ist, kommt der Forschungsförderung der Materialwissenschaften auch von daher eine große Bedeutung zu.

Das vorliegende Memorandum greift schwerpunktmäßig Themen auf, die bisher im Bereich *Neue Materialien* kaum oder nicht hinreichend bearbeitet worden sind bzw. die einer Weiterführung und vertieften Bearbeitung bedürfen. Schlagwortartig sind dies die Themenbereiche

- Stand und Perspektiven der materialwissenschaftlichen *Forschung* aus der Innenperspektive der Materialwissenschaften,
- Fokussierung auf Trends der materialwissenschaftlichen Forschung und Entwicklung in den nächsten 5 bis 10 Jahren,
- Schwerpunktsetzung im Bereich der Strukturwerkstoffe, insbesondere unter Beachtung der Optimierung bereits eingeführter Werkstoffe,
- europäische Situation der Materialwissenschaften und
- Reflexion des Umfeldes und der Organisationsstrukturen der Materialwissenschaften.

Inhaltliche Fragen der materialwissenschaftlichen Forschung, d.h. den aktuellen Stand der Forschung, ihre Resultate und Probleme, gegenwärtige Entwicklungslinien und die Forschungsziele in den verschiedenen Bereichen, behandelten bisherige Studien kaum. Um diese Defizite aufzuarbeiten, wird diesen aktuellen Themenbereichen und Entwicklungen materialwissenschaftlicher Forschung besondere Beachtung geschenkt.

Die europäische Dimension der Materialwissenschaften, die Schwerpunktbildungen in den verschiedenen Ländern, die Frage einer europäischen Arbeitsteilung in bezug auf gewisse Spezialisierungen, die Fragen einer Umstellung von nationalem Standortdenken auf ein Standortdenken in europäischen Kategorien und damit verbundene Aspekte übergreifender Forschungsförderung und einer europäischen Wissenschafts- und Technikpolitik sind bislang noch kaum ins Auge gefaßt, geschweige denn bearbeitet worden. Diese Probleme sollen wenigstens im Ansatz explizit behandelt werden. Dazu wurde eine Umfrage unter europäischen Forschungsinstituten der Materialwissenschaft durchgeführt, um belegbare Arbeitshypothesen und belastbares Zahlenmaterial zu erhalten.

Explizit aufgenommen wird darüber hinaus die Frage nach Organisation und Struktur der Materialwissenschaften und ihrer Angemessenheit hinsichtlich zukünftiger Herausforderungen.

Prägnant zusammengefaßt, lauten damit die Zielsetzungen des vorliegenden Memorandums:

- Systematische Aufarbeitung des aktuellen Standes der materialwissenschaftlichen Forschung, ihrer absehbaren mittelfristigen Entwicklungen und ihrer Herausforderungen.

- Herausarbeitung aktueller Probleme des gesellschaftlichen und politischen Umfeldes der materialwissenschaftlichen Forschung anhand verschiedener Fallbeispiele.
- Herleitung von technik- und förderpolitischen Empfehlungen im Hinblick auf die zukünftige Entwicklung der Materialwissenschaften in einem sich verändernden globalen Umfeld.
- Analyse der europäischen Situation in der Materialwissenschaft, insbesondere im Hinblick auf Vernetzung, Arbeitsteilung und Informationsfluß.
- Herstellung des Anschlusses an aktuelle methodische und konzeptionelle Diskussionen in der Technikfolgenbeurteilung.

Die Ergebnisse dieser Reflexionen sollen langfristige Orientierungen in der Gestaltung der materialwissenschaftlichen Forschungslandschaft ermöglichen. Sie zielen – anders als etwa die Beratungsleistungen parlamentarischer TA-Einrichtungen – nicht auf kurzfristige und direkte Umsetzung in konkrete Entscheidungen (etwa durch *direkte* Empfehlungen zur Forschungsförderung). Vielmehr sollen sie perspektivisch die Erfassung und Beurteilung der Möglichkeitsräume erlauben, in denen sich die materialwissenschaftliche Forschung angesichts der gegenwärtigen und absehbaren zukünftigen Herausforderungen bewegt. In diesem Kontext sollen sie eine Orientierung hinsichtlich notwendiger oder sinnvoller struktureller Steuerungsmaßnahmen erlauben.

Adressaten des Memorandums sind zunächst wissenschafts- und technikpolitisch für die Materialwissenschaften relevante Entscheidungsinstanzen im nationalen und europäischen Bereich. Die wissenschaftliche und reflexive Ausrichtung des Memorandums dürfte es darüber hinaus auch für die Fachöffentlichkeit, für Forschungsinstitute, Verbände und Wissenschaftsorganisationen interessant machen. Durch Reflexion der Situation der Materialwissenschaften soll eine Diskussion innerhalb der Materialwissenschaften und mit ihrem Umfeld angestoßen und damit die Möglichkeiten der Selbststeuerung des Wissenschaftssystems für Verbesserungen genutzt werden. Angesprochen ist auch die Industrieforschung, insofern sie strategisch bedeutungsvolle Hinweise für den weiteren Weg der Materialwissenschaften in kompakter Form erhält.

1.2 Ausgangslage

Das Büro für Technikfolgenabschätzung des Deutschen Bundestages (TAB) hat im Jahre 1994 den Bericht „Neue Werkstoffe" vorgelegt. Die Studie gibt einen generellen Überblick über die wirtschaftlichen Entwicklungspotentiale sowie die sozial- und umweltpolitische Relevanz der Materialwissenschaften in Deutschland und Europa. Weiterhin werden anhand von branchen- und produktbezogenen Beispielen die Chancen und Risiken neuer Entwicklungen auf dem Materialsektor für die deutsche Industrie verdeutlicht und der Versuch unternommen, Empfehlungen für die Verbesserungen der staatlich geförderten Materialforschung im Hinblick auf den Wirtschaftsstandort Deutschland abzuleiten.

Die beiden Gutachten des Wissenschaftsrates zur Querschnittsbewertung der außeruniversitären Materialforschung in Deutschland (1996) und zur Bewertung der Materialforschung an den Universitäten (1993) geben einen Überblick über Forschungsthemen und -institutionen im Bereich der Materialforschung in Deutschland. Vor allem in seinem zweiten Gutachten hat der Wissenschaftsrat die nationale materialwissenschaftliche Forschung und ihre institutionelle Förderung unter Aufdeckung von thematischen und strukturellen Defiziten der Forschung im internationalen Vergleich und durch die Untersuchung des Transfers der Ergebnisse in die industrielle Praxis zum Gegenstand neuer Analysen gemacht. Seine Stellungnahme enthält eine Vielzahl konkreter Hinweise, die für die zukünftige Förderpolitik und für anstehende Neustrukturierungen der betroffenen Einrichtungen hilfreich sind. Der Wissenschaftsrat kommt zu folgenden für das Memorandum relevanten Ergebnissen:

a) Zukunftsaspekte werden in der gegenwärtigen Materialforschung nicht immer konsequent verfolgt. So gibt es z.B. im Bereich der Funktionskeramik zu wenige Einrichtungen, die Forschung auf hohem Niveau betreiben. Teilweise werden tradierte Themen mit zu großem Gewicht fortgeführt.
b) Die wichtigsten Themenblöcke sind nicht immer hinreichend miteinander vernetzt. Vor allem müssen Natur- und Ingenieurwissenschaften stärker in Projekten zusammengeführt werden, die dann auch höhere Attraktivität für die Industrie erlangen.

Weitere relevante Arbeiten, die in dem vorliegenden Memorandum aufgegriffen werden, sind die Delphi-Berichte des BMBF, die Erfahrungen im Rahmen des MaTech-Programms des BMBF und einschlägige Studien des Schweizer Wissenschaftsrates. Die Ergebnisse dieser Studien werden, soweit wie angemessen, berücksichtigt, aufgenommen und weitergeführt. Das vorliegende Memorandum stellt einen weiteren Schritt in diesem permanenten Reflexionsprozeß dar. Er ist dadurch gekennzeichnet, daß er aus der *Teilnehmerperspektive* der Materialwissenschaften heraus entstanden ist.

Im Unterschied zu den stark standortpolitisch geprägten Studien des TAB (Wirtschaftsstandort Deutschland) und des deutschen Wissenschaftsrates (Forschungsstandort Deutschland, s.o.) sollen in dem vorliegenden Memorandum die Möglichkeiten und Notwendigkeiten des *mittel- bis langfristigen* gesellschaftlichen Handelns mit Relevanz für die Materialwissenschaften (Kontextorientierung) sowie die *mittel- bis langfristigen* Entwicklungen in den Materialwissenschaften (Stofforientierung) im Vordergrund stehen. Dies entspricht einem Bezug auf den *vorwettbewerblichen* Bereich. Die Perspektive des vorliegenden Memorandums ist demnach in wissenschaftlicher, europäischer und zeitlicher Hinsicht gegenüber der TAB-Studie und den Wissenschaftsratsstudien (erheblich) erweitert.

1.3 Methodischer Ansatz

Eine Studie zum Erkennen und Beurteilen von Folgen wissenschaftlich-technischer Fähigkeiten und Entwicklungstendenzen des Komplexes *Neue Materialien* ist durch die Entgrenzung früher „sauber" getrennter Fachbereiche vor erhebliche methodische Probleme im Aufbau und Vorgehen gestellt. Diese Probleme betreffen einerseits die umfassende Darstellung aller überschaubaren und potentiellen Entwicklungstendenzen. Andererseits sind sie kognitiver Art, wenn es um die Frage der Eignung von Annahmen geht, die – prädiskursives Einverständnis vorausgesetzt – benutzt werden zur Bildung für darauf aufbauende Begründungsketten hinsichtlich der Empfehlungen zur Forschungsförderung im Bereich der Materialwissenschaft.

Empfehlungen an Gesellschaft und Politik müssen auf *begründetem* Wissen beruhen und in ihren normativen Aspekten *gerechtfertigt* werden. Auch gerechtfertigte Empfehlungen bzw. Entscheidungen sind jedoch nicht *absolut objektiv* im Sinne der Unabhängigkeit von zugrundegelegten Basisannahmen. Denn Begründungen und Rechtfertigungen, die Transsubjektivität verbürgen, sind selbst stets bezogen auf gewisse Einverständnisse. Begründete Überlegungen zur Setzung von Zwecken und zur Einführung von Mitteln in zukünftiger Technik- oder Forschungspolitik setzen ein Beratungsverfahren voraus, dessen Zweck darin besteht, vorgetragene Begründungen kritisch zu prüfen und Dissense argumentativ zu beseitigen. Die Legitimation der Resultate wird also argumentativ erzeugt. Dabei ist auf eine hinreichende Datenbasis zu achten. Aus diesem Grund sind erstens eine genügende Zahl von repräsentativen Fallbeispielen ausgewählt worden, andererseits werden die auf der Basis dieser Fallbeispiele gewonnenen Aussagen durch eine europaweite Umfrage einem zusätzlichen Test unterzogen.

Weiterhin ist aus methodologischer Sicht das Problem der Abhängigkeit der Entwicklung *Neuer Materialien* von Prognosen angesichts deren bekannter Zuverlässigkeits- und Rationalitätsproblematik interessant: In *Neue Materialien* wird in der Regel erst investiert, wenn absehbar ist, daß sich ein Markt öffnen könnte. Ist dies für die industrielle Entwicklung adäquat, so stellt sich für den Staat die Frage, inwieweit nicht ein stärker normativ geprägtes Herangehen seine Gestaltungsmöglichkeiten erweitern könnte. Für die Förderpolitik bezüglich neuer Materialien würde das bedeuten, daß sie sich nicht allein an zukünftigen Märkten orientieren sollte, sondern auch normative Kriterien des für die Zukunft Gewünschten stärker berücksichtigt.

Die Realisierung des Programms des vorliegenden Memorandums erfolgt in zwei Ebenen: Zum einen werden der Stand eines Teilbereichs der materialwissenschaftlichen Forschung und ihre Perspektiven aufgearbeitet, um auf diese Weise Folgen und Einsatzmöglichkeiten ihrer Resultate in der Gesellschaft zu erfassen (stoff- oder stoffgruppenorientierter Ansatz). Zum zweiten wird im kontextorientierten Ansatz das forschungspolitische (z.B. Forschungsförderung) und das gesellschaftliche Umfeld der Materialwissenschaften analysiert. Dabei besteht der Ausgangspunkt der Überlegungen in einer Analyse *gegenwärtiger* oder absehbarer Probleme, zu deren Lösung *Neue Materialien* eventuell beitragen könnten. Die Fallbeispiele bilden „Verbindungsstücke" zwischen beiden Ebenen, indem sie einerseits aktuelle Forschungen betreffen und andererseits deren Umfeld in die Analyse einbeziehen. Aus der Verschränkung werden sodann verallgemeinerbare Aussagen über die Optimierung materialwissenschaftlicher Forschung hinsichtlich des wissenschaftlichen Outputs, gesellschaftlicher Bedürfnisse und ökonomischer Ansprüche gewonnen. Diese werden zu (hypothetischen) Handlungsoptionen und Empfehlungen kondensiert, v.a. für die Forschungsförderungspolitik, welche sich gegebenenfalls auch für gesetzgeberische oder andere politische Maßnahmen ausarbeiten lassen. Daher sind die Empfehlungen darauf ausgerichtet, mögliche

Antwortrichtungen zu umreißen, Untersuchungspfade darzustellen sowie Forschungs- und Diskursimpulse zu geben.

Die Resultate des vorliegenden Memorandums haben daher folgende Struktur: Sie sind sowohl in ihren deskriptiven Aussagen (über die Faktenlage, den Stand der Forschung etc.) als auch in ihren präskriptiven Bestandteilen (Empfehlungen) immer hypothetisch und relational. In Form von Wenn-dann-Ketten erlauben sie *relative* Begründungen und Rechtfertigungen. Absolut richtige oder in irgendeinem Sinne absolut optimale Aussagen können aus methodischen Gründen nicht getroffen werden, weil es keine „letzten" Begründungen oder Rechtfertigungen gibt – unredlich wäre, wer mehr verspricht. Die Qualität der Empfehlungen wird durch die Qualität der angeführten Begründungen, d.h. durch die Haltbarkeit der Wenn-dann-Verknüpfungen, bestimmt. An diesem Anspruch – dem Anspruch jeder wissenschaftlichen Aussage – muß sich das vorliegende Memorandum messen lassen.

2 *Neue Materialien* – Trends und Entwicklungen

Standen konventionelle Materialien wie Stein, Bronze und Eisen Pate für die Bezeichnung ganzer Epochen, so treten heute die Ergebnisse der Weiterentwicklung traditioneller Materialien und das Potential *Neuer Materialien* in den Systemhintergrund und werden damit trotz ihrer grundlegenden Bedeutung für technische Innovationen zu einer eher unsichtbaren Dimension. *Neue Materialien* haben für den technischen und wirtschaftlichen Fortschritt zwar eine herausgehobene Bedeutung, aber oft keine selbständige Rolle mehr. Besondere Betonung erfahren in jüngster Zeit einerseits die traditionellen Werkstoffe aus pflanzlichen Substanzen, die zukünftig aus vielerlei Gründen vermehrte Anwendung finden werden, wenn ihre Erzeugung ökologisch vertretbar erfolgt, andererseits die nanostrukturierten Werkstoffe, deren Entwicklung zum Teil erst den Bereich der Grundlagenforschung verlassen hat. Daneben sind ohne künftige Arbeiten in den Gebieten der hochauflösenden Materialcharakterisierungen sowie der Modellierung und Simulation nicht nur von Bauteilen, sondern auch von Materialstrukturen bis herunter in submikroskopische Größenordnungen, wesentliche Teile der Materialentwicklung nicht mehr denkbar.

2.1 Bedeutung *Neuer Materialien*

Neue Materialien sind entscheidend für die Sicherung und den Ausbau der Wettbewerbsposition entwickelter Industrieländer. Sie stehen zunehmend am Anfang von Systeminnovationen und nehmen eine Schlüssel- und Schrittmacherfunktion für den technologischen und ökonomischen Fortschritt wahr. Ihr Einsatz bestimmt häufig die Leistungsfähigkeit und den Innovationsgrad zukunftsorientierter Technologien im Bereich der Informations-, Energie-, Verkehrs-, Fertigungs- und Medizintechnik. Auch unter Umweltgesichtspunkten kommt *Neuen Materialien* besondere Bedeutung zu (Leichtbau, Energieeinsparung, Kreislaufwirtschaft). Die Anstrengung, Materialien zu verändern und zu veredeln, stellt neben der Kreation *Neuer Materialien* den Versuch dar, den Wertschöpfungsgrad positiv zu verändern. Doch trotz dieser Schlüsselfunktion ist die Entwicklung *Neuer Materialien* nur mit einer relativ geringen Wertschöpfung verbunden. In volkswirtschaftlicher Hinsicht verbirgt sich ihre Bedeutung hinter dem durch ihre Entwicklung ermöglichten Produkt oder System.

Der Markt an Hochleistungs-Basismaterialien wird für das Jahr 2000 auf etwa 18 Mrd. DM weltweit geschätzt, der Markt darauf aufbauender Halbzeuge und Bauteile auf etwa 150 Mrd. DM. Japan, USA und Europa dominieren gegenwärtig den Weltmarkt im Bereich *Neuer Materialien.* Der Anteil der übrigen Länder beläuft sich auf weniger als 10 Prozent. Insgesamt sind die USA und Japan auf dem Markt der Hochleistungswerkstoffe führend und konnten ihre Position in den letzten Jahren ausbauen. Deutschland nimmt etwa im Bereich der Polymere eine starke Position ein. Der deutsche Anteil am Weltmarkt Neuer Werkstoffe betrug 1990 ungefähr 12 Prozent.

Erforschung und Entwicklung *Neuer Materialien* führen oftmals zur Ermöglichung von technischen Innovationen, die sich bis in die Lebenswelt und den Alltag der Bevölkerung hinein auswirken und dort teilweise erhebliche kulturverändernde Folgen haben. In jüngster Zeit sind vor allem folgende Beispiele zu nennen:

- Der Einsatz von Verpackungsmaterialien jeglicher Art hat einerseits positive Folgen für die Transportmöglichkeiten von Gütern und ihre Haltbarkeit (Lebensmittel), führt aber auch zu der bekannten Entsorgungsproblematik.
- Die CompactDisc-Technik (CD), die durch die Entwicklung der Matrix Polycarbonat ermöglicht wurde, führte in kurzer Zeit zu einem Systemwechsel von der Schallplatte zur CD-Technik.
- Die Entwicklung der Glasfaserkabel ermöglichte Innovationen in der Datenübertragungstechnik im Hinblick auf höhere Übertragungsraten und hat dadurch erhebliche Auswirkungen auf die Entwicklung der „Informationsgesellschaft".
- Die Einweggerätschaften im Krankenhaus ermöglichen ein Höchstmaß an Hygiene, haben allerdings Entsorgungsprobleme zur Folge.
- Die Oberflächenbehandlung oder Beschichtung von Gläsern und transparenten Kunststoffen ermöglicht neue Eigenschaften z.B. in der Gebäude- oder PKW-Verglasung oder zur Entspiegelung von Brillengläsern.
- Die Entwicklung der Katalysatoren für Verbrennungsmotoren – wesentlich bedingt durch Fortschritte im Verständnis katalytischer Prozesse – erlaubt die drastische Reduktion von Stickoxiden und Sommersmog, hervorgerufen durch den Straßenverkehr.
- Die Entwicklung von Sportgeräten (z.B. Ski) und Sportkleidung – sowohl für den Hochleistungs- als auch für den Normalbereich – ist ohne den Einsatz *Neuer Materialien* und entsprechender Verarbeitungsverfahren nicht denkbar.

2.2 Materialforschung in ausgewählten Bereichen

Der Stand der materialwissenschaftlichen Forschung, die aktuellen Entwicklungen und zukünftigen Herausforderungen sind in dem Memorandum in breitem Umfang aufgearbeitet worden. Im folgenden werden zu den ausgewählten Materialklassen, nach einigen übergreifenden Bemerkungen, jeweils die wichtigsten dieser Entwicklungen und Herausforderungen thesenartig zugespitzt angegeben.

Kurz- und mittelfristige Entwicklungen im Bereich der Strukturwerkstoffe werden vom derzeitigen Leistungsprofil der bereits in der technischen Anwendung oder Erprobung befindlichen Materialien ausgehen. Ein wesentliches Ziel besteht in der Realisierung eines verbesserten Leichtbaus. Es ist bekannt, daß die Leistungspotentiale herkömmlicher Werkstoffe häufig noch nicht ausgeschöpft sind;

eine intensivere Umsetzung wissenschaftlicher Erkenntnisse in der Praxis müßte gefördert werden. Dabei dürfen Materialentwicklungen nicht isoliert betrachtet werden. Der Erfolg der Einführung *Neuer Materialien* kann sich nur im Einklang mit deren Herstellung, ihrer Verarbeitung und in der Regel auch mit neuen Bauweisen einstellen. Hinzu kommen Anforderungen an ihre Wiederverwendung oder Wiederverwertung unter minimalem Qualitätsverlust. Die notwendige Kostenermittlung muß unter Einschluß aller Folgekosten durchgeführt werden, die im gesamten Lebenszyklus auftreten. Zunehmende Bedeutung gewinnt dabei die Fortentwicklung der Prozeßtechnik bei Herstellung und Verarbeitung auch bereits in der Anwendung befindlicher Werkstoffe. Bereichsübergreifend werden zunehmend Simulationsverfahren prozeß- und strukturoptimierend eingeführt.

Das Versagen technischer Bauteile beginnt in der Regel im Oberflächen- bzw. Randschichtbereich. Die dieser Tatsache zugrundeliegenden mechanischen und/oder physikalisch-chemischen Mechanismen sind beherrschbar, wenn gezielt Oberflächen- oder Randschichtveränderungen vorgenommen werden. Kurz- und mittelfristige Entwicklungen werden bei den Verfahren zur Erzeugung von Beschichtungen und zu Randschichtvariationen liegen. Dabei stehen Haftungs- und Strukturprobleme im Vordergrund. Beschichtungen und Randschichtvariationen stellen einen wesentlichen Teil der Erzeugung gradierter Strukturen dar. Zunehmende Aktivitäten sind auf dem Gebiet der Erzeugung besonderer Funktionsschichten zu erwarten.

Mit der Weiterentwicklung der klassischen Materialien im Sinne der Erzielung extremer Eigenschaftswerte werden an die Materialcharakterisierung und an die Simulation erhöhte Anforderungen gestellt. Dazu müssen die vorhandenen Methoden weiterentwickelt oder neue Verfahren eingeführt werden.

Im folgenden werden die Schlußfolgerungen wiedergegeben, die sich aus der Analyse der Forschungs- und Entwicklungstrends in den betreffenden Materialklassen ergeben haben (und die teilweise durch ökonomische, ökologische oder politische Einflüsse mitbestimmt werden):

Metalle

Anwendungen in der Luft- und Raumfahrt, dem Automobilbau oder dem Maschinenbau erfordern heute nicht nur Metallegierungen mit hoher Festigkeit und Steifigkeit, sondern vor allem leichte Metalle. Der verbesserte Leichtbau ist ein wesentliches Ziel nicht nur in den genannten Einsatzgebieten. Dieses Ziel wird zu realisieren versucht, indem die Leistungspotentiale der klassischen metallischen Legierungen auf beispielsweise Fe-, Ni-, Co-, Ti-, Al-, Mg- oder Cu-Basis ausgenutzt werden. Die absehbaren Entwicklungstrends neuer metallischer Werkstoffe mit industrieller Relevanz sind in der Regel eng mit der Verfahrenstechnik verknüpft, die erst eine ökonomisch sinnvolle Produktion ermöglicht:

- Aktuelle Trends bei der Verfahrensentwicklung für *Stähle* sind: near net shape-Herstellung; Einsparung von Prozeßschritten; neue Prozesse mit geringen Investitionskosten.
- Aktuelle Trends bei der *Stahlentwicklung* sind: Gefüge-Engineering insbesondere bei mehrphasigen Stählen; Mikrolegierungstechniken; Reinst-Stähle.

- Ökologische Aspekte werden an Bedeutung gewinnen. Aktuelle Beispiele sind: *Stahlentwicklung* unter Recycling-Gesichtspunkten; umweltfreundliche Beschichtungssysteme; umweltfreundliche metallurgische Verfahren.
- Der hohe Energiebedarf bei der Primärgewinnung von *Aluminium* und der niedrige Energiebedarf bei der Wiederverwendung (mit Energieeinsparung von etwa 95 Prozent gegenüber Primäraluminium) geben einer konsequenten politischen Förderung einer wirtschaftlich und politisch akzeptablen Recyclingwirtschaft mit geringem „Down Grading" Gewicht.
- Die Verträglichkeit von *Titan*- mit CFK-Werkstoffen machen Titan zu einem wichtigen Faktor für Hybridwerkstoffe mit kohlenstoffaserverstärkten Kunststoffen und Hybridkonstuktionen. Verbesserte Herstelltechnologien erlauben eine höhere Komplexität der Strukturen durch superplastische Umformung und deutlich größere Gußstücke mit exzellenten gleichmäßigen Eigenschaften. Mechanisch hochbelastete Implantate im Hüftgelenks- oder Kniebereich setzen die Bioverträglichkeit einiger Titanlegierungen voraus.
- Im Vergleich zu Stählen und Aluminiumlegierungen verhindern für *Titanlegierungen* die drei bis zehnfach höheren Werkstoffkosten und die im allgemeinen deutlich höheren Bearbeitungskosten einen breiteren technischen Einsatz.
- Für Ti_3Al-basierte *Titanaluminide* sind in den USA Produktions- und Prozeßtechniken kommerziell verfügbar. Der unzureichende Oxidationswiderstand, beschränkte Festigkeit und ökonomische Gründe stehen weiteren Entwicklungen und dem breiteren Einsatz entgegen.
- Weltweiten Anstrengungen, eine Leichtgewichts-Legierung für hohe Temperaturen zu entwickeln, sind derzeit auf *Titanaluminide* ausgerichtet mit typischen Anwendungspotentialen bei Schaufeln in Hochdruckverdichtern von Flugtriebwerken oder Motorauslaßventilen von Verbrennungsmotoren. Das Potential von TiAl ist auch in Deutschland früh erkannt worden. In Japan sind die Entwicklungen Thema eines nationalen Materialforschungsprogramms.
- *Magnesiumlegierungen* finden zunehmend Anwendungen im Fahrzeug- und Flugzeugbau. Durch pulvermetallurgische Verfahren konnten Magnesiumlegierungen mit Yttrium- und Neodym-Legierungszusätzen hergestellt werden, deren Festigkeits- und Duktilitätskombination äquivalent zu hochfesten Aluminiumlegierungen ist.
- Vermehrte Anwendungen von *Magnesiumlegierungen* sind zu erwarten, wenn es gelingt, die nach wie vor bestehenden Wissensbarrieren und Vorbehalte bezüglich der Verwendung von Magnesiumlegierungen abzubauen und die Akzeptanz in wichtigen Bereichen deutlich zu erhöhen.
- Die Verschleißfestigkeit von *Magnesiumlegierungen* kann durch Zusatz harter keramischer Partikel erhöht werden. Langfristig wird die Qualifizierung extrem leichter Magnesium-Lithium-Legierungen für technische Anwendungen bis zu einer Einsatztemperatur von 200°C angestrebt.
- Der größte Anteil an rezyklierten *Magnesium*-Rückständen wurde bislang zur Desulfurisierung von Stahl eingesetzt. Bei steigender Verwendung von Magnesium für Massenbauteile muß der Sekundärkreislauf zunehmend in das Interesse der Magnesiumhersteller und Verarbeiter rücken. Ein wichtiger Aspekt ist zudem die Rückgewinnung der teuren Seltene-Erden-Metalle; sie bedarf einer umfangreichen Untersuchung.

- *Kupferlegierungen* sind klassische Werkstoffe der Energie- und Apparatetechnik mit einem verbleibenden evolutionären Entwicklungspotential in einigen spezifischen Legierungen (z.B. mit geringen Zusätzen von Eisen, Nickel, Silizium, Titan oder Zirkon für Trägermaterialien in der Elektronik).
- *Kupferlegierungen* haben für die Automobilindustrie durch die Zunahme an elektrischen und elektronischen Steuer- und Regelungsvorgängen (z.B. Steckverbindungen zur Ankopplung von Elektromotoren, Sensoren und Regeleinrichtungen an das Zentralnetz) an Bedeutung gewonnen.
- Der Recyclinggrad für *Kupfer* am Lebenszyklus-Ende kupferhaltiger Geräte ist sehr hoch; im Einzelfall wird ein Recyclinggrad von 90 Prozent erreicht.

Polymere

In der Gesellschaft oftmals abfällig als *Plastik* bezeichnet, bieten Kunststoffe trotz ihres negativen Images interessante neue Forschungsansätze. Der Grund hierfür ist in den Eigenschaften dieser technischen Werkstoffe zu suchen, die sowohl auf der Größe der Makromoleküle als auch auf ihrem chemischen und physikalischen Aufbau beruhen. Die Verwendung von Kunststoffen nimmt daher in vielen Anwendungsbereichen ständig zu. Im Automobilbau beispielsweise ist für den Konsumenten oft gar nicht mehr sichtbar, wie vielfältig die „angenehmen" Beiträge der Polymermaterialien sind. Von der deutschen Kunststoffproduktion von zur Zeit fast 10 Mio. Tonnen pro Jahr entfallen ungefähr 8 Prozent auf *Hochleistungsstrukturpolymere.* Vom Weltmarktvolumen der Hochleistungsstrukturpolymere (ca. 24 Mrd. DM) entfallen 36 Prozent auf den Marktführer USA, auf Japan 31 Prozent; die Bundesrepublik hält einen Anteil von ca. 15 Prozent. Folgende Forschungs- und Entwicklungstrends bestimmen die Zukunft:

- Kosten dominieren weiterhin die Entwicklungstrends; daraus leiten sich die modernen Strategien in der Entwicklung von Polymerwerkstoffen ab:
  - Neue Polymere aus klassischen Monomeren
  - Neue Polymere aus klassischen Polymeren
- Hochtemperaturbeständige (HT-) Thermoplaste werden wegen ihrer hohen Dauergebrauchstemperatur in Anwendungsgebieten eingesetzt, die bisher von Metallen, Glas oder Keramik dominiert wurden. Das Potential der HT-Thermoplaste ist längst nicht ausgeschöpft.
- Die ersten Anwendungen für Nanokomposite liegen im Bereich von Folien. Die aktuellen Entwicklungen zeigen, daß das Potential mit preisgünstigen Komponenten, wie Füllstoffen, noch nicht ausgeschöpft ist.
- Mit der Hilfe von Blockcopolymeren können nanostrukturierte Werkstoffe hergestellt werden, deren Innovationspotential bis heute noch nicht hinreichend abgeschätzt werden kann.
- Chancen für biologisch abbaubare Polymere sind dort zu sehen, wo die biologische Abbaubarkeit volkswirtschaftlich sinnvoll, ökologisch vorteilhaft und vom Verbraucher als wertvoll angesehen wird.
- Schaumstoffe können heute aus einer breiten Palette von Kunststoffen, von Polyolefinen bis zu hochtemperaturbeständigen Werkstoffen hergestellt werden. Entwicklungsarbeiten beschäftigen sich mit der Optimierung der

Schaummorphologie, wobei eine Verringerung der Wärmeleitfähigkeit durch dünnere Zellwände und kleinere Zellen angestrebt wird.

- Entwicklungsarbeiten für Autolacke der nächsten Generation zielen darauf ab, durch Pulverlacke völlig ohne Lösungsmittel auszukommen.

Keramik

Sanitärwaren, Porzellan oder Isolatoren bilden nur eine Seite der Keramik, die andere Seite sind die technischen Keramiken oder Hochleistungskeramiken. Die „traditionellen" Einsatzgebiete für Hochleistungskeramiken sind dort gegeben, wo Metalle und Polymere an ihre Eigenschaftsgrenzen stoßen. Einzigartige Eigenschaften sind u. a. Härte und Verschleißfestigkeit; sie tragen dazu bei, daß die Produktion technischer Keramik jährlich zunimmt. Die ehrgeizigen und visionären Zielsetzungen zur Mitte der achtziger Jahre führten hingegen zu überzogenen Erwartungen, wie z.B. im Falle eines vollkeramischen Verbrennungsmotors. Mittlerweile sind derartige Vorstellungen realisierbaren Einzelanwendungen gewichen, wie etwa der des Keramikventils. Die *Keramikforschung* und -lehre hat in Deutschland personell und gerätetechnisch eine ausgezeichnete Basis. Sie hat zu Ergebnissen geführt, die mit denen in Japan und USA vergleichbar sind. Kostensenkung bei Herstellungsverfahren und die Erhöhung der Zuverlässigkeit von Bauteilen sind weiterhin Triebkräfte für künftige Forschungs- und Entwicklungsanstrengungen:

- Zur Zeit findet eine vermehrte Schwerpunktverschiebung der entsprechenden Forschungslabors in Richtung Prozeßtechnik, Konstruktion, Bearbeitung etc. statt. Das Ziel ist es, eine ausreichende Qualität, d.h. vor allem keramische Produkte mit einer ausreichenden Zuverlässigkeit und zu konkurrenzfähigen Preisen, herstellen zu können.
- Das in wirtschaftlicher Hinsicht interessante Feld *Funktionskeramik*, welches von der akademischen Forschung in den siebziger und achtziger Jahren den japanischen und amerikanischen Forschern überlassen wurde, ist heute der Forschungsschwerpunkt vieler europäischer Keramikinstitute geworden, welche sich früher mit der Strukturkeramik befaßt haben. Es kann davon ausgegangen werden, daß bei einer Übertragung der wesentlich weiterentwickelten Prozeßtechnologie der Strukturkeramik auf die Probleme der Funktionskeramik ein nachträglicher Synergieeffekt auf diese wirken wird.
- Verglichen mit dem potentiellen Marktvolumen als auch mit dem offensichtlichen Trend bezüglich der Keramikforschung in Europa ist die anwendungsnahe Entwicklung überproportional vertreten. Für weitere technische Umsetzungen aus der Keramikforschung wird in den nächsten Jahren die technisch-wissenschaftliche Basis fehlen, da eine grundlegende Keramikforschung bzw. Materialforschung zur Zeit zu wenig betrieben wird.

Glas

Als Glas bezeichnet man einen festen, spröden sowie überwiegend amorphen anorganischen Werkstoff, welcher beim Erhitzen die Viskosität verringert, ohne einen Schmelzpunkt aufzuweisen. Die große Variabilität der Eigenschaften des Glases ist einer der Gründe für die wirtschaftliche Bedeutung des meist transparenten Materials. Jährlich werden weltweit Gläser im Wert von 130 Mrd. Mark umgesetzt. Den weitaus größten Anteil haben Scheiben und Behälter sowie Fasern. Etwa 15 Prozent des Umsatzes entfallen auf Spezialgläser. In Westeuropa werden etwa für 4 Mrd. Mark Spezialgläser hergestellt. Die breitere Verwendung von Glas wird von der Überwindung vieler technologischer Barrieren abhängig sein:

- Die Verbesserung der Prozeßführung hängt im wesentlichen von der Möglichkeit des Einsatzes von online Messungen und online Kontrollmöglichkeiten (z.B. Glasprofil, Fließcharakteristik, Temperaturgradienten) und des Schmelzprozesses im allgemeinen ab. Ebenfalls fehlen kostengünstige Coatingverfahren wie auch Prozeßmethoden für die Herstellung von nitrierten oder karburierten Gläsern.
- Im Bereich der Materialwissenschaft für Gläser fehlt es vor allem an Kenntnissen über die Oberflächenstrukturen, -chemie und Wechselwirkungen zwischen der Glasoberfläche und gasförmigen oder flüssigen Medien. Ferner müssen weitere Feuerfestwerkstoffe, abgestimmt auf die Bedürfnisse der Glasindustrie, entwickelt werden. In diesem Bereich spielen nicht nur technische Anforderungen eine wichtige Rolle, sondern auch der Preis.
- Im Bereich der medizinischen Anwendung von Glas stehen Probleme der Zulassung in Amerika im Wege. Diese behindern vor allem innovative Start-up Firmen.
- Für die Anwendung von Glas im Baubereich bilden vor allem die limitierten Transportmöglichkeiten von großflächigen Glasscheiben ein Problem. Beschädigungen bereits im Mikrobereich können eine Festigkeitsverminderung von 40 Prozent hervorrufen. Des weiteren fehlen Methoden zur beschleunigten Lebensdauervorhersage.
- Die Giftigkeit von einigen Glaszusätzen wie auch von Additiven in der Glasherstellung, welche in den nächsten Jahren möglicherweise durch die Gesetzgebung verboten werden, muß verringert werden. Ersatzstoffe und somit auch angepaßte Verfahren müssen gesucht bzw. entwickelt werden.

Faserverbundwerkstoffe mit Polymermatrix

Polymere Verbundwerkstoffe bestehen aus Kunststoffmatrices und Verstärkungsfasern. Da diese Komponenten vielfach variiert werden können, ergibt sich eine Vielzahl von Werkstoffvarianten (maßgeschneiderte Werkstoffe). Als Matrices kommen thermoplastische oder duroplastische Systeme zum Einsatz, was die mechanischen Eigenschaften und insbesondere die Verarbeitungstechnik betrifft. Bei den Verstärkungsfasern wird nach vier Kriterien unterschieden: Art, Volumenanteil, Länge und Anordnung der Fasern. Das Potential von *Verbundwerkstoffen* für die industrielle Anwendung ist damit bei weitem noch nicht ausgeschöpft. Es gibt eine Fülle von Anregungen für Schwerpunkte weiterer Forschung, von der Entwicklung neuartiger und kostengünstiger Werkstoffverbunde bis hin zur Optimierung der Rezyklierbarkeit von Verbundwerkstoffen:

- Faserverbundwerkstoffe werden aufgrund ihres Leichtbaupotentials im Flugzeugbereich sowie zunehmend auch im Automobil und in Schienenfahrzeugen

Anwendung finden. Voraussetzungen sind allerdings Wirtschaftlichkeit und Prozeßsicherheit bei den jeweiligen Fertigungsstückzahlen.

- Zur Verstärkung von faserverstärkten Kunststoffen kommen Glasfasern bzw. im Luftfahrtbereich Kohlenstoffasern zum Einsatz. Durch kostengünstige Kohlenstoffasern, die speziell für Anwendungen außerhalb der Luftfahrt hergestellt werden sollen, können sich neue Aspekte für den Leichtbau im Automobil und bei Schienenfahrzeugen eröffnen.
- Im Hinblick auf die Harzinfusionstechnik findet eine intensive Forschungsaktivität auf dem Gebiet duroplastisch aushärtender Infusionsharze statt.
- Bei Faserverbundwerkstoffen erfolgt die Bildung des eigentlichen Werkstoffverbundes erst bei der Herstellung des Formteils; daher ist die gesamte Prozeßkette bis zur Fertigung des Bauteils zu betrachten. Wesentliche Entwicklungsaktivitäten im Rahmen der Fertigungsverfahren erfolgen vor dem Hintergrund der Kostenreduzierung, die insbesondere durch eine Verkürzung der Prozeßkette erzielt werden kann.
- Wichtige Beispiele für die Verkürzung der Prozeßkette bei der Verarbeitung duroplastischer Systeme ist die Harzinfusionstechnik von textilen Faserhalbzeugen (Flugzeugbau, hochbelastete Teile von Kraft- und Schienenfahrzeugen). Eine entsprechende Entwicklung auf dem Gebiet der Verarbeitung von Thermoplastsystemen ist die Direktverarbeitung mittels des LFT-Verfahrens (Automobilteile).
- Während das Recycling von wirrfaserverstärkten Verbundwerkstoffen des Automobils intensiv untersucht wurde, steht das Recycling von Hochleistungsverbundwerkstoffen noch am Anfang der Entwicklung. Neben der Rückgewinnung von Fasern stellt der Aufbau von Materialkreisläufen eine wesentliche Herausforderung dar.

Nachwachsende Rohstoffe

Für die Zukunft stellt die Nutzung Nachwachsender Rohstoffe eine herausragende Option dar. Die Hoffnungen, die sich in der Gesellschaft mit diesen Materialien verbinden, reichen von Ressourcenschonung über schadstofffreien Gebrauch bis hin zur problemlosen biologischen Verwertung. Der Einsatz von neuen Materialien unter Verwendung von Naturfasern, wie Flachs und Hanf, oder auch einheimischem Holz steht vor einer Renaissance:

- Qualität, Verfügbarkeit, Verarbeitbarkeit und Preis sind wichtige Kenngrößen für eine Vergrößerung der eingesetzten Mengen.
- Der Chemie der Natursubstanzen kommt insbesondere in den Bereichen der Entwicklung von Werkstoffen auf der Basis von Kohlenhydraten und Fetten oder Ölen eine wieder deutlich steigende Bedeutung zu.
- In den letzten Jahren nimmt der technische Einsatz von pflanzlichen Naturfasern wieder zu. Hier reicht die Entwicklung von der Grundlagenforschung bis zu Fragen der Verarbeitungsverfahren. Der Bereich der naturfaserverstärkten Polymere hat sich als interessant herausgestellt.
- Der Forschungsbedarf im Bereich der Nachwachsenden Rohstoffe bezieht sich auf die gesamte Wertschöpfungskette von der Pflanzenzüchtung über den Anbau, die Aufbereitung, die Werkstoffentwicklung bis zur Verarbeitungs- und Verfahrenstechnik.

- Nachwachsende Rohstoffe werden insbesondere in landwirtschaftlich orientierten Programmen gefördert. Da derartige Programme alle landwirtschaftlichen Aspekte abdecken müssen, bleibt für den Bereich der Werkstoffentwicklung und -optimierung aus Nachwachsenden Rohstoffen nur ein geringer Förderanteil übrig. In speziellen Förderprogrammen zum Einsatz Neuer Werkstoffe werden Werkstoffe aus Nachwachsenden Rohstoffen bisher nur unzureichend berücksichtigt. Dies kann dazu führen, daß eine Verbreitung des Wissens über diese „Neuen Werkstoffe" gefährdet ist und die Akzeptanz der Werkstoffe aus Nachwachsenden Rohstoffen in der allgemeinen Werkstoffszene wesentlich langsamer erfolgt, als eigentlich wünschenswert wäre.
- Der nachwachsende Rohstoff Holz steht bei einer nachhaltigen Forstwirtschaft auch zukünftigen Generationen in ausreichender Menge zur Verfügung. Das Problem einer regionalen Übernutzung des Rohstofflieferanten Wald sollte aber nicht unterschätzt werden.
- Wirtschaftliche Herstellung und ökologische Nutzung der Rohstoffpotentiale stellen bei Holzwerkstoffen keinen Zielkonflikt dar.
- Eine Renaissance althergebrachter Einsatzbereiche würde weder dem Rohstoff noch der technischen Entwicklung im gebührenden Maße Rechnung tragen. Gefragt sind vielmehr Werkstoffkonzepte, die den Rohstoff in seiner ganzen Breite auf der Grundlage neuer Erkenntnisse und Entwicklungen der Werkstoffwissenschaft nutzen.
- Eine noch effektivere Nutzung der mikroskopischen und submikroskopischen Strukturen des Holzes in Mehrphasenwerkstoffen ist bei zukünftigen Entwicklungen ebenso in Betracht zu ziehen wie eine zweckmäßige, auf den Anwendungsfall zielende Kombination mit anderen Werkstoffen zu Bauteilen oder Baugruppen.
- Ferner sind im Holz zahlreiche Extraktstoffe vorhanden, die bisher nur zu geringen Teilen technisch verwertet werden. Die Erschließung dieses Potentials ist auch für die Werkstoffwissenschaft eine interessante Aufgabe.

Nanomaterialien

Der Reifegrad der Nanotechnologie bewegt sich zwischen visionären Ideen mit Realisierungshorizont nach 2010 und der Herstellung sowie Markteinführung erster Produkte. Ein Fachgebiet, das sich intensiv mit den Möglichkeiten der Nanotechnologie auseinandersetzt, ist wiederum die Materialwissenschaft. Nanomaterialien eröffnen unter Ausnutzung der Eigenschaften im atomaren Bereich breite Anwendungsgebiete, wie für Beschichtungs- oder Nanokompositwerkstoffe. Da die Nanotechnologie im wesentlichen nicht auf der Entwicklung neuartiger Materialien aufgrund neuer chemischer Zusammensetzung beruht, sondern die veränderten elektronischen Gegebenheiten in existierenden Stoffen ausnutzt, die sich in nanometergroßen Partikeln einstellen, ist ihr Innovationspotential eminent:

- Nanotechnologische Herstellungsverfahren erlauben eine ‚soft chemistry', sind ressourcenschonend und umweltfreundlich. Viele mögliche Anwendungen weisen umweltrelevante Aspekte auf, wie z.B. verlängerte Lebensdauer, Material- und Energieeinsparung.
- Durch Einsparungen und die Erschließung neuer Märkte sind deutliche wirtschaftliche Impulse zu erwarten. Die Nanotechnologie sollte daher bei einer

weiteren intensiven Entwicklung, verbunden mit ihrer großen Anwendungsbreite, mittel- bis langfristig zu neuen industriellen Aktivitäten führen.

Beschichtungen

Beschichtungen haben in den letzten Jahren stark an Bedeutung gewonnen. Neben den bekannten Hartstoffschichten für die Zerspanung oder Hartchromschichten auf stark beanspruchten Oberflächen von Maschinenkomponenten, wie Hydraulikzylindern, sind Beschichtungen in der Elektronik, für die Datenspeicherung, für tribologische, medizinische, korrosive, optische und dekorative Anwendungen von Bedeutung. Beschichtungen haben aufgrund ihrer physikalischen, chemischen und mechanischen Eigenschaften ein großes Entwicklungspotential mit jährlichen Wachstumsraten von 20 bis 45 Prozent. Folgende Forschungs- und Entwicklungstrends sind absehbar:

- Die Industrie hat einen Bedarf an Analysen bestehender Schichten für neue Einsatzfelder, nicht primär an zusätzlichen neuen Schichtsystemen.
- Ein Schichtsystem ist nicht nur durch die chemische Zusammensetzung charakterisiert. Ganz wesentlich sind innere Spannungen und Texturierungen. Damit Schichten verglichen werden können, müssen sie unter denselben Bedingungen hergestellt werden. Analysen sollten deshalb an gleichdimensionierten, industriell hergestellten Schichten durchgeführt werden.
- Die Charakterisierung von Schichteigenschaften bedarf einer immer aufwendigeren Analytik, deren Entwicklung und Anschaffung sich für die klein- und mittelständische Industrie ökonomisch nur selten rechtfertigt. Angeregt wird die Schaffung zentraler Laboratorien an den Universitäten, die Service- und Ausbildungaufgaben für die Industrie innerhalb und außerhalb der Hochschule anbieten. Idealerweise müßten diese Laboratorien von der Hochschule und industriellen Partnern gemeinsam koordiniert werden. Forschungsmittel sollten aus dieser Sicht weniger zur Beschaffung und zum Betrieb eigener Beschichtungssysteme verwendet werden, sondern den Einkauf externer Schichten und Serviceleistungen von der Industrie ermöglichen.
- Die Kombination Mikrosystemtechnik mit Mikroelektronik ist gerade in Europa (Automobilbau) zu fördern.
- Aktuelle Trends sind: Mehrfachbeschichtungen, Präzisionsbeschichtungen, Kombinationsbeschichtungen (CVD mit PVD, UHV-CVD-Depositionsverfahren, MBE-, Epi-Sputter- mit PECVD- und Galvanik-Verfahren) sowie Niedertemperatur-Plasmaprozesse.
- Diffusionsprozess- und Mikro-Tribologie-Studien sind nach wie vor aktuell.
- Die industrielle Terminologie von Beschichtungen und deren Verfahren ist oft unwissenschaftlich und irreführend, was der Bewertung einer Technik und ihrer Vermittlung in der Ausbildung entgegensteht. Die Arbeit von entsprechenden Gremien (Normungsausschüsse etc.) sollte diesbezüglich unterstützt und effektiver gestaltet werden.

Bei den immer breiter werdenden Anwendungsmöglichkeiten der Materialien und den verschiedenen neuartigen Werkstoffverbunden sind häufig Hemmnisse bei der Einführung zu überwinden, die aus der Unkenntnis im Vorgehen beim Konstruieren und generell aus der Ablehnung von Neuem resultieren. Hier unterstützen spezielle Meßmethoden und die Möglichkeiten der Charakterisierung sowie die Modellierung und Simulation die Werkstoffentwicklung und -anwendung entscheidend.

Meßmethoden und Charakterisierung

Die Entwicklung Neuer Materialien und die Entwicklung neuer Meß- und Charakterisierungsmethoden sind eng miteinander verbunden. So ermöglichen neue Verfahren der Charakterisierung erst die Entwicklung neuer Materialklassen. Auf der anderen Seite können Probleme bei der Untersuchung und Verbesserung bestehender Materialien die Weiterentwicklung von Meß- und Charakterisierungsverfahren anregen, die sich dann wiederum breiter in die Materialentwicklung hinein auswirken können. Die Nanotechnologie sowie die Untersuchung wichtiger Grenz- und Randschichten werden erst durch die bahnbrechende Entwicklung der Rastermethoden ermöglicht. Umgekehrt können ungelöste Materialprobleme, wie sie die Haftung von Beschichtungen darstellen, Meßmethoden voranbringen. Es handelt sich hier um ein enges Wechselspiel, bei dem die technische Entwicklung immer stärker an die Möglichkeiten der chemisch-physikalischen Charakterisierungsverfahren gebunden ist:

- Allgemeine Zielrichtungen sind die online Bestimmung von Materialeigenschaften, die Verkürzung von Meßzeiten und die Verbesserung zerstörungsfreier Prüfverfahren.
- In nur wenigen Fällen finden beide Weiterentwicklungen konzertiert statt. Hinzu kommt, daß derartige Entwicklungen in verschiedenen Disziplinen stattfinden. Während die Methodenentwicklung ein klassisches Gebiet der Physik und Chemie ist, erfolgt die Materialentwicklung häufig in den Ingenieurwissenschaften.

Modellierung und Simulation

Das unerläßliche Zusammenwirken von Chemie, Physik und Ingenieurwissenschaften in der Materialforschung erfordert auch eine enge Kooperation der theoretischen Disziplinen dieser Fächer. Computermodellierungen und Simulationen wissenschaftlicher und technischer Werkstoffprozesse werden bei der zielorientierten Entwicklung neuer oder verbesserter Materialien, ihrer Verarbeitung zu Bauteilen und zur Erforschung ihres Einsatzverhaltens unter Realbedingungen zunehmend wichtiger und gehören in weiten Bereichen bereits zum etablierten Forschungsinstrumentarium. In den letzten 10 Jahren hat eine stürmische Entwicklung der Computertechnik stattgefunden; ca. alle 18 Monate ist eine Verdoppelung der Leistungsfähigkeit eingetreten. Diese Entwicklung hat dazu geführt, daß die Modellierung und die Simulation im Bereich der Materialwissenschaften einen signifikanten Beitrag zum Verständnis wie auch zur schnelleren Entwicklung von Werkstoffen ermöglichen können. In absehbarer Zeit werden allerdings keine ausreichend leistungsfähigen Maschinen vorhanden sein, um komplizierte Vorgänge in Materialien im atomaren Bereich realistisch zu simulieren. Für den Bereich oberhalb der atomistischen Größenbereiche wurden deshalb Modelle entwickelt, welche, angepaßt an das Problem, die Modellierung sinnvoll erscheinen lassen. Folgende Trends sind absehbar:

- Es existieren im Prinzip nur zwei unterschiedliche Ansätze: Modellierungen, basierend auf der Beschreibung von Potentialen zwischen den Atomen, und die Methode der Finite-Elemente. Das Problem besteht im wesentlichen darin, diese zwei Ansätze miteinander zu verbinden. Ansätze hierzu existieren, sind aber noch nicht ausreichend weiterentwickelt.
- Eine weitere Grenze bildet die Rechnerleistung. Auch wenn immer leistungsfähigere Computer gebaut werden, ist doch eine Simulierung des mechanischen und/oder physikalischen Verhaltens eines Werkstoffes oder Werkstückes, basierend auf atomistischen Modellen, in absehbarer Zeit nicht möglich.
- Die Generierung und Aufbereitung von Werkstoffdaten ist noch nicht ausreichend normiert. Zudem stehen oft nicht die benötigten Kennwerte eines Materials zur Verfügung. Sollen die Modellierung und die Simulation weiter ausgebaut werden, muß neben der Rechnerleistung und der Software vor allem dieser Bereich intensiv bearbeitet werden.

2.3 Fallbeispiele materialwissenschaftlicher Entwicklungen

Die umfassende Darstellung der aktuellen Forschungssituation, der erkennbaren Forschungsrichtungen und der erwartbaren weiteren Entwicklung in den Materialwissenschaften erfolgte bisher im wesentlichen aus der *Innenperspektive* der Materialforschung. Gesellschaftliche Rahmenbedingungen materialwissenschaftlicher Forschung wurden nicht eigens thematisiert. Bei den Fallbeispielen treten die gesellschaftlichen *Kontexte* der Materialwissenschaften verstärkt in die Mitte des Interesses, d.h. die Rahmenbedingungen, unter denen die Materialwissenschaften agieren. Diese bestehen vor allem in

- der gesellschaftlichen Bedarfssituation nach materialwissenschaftlichen Innovationen,
- den ökonomischen Randbedingungen und Einflüsse auf materialwissenschaftliche Forschung und
- den gesellschaftlichen, vorwiegend staatlichen Eingriffen in die Materialforschung durch Gestaltung der Forschungsinfrastruktur, durch Förderung von Forschungsaktivitäten und Technologietransfer oder durch ordnungsrechtliche Regulierung.

Detaillierte Analysen dieser Art können nur anhand von ausgewählten konkreten Entwicklungen (Fallbeispielen) unternommen werden. Aus der Vielzahl der möglichen Entwicklungen wurden sechs Fallbeispiele ausgewählt. Leitende Überlegung für diese Auswahl war, strukturell möglichst verschiedene Fallbeispiele zu erfassen, um möglichst viele Facetten im Verhältnis von Materialwissenschaften und ihrem gesellschaftlichen Umfeld berücksichtigen zu können. Die Auswahl erfolgte aufgrund der folgenden Kriterien:

- Die Fallbeispiele sollten sich auf möglichst verschiedene Stadien der Entwicklung beziehen, um die Verschiedenheiten von noch am Anfang stehenden Entwicklungen und sich im späten Reifestadium befindlichen Optimierungen erfassen zu können.

- Sie sollen einerseits vergangene Entwicklungen betreffen, die ex post als ganze beurteilbar sind, andererseits aber auch Entwicklungen, die erst am Anfang stehen.
- Sie sollen strukturell verschiedene Anwendungskontexte berühren (z.B. in der Differenzierung nach Massenprodukten wie Personenkraftwagen einerseits und hochspezialisierten Entwicklungen für kleine Nischenmärkte andererseits).
- Es sollen jeweils verschiedene Materialklassen im Vordergrund stehen.
- Sie sollen eine europäische Perspektive aufweisen.

Die im Memorandum ausführlich analysierten Fallbeispiele sind:

1. Keramikventil im Verbrennungsmotor als Beispiel für eine vergangene Entwicklung, die trotz hohen Ressourceneinsatzes nicht zum gewünschten Erfolg geführt hat. Hier schließt sich die Frage nach Modifikations- bzw. Abbruchbedingungen für die Förderung langfristiger Leitkonzepte an.
2. Batterien für elektrische Antriebe von Fahrzeugen als Beispiel für aktuelle Entwicklungen, an denen Materialwissenschaften zwar wesentlich beteiligt sind, jedoch nur geringen Einfluß auf die tatsächliche Umsetzung haben. Diese hängt vielmehr stark von anderen gesellschaftlichen Faktoren ab.
3. Glasmatten- und langfaserverstärkte Thermoplaste für den Automobilbereich als Beispiel einer innovativen Entwicklung im wettbewerblichen Bereich außerhalb der Forschungsförderung.
4. Heimische Pflanzenfasern im Automobilbereich als Beispiel für die komplexen Anforderungen an Koordination in der „Förderungslandschaft", wenn es darum geht, Nachwachsende Rohstoffe förderpolitisch vom Anbau bis zum Produkt zu begleiten.
5. Nanotechnologische Entwicklungen als Beispiel für noch grundlagenforschungsnahe, in den Anfängen befindliche Forschung mit möglicherweise großem, aber noch nicht genau abseh- und angebbarem Anwendungspotential.
6. Wärmedämmschichten auf Turbinenschaufeln als Beispiel für Entwicklungen unter den Bedingungen eines hochspezialisierten Nischenmarktes mit wenigen Akteuren.

In der Analyse dieser Fallbeispiele wurde gefragt, wie durch materialwissenschaftliche Entwicklungen Beiträge zur Realisierung gesellschaftlicher Ziele geleistet werden können, welche Rahmenbedingungen dafür gegeben sein müßten und wo hemmende Faktoren liegen. Die Aufgabe besteht in der Beantwortung der Fragen, ob und wie der Einsatz Neuer Materialien oder damit zusammenhängender Verfahren zur Lösung bestimmter Probleme beitragen bzw. zu Innovationen führen und unter welchen kontextuellen Bedingungen dies der Fall sein kann.

Im diesem Zusammenhang führte die Europäischen Akademie eine schriftliche Befragung von Materialwissenschaftlern in Europa durch. Neben einigen allgemeinen Fragen bestand der Fragebogen aus Fragen mit Bezug zu den sechs genannten Fallbeispielen. Eine *umfassende* Betrachtung aller Bereiche und Aspekte der Materialforschung in Europa war hierbei nicht beabsichtigt.

Zusammen mit den Ergebnissen der Fragebogenaktion führen diese Überlegungen zur Identifizierung von hemmenden und fördernden Faktoren für die materialwissenschaftliche Forschung. Schließlich wurden einerseits die kontextuellen Bedingungen (z.B. Forschungsförderung, Forschungsinfrastruktur, ökonomisches

Umfeld), andererseits die Forschungs- und Entwicklungsleistungen bestimmt, die erforderlich sind, um Problemlösungen zu realisieren (s.u., Kapitel 3).

3 Materialwissenschaften im gesellschaftlichen Kontext

Die im Memorandum vorgenommenen Analysen in den genannten thematischen Schwerpunkten wurden auf aktuelle Problemfelder im Spannungsbereich zwischen den Materialwissenschaften und ihrem gesellschaftlichen und politischen Umfeld bezogen, um auf diese Weise begründete Perspektiven und Handlungsempfehlungen zur Gestaltung der weiteren Zukunft in diesem Bereich zu formulieren. Die Empfehlungen richten sich an die beteiligten Akteure in Politik, in Verbänden und in den Materialwissenschaften in Forschung und Lehre. Sie sind, wie gesagt, aus der *Innenperspektive* der Materialwissenschaften heraus entstanden.

3.1 Beurteilungen und Konsequenzen

Die Konsequenzen aus den Recherchen und Überlegungen des vorliegenden Memorandums stellen zum einen *Diagnosen* dar: Sie erfassen gegenwärtige Entwicklungen und Probleme in Materialforschung und -entwicklung, die einerseits aus der Forschung selbst hervorgehen, andererseits auf externe d.h. gesellschaftliche Entwicklungen zurückgehen. Darüber hinaus werden *Therapie*vorschläge unterbreitet. Die Hauptzielrichtung des Memorandums besteht darin, bestimmte Einseitigkeiten der Diskussion über Materialforschung und -entwicklung in den letzten Jahren zu korrigieren. Statt ausschließlich oder vorwiegend die schnelle Umsetzung materialwissenschaftlicher Forschung in industrielle Praxis als das Kriterium für staatliche Förderung anzusehen, ist in einer differenzierten Betrachtungsweise zwischen umsetzungsnaher und umsetzungsferner Forschung zu unterscheiden. Auch die (berechtigte) Forderung nach Kompetenzzentren darf nicht darüber hinwegtäuschen, daß für Forschung in verschiedenen Reifegraden auch verschiedene Förderziele und -instrumente anzusetzen sind.

Materialforschung beinhaltet per definitionem immer einen Anwendungsbezug; sie kann nicht „reine Grundlagenforschung" sein: Materialien sind Materialien „für etwas". Anderenfalls würde man nicht von Materialforschung, sondern von Teilbereichen der Physik oder der Chemie sprechen. Durch die Wahl des Begriffs der Materialforschung ist impliziert, daß ein Anwendungsbezug zumindest „von ferne" sichtbar sein muß. Dieser (möglicherweise „visionäre") Anwendungsbezug dient dann als *ein* Element der Legitimation für Projektförderung, nicht als das alleinige. Dies liegt daran, daß Fortschritt und Substanzerneuerung in den Materialwissenschaften ihre Quelle in *zwei* Mechanismen und nicht in der Anwendung *allein* haben:

a) Ziele werden von außen an die Materialforschung herangetragen (finaler Ansatz). Aus der Perspektive von System-Herausforderungen entsteht ein externer Bedarf an der Optimierung technischer Leistungsmerkmale oder an Substitutionen traditioneller Werkstoffe.
b) Neue Entwicklungen werden „von innen", d.h. von den Materialwissenschaften selbst, oder auch durch Transfer von Ergebnissen und Verfahren aus Physik und Chemie angestoßen (explorativer Ansatz).

Die Entwicklung der Materialwissenschaften verläuft dabei in einer sich gegenseitig bedingenden und befruchtenden *Kombination beider Typen.* Zu diesem Wechselprozeß gehört auch der Transfer von Verfahren in neue Kontexte und Anwendungen. Daher kommt der Formulierung der Ziele in der Materialentwicklung und der Kohärenz von entsprechenden Zielsystemen eine erhebliche Bedeutung zu. Entwicklungen können keinen Erfolg haben, wenn bereits auf dieser Ebene Inkonsistenzen, Unsicherheiten oder einfach Fehleinschätzungen vorliegen. Die Herstellung von Zielkohärenz erfordert im Bereich der Forschungsförderung oftmals *interministerielle* Koordination und Kooperation, genauso wie die wissenschaftliche Beratung in diesem Falle *interdisziplinär* erfolgen muß. Wenn darüber hinaus keine begleitende Reflexion der *kontextuell bedingten* Erfolgsbedingungen von Materialentwicklung (z.B. in Form der Aussichten auf eine Markteinführung) erfolgt, besteht die Gefahr „schiefer" oder einseitiger Zielsetzungen und der unreflektierten Fortführung von Entwicklungen trotz eines sich verändernden und den Erfolg in Frage stellenden gesellschaftlichen Umfeldes.

Um die internen Zielsetzungen der Materialwissenschaften hierzu in Beziehung setzen zu können, ist zunächst die Ebene festzulegen, auf der von Zielen geredet werden soll. Diese kann nicht die Objektebene sein (z.B. „Welche Ziele werden für Titan-Aluminumlegierungen verfolgt?"), sondern nur auf der strategischen Ebene „der" Materialwissenschaft gesucht werden. Um dies zu tun, werden Bereiche von Zielen angegeben, die eine gewisse Integrationsleistung gegenüber vielen der dort genannten Teilziele haben. Diese Bereiche sind:

1. Materialforschung für *Systeminnovationen,*
2. Materialforschung für *Substitutionen,*
3. Materialwissenschaft und *Nachhaltigkeit* und – teilweise in einem Mittelverhältnis hierzu –
4. die *Integration* der Materialforschung.

Die ersten beiden Punkte betreffen eine einfache Differenzierung des allgemeinen Ziels materialwissenschaftlicher Forschung, nämlich materialwissenschaftliche Inventionen (neues Know-how) zu produzieren, in zwei strukturell unterschiedene Anwendungsfälle: geht es um neue technische Systeme oder den Ersatz von Materialien in bestehenden Systemen? Der dritte Punkt führt auf die wesentliche substantielle Zielsetzung in den Materialwissenschaften, die seit einiger Zeit materialübergreifend verfolgt wird. Der letzte Punkt schließlich bezieht sich auf das Ziel einer möglichst effizienten Problemlösung durch materialwissenschaftliche Forschung und -entwicklung, die gegenwärtig vor allem durch integrative und interdisziplinäre Ansätze erwartet wird.

Die Suche nach einem „roten Faden“ für ein optimiertes Forschungsförderszenario ist aufwendig und schwierig, was auch mit der Entgrenzung der früher „sauber“ getrennten Wissensgebiete durch übergreifende Forschungen und Entwicklungen zusammenhängt. Die Stellungnahmen und Studien bieten hierzu ein breit angelegtes Spektrum verschiedener Handlungsempfehlungen mit Bedingungen und Grenzen an. Nach deren Strukturierung werden dazu drei voneinander abweichende Szenarien für die Gestaltung der weiteren Zukunft entworfen:

- *Inkrementalistische* Option,
- Option *Leitbildsteuerung* und
- Option *Marktplatz*.

Die inkrementalistische Option betrifft das Prinzip „Weitermachen wie bisher“, bei dessen Befolgung auf grundlegende Änderungen weitgehend verzichtet wird und statt dessen geringe, leicht kontrollierbare Anpassungen an neue Entwicklungen angestrebt werden, eben die „kleinen Schritte“. *Leitbilder* technischer Zukunftsentwicklungen stellen gesellschaftlich weitgehend im Konsens akzeptierte Paradigmen dar, die eine Vielzahl von partikularen Bemühungen unter einem entsprechenden Oberziel integrieren können. Sie beschreiben gesellschaftliche Zielattribute für bestimmte Bereiche der Technik oder Querschnittstechniken, ohne bereits die Realisierung im Detail festzulegen. Die Option *Marktplatz* beschreibt einen wirtschaftlichen Zustand, in dem sich in funktioneller Hinsicht durch das Zusammentreffen von Angebot und Nachfrage Preise bilden. Übertragen auf die Forschungsförderung heißt dies, daß alle Anbieter von materialwissenschaftlichen Leistungen in den Markt eintreten können. Die Marktpartner handeln ihre Aktionsparameter, insbesondere die Forschungsleistung und den Preis, frei aus, da individuelle Lösungen gefragt sind.

Im Vordergrund der Darstellung dieser drei Szenarien steht immer der Gestaltungs-, nicht der Prognoseaspekt. Die tatsächliche zukünftige Entwicklung der Materialforschung wird durch die Wahl einer der drei Optionen oder durch die Kombination dieser Optionen geprägt sein. Die Optionen bilden demnach ein orientierendes Strukturraster. Politische und gesellschaftliche Zwecksetzungen werden die Wahl des Szenarios bzw. einer Kombination entscheidend beeinflussen. Dabei sollten an eine Planung im Sinne eines Szenarios von Anfang an folgende Bedingungsmerkmale geknüpft werden:

- Forschungs- und Entwicklungskonzept,
- Ausbildungs- und Lehrkonzept,
- Kostenabschätzung und -controlling,
- Abstimmung und Koordination der Planung,
- Bildung regionaler und europäischer Verbundstrukturen und Netzwerke.

Diese übergeordneten Bedingungen, d.h. die Berücksichtigung außertechnischer kontextueller und gesellschaftlicher Rahmenbedingungen und Einflußfaktoren, sollen dazu beitragen, die künftigen materialwissenschaftlichen Schwerpunkte verbessert zu fördern.

3.2 Zusammenfassende Empfehlungen

Die im folgenden aufgeführten Empfehlungen sind relativ zu der normativen Basis (zu Zwecken und Zielen, wie sie im Memorandum diskutiert werden) und relativ zu den Erkenntnissen aus der Analyse der Materialentwicklung und der Fallbeispiele zu verstehen, ergänzt um die Ergebnisse der europäischen Umfrage. In dieser relationalen Form lassen sich die gruppierten Empfehlungen als Wenn-Dann-Sätze lesen, die in Beziehung zu den diskutierten Zielen der Materialwissenschaften und den verallgemeinernden Konsequenzen stehen:

Zielsetzungen und Forschungsperspektiven

1. Es sollte in der Materialwissenschaft eine verstärkte Auseinandersetzung über mittel- und langfristige Zielsetzungen erfolgen (etwa durch Forschungsprospektion aus der Materialwissenschaft heraus), um die wissenschaftlichen Perspektiven in der Wahl langfristiger Forschungsthemen zur Geltung zu bringen.
2. Integrierte Ansätze sind weiter zu stärken, etwa in Bezug auf die Integration von Material- und Verfahrensentwicklung. Dabei sind nichttechnische Aspekte (z.B. ökonomische oder soziale Aspekte) stärker zu berücksichtigen.
3. Die Umweltverträglichkeitsthematik hat in die innerwissenschaftlichen Zielfindungen der Materialwissenschaften Eingang gefunden. Pauschale Forderungen nach einem Schließen der Stoffkreisläufe oder nach maximalem Recycling werden der Komplexität des Problems nicht gerecht. Statt dessen sind *kontextbezogene* Analysen unter Hinzuziehung *nichttechnischer* Kriterien vorzunehmen.
4. Innovative Problemlösungen sind gegenwärtig oft nicht von neuen Materialien per se, sondern von verbesserten und neuen Prüf- und Produktionsverfahren zu erwarten. Diesen folgt eine angepaßte Materialentwicklung. Damit müssen die resultierenden kontextuellen Verknüpfungen in der Forschungsförderung Berücksichtigung finden.
5. Simulationsverfahren für die Materialentwicklung werden weiter an Bedeutung gewinnen. Dazu ist es wichtig, die Software in diesem Bereich intensiv weiterzuentwickeln und entsprechend zu validieren. Daneben muß diesem Umstand die Ausbildung Rechnung tragen, sowohl durch eine Anpassung der Lerninhalte als auch durch die Vermittlung von Methodenkompetenz (Software, Tools, Statistik) und die Verbesserung der EDV-Infrastruktur.
6. Der Steuerung der Materialwissenschaften im Hinblick auf den vermuteten gesellschaftlichen Bedarf (Finalisierung) sind Grenzen gesetzt. Wissenschaftlicher Fortschritt bedarf sowohl der Herausforderung durch Anwendungsprobleme (top-down) als auch der innerwissenschaftlichen Weiterentwicklung (bottom-up).

Forschungsförderung „Material"

7. Die Koordinierungs- und Moderatorenfunktion des Staates hinsichtlich der Forschungsförderung, der Normierung von Schnittstellen und der Qualitäts-

sicherung ist im Sinne einer kohärenten nationalen und europäischen Forschungspolitik zu verstärken.

8. Hauptziel staatlicher *Forschungs*förderung sollte nicht die Erhöhung des Grenznutzens bestimmter Techniken – mit einem hohen industriellen Reifegrad –, sondern die zukunftsorientierte Förderung von neuen Material- und/oder Verfahrensideen sein.
9. Förderung anwendungsnaher Forschung darf nicht zur (in der Regel innovationsbehindernden) Subvention werden. Statt dessen sind Formen der Risikopartnerschaft zwischen Staat und Industrie (Private Public Partnership) zu erproben (etwa in Bezug auf Risikokapital). Der Staat muß hierbei vor allem Garantien für Planungs- und Investitionssicherheit geben.
10. Die seit Jahren erfolgende Umsteuerung von institutioneller Förderung auf Projektförderung führt gegenwärtig in einigen, vorwiegend universitären Bereichen zur Minderung oder gar zum Verlust der Erneuerungsfähigkeit der Materialwissenschaften. Auf längere Sicht kann es damit zur Gefährdung der internationalen Konkurrenzfähigkeit kommen. Oft ist die Einwerbung von Forschungsvorhaben nur zur Aufrechterhaltung der Infrastruktur erforderlich, etwa für komplexe Apparaturen. Hier scheint es geboten, den Übersteuerungsphänomenen zu begegnen.

Europäische Situation

11. Von einer kohärenten europäischen Kooperation und Arbeitsteilung sind die Materialwissenschaften weit entfernt. Die Einrichtung grenzübergreifender forschungsorientierter Kompetenzzentren in Europa ist anzustreben.
12. Zur Vermeidung „doppelter" Förderanträge und Forschungsleistungen auf nationaler wie europäischer Ebene müssen weiterhin die Datenbasis, -zugänglichkeit und -transparenz verbessert werden. Vorrangige Bedeutung kommt der Einrichtung einer umfassenden europäischen Materialforschungsdatenbank zu.
13. Die Einrichtung von forschungsorientierten Kompetenzzentren sollte auf Aktivitäten mit internationaler Signalwirkung konzentriert werden. Ihre Erfolgskriterien sollten vor allem in der internationalen wissenschaftlichen Anerkennung bestehen. Sie darf nicht durch strukturpolitische Überlegungen konterkariert werden.
14. Der Prozeß der Globalisierung läßt die Forschungsförderung nicht unberührt. Zur Frage, inwieweit und unter welchen Prämissen im europäischen oder globalen Wirtschaftsraum nationale Forschungsförderung in der heutigen Form noch sinnvoll ist, sollten intensivere Überlegungen angestellt werden.

4 Ausblick

Das vorliegende Memorandum hat Konsequenzen für die Durchführung weiterer Studien zu gesellschaftlichen Aspekten und Folgen der Materialforschung und -entwicklung; darüber hinaus erlaubt es Schlußfolgerungen für die Konzeption von Technikfolgenbeurteilung. Diese seien im folgenden kurz angesprochen.

Analysen und Empfehlungen im Bereich der Materialforschung können auf ganz verschiedenen Gegenstands- und Abstraktionsebenen angesiedelt sein:

- *Objektorientiert*: *Substantielle* Empfehlungen zur Forschungsförderung, Aussagen zu den Inhalten der Forschungsförderung des Typs „man fördere die Entwicklung der Aluminiumlegierung xyz". Diese können sowohl aus materialorientierten als auch aus produkt- oder systemorientierten Untersuchungen resultieren.
- *Prozedurorientiert*: *Prozedurale* Empfehlungen zur Forschungsförderung, beruhend auf kontextorientierten Untersuchungen, die in Aussagen zu Verfahren des Typs resultieren: „man beschleunige die Prozesse der Antragstellung und Genehmigung oder verbessere sie in anderer Hinsicht, man berufe einen Beirat für Materialforschung etc.".
- *Strategieorientiert*: Empfehlungen zu übergeordneten *strategischen* Optionen des Umgangs mit Prozeduren des Typs: „man wähle (kontextorientiert) inkrementelle Strategien für die Forschungsförderung".

Entsprechend zu differenzieren ist auch die normative Ebene: Ziele können auf der Ebene bestimmter Materialeigenschaften definiert werden (etwa in einem Lastenheft zu einem Produkt oder System), sie können sich auf die konkreten Prozeduren an der Schnittstelle zwischen den Materialwissenschaften und dem gesellschaftlichen Kontext beziehen oder die Strategien thematisieren, die den Hintergrund für diese Prozeduren bilden. Diese Ebenen werden oftmals nicht hinreichend unterschieden, wodurch es zu Vermischungen von Begründungsstrukturen und Prämissen kommt, die der Transparenz der Arbeiten abträglich sind. Relativ zu Zielsetzungen auf diesen Ebenen (sicher auch relativ zu weiteren Aspekten) ist sodann die Auswahl strategischer Szenarien und konkreter Maßnahmen zu rechtfertigen.

Jeder Form von Technikfolgenreflexion stellt sich die Frage nach dem Verständnis prognostischer Aussagen. Die *Antizipation der Zukunft als zukünftige Realität kann aus prinzipiellen Gründen nicht gelingen*: Auch eine noch so gute Begründung von Prognosen garantiert nicht ihr faktisches Zutreffen. Es kann in der Technikfolgenbeurteilung daher nicht darum gehen, „richtige Prognosen" zu erstellen, weil ex ante nicht festgestellt werden kann, ob eine Prognose richtig ist. Daß Prognosen tatsächlich *Planungsgrößen* und Elemente von Entscheidungsgrundlagen darstellen, kann durch Fallbeispiele aus den Materialwissenschaften belegt werden. Die Einordnung von Prognosen als Elemente eines flexiblen Entscheidungs- und Planungsprozesses erlaubt es, die Rolle der Technikfolgenbeurteilung in diesem Feld zu präzisieren:

- Technikfolgenbeurteilung muß früh beginnen, relativ zur Formulierung von Förderprogrammen und zur Auslegung von Produkt- und Systementwicklungen. Sie sollte bereits an der Festlegung der Meilensteine, der Bestimmung von Ausstiegs- und Umstiegspunkten, der Reflexion von gegebenen Zukunftserwartungen sowie an der Formulierung und Rechtfertigung etwaiger Abbruch- oder Modifikationskriterien beteiligt sein.
- Technikfolgenbeurteilung sollte dabei die Dimension der Ziele der Förderung sowie der Ziele des jeweiligen Projekts und der zugehörigen Entwicklung beachten und das jeweilige Projekt *in einem Kontext möglicher Alternativen* beurteilen, um mögliche Fehlentwicklungen möglichst früh zu erkennen.

Abbruch- und Modifikationskriterien sind nach zwei strukturell verschiedenen Quellen ihrer Herkunft zu unterscheiden, zumal beide verschieden motiviert und legitimiert werden müssen:

- *Interne* Kriterien verdanken sich den innerwissenschaftlichen Erfolgs- und Gelingensbedingungen für die entsprechende materialwissenschaftliche Entwicklung; hier geht es ausschließlich um die wissenschaftlich-technische Realisierbarkeit der Leistungsmerkmale und um die Bedingungen ihrer Realisierbarkeit.
- *Externe* Kriterien betreffen den gesellschaftlichen Kontext der Entwicklung, etwa die ordnungsrechtlichen Rahmenbedingungen, die prognostizierte Marktentwicklung oder alternative Entwicklungen (besonders wichtig in Fällen angestrebter Materialsubstitution).

Durch Forschungsförderung stellt sich oftmals unvermeidlich eine gewisse Eigendynamik ein, weil durch die Förderung „Fakten" geschaffen werden. Technikfolgenbeurteilung muß Forschung und Entwicklung in *kritischer Distanz* begleiten, d.h. diese Eigendynamik *stören*, indem die aktuellen Erfolge und Mißerfolge relativ zu den ursprünglich verfolgten Zielen, den dort festgelegten Abbruch- oder Modifikationskriterien und den inzwischen eingetretenen neuen Erkenntnissen beurteilt werden.

Das vorliegende Memorandum ist ein Plädoyer für eine begleitende Reflexion der Materialforschung und -entwicklung unter den genannten Rationalitätsstandards sowohl hinsichtlich der Sicherung von Kontinuität als auch hinsichtlich der Berücksichtigung der Flexibilitäts- und Adaptationserfordernisse *als Handlungstyp*. Es ist nicht unbedingt ein Plädoyer für weitere diesbezügliche Aufträge an Einrichtungen der Technikfolgenbeurteilung, denn die begleitenden Reflexion ist oftmals bereits in den Vorschriften und Regelungen der Forschungsförderung institutionalisiert. Folgende Aufgaben ergeben sich nach den Ergebnissen des Memorandums vorrangig als weitere Schritte für den begleitenden Reflexionsprozeß:

- Weitere und detaillierte Überlegungen und Analysen zur optimalen Ausbalancierung der bedarfs- und der angebotsorientierten Sicht unter Einbeziehung ökonomischer Expertise und den Erfahrungen aus dem Technologietransfer-

Bereich; dies könnte anhand der Technikfolgenbeurteilung materialwissenschaftlicher Forschung für bestimmte Anwendungsfelder erfolgen (Medizintechnik, Bauwesen, Informations- und Kommunikationstechnologien).

- Befassung mit den in dem vorliegenden Memorandum nicht intensiv behandelten Bereichen der Materialwissenschaften. Hierzu gehören insbesondere das zukunftsträchtige Gebiet der Funktionswerkstoffe, etwa in Form der Biomaterialien oder der Materialentwicklung für den stark wachsenden Bereich der Sensorik.
- Vergleichende Studien zum Vorgehen in europäischen Ländern mit dem Ziel der Analyse der Bedingungen für eine größere Vernetzung und Kohärenz.
- Schließlich, bezogen auf die Inhalte der Materialforschung, die Fokussierung auf aktuelle Entwicklungen, ihre Probleme und Herausforderungen, um die im vorliegenden Memorandum beschriebenen Schritte und methodischen Ansätze auf konkretere Fragen zu beziehen (hierfür könnten sich insbesondere Bereiche der Nanotechnologie eignen).

Sieht man Materialforschung und -entwicklung als einen Teil der gesamtwissenschaftlichen Entwicklung an und die Studien in diesem Bereich als Elemente eines begleitenden wissenschaftlichen und gesellschaftlichen Reflexionsprozesses dieser Entwicklung, und zwar in Bezug auf die Position der Materialwissenschaften in der Wirtschaftspolitik, der Umweltpolitik und der Wissenschafts- und Technikpolitik, ferner in Bezug auf Möglichkeiten der Verbesserung der verschiedenen Schnittstellen zwischen Wissenschaft und Gesellschaft, so stellt das vorliegende Memorandum einen Schritt in diesem permanenten Reflexionsprozeß dar. Er ist dadurch gekennzeichnet, daß er aus der *Teilnehmerperspektive* der Materialwissenschaften heraus entstanden ist.

II. Memorandum

1 Einführung

Die Materialwissenschaft mit ihren Ideen zu *Neuen Materialien*[1,2] und zur Erweiterung des Einsatzspektrums von vorhandenen traditionellen Materialien ist eines der technischen Gebiete für die Sicherung von Innovationen im 21. Jahrhundert. Die gesellschaftliche und finanzielle Förderung dieses Gebietes muß auch zukünftig zu den wichtigen Förderschwerpunkten zählen, und das nicht nur aufgrund der herausgehobenen Stellung in praktisch allen Produktionsbereichen. Die Erfolge in der Halbleitertechnik beispielsweise basieren nicht unwesentlich auf den innovativen Forschungsergebnissen der Materialwissenschaften und zeigen, daß dem Nutzer im allgemeinen nicht klar ist, wie maßgeblich die Materialforschung an den Erfolgen beteiligt ist.

Moderne Werkstofftechnik bildet mit den nahezu unbegrenzten Kombinations- und Variationsmöglichkeiten der Materialien die unentbehrliche Basis für neuartige Systeme. Die Möglichkeiten für Innovationen sind vielfältig: Leichtbau mit Metallen, harte Kunststoffe, flexible Keramiken oder die Kombination einzelner Materialien zu einem optimalen Werkstoffverbund. Zum Teil noch visionär, die Nanotechnologie, deren Machbarkeit aber demonstriert ist. Es ist der Versuch, Atome zu kombinieren um gewünschte physikalische, optische oder elektrische Eigenschaften zu erhalten. Technisch lassen sich viele Anwendungsideen und Problemstellungen z.B. durch maßgeschneiderte Materialien lösen, wirtschaftlich sind solche Lösungen allerdings nicht immer umsetzbar.

Zur Entwicklung und Herstellung *Neuer Materialien* und der Erarbeitung neuer Fertigungs- und Produktionsverfahren forschen auf dem Gebiet der Materialwissenschaft Chemiker, Physiker und Ingenieure in interdisziplinären Gruppen. Diese leiten ihre Forschungsziele teilweise aus einem Bedarf anderer Disziplinen ab, z.B. des Maschinenbaus, der Energietechnik, der Mikroelektronik oder der Luft- und Raumfahrt. Die Europäische Akademie hat auf die Tatsache, daß materialwissenschaftliche Entwicklungen von großer wissenschaftlicher und wirtschaftlicher Bedeutung sind, mit der Berufung der Projektgruppe *Neue Materialien* reagiert. Deren übergeordnetes Ziel war es, Fragestellungen im Umkreis der gesellschaftlichen Folgen materialwissenschaftlicher Entwicklungen und der Ge-

---

[1] Die Begriffe *Materialien* und *Werkstoffe* werden im weiteren synonym verwendet. Dabei wird im Text primär der Begriff *Materialien* bevorzugt, außer für feststehende Begriffe wie z.B. *metallische Werkstoffe*.

[2] Der verwendete Terminus „Neue Materialien" geht davon aus, daß die Materialien durch Wandlung der Strukturen ihrer Rohstoffe mit unterschiedlichen Eingriffstiefen erzeugt werden. Die unterschiedliche Eingriffstiefe wird durch die Begriffe: naturbelassene Stoffe, durch chemisch/physikalische Verfahren abgewandelte Naturstoffe und durch Synthese erzeugte Stoffe charakterisiert. Diese Betrachtung schließt von vornherein Fragestellungen zu nachwachsenden Rohstoffen mit ein.

staltung der zukünftigen Forschungslandschaft in den Materialwissenschaften abzuklären.

Die vorgesehene Bandbreite der Betrachtung der Materialien stellte eine besondere Mischung dar, ausgehend von den klassischen Materialien Stahl und Nichteisenmetalle, über die etwas weiter fortgeschrittenen, zeitlich später gekommenen Werkstoffe hin zu dem (hinsichtlich der technischen Umsetzung offenen) Bereich Keramik und den technologisch letztlich nicht hinreichend umgesetzten Polymerwerkstoffen. Weitergehend über die kontrovers diskutierten Nachwachsenden Rohstoffe zu den wissenschaftlich noch nicht umfassend erforschten Nanomaterialien, deren Umsetzung noch weitgehend in der Zukunft liegt:

Metalle: Anwendungen in der Luft- und Raumfahrt, dem Automobilbau oder dem Maschinenbau erfordern heute nicht nur Materialien mit hoher Festigkeit und Steifigkeit, sondern vor allem mit niedriger Dichte. Der verbesserte Leichtbau ist ein wesentliches Ziel nicht nur in den genannten Einsatzgebieten. Dieses Ziel wird zu realisieren versucht, indem die Leistungspotentiale der klassischen metallischen Materialien ausgenutzt werden (vgl. Abschn. 3.2.1 und 3.2.2).

Keramik: Sanitärwaren, Porzellan oder Isolatoren bilden nur eine Seite der Keramik, die andere Seite sind die technischen Keramiken oder Hochleistungskeramiken. Die „traditionellen" Einsatzgebiete für Hochleistungskeramiken sind dort gegeben, wo Metalle und Polymere an ihre Eigenschaftsgrenzen stoßen. Einzigartige Eigenschaften sind unter anderen Härte und Verschleißfestigkeit; sie tragen dazu bei, daß die Produktion technischer Keramik jährlich zunimmt. Die ehrgeizigen und visionären Zielsetzungen zur Mitte der achtziger Jahre führten hingegen zu überzogenen Erwartungen, wie z.B. im Falle eines vollkeramischen Verbrennungsmotors. Mittlerweile sind derartige Vorstellungen realisierbaren Einzelanwendungen gewichen, wie etwa der des Keramikventils (vgl. Abschn. 3.2.4 und 4.1).

Polymere: In der Gesellschaft oftmals abfällig als *Plastik* bezeichnet, bieten Kunststoffe trotz ihres negativen Images interessante neue Forschungsansätze. Der Grund hierfür ist in den Eigenschaften dieser technischen Werkstoffe zu suchen, die sowohl auf der Größe der Makromoleküle als auch auf ihrem chemischen und physikalischen Aufbau beruhen. Die Verwendung von Kunststoffen nimmt daher in vielen Anwendungsbereichen ständig zu. Im Automobilbau beispielsweise ist für den Konsumenten oft gar nicht mehr sichtbar, wie vielfältig die „angenehmen" Beiträge der Polymermaterialien sind (vgl. Abschn. 3.2.3 und 3.2.6).

Nachwachsende Rohstoffe: Für die Zukunft stellt die Nutzung Nachwachsender Rohstoffe eine herausragende Option dar. Die Hoffnungen, die sich in der Gesellschaft mit diesen Materialien verbinden, reichen von Ressourcenschonung über schadstofffreien Gebrauch bis hin zur problemlosen biologischen Verwertung. Der Einsatz von Neuen Materialien unter Verwendung von Naturfasern, wie Flachs und Hanf, oder auch die Zellstoffherstellung aus einheimischem Holz stehen vor einer Renaissance (vgl. Abschn. 3.2.7, 3.2.8 und 4.4).

Nanomaterialien: Der Reifegrad der Nanotechnologie bewegt sich zwischen visionären Ideen mit Realisierungshorizont nach 2010 (vgl. BMBF 1998) und der Herstellung sowie Markteinführung erster Produkte. Ein Fachgebiet, das sich intensiv mit den Möglichkeiten der Nanotechnologie auseinandersetzt, ist wiederum die Materialwissenschaft. Nanomaterialien eröffnen unter Ausnutzung der Eigenschaften im atomaren Bereich breite Anwendungsgebiete, wie für Beschichtungs- oder Nanokompositwerkstoffe (vgl. Abschn. 3.2.9 und 4.5).

Mit jeder Materialklasse wird ein Aspekt des Forschungs- und Entwicklungsstands angesprochen, der durch Fallbeispiele zu vergangenen und aktuellen Materialentwicklungen, die die technischen und gesellschaftlichen Folgen aufzeichnen, abgerundet wird (Kap. 4). Es soll dabei auch gezeigt werden, daß bei den immer breiter werdenden Anwendungsmöglichkeiten der Materialien und den verschiedenen neuartigen Werkstoffverbunden häufig Hemmnisse bei der Einführung zu überwinden sind, die aus der Unkenntnis im Vorgehen beim Konstruieren und generell aus der Ablehnung von Neuem resultieren (vgl. Groys 1997). Hier unterstützen spezielle Meßmethoden und die Möglichkeiten der Charakterisierung sowie die Modellierung und Simulation die Werkstoffentwicklung und -anwendung entscheidend.

1.1 Ausgangslage und Zielsetzungen

Das hier vorliegende Memorandum stellt das Ergebnis von Untersuchungen dar, welche – auch immer unter europäischer Sicht – die technische Leistungsfähigkeit und die Fördermöglichkeiten und -anforderungen des Komplexes *Neue Materialien* in Deutschland betreffen. Obwohl die vorgelegte umfassende Themenanalyse keinen Anspruch auf Vollständigkeit erheben kann, da die Materialwissenschaft auf das engste mit Schlüsseltechniken der näheren und ferneren Zukunft verbunden ist, wird dennoch auf die breite Erfassung der aktuellen Forschungsgegenstände und ihrer absehbaren Entwicklungen Wert gelegt. Deutschland genießt auf vielen Gebieten der Materialforschung weltweit einen erstklassigen Ruf. Weil die deutsche Volkswirtschaft auf Exporte der auf neuen Materialentwicklungen basierenden Systeme angewiesen ist, kommt der Forschungsförderung der Materialwissenschaften auch von daher eine große Bedeutung zu.

Das Büro für Technikfolgenabschätzung des Deutschen Bundestages (TAB) hat im Jahre 1994 den Bericht „Neue Werkstoffe“ dem Ausschuß für Bildung, Wissenschaft, Forschung, Technologie und Technikfolgenabschätzung vorgelegt. Die Studie hatte als eine Aufgabe, einen generellen Überblick über die wirtschaftlichen Entwicklungspotentiale sowie die sozial- und umweltpolitische Relevanz der Materialwissenschaften in Deutschland und Europa zu geben. Weiterhin wurden anhand von branchen- und produktbezogenen Beispielen die Chancen und Risiken neuer Entwicklungen auf dem Materialsektor für die deutsche Industrie verdeutlicht und der Versuch unternommen, Empfehlungen für die Verbesserungen der staatlich geförderten Materialforschung im Hinblick auf den Wirtschaftsstandort Deutschland abzuleiten. Der Bericht des TAB, der sich auf eine Reihe von Gutachten stützt, stellt eine gute Bestandsaufnahme der deutschen (weniger der europäischen) Situation dar.

Die beiden Gutachten des Wissenschaftsrates zur Querschnittsbewertung der außeruniversitären Materialforschung in Deutschland (1996) und zur Bewertung der Materialforschung an den Universitäten (1993) geben einen Überblick über Forschungsthemen und -institutionen im Bereich der Materialforschung in Deutschland. Vor allem in seinem zweiten Gutachten hat der Wissenschaftsrat die nationale materialwissenschaftliche Forschung und ihre institutionelle Förderung unter Aufdeckung von thematischen und strukturellen Defiziten der Forschung im internationalen Vergleich und durch die Untersuchung des Transfers der Ergebnisse in die industrielle Praxis zum Gegenstand neuer Analysen gemacht. Seine Stellungnahme enthält eine Vielzahl konkreter Hinweise, die für die zukünftige Förderpolitik und für anstehende Neustrukturierungen der betroffenen Einrichtungen hilfreich sind. Der Wissenschaftsrat kommt zu folgenden für das vorliegende Memorandum relevanten Ergebnissen:

a) Zukunftsaspekte werden in der gegenwärtigen Materialforschung nicht immer konsequent verfolgt. So gibt es z.B. im Bereich der Funktionskeramik zu wenige Einrichtungen, die Forschung auf hohem Niveau betreiben. Teilweise werden tradierte Themen mit zu großem Gewicht fortgeführt.
b) Die wichtigsten Themenblöcke sind nicht immer hinreichend miteinander vernetzt. Vor allem müssen Natur- und Ingenieurwissenschaften stärker in Projekten zusammengeführt werden, die dann auch höhere Attraktivität für die Industrie erlangen.

Das vorliegende Memorandum greift schwerpunktmäßig Themen auf, die bisher im Bereich *Neue Materialien* kaum oder nicht hinreichend bearbeitet worden sind bzw. die einer Weiterführung und vertieften Bearbeitung bedürfen. Schlagwortartig sind dies die Themenbereiche

- Stand und Perspektiven der materialwissenschaftlichen *Forschung* aus der Innenperspektive der Materialwissenschaften,
- Fokussierung auf Trends der materialwissenschaftlichen Forschung und Entwicklung in den nächsten 5 bis 10 Jahren,
- Schwerpunktsetzung im Bereich der Strukturwerkstoffe, insbesondere unter Beachtung der Optimierung bereits eingeführter Werkstoffe,
- europäische Situation der Materialwissenschaften und
- Reflexion des Umfeldes und der Organisationsstrukturen der Materialwissenschaften.

Im Unterschied zu den stark standortpolitisch geprägten Studien des TAB (Wirtschaftsstandort Deutschland) und des deutschen Wissenschaftsrates (Forschungsstandort Deutschland) sollen die Möglichkeiten und Notwendigkeiten des *mittel- bis langfristigen* gesellschaftlichen Handelns mit Relevanz für die Materialwissenschaften (Kontextorientierung) sowie die *mittel- bis langfristigen* Entwicklungen in den Materialwissenschaften (Stofforientierung) im Vordergrund stehen. Dies entspricht einem Bezug auf den *vorwettbewerblichen* Bereich. Explizit aufgenommen wird darüber hinaus die Frage nach Organisation und Struktur der Materialwissenschaften und ihrer Angemessenheit an die zukünftigen Herausforderungen. Demnach ist die Perspektive des Memorandums in wissenschaftlicher, europäischer und zeitlicher Hinsicht gegenüber der TAB und den Wissenschaftsrat-Studien (erheblich) erweitert.

Inhaltliche Fragen der materialwissenschaftlichen Forschung, d.h. aktueller Stand der Forschung, ihre Resultate und Probleme, gegenwärtige Entwicklungslinien und die Forschungsziele in den verschiedenen Bereichen sind in den erwähnten TA-Studien kaum behandelt. Der Aufgabe einer Aufarbeitung der Forschungssituation kommt am ehesten das Buch „Neue Werkstoffe" (Kretschmer, Kohlhoff 1995) nahe, das im Umfeld der TAB-Studie entstanden ist. Dieses Buch zeigt umfassend den Stand der Technik sowie die Entwicklungstrends auf und beschreibt Wechselwirkungen mit anderen Hochtechnologie-Entwicklungen. Dies geschieht vor allem aus der Sicht der deutschen materialwissenschaftlichen Szene, wie es auch die Literaturhinweise zeigen. Ist das Buch als Überblicksdarstellung hinsichtlich dessen, was im „mainstream" der Einschätzungen liegt, sehr informativ, fehlen weitgehend thematisch fokussierte Erläuterungen zu besonderen und zukunftsträchtigen Entwicklungen. Die beanspruchte Breitenerfassung läßt oftmals – wohl zwangsläufig – die fachliche Tiefe vermissen. Um diese Defizite aufzuarbeiten, wird diesem Themenbereich in dem vorliegenden Memorandum besondere Beachtung geschenkt und es werden durch eine eher exemplarische Darstellung andere Gewichtungen gesetzt (Kap. 3).

In bisherigen Arbeiten zu Neuen Materialien fällt auf, daß durchweg eine Orientierung an Stoffen oder Stoffgruppen erfolgt (z.B. TAB-Bericht und zugrundeliegende Quellen). So naheliegend dies für eine Bestandsaufnahme sein mag, weil die entsprechende Klassifikation geeignet ist, die betroffenen Institutionen (Forschungseinrichtungen, Industriezweige) zu klassifizieren, ist dieser Ansatz nicht problemlos. Denn diese als Ausgangsbasis verwendete Einteilung führt zur Frage, was mit den Neuen Materialien machbar ist und inwieweit dies wünschenswert ist. Wenn aber die Betrachtung ausschließlich auf diese Fragerichtung begrenzt wird, gerät allzu leicht die normativ orientierte Frage nach den Funktionen, die die Neuen Materialien erfüllen *sollen* (Leitbilder), um bestimmte gesellschaftlich relevante Zwecke zu erreichen, aus dem Blick (an die sich natürlich die Frage nach der Machbarkeit und dem Entwicklungsaufwand anschließt).

Weiterhin ist aus methodologischer Sicht das Problem der Abhängigkeit der Entwicklung Neuer Materialien von Prognosen angesichts deren bekannter Zuverlässigkeits- und Rationalitätsproblematik interessant: In Neue Materialien wird in der Regel erst investiert, wenn absehbar ist, daß sich ein Markt öffnen könnte. Ist dies für die industrielle Entwicklung adäquat, so stellt sich für den Staat die Frage, inwieweit nicht ein stärker normativ geprägtes Herangehen seine Gestaltungsmöglichkeiten erweitern könnte. Für die Förderpolitik bezüglich Neuer Materialien würde das bedeuten, daß sie sich nicht allein an zukünftigen Märkten orientieren sollte, sondern auch normative Kriterien des für die Zukunft Gewünschten stärker berücksichtigt. Hier sollte überlegt werden, wie verschiedene Aufgaben des Staates - wie z.B. die Daseinsvorsorge - und die Stärkung des nationalen und europäischen Wirtschaftsstandortes kombiniert werden können.

Die europäische Dimension der Materialwissenschaften, die Schwerpunktbildungen in den verschiedenen Ländern, die Frage einer europäischen Arbeitsteilung in bezug auf gewisse Spezialisierungen, die Fragen einer Umstellung vom nationalem Standortdenken auf ein Standortdenken in europäischen Kategorien und damit verbundene Aspekte übergreifender Forschungsförderung, Wissenschafts- und Technikpolitik, sind bislang noch kaum gestellt, geschweige denn beantwortet. Diese Probleme sollen in dem vorliegenden Memorandum wenigstens im Ansatz explizit behandelt werden (Kap. 5). Dies ist von besonderer Bedeutung, da

> sich die in vielen anzutreffende Prämisse einer nationalen Forschungs- und Technologiepolitik, der Nutzen der öffentlichen Ressourcenallokation in diesem Bereich fließe überwiegend der nationalen Volkswirtschaft zu, zunehmend auflöst. .... Es geht nicht allein um die Appropriierung national generierten Wissens, sondern um die Verstärkung eines nutzenstiftenden interaktiv-länderübergreifenden Wissensaustausches (Meyer-Krahmer u. Reger 1997).

Explizit aufgenommen wird darüber hinaus die Frage nach Organisation und Struktur der Materialwissenschaften und ihrer Angemessenheit hinsichtlich zukünftiger Herausforderungen.

Prägnant zusammengefaßt, lauten damit die Zielsetzungen des vorliegenden Memorandums:

- Systematische Aufarbeitung des aktuellen Standes der materialwissenschaftlichen Forschung, ihrer absehbaren mittelfristigen Entwicklungen und ihrer Herausforderungen.
- Herausarbeitung aktueller Probleme des gesellschaftlichen und politischen Umfeldes der materialwissenschaftlichen Forschung anhand verschiedener Fallbeispiele.
- Herleitung von technik- und förderpolitischen Empfehlungen im Hinblick auf die zukünftige Entwicklung der Materialwissenschaften in einem sich verändernden globalen Umfeld.
- Analyse der europäischen Situation in der Materialwissenschaft, insbesondere im Hinblick auf Vernetzung, Arbeitsteilung und Informationsfluß.
- Herstellung des Anschlusses an aktuelle methodische und konzeptionelle Diskussionen in der Technikfolgenbeurteilung.

Die Ergebnisse dieser Reflexionen sollen langfristige Orientierungen in der Gestaltung der materialwissenschaftlichen Forschungslandschaft ermöglichen. Sie zielen – anders als etwa die Beratungsleistungen parlamentarischer TA-Einrichtungen – nicht auf kurzfristige und direkte Umsetzung in konkrete Entscheidungen (etwa durch *direkte* Empfehlungen zur Forschungsförderung). Vielmehr sollen sie perspektivisch die Erfassung und Beurteilung der Möglichkeitsräume erlauben, in denen sich die materialwissenschaftliche Forschung angesichts der gegenwärtigen und absehbaren zukünftigen Herausforderungen bewegt. In diesem Kontext soll sie eine Orientierung hinsichtlich notwendiger oder sinnvoller struktureller Steuerungsmaßnahmen erlauben. Die durchgeführten Analysen führen schließlich zu (hypothetischen) Handlungsoptionen, die sich zu Empfehlungen, v.a. für die Forschungsförderungspolitik, gegebenenfalls auch für gesetzgeberische oder andere politische Maßnahmen ausarbeiten lassen. Daher sind die Empfehlungen der Projektgruppe darauf ausgerichtet, mögliche Antwortrichtungen zu umreißen, Untersuchungspfade darzustellen sowie Forschungs- und Diskursimpulse zu geben.

1.2 Aufbau und Vorgehen dieser Untersuchung

Eine Studie zum Erkennen und Beurteilen von Folgen wissenschaftlich-technischer Fähigkeiten und Entwicklungstendenzen des Komplexes *Neue Materialien* ist durch die Entgrenzung früher „sauber" getrennter Fachbereiche vor erhebliche methodische Probleme im Aufbau und Vorgehen gestellt. Diese Probleme betreffen einerseits die umfassende Darstellung aller überschaubaren und potentiellen Entwicklungstendenzen. Andererseits sind sie kognitiver Art, wenn es um die Frage der Eignung von Annahmen geht, die – prädiskursives Einverständnis vorausgesetzt – benutzt werden zur Bildung für darauf aufbauende Begründungsketten hinsichtlich der Empfehlungen zur Forschungsförderung im Bereich der Materialwissenschaft.

Warum eine Beschränkung auf Deutschland? Das hier vorliegende Memorandum betrachtet die materialwissenschaftlichen Entwicklungen zu *Neuen Materialien* in Deutschland. Denn trotz der weltweiten materialwissenschaftlichen Entwicklungen kann Deutschland aufgrund seines wissenschaftlich-technischen Leistungsvermögens im europäischen Rahmen eine Schrittmacherrolle übernehmen. Weiterhin ist Deutschland als Industrienation und mit seinem erstklassigen nationalen und internationalen Ruf in der Materialforschung ein vorrangiges Feld für die Darstellung der Forschungsförderung. Daneben besitzen *Technikfolgenbeurteilung und Materialwissenschaft* in Deutschland einen besonderen gesellschaftlichen Stellenwert, den auch die diesem Memorandum vorausgegangenen Studien unterstreichen.

Zum methodischen Aufbau der Kapitel: Da das Adressatenspektrum der Studie sehr vielschichtig ist, wird dem Leser der Einstieg in die jeweiligen Abschnitte durch eine kurze Einführung erleichtert. Darüber hinaus enden die jeweiligen Abschnitte der Kap. 3, 4 und 5 mit den sogenannten Schlußfolgerungen, welche die wesentlichen Aussagen der Abschnitte zusammenfassen, um dem Leser einen schnellen Überblick über das „Wie und Was" der Gegenwart und Zukunft auf diesem Gebiet zu zeigen. Das Kap. 2 und der Abschn. 3.1 dienen der methodischen Hinführung und beinhalten daher keine Schlußfolgerungen. Einen groben Überblick über die europäischen Aktivitäten liefert das Kap. 5, dessen Ausführungen unter der Tatsache zu beurteilen sind, daß es auch über den Informationsservice *Eurostat Data Shop* in Luxemburg nicht möglich war, zusammenhängendes Zahlenmaterial über die europäische Materialwissenschaft zu erhalten. Die Empfehlungen für die zukünftige Gestaltung der Förderung materialwissenschaftlicher Forschung und Entwicklung finden sich in Kap. 6. Das Kap. 7 rundet die Studie mit einem Ausblick auf weitere Prozeßschritte auf dem Gebiet der Technikfolgenbeurteilung ab.

Bei der Durchsicht der jeweiligen Abschnitte wird dem Leser auffallen, daß diese eine sehr unterschiedliche Strukturierung aufweisen. Daher war die Verknüpfung der Abschnitte untereinander und zu den anderen Kapiteln ein wichtiges Merkmal des Vorgehens. Bei der Wahl der zu untersuchenden Materialklassen des

Kapitels 3 war eine Darstellung von fachlichen „Spezialitäten" und individuellen fachlichen Tiefen unerläßlich. Interessante „Highlights" in den Abschnitten, wie Kostenvergleiche oder Forschungsschwerpunkte wurden bewußt gewählt, da diese zu einer Auflockerung der allgemeinen Struktur beitragen. Es zeigte sich im Laufe der Untersuchung weiterhin, daß das Instrument der Fallbeispiele sehr sorgfältig und methodisch reflektiert eingesetzt werden muß. Voraussetzung für die thematische Wahl der Fallbeispiele waren die Fachkenntnisse der an der Projektgruppe beteiligten Wissenschaftler. Es erwies sich als sinnvoll, daß die Texte innerhalb der aufgestellten Richtlinien (Einführung und Schlußfolgerungen) frei gestaltet werden konnten, da die gewählten Fallbeispiele untereinander strukturell (d.h. Inhalt und Zeitraum) sehr verschieden sind.

Die genannten Empfehlungen in Kap. 6 verstehen sich relativ zu der normativen Basis (zu Zwecken und Zielen) und relativ zu den Erkenntnissen aus der Analyse der Materialentwicklung und der Fallbeispiele, ergänzt um die Ergebnisse der europäischen Umfrage. In dieser relationalen Form lassen sich die Empfehlungen als Wenn/Dann-Sätze lesen, die in Beziehung zu den Kapiteln 3 und 4, den in Abschn. 6.1 diskutierten Zielen der Materialwissenschaften und den in den Abschnitten 6.2, 6.3 und 6.4 verallgemeinernden Konsequenzen stehen.

Dieses Vorgehen dürfte einerseits hinreichend schwach sein, um nicht den Geltungsbereich der Empfehlungen des Memorandums zu stark einzuschränken, und andererseits hinreichend unstrittig, um nicht in eine forschungspolitische Diskussion über die Förderungswürdigkeit einzelner Materialentwicklungen hineingezogen zu werden.

Vorgehen bei der Erstellung der Studie: Im Rahmen des Vorprojekts hatte die Projektgruppe im Juni 1996 ihr Kick-Off Meeting, das durch die Vorträge und Diskussionen der wissenschaftlichen Bestandsaufnahme zum Thema „Neue Werkstoffe für Verkehrssysteme" diente. Das allgemeine Resultat des Kick-Off Meetings zeigte, daß die Möglichkeit des Einsatzes neuer Werkstoffe für Verkehrssysteme eine geeignete Eingrenzung der Thematik für das Vorprojekt war. Die Untersuchungen der Vorstudie konnten in der knapp einjährigen Vorprojektphase nur bestimmte *key areas* umfassen. Die Weiterentwicklung der bearbeiteten Themenblöcke und die zur Bearbeitung vorgesehenen Fragestellungen waren anschließend Gegenstand der zweijährigen Hauptprojektphase.

Dazu erstellten die Autoren gemäß ihrer thematischen Zuständigkeit zunächst „Saattexte", welche zunächst nur aus Stichworten, Gliederungspunkten, Thesen o.ä. bestanden, die im Zuge der interdisziplinären Diskussionen sowohl modifiziert wie auch zu vollständigen Texten weiterentwickelt wurden. Auf der Basis dieser innerhalb der Projektgruppe kritisch geprüften Saattexte entstand schrittweise ein Arbeitstext für das Memorandum. In diesem vorläufigen Arbeitstext konnten auch tentative Textstücke oder alternative Textentwürfe enthalten sein.

Die zweite Hälfte der Arbeitsphase diente zum Vervollständigen der ausstehenden Teile des Memorandums gemäß der aktuellen Arbeitsgliederung, den Inhalten des Arbeitsprogramms und den Ergebnissen der abgehaltenen Expertenanhörungen in dem erwähnten Saattext-Verfahren. Am Abschluß dieser Arbeitsphase lag das vollständige Memorandum vor, dessen Text die Gruppe nach dem Konsensprinzip verabschiedete. Die Endfassung stellt das Ergebnis der interdisziplinären Gruppenarbeit dar.

Die Arbeit der Projektgruppe in den ersten vier Monaten des Jahres 1997 war von intensiven Diskussionen mit Fachleuten der Materialwissenschaft und Betriebswirtschaft sowie der Technikfolgenbeurteilung geprägt. Ein Workshop am 10. April 1997 mit Gästen aus der TA-Community erörterte kritisch die Ergebnisse des Endberichts zum Vorprojekt (Arbeitsgruppe Neue Materialien 1997) und die weitere Vorgehensweise. Dabei gaben die Mitglieder der Gruppe zunächst einen Überblick über die bisher geleistete Arbeit und stellten anschließend ihre Thesen zu dem Thema vor. Der rege Informationsaustausch mit externer Fachkompetenz fand damit einen vorübergehenden Abschluß. Mit zunehmendem Arbeitsfortschritt zeigte es sich, daß es für die Bearbeitung der Perspektiven und zukünftigen Trends der Bereiche *Stahl, Polymerwerkstoffe, Beschichtungen* und *Holzwerkstoffe* sowie *Simulation* dringend erforderlich war, Beiträge von kompetenter externer Seite im Rahmen von Expertisen einzuholen.

Am 20. November 1998 organisierte die Projektgruppe einen Workshop zur Diskussion der entwickelten Thesen und Empfehlungen. Dazu wurde im Vorfeld dem ausgesuchten Teilnehmerkreis eine Arbeitsversion des Memo-randums zu Verfügung gestellt, verbunden mit der Bitte um eine vorgutachterliche Beurteilung. Die dabei vorgebrachten Anregungen und Anmerkungen berücksichtigte die Gruppe bei der Fertigstellung des Memorandums.

Parallel zur Weiterentwicklung der Saattexte starteten Ende 1997 erste Aktivitäten, um ab Mitte 1998 eine europäische Fragebogenaktion im Bereich der Materialwissenschaft durchzuführen (vgl. Nigge 1999 und Anhang). Die erfolgreich verlaufene schriftliche Befragung von europäischen Materialforschern aus dem akademischen und industriellen Umfeld mit standardisierten Fragebögen diente der Überprüfung der aufgestellten Schlußfolgerungen zu den Fallbeispielen. Die hohe Rücklaufquote von 48 % übertraf das gesetzte Ziel von 15 % deutlich und unterstreicht den Sinn der Fragebogenaktion.

1.3 Methodischer Ansatz und Struktur der Resultate

Empfehlungen an Gesellschaft und Politik müssen auf *begründetem* Wissen beruhen und in ihren normativen Aspekten *gerechtfertigt* werden. Auch gerechtfertigte Empfehlungen bzw. Entscheidungen sind jedoch nicht *absolut objektiv* im Sinne der Unabhängigkeit von zugrundegelegeten Basisannahmen. Denn Begründungen und Rechtfertigungen, die Transsubjektivität verbürgen, sind selbst stets bezogen auf gewisse Einverständnisse. Die Gültigkeit von Behauptungen oder Aufforderungen kann nur relativ zu einem *prädiskursiven Einverständnis* festgestellt werden.[3] Begründete Überlegungen zur Setzung von Zwecken und zur Einführung von Mitteln in zukünftiger Technik- oder Forschungspolitik setzen ein Beratungsverfahren voraus, dessen Zweck darin besteht, vorgetragene Begründungen kritisch zu prüfen und Dissense argumentativ zu beseitigen. Die Legitimation wird also argumentativ erzeugt. Dabei ist auf eine hinreichende Datenbasis zu achten. Aus diesem Grund sind erstens eine genügende Zahl von repräsentati-

[3] So werden z.B. in einer naturwissenschaftlichen Entscheidungssituation zwischen zwei Theorien zumindest die Elemente der zugrundeliegenden Meßtheorie als gemeinsame prädiskursive Basis vorausgesetzt (Grunwald 1998d).

ven Fallbeispielen ausgewählt worden, andererseits werden die auf der Basis dieser Fallbeispiele gewonnenen Aussagen durch eine europaweite Umfrage (vgl. Kap. 5) einem zusätzlichen Test unterzogen.

Als methodischer Ansatz wird eine Verschränkung explorativer und finaler Argumentationslinien vorgeschlagen (vgl. Abschn. 2.2.3). Bestandsaufnahme und Exploration des vernünftigerweise erwartbaren *Möglichen* in der Materialienentwicklung bilden den ersten Schritt (Kap. 3). Im zweiten Schritt werden aus dem Bereich des Möglichen bestimmte Aspekte der Materialentwicklung (Fallbeispiele) final auf ihre erwartbare Eignung zur Lösung gegenwärtiger oder absehbarer zukünftiger gesellschaftlicher Probleme untersucht (Kap. 4). Dabei besteht der Ausgangspunkt der Überlegungen in einer Analyse *gegenwärtiger* oder gegenwärtig erkannter und absehbarer Probleme, zu deren Lösung *Neue Materialien* beitragen könnten. Aus der Verschränkung werden sodann verallgemeinerbare Aussagen über die Optimierung materialwissenschaftlicher Forschung hinsichtlich des wissenschaftlichen Outputs, gesellschaftlicher Bedürfnisse und ökonomischer Ansprüche gewonnen (Kap. 6).

Die Realisierung des Programms des vorliegenden Memorandums erfolgt in zwei Ebenen: Zum einen werden der Stand der materialwissenschaftlichen Forschung und ihre Perspektiven aufgearbeitet, um auf diese Weise Folgen und Einsatzmöglichkeiten ihrer Resultate in der Gesellschaft zu erfassen (stoff- oder stoffgruppenorientierter Ansatz). Zum zweiten wird im kontextorientierten Ansatz das forschungspolitische (z.B. Forschungsförderung) und das gesellschaftliche Umfeld der Materialwissenschaften analysiert. Die Fallbeispiele bilden „Verbindungsstücke" zwischen beiden Ebenen, indem sie einerseits aktuelle Forschungen betreffen und andererseits deren Umfeld in die Analyse einbeziehen.

Die Resultate des vorliegenden Memorandums haben daher folgende Struktur: sie sind sowohl in ihren deskriptiven Aussagen (über die Faktenlage, den Stand der Forschung etc.) als auch in ihren präskriptiven Bestandteilen (Empfehlungen) immer hypothetisch und relational. In Form von Wenn-dann-Ketten erlauben sie *relative* Begründungen und Rechtfertigungen. Absolut richtige oder in irgendeinem Sinne absolut optimale Aussagen können aus methodischen Gründen nicht getroffen werden, weil es keine „letzten" Begründungen oder Rechtfertigungen gibt – unredlich wäre, der mehr verspricht. Die Qualität der Empfehlungen wird durch die Qualität der angeführten Begründungen, d.h. durch die Haltbarkeit der Wenn-dann-Verknüpfungen, bestimmt. An diesem Anspruch – dem Anspruch jeder wissenschaftlichen Aussage – muß sich das vorliegende Memorandum messen lassen.

Adressaten des Memorandums sind zunächst wissenschafts- und technikpolitisch für die Materialwissenschaften relevante Entscheidungsinstanzen im nationalen und europäischen Bereich. Die wissenschaftliche und reflexive Ausrichtung des Memorandums dürfte es darüber hinaus auch für die Fachöffentlichkeit, für Forschungsinstitute, Verbände und Wissenschaftsorganisationen interessant machen. Durch Reflexion der Situation der Materialwissenschaften soll eine Diskussion innerhalb der Materialwissenschaften und mit ihrem Umfeld angestoßen und damit die Möglichkeiten der Selbststeuerung des Wissenschaftssystems für Verbesserungen genutzt werden. Angesprochen ist auch die Industrieforschung, insofern sie strategisch bedeutungsvolle Hinweise für den weiteren Weg der Materialwissenschaften in kompakter Form erhält.

2 Technikfolgenbeurteilung und Materialwissenschaften

In den vergangenen Jahren sind mehrere Studien zu gesellschaftlichen Bedingungen und Folgen von Materialforschung und -entwicklung und zur Situation der Materialwissenschaften erschienen (vgl. dazu Abschn. 2.3). Das Gebiet der Materialforschung und -entwicklung scheint als Gegenstand von Technikfolgenbeurteilung etabliert zu sein (Socher 1997). Das politische und gesellschaftliche Interesse an Technikfolgenbeurteilungen in diesem Feld ist wohl vor allem den Sorgen um die Innovationsfähigkeit von gesellschaftlichen Bereichen geschuldet, weniger dem Interesse an einer „Frühwarnung vor technikbedingten Gefahren", wie dies in der älteren TA-Diskussion in der Regel der Fall war. In diesem „Prozeß" wissenschaftlicher und gesellschaftlicher Reflexion stellt das vorliegende Memorandum eine Stellungnahme aus den Materialwissenschaften selbst dar.

Zur Einführung und zur Erläuterung der Relevanz des Memorandums bietet es sich an, die gesellschaftliche Bedeutung der Materialentwicklung wenigstens exemplarisch darzulegen (Abschn. 2.1). Sodann wird – nach der Einführung methodischer Grundlagen der Technikfolgenbeurteilung – das Verhältnis von Technikfolgenbeurteilung und Materialwissenschaften in struktureller Hinsicht untersucht (Abschn. 2.2). Es werden anschließend vorangegangene Arbeiten im thematischen Umfeld der Materialwissenschaften kritisch rezensiert, um auf dem einmal erreichten Stand aufbauen zu können und den relativen Mehrwert des vorliegenden Memorandums zu dokumentieren (Abschn. 2.3). Abschließend wird der methodische Ansatz entfaltet (Abschn. 2.4). Auf diese Weise wird im vorliegenden Kapitel der Boden für die fachlich orientierten Kapitel 3 und 4 bereitet, sowohl in methodischer Hinsicht als auch im Blick auf das wissenschaftliche Umfeld.

2.1 Gesellschaftliche Bedeutung der Materialentwicklung

Bereitstellung, Verarbeitung und zielgerichtete Modifikation von Materialien sind wesentliche Elemente der wissenschaftlich-technischen Entwicklung, die den technischen Entwicklungsprozeß in aktuellen Anwendungsfeldern (Informationstechnik, Umwelttechnik, Energietechnik, Verkehrstechnik u.a.) entscheidend mitbestimmen. Anhand vieler gegenwärtiger und historischer Beispiele läßt sich zeigen, daß die Verfügbarkeit von Materialien mit neuen oder gravierend verbesserten Eigenschaften und entsprechenden Fertigungsverfahren Innovationsschübe mit weitreichenden Folgen für Technik, Wirtschaft und Kultur ermöglicht hat. Die Klassifizierung vor- und frühgeschichtlicher Zeitepochen richtet sich dementsprechend zum Teil nach den vorwiegend verwendeten Materialien (Stein-, Bronze- und Eisenzeit). In bezug auf durch Materialentwicklung ermöglichte Innovationsschübe in neuerer Zeit denke man beispielsweise an

- die Bedeutung von Eisenwerkstoffen und neuer Verarbeitungsverfahren in der industriellen Revolution (Guß, Legierungen, Dampfmaschine, Eisenbahn, Verhüttung mit den Folgen für Mobilität, Nationalökonomien und Arbeitswelt im Zuge der dadurch forcierten Großindustrialisierung),
- die Aushärtung von Aluminiumlegierungen als Voraussetzung für den Metall-Flugzeugbau,
- das Aufkommen und die weltweite Verbreitung der Kunststoffe in vielfältigen Anwendungsbereichen in der zweiten Hälfte dieses Jahrhunderts oder
- die auf avancierten Halbleitermaterialien (in der Regel auf Siliziumbasis) beruhende Entwicklung von Chip-Bausteinen seit den siebziger Jahren und die dadurch ermöglichte Revolution in der elektronischen Verarbeitung und Speicherung von Informationen.

In bezug auf aktuelle Entwicklungen sind besonders die Bedeutung der Materialentwicklung für ökonomische Zusammenhänge, für Umweltschutzbelange und für die Lebenswelt hervorzuheben.

2.1.1 Ökonomische Bedeutung

Die Materialentwicklung steht am Anfang einer Wertschöpfungskette, die vom Material über die Entwicklung und Fertigung von Bauteilen bis hin zum Aufbau kompletter Systeme reicht (Hofmann et al. 1995). Im Vergleich zu anderen Forschungs- und Technikbereichen wird der Materialentwicklung eine besonders hohe wirtschaftliche Bedeutung beigemessen (BMBF 1998).[1]

Mit der Entwicklung neuer Materialien selbst ist oftmals nur eine geringe *direkte* Wertschöpfung verbunden (vgl. das Beispiel der Gasturbinenschaufel, Wissenschaftsrat 1996, S. 39) oder es sind nur sehr begrenzte Marktchancen in kleinen hochspezialisierten Märkten (vgl. Abschn. 4.6). In betriebs- und volkswirtschaftlicher Hinsicht (in letzterer muß die gesamte Wertschöpfungskette betrachtet werden, Hofmann et al. 1995), verbirgt sich die ökonomische Bedeutung neuer Materialien hinter dem durch ihre Entwicklung ermöglichten Produkt oder System. Die volkswirtschaftlich entscheidende Stufe der Wertschöpfung bilden Produkt- oder Systeminnovationen, nicht Materialinnovationen. Für den Wertschöpfungsprozeß bei Systeminnovationen sind Neue Materialien zwar die Basis, aber meist nur mit einem kleinen Teil an der Gesamtwertschöpfung beteiligt. Der eigentliche Nutzen entsteht bei der Anwendung dieser neuen Werkstoffe in technischen Systemen wie Sensoren, elektrischen Stellmotoren mit Hochleistungsmagneten in der Mikrosystemtechnik, Energiewandler und Werkzeugmaschinen. Wertschöpfungsfaktoren von 1000 und mehr – vom Material bis zum Bauteil oder System – sind durchaus typisch (MaTech 1997, S. 9). Verschärfend ist sogar die Folge festzustellen, daß „Werkstoffentwickler und -hersteller ... nicht in ausreichendem Maße am Markter-

[1] Den Zusammenhängen zwischen innovativer Materialentwicklung und der Sicherung des Wirtschaftsstandortes Deutschland ist der TAB-Bericht gewidmet (Socher et al. 1994a). Dieser Aspekt wird in dem vorliegenden Memorandum kaum berücksichtigt (s.u., Abschn. 2.3, 2.4).

folg neuer Werkstoffe beteiligt [sind], da dieser Erfolg erst auf der Ebene der Bauteil- und Produktfertigung sichtbar wird" (Socher et al. 1994a, S. 53). Innovative Materialentwicklung ist zwar notwendigerweise für viele neue technische Systemlösungen erforderlich, wird aber im Prämiensystem nicht entsprechend berücksichtigt, um hierfür Anreize zu schaffen.

Die isolierte Betrachtung des Wertschöpfungsanteils neuer Materialien an einem bestimmten Produkt oder System greift jedoch zu kurz. Denn da Neue Materialien und entsprechende Fertigungsverfahren in unterschiedlichen Technikfeldern und Branchen Anwendung finden können, manifestiert sich die ökonomische Bedeutung von neuen Materialien auch in eher indirekter Weise durch ihren *Querschnittscharakter* und ihre oft produkt- oder system*ermöglichenden* Eigenschaften: „Innovationen im Werkstoffbereich bilden für viele Schlüsseltechnologien die Grundlage für ihren Erfolg am Markt" (Socher et al. 1994a, S. 20). Aufgrund der verstärkten Systemintegrationen und Vernetzungen bislang getrennter Bereiche wird in den nächsten Jahren ein starkes volkswirtschaftliches Wachstum in diesem Sektor erwartet (Wissenschaftsrat 1996, S. 41).

Der Innovationsbegriff ist, bedingt durch wirtschafts- und standortpolitische Diskussionen, zu einem positiv besetzten Modewort geworden, wie etwa die genannten Zitate zeigen. Eine innovative Gesellschaft ist jedoch immer auch eine *zerstörende* Gesellschaft (Schumpeter): durch das Neue wird Altes ersetzt, als überflüssig markiert und als veraltet diskriminiert. Innovationen haben Gewinner und Verlierer zur Folge. Auch Materialinnovationen zeigen derartige Ambivalenzen, so etwa anhand der Frage nach der internationalen Verteilung der Gewinner und Verlierer von Materialinnovationen in den industrialisierten Ländern. Neue Materialien führen zur (teilweisen) Substitution klassischer Materialien. Damit hat der Einsatz neuer Materialien weltwirtschaftliche Bedeutung für die internationale Arbeitsteilung im Hinblick auf Rohstofflieferung und Weiterverarbeitung (Socher u. Rieken 1994).

Im weltwirtschaftlichen Maßstab können sich negative wirtschaftliche Folgen von Materialinnovationen für die klassischen rohstoffliefernden Entwicklungsländer zeigen (z.B. für kupferproduzierende Volkswirtschaften bei Ersatz von Kupfer durch Glasfaserkabel). Der Trend weg von der Förderung, dem Transport und der Bearbeitung großer Materialmengen, weg von großen Stoffströmen (Socher et al. 1994a, S. 87) und hin zu intelligenteren „maßgeschneiderten" Fertigungsverfahren ist in diesem Zusammenhang ebenfalls ein ökonomischer Effekt, der die klassischen Rohstofflieferanten vor neue Herausforderungen hinsichtlich eines ökonomischen Strukturwandels stellt.[2] Innovationen im Material- und Fertigungsbereich haben oftmals die Entwertung bestimmter „primärer" Ressourcen (Rohstoffe) zur Folge. Die Verfügbarkeit von Know-how als „sekundärer" Ressource wird somit auch für die einstmals sich auf primäre Ressourcen stützenden Volkswirtschaften von Bedeutung – forciert wesentlich auch durch Materialforschung und -entwicklung sowie Fertigungstechnik.

Japan, USA und Europa dominieren gegenwärtig den Weltmarkt an neuen Materialien. Der Anteil der übrigen Länder beläuft sich auf weniger als 10%. Insge-

[2] Das zur Zeit des Kalten Krieges wesentliche Ziel der Reduzierung der Abhängigkeit von Rohstofflieferungen aus politischen Problemzonen (Socher u. Rieken 1994, S. 3ff) spielt gegenüber ökonomischen Überlegungen gegenwärtig kaum noch eine Rolle.

samt sind die USA und Japan auf dem Markt der Hochleistungswerkstoffe führend und konnten die Position in den letzten Jahren ausbauen. Deutschland nimmt auf dem Markt der neuen Materialien nicht insgesamt, aber auf einzelnen Feldern, etwa im Bereich der Strukturpolymere, eine sehr starke Position ein (Wissenschaftsrat 1996).

2.1.2 Bedeutung für den Umweltschutz

Folgen von Technikentwicklung und -einsatz hängen evidenterweise sowohl im Ausmaß als auch in der Art und Weise wesentlich von den eingesetzten Materialien ab. Dies kann in *direkter* Weise der Fall sein, etwa hinsichtlich der Entsorgung oder Rezyklierung, oder aber in *indirekter* Weise, indem nämlich die Wahl eines Materials erheblich die Ökobilanz des gesamten Produktes beeinflussen kann, etwa über den Energieeinsatz zur Rohstoffgewinnung oder Wirkungsgrad- oder Emissionsaspekte im Betrieb (so bei Antrieben). Für Umweltaspekte neuer Materialien gilt jedoch ebenfalls, wie oben für die ökonomische Bedeutung diskutiert, die beschränkte Sichtbarkeit und Relevanz im Produkt oder System: die Ökobilanz aggregiert eine Vielzahl von Aspekten, unter denen die eigentlichen Materialfragen nur einen Teil ausmachen. Die Stoffbewertung ist nur Teil der Produktbewertung (Socher et al. 1994a, S. 77).[3]

Da auf dem Gebiet der Umweltaspekte der Materialforschung viele Fragen ungeklärt sind (Socher et al. 1994a, S. 87) und ein hoher Forschungsbedarf besteht (Wissenschaftsrat 1996, S. 46), soll im folgenden durch einige Beispiele streiflichtartig die ökologische Bedeutung von Erforschung und Entwicklung neuer Materialien verdeutlicht werden. Unter dem Aspekt der Verantwortung für zukünftige Generationen (Gethmann 1993) und der daraus resultierenden Forderung nach einem „umsichtigen Naturumgang" (Gethmann 1996) sind fertigungstechnische Prozesse auch unter Berücksichtigung ökologischer Gesichtspunkte zu optimieren. Wesentliche Stichworte im Kontext der Materialentwicklung sind Ressourcenschonung im Hinblick auf Energie und Stoffe und die Verbesserung der Emissionsbilanz. Erforschung und Entwicklung neuer Materialien können dazu Beiträge vor allem unter den Aspekten

1. der Substitution ökologisch bedenklicher Materialien und Verfahren,
2. der Förderung der Rezyklierbarkeit von Stoffen und
3. der Materialeinsparung leisten.

Beispiel zu 1: Substitution von Kühlschmierstoffen: In konventionellen formgebenden Fertigungsprozessen, wie Zerspanen und Umformen, fallen Kühlschmierstoffe, wie z.B. Emulsionen und Lösungen an. Zur Zeit sind dies jährlich in Deutschland etwa 600.000 t (VDI Nachrichten 1997). Sie führen zum einen bei der Entsorgung zu Belastungen von Boden und Luft, zum anderen kann evtl. am Arbeitsplatz eine erhebliche Gesundheitsbelastung resultieren (Kanzerogenität).

[3] In der eigentlichen Stoffbewertung handelt es sich typischerweise um Fragen der Toxizität, etwa im Umfeld der Materialbearbeitung und der Entsorgung im Kontext des Gesundheits- und Arbeitsschutzes (Socher et al. 1994a, S. 103ff.). Hier werden Werkstoffe als „Wirkstoffe" analysiert.

Beide Folgen führen aufgrund der dadurch erforderlichen Sorgfaltsvorkehrungen zu höheren Kosten in Betriebs- und Volkswirtschaft. Aufgrund von Auflagen und Gesetzen haben sich die Kosten für die Entsorgung der Kühlschmierstoffe von 1987 bis 1993 verdoppelt mit weiterhin steigender Tendenz. Bei einzelnen Bauteilen betragen diese Prozeßkosten bis zu 20% der Bauteilkosten. Industrie und Wissenschaft versuchen daher, kühlschmierstoffreiche Prozesse durch kühlschmierstoffarme, idealerweise „trockene" Prozesse zu ersetzen. Werkzeugwerkstoffe für die Trockenbearbeitung müssen über geringe Adhäsionsneigung zum Werkstückwerkstoff und über hohe Warm- und Verschleißfestigkeit verfügen. Hier haben sich beschichtete Werkzeuge bewährt. Für die Feinstbearbeitung weisen beschichtete Werkzeuge jedoch oft zu starke Verrundungen an den Schneiden auf, so daß bei Schneidwerkzeugen auf die parallele Entwicklung neuer geeigneter bulk-Materialien nicht verzichtet werden kann. Hier stehen z. Z. feinkörnige Keramiken im Mittelpunkt. Zum anderen kann durch ein besseres Verständnis der Abtragmechanismen, z.B. beim Bearbeiten von Hochleistungskeramik, der Einsatz von Kühlschmierstoffen optimiert werden. In weiten Bereichen des Ersetzens von kühlschmierstoffintensiven Prozessen durch andere Bearbeitungsprozesse ist erheblicher F&E-Aufwand notwendig. Dies betrifft insbesondere thermische Probleme, die der Substitution Grenzen setzen.

Beispiel zu 1: Biologisch abbaubare Kunststoffe: In Deutschland werden jährlich etwa 10 Mio. t Kunststoffe produziert, welche bislang vor allem im Hinblick auf ihre Langzeitstabilität gegenüber umwelt- und technikspezifischen Einflüssen hergestellt werden (Rafler 1995). Oft ist diese Langzeiteigenschaft jedoch nicht für den Zweck der Verwendung erforderlich, dies gilt z.B. im Bereich der Plastiktüten, der Einwegverpackungen und der Einweggeräte, z.B. im klinischen Bereich. Um Entsorgungsprobleme zu entschärfen und um Stoffkreisläufe zu schließen, wird daher u.a. versucht, biologisch abbaubare Kunststoffe zu entwickeln. Das Substitutionspotential wird mittelfristig auf etwa 5% aller Kunststoffe eingeschätzt (Kalbe u. Koch 1995).

Als Ausgangsmaterial für biologisch abbaubare Kunststoffe kommen sowohl fossile organische wie auch nachwachsende Rohstoffe in Betracht. Im letzteren Fall könnte der Stoffkreislauf über den Anbau nachwachsender Rohstoffe, deren technischer Bearbeitung, ihre Kompostierung nach Erfüllung ihres Zwecks und anschließender Aufbringung als Dünger auf Ackerflächen geschlossen werden. Ausgangsstoffe für biologisch abbaubare Kunststoffe auf der Basis nachwachsender Rohstoffe sind vor allem Cellulose (Kalbe u. Koch 1995) und Stärke (Rafler 1995, vgl. dazu auch Abschn. 3.2.7).

Beispiel zu 2: Rezyklierung: Oftmals ist es nicht der Werkstoff an sich, der geeignet oder ungeeignet ist für eine Kreislaufführung, sondern Entwicklung, Konstruktion, Herstellung, Nutzung, Wartung und Verwertung eines Produktes oder eines Systems bestimmen die Fähigkeit, Ressourcen möglichst lange und intensiv zu nutzen. Produkt- und Materialentwicklung bzw. -auswahl müssen daher unter dem Blickwinkel der Kreislauffähigkeit optimal aufeinander abgestimmt und für den Herstellungsprozeß vorbereitet sein (vgl. AG-MAT 1997, S. 164ff.). Dabei ist es notwendig, Maßnahmen zur Lebensdauerverlängerung und mögliche Verwertungswege von Anfang an in die Einsatzgebiete, Auslegung, Bearbeitungstechniken, Qualitätssicherung und Verwertung neuer Werkstoffe und daraus hergestellter Produkte einzubeziehen (Socher et al. 1994a, S. 102). Der Einsatz neuer Materialien vor dem Hintergrund kreislaufwirtschaftlicher Zielsetzungen ist durch einen hohen F&E-Bedarf geprägt.

2.1.3 Bedeutung in der Lebenswelt

Erforschung und Entwicklung neuer Materialien führen oftmals zur Ermöglichung von technischen Innovationen, die sich bis hinein in die Lebenswelt und den Alltag der Bevölkerung hinein auswirken und dort teilweise erhebliche kulturverändernde Folgen haben. Deutlich wird dies beispielsweise im Versuch, sich Produkte aus Kunststoffen aus der modernen Küche oder auch aus dem Bereich der Kinderspielzeuge wegzudenken. Angesichts der Tatsache, daß der Siegeszug der Kunststoffe erst vor etwa 40 Jahren begann, wird deutlich, in welchem Umfang der Einsatz neuer Materialien für die Kultur einer Gesellschaft von Bedeutung sein kann. In jüngster Zeit sind vor allem folgende Beispiele zu nennen:

- Der Einsatz von Verpackungsmaterialien jeglicher Art hat einerseits positive Folgen für die Transportmöglichkeiten von Gütern und ihre Haltbarkeit (Lebensmittel), führt aber auch zu der bekannten Entsorgungsproblematik.
- Die Compact Disc-Technik (CD), die durch die Entwicklung der Matrix Polycarbonat ermöglicht wurde, führte in kurzer Zeit zu einem Systemwechsel von der Schallplatte zur CD-Technik.
- Die Entwicklung der Glasfaserkabel ermöglichte (unter Substitution klassischer Datenübertragungsmedien, vor allem Kupfer) Innovationen in der Datenübertragungstechnik im Hinblick auf höhere Übertragungsraten und hat dadurch erhebliche Auswirkungen auf die Entwicklung der „Informationsgesellschaft".
- Einweggerätschaften im Krankenhaus ermöglichen ein Höchstmaß an Hygiene, haben allerdings Entsorgungsprobleme zur Folge.
- Die Oberflächenbehandlung oder Beschichtung von Gläsern und transparenten Kunststoffen ermöglicht neue Eigenschaften z.B. in Gebäude- oder PKW-Verglasung oder zur Entspiegelung von Brillengläsern.
- Die Entwicklung der Katalysatoren für Verbrennungsmotoren – wesentlich bedingt durch Fortschritte im Verständnis katalytischer Prozesse – erlaubt die drastische Reduktion von Stickoxiden und Sommersmog hervorgerufen durch den Straßenverkehr.
- Die Entwicklung von Sportgeräten (z.B. Ski) und Sportkleidung – sowohl für den Hochleistungs- als auch für den Normalbereich – ist ohne den Einsatz *Neuer Materialien* und entsprechender Verarbeitungsverfahren nicht denkbar.

Entwicklungen in der Medizin verdienen besondere Beachtung, so z.B. Neue Materialien für künstliche Hüftgelenke und thermoplastische Elastomere für Herzklappen (vgl. auch untenstehendes Beispiel). Bedeutung der Materialentwicklung und ihr medizinischer und damit gesellschaftlicher Nutzen sind evident und unbezweifelbar. Die Bedeutung neuer Materialien in diesen Entwicklungen wird jedoch von der Öffentlichkeit kaum wahrgenommen: Das Verdienst an den Neuerungen wird vor allem der medizinischen Forschung zugeschrieben (vgl. dazu Abschn. 2.2).

Beispiel: Resorbierbare Polyester: Zu resorbierbaren Polyestern gehören Derivate der Milchsäure (Lactide) oder der Glycolsäure (Glycolide), die entweder als Monomer oder in verschiedenen Polymer- und Copolymer-Varianten bekannt und herstellbar sind. Formkörper aus diesen Materialien bilden thermoplastische Kunststoffe, deren mechanische Eigenschaften ähnlich denen anderer Kunststoffe sind. Ihre Besonderheit besteht darin, daß sie unter physiologischen Bedingungen innerhalb von Wochen, Monaten oder Jahren – dies ist je nach Polymer verschieden – hydrolytisch zu Glycol- bzw. -Milchsäure abgebaut werden. Im Zusammenhang mit der Eigenschaft, daß sowohl die Polymere selbst als auch die Abbauprodukte nichttoxisch sind und vom Organismus gut vertragen bzw. ausgeschieden werden, liegen Anwendungen in der Medizin nahe. Etabliert sind glycolidderivatige Polymere als Nahtmaterial in der Chirurgie (Chu 1983). Ihre Resorption im Körper nach Erfüllung ihrer Funktion als Hilfe beim Wundverschluß erfolgt ohne Auftreten negativer Gewebereaktionen. Gegenwärtig werden auch Wundklammern, Netze und Bänder aus resorbierbaren Polyestern eingesetzt.

Ein anderes Anwendungsgebiet liegt in der operativen Behandlung von Knochenbrüchen (Barrows 1986). Bislang wurden vor allem Metallteile (Platten, Schrauben, Draht) zur mechanischen Stabilisierung verwendet, welche nach erfolgtem Heilungsprozeß operativ entfernt werden müssen. Ihr Ersatz durch resorbierbare Polyester, die die Zweitoperation überflüssig machen, ist möglich, weil sowohl die mechanischen Eigenschaften als auch die Abbaurate durch Wahl der Art und der Zusammensetzung des Polyesters bestimmt werden können. Die zentrale Eigenschaft, im Organismus innerhalb bestimmter Zeiten abgebaut zu werden, macht resorbierbare Polyester darüber hinaus als Arzneimittelträger mit verzögerter Wirkstoffreigabe interessant. Dazu wird der Wirkstoff entweder im Polyester mikroverkapselt oder in die Polymermatrix eingebettet.

2.2 Technikfolgenbeurteilung und Materialentwicklung

Die dargestellte gesellschaftliche Relevanz der Materialforschung und –entwicklung zieht einen erheblichen Beratungsbedarf der politischen Entscheidungsträger nach sich, um die relevanten Rahmenbedingungen zu optimieren und die Ziele der Forschungsförderung zu reflektieren. Dies sei im folgenden näher ausgeführt.

2.2.1 Rationale Technikfolgenbeurteilung

„Postindustrielle" Staaten sind zunehmend mit dem Problem konfrontiert, in welcher Weise eine langfristig verläßliche Technik- und Forschungspolitik konzipiert und umgesetzt werden kann. Der umsichtige Umgang mit knappen finanziellen und personellen Ressourcen der Gesellschaft erfordert eine vorausschauende, langfristige und vernünftige Orientierung der wissenschaftlich-technischen Entwicklung. Gravierende Kurskorrekturen in *fortgeschrittenen* Stadien wissenschaftlich-technischer, komplexer und damit kostenintensiver Entwicklungen bedürfen oftmals erheblicher Mittel; ein zu später Abbruch von Entwicklungslinien hinterläßt entsprechende Investitionsruinen. Rationale Technikfolgenbeurteilung (Grunwald 1998a) ist in dieser Situation ein Mittel, um die theoretischen und praktischen Möglichkeiten einer langfristigen Wissenschafts- und Technikpolitik in wissenschaftlicher Unabhängigkeit und Kontinuität auszuloten. Ihr vorrangiges Ziel ist, für absehbare Entscheidungsunsicherheiten und Konflikte in bezug auf Wissenschaft und Technik eine rationale, effiziente und produktive Bewältigung zu ermöglichen.

Technikkonflikte und diesbezügliche Entscheidungsunsicherheiten werden einerseits durch Unsicherheiten hinsichtlich der Geltung von Tatsachenbehauptungen (z.B. das Ausmaß eines Risikos betreffend), andererseits durch verschiedene Moralvorstellungen der Betroffenen (z.B. hinsichtlich der Akzeptanzbedingungen für Risiken) erzeugt. Zur Überprüfung der Geltung und Geltungsbedingungen wissenschaftlicher Resultate werden wissenschaftstheoretische Rekonstruktionen herangezogen (Gutmann u. Hanekamp 1998). Unterschiedliche Moralvorstellungen sollen in der Technikfolgenbeurteilung mit den verfügbaren Mitteln der Rationalität aufgearbeitet werden, um über Wünschbarkeit oder Akzeptabilität von Wissenschafts- und Technikfolgen zu urteilen (Gethmann u. Sander 1999).

Rationale Entscheidungsvorbereitungen und technik- und wissenschaftsbegleitende Reflexion sollten sich möglichst auf die *frühen Stadien der Entwicklung* beziehen, in denen gesellschaftliche Steuerungsmaßnahmen noch ohne gravierende ökonomische Folgen greifen. Sie umfaßt die antizipative Suche nach Entscheidungsalternativen und präventiven Maßnahmen zur Vermeidung von gravierenden Fehlinvestitionen oder Investitionsruinen bzw. von forschungs- und technikpolitischen Sackgassen. Auf diese Weise steigert eine reflexive Begleitung der wissenschaftlich-technischen Entwicklung die Effizienz der Nutzung gesellschaftlicher Ressourcen.[4]

Technikentwicklung findet zum weitaus größten Teil in der Wirtschaft unter Marktbedingungen statt. Die *gesellschaftliche* Gestaltung der Technik, insofern sie maßgeblich vom politischen System durchgeführt oder beeinflußt werden kann, bezieht sich auf konkrete technische Planungen mit dem Staat als hauptverantwortlichem Akteur, Programme oder Schwerpunktsetzungen in der Technik- und Innovationspolitik sowie der Forschungsförderung und die Setzung von Rahmenbedingungen für die allgemeine Technikentwicklung, die nach diesen Maßgaben in der Industrie erfolgt. Diesbezügliche Entscheidungen strukturieren die Zukunft, indem sie aus der Vielfalt aller wissenschaftlich-technischen Möglichkeiten bestimmte einzelne Optionen oder ganze Bündel von Optionen auszeichnen und dadurch die technische Entwicklung in bestimmte Bahnen lenken (sollen). Betrachtet man technikpolitische Entscheidungen in dieser Weise, wird dabei die *Gestaltungsperspektive* deutlich: durch gegenwärtige Entscheidungen wird Zukunft gestaltet, nicht im Sinne einer Festlegung der Zukunft, aber im Sinne einer Priorisierung bestimmter Optionen gegenüber anderen. Die Forderung nach Rationalität in der gesellschaftlichen Technikgestaltung (Grunwald 1998c) kann also als Forderung nach Gestaltungs- oder Planungsrationalität präzisiert werden (Grunwald 1999a). Es geht um die *reflektierte Gestaltung der Rahmenbedingun-*

[4] In dieser Hinsicht leistet damit auch Rationale Technikfolgenbeurteilung einen, allerdings indirekten und nicht ausschließlich ökonomiebezogenen Beitrag zur Standortdiskussion.

gen der weiteren technischen Entwicklung. Planung in diesem Zusammenhang meint daher nicht detaillierte Handlungsplanung, auch nicht ein algorithmenhaftes Abarbeiten festgelegter Schritte, sondern *Zielplanung mit variierender Planungstiefe* (Grunwald 1998c). Rationalität in der gesellschaftlichen Gestaltung von Technik kann daher als *Planungsrationalität* verstanden werden. Auch in der komplexen Gesellschaft finden Entscheidungen statt, in denen mit begrenzten Ressourcen und unter restriktiven Randbedingungen „optimale" Effekte relativ zu vorgängig festgelegten und gerechtfertigten Kriterien erzielt werden sollen. Die Forschungsförderung stellt ein spezielles Feld derartiger Zukunftsgestaltung dar: „Innovation geschieht heute nicht mehr per Zufall, sondern ist ein strategischer Prozeß, der geplant und gemanagt werden muß" (MaTech 1997, S. 10). Entscheidungen über Forschungsförderung stehen unter Erfolgsbedingungen und unterliegen Gelingenskriterien, sie lassen sich daher unter planungs- oder entscheidungsrationalen Kriterien diskutieren.[5]

Die Rede von Planungsrationalität muß allerdings die realen Randbedingungen der modernen Gesellschaft beachten. Insbesondere sind die Unhaltbarkeit geschichtsphilosophischer Positionen einer Planungseuphorie oder einer Planungsskepsis (Grunwald 1999a) ebenso wie die Dezentralität der Gesellschaft (Gottschalk u. Elstner 1997) zu berücksichtigen. Dies bedeutet insbesondere, daß rationale Planungen, etwa im Bereich der Forschungsförderung, als *flexible* Planungen immer provisorisch bleiben müssen: provisorisch sowohl in den normativen Prämissen, dem verwendeten Wissen wie auch den verfolgten Zwecken.[6] Gesellschaftliche Technikgestaltung unter dem Aspekt der Planungsrationalität kann keine algorithmenhafte Herstellung fixierter Entwicklungsstränge oder Endzustände sein, sondern nur ein zukunftsprägendes Handeln unter permanenter Reflexionsverpflichtung darstellen.

In *flexibler* Planung können neu eingetretene oder bekanntgewordene Sachverhalte, z.B. Wissen über Nebenfolgen oder Aktualisierungen von Prognosen, genauso berücksichtigt werden wie Änderungen der gesellschaftlichen Zielsetzungen. Das Maß der Flexibilität der Planung ist abhängig von den verfolgten Zwekken und ihren Kontexten. Der Rationalitätsgewinn besteht darin, daß jede Änderung durch ihre Bezüge zu älteren Versionen und den neu eingetretenen Sachverhalten reflektiert werden muß und kann; ein bloßes Hinterherlaufen hinter kontingenten und kurzlebigen Modeerscheinungen wird dadurch ausgeschlossen. Die Reflexionserfordernisse können dabei durch die Definition von *Meilensteinen* auf bestimmte Punkte der antizipierten Entwicklung fokussiert werden, an denen z.B. Verzweigungen eines Entscheidungsbaumes liegen oder an denen die Erfüllung bestimmter Zwischenschritte überprüft werden soll. Der Begriff flexibler Planung ist daher, auf dem Hintergrund der Planungsrationalität, von herausragender Bedeutung für die Formulierung langfristig verläßlicher Maximen der Technik- und Wissenschaftspolitik im Hinblick auf Forschungsförderung und andere Rahmenbedingungen materialwissenschaftlicher Forschung. Rationale Technikfolgen-

[5] Der Review des MatFo-Programms (Little et al. 1993) stellte gerade eine Überprüfung unter derartigen Kriterien dar.

[6] Die Flexibilität von Planungsprozessen zieht die Notwendigkeit einer begleitenden Reflexion nach sich; dies führt auf Anforderungen an Technikfolgenbeurteilung im Sinne eines „begleitenden Controlling" (siehe Kapitel 7).

beurteilung stellt in dieser Hinsicht die reflexive Begleitung eines laufenden und unabschließbaren Planungs- und Gestaltungsprozesses dar, das vorliegende Memorandum einen Schritt in diesem Prozeß.

2.2.2 Staatliches Handeln in der Technikgestaltung

An der Gestaltung von Technik ist eine Vielzahl von Akteuren und Akteursgruppen beteiligt (Staat, Verbände, Wissenschaftler/Ingenieure, Konzerne, Verbraucherschutz, Nutzer etc.), die grundsätzlich verschiedene Rollen in diesem Prozeß übernehmen, die – was die Sache noch komplizierter macht – auch von Fall zu Fall variieren kann. Der Staat spielt hierbei nur eine Rolle unter vielen anderen; die Rolle eines zentralen monolithischen Planers, wie etwa im Marxismus oder in den sechziger Jahren auch in den westlichen Ländern planungsoptimistisch vertreten (und auch in den Anfängen der TA übernommen) wurde, kommt ihm aus vielerlei Gründen nicht zu (Gottschalk u. Elstner 1997). Bereits die funktionale Differenzierung staatlicher Organe erschwert die Rede von „dem" Staat. Diese Dezentralisierung bringt Vorteile einer differenzierteren und kontextnäheren Herangehensweise mit sich, aber auch Probleme der Koordinierung von Zielsetzungen und Instrumenten (vgl. Abschn. 4.4).

Technikgestaltung findet vorwiegend in der Wirtschaft unter Kosten/Nutzen-Effizienz- sowie unter Akzeptanz- und Konkurrenzbedingungen statt (vgl. hierzu die Fallbeispiele in Kapitel 4). Industrielle Forschung bildet mit einem Anteil von etwa 60-80% auch den Hauptteil der gesamten Forschung in den industrialisierten Ländern. Technikrelevante Entscheidungen für Produkte und Produktlinien oder für Entwicklungs- oder Produktionsverfahren werden unter Kosten/Nutzen-Abwägungen oder aus anderen betrieblichen strategischen Gründen getroffen. Das staatliche Handeln in diesem Bereich erstreckt sich auf direkte Technikgestaltung, auf Forschungs- und Technologieförderung und auf Regulierungsvorgaben für Technikgestaltung durch den freien Markt:[7]

1. Konkrete Technikentwicklung durch den Staat als hauptverantwortlichen Akteur: der Staat gibt die Forschungs- und Entwicklungsziele sowie die Einsatz- und Anwendungsgebiete der betreffenden Technik vor und ist selbst Betreiber der F&E-Arbeiten zur Realisierung dieser Technikziele. In diesen Bereich fallen beispielsweise Raumfahrtprojekte, insbesondere der bemannten Raumfahrt, Infrastrukturprojekte im Verkehrs- oder Kommunikationsbereich, gegebenenfalls Elemente der Energieversorgung wie Kraftwerke, Braunkohlebergbau oder atomare End- oder Zwischenlager sowie die Militärtechnik.[8]
2. Einrichtung von Programmen oder Schwerpunktsetzungen in der Technik- und Innovationspolitik sowie der Forschungsförderung: hier fördert der Staat, grob gesprochen, nicht Technik, sondern Technologie. Die Förderung erstreckt sich auf Entwicklungslinien von Technik, die in ihren möglichen Applikationen noch mehr oder weniger offen sind. Die Anwendungskontexte werden vom

[7] Diese Einteilung ist nicht immer trennscharf und sollte pragmatisch gelesen werden, nämlich als eine für die Zwecke des vorliegenden Memorandums geeignete Art der Einteilung.

[8] Durch Privatisierung – vor allem im Verkehrs- und Kommunikationsbereich – ist dieser Bereich in den letzten Jahren in vielen Ländern erheblich geschrumpft.

Staat in der Regel nicht vorgegeben, sondern mögliche Anwendungsfelder dienen eher der perspektivischen Rechtfertigung der Förderung (wie z.B. der Einsatz von Keramik im Automobil für die Förderung der Keramikforschung, vgl. Abschn. 4.1). Beispiele sind die Programme MaTech (BMBF) und BriteEuram (EU) im Bereich der Materialforschung, die besonders Schlüsseltechnologien mit vielfältigen Umsetzungsmöglichkeiten fördern wollen.

3. Setzung von Rahmenbedingungen für die allgemeine Technikentwicklung, die nach diesen Maßgaben in der Wirtschaft erfolgt: innerhalb dieses Eingriffstyps in die Technikentwicklung gibt der Staat weder Entwicklungsziele vor noch bestimmt er die konkrete Ausprägung technischer Produkte oder Verfahren. Die Wahl der technischen Mittel bleibt dem Markt überlassen. Das Verbot der Weiternutzung von Fluorchlorkohlenwasserstoffen z.B. ließ Freiraum in bezug auf den Einsatz von Ersatzstoffen – selbstverständlich innerhalb der hierfür relevanten regulierenden Vorgaben. Derartige gesellschaftliche bzw. politische Aktivitäten betreffen z.B. die Setzung von Grenzwerten und von Sicherheits- oder Umweltstandards, die Bemessung technikrelevanter Steuersätze oder technikrelevante und direkt regulierende Maßnahmen wie Verordnungen über Rücknahmeverpflichtungen von Altautos oder andere Rezyklierungsvorschriften. Regulierung der Technikgestaltung in diesem Sinne setzt entweder strikte Grenzen (Verbote, z.B. Neuzulassungen von Personenkraftwagen ohne geregelten Katalysator oder das Verbot des Klonens von Menschen) oder formuliert die Rahmenbedingungen für das Marktverhalten so, daß aus ökonomischen Gründen eine Entwicklung in die gewünschte Richtung erfolgt (z.B. die schadstoffabhängige Staffelung der KFZ-Steuer oder eine eventuelle Energiesteuer). Technikgestaltung durch staatliche Regulierung bezieht sich auf die *reflektierte Gestaltung der Rahmenbedingungen der weiteren technischen Entwicklung* (Grunwald 1998c).

Diese Muster staatlicher Beiträge zur Technikgestaltung unterscheiden sich vor allem in der Eingriffstiefe des Staates. Nimmt diese von 1 nach 3 kontinuierlich ab, steigt gleichermaßen der Einfluß des Marktgeschehens auf die Technikentwicklung an. In den letzten Jahren ist tendenziell tatsächlich zu beobachten, daß die Rolle des Staates sich in diese Richtung verschiebt. Dies ist erkennbar z.B. an der verstärkten Forderung nach der Beteiligung der Industrie an der Festlegung von Themen für Förderschwerpunkte und nach ihrer Beteiligung an Verbundprojekten (vgl. Abschn. 6.3.3). Auch gerät die staatliche Forschungsförderung unter verstärkten Druck von Evaluierungen, welche ihren Erfolg an wie auch immer gearteten, meist ökonomisch orientierten Indikatoren festmachen (Patenthäufigkeit, Umsetzungsquote etc., vgl. dazu Little et al. 1993, Soete 1995, Beise u. Stahl 1998, Baselt u. Tiebes 1998). Um die Facetten staatlichen Handelns noch deutlicher herauszuarbeiten, lassen sich diese drei verschiedenen Rollen des Staates auf zwei diametral verschiedene Handlungsmuster beziehen:

1. einerseits der Staat als steuernde Instanz in einem „positiven" Sinne durch die Vorgabe substantieller Zielsetzungen für Technikentwicklung (etwa in der Raumfahrt). Solche positiven Ziele können durch direkte staatliche Technikgestaltung und durch auf bestimmte Ziele fokussierte Forschungsförderung erreicht werden. Hier ist insbesondere die Fokussierung auf Leitbilder zu nennen (dazu auch Abschn. 6.2.2).

2. andererseits das „negative" Begrenzen von Entwicklungen durch Vorschriften, Regulierungen, Gesetze, Standards etc. Hier setzt der Staat nicht positiv Ziele für Technikentwicklung, sondern beschränkt sich darauf, ausgehend von Zielen gesellschaftlicher Entwicklung möglichen negativen Entwicklungen vorzubeugen und z.B. einem gesellschaftlichen Sicherheitsbedürfnis durch die Einführung von Sicherheitsstandards und Umweltschutzzielen durch Vorgaben im Hinblick auf Nachhaltigkeit Rechnung zu tragen. Diese Elemente der staatlichen und gesellschaftlichen Steuerung der Technikentwicklung stellen Grenzmarkierungen dar, deren Beachtung für die Praxis der Technikgestaltung *notwendige* Bedingung darstellt. Sie definieren die Richtung der Technikentwicklung ausschließlich negativ, sie geben jedoch nicht positiv die Richtung vor. Die konkrete Ausgestaltung der Technikentwicklung durch Entwicklungsziele für Produkte wäre weitgehend den strategischen Entscheidungen in der Wirtschaft bzw. den Techniknutzern durch ihr Akzeptanzverhalten überlassen, soweit dies im Rahmen der vorgegebenen Rahmenbedingungen erfolgt. Ob das technische System x oder y realisiert wird, ist dann außerhalb des staatlichen Interesses oder Einflußbereichs, soweit beide Systeme die Regulierungsvorgaben erfüllen.

Wichtig ist, daß in den beiden konträren Alternativen vollständig verschiedene Wissensbestände vorhanden sein müssen, um eine Erfolgserwartung zu rechtfertigen: Gestaltet der Staat Technik vor allem durch Regulierung und überläßt er die konkrete Ausprägung dem Markt, bedarf es eines Technikfolgenwissens in erster Linie als eines *Regulierungsfolgenwissens*, eines Wissens um die Instrumente der Regulierung (Grenzwerte, ökonomische Anreize) und die erwartbaren Folgen ihrer Implementierung. Im Falle positiver Technikgestaltung, etwa durch Leitbilder in der Forschungsförderung, ist erheblich mehr Wissen über den Markt und über zukünftige Marktchancen erforderlich, um hier die „richtigen" Leitbilder zu setzen. Hierbei ist die Kehrseite eines deutlich höheren Einflusses des Staates auf die Technikentwicklung das Risiko erheblicher Fehlinvestitionen, wenn nämlich die durch Leitbildvisionen geförderten Technologien an der Entwicklung des Marktes vorbeilaufen. Um hier Orientierungshilfe anbieten zu können, ist es erforderlich, sich mit der Frage zu beschäftigen, ob das Wissen über die Entwicklung des Marktes auf eine Weise antizipierbar ist, die eine zentrale Rolle des Staates in diesem Feld überhaupt zuläßt. Kann der Staat wissen, was er wissen müßte, um Technikentwicklung gezielt in bestimmte Richtungen zu steuern? Gegenwärtig stellt sich diese Frage im Bereich der Nanotechnologie (Abschn. 4.5).

In allen genannten Fällen besteht staatliches Handeln in *technikpolitischen Entscheidungen* über Regulierungen, über Programme der Forschungsförderung und in direkter Technikpolitik. Die staatliche Rolle für die Materialwissenschaft wird vor allem durch den Punkt 2 der ersteren Aufstellung erfaßt. Hier dominiert die anwendungsoffene „Technologie"-Förderung unter den eingangs genannten wirtschaftspolitischen Zwecken. Die zweite Unterscheidung geht durch diese mitten hindurch; hier ist gerade die Frage, inwieweit „positive" Steuerung etwa über Leitbilder oder eher strukturelle Förderung ohne staatliche Festlegung der Themen erfolgen solle (dazu Abschn. 6.2).

Auch in den komplexen Prozessen der Technikgestaltung finden also – dezentral - *Entscheidungen* statt, in denen mit begrenzten Ressourcen "optimale" Effekte erzielt werden sollen: eine Vielzahl dezentraler Entscheidungen statt zentraler Entscheidungen eines Gesamtplaners. Die evolutionäre Sichtweise hingegen, die von gegenwärtigen sozialwissenschaftlichen Ansätzen bevorzugt wird (Basalla 1988, Grundmann 1994), nützt dem Entscheider bzw. den Entscheidern nichts. So ist z.B. aus der Perspektive eines Planers die Luhmannsche Definition der Planung als Beeinflussung zukünftiger Entscheidungen (Luhmann 1978) nur als für ihn irrelevant anzusehen. Einem Entscheider, der in einer konkreten Situation sich um „optimale" Lösungen bemühen und dabei z.B. Auswahlprobleme lösen muß, ist ersichtlich nicht geholfen, wenn ihm gesagt wird, daß er durch seine Planung zukünftige Entscheidungsgrundlagen verändert, denn – und das ist entscheidend – dies wäre ja der Fall *unabhängig davon*, wie er seine Planung auslegt. Genau das wichtigste Element des Entscheidens, die „beste Wahl" relativ zum verfügbaren Wissen und dem Entscheidungskontext, wird in der evolutionären Perspektive vernachlässigt.

In der technischen und technikpolitischen Praxis wird jedoch dauernd gehandelt, entschieden, geplant und abgewogen. Es geht daher in Orientierungshilfen für technikpolitische Entscheidungen immer um die Beurteilung von Optionen im Hinblick auf die erwartbare Ziel- und Zweckerreichung, d.h. um ein Abwägen und Vergleichen mit dem Ziel, ein *relatives Optimum* herauszufinden – so etwa in der Frage, wie die optimale Strategie aussieht, elektrische Antriebe für PKW am Markt durchzusetzen, etwa durch Subventionen, ökonomische Anreize oder durch Regulierung (vgl. Abschn. 4.2). Das besondere Problem in diesen Optimierungsversuchen besteht darin, daß die Randbedingungen für Entscheidungen nicht fixiert sind, *sondern selbst einem Wandel unterliegen* (Wissensstand, Zwecke und Ziele, Rahmenbedingungen, gesellschaftliche Konstellationen, Werte etc.). Es kann also nicht um eine einmalige Optimierung gehen, sondern die Aufgabe für staatliche Technikpolitik muß darin bestehen, permanent zu optimieren und die Projekte *den sich verändernden Gegebenheiten* anzupassen bzw. die durch diese Projekte selbst induzierten Änderungen zu berücksichtigen.

2.2.3 Technikfolgenreflexion in den Materialwissenschaften

Offenkundig sind Technikfolgenreflexionen im Bereich der Materialwissenschaften anders auszulegen als etwa in den Bereichen der Raumfahrt oder anderer „Systemtechnik". Nicht die Materialien als solche werden gesellschaftlich genutzt, sondern in der Regel die dadurch ermöglichten technischen Produkte und Systeme. Konsequenterweise werden die „Technikfolgen" i.w. (bis auf bestimmte stofftypische Wirkungen, z.B. toxischer Art) nicht durch Erforschung, Entwicklung und Einsatz von neuen Materialien, sondern durch den gesellschaftlichen Einsatz technischer Produkte und Systeme verursacht. Es ist daher angebracht zu klären, in welcher Weise und mit welchen Zielen Technikfolgenbeurteilung in materialwissenschaftlichen Fragestellungen betrieben werden kann. Auf dieser systematisierenden Basis können dann bisherige Arbeiten auf diesem Gebiet klassifiziert (Abschn. 2.3) und die Besonderheiten des vorliegenden Memorandums herausgearbeitet werden (Abschn. 2.4). Dazu sollen zunächst anhand eines typischen Beispiels die relevanten Spezifika der Materialforschung und -entwicklung analysiert werden.

Beispiel: Polycarbonat: Die Entwicklung der Matrix Polycarbonat führte in kurzer Zeit zu einem Systemwechsel von der Schallplatte zur CD-Technik. Für diesen Systemwechsel war die Entwicklung des Basismaterials und der entsprechenden Verarbeitungs- und Fertigungsverfahren eine notwendige, aber keine hinreichende Bedingung. Hinzu kam ein entsprechendes ökonomisches Umfeld sowie strategische Absprachen beteiligter Firmen. Weitere Anwendungsmöglichkeiten von Polycarbonat sind denkbar, so etwa für PKW-Fensterscheiben, insofern geeignete Beschichtungen verfügbar wären. Weiterentwicklungen von Polycarbonat sind die Cyclo-Olefine, die aufgrund verbesserter Materialeigenschaften das Polycarbonat ersetzen können (vgl. dazu Abschn. 3.2.3).

In diesem Beispiel läßt sich ein wesentliches Charakteristikum neuer Materialien verdeutlichen: sie wirken innovations- und systemermöglichend in dem Sinne, daß bestimmte Materialeigenschaften eine *conditio sine qua non* für die Entwicklung neuer technischer Systeme bilden (vgl. auch Socher et al. 1994a, S. 23). Andererseits bildet ihr Vorliegen keine *hinreichende* Bedingung dafür, daß diese Neuerungen wirklich eintreten noch gar, daß sie konkurrenzfähig sind und den Erwartungen des Kunden genügen. Hierzu muß vielmehr in der Regel eine Fülle weiterer Bedingungen erfüllt sein. Am Erfolg eines technisches Systems oder Produkts haben daher Neue Materialien oft nur einen kleinen Anteil, wenngleich ohne sie der Erfolg nicht denkbar gewesen wäre: „In der Regel ist die Funktion eines neuen Werkstoffs innerhalb eines komplexen Bauteils nicht mehr direkt erkennbar" (Socher et al. 1994a, S. 24). Umgekehrt gilt, und dies ist ebenfalls dem vorstehenden Beispiel zu entnehmen, daß Materialentwicklungen oft in einer Fülle von gänzlich verschiedenen Technikfeldern Anwendungen finden. Materialentwicklungen nehmen in dieser Weise *Querschnittsfunktionen* ein; ihnen kommt oftmals *Multifunktionalität* zu.[9]

Materialentwicklungen stellen daher *Basisinnovationen* dar: Sie bilden die Basis für darauf aufbauende neue technische Produkte oder Systeme. Dies rückt die Materialforschung in das Zentrum der aktuellen Diskussion um die Prioritätensetzung zwischen angewandter und grundlagenorientierter Forschung angesichts steigender ökonomischer Zwänge (vgl. Abschn. 6.3). Den an der Materialforschung beteiligten Disziplinen Physik, Chemie und den verfahrens- und technikwissenschaftlichen Disziplinen ist dieser Konflikt sozusagen inhärent und in ihnen auf den Punkt gebracht. Fragen der Art, wieviel Grundlagenforschung gebraucht wird, ob der ökonomische Druck wirklich innovationsfördernd oder eher innovationshemmend wirkt, ob Forschungsförderung eher auf kurzfristige Umsetzung oder langfristige Perspektiven setzen solle, können an materialwissenschaftlichen Fragestellungen bestens expliziert werden (Abschn. 6.3).

Dabei können *grundlagen*- und *umsetzungs*orientierte Forschung gegenübergestellt werden. Das Kriterium der Unterscheidung ist der *Ort der Zielsetzung* in der wissenschaftlich-technischen Entwicklung: sind diese in grundlagenorientierter

---

[9] Die Rede vom „maßgeschneiderten Werkstoff" widerspricht dem nicht, sie bezieht sich nur auf eine andere Ebene der Diskussion. Maßgeschneidert werden Werkstoffe gemäß Anforderungen, die aus dem technischen System abgeleitet werden (top-down-approach). Materialwissenschaftliche Entwicklungen, insbesondere in der Nähe zur Grundlagenforschung, dagegen führen zu einem *Angebot* an mehr oder weniger multifunktional einsetzbaren Materialien (bottom-up).

Forschung von der Wissenschaft selbst gesetzt, so werden sie in umsetzungsorientierter Forschung von außen, d.h. von außerwissenschaftlichen Bereichen der Gesellschaft (vor allem durch politische Instanzen und die Industrie) an sie herangetragen. So werden die mit einem Hochenergie-Beschleunigerring verfolgten elementarteilchenphysikalischen Ziele von den Physikern selbst definiert, sie ergeben sich aus offenen Fragen des jeweiligen Forschungsstandes (die gesellschaftliche Frage ist dann nur, ob der Gesellschaft diese physikalischen Grundlagenprobleme soviel bedeuten, daß sie die Finanzierung übernimmt). Verfolgt dagegen der Staat oder eine andere gesellschaftliche Agentur bestimmte Umsetzungsabsichten, so kann diesen durch entsprechende Förderprogramme Gewicht und Anerkennung verliehen werden. Wenn die Industrie in bestimmten forschungsaktiven Bereichen Marktchancen sieht, kann sie ihre eigene Forschung dahin orientieren oder über Aufträge entsprechende Forschung anregen. Umsetzungsorientierte Forschung in den Materialwissenschaften bezieht sich z.B. auf den zielgerichteten Einsatz von Materialien in konkreten technischen Systemen. Sie ist, im Gegensatz zur Grundlagenforschung, immer auch mit Fragen der gesellschaftlichen Rahmenbedingungen für technische Entwicklungen und ihre Akzeptanz, besonders im Hinblick auf die Durchsetzbarkeit am Markt, befaßt. Rationale Technikfolgenbeurteilung (Abschn. 2.2.1) darf sich gemäß den genannten Zielsetzungen nicht auf die umsetzungsorientierte Forschung beschränken, sondern muß explizit die Grundlagenforschung berücksichtigen. Von daher ist sie auch eine *Wissenschaftsfolgen*beurteilung.

Darüber hinaus hat die Rede von neuen Materialien als Basisinnovationen zur Folge, daß Technikfolgenbeurteilung sich nur in Teilen auf die Folgen des Einsatzes bestimmter technischer Systeme erstrecken kann. Sie bleibt, verursacht durch die vielen Vermittlungsschritte zwischen einer materialwissenschaftlichen Basisinnovation und darauf aufbauenden technischen Produkten, die sich auf dem Markt bewähren sollen, in einem stärkeren Sinne hypothetisch als die Folgenbeurteilung eines kompletten Systems oder einer Produktlinie. Reflexionsgegenstand der Technikfolgenbeurteilung im Bereich der Materialentwicklung sind die Produkte (Materialien) einerseits und ihre Folgen andererseits, soweit dies die Basiseigenschaft der Materialentwicklungen zuläßt. Sollen Folgen von Materialentwicklungen beurteilt werden, betrifft dies insbesondere auch die damit notwendigerweise zusammenhängenden *Verfahren* der Fertigung und Produktion. Neue Materialien können, was sowohl ihre technischen, gesundheitlichen, umweltrelevanten oder ökonomischen Aspekte betrifft, stets nur im Kontext der Verfahren diskutiert werden, die zu ihrer Herstellung und Verarbeitung verfügbar sind.

Nun werden Innovationsschübe in modernen Technikentwicklungen vor allem durch Systemwechsel oder Wechsel in Produktgenerationen wahrgenommen (Beispiel: von der Schallplatte zur CD). Technischer Fortschritt besteht dabei im Ersatz bisheriger technischer Angebote durch neue. Daß dabei oft an wesentlichen Stellen der Entwicklung und Herstellung Neue Materialien oder Fertigungsverfahren, Oberflächenbeschichtungen o.ä. eingehen, ohne die eine entsprechende Systemlösung bzw. das vom Benutzer wahrgenommene Produkt nicht möglich gewesen wäre, ist in der Regel weder dem Benutzer noch der Öffentlichkeit bekannt. Die wesentliche Beteiligung der Materialwissenschaften an Fortschritten in der modernen Medizin (künstliche Gelenke etc.) wird kaum gesehen; stattdessen werden diese Fortschritte fast ausschließlich der medizinischen Forschung zugeschrieben. Auch in volkswirtschaftlicher Hinsicht tritt der Werkstoff hinter das System zurück, in dem er eingesetzt wird (vgl. Abschn. 2.1). Neue Materialien weisen daher oftmals eine geringe Sichtbarkeit im technischen Endprodukt und in der Wirtschaftsbilanz auf (Wissenschaftsrat 1996). Das strategische Problem besteht darin, daß in einer Mediengesellschaft die mangelnde öffentliche Wahrnehmung zu Akzeptanzproblemen oder zu Gewichtsverschiebungen in der Forschungsförderung führen kann, die sich auf längere Sicht als nachteilig herausstellen. In diesem Zusammenhang wird häufig auf die Gestaltung der technischen Entwicklung durch *Leitbilder* verwiesen (vgl. z.B. die Beiträge in Böhm et al. 1996 und die dort zitierte Literatur, vor allem aber Abschn. 6.2.2 im vorliegenden Band).

Die Auslegung von Technikfolgenreflexionen kann im Umfeld der Materialwissenschaften erkennbar sehr unterschiedlich ausfallen. Im folgenden sollen einige Möglichkeiten kurz diskutiert werden, um vergangene Studien klassifizieren und die Besonderheiten der vorliegenden herausarbeiten zu können. Nach ihrem Reflexions*gegenstand* sind folgende Ansätze zu unterscheiden:

1. *Materialorientierte* Untersuchungen: Studien dieses Typs greifen bestimmte Materialentwicklungen auf und versuchen, die Folgen (Chancen und Risiken) dieser Entwicklung in verschiedenen möglichen Anwendungsfeldern zu erfassen und zu beurteilen. Sie gehen von Stoffen, Stoffgruppen, Verbindungen oder Legierungen und den dabei zum Einsatz kommenden Verfahren aus (Beispiel: die IPTS-Studie zu Aluminium, IPTS 1996a).
2. *Produkt- oder systemorientierte* Untersuchungen: In dieser Ausrichtung stehen die funktionalen Anforderungen eines technischen Produkts oder Systems im Vordergrund und es wird nach den Möglichkeiten gefragt, durch Materialentwicklung und -einsatz bestimmte Leistungsmerkmale auf Produkt- oder Systemebene zu verbessern oder erst zu ermöglichen (Beispiel: Die IPTS-Studie: The Car of the Future, the Future of the Car. IPTS 1996b).
3. *Kontextorientierte* Untersuchungen: Hier werden die gesellschaftlichen *Kontexte*, in denen Materialforschung, -entwicklung und -einsatz erfolgen, in die Mitte der Betrachtung gestellt. Teile dieses Umfeldes sind z.B. die Forschungsförderung, die Forschungsinfrastruktur, aber auch rechtliche oder ökonomische Rahmenbedingungen der Materialwissenschaften (Socher et al. 1994a).

Eine andere Möglichkeit der Strukturierung besteht durch Differenzierung nach politischen Handlungs- und Entscheidungsinteressen der Auftraggeber. Hier kann thematisch nach

- wirtschaftspolitischen,
- forschungspolitischen,
- umweltpolitischen und
- gesundheitspolitischen

Aspekten der Folgenbeurteilung unterschieden werden. Auf diese Weise ergibt sich ein zweidimensionales Raster zur Einordnung von Technikfolgenstudien im Bereich der Materialentwicklung.

2.2.4
Bedarfs- oder angebotsorientierte Technikfolgenbeurteilung?

Die Erfassung und Beurteilung von Technikfolgen kann, einer gängigen Unterscheidung nach, bedarfs- oder angebotsorientiert erfolgen, je nachdem, ob sie sich am *Angebot* aus Wissenschaft und Technik orientiert und die Folgen dieses Angebotes untersucht, oder ob sie den gesellschaftlichen *Bedarf* (oft auch synonym: die Nachfrage) in bestimmten Feldern als Ausgangspunkt wählt und von dort aus Folgerungen für Wissenschaft und Technik zieht.[10]

Das angebotsorientierte Vorgehen bedeutet in der Materialforschung, von den gegenwärtigen und absehbaren Resultaten der Forschung auszugehen und deren Folgen zu untersuchen. Naheliegend ist hierbei, auf der Basis von Klassifizierungen nach Stoffen oder Stoffgruppen zu verfahren, weil mit der entsprechenden Klassifikation oft auch die betroffenen Institutionen (Lehrstühle, Forschungseinrichtungen, Industriezweige) klassifiziert werden können, insofern diese, was in der Regel der Fall ist, auf bestimmte Stoffe oder Stoffgruppen spezialisiert sind.

Gleichwohl ist dieser Ansatz im Hinblick auf zukünftige Entwicklungen nicht ohne Probleme, da er eine Verengung der Fragestellung daraufhin nahelegt, was in Zukunft mit dem Einsatz neuer Materialien möglich ist und was die mutmaßlichen Folgen sein werden. So berechtigt letztere Frage ist, sollte die Betrachtung nicht *ausschließlich* darauf eingegrenzt werden. Denn in diesem Fall gerät die zielorientierte (finale) Frage nach den Funktionen, die Neue Materialien zukünftig erfüllen *sollen*, um bestimmte gesellschaftlich relevante Zwecke zu erreichen, aus dem Blick. Um die methodische Differenz beider Ansätze zu verdeutlichen, sei folgende handlungstheoretisch motivierte Unterscheidung vorgeschlagen, um daran eine Präzisierung der Gegenüberstellung und eine Klärung für die Zwecke der Technikfolgenbeurteilung zu erreichen:[11]

- Unter einem explorativen Ansatz wird verstanden, die zum jeweiligen Gegenwartspunkt erkennbaren Entwicklungslinien und Trends in die Zukunft zu extrapolieren (in Anlehnung an die explorativen Prognosen, vgl. Knapp 1978).
- Unter einem finalen Ansatz sei dagegen verstanden, von Zielsetzungen für zukünftige Sachverhalte auszugehen und die Frage zu stellen, was getan werden müsse, um diese Ziele zu erreichen.

Die Unterscheidung in explorative und finale Ansätze ist durch die unterschiedliche Blickrichtung relativ zur Zeitachse bestimmt: *prädiktiv* von der Gegenwart durch Fortschreibung in die Zukunft gerichtet oder von antizipierter (gewünschter) Zukunft *retrodiktiv* auf die Gegenwart rückschließend. Die explorative

[10] Die Unterscheidung „angebots- oder bedarfsorientiert" nimmt die vom VDI durch die Bezeichnung „technikinduzierte oder probleminduzierte TA" (VDI 1991) intendierte Unterscheidungsabsicht auf. Sie ist jedoch besser geeignet, das Feld der Technikfolgenbeurteilung zu strukturieren, weil die Unterscheidung von Angebot und Bedarf einem gängigen ökonomischen Erkenntnisinteresse entspricht, während die Unterscheidung von Technik und Problem offenkundig sinnlos ist.

[11] Die Unterscheidung angebots-/bedarfsorientiert entstammt dem ökonomischen Bereich und ist daher im wissenschaftlichen Kontext nicht ohne weiteres verwendbar. Die analoge Unterscheidung explorativ/final hingegen entspricht eher dem wissenschaftlichen Betrieb.

Frage ist also, „Was *wird* gemäß heutigem Wissen *sein*, was ist für die Zukunft vernünftigerweise *erwartbar*?“, die finale Frage, „Was ist zu tun, damit bestimmte Entwicklungen in die gewünschte Richtung verlaufen?“.

In rationaler Beratung gesellschaftlicher Gruppen oder Systeme in Fragen der technischen Entwicklung ist, so die hier vorgetragene und im weiteren realisierte These, *die kombinierte Verwendung beider Ansätze erforderlich*. Für den explorativen Ansatz bedarf seine Unentbehrlichkeit kaum einer Begründung, da die frühzeitige Kenntnis der Potentiale von neuen Techniken erforderlich ist, um ex ante überhaupt über positive oder negative Folgen von Forschung, Entwicklung und Einsatz reden und das Wissen über diese in Entscheidungsprozesse einbeziehen zu können. Die Früherkennung der Potentiale ist nur explorativ, durch begründete Annahmen über zukünftig zu erwartende Entwicklungen auf der Basis des gegenwärtigen Wissens möglich.

Die finale Sicht hingegen ist unabdingbar, um Exekutiven und Legislativen Gestaltungsspielräume im Hinblick auf die Verfolgung von gesellschaftlichen Zielen zu eröffnen, z.B. durch gezielte Forschungsförderung. In der Beschränkung auf ein exploratives Verständnis der Technikfolgenbeurteilung liegt die Gefahr, daß die Forschungs- und Technikpolitik sich in der extrapolierenden Fortschreibung des Bestehenden oder der Realisierung des Machbaren erschöpft bzw. den explorativ erkennbaren Trends nur passiv hinterherläuft – bestenfalls versuchend, vermutete oder bereits eingetretene Negativfolgen zu kompensieren. Diese Gefahr betrifft insbesondere auch die Beurteilung von Chancen und Risiken der Entwicklung und des Einsatzes neuer Materialien, weil diese als Basisinnovationen die „Wurzeln“ der Technikentwicklung in vielen anderen Bereichen bilden und technikpolitische Entscheidungen in diesem Bereich tiefgreifende Auswirkungen auf andere Bereiche haben. Eine zumindest *auch* zielorientierte Betrachtung der Materialentwicklung ist erforderlich, weil bereits durch die Auswahl von Materialien und zugehöriger Fertigungsverfahren wichtige Vorentscheidungen über Technikfolgen getroffen werden, die sich erst im operationellen Einsatz der entsprechenden Systeme oder Endprodukte zeigen. In diesem Entwicklungsstadium aber wäre eine - eventuell aufgrund von Konflikten dieser Technikfolgen mit gesellschaftlichen Zielen erforderliche – Modifikation mit erheblich höheren Kosten verbunden (wenn überhaupt noch sinnvoll möglich) als wenn der korrigierende Eingriff bereits im Entwicklungsstadium erfolgt wäre. Es ist also auch ein Gebot der politischen und ökonomischen Klugheit, ab initio finale Ansätze nicht aus dem Auge zu verlieren.

Dies läßt sich auch folgendermaßen verdeutlichen. Die Entwicklung von Wissenschaft und Technik kann als Ergebnis der Verschränkung der Selbststeuerung des Wissenschaftssystems und gesellschaftlicher Fremdsteuerung (über Forschungsförderung und Setzung der rechtlichen und sonstigen Rahmenbedingungen) verstanden werden. Die Annahme einer reinen Selbststeuerung ist mit einem finalen Ansatz unverträglich und bliebe darauf beschränkt, die Eigendynamik ihrer evolutiven Weiterentwicklung in beobachtender Distanz zu beschreiben (technologischer Determinismus, Kritik daran bei Ropohl 1982, Grunwald 1998b). Auf der anderen Seite ist die Annahme einer kompletten Steuerbarkeit des Wissenschaftssystems („Finalisierungsthese“) sowohl theoretisch wie empirisch unhaltbar (Krohn u. Rammert 1985, Rammert 1994).[12] Die Verschränkung beider jedoch liefert sowohl *genügend Freiraum für die Entfaltung der Wissenschaften wie auch für normative Vorgaben und Erwartungen der Gesellschaft.*

Aus diesen Gründen sollte in einer umfassenden Reflexion der Materialforschung und ihrer Folgen die komplementäre Nutzung beider Ansätze als methodische Basis verwendet werden. Explorative Untersuchungen (technological forecasting) und normative (top-down) Untersuchungen sind komplementär zueinander: beide notwendig erforderlich, allerdings jede für sich nicht hinreichend, um die Zwecke rationaler Technikfolgenbeurteilung zu erreichen (vgl. 2.2.1). Das vorliegende Memorandum versucht in bezug auf die finalen Anteile nicht, eine allgemeingesellschaftliche Zielhierarchie aufzustellen, sondern es nimmt (konsistent zur Zusammensetzung der Projektgruppe) die *Perspektive der Materialwissenschaften* ein.

2.2.5 Rationalität und Akzeptanz

Wissenschafts- und technikpolitische Entscheidungen werden häufig von Einschätzungen der aktuellen Wissenschafts- und Technikakzeptanz in der Bevölkerung beeinflußt; auf wissenschaftlicher Ebene wird dieser Zugang durch Ansätze sozialverträglicher Technikgestaltung und partizipativer Technikfolgenabschätzung konzeptionell unterstützt. Die Feststellung der Akzeptanz von Folgen wissenschaftlich-technischer Entwicklungen ist jedoch vor allem deswegen nicht hinreichend für eine rationale Beratung gesellschaftlicher Gruppen oder Institutionen, weil sie sich ausschließlich nach den jeweiligen subjektiven Präferenzen und Wertmaßstäben der Individuen richtet. Diese haben keineswegs per se eine Verbindlichkeit oder Aussagekraft für das Gemeinwesen. So sind z.B. Risikowahrnehmung und -akzeptanz nach den Ergebnissen der sozialwissenschaftlichen Risikoforschung von einer Fülle von kontingenten Faktoren abhängig (vgl. z.B. Bayerische Rück 1993) wie

- subjektiven Dispositionen oder Erlebnissen in der näheren Vergangenheit (wie z.B. schweren Unfällen),
- dem „Katastrophenpotential" der betreffenden Technik (man denke an die unterschiedliche Risikowahrnehmung hinsichtlich Flugzeug und Automobil),
- der Beeinflußbarkeit der Risiken oder
- der Freiwilligkeit der eingegangenen Risiken.

Wenn Wissenschafts- und Technikpolitik sich ausschließlich nach der jeweiligen Akzeptanzlage richten würden, müßten sie den zufälligen und sprunghaft sich ändernden Kontextbedingungen folgen. Kontinuität, langfristige Planungssicherheit und Stabilität sind auf diese Weise nicht erreichbar. So berechtigt, wie Akzeptanzüberlegungen in politischen Klugheitsregeln im entsprechenden Alltagsgeschäft sein mögen, so ungeeignet sind sie als *ausschließliche Basis* langfristiger

[12] Die Schweizer TA-Studie tendiert in die Richtung einer Finalisierung der Materialwissenschaften, indem sie ausschließlich die Nachfrageorientierung berücksichtigt (Hofmann et al. 1995, S. 8f.).

Wissenschafts- und Technikpolitik (Grunwald 1999b). Daher kann die Gesellschaft allein auf der Basis von Akzeptanzuntersuchungen nicht über allgemeinverbindliche Zumutbarkeitsschwellen für Risiken entscheiden. Nach Akzeptanzmechanismen funktioniert der ökonomische Markt; die politischen Rahmenbedingungen und Regeln jedoch bedürfen einer anderen Legitimation. So ist z.B. in der Verkehrspolitik nicht auf die Akzeptanz des Katalysators in der Automobilindustrie oder auf dem Automobilmarkt gesetzt worden, sondern seine Einführung wurde durch steuerliche Anreize und ordnungspolitische Maßnahmen durchgesetzt. Das Vertrauen auf die Akzeptanz bei Herstellern und Käufern hätte möglicherweise aufgrund des kurzfristigen Kosten/Nutzen-Denkens auf beiden Seiten zu einem Scheitern des Plans geführt. Es ist also zu unterscheiden zwischen Bereichen, in denen es ausschließlich auf Akzeptanz ankommt (dies sind die ökonomischen Märkte), und den gesellschaftlichen Rahmenbedingungen für diese Bereiche.

Die Beziehung des zweiten Aspektes, was also auf gesamtgesellschaftlicher Ebene als sinnvoll angesehen werden kann, zu den beteiligten Individuen kann demgegenüber durch den Begriff der *Akzeptabilität* erfaßt werden, der die Zumutbarkeit unter rationalen Kriterien bezeichnet. *Akzeptabilitätsfragen* sind die eigentlichen Herausforderungen an wissenschaftliche Politikberatung in Fragen der Technikgestaltung (Grunwald 1996). Es geht dort nicht um faktische, rein empirisch erhebbare Akzeptanzwerte, sondern um die Frage, was mit welchen Gründen den Mitgliedern der Gesellschaft *vorgeschrieben* bzw. *zugemutet* werden dürfe (man denke an das oben erwähnte Beispiel der Einführung des Katalysators).

So stellt sich bei der Bildung von Gesamturteilen über technische Entwicklungen häufig die Frage nach der Relevanz von Kriterien wie „Bequemlichkeit" oder „Komfort" – die das Akzeptanzverhalten stark beeinflussen – und das Problem ihrer Abwägung z.B. mit aus Umweltschutz-Gründen wünschenswerten Restriktionen. So führen Superleichtbau-Konzepte für Automobile, welche aus Gründen der Energieeinsparung wünschenswert wären, zu Problemen mit Komfort-Wünschen hinsichtlich der Ausstattung, was ihre Akzeptanz verhindern könnte. Es besteht oft ein Konflikt zwischen der alltäglichen Akzeptanz von Wissenschaft und Technik bzw. ihren Folgen und der normativen Frage, bis zu welchem Punkt dieses Akzeptanz- und Präferenzverhalten *berechtigt* ist, d.h. durch verallgemeinerbare Normen gedeckt und damit als ethisch gerechtfertigte Maxime politischen Handelns dienen kann. Kürzer formuliert ist dies der Konflikt zwischen den partikularen Interessen der Mitglieder der Gesellschaft und dem, was auf gesellschaftlicher Ebene als sinnvoll und verbindlich für jedermann angesehen werden kann, dem „Gemeinwohl". Diese Reflexion kann sich nicht in der Erfassung oder Prognose von Akzeptanzverhalten erschöpfen, sondern beurteilt argumentative Vorschläge auf ihre Verallgemeinerbarkeit, d.h. *auf ihre Eignung als Teil des Gemeinwohls hin* (Grunwald 1999b).

Eine Orientierung an faktischer Akzeptanz ist oftmals sogar innovationsfeindlich, wenn nämlich „inkrementalistische" Optionen allein deswegen bevorzugt werden, weil sie – als nicht so fremdartig – mutmaßlich weniger Widerstand hervorrufen als avancierte Neuerungen (Grunwald 1996). Damit werden wissenschaftlich-technische Optionen ausgeblendet, die zum Zeitpunkt der Entscheidung nicht hinreichend Akzeptanz genießen. Diese Grundhaltung birgt daher die Gefahr, daß eventuell optimale wissenschaftlich-technische Lösungen für bestimmte Probleme aufgrund des Verdachts mangelnder Akzeptanz gar nicht erst in Betracht gezogen werden. In inkrementalistischen Ansätzen besteht die Gefahr, daß „große Würfe" und die Wahl avancierter technischer Optionen zugunsten des akzeptanzorientierten Fortschreibens der Gegenwart in kleinen Schritten nicht hinreichend beachtet werden (für eine analoge Kritik am Inkrementalismus in der Umweltpolitik vgl. Bechmann et al. 1994). Rational wäre jedoch weder eine pauschale Bevorzugung inkrementeller Schritte noch ihre pauschale Ablehnung zugunsten „großer Würfe", sondern vielmehr das Prüfen und Abwägen im Einzelfall (die „Kontextualisierung", Grunwald 1999b).

Allerdings kommt auch diese Wendung nicht ohne gewisse Akzeptanzaspekte aus. Denn um die Rationalitätskriterien für Akzeptabilität zu rechtfertigen, bedarf es des Bezugs auf ein von allen Beteiligten geteilten *prädiskursiven Einverständnisses* als Basis für die Verständigung (Gethmann 1982). Indem prädiskursive Einverständnisse auf lebensweltliche Präsuppositionen von Diskursen rekurrieren und diese sich aufgrund der relativen Beständigkeit von Kulturen per definitionem nicht rasch ändern, wird durch den Bezug auf akzeptierte prädiskursive Einverständnisse - anders als im Bezug auf direkte Technikakzeptanz - keine Abhängigkeit von kurzfristigen und zufälligen Ereignissen in Kauf genommen (Grunwald 1998c, 1999b).

2.3 Bisherige Arbeiten auf diesem Gebiet

Ein kurzer Review vorliegender, unter der hier verfolgten Fragestellung relevanter Studien zu Folgen der Entwicklung und des Einsatzes neuer Materialien soll dem Ziel dienen, bisherige Arbeiten aufzuarbeiten, ihre Ergebnisse zur Kenntnis zu nehmen, offengebliebene Probleme zu identifizieren und schließlich die Einordnung des eigenen Ansatzes in das Spektrum bereits existierender Arbeiten ermöglichen. Aktuelle Vorarbeiten in diesem Sinne sind die Studie „Neue Werkstoffe" des Büro für Technikfolgenabschätzung beim Deutschen Bundestag (Socher et al. 1994a) mit dem darauf aufbauenden Bericht des Forschungsausschusses (Deutscher Bundestag 1995), die beiden Untersuchungen des deutschen Wissenschaftsrates zur deutschen Materialforschung (Wissenschaftsrat 1993, 1996) sowie die einschlägigen Untersuchungen des Schweizer Wissenschaftsrates (Hofmann et al. 1995, Hofmann u. Hofmann 1997).

TAB-Studie „Neue Werkstoffe" und Bericht „Neue Werkstoffe" des Forschungsausschusses des Deutschen Bundestages: Vom Forschungsausschuß des Deutschen Bundestages wurde 1992 der Auftrag an das TAB zur Durchführung einer Studie "Neue Werkstoffe" vergeben. Diese wurde 1994 abgeschlossen (Socher et al. 1994a) und führte 1995 zu einem darauf aufbauenden Bericht des Forschungsausschusses (Deutscher Bundestag 1995). Mit diesem Verfahren gelang es, den Bereich der Materialforschung in der politischen Arena zu diskutieren und dort über wichtige strategische Perspektiven Einvernehmen zu erzielen.

Die Ziele des TAB-Berichts sind in der damaligen Diskussion um den Wirtschaftsstandort Deutschland zu suchen. Bereits in der Einleitung (S. 5) werden die industrielle Nutzung der Werkstofforschung und ihre wirtschaftspolitische Bedeutung betont. Diese industrie- und wirtschaftspolitische Ausrichtung der Studie ist auch an der Zusammensetzung des Beirates zu erkennen, der mehrheitlich von der Industrie und nur minderheitlich von Materialwissenschaftlern aus öffentlich geförderten Einrichtungen gebildet wird. Der Bericht stützt sich auf eine Reihe von externen Gutachten, eine Patentanalyse (Socher et al. 1994b) und einen Bericht über die Rohstoffproblematik (Socher u. Rieken 1994).

Relativ zu der Zielsetzung ist es konsistent, vor der Untersuchung des Themenfeldes zu den Rahmenbedigungen für den Wirtschafts- und Forschungsstandort Deutschland Stellung zu beziehen (S. 13-20). Als erster Satz des "Materialienkapitels" ist denn auch programmatisch vermerkt: "Die künftige wirtschaftliche Konkurrenzfähigkeit Deutschlands steht in engem Zusammenhang mit Innovationen im Werkstoffbereich" (S. 21). Dieser Satz stellt in aller Kürze das Erkenntnisinteresse dieser Studie dar. So werden von den insgesamt 32 Seiten des Kapitels „Hauptentwicklungslinien neuer Werkstoffe und Werkstofftechnologien" ganze 7 Seiten den „Grundzügen der Werkstoff- und Technologieentwicklung", aber 25 Seiten den „Marktpotentialen neuer Werkstoffe" gewidmet. An dieser Gewichtung wird deutlich, daß die Materialforschung vor allem unter dem Gesichtspunkt ihrer Dienstleistungsfunktion für den Wirtschaftsstandort gesehen wird.

Sehr verdienstvoll – als eine „klassische" Aufgabe der TA – ist das Kapitel „Einbeziehung übergreifender Forschungsbereiche in die Werkstofforschung". Hier werden zunächst – in Form einer *kontextorientierten* Analyse, s.o. – rechtliche Fragen im Umfeld neuer Werkstoffe behandelt (Chemikaliengesetz, Kreislaufwirtschafts- und Abfallgesetz, technische Normung, Qualitätssicherung, Arbeitsschutz und das Haftungsrecht). Weiterhin werden thematische und methodologische Fragen der ökologischen Bewertung neuer Werkstoffe diskutiert und arbeitsmedizinische Fragen besprochen (z.B. Emissionsprobleme bei der Herstellung von Faserverbundwerkstoffen, kanzerogene Stäube und Metallbearbeitung mit Lasern). Diese etwa 60 Seiten und damit die Hälfte des Berichtes umfassenden Diskussionen stellen das inhaltliche Schwergewicht der Studie dar und sind - unbeschadet von im einzelnen problematisierbaren Aussagen – für den deutschen Regulierungsraum eine ausgezeichnete Problemdarstellung und umfassende Übersicht.

In zwei Fallbeispielen werden sodann Probleme der Markteinführung neuer Materialien beleuchtet: der Ausstieg der BASF aus den Hochleistungsfaserverbundwerkstoffen (S. 114ff.) und die erfolgreiche Etablierung von ORMOCER-Werkstoffen als Beschichtungen für Kunststoffbrillengläser (S. 120ff.). Diese Fallbeispiele werden auf mögliche Lehren für die Gestaltung der Zusammenarbeit von Industrie und Forschungseinrichtungen befragt. Ergebnis ist die Forderung nach einer „parallelen Entwicklung von Werkstoff, Produkt, Fertigungs- und Recyclingtechnologien sowie Arbeitsschutzmaßnahmen" (S. 123), um den Markterfolg so gut wie möglich zu sichern, statt zunächst Werkstoffe zu entwickeln und dann nach Anwendungen zu suchen. Werkstofforschung soll in einem „integrierten Ansatz" erfolgen. So konsensfähig dieser Schluß auch scheinen mag, ist hier denn doch die Frage nach der empirischen Basis einer Verallgemeinerung aus nur zwei Fallbeispielen zu stellen, zumal die Autoren selbst feststellen, daß eines der Beispiele (BASF) wenig geeignet für Schlußfolgerungen ist, weil die Entwicklung

„von äußeren Faktoren, die ... weder erwartet noch beeinflußt werden konnten" (S. 119) gesteuert wurde. Schließlich sind beide aus dem wettbewerblichen Bereich und daher für die Gestaltung der Forschungsförderung oder anderer politischer Steuerungsmechanismen nur beschränkt aussagekräftig.

Die Studie beschließt mit einer Bestandsaufnahme der Materialwissenschaft in Deutschland und mit Überlegungen zu einer besseren Umsetzung materialwissenschaftlicher Forschung in die Praxis. Die hierzu vorgeschlagenen Leitbilder „Werkstoffe für Schlüsseltechnologien" und „Integrierte Werkstoff-Forschung" „orientieren sich am Ziel der Stärkung der Wettbewerbsfähigkeit Deutschlands" (S. 142) und markieren damit erneut die standortpolitische Ausrichtung der Studie. Insbesondere wird ein Modell entfaltet, auf welche Weise die staatliche Forschungsförderung stärker im Sinne eines Risikokapitals als Anreizsystem für die Materialwissenschaften eingesetzt und durch einen kommerzialisierten Technologietransfer ergänzt werden könnte (dieses Modell, das dem Staat eine veränderte Rolle in der Forschungsförderung zuweisen würde, wird in Abschn. 6.3 aufgenommen und kritisch diskutiert).

Deutscher Wissenschaftsrat: Der deutsche Wissenschaftsrat (Wissenschaftsrat 1993, 1996) hat eine Gesamtsicht und eine Gesamtbewertung der mit öffentlichen Mitteln finanzierten Materialforschung in Deutschland vorgelegt. Seine Stellungnahme enthält eine Vielzahl konkreter Hinweise für die zukünftige Förderpolitik und für anstehende Neustrukturierungen der betroffenen Einrichtungen. Die Umfassendheit der Bestandsaufnahme ist die Stärke dieses vorwiegend forschungspolitisch und institutionenbezogen ausgerichteten Berichtes. Das Hintergrundthema ist die Situation der deutschen Materialforschung im internationalen Vergleich und die Verbesserung dieser Situation. Es geht dem Wissenschaftsrat um den „Forschungsstandort" Deutschland. Einige der wichtigsten Ergebnisse sind:

In bezug auf *Strukturwerkstoffe* seien Beispiele für deutsche Spitzenleistungen im Bereich der *Strukturmetalle* die intermetallischen Phasen, die Superlegierungen, die Pulvermetallurgie und die Prozeßsimulationen. In diesem Gebiet sollte die Synthese neuer Werkstoffe und der Zusammenhang von Herstellungsverfahren, Mikrostruktur und Eigenschaften zukünftig in den Mittelpunkt gerückt werden, um die erreichten Ergebnisse in marktfähige Produkte überführen zu können. Die *Keramikforschung* und -lehre habe in Deutschland zwar personell und gerätetechnisch eine ausgezeichnete Basis, Schwächen bestünden allerdings im Transfer in die industrielle Praxis. Die deutsche Forschung auf dem Gebiet der Strukturpolymere nehme eine internationale Spitzenstellung ein; Forschungsdefizite bestehen in der Entwicklung von Herstellungs- und Verarbeitungsverfahren und zu Fragen der Nutzung von Polymerabfällen als Rohstoff für Energieträger oder Produktionsmittel. Das Potential von *Verbundwerkstoffen* für die industrielle Anwendung sei bei weitem noch nicht ausgeschöpft.

Funktionswerkstoffe haben nach Meinung des Wissenschaftsrates eine Schlüsselstellung für die Technologien des nächsten Jahrhunderts. In diesem Bereich ist eine branchenübergreifende Kooperation von chemischer und physikalisch-elektronischer Industrie entscheidend für rasche und marktfähige Innovationen. In Defiziten auf diesem Gebiet sieht der Wissenschaftsrat eine der wesentlichen Ursachen dafür, daß im internationalen Vergleich die industrielle Forschung an Funktionswerkstoffen in Deutschland sich nicht befriedigend etablieren konnte.

Auf dem Gebiet der *Halbleiter für die Mikroelektronik* bestehe eine sich weiter vertiefende Kluft zwischen den grundlagenorientierten Ausrichtung der Hochschulen und der meisten Forschungsinstitute einerseits und der industriellen Anwendung andererseits, die zu „viel Forschung und wenig Entwicklung“ führe.

Das unerläßliche Zusammenwirken von Chemie, Physik und Ingenieurwissenschaften in der Materialforschung erfordert auch eine enge Kooperation der theoretischen Disziplinen dieser Fächer. Computermodellierungen und Simulationen werkstoffwissenschaftlicher und -technischer Prozesse werden nach Einschätzung des Wissenschaftsrates bei der zielorientierten Entwicklung neuer oder verbesserter Materialien, ihrer Verarbeitung zu Bauteilen und zur Erforschung ihres Einsatzverhaltens unter Realbedingungen zunehmend wichtiger und gehören in weiten Bereichen bereits zum etablierten Forschungsinstrumentarium.

Der Wissenschaftsrat sieht die Materialwissenschaft in Deutschland durch die institutionelle Förderung durch Bund und Länder und die Drittmittel- und Projektförderung durch EU, Bund, Länder, DFG, Industrie etc. insgesamt ausreichend finanziert. Auch die Ausstattung mit den erforderlichen und zum Teil sehr aufwendigen Geräten für die Herstellung, Charakterisierung und Bearbeitung von Werkstoffen sei, von einzelnen Ausnahmen abgesehen, insgesamt gut und teilweise ausgezeichnet. Erstrebenswert sei jedoch, langfristig für die überwiegend grundfinanzierten außeruniversitären materialwissenschaftlichen Forschungseinrichtungen *eine Verschiebung der Finanzierung von der institutionellen Förderung zur Projektförderung* zu verwirklichen und erste Schritte in diese Richtung unmittelbar einzuleiten (vgl. hierzu Abschn. 6.3). Die empfohlene Intensivierung der staatlichen Projekt- und Drittmittelförderung erfordere jedoch eine stärkere thematische *Abstimmung zwischen den verschiedenen Förderern* auf dem Drittmittelmarkt, um Reibungsverluste zu vermeiden und die Förderpolitik optimal zu gestalten.

Die bestehende komplementäre Struktur von universitärer und außeruniversitärer Materialforschung in Deutschland hat sich nach der Auffassung des Wissenschaftsrates grundsätzlich bewährt. Überlappungen der Forschungsprofile der unterschiedlichen Institutstypen und der einerseits eher grundlagen-, andererseits eher umsetzungsorientierten Schwerpunkte seien durchaus sinnvoll. Es wäre falsch, das institutionelle Gefüge der Forschungseinrichtungen künftig so zu gestalten, daß jedem Institutstyp eine ausschließlich definierte Aufgabe im Bereich der grundlagen- und umsetzungsorientierten Forschung zugewiesen wird. Handlungsbedarf sieht der Wissenschaftsrat in der Verbesserung der bisher unzureichenden Kooperation zwischen Universitäten und außeruniversitären Einrichtungen. Es wird empfohlen, Verbundstrukturen unter Einbeziehung außeruniversitärer Forschungseinrichtungen zu schaffen, um der Ressourcenzersplitterung im Bereich der universitären Materialwissenschaften entgegenzuwirken (dieses Problem wird auch in der Schweizer Untersuchung thematisiert, Hofmann u. Hofmann 1997).

Da sich die Kluft zwischen kurzfristigem Ertragsdenken der Unternehmen und den Erfordernissen längerfristig angelegter, zwar innovativer, aber risikoträchtiger grundlagenorientierter Forschungsvorhaben weiter vergrößert habe, empfiehlt der Wissenschaftsrat dringend eine Verbesserung des Dialogs zwischen Forschung und Industrie. Zu diesem Zweck sollten thematisch orientierte Arbeitsgemeinschaften eingerichtet und das Zusammenwirken in Verbänden belebt werden.

Weiterhin sollten leistungsfähige Programmverbunde eingerichtet werden, die flexible Forschungsstrukturen von mittlerer Lebensdauer schaffen. Deren wichtigstes Ziel solle darin bestehen, Erfindungen und Innovationen im Sinne von neuen wissenschaftsbasierten Produkten oder Prozesse zu beschleunigen, um sie am Markt einführen zu können. Zu diesem Ziel solle das Instrument der Leit- und Verbundprojekte verstärkt genutzt werden. Die Einrichtung eines Beirats für Materialforschung wird vorgeschlagen, um eine permanente handlungsorientierte Reflexion des institutionellen und thematischen Standes der Materialforschung in der internationalen Konkurrenzsituation zu leisten (Wissenschaftsrat 1996, S. 154ff.).[13]

Forschungsprospektion: Weiterhin hat eine Arbeitsgruppe „Prospektion der Forschung“ im Wissenschaftsrat vorwiegend methodologische Überlegungen zur Forschungsprospektion vorgelegt, die – da vorwiegend anhand von Beispielen aus den Materialwissenschaften entwickelt – dennoch im Kontext der vorliegenden Studie von Relevanz sind (Wissenschaftsrat 1998). Ausgehend von der Prämisse, daß Forschungsprospektion eine wesentliche Grundlage der internationalen Wettbewerbsfähigkeit der deutschen Wissenschaftslandschaft ist (S. 113), werden diesbezügliche Defizite bestimmt und Wege zu ihrer Überwindung aufgezeigt. Defizite sieht die Arbeitsgruppe insbesondere

- in der mangelnden nationalen Abstimmung innerhalb der Wissenschaften selbst (S. 113ff.),
- in einem fehlenden Konsens über die Ziele der Prospektion und die Instrumente der Umsetzung daraus resultierender Förderempfehlungen,
- in der zu geringen Interdisziplinarität von Forschung und Lehre (S. 117ff.) – dies fällt insbesondere angesichts der Einschätzung ins Gewicht, daß „wissenschaftlich Neues vor allem ‚zwischen‘ den Disziplinen entstehe“ (S. 4) – ,
- einer unzureichenden Verknüpfung von Wissenschaft und Wirtschaft,
- sowie fehlender langfristiger Überlegungen und zu wenig Risikobereitschaft.

Diese Diagnose wird im vorliegenden Bericht anhand der Fallbeispiele (Kapitel 4) in bezug auf ihre Relevanz und Richtigkeit in den Materialwissenschaften überprüft und die Ergebnisse werden in die Konsequenzen und Empfehlungen (Kapitel 6) einbezogen.

Schweizer Wissenschaftsrat: Die Studie „Werkstoffinnovationen im schweizerischen Umfeld“ (Hofmann et al. 1995) besteht in einer umfassenden Gesamtbilanz der Situation und der Zukunft der Schweizer Materialforschung in Hochschulen und Industrie. Sie basiert auf einer schriftlichen Umfrage bei Industrieunternehmen und Forschungsinstituten und auf Experten-Interviews. Im Sinne der vorgeschlagenen Klassifizierung handelt es sich um eine kontextorientierte Studie: es „wird das wissenschaftliche, industrielle und gesellschaftliche Umfeld von Innovationen im Bereich der Werkstoffe ... analysiert“ (S. 1). Ausgangspunkt in der Betrachtung der Innovationsprozesse bildet dabei die *gesellschaftliche Nachfrage* als Motor der Entwicklung (S. 8ff.). Ist zwar diese Einschränkung als einseitig zu kritisieren (vgl. die obige Diskussion in Abschn. 2.2.3), so ist das einführende

[13] Zur Notwendigkeit einer begleitenden Reflexion vgl. auch Kapitel 7.

methodische Kapitel sehr hilfreich, indem der Innovationsbegriff geklärt und Innovationen von bloßen neuen Ideen abgegrenzt werden, und insbesondere, weil der Innovationsprozeß in seinen Schritten entfaltet wird („Innovationskette", S. 5ff.).

Anders als in den deutschen Studien wird hier ausführlich die weltweite Situation im Bereich der Werkstofftechnologien behandelt. Spezielles Interesse finden Japan, die USA und die Forschungsförderung der EU, für die jeweils die verschiedenen Ansätze zum Finden der Forschungsschwerpunkte und der Forschungsförderung herausgearbeitet werden (vgl. dazu auch Kapitel 5). Schwerpunkt der Studie ist natürlich die Schweizer Situation, die einerseits einer Bestandsaufnahme unterworfen wird, und für die andererseits strukturelle Fragen wie die nach innovationsfördernden oder -hemmenden Faktoren oder anderen Rahmenbedingungen behandelt werden. Die hier gegebenen Antworten – die durch eine Reihe von Fallbeispielen gestützt werden – dürften in Teilen auch auf andere Industrieländer übertragbar sein (vgl. hierzu Kapitel 6).[14]

Als Resümee betont die Studie die Notwendigkeit, Werkstoffe und Produktinnovationen als integrales Konzept zu sehen (wie die TAB-Studie) und fordert eine bessere Zusammenarbeit zwischen Industrie und Hochschulforschung (wie der deutsche Wissenschaftsrat). Dem gegenseitigen Wissenstransfer sei dabei besondere Bedeutung beizumessen. In fachlicher Hinsicht bemängelt der Bericht eine einseitige Fokussierung auf Strukturwerkstoffe und fordert das stärkere Befassen mit Funktionswerkstoffen.

Deutsche Delphi-Berichte: Materialwissenschaftliche Aspekte nehmen in der ersten Delphi-Umfrage (BMBF 1993, S. 137ff.) einen vergleichsweise großen Raum ein. Dabei stehen opto- und elektromagnetische Eigenschaften neben thermischen Eigenschaften im Vordergrund. Nach Auskunft der Autoren stellen die Fragen „eine willkürliche Auswahl ohne deutliche Strukturen dar" (S. 139). Bevorzugt wurden Fragen mit hohem Anwendungsbezug. Besonderes Augenmerk wurde auf Hemmnisse bei der Verwirklichung materialwissenschaftlicher Zielsetzungen gerichtet, die nach technischen Hemmnissen, Kostenhemmnissen und im deutschen F&E-System zu suchenden Hemmnissen unterschieden wurden. Auch der Notwendigkeit internationaler Zusammenarbeit wurde besondere Relevanz beigemessen.

Der Ertrag dieser Umfrage für die vorliegende Studie ist eher als gering einzuschätzen. Dies liegt insbesondere an der Willkürlichkeit und Punktualität vieler Fragestellungen (s.o.) und den methodischen Problemen von Delphi-Studien überhaupt (Grunwald u. Langenbach 1998). Selbst die Autoren sind der Meinung, daß dieser Anteil „nur bedingt befriedigen kann" (S. 149).

Im zweiten Delphi-Bericht 1998 (BMBF 1998) wird die wirtschaftliche Bedeutung der Materialentwicklung betont, jedoch – was zwar kein direkter Widerspruch sein, zum Nachdenken aber Anlaß geben muß – wird die Langfristigkeit der Materialentwicklung betont: „Die deutsche Wirtschaft wird und kann nur sehr langfristig ... profitieren" (S. 56). Der Schwerpunkt der Auswertung wird auf die

[14] In einer weiteren Studie (Hofmann u. Hofmann 1997) wird die Zukunft der Materialforschung/-technik in Forschung und Lehre im dualen Hochschulsystem der Schweiz untersucht. Kritik wird an einer zu großen Fragmentierung der Kapazitäten geübt.

Frage gelegt, ob der Chemiestandort Deutschland Wirtschaft und Umwelt versöhnen kann (S. 56ff.), und es werden vier Beispiele angegeben, wie dies erfolgen kann: Pulvertechnologien als Ersatz für Lösemittel in der Lack- und Klebstoffindustrie, recyclingfähige Polymermaterielien im Fahrzeugbau, Verbrennungsmotoren aus Keramik zur Ermöglichung eines schadstoffarmen 2-Liter-Autos und Verfahren zur Produktion von Kraftstoffen durch Mikroorganismen und Algen. Dabei wird jeweils darauf hingewiesen, daß es sich hier nicht um Allheilmittel handelt, sondern daß auch durch solche Neuerungen Probleme, dann anderer Art, erzeugt würden. Im Rahmen der vorliegenden Studie wird insbesondere der Rolle von Keramik im Motorenbau (Abschn. 4.1) und Polymeren im Fahrzeugbau Beachtung gewidmet.

Diskussion: Der Vergleich der angesprochenen Studien zur Materialwissenschaft zeigt eine starke Konvergenz in den Schlußfolgerungen: systemisches Verständnis der Materialentwicklung, Integration von Werkstoff- und Systementwicklung, Verbesserung der Zusammenarbeit von staatlicher Forschung und Industrie. Dies ist nicht verwunderlich, sind doch die Ausgangssituationen (ökonomische Zwänge, Standortdiskussionen, Umsetzungsprobleme) und die Ziele in den Studien (Bestandsaufnahme, kritische Analyse der Materialforschung) sehr ähnlich. Dementsprechend kommt es nicht zu echten Widersprüchen oder Divergenzen, es sind lediglich die Schwerpunkte anders gesetzt. Geht es dem deutschen Wissenschaftsrat um eine Evaluierung der institutionellen und thematischen Situation (also um den *Forschungs*standort), ist das Thema der TAB-Studie und der Schweizer Studie eher der *Wirtschafts*standort. Die TAB-Studie ragt durch ihre Aufarbeitung der (rechtlichen, ökologischen und medizinischen) Kontexte der Materialentwicklung heraus, die Schweizer Studie durch ihre Berücksichtigung der internationalen Situation, die Studie des deutschen Wissenschaftsrates durch die Evaluierung der institutionellen Situation der Materialforschung in Deutschland.

Die beiden deutschen Studien konzentrieren sich – erklärbar durch die Interessen ihrer Auftraggeber – auf die Entwicklungen in Deutschland. Alle Studien bleiben in ihren Empfehlungen vage und beschränken sich auf die Vorgabe von wünschenswerten Entwicklungsrichtungen; am weitesten geht hier noch der deutsche Wissenschaftsrat.[15]

Die Materialwissenschaften selbst jedoch, ihr Selbstverständnis und ihre institutionelle Struktur, werden nicht oder kaum thematisiert. Weitgehend wurden die Studien auf der Basis von Klassifizierungen nach Stoffen oder Stoffgruppen durchgeführt (Kretschmer u. Kohlhoff 1995, Wissenschaftsrat 1996). Die Organisation der Materialwissenschaften nach Stoffen oder Stoffgruppen wird also in diesen Studien einfach reproduziert und kann dann selbst kein Gegenstand der Reflexion mehr sein. Die Materialwissenschaften werden in diesen Analysen als strukturelle Invarianten behandelt, relativ zu denen das Umfeld optimiert werden müßte. Aufhorchen läßt jedoch die programmatische Äußerung

> Zwei Trends, nämlich zu den funktionellen Eigenschaften von Werkstoffen und zum Processing („Materials Engineering"), rufen nach einer Neukonzeption der Materialwissenschaften, die ihre Forschungsthemen nicht mehr nach Werkstoffgruppen, sondern

---

[15] Diese Empfehlungen werden auf dem Erfahrungs- und Ergebnishintergrund des vorliegenden Memorandums kritisch diskutiert und in einigen Punkten weiterentwickelt, vgl. Kapitel 6.

> nach Funktionen (z.B. Oberflächen- und Grenzflächeneigenschaften; physikalische und chemische Funktionen), nach Prozessen (z.B. rapid prototyping, powder processing, nanostructuring) und nach Anwendungen (z.B. Biomaterialien, Baustoffe, Materialkombinationen für die Mikrosystemtechnik; Materialkombinationen für die Verpackungstechnik) strukturiert. (Schweizer Wissenschaftsrat 1997, S. 36)

Diese Überlegungen stellen eine Herausforderung der Materialwissenschaften dar und sollen daher im weiteren Verlauf dieser Studie aufgegriffen werden (Abschn. 6.1).

3 Stand und Entwicklung ausgewählter Materialklassen

Nach der Darstellung der gesellschaftlichen Bedeutung von Materialentwicklungen und der Beurteilung ihrer Auswirkungen sollen im dritten Kapitel die aktuellen Entwicklungen ausgewählter, wesentlicher Materialien dargestellt werden. Spekulativen Prognosen über exotische Materialien wird dabei kein Raum gegeben. Im Vordergrund stehen bis auf wenige Ausnahmen Werkstoffe für strukturelle Anwendungen in der Technik.

Es ist nicht beabsichtigt, eine umfassende, lehrbuchartige Übersicht über die die Technik tragenden Materialien zu geben, dennoch wird ein Abschnitt „Klassifizierung“ vorangestellt, um den Bereich der „Neuen Materialien“ zu definieren. Daraus wird dann auch das Ordnungsprinzip für die einzelnen Unterkapitel der ausgewählten Materialentwicklungen abgeleitet.

Besondere Betonung erfahren einerseits die traditionellen Werkstoffe aus pflanzlichen Substanzen, die zukünftig aus vielerlei Gründen vermehrte Anwendung finden werden, wenn ihre Erzeugung ökologisch vertretbar erfolgt, andererseits die Nanostrukturierten Werkstoffe, deren Entwicklungsstadium erst zum Teil den Bereich der Grundlagenforschung verlassen hat.

Schließlich werden zwei wesentliche Bereiche der Materialentwicklung angesprochen, ohne die zukünftige Arbeiten nicht denkbar sind, nämlich die Notwendigkeiten der hochauflösenden Materialcharakterisierungen und der Modellierung und Simulation nicht nur von Bauteilen sondern von Materialstrukturen bis herunter in submikroskopische Größenordnungen.

Insgesamt soll herausgearbeitet werden, daß derzeitige und für die Zukunft absehbare Materialentwicklungen überwiegend auf der Basis vorhandener Materialien erfolgen und daß zukünftig Entwicklungen von Herstellungs- und Verarbeitungsverfahren stark im Vordergrund stehen werden. Das Kapitel liefert so die materialwissenschaftliche Basisinformation zu den notwendigen Beurteilungen der Folgen der Erforschung und Entwicklung neuer Materialien und zur Bereitstellung von Entscheidungshilfen zur zukünftigen Forschungsförderung.

3.1 Klassifizierung

Die traditionelle Klassifizierung der Materialien für die Technik orientiert sich an den Metallen, die aufgrund ihrer besonderen Eigenschaftskombinationen, ihrer Verarbeitbarkeit und auch ihrer Verfügbarkeit eine überragende Stellung einnehmen. Der Gruppe der ursprünglich für die Technik relevanten metallischen Werkstoffe stehen dabei die nichtmetallischen Werkstoffe in ihrer Vielfalt als sehr uneinheitliche Gruppe gegenüber, deren Bedeutung für Technik und Gesellschaft durch die traditionelle Gruppenbezeichnung sicher nicht angemessen gewürdigt wird. Wesentliches Unterscheidungsmerkmal ist die elektrische Leitfähigkeit, die um mehrere Größenordnungen differiert und die ihre Ursache in der Ausprägung unterschiedlicher atomarer Bindungsmechanismen hat.

Moderne Strukturerkenntnisse verdeutlichen, daß die Sinnfälligkeit der Unterteilung in natürliche und synthetische Materialien weiterhin nicht unbedingt gegeben ist. Die technisch verwendeten Materialien haben nämlich sowohl strukturell als auch verarbeitungstechnisch unterschiedliche Naturnähe. Zusatzstoffe zum Zwecke der Eigenschaftsvariation können den Charakter eines sogenannten Naturstoffes u. U. stärker bestimmen als dessen Ursprung (Holz, Papier). Andererseits entsteht z. B. eine technische Legierung im wesentlichen durch Reduktion eines Oxids, Reinigung und Zugabe anderer Elemente, meist anderer Metalle (legierte Stähle).

Die in Abb. 3.1.1 wiedergegebene Übersicht versucht, diese Gedanken zur Grundeinteilung so umzusetzen, daß derzeitigen Erkenntnissen und zukünftig notwendigen Klassifizierungen Rechnung getragen wird. Es wird dabei der in der Technik allgemein eingeführte Begriff „Werkstoff" synonym zu „Material" verwendet.

Die vielfach vorgenommene Unterteilung in Struktur- und Funktionswerkstoffe läßt sich in dieses Schema nicht einbringen, da viele Werkstoffe beiden Gruppen zuzuordnen sind bzw. infolge struktureller Variationsmöglichkeiten der eine oder der andere Charakter im Vordergrund steht.

Sollen Materialien als Strukturwerkstoffe eingesetzt werden, so müssen sie vornehmlich Anforderungen an ihre mechanischen Eigenschaften erfüllen, die z. B. durch Festigkeitswerte, Steifigkeitswerte, den Verschleißwiderstand oder den Widerstand gegen Rißausbreitung in einem weiten Parameterfeld äußerer Bedingungen gekennzeichnet werden.

Der Einsatz von Materialien als Funktionswerkstoffe ist zuerst an deren elektrische, magnetische, optische, akustische und auch biologische Eigenschaften gebunden. Im Vordergrund stehen dabei die Informations- und Kommunikationstechnik, die Energie- und Verkehrstechnik, aber auch bereits die Medizintechnik. Materialien als Funktionswerkstoffe werden zukünftig für diese und weitere Technikbereiche eine Schlüsselstellung einnehmen. Betroffen sind davon alle Materialgruppen, die metallischen Werkstoffe, die nichtmetallisch-anorganischen Werkstoffe mit den Halbleitern sowie die organischen Werkstoffe.

Die in Abb. 3.1.1 gegebene Übersicht geht davon aus, daß die in der Technik verwendeten Materialien durch Wandlungen der Strukturen ihrer Rohstoffe mit unterschiedlichen Eingriffstiefen erzeugt werden. Die technisch erwünschten strukturellen Änderungen laufen unter gezieltem Energie- und Stoffaustausch ab. Damit soll aufgezeigt werden, daß fortschrittliche Materialkennzeichnungen in Kenntnis struktureller Gegebenheiten die Dualität von „natürlich" und „künstlich" zugunsten ganzheitlicher Betrachtungen von Struktur, Eigenschaftsprofil, Energiebilanz und Verhalten im Stoffkreislauf als unerheblich außer Betracht lassen. Die unterschiedliche Eingriffstiefe wird durch die Begriffe

- naturbelassene Stoffe
- durch chemische/physikalische Verfahren abgewandelte Naturstoffe
- durch Synthese erzeugte Stoffe

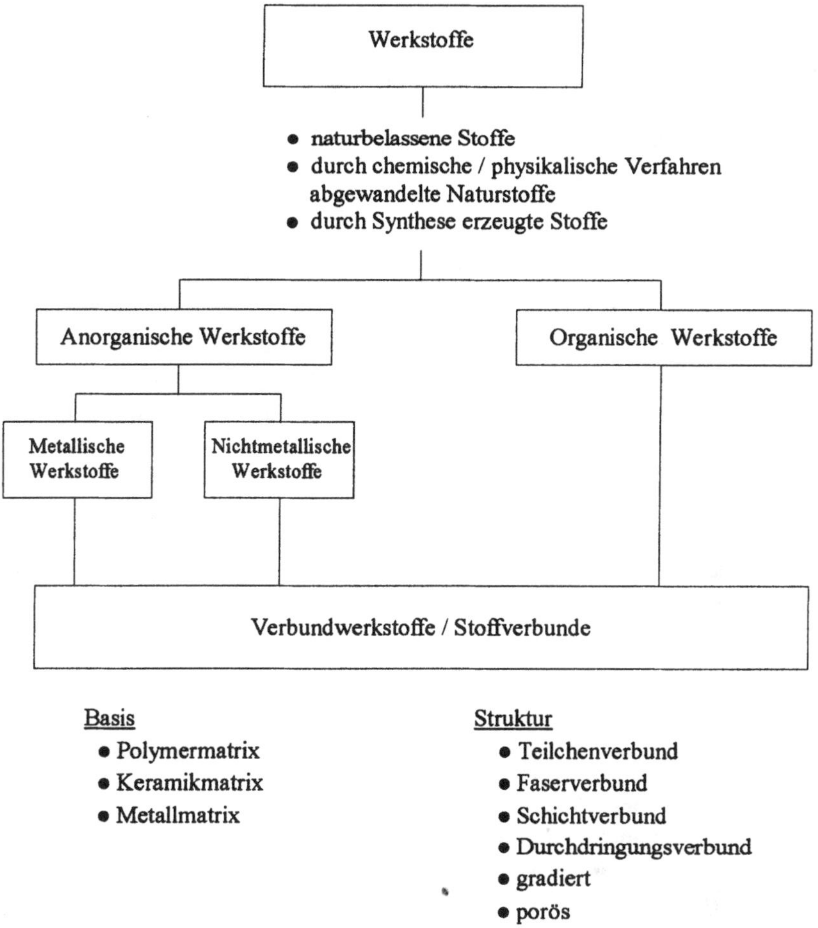

Abb. 3.1.1. Einteilung der Werkstoffe

charakterisiert, wobei eindeutige Grenzziehungen nicht möglich sind.

Die metallischen Werkstoffe haben zwar die gute elektrische Leitfähigkeit als gemeinsames Merkmal, sie decken allerdings extrem weite Eigenschaftsfelder bezüglich ihres physikalischen und chemischen Verhaltens ab. Genannt seien beispielhaft die Festigkeit, die Verformbarkeit, die Wärmebeständigkeit, die Korrosionsbeständigkeit sowie das elektrische und magnetische Verhalten. Der Grund für die hohe Variabilität der Eigenschaften liegt bei den atomaren Bindungsmechanismen in metallischen Werkstoffen, die kristalline Struktur, variable Defektdichte, aber auch Nichtkristallinität ermöglichen. Technisch besonders wichtige Variationen sind durch die Polymorphie bei einigen Metallen – wie z. B. Eisen – gegeben.

Die metallischen Werkstoffe überdecken mikrostrukturell den gesamten Bereich vom reinen Metall über die homogene Lösung, das heterogene Phasengemisch bis zur homogenen intermetallischen Verbindung. Bestimmt werden die Strukturen durch die verschiedenen Erzeugungsprozesse (z. B. Schmelzmetallurgie, Pulvermetallurgie) sowie alle Fertigungsschritte insbesondere durch Wärmebehandlung und Verformung.

Zu den nichtmetallischen Werkstoffen gehören die Halbleiter, die Keramiken mit den Gläsern und die organischen Werkstoffe. Die Halbleiter sind von außerordentlicher Bedeutung für die Mikroelektronik einerseits aber auch für die Photovoltaik andererseits. Es werden höchste Kristallperfektion sowie höchste Reinheit verlangt. Dabei handelt es sich im wesentlichen um die Elemente Silicium und Germanium sowie einige Verbindungshalbleiter wie Silicium-Germanium, Siliciumcarbid, Galliumarsenid, Galliumphosphid und Indiumphosphid. Ternäre und quaternäre Verbindungen sind Gegenstand aktueller Forschungen. In der Photovoltaik werden kristallines und amorphes Silicium sowie verschiedene Verbindungshalbleiter zur Umsetzung von Licht in elektrischen Strom durch den Photoeffekt benutzt.

Basissubstanzen der keramischen Werkstoffe und Gläser sind Oxide, Carbide, Nitride und Boride. Keramische Gefüge sind kristallin und/oder amorph und von großer Vielfalt. Aufgrund der Bindungsmechanismen weisen sie hohe Schmelzpunkte, hohe Härten und Steifigkeiten, hohe thermische Stabilitäten sowie gute Korrosions- und Verschleißbeständigkeiten bei niedriger Dichte auf. Durch mögliche Kombinationen einer Vielzahl von Metalloxiden lassen sich Funktionskeramiken mit gezielt einstellbaren physikalischen Eigenschaften (elektrisch, magnetisch, optisch, katalytisch) erzeugen. Hervorzuheben sind Supraleitung und Biokompatibilität. Zu dieser Werkstoffgruppe gehören auch verschiedene natürliche Stoffe wie Asbest oder Diamant.

Zu den organischen Werkstoffen sind alle Polymere zu zählen. Sie umfassen die natürlichen Polymere wie Pflanzenfasern, Tierhaare, Leder, Kautschuk, die regenerierte Cellulose sowie die synthetischen Polymere. Eigenschaftsvariationen sind auf der Basis der Monomerstrukturierung über Kettenverzweigungen und Vernetzungen, Polymerisationsgrade, Kristallinitätsgrade, Monomerkombinationen sowie Additive möglich. Durch Dotierung mit Fremdatomen lassen sich zusätzlich physikalische Eigenschaften variieren.

Unter den Verbundwerkstoffen/Stoffverbunden lassen sich alle Stoffsysteme subsummieren, die aus chemisch und/oder strukturell unterschiedlichen Komponenten oder Phasen, d. h. abgrenzbar, aufgebaut sind. Traditionell gehören die Komponenten unterschiedlichen Werkstoffgruppen an. Diese Beschränkung ist aber nicht aufrecht zu erhalten. Polymer-, Keramik- und Metallmatrices werden mit verschiedensten Komponenten in unterschiedlichen Verteilungen kombiniert. So sind auch alle randschichtbehandelten sowie beschichteten Werkstoffe zu dieser Gruppe zu zählen, desgleichen Werkstoffe mit Konzentrationsgradienten sowie gezielt eingestelltem Porenvolumen.

Es bleibt abschließend anzumerken, daß derzeitige innovative Konzepte zu Werkstoffentwicklungen führen, die ebenfalls durch die gegebene Übersicht erfaßt werden. Besonders hervorzuheben sind die nanokristallinen Gefügestrukturen bei Metallen und Keramiken sowie im Verbundbereich. Die Ursache besonderer in der extremen Verkleinerung homogener Kristallbereiche mit dadurch veränderten

Eigenschaften und damit verbundenen Eigenschaftskombinationen ist mikrostrukturell in dem hohen Anteil interkristalliner Grenzschichten im Volumen sowie den veränderten physikalischen Eigenschaften der Partikel selbst zu sehen. Ferner sei auf die Entwicklungen bei den flüssigkristallinen Werkstoffen in der Gruppe der organischen Werkstoffe verwiesen, deren wesentliches Merkmal die Anisotropie ist. Noch im Bereich der Grundlagenforschung angesiedelt sind Arbeiten zu molekularen sphärischen Strukturen, z.B. Fullerenen und Dendrimeren. Fullerene sind käfigartige Kohlenstoffmoleküle, bei den Dendrimeren handelt es sich um baumartig verzweigte Moleküle.

3.2 Materialentwicklungen

Kurz- und mittelfristige Entwicklungen im Bereich der Strukturwerkstoffe werden vom derzeitigen Leistungsprofil der bereits in der technischen Anwendung oder Erprobung befindlichen Materialien ausgehen. Ein wesentliches Ziel besteht in der Realisierung eines verbesserten Leichtbaus. Es ist bekannt, daß die Leistungspotentiale herkömmlicher Werkstoffe häufig noch nicht voll ausgeschöpft sind. Vielfach ist eine angemessene Umsetzung wissenschaftlicher Erkenntnisse in die praktische Anwendung zu fördern. Dabei dürfen Materialentwicklungen nicht isoliert betrachtet werden. Der Erfolg der Einführung neuer Materialien kann sich nur im Einklang mit deren Herstellung, ihrer Verarbeitung und in der Regel auch mit neuen Bauweisen einstellen. Hinzu kommen Anforderungen an ihre Wiederverwendung oder Wiederverwertung unter minimalem Qualitätsverlust. Die notwendige Kostenermittlung muß unter Einschluß aller Folgekosten durchgeführt werden, die im gesamten Lebenszyklus auftreten. Zunehmende Bedeutung gewinnt dabei die Fortentwicklung der Prozeßtechnik bei Herstellung und Verarbeitung auch bereits in der Anwendung befindlicher Werkstoffe. Bereichsübergreifend werden zunehmend Simulationsverfahren prozeß- und strukturoptimierend eingeführt.

Das Versagen technischer Bauteile beginnt in der Regel im Oberflächen- bzw. Randschichtbereich. Die dieser Tatsache zugrundeliegenden mechanischen und/oder physikalisch-chemischen Mechanismen sind beherrschbar, wenn gezielt Oberflächen- oder Randschichtveränderungen vorgenommen werden. Kurz- und mittelfristige Entwicklungen werden bei den Verfahren zur Erzeugung von Beschichtungen und zu Randschichtvariationen liegen. Dabei stehen Haftungs- und Strukturprobleme im Vordergrund. Beschichtungen und Randschichtvariationen stellen einen wesentlichen Teil der Erzeugung gradierter Strukturen dar. Zunehmende Aktivitäten sind auf dem Gebiet der Erzeugung besonderer Funktionsschichten zu erwarten.

Ein weiterer Entwicklungsbereich umfaßt die durchgreifende Veränderung von Materialien im Hinblick auf spezielle Eigenschaften meist unter extremen Bedingungen. Im Vordergrund stehen dabei Kenngrößen zur Festigkeit und Steifigkeit bei hohen Temperaturen und unter korrosiver Umgebung. Besondere Aufmerksamkeit ist auch dem Dämpfungsverhalten zu widmen. Im Sinne allgemeiner Entwicklungen in Richtung Leichtbau ist der Bezug zur Masse von Bedeutung.

Ein wichtiges Teilgebiet umfaßt die Entwicklung von Magnetwerkstoffen sowie von Materialien zur Energiespeicherung.

Mit der Weiterentwicklung der klassischen Materialien im Sinne der Erzielung extremer Eigenschaftswerte werden an die Materialcharakterisierung und an die Qualitätssicherung erhöhte Anforderungen gestellt. Dazu müssen die vorhandenen Prüfsysteme weiterentwickelt oder neue Verfahren eingeführt werden. Es kommt hinzu, daß konstruktive Optimierungen die erlaubten Materialtoleranzen zunehmend einengen. Letztere werden wiederum von den Herstell- und Verarbeitungsbedingungen bestimmt.

Die metallischen Werkstoffe nehmen vor allem als Strukturwerkstoffe eine überragende Stellung ein, weil sie durch gezielte, einfach vornehmbare Variationen ihrer Mikrostrukturen (Kombination von thermischer/chemischer Behandlung und Verformung) in ihren Eigenschaftsprofilen an unterschiedlichste Anforderungsprofile angepaßt werden können. Trotz intensivster Forschungen ist es aber bis heute nicht gelungen, Bauteile eindeutig definierter Mikrostruktur herzustellen und deren Lebensdauer im technischen Einsatz unter gegebenen Bedingungen so abzuschätzen, daß das korrigierende Experimentalergebnis überflüssig wird. Eine wesentliche Aufgabe wird also sein, Materialstrukturen mit erhöhter Reproduzierbarkeit aufzubauen und deren Verhalten mikromechanismus-orientiert qualitativ abzuleiten.

Neben den Fortentwicklungen der klassischen metallischen Legierungen auf beispielsweise Fe-, Ni-, Co-, Ti-, Al-, Mg- oder Cu-Basis durch verbesserte Anpassung der Mikrostrukturen an bestimmte Erfordernisse ist die bereits im Erprobungsstadium befindliche Gruppe der Intermetallischen Phasen verstärkt weiterzuentwickeln. Hier besteht die Aufgabe darin, bisher noch unbefriedigende Eigenschaftskombinationen durch Mikrostrukturvariationen zu verbessern.

Effektive Materialnutzung ist ganz wesentlich an die Möglichkeiten konstruktiver Optimierungen bis hin zu biomechanisch optimierten Bauweisen geknüpft. Die Substitution von Materialien oder der Einsatz ganz neuer Materialien kann in der Regel aber nur bei gleichzeitiger Änderung der Verarbeitungsverfahren erfolgen. So sind gleichrangig zu den Materialentwicklungen Fertigungsverfahren zu variieren oder auch neu zu schaffen. Davon betroffen sind die klassischen Ur- und Umformverfahren, wenn sie auf extreme Werkstoffzustände oder Abmessungen angewendet werden sollen, oder die Fügeverfahren, deren Anwendungen stark werkstoffabhängig sind. Exemplarisch seien hier als entwicklungsfähige Verfahren im Metallbereich die Pulvermetallurgie einschließlich Nanotechnologie, das Sprühkompaktieren, das Metallspritzen, der Feinguß einschließlich Einkristallzüchtung, das Sinterschmieden, das Strangpressen großer Integralplatten, das superplastische Umformen, das Beschichten sowie das Schweißen genannt.

Die wesentlichen Entwicklungen auf dem Gebiet der Polymerwerkstoffe sind charakterisiert durch die gezielte Herstellung von supermolekularen Strukturen aus Standardmonomeren. Ziel ist es, Werkstoffe mit verbesserten und maßgeschneiderten Eigenschaften herstellen zu können, die darüber hinaus noch kostengünstig und einfach verarbeitbar sind. Zur gezielten Herstellung von supermolekularen Strukturen werden zwei Wege eingeschlagen:

- Durch neuartige Produktionsverfahren der kontrollierten Polymerisation können Standard-Monomerbausteine mit hoher Präzision und Wiederholgenauigkeit verknüpft werden.
- Durch spezielle Verarbeitungstechnologien können neuartige Blends und Materialverbunde hergestellt werden (mehrphasige Werkstoffe).

Neuentwicklungen auf dem Gebiet der Katalysatoren lassen eine gesteuerte Herstellung von einheitlichen Polymeren und damit die gezielte Beeinflussung der Polymereigenschaften erreichen. Beispiel hierfür sind Metallocen-Katalysatoren, die z.B. bei der Polymersiation der Standardkunststoffe Polypropylen und Polystyrol zu einer deutlichen Erweiterung des Eigenschaftsprofils führen. Durch kontrollierte Phasenseparation kann die Ausbildung von supermolekularen Architekturen mit gezielten Werkstoffeigenschaften erreicht werden. Durch reaktives Verarbeiten bzw. Blenden wird eine chemische Reaktion an Grenzflächen erreicht. Dies führt bei unverträglichen Polymerkomponenten sowie anorganischen Füll- und Verstärkungsstoffen zur Verbesserung der Phasenanbindung und damit der Werkstoffeigenschaften. Die Erhöhung der Steifigkeit und Festigkeit wird zumeist durch Fasern und Füllstoffe erreicht. Die bekannten Technologien sind unter dem Aspekt der Zuverlässigkeit und Wirtschaftlichkeit weiterzuentwickeln. Ein interessantes Potential weisen molekulare Verbundmaterialien auf, bei denen durch polymere Gerüststrukturen eine Matrixverstärkung von Standardpolymeren erzielt werden kann, die u.a. zu einer Erhöhung der Glastemperatur führt. Unter dem Aspekt von Umwelt und Recycling ist die Weiterentwicklung von kostengünstig verfügbaren bioabbaubaren Biopolymeren aus nachwachsenden Rohstoffen eine Aufgabe.

Entwicklungen im Bereich der keramischen Werkstoffe für strukturelle Anwendungen betreffen zur Zeit weniger die eigentlichen Materialeigenschaften, sondern vielmehr die Prozeßtechnik und die Bearbeitung. Im Vordergrund steht die Erhöhung der Fertigungsqualität mit ausreichender Zuverlässigkeit bei konkurrenzfähigen Preisen. Große Forschungsaktivitäten sind auch im Bereich der Funktionskeramiken festzustellen, die besonders für Sensoren und Aktoren eingesetzt werden können.

Bei den Gläsern stehen in naher Zukunft die optischen Anwendungen im Vordergrund, wobei die Glasfasern eine bedeutende Rolle spielen. Daneben gibt es interessante Entwicklungen im Apparatebau und in der Medizin.

Strukturvariationen führen bei den überwiegend kristallinen technischen Werkstoffen zu Eigenschaftsvariationen in vielfältigen Kombinationen. Eine in die Zukunft weisende Entwicklung ist mit der Nanotechnologie verbunden. Bei drastischer Verkleinerung der kristallinen Partikel bis in den Nanometer-Bereich nimmt nicht nur der relative Grenzflächenanteil stark zu, sondern es kommt z. T. zu extremen Änderungen der Eigenschaften der Teilchen selbst. Nach derzeitigen Erkenntnissen ergeben sich daraus zahlreiche Anwendungen insbesondere im Bereich der Beschichtungstechnik und bei Kompositwerkstoffen. Im Vordergrund werden dabei weniger die strukturmechanischen als vielmehr die physikalischen Eigenschaften stehen. Metalle werden zu Halbleitern, Halbleiter zu Isolatoren. Drei-, zwei- oder eindimensionale Anordnungen solcher „Quantenpunkte" lassen neuartige Anwendungen auf vielerlei Gebieten erwarten.

Die Faserverbundwerkstoffe mit Polymermatrix haben bereits einen hohen Verbreitungsgrad in der Technik, sind aber dennoch Gegenstand intensiver Forschungsaktivitäten, insbesondere die Matrix betreffend. Für viele Anwendungen wäre ein Wechsel von den üblichen Duromeren zu den Thermoplasten wünschenswert. Die Erweiterung des Einsatzes von Faserverstärkten Kunststoffen ist ganz wesentlich mit der erhöhten Automatisierung der Fertigungsverfahren sowie der umweltschonenden Recyclierbarkeit der Materialien verbunden.

In den industrialisierten Ländern richtet sich die Aufmerksamkeit der Gesellschaft zunehmend auf die Möglichkeiten einer ressourcenschonenden Kreislaufwirtschaft unter Einbeziehung erneuerbarer Energien und Nachwachsender Rohstoffe. Insbesondere in den Bereichen der Entwicklung von Werkstoffen auf der Basis von Kohlenhydraten und Fetten oder Ölen kommt der Chemie der Natursubstanzen eine wieder deutlich steigende Bedeutung zu. Wie auch bei anderen Werkstoffgruppen, sind die Optimierung und der breite Einsatz von Werkstoffen aus Nachwachsenden Rohstoffen an speziell angepaßte und verbesserte Verarbeitungsverfahren gekoppelt.

In den letzten Jahren nimmt der technische Einsatz von pflanzlichen Naturfasern wieder zu. Hier erstreckt sich die Entwicklung dieser Werkstoffe von der Grundlagenforschung bis zu Fragen der Verarbeitungsverfahren. Vor allem die naturfaserverstärkten Polymere haben sich als interessante Werkstoffe herausgestellt. Obwohl Holz einer der am längsten genutzten Werkstoffe ist, besitzt er nach wie vor ein hohes Entwicklungspotential. Die Einsatzmöglichkeiten der Holzwerkstoffe sind bei weitem noch nicht erschöpft und beinhalten neben verfahrenstechnischen Fragestellungen vor allem auch die Konstruktion neuartiger Strukturen.

3.2.1
Entwicklungstrends bei Stählen

Stähle sind Werkstoffe mit dem Element Eisen als Hauptbestandteil. Sie sind gekennzeichnet durch ein breites Spektrum an chemischen, physikalischen, mechanischen und magnetischen Eigenschaften. Als Besonderheiten sind ihre im Vergleich zu anderen Werkstoffklassen hohen Festigkeiten und die auch bei tiefen Temperaturen noch hohe Bruchzähigkeit zu nennen. Stähle können mit einer großen Oberflächenhärte versehen werden, durch geeignete Legierung werden sie beständig auch in aggressiven Medien; sie können sowohl weich- als auch hartmagnetisch vorliegen.

Diese vielfältigen Eigenschaften können durch Legierungselemente, durch Umformung und Wärmebehandlung verändert und den geforderten Gebrauchseigenschaften angepaßt werden. Durch Phasenumwandlungen im festen Zustand kann eine große Vielfalt an kristallografischen Gefügen eingestellt werden. Die Kombination von unterschiedlichen Gefügebestandteilen in einen Werkstoff ergibt zahlreiche Möglichkeiten der Werkstoffoptimierung.

Eisen kann mit ca. 75 Elementen des Periodensystems Legierungen oder Verbindungen eingehen. Unter Berücksichtigung von verschiedenen Legierungsstufen (allein mit dem Element Chrom werden bei grober Einteilung Werkstoffe in etwa 15 unterschiedlichen Legierungsniveaus hergestellt) und Legierungskombinationen ergibt sich hieraus eine schier unerschöpfliche Vielfalt an chemischen Zusammensetzungen. Die derzeit genutzten ca. 2000 verschiedenen Stähle stellen also nur einen kleinen Teil der möglichen Eisenlegierungen dar.

Eisen ist mit etwa 4,3% in der Erdkruste vertreten und liegt deshalb als Rohstoff nahezu unbegrenzt vor; die Lagerstätten sind leicht auszubeuten und global verteilt. Die derzeit bekannten und als ausbeutungsfähig angesehenen Reicherzlagerstätten haben eine Reichweite von 190 Jahren. Das unproblematische Recycling, das zumeist ohne Qualitätsminderung möglich ist, führt dazu, daß Schrott als Sekundärrohstoff weltweit gehandelt wird. Bereits heute wird etwa 50% des Weltstahlverbrauchs aus Schrott gewonnen.

Die Entwicklung neuer Werkstoffe mit industrieller Relevanz ist in der Regel immer eng mit der Verfahrenstechnik verknüpft, die erst eine ökonomisch sinnvolle Produktion ermöglicht. Einige derzeit absehbare Entwicklungstrends bei den Stahlherstellungs- und -verarbeitungsverfahren und ihre Auswirkungen auf neue Werkstoffeigenschaften werden im folgenden aufgezeigt. Dabei werden langfristige Trends, die teilweise durch ökonomische, ökologische oder politische Einflüsse mitbestimmt werden, besonders berücksichtigt.

3.2.1.1 Wirtschaftliche Bedeutung der Stähle

Stähle werden auf großtechnischen Anlagen mit relativ geringen Kosten erzeugt und verarbeitet; sie sind mit 92,6% des Weltmetallverbrauchs die industriell bedeutendste metallische Werkstoffgruppe, gefolgt vom Aluminium mit 3,55%. Die jährliche Weltrohstahlerzeugung betrug im Jahr 1900 ca. 37 Mio. t Stahl; sie ist seitdem auf über 750 Mio. t Stahl/a angewachsen (Wirtschaftsvereinigung Stahl 1997). In den letzten 98 Jahren wurden weltweit insgesamt 30 Milliarden Tonnen Stähle erzeugt; hiervon entfallen rund 13% auf die erste Jahrhunderthälfte und rund 87% auf die Zeitspanne ab 1950. Die große wirtschaftliche Bedeutung der Stahlwerkstoffe kann Abb. 3.2.1.1 entnommen werden; der logarithmische Ordinatenmaßstab mußte gewählt werden, um auch die nächstbedeutenden Metalle in einer Graphik darstellen zu können. Die Erzeugung des mengenmäßig nächstbedeutenden Metalls Aluminium beträgt derzeit ca. 15 Mio. t/a.

Die Verfügbarkeit von Stahlwerkstoffen ist entscheidend beim Aufbau der Infrastruktur eines Landes; in den westlichen Industrieländern nimmt ihre Bedeutung mit zunehmendem Wandel von einer industrieintensiven Gesellschaft zur Informationsgesellschaft relativ ab. Der Pro-Kopf-Verbrauch von Stahl in einigen ausgesuchten Ländern belegt den unmittelbaren Zusammenhang zwischen dem Stahlverbrauch und der steigenden Industrialisierung; in den westlichen Industrieländern stagniert der Pro-Kopf-Verbrauch oder sinkt geringfügig seit Beginn der achtziger Jahre (Abb. 3.2.1.2, International Steel and Iron Institute). Dies ist auf einen geringeren Rohstoffverbrauch durch verbesserte Werkstoffe (der Eiffelturm würde mit modernen Stählen nur noch ca. 1/3 des ursprünglich eingesetzten Stahlmenge benötigen), auf verbesserte Herstellverfahren (allein durch die Einführung des Stranggießens konnte das Ausbringen im Vergleich zum abgelösten Blockguß um ca. 15% gesteigert werden) und auf eine weniger materialintensive Produktion zurückzuführen. In den Schwellenländern hingegen ist mit einem starken Wachstum auch in den nächsten Jahrzehnten zu rechnen.

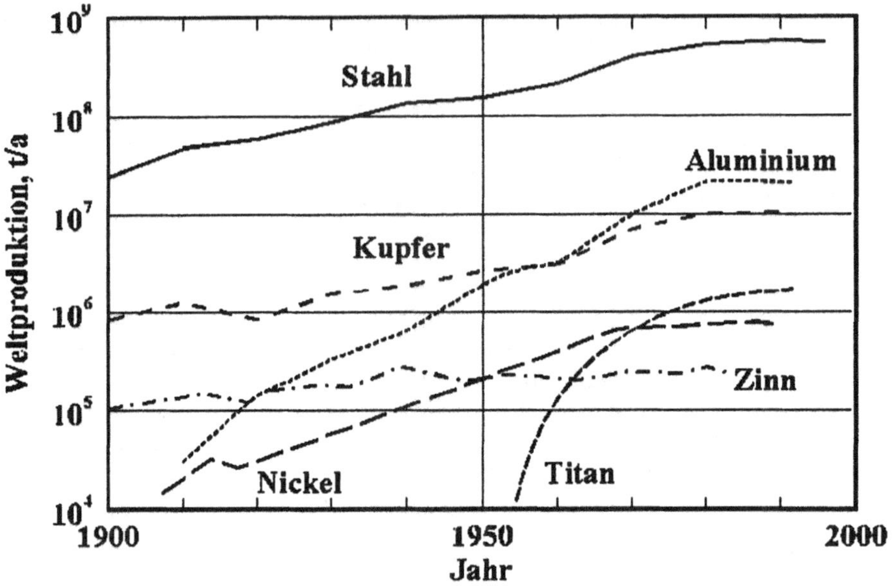

Abb. 3.2.1.1. Zeitliche Entwicklung der Weltproduktion für verschiedene Metalle. Der logarithmische Ordinatenmaßstab ermöglicht die Darstellung sehr unterschiedlicher Erzeugungsmengen in einem Diagramm. Die Weltproduktion an Stählen übertrifft die Produktion aller anderer metallischen Werkstoffe um ein Vielfaches.

Neben die reine Mengenbetrachtung muß aber auch eine qualitative Diskussion treten. Die Stahlherstellung in den westlichen Industrieländern hat sich bezüglich der erzeugten Produkte drastisch verändert; der Anteil an hochwertigen Stählen, an rost-, säure- und hitzebeständigen Stahlsorten sowie an oberflächenveredelten Feinblechen hat heute eine weitaus größere Bedeutung als noch vor wenigen Jahren.

Nicht unerwähnt bleiben soll, daß Stähle preisgünstige Werkstoffe sind. Unter Berücksichtigung der Inflationsraten sind die Stahlpreise in den letzten Jahren sogar gesunken. Mit dem Jahr 1985 als Bezug liegt das Preisniveau für Eisen- und Stahlerzeugnisse im Jahr 1996 etwa bei 94% (Wirtschaftsvereinigung Stahl 1997). Als Richtgröße kann für einen unlegierten Stahl von einem Kilopreis von etwa 0,8 DM ausgegangen werden; hochlegierte Stähle für Sonderanwendungen können bis ewa 20 DM/kg kosten.

3.2.1.2 Entwicklung der metallurgischen Prozeßtechnik zur Reduzierung der Emissionen und des Energieeinsatzes

Stähle werden überwiegend aus oxidischen Erzen unter Nutzung der Kohlenstoffmetallurgie gewonnen. Das Hauptaggregat stellt dabei der Hochofen dar, der in einem Gasverbund mit Erzvorbereitung, Koksherstellung, Stahlwerk und Walzwerk betrieben wird. Derzeit ist der Energieaufwand zur Herstellung einer

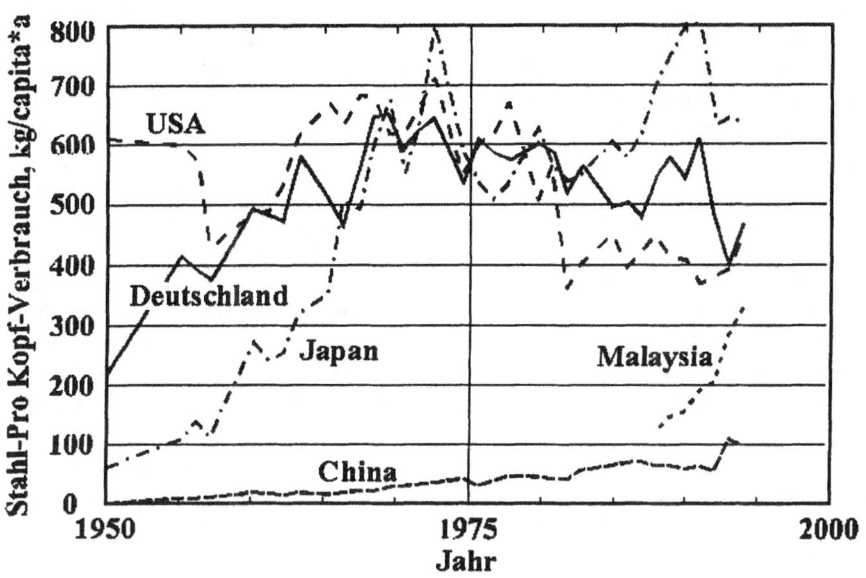

Abb. 3.2.1.2. Zeitliche Entwicklung des Pro-Kopf-Verbrauches an Stählen für verschiedene Länder. Der Pro-Kopf-Verbrauch in den Industrienationen erfuhr einen starken Anstieg in den Jahren nach 1950 und stagniert oder sinkt leicht seit etwa 1970. In den bevölkerungsreichen Schwellenländern wird ein stetiges, in den letzten Jahren starkes Wachstum beobachtet.

Tonne Rohstahl im festen Zustand mit ca. 18 MJ/kg bereits sehr nahe dem metallurgisch bedingten Minimalwert von 7,5 MJ/kg (hergeleitet aus der Reaktionsenthalpie). Der Primärenergieaufwand zur Gewinnung von Stahl aus Erzen ist im Vergleich mit anderen Metallen sehr gering. Die Reduktion unter Nutzung von Kohle, Koks, Schweröl oder Erdgas sowie fossiler Brennstoffe als Energieträger bewirken eine freigesetzte Menge von ca. 2 t CO_2 pro t erzeugtem Stahlfeinblech. In allen entwickelten Ländern wird an einer Minimierung der freigesetzten CO_2-Menge sowie – gleichbedeutend – an einer Reduzierung des Energieaufwandes gearbeitet (Philip et al. 1994, 1996).

Die Stahlherstellung erfolgt heute nahezu überall in der Welt nach den gleichen Verfahren, die sich auf zwei prinzipiell unterschiedliche Wege aufteilen lassen: die Hochofen-Sauerstoffkonverter- und die Elektrostahlroute (Szekely 1996). Die erstere setzt primär Erz als Eisenträger und Koks als Reduziermittel ein; im Konverter wird als weiterer Eisenträger zusätzlich ca. 20% Schrott zugefügt. Von den in Deutschland hergestellten rund 40 Mio. t Stahl werden etwa 3/4 auf dieser Verfahrensroute hergestellt. Alternativ kann über die Elektrostahlroute mit Schrott oder Eisenerzpellets als Vormaterial Stahl erzeugt werden. Eine ganze Reihe neuer Verfahren zur Stahlherstellung befindet sich derzeit in Entwicklung. Je nachdem ob ein flüssiges Reduktions-Produkt (hot metal = Roheisen) oder ein festes Produkt (DRI = direct reduced iron; Eisenschwamm) entsteht, wird zwischen Schmelzreduktions- und Direktreduktionsverfahren unterschieden. Auch für den alleinigen Schrotteinsatz werden neue Einschmelzgefäße diskutiert. Eine Erfolgsabschätzung für einzelne Varianten kann derzeit nicht gegeben werden, weil häufig verfahrenstechnische Probleme im Kleinmaßstab nur unvollkommen erkannt und kaum gelöst werden können. Es deutet sich aber an, daß regional unterschiedliche Lösungen (z.B. in Abhängigkeit von der Verfügbarkeit von preiswertem Erdgas) die bisher weltweit homogene Struktur der Stahlindustrie verändern werden.

Wichtige verfahrenstechnische Trends in diesem Gebiet sind die Entwicklung neuer Feinerzreduktionsverfahren unter Ausnutzung der Wirbelschicht, der Einsatz von Wasserstoff und wasserstoffreichen Gasen in Produktionsanlagen sowie eine Optimierung der Gaskreisläufe in den metallurgischen Betrieben unter Nutzung von Gastrenntechniken. Alternative Kohlenstoffträger werden erprobt, ihre Nutzung beispielsweise mit verbesserter Einblastechnologie im Hochofen vorangetrieben; ein Ziel hierbei ist die koksfreie Stahlerzeugung. Erste Versuche zur Nutzung von Wasserstoff als Reduktionsmittel zeigen zwar dessen grundsätzliche Eignung; eine technische Umsetzung ist aber derzeit wenig wahrscheinlich.

An verschiedenen Stellen in der Welt werden zudem Verfahren zur kontinuierlichen Stahlherstellung erprobt; ein Ersatz der heute in sehr großen Schmelzeinheiten vorgenommenen chargenweise Erschmelzung ist aber kurzfristig nicht zu erwarten.

3.2.1.3 Verkürzung von Prozeßketten

Heute werden Stähle zumeist kontinuierlich im Strang vergossen und anschliessend nach einer Wiedererwärmung warmgewalzt sowie für dünne Abmessungen oder zur Verbesserung der Oberflächengüte kaltgewalzt. Neue Technologien des endabmessungsnahen Gießens werden erprobt und im Direktverbund mit der Warmumformstufe in sogenannten Gießwalzverfahren betrieben. Hierdurch lassen sich beträchtliche Energieeinsparungen erzielen. Die heute zur Betriebsreife gelangten Gießwalzverfahren sind zumeist noch auf Stähle für einfache Verwendungszwecke begrenzt. Dies ist vorwiegend eine Folge der Stahlbereitstellung aus dem Elektrolichtbogenofen und mit einem höheren Gehalt an Begleitelementen wegen der Verwendung von Schrott als Ausgangsmaterial verbunden. Die in integrierten Hüttenwerken angewandte Hochofen-Konverter-Route ist aus Kostengründen bei einfachen Langprodukten derzeit nicht wettbewerbsfähig. Andererseits gibt es ein Hochqualitätssegment mit einer Domäne für die auf Erzbasis hergestellten Stähle, die aus technischen Gründen geringste Gehalte an Begleitelementen erfordern. Der Wettbewerb findet im Mittelfeld statt; die Lage der technischen oder ökonomischen Grenzen ist fließend.

Für die Werkstoffeigenschaften endabmessungsnah gegossener Flachprodukte mit Gießdicken <125 mm ist die Abkühlgeschwindigkeit während der Erstarrung von großem Einfluß. Diese Abkühlgeschwindigkeit ist meßtechnisch direkt kaum zugänglich; sie läßt sich aber aus Sekundärdendritenarmabständen oder Modellrechnungen ableiten. Ergebnisse für unterschiedliche Gießdicken von Dünnband über Vorband und Dünnbramme bis zur Bramme sind für die Oberfläche und den Kern in Abb. 3.2.1.3 aufgetragen (Bleck et al. 1998). Bei konventionellem Brammenstrangguß ergeben sich deutliche Unterschiede in der Abkühlgeschwindigkeit zwischen Oberfläche und Kern, die in der Oberfläche um bis zu zwei Zehner-

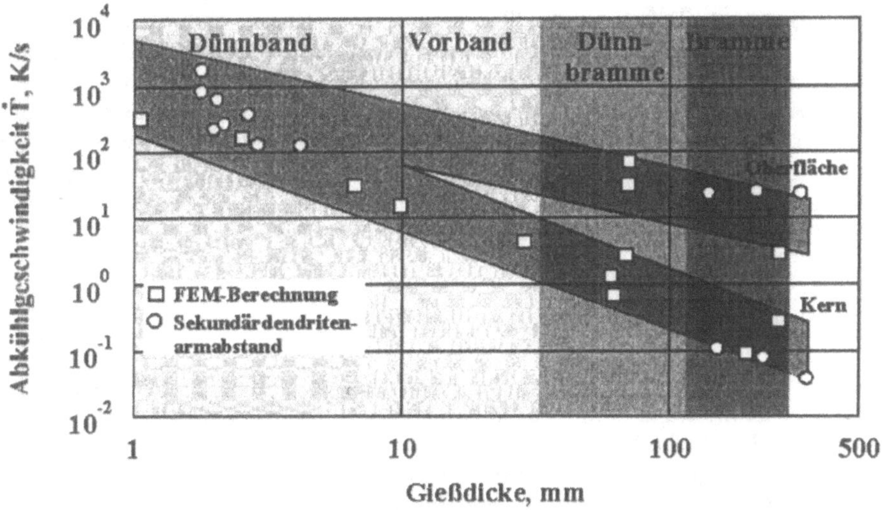

Abb. 3.2.1.3. Einfluß der Gießdicke auf die Abkühlgeschwindigkeit während der Erstarrung. Neue abmessungsnahe Gießverfahren ermöglichen verkürzte Prozeßrouten; die hohe Abkühlgeschwindigkeit führt zu geringeren Seigerungen und gleichmäßigeren Gießprodukteigenschaften. Neue Produkte mit verbesserten Eigenschaften werden hierdurch denkbar.

potenzen höher sein kann. Auch bei der Dünnbramme und beim Vorband lassen sich noch Unterschiede zwischen Oberfläche und Kern finden, die jedoch mit geringer werdender Gießdicke kleiner werden. Bei Dünnband werden Abkühlgeschwindigkeiten in der Größenordnung von 1000 K/s erreicht, während im Kernbereich einer Bramme die Abkühlgeschwindigkeiten um drei bis vier Zehnerpotenzen geringer sind. Hohe Abkühlgeschwindigkeiten bewirken geringere Seigerungen und feinere Gußgefüge. Diese Gußgefüge entsprechen aber nicht den angestrebten Gebrauchsgefügen und bedürfen einer weiteren Kornfeinung und Gefügemwandlung.

Für die Werkstoffentwicklung erwachsen hieraus neue Aufgaben, da die Gebrauchsgefüge nunmehr in nur wenigen Verfahrensschritten eingestellt werden müssen. Die Gefügekontrolle wird deshalb zukünftig mehr durch geeignete metallkundliche Maßnahmen (z.B. Ausscheidungsprozesse) und weniger durch Walz- und Glühtechnologie (z.B. durch mehrmaliges Rekristallisieren) erfolgen müssen. Somit werden optimierte Stähle für die Fertigung auf Gießwalzanlagen gefordert werden.

Stähle mit neuen Legierungskonzepten und neuen Eigenschaften sind denkbar, wenn die gegossenen Produkte einer kontrollierten mehrstufigen Abkühlung aus der Walzhitze unterworfen werden. Dies kann preiswerte höchstfeste Stähle mit sehr feinstrukturierten Gefügen ermöglichen aber auch bisher nicht herstellbare Legierungskombinationen unter Vermeidung unerwünschter Phasenreaktionen oder Seigerungen, die bei langsameren Abkühlvorgängen ablaufen würden.

Grundsätzlich neue Prozeßketten und Verfahrensrouten werden überlegt; hierbei ist das Ziel die Einsparung von Teilprozessen, eine Energieminimierung für den Betrieb sowie eine Minimierung des Investitionsaufwandes. In Zusammenhang mit neuen Gießprozessen (Zweirollengießverfahren; Belt-Caster) werden Prozesse wie Kaltwalzen ohne vorheriges Warmwalzen oder Warmwalzen auf sehr dünne Abmessungen unter Umgehung der Kaltwalzstufe diskutiert.

Eine Konsequenz aus den niedrigeren Investitionskosten für verkürzte Prozeßketten ist, daß zukünftig Anlagen gezielt für einzelne Produktgruppen bis hin zu Nischenprodukten installiert und optimiert werden können. Auch eine dezentrale Stahlerzeugung wird denkbar; z.B. in der Nachbarschaft eines großen Stahlverbrauchers unter Nutzung der Produktionsabfälle.

3.2.1.4
Trends der Werkstoffentwicklung bei Stählen

Eine große Zukunft wird vor allem bei mehrphasigen Stählen gesehen, bei denen die unterschiedlichen kristallografischen Strukturen genutzt werden, um technisch interessante Eigenschaftskombinationen zu ermöglichen. Derzeit technisch eingeführte mehrphasige Werkstoffe weisen zumeist die Kombination von zwei Phasen auf. Neue Konzepte sehen die gezielte Einstellung und Verteilung von drei und mehr Phasen im Gefüge vor, so daß diese Werkstoffe auf das jeweilige Einsatzgebiet maßgeschneidert werden. Einige Phasen können wie bei den TRIP-Stählen metastabil eingestellt werden, so daß bei einer Kaltumformung Phasenumwandlungen gezielt genutzt werden.

Eine vereinfachte Übersicht in Abb. 3.2.1.4 weist auf die Kombinationsmöglichkeiten unterschiedlicher Phasen in Stählen und die dabei zu kontrollierenden Gefügeparameter hin. Zwar werden einige der hier skizzierten mehrphasigen Stähle bereits großtechnisch genutzt; gleichwohl zeigt diese Darstellung die vielfältigen Möglichkeiten auf, die dem Entwickler für neue Werkstoffe zur Verfügung stehen. So werden bei Duplex-Stählen zwei in den mechanischen Eigenschaften relativ ähnliche Phasen in etwa gleichem Mengenverhältnis kombiniert. Bei den Dualphasen-Stählen wird eine sehr harte Phase in kleinen Volumenanteilen in eine weiche Matrix eingebettet. Bei TRIP-Stählen wird durch eine mehrstufige Wärmebehandlung ein dreiphasiges Gefüge mit unterschiedlichem C-Gehalt in jeder Phase eingestellt. Die Restaustenit-Inseln sind mechanisch instabil eingestellt und ändern ihre Kristallstruktur bei Umformvorgängen.

Neue Werkstoffentwicklungen zeichnen sich bei den höchstfesten Stählen ab, bei denen trotz des hohen Festigkeitsniveaus noch eine für viele Bauteile ausreichende Kaltumformbarkeit sowie eine gute Zähigkeit bei tiefen Temperaturen besteht. Von großem Interesse sind hier extrem feinkörnige Stähle, die unter Ausnutzung neuer Walzstrategien und/oder neuer Legierungstechniken entwickelt werden. Bisher großtechnisch nicht realisierte hohe Legierungsgehalte an spezifisch leichten Elementen lassen sogar Stähle mit deutlich geringerer Dichte wahrscheinlich werden. Versuche mit Aluminiumzugaben ergaben Stähle mit einer um ca. 10% abgesenkten Dichte.

Ein auf wissenschaftlicher Methodik basierendes Werkstoffverständnis in Kombination mit neuen Analyseverfahren, die auch im Gefügemaßstab aufgelöste sehr genaue Angaben der chemischen Zusammensetzung ermöglichen, führen zu Mikro-Legierungstechniken, bei denen Elemente in kleinsten Gehalten von wenigen ppm – das sind 10^{-4} Massenprozent – gezielt zur Eigenschaftsbeeinflussung zugesetzt werden. Bisher geschieht dies mit dem Legierungselement Bor zur Be-

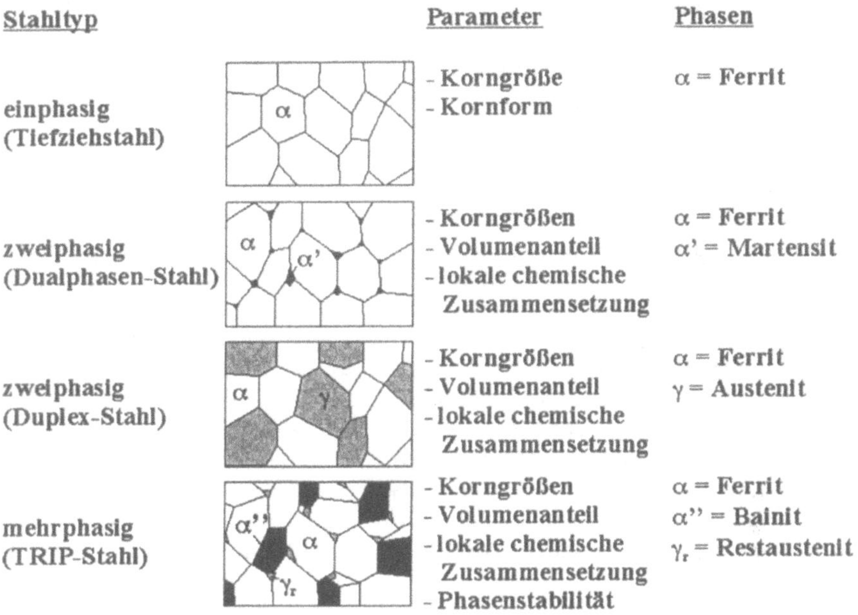

Abb. 3.2.1.4. Schematische Darstellung verschiedener Gefüge. Beispiele für Stähle werden angegeben, die durch das jeweilige Gefüge charakterisiert werden; die Phasen und wichtigen Gefügeparameter zur quantitativen Beschreibung werden genannt.

einflussung des Segregations- und Umwandlungsverhaltens und mit Seltenen Erden zur Beeinflussung von Ausscheidungsmodifikationen. Diese bisher meist empirisch gefundenen Zusammenhänge lassen mit zunehmendem Werkstoffverständnis unter Nutzung von metallkundlichen Modellen eine Vielzahl weiterer Legierungsoptionen im Mikro-Maßstab erwarten.

Allgemein kann beobachtet werden, daß die Werkstoffoptimierung von Einfachlegierungen zu Mehrfachlegierungen führt; dies resultiert häufig auch in einer deutlichen Abnahme des für die gewünschte Wirkung erforderlichen Legierungsgehaltes. Bei den sehr gut kalt umformbaren Interstitial Free-Stählen ist eine Mikrolegierung mit Titan erforderlich, die bei der Einführung dieser Stähle in der Größenordnung bei etwa 0,15% lag. Durch Maßnahmen in der sekundärmetallurgischen Behandlung, Optimierung der Weiterverarbeitung sowie ein verbessertes Werkstoffverständnis konnte die Titanzugabe auf den heutigen Wert von ca. 0,05% reduziert werden. Thermomechanisch gewalzte Baustähle werden heute typischerweise kombiniert mit zwei Mikrolegierungselementen legiert; für die Zukunft ist hier ein weiterer Erkenntniszuwachs zu erwarten, der zu einem sparsameren Umgang mit Legierungselementen und gleichzeitig zu verbesserten Eigenschaften führen wird.

In der Metallurgie sind große Anstrengungen darauf gerichtet, großtechnisch Reinst-Stähle herzustellen. Die bisherigen Verfahren der Sekundärmetallurgie haben hier bereits ein vor wenigen Jahre noch nicht denkbares Niveau des Reinheitsgrades ermöglicht. Neben aufwendigen Sonderverfahren – z.B. Umschmelzverfahren – sind nun auch keramische Filtersysteme interessant geworden. Die Simulation des Abscheideverhaltens von Zweitphasen bei Gießvorgängen hat weiterhin zu Überlegungen geführt, durch gezielte Strömungsbeeinflussung den Reinheitsgrad und die Erstarrungsstruktur zu verbessern; von großem Interesse sind hier elektromagnetische Rührverfahren sowie eine mechanisch induzierte Rührbewegung durch Umformung während des Erstarrens der Restschmelze.

Eine Kombination moderner Verfahren der Sekundärmetallurgie mit einem fundierten metallphysikalischen Verständnis führt zu neuen und preiswerten Werkstoffen. Unter Ausnutzung von hohen Drücken können bei Umschmelzverfahren hohe Stickstoffgehalte legiert werden, die in austenitischen Edelstählen einerseits gewünschte hohe Festigkeitswerte bei guter Zähigkeit ermöglichen, andererseits auch zum teilweisen Ersatz des teuren Legierungselementes Nickel dienen. In ferritischen Edelstählen verbessern hohe Stickstoffgehalte die Korrosionsbeständigkeit und Substituieren auch hier teure Legierungselemente.

Die Methodik der Werkstoffentwicklung wird um Simulationstechniken erweitert, die im Rechner einfache und schnelle Parameterstudien ermöglichen. Während der Produktion werden Systeme der künstlichen Intelligenz genutzt, um Verfahrensweisen zu optimieren und Schlußfolgerungen für die Prozeßsteuerung und -weiterentwicklung zu ziehen.

3.2.1.5 Neue Produktformen

Die Oberflächenveredlung von Stahlprodukten hat in den letzten Jahren dazu geführt, daß die Korrosionsanfälligkeit unlegierter Stähle heute für die meisten Anwendungsfälle unproblematisch und technisch beherrscht ist. Lange Garantiezeiten der Automobilhersteller für den Korrosionsschutz der Karosserien sind hierfür ein beredtes Beispiel. Die heute eingesetzen Korrosionsschutzmaßnahmen beruhen zumeist auf einem Überzug von unedleren Metallen, häufig auf Zinkbasis, der in Schmelztauchverfahren aufgebracht oder galvanisch abgeschieden wird. Neue Beschichtungssysteme werden aus mehrphasigen Überzügen bestehen, wobei jeder Schicht besondere Aufgaben zugewiesen werden, oder aus für bestimmte Verwendungszwecke optimierten Überzügen mit breitem Eigenschaftspektrum. Beispielsweise kann dann neben dem Korrosionsschutz auch eine Schmierwirkung beim Umformen oder eine verbesserte Haftung für eine abschließende Lackierbehandlung realisiert werden. Neben die metallischen Überzüge treten Folienbeschichtungen sowie polymere Beschichtungen in großer Vielzahl; einen Überblick über die angewandten metallischen und polymeren Beschichtungen auf Stahlblechen gibt Abb. 3.2.1.5.

In Grundlagenuntersuchungen werden neue Beschichtungsverfahren und Schichtsysteme entwickelt, wie z.B. eine direkte Ankopplung von schützenden Polymerschichten auf der Stahloberfläche. Auch das Abscheiden von Schutzschichten aus der Gasphase - eine für kleine Bauteile bereits erprobte Technik - kann ein für die kontinuierliche Beschichtung von Bandprodukten interessantes Verfahren werden. Verbesserte magnetische Eigenschaften können durch Si-Abscheidungen auf Stahloberflächen erreicht werden. Neben dem Korrosionsschutz

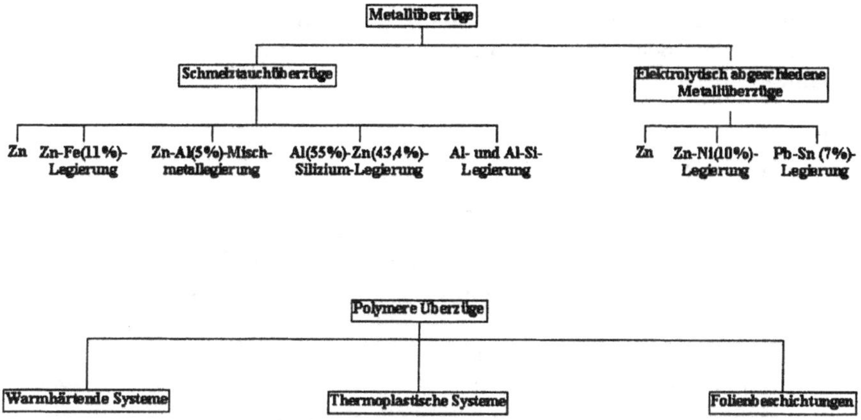

Abb. 3.2.1.5. Überblick über wichtige metallische und polymere Überzüge auf Stahlband.

sind dekorative Schichten von Interesse. Bei der Herstellung der „weißen Ware“ in der Haushaltsgeräteindustrie haben sich bereits heute bandbeschichtete Produkte durchgesetzt. Neue Oberflächensysteme ermöglichen eine verbesserte Umformbarkeit, so daß auch komplizierte Bauteile (z.B. für den Schienen- oder Straßenfahrzeugbau) aus bandlackierten Blechen gefertigt werden können und somit die Lackierung beim Bauteilhersteller eingespart wird. Individuelle Kundenwünsche sind durch das Aufbringen von Folien erfüllbar; Folien als Graffiti-Schutz sind wieder entfernbar.

Auch zukünftig wird das Hauptaugenmerk der Stahlhersteller auf einer möglichst großen Homogenität der Produkteigenschaften liegen. Für viele Einsatzgebiete wird allerdings auch Halbzeug mit lokal geänderten Eigenschaften nachgefragt. Bereits heute werden lokal optimierte Eigenschaften in Form von geschweißten Blechplatinen – sogenannte tailored blanks – den Metallverarbeitern angeliefert. Mittels Quetschnaht- oder Laserschweißen werden Bleche unterschiedlicher Dicke/Eigenschaften/Oberflächen so zusammengefügt, daß eine kaltumformbare Platine mit lokal optimierten Eigenschaften entsteht. Im Jahr 1996 wurden in der Europäischen Union bereits über 27 Millionen tailored blanks hergestellt; mit einem weiteren rapiden Wachstum auf 40 bis 50 Millionen Stück wird bis zum Jahr 2000 gerechnet.

Neue Produktformen mit maßgeschneiderten Eigenschaften sind auch flexibel gewalzte Produkte, bei denen durch regelungstechnisch aufwendiges Walzen die Geometrie des Walzgutes so beeinflußt wird, daß das Band an den Stellen höchster Belastung eine größere Blechdicke besitzt. „Property tailored blanks“ weisen durch ein lokale Wärmebehandlung – z.B. mittels eines Laserstrahles – lokal optimierte Eigenschaften auf. Der Laserstrahl als Werkzeug zur lokalen Gefügebeeinflussung wird bereits jetzt bei Elektroblechen zur Verbesserung der magnetischen Eigenschaften eingesetzt.

Intensiv gearbeitet wird an Verbundwerkstoffen auf Stahlblechbasis, um strukturellen Leichtbau zu ermöglichen. Eine Vielzahl von Varianten wurde bereits vorgeschlagen; zukünftig ist vor allem die technische und ökonomische Darstellbarkeit zu klären. Hinzuweisen ist auch auf metallische Schäume; Schäume aus Stählen werden beim derzeitigen Kenntnisstand vorwiegend für funktionelle Anwendungen diskutiert.

3.2.1.6
Neue Verarbeitungsverfahren

Neben das für Stähle klassische Fügeverfahren des Schweißens sind neue Verfahren des mechanischen Fügens oder des Klebens getreten. Hier richtet sich das Hauptaugenmerk derzeit auf anwendungstechnische Fragen sowie die Qualitätssicherung.

Als Alternative herkömmlicher Gieß- oder Schmiedeverfahren wird an thixotropen Umformverfahren gearbeitet, die eine Umformung im Zweiphasengebiet fest-flüssig unter Ausnutzung des thixotropen Materialverhaltens – das ist ein schergeschwindigkeitsabhängiger Verformungswiderstand – und somit die Darstellung sehr komplizierter Geometrien mit guter Bauteilqualität ermöglichen.

Beim Hydroforming werden unter Zuhilfenahme von Wirkmedien unter hohen hydrostatischen Drücken Rohre zu komplizierten Bauteilen, häufig mit optimierter Wanddickenverteilung, geformt. Konventionelle Umformverfahren werden durch eine verbesserte Prozeßkontrolle sowie durch eine Optimierung aller Stellgrößen in ihrer Effizienz gesteigert.

In einer internationalen Studie wurde von Porsche Engineering/USA eine im Vergleich zu konventionellen Karosserien um 25% leichtere PKW-Karosserie aus hochfesten Stahlfeinblechen gebaut. Diese Karosserie wies eine höhere Steifigkeit auf und kann voraussichtlich mit geringeren Kosten gefertigt werden. Im großen Umfang werden tailored blanks eingesetzt. Als moderne Umformverfahren werden neben dem konventionellen Tiefziehen die hydro-mechanische Blechumformung und die Innenhochdruckumformung genutzt. Ein besonderes Kriterium war die Großserientauglichkeit (Europäische Stahlhersteller 1998).

3.2.1.7
Werkstoffkreislauf

Eine nachhaltige Nutzung von Werkstoffen kann nur in Kreisläufen sichergestellt werden. Ausführliche Bilanzierungen für verschiedene Stahlprodukte wurden in den letzten Jahren erstellt; ein Vergleich mit Alternativwerkstoffen fällt allerdings wegen unterschiedlicher Bilanzierungsgrenzen und fehlender Bewertungsmaßstäbe häufig schwer.

Eisenwerkstoffe lassen sich hervorragend recyclieren; bereits heute werden ca. 50% des in der Welt erzeugten Rohstahles auf Schrottbasis erschmolzen. In der Bundesrepublik Deutschland liegen die Recyclingquoten für Dosen aus Stahlfeinstblech bei 84% im Dualen System. Trotz jährlich ca. 2 Mio. aus dem Verkehr gezogener PKW belasten keine Altautowracks die Umwelt. Beides sind Indizien für eine funktionierende Schrottwirtschaft, die privatwirtschaftlich betrieben wird. Stahlschrott wird weltweit gehandelt und stellt einen wichtigen Rohstoff dar.

Das Recyclierverhalten der Stähle ist aus technischer Sicht bezüglich der meisten Legierungselemente unproblematisch, weil diese in die Schlacke oder in die

Stäube überführt werden, so daß der Rohstahl erneut als Ausgangsmaterial für hochwertige Produkte zur Verfügung steht. Probleme bestehen bei einigen Begleitelementen wie Cu und Sn, die zur Agglomeration neigen und deshalb durch eine Schrottseparierung in weniger kritische Produktwege gelenkt werden. Vorschläge für metallurgische Behandlungsverfahren zur Minimierung des unerwünschten Eintrags dieser Begleitelemente existieren, allerdings ist ein wirtschaftlicher Betrieb noch nicht gegeben.

Schließlich ist zu erwähnen, daß Eisen nicht toxisch oder karzinogen ist; die Abbauprodukte sind Oxide, die auch in der natürlichen Umwelt vorkommen.

3.2.1.8 Schlußfolgerungen

- Stähle haben aufgrund ihrer physikalischen und chemischen Eigenschaften ein sehr großes Entwicklungspotential; auch angesichts des mittlerweile hohen Kenntnisstandes sind noch grundlegend neue Werkstoffentwicklungen zu erwarten.
- Stähle werden auch in Zukunft die mengenmäßig – und vermutlich auch die ökonomisch – bedeutendste metallische Werkstoffgruppe bleiben; wesentlich hierfür ist ihre uneingeschränkte Verfügbarkeit auf niedrigem Preisniveau.
- Die Entwicklung neuer Werkstoffe geht mit der Verfahrensentwicklung Hand in Hand; häufig stoßen neue Herstell- oder Verarbeitungsprozesse die Werkstoffentwicklung an.
- Aktuelle Trends bei der Verfahrensentwicklung sind: near net shape – Herstellung; Einsparung von Prozeßschritten; neue Prozesse mit geringen Investitionskosten.
- Aktuelle Trends bei der Werkstoffentwicklung sind: Gefüge-Engineering insbesondere bei mehrphasigen Stählen; Mikrolegierungstechniken; Reinst-Stähle.
- Neue Produktformen werden entwickelt: oberflächenveredelte Produkte mit Mehrfach-Beschichtungen; Funktionsbeschichtungen; tailored blanks.
- Ökologische Aspekte werden an Bedeutung gewinnen. Aktuelle Beispiele sind: Stahlentwicklung unter Recycling-Gesichtspunkten; umweltfreundliche Beschichtungssysteme; umweltfreundliche metallurgische Verfahren.

3.2.2 Nichteisenmetalle

Für das vorliegende themenspezifische Memorandum wurden aus der großen Anzahl der auf Nichteisenmetallen basierenden Werkstoffgruppen exemplarisch die Leichtmetall-Legierungen auf Al-, Ti- und Mg-Basis sowie die Buntmetallegierungen auf Cu-Basis zur ausführlicheren Diskussion ausgewählt. Die ausgewählten vier Gruppen sind seit vielen Jahren maturiert und stellen von Al nach Mg und Ti abnehmend einen erheblichen Anteil des weltweiten Verbrauchs an Nichteisenmetallen. Die gegenwärtigen und absehbaren Entwicklungen dieser Legierungsgruppen sind primär marktgetrieben, mit einem Schwerpunkt auf den Leichtbauweisen in Transportsystemen. Cu-Legierungen sind u.a. aufgrund ihres relativ hohen spezifischen Preises und ihrer unerwünschten Wirkung als Verunreinigungselement in Stahl durch einen hohen Grad an Nachhaltigkeit gekennzeichnet. Alle vier Werkstoffgruppen befinden sich in einem harten Verdrängungswettbewerb, z.B. Al-Legierungen gegen mit Kohlenstoff- oder Glasfasern verstärkte Polymere oder Cu-Legierungen gegen Glasfasern in der Kommunikationstechnik. Die Auswahl erfolgte in dem Bewußtsein, daß auf anderen Gebieten, z.B. den (Ni,Co,Fe)-basierten Superlegierungen, den Refraktär-, Schwer- und Hartmetallen oder den intermetallischen Verbindungen ebenfalls wesentliche Entwicklungen zu verzeichnen sind, die eine ausführlichere Diskussion rechtfertigen würden.

3.2.2.1
Aluminium-Legierungen[1]

Al-Legierungen sind heute nach den Stählen mit über 20 Mio. t/Jahr die zweithäufigsten metallischen Werkstoffe[2]. Durch die Aluminiumoxidgewinnung aus Bauxit bestehen keine Rohstoffprobleme. Die Metallgewinnung durch Schmelzelektrolyse von Aluminiumoxid/Kryolit-Mischungen ist mit 13 bis 15 kWh je kg allerdings ausgesprochen energieintensiv, so daß Recycling ein wesentliches Element moderner Aluminiumpolitik darstellt.

Al-Legierungen werden wegen ihrer geringen Dichte (2,6 bis 2,8 g/cm^3) für mobile Konstruktionen (verringerte Massenkräfte) und für Teile eingesetzt, die häufig ausgewechselt und transportiert werden. In ruhenden Konstruktionen und im Verpackungsbereich ist ihre Witterungsbeständigkeit sowie ihre chemische Beständigkeit vorteilhaft. Der Markt bietet gängig Festigkeiten zwischen 40 und 600 MPa an. Durch die Wahl der Legierungspartner und thermomechanische Behandlungen sind mechanische und andere Eigenschaften in weiten Grenzen gezielt einstellbar. Al-Knetwerkstoffe werden durch Walzen, Strangpressen, Ziehen, Schmieden usw. zu Halbzeug verarbeitet. Ihre Formbarkeit ist meist ausgezeichnet. Gußlegierungen werden zur Herstellung von Sand-, Kokillen- und Druckgußstücken verwandt. Nichtaushärtbare Al-Legierungen (z.B. Reinaluminium, Al-Mn- und Al-Mg-Legierungen) erhalten ihre Endfestigkeit durch abschließendes Kaltumformen, aushärtbare Al-Legierungen (z.B. Al-Zn-Mg-Legierungen, Al-Cu-Mg-Legierungen und Al-Mg-Si-Legierungen) durch abschließende Auslagerung bei Raumtemperatur oder erhöhter Temperatur (Hirsch 1997).

Recycling ist bei Aluminium besonders attraktiv, denn es hat als Hüttenaluminium den höchsten spezifischen Energiebedarf und bietet somit das größte Einsparpotential bei Verwendung von Sekundärrohstoff: dies kann sowohl Rücklaufschrott als auch Produktionsrückstand sein (EAA 1996, Kainer 1997). Ein einfacher Vergleich ist dennoch nicht tendenzfrei, da für das Umschmelzen hauptsächlich thermische Energie, für die Elektrolyse jedoch vor allem Elektrizität benötigt wird. In traditionellen Ansätzen wird jedoch allgemein anerkannt, daß durch Recycling ungefähr 95 % der Energie eingespart werden kann, die für die Gewinnung von Primäraluminium erforderlich ist (Neumann 1992). Gegenwärtig stammen ungefähr 30 % des Aluminiumangebots auf dem europäischen Markt aus

---

[1] An diesem Abschnitt haben beratend mitgewirkt: Dr. R. Braun und Dr. H.-J. Rätzer-Scheibe, Deutsches Zentrum für Luft- und Raumfahrt, Köln, Dr. J. Hirsch, Vereinigte Aluminium Werke, Bonn, Dr. G. Tempus, Daimler Benz Aerospace Airbus, Bremen

[2] Vgl. Abschn. 3.2.1 Entwicklungstrends bei Stählen

rezykliertem Metall. Dieser Prozentsatz wird durch die Verfügbarkeit von gebrauchten Aluminumerzeugnissen am Markt sowie durch die Sammelquote in den verschiedenen Marktsegmenten bestimmt. Die ständig wachsende Nachfrage nach Aluminium, in Verbindung mit der Lebensdauer der Produkte, die noch für einen Markt mit einem niedrigeren Volumen hergestellt wurden, beschränkt den Anteil des rezyklierten Metalls. Andererseits werden in Europa für einige Anwendungen gegenwärtig bereits sehr hohe Recycling-Quoten erzielt: in der Automobilindustrie ungefähr 95 %, im Baugewerbe etwa 85 %. Die weitere Verwertung (Recycling und Rückgewinnung von Energie) von gebrauchten Aluminiumverpackungen hängt von den einzelnen Produkten und den Sammelmethoden in den verschiedenen Ländern ab. So entsteht beispielsweise bei der Verbrennung von Verpackungsprodukten aus dünner Aluminiumfolie ein Energierückgewinn von 31 MJ/kg, was 1 kg Kohle entspricht. Im Verpackungssektor wird die Quote der weiteren Verwertung auf 30 % geschätzt.

Je höher der Anteil des Sekundäraluminiums, desto stärker können aber die für die Endprodukte erforderlichen Reinheiten des Metalls eine Begrenzung bilden, denn Legierungselemente kumulieren im Sekundärkreislauf und übersteigen zulässige Grenzwerte oder Legierungselemente sind für bestimmte Einsatzzwecke schädlich, wie z.B. Eisen. Um die weitere Steigerung der Recyclingquote zu sichern, wird daher auf drei Gebieten gleichzeitig gearbeitet:

- Möglichst sortenreiner Schrottrücklauf und Zuführung des aufgearbeiteten Metalls zu den ursprünglichen Einsatzgebieten.
- Weitere Entwicklungen der Materialgüten. Ein Beispiel sind hier Autofelgen aus Aluminium, dessen Eisengehalt bisher auf 0,12 % begrenzt war. Nach neueren Untersuchungen sind auch 0,18 % zulässig, was den Einsatzbereich des Sekundärwerkstoffes für dieses Produkt erhöht.
- Weitere Entwicklungen leistungsfähiger Verfahren zum Aufschluß von Produktionsrückständen oder komplexen Müllanteilen.

Ein interessantes Verfahren ist die Aufarbeitung von Salzschlacke, die bei der Gewinnung von Sekundäraluminium anfällt. Zur Vermeidung von Abbrandverlusten und zur Bindung von Verunreinigungen wird das Bad mit Salz abgedeckt. Die sich bildende Salzschlacke enthält noch 10 bis 15 % Aluminium. Die Metallgesellschaft betreibt über eine Tochtergesellschaft seit 1986 die weltweit erste zentrale Aufbereitungsanlage für diese Schlacke.

Weitere Verfahren müssen noch entwickelt werden. So gibt es für kaschiertes Aluminium im Hausmüll noch kein effizientes Aufarbeitungsverfahren. Immerhin beträgt das jährliche Aufkommen in der Bundesrepublik 100.000 t mit hohem Aluminiumanteil und einem Energiesparanteil von 20×10^6 GJ/a.

Mit dem oben genannten dreifachen Ansatz wird nicht nur der Anstieg des Energieverbrauches verringert, sondern in diesem Wirtschaftsbereich global der Energieverbrauch reduziert, denn den steigenden Sekundärmengen steht ein Kapazitätsabbau im energieintensiven Primärbereich gegenüber. Unter dem Preisdruck wird sich diese Restkapazität in den Regionen konzentrieren, in denen die Standortfaktoren besonders günstig sind, z.B. transportgünstige Lagerstätten, kostengünstige Energieversorgung. Ein großes deutsches integriertes Aluminium-Unternehmen strukturiert bereits in diesem Sinne um, halbiert die inländische Hüttenkapazität und verdoppelt die Kapazität in der Weiterverarbeitung. Die Lükke in der Metallversorgung schließen zukünftig Hütten in Venezuela und besonders Kanada. Insgesamt werden in Europa 5 % der Weltkapazität stillgelegt. In Japan gibt es bereits keine Primärhütten mehr. Seit 1980 hat die Aluminium-Industrie zusätzlich weltweit ihren Anteil an Wasserkraft von 52,5 % auf 61,3 % (in 1988) erhöht und damit überproportional den CO_2-Ausstoß reduziert.

Diese globalen Strukturveränderungen werden durch den starken Preisverfall des Aluminiums im Jahre 1991 beschleunigt (Ungarn gibt die Aluminium-Produktion auf, andere europäische Werke haben Kurzarbeit). Aber sie können auch wieder verzögert werden, wenn der Aluminiumanteil am Automobil sprunghaft steigt - von heute 20 kg auf 120 kg - und damit der Gesamtbedarf an Metall das Recycling-Potential weit übertrifft.

Gegenwärtige und zukünftige Anwendungen: Für Bleche und Bänder werden heute im Bauwesen überwiegend naturharte Aluminiumwerkstoffe verwendet, die heute häufig eine Oberflächenveredelung durch im Coil-Coating-Verfahren aufgebrachte und thermisch vernetzte Einbrennlacke besitzen. Für höher belastete Fenster sind Strangpreßprofile aus der aushärtbaren Legierung AlMgSi0,5 gebräuchlich. Bei noch höheren Festigkeitsansprüchen für Konstruktionen und an Bauten werden ebenfalls aushärtbare und schweißbare AlMgSi- und partiell AlZn4,5Mg1- Werkstoffe eingesetzt. Die breitgestreute Anwendung von Aluminium im Bausektor mit Fenstern und Türen aus wärmegedämmten Profilen, Fassaden aus integralen selbsttragenden Elementen oder in Skelett-Bauweise mit Brüstungen und Fensterelementen, Sonnenschutz-Elementen in verschiedenen Formen (z.B. Lamellentore), im Dachbereich und Innenausbau haben substantielle Veränderungen im funktionalen und ästhetischen Design von Privat- und Industriebauten ermöglicht. Weitere Entwicklungen sind im Bereich der Leichtbauweisen und der Umsetzung von energiesparenden Bauweisen zu erwarten.

Im Schiffbau werden z.B. für Decksaufbauten von Kreuzfahrtschiffen und Fregatten aus Gewichtsgründen Aluminiumbleche und gepreßte Aluminiumprofile verwendet. Naturharte AlMgMn-Legierungen werden wegen ihrer ausgezeichneten Korrosionsbeständigkeit bevorzugt. Bei Hochgeschwindigkeitsschiffen werden auch die Schiffsrümpfe aus seewassergeeigneten Aluminiumlegierungen gebaut. Im Unterwasserbereich ist außen ein kathodischer Korrosionsschutz durch angeschweißte galvanische Opferanoden aus Zink, speziellen Aluminiumanodenlegierungen oder aus Magnesium, je nach Wasserzusammensetzung und Salzgehalt, erforderlich. Als neue Verbindungstechnik ist das Friction Stir Welding (Erstpatent 1991 durch The Welding Institute, GB) an der Schwelle zum Einsatz. Dadurch werden leichtere Bauweise und kostensparende Herstellung kombiniert.

Der entscheidende Wettbewerbsvorteil für den Einsatz von Aluminium bei Schienenfahrzeugen liegt in der Gewichtseinsparung und dem geringen Wartungsaufwand. Die neue Profiltechnik eröffnet den Konstrukteuren große Handlungsspielräume in der Kombination von hoher Steifigkeit mit funktionellen Eigenschaften. Für die Bedachung und die Seitenwände von Güterwagen werden häufig naturharte sowie für höhere Festigkeitsansprüche, wie sie bei Bordwänden gefordert werden, auch aushärtbare Aluminiumwerkstoffe in Form von stranggepreßten, hohlen Großprofilen verwendet. Wagenkästen sind das derzeit bedeutendste und technisch anspruchsvollste Anwendungsgebiet im Schienenfahrzeugbau.

Ein eigenständiges, zukunftweisendes Strukturkonzept ist mit der Integralbauweise aus stranggepreßten Breitprofilen bei Wagenkästen des ICE realisiert worden. Die Wagenkästen bestehen aus längslaufenden, miteinander verschweißten Profilen der aushärtbaren AlMgSi0,7-Legierung. Auch in diesem Konzept ist die Gewichtsersparnis eher eine erfreuliche Nebenwirkung der kostengünstigeren Fertigung.

Besondere Bedeutung für den Automobilbau haben Werkstoffe aus den naturharten AlMgMn- und den aushärtbaren AlMgSi-Legierungen, die in den letzten Jahren weiterentwickelt wurden. Die AlMgSi-Legierungen sind vor etwa 20 Jahren erstmals eingesetzt worden. Für eine Serie neuer Lkw wurden damals bei Ford daraus punktgeschweißte Aluminium-Fahrerkabinen hergestellt.

Vor einigen Jahren wählte auch Audi diese in der Zwischenzeit verbesserte Legierung für die Karosserie-Außenhaut des neuen A8. Der Vorteil dieser Legierung: sie läßt sich relativ gut umformen und hat eine optimale Oberflächengüte. Heute sind diese Legierungen so weit optimiert, daß sie durch Einstellen der Fertigungsparameter zum Teil gezielt an die unterschiedlichen Anforderungen wie Festigkeit und Umformbarkeit angepaßt werden können.

Die andere wichtige Legierungsgruppe bilden die naturharten AlMgMn-Legierungen. Sie zeichnen sich durch sehr gute Umformbarkeit, hohe Festigkeit und gute Korrosionsbeständigkeit aus.

Um die Verformungsfestigkeit der AlMgMn-Legierungen zu stabilisieren und höhere thermische Stabilität zu erhalten, entwickelt man z.Z. neue Legierungen, die zusätzlich Scandium enthalten. Diese Legierungen sind besonders interessant für Bauteile, die geschweißt werden sollen, denn sie verlieren ihre Verformungsfestigkeit dabei deutlich weniger und können daher entsprechend dimensioniert werden.

Neben den erreichbaren Gewichtseinsparungen beim Automobilbau ist es vor allem die sehr gute Langzeitbeständigkeit der lackierten Aluminium-Karosserie, welche den Leichtbauwerkstoff Aluminium als Alternative zu Stahl interessant macht. Hinzu kommt ein relativ einfaches und kostengünstiges Recycling von Aluminium aus dem Shredderschrott. Die geforderten Eigenschaften für Aluminiumwerkstoffe im Auto wie ausgezeichnete Umformbarkeit, hinreichende Festigkeit, Schweißbarkeit, gute Korrosionsbeständigkeit und hohe Oberflächenqualität nach Umformen und Lackieren lassen sich nicht gleichzeitig mit einem Legierungstyp erreichen. Daher werden für den Innen- und den Außenbereich unterschiedliche Legierungen verwendet.

Für Karosserieinnenteile mit meist stark verrippten Versteifungen und im Fahrwerk (Achsträger z.B. im 5er BMW, Federbeine, Bandräder) werden nicht aushärtbare AlMg- oder AlMgMn-Legierungen eingesetzt, die im weichen Zustand eine sehr gute Umformbarkeit besitzen und sehr korrosionsbeständig sind. Nachteilig für diese Legierungen ist die Bildung von Fließfiguren, die das Oberflächenaussehen stark beeinträchtigen und ihren Einsatz im Außenbereich des Automobils einschränken. Über einzelne Karosserieteile aus Aluminiumwerkstoffen hinausführend wurden auch integrale Aluminium-Leichtbaukonzepte für Automobilstrukturen entwickelt: eine selbsttragende Aluminiumkarosserie (Sportwagen Honda NSX), das Space-Frame Konzept (Audi A8), Aluminium-Chassiskonstruktionen (Ford Contour). Beim Space-Frame-Konzept wird das tragende Gerüst aus Aluminium-Strangpreßprofilen stark belastet. Niedriglegierte

AlMgSiLegierungen besitzen neben der hohen Festigkeit auch die hinreichende Zähigkeit und das Stauchvermögen, um genügend Energie beim Aufprall zu absorbieren. Speziell entwickelte Strangpreßverfahren ermöglichen gleichzeitig die kostenmäßig akzeptable Einhaltung der engen Fertigungstoleranzen.

Für Außenanwendungen müssen die Bleche wegen des Beulverhaltens eine hinreichende Festigkeit besitzen, die nur mit aushärtbaren Aluminiumlegierungen erreicht werden kann. In Europa, USA und Japan wurden hierzu unterschiedliche Entwicklungsrouten verfolgt.

In Europa wurde insbesondere auf Fließfigurenarmut und leichte Umfombarkeit hin optimiert. Dabei haben sich AlMg0,4Si1,2-Legierungen durchgesetzt, die im kaltausgehärteten Zustand umgeformt werden und beim späteren Lackeinbrennen eine weitere zur Verbesserung der Beulsteifigkeit günstige Festigkeitssteigerung aufweisen. Das Korrosionsverhalten der AlMgSi-Werkstoffe ist jedoch geringfügig schlechter als das der AlMg-Legierungen. Um die geforderte Langlebigkeit der Karosserie sicherzustellen, müssen daher die Oberflächen vor der Lackierung behandelt werden (Aufbringung von Konversionsschichten durch Phosphatierung oder Chromatierung). Die in den USA eingesetzten AlMgSiCu-Legierungen erzielen höhere Festigkeiten, sind allerdings weniger gut umformbar. Die neuentwickelten japanischen kupferhaltigen AlMg-Werkstoffe sind recht korrosionsbeständig, lassen sich jedoch nicht vollständig fließfigurenfrei umformen und erreichen gegenüber den herkömmlichen AlMg-Legierungen nur bescheidene Festigkeitssteigerungen beim Aushärten.

Im Flugzeugbau werden hauptsächlich zwei Legierungen verwendet: die AlCuMg-Legierung 2024 (mittelfest und schadenstolerant) und die AlZnMgCu-Legierung 7075 (hochfest). Durch die Verringerung des Gehaltes an Verunreinigungselementen, insbesonders von Fe und Si, läßt sich das Schadenstoleranzverhalten verbessern. Dies führte zu den Legierungsvarianten 2X24 und 7X75. Die neueste Entwicklung ist die Legierung 2524 (C188) für Rumpfbeblankungsbleche bei der Boeing 777, welche hohe Festigkeits- und Bruchzähigkeitswerte aufweist. Aufgrund des zunehmenden Bedarfs an dickem Plattenmaterial und für dickwandige Strangpreßprofile wurden die Legierungen 7050, 7150, 7010 und vor kurzem die extrem hochfeste Legierung 7055entwickelt, die eine geringe Abschreckempfindlichkeit zeigen.

Klassischer Standard für Bleche der Rumpfhaut ist die AlCuMg-Legierung 2024-T3. Zum Schutz vor Korrosion werden diese Bleche mit reinem Aluminium plattiert und dadurch wird das Grundmaterial geschützt. Bei Kampfflugzeugen werden aus Festigkeitsgründen Bleche der hochfesten AlZnMgCu-Legierungen 7075-T6, 7178-T6 und 7178-T76 verwendet. Als neuere Werkstoffentwicklungen für den Flugzeugbau sind die gut schweißbaren Legierungen zu nennen, die vor allem zur Realisierung laserstrahlgeschweißter integraler Rumpfstrukturen im zukünftigen Super-Airbus A3XX mit dem Ziel der Gewichtsreduktion bei gleichzeitiger Reduzierung der Fertigungskosten entwickelt wurden. Hierbei handelt es sich um die bereits erwähnten AlMgSiCu-Legierungen, lithiumhaltige AlMgLi-Legierungen und um scandiumhaltige AlMgSc-Legierungen. Von den beiden letztgenannten Legierungstypen, deren Entwicklungen in enger Zusammenarbeit der Anwenderfirmen mit russischen und deutschen Aluminiumherstellern erfolgten, weisen die AlMgLi-Legierungen eine 10 % niedrigere Dichte und die AlMgSc-Legierungen bei exzellenter Schweißbarkeit eine hohe Korrosionsbeständigkeit bei vergleichbaren Eigenschaften der nicht schmelzschweißbaren Legierung 2024 auf. Weitere neue schweißbare Legierungen sind die hochfesten lithiumhaltigen amerikanischen und russischen AlLiCu-Legierungen 2195 (Weldalite) und 1460, die im Treibstofftank des Space Shuttle bzw. in Militärflugzeugen eingesetzt werden.

Die AlZnMgCu-Legierung 7075-T6 ist das Standardmaterial für Stringer im Rumpf, geformt aus Blechen oder Strangpreßteilen. Wegen Spannungsrißkorrosionsproblemen wird die Legierung teilweise in überalterten Wärmebehandlungszuständen eingesetzt, die den Korrosionswiderstand verbessern und die Festigkeitswerte etwas verringern. Verunreinigungsärmere AlZnMgCu-Legierungen weisen eine attraktive Kombination von Festigkeit, Korrosionswiderstand (Schicht- und Spannungsrißkorrosion) und Ermüdungsverhalten auf und stellen einen potentiellen Ersatz für neuere Flugzeuggenerationen dar.

Die Struktur der Flügeloberseite von Verkehrs- und Transportflugzeugen wird gewöhnlich aus Platten und Strangpreßteilen in einer Haut-Stringer-Konstruktion gefertigt. Das heutige Standardmaterial für die obere Flügelhaut ist die AlZnMgCu-Legierung 7075-T6. Wegen steigender Anforderungen an Bruchzähigkeit und Rißfortschrittswiderstand wurde die AlZnMgCu-Legierung 7075-T6 ersetzt durch die AlZnMgCu-Legierung 7150-T6 (Boeing 757 und 767 sowie Airbusfamilie nach A300-200 bis zur A330/A340). Auch die Flügelunterseite wird hauptsächlich in Haut-Stringer Konstruktion ausgeführt. Standardmaterial für die Haut im Unterflügel ist die AlCuMg-Legierung 2024-T3, die bei Airbus bis A330/A340 verwendet wird. Boeing ersetzt bei neueren Modellen (ab Boeing 737) die Legierung 2024-T3 durch die AlCuMg-Legierung 2324-T39, die eine höhere Festigkeit besitzt.

Aluminium-Matrix-Verbundwerkstoffe: Bei der Entwicklung von Aluminium-Matrix-Verbundwerkstoffen wurden im letzten Jahrzehnt erhebliche Fortschritte erzielt, so daß sie bereits in den wichtigsten Anwendungsbereichen eingeführt werden konnten. In der Verkehrstechnik, insbesondere in der Automobilindustrie, ist es zum kommerziellen Einsatz von Aluminium-Matrix-Verbundwerkstoffen gekommen, z.B. als Werkstoff für faserverstärkte Kolben und Kurbelgehäuse bei Motoren sowie für partikelverstärkte Bremsscheiben.

Diese innovativen Werkstoffe eröffnen für eine moderne Werkstoffentwicklung unbegrenzte Möglichkeiten, weil die Eigenschaften der Verbundwerkstoffe maßgeschneidert, je nach gewünschter Anwendung, in den Werkstoff hineinkonstruiert werden können. Von diesem Potential ausgehend, erfüllen die metallischen Verbundwerkstoffe alle Wunschvorstellungen eines Konstrukteurs. Diese Werkstoffgruppe wird für eine Verwendung als Konstruktions- oder Funktionswerkstoff besonders dann interessant, wenn die Eigenschaftsprofile konventioneller Werkstoffe den erhöhten Anforderungen bei besonderen Beanspruchungen nicht mehr gerecht werden und herkömmliche Werkstofftechnologien zur Lösung der Probleme nicht mehr beitragen können. Die Technologie der Verbundwerkstoffe steht aber in Konkurrenz zu anderen modernen Werkstofftechnologien, wie z.B. der Pulvermetallurgie. Die Vorteile der Verbundwerkstoffe kommen daher erst dann zum Tragen, wenn ein sinnvolles Kosten/Leistungsverhältnis bei der Herstellung von Bauteilen möglich wird. Ein Zwang zum Einsatz entsteht, wenn ein bestimmtes Eigenschaftsprofil nur durch Verwendung von Verbundwerkstoffen erreicht wird.

Eine Verstärkung von Leichtmetall-Legierungen eröffnet die Möglichkeit einer Erweiterung des Einsatzpotentials dieser Werkstoffgruppe in Bereiche, in denen eine Gewichtreduzierung von Bauteilen erste Priorität hat. Voraussetzung ist hierbei die Beibehaltung oder Verbesserung der Bauteileigenschaften. Das Entwicklungsziel für Leichtmetall-Verbundwerkstoffe besteht in:

- Erhöhung der Streckgrenze und der Zugfestigkeit bei Raumtemperatur und erhöhter Temperatur unter Beibehaltung einer Mindestduktilität bzw. Mindestzähigkeit,
- Erhöhung der Kriechbeständigkeit bei erhöhten Einsatztemperaturen im Vergleich zu konventionellen Legierungen,
- Erhöhung der Dauerfestigkeit besonders bei höheren Temperaturen,
- Verbesserung der Temperaturwechselbeständigkeit,
- Verbesserung der Verschleißbeständigkeit,
- Erhöhung des E-Moduls,
- Reduzierung der thermischen Ausdehnung.

Die Gruppe der diskontinuierlich verstärkten Leichtmetalle bietet zum Erreichen der Entwicklungsziele die besten Voraussetzungen, da die verwendeten Herstellungstechnologien und Verstärkungskomponenten wie Kurzfasern, Partikel und Whiskers kostengünstig sind und die Produktion von Bauteilen in großen Stückzahlen erlauben. Weitere Vorteile sind die relativ gute Isotropie der Eigenschaften im Vergleich zu den durch Langfasern kontinuierlich verstärkten Leichtmetallen und die Möglichkeit der Weiterverarbeitung der Verbundwerkstoffe durch umformende und spanabhebende Fertigungstechniken.

Al-Metallmatrix-Verbundwerkstoffe können durch unterschiedlichste Verfahren, etwa pulvertechnologisch oder durch Schmelzinfiltration, hergestellt werden. Für die Wahl einer geeigneten Verfahrenstechnik stehen die gewünschte Art, die Menge und die Verteilung der Verstärkungskomponenten (Partikel und Fasern), die Matrixlegierung und der Anwendungsfall im Vordergrund. Durch die Variation der Herstellungsmethoden, der Verarbeitung und der Nachbehandlung sowie durch die Form der Verstärkungskomponenten ist es möglich, extrem unterschiedliche Eigenschaftsprofile zu erzielen, obwohl integral die gleiche Zusammensetzung und die gleichen Anteile der beteiligten Komponenten vorliegen.

Bei den verstärkten Leichtmetallen standen umfangreiche Forschungs- und Entwicklungsarbeiten im Bereich der Verbundwerkstoffsysteme mit Aluminiummatrix im Vordergrund. Nach anfänglichen Problemen bei der Beherrschung der Herstellungs- und Verarbeitungstechnologien standen später eine Vielzahl unterschiedlich verstärkter Aluminiumlegierungen zur Verfügung. Dadurch war man in der Lage, erstmals diese Werkstoffgruppe aus dem Laboratoriums- und Versuchsstadium herauszuführen. An Hand dieser kommerziell erhältlichen Werkstoffe gelang es, durch grundlegende Untersuchungen erweiterte Erkenntnisse über die eigenschaftsbestimmenden Parameter bei der Herstellung, Weiterverarbeitung und Behandlung der Aluminium-Matrix-Verbundwerkstoffe zu erhalten.

An Verstärkungen für metallische Verbundwerkstoffe werden vielfältige Anforderungen gestellt:

- geringe Dichte
- mechanische Verträglichkeit (geringer, aber der Matrix angepaßter thermischer Ausdehnungskoeffizient)
- chemische Verträglichkeit
- thermische Stabilität
- hoher Elastizitätsmodul
- hohe Druck- bzw. Zugfestigkeit
- gute Verarbeitbarkeit
- Wirtschaftlichkeit

Diese Anforderungen können fast nur durch nichtmetallische anorganische Verstärkungskomponenten erfüllt werden. Für eine Metallverstärkung kommen häufig keramische Partikel (z.B. SiC- oder Al_2O_3-Partikel) bzw. Fasern (Al_2O_3-Faser Saffil) oder Kohlenstoff-Fasern zum Einsatz. Eine Verwendung metallischer Fasern scheitert an der hohen Dichte und an der Neigung zur Reaktion mit den Aluminiumlegierungen.

Bei der Entwicklung von Aluminium-Matrix-Verbundwerkstoffen kommen in erster Linie leicht verarbeitbare, konventionelle Al-Legierungen als Matrix-Werkstoffe zum Einsatz. Besonders im Bereich der pulvermetallurgischen Herstellung können aufgrund der Vorteile der schnellen Erstarrung bei der Pulverherstellung auch Sonderlegierungen mit speziellen Zusammensetzungen verwandt werden. Diese Systeme sind frei von Seigerungsproblemen, wie sie bei einer konventionellen Erstarrung auftreten. Auch die Verwendung von Systemen mit übersättigten oder metastabilen Gefügen sind möglich. Beispiele für Matrixzusammensetzungen sind:

- konventionelle Gußlegierungen:
  G-AlSi12CuMgNi, G-AlSi9Mg, G-AlSi7 (A356);
- konventionelle Knetlegierungen:
  AlMgSiCu (6061), AlCuSiMn (2014), AlZnMgCu1,5 (7075);
- Sonderlegierungen:
  Al-Cu-Mg-Ni-Fe-Leg. (2618), Al-Cu-Mg-Li-Leg. (8090).

Aluminium-Matrix-Verbundwerkstoffe haben in der Automobiltechnik im Motorenbereich (oszillierende Bauteile: Ventiltrieb, Pleuel, Kolben und Kolbenbolzen; Abdeckungen: Zylinderkopf, Kurbelwellenhauptlager; Motorblock: teilverstärkte Zylinderblöcke) ein hohes Einsatzpotential. Ein Beispiel für den erfolgreichen Einsatz von Aluminiumverbundwerkstoffen in diesem Bereich ist der partiell kurzfaserverstärkte Aluminiumkolben, bei dem der Muldenbereich durch Al_2O_3-Kurzfasern verstärkt wird. Vergleichbare Bauteileigenschaften sind nur beim Einsatz von pulvermetallurgisch hergestellten Al-Legierungen oder bei Verwendung von schweren Eisenkolben erreichbar. Ein Grund für den Einsatz von Verbundwerkstoffen liegt bei den verbesserten Hochtemperatureigenschaften. Ähnliche Gesichtspunkte liegen bei den teilverstärkten Zylinderblöcken vor. In diesem Fall werden die kritischen Bereiche, die Stege und Zylinderlaufflächen verstärkt. Gleiches gilt für die Verstärkung der Zylinderköpfe, bei denen die Rißbildung im Brennerkalottenbereich lebensdauerbegrenzend ist. Potentielle Anwendungen findet man auch im Fahrwerksbereich, z.B. bei Querlenkern und Bremsscheiben, die ihren Einsatz ebenfalls bei Schienenfahrzeugen, z.B. U-

Bahnen und Eisenbahnen (ICE), haben. In der Luft- und Raumfahrt sind die hohe spezifische Festigkeit, der hohe E-Modul, der geringe thermische Ausdehnungskoeffizient, die Temperaturbeständigkeit und die hohe Leitfähigkeit der verstärkten Leichtmetalle im Vergleich zu polymeren Werkstoffen interessant, z.B. für Versteifungen, Tragrohre, Rotoren, Gehäuseabdeckungen und Strukturen für elektronische Geräte.

Von besonderem ökonomischen und ökologischen Interesse ist für neuentwikkelte Werkstoffe die Notwendigkeit der Integration von Bearbeitungsrückständen, Kreislaufschrott und sonstigem Material aus diesen Werkstoffen in den Materialkreislauf. Da üblicherweise keramische Werkstoffe in Form von Partikeln, Kurzfasern oder kontinuierlichen Fasern für die Verstärkung metallischer Werkstoffe zum Einsatz kommen, ist eine stoffliche Trennung der Komponenten mit dem Ziel der Wiederverwertung der Matrixlegierung und der Verstärkungen nahezu unmöglich. Über konventionelle Schmelzbehandlungen im Umschmelzwerk kann aber die Matrixlegierung ohne Probleme zurückgewonnen werden.

Bei den schmelzmetallurgisch oder pulvermetallurgisch hergestellten kurzfaser- oder partikelverstärkten Leichtmetallen kann unter bestimmten Bedingungen eine Wiederverwendung der Verbundwerkstoffe aus Kreislaufschrotten oder Spänen ermöglicht werden. Besonders für partikelverstärkte Aluminiumgußlegierungen ist ein Einsatz von Kreislaufschrott möglich, während bei Spänen ein direktes Einschmelzen aufgrund der Kontaminierungsprobleme Schwierigkeiten bereitet.

3.2.2.2 Titan-Legierungen[3]

Titan (Dichte: 4,5 g/cm³) und seine Legierungen besitzen meist gute spezifische Kalt- und Warmfestigkeiten und beachtliche Korrosions- und Oxidationsbeständigkeit. Aufgrund ihrer herausragenden Eigenschaftskombinationen werden Titanlegierungen in weiten Teilen der Technik, angefangen bei der chemischen Industrie über die Medizintechnik, Energie und Verkehrstechnik, den Off-Shore-Bereich bis hin zur Architektur und zum Freizeitbereich, verwendet. Für den Einsatz von Titanlegierungen als Strukturwerkstoffe für Luft- und Raumfahrtanwendungen sind u.a. die Einsparung von Gewicht, die Erhöhung der Einsatztemperatur, die ausgezeichnete Korrosionsbeständigkeit, die galvanische Kompatibilität mit CFK und die Verringerung der nötigen Bauteildimensionen im Vergleich zu Nickellegierungen, Stählen und/oder Aluminiumlegierungen von Interesse. Neben den Eigenschaften spielen bei der Entscheidung für den jeweiligen Werkstoff jedoch in zunehmendem Maße die Kosten für die Herstellung des Gesamtbauteils eine wichtige Rolle. Die im Vergleich zu Stählen und Aluminiumlegierungen 3- bis 10-fach höheren Werkstoffkosten und die im allgemeinen deutlich höheren Bearbeitungskosten für Titanlegierungen müssen durch einen entsprechenden Leistungsgewinn kompensiert werden (Peters et al. 1996).

Unterhalb von 882 °C liegt reines Titan in der hexagonal dichtest gepackten α-Phase, oberhalb nach allotroper Umwandlung als kubisch raumzentrierte β-Phase vor. Die Legierungselemente können grob danach eingeteilt werden, ob sie die

[3] An diesem Abschnitt haben beratend mitgewirkt: Dr. J. Kumpfert und Dr. H.-J. Dudek, Deutsches Zentrum für Luft- und Raumfahrt, Köln

Umwandlungstemperatur erhöhen (α-Stabilisatoren, z.B. Al, interstitieller Sauerstoff) oder erniedrigen (β-Stabilisatoren). Die β-Stabilisatoren werden weiter unterteilt in solche, die eine hohe Löslichkeit im Titan besitzen (β-isomorphe, z.B. V, Mo, Nb, Ta) und solche, die aufgrund ihrer geringen Löslichkeit intermetallische Verbindungen bilden (β-eutektoide, z.B. Fe und Cr). Sn und Zr sind Beispiele für neutrale Elemente, die zur Verfestigung der α-Phase beitragen, die Umwandlungstemperatur jedoch kaum beeinflussen. Die Ti-Legierungen werden in Abhängigkeit von ihren dominierenden Legierungselementen in α-, (near-α)-, (α+β)-, metastabile β- und β-Legierungen eingeteilt. Das wichtigste Legierungselement des Titan ist Aluminium, das begünstigt durch seine erhebliche Löslichkeit zur Mischkristallverfestigung beiträgt und zugleich die Dichte der Legierung vermindert. Es wird vermieden, über 6 Gew.-% Al einzubringen, um die Bildung der intermetallischen Phase Ti_3Al zu verhindern. Von besonderer Bedeutung ist die klassische (α+β)-Legierung TiAl6V4, die (near-α)-Legierungen IMI 834 und Ti-6242S sowie die metastabile β-Legierung Beta-21S.

Die mechanischen Eigenschaften der Ti-Legierungen hängen hauptsächlich von ihrer chemischen Zusammensetzung und der Gefügeeinstellung ab. Die hexagonal dichteste Kugelpackung der α-Phase erschwert ihre Umformung im Vergleich zur kubischen β-Phase. Der Selbstdiffusionskoeffizient der hexagonalen α-Phase ist etwa zwei Größenordnungen geringer als der des kubischen β-Ti. Mit steigendem Al-Gehalt erhöhen sich die α-Anteile und damit wird die Oxidations- und Kriechbeständigkeit verbessert. Die β-Phase besitzt nur geringe Mischkristallhärtbarkeit durch Mo, Nb, oder V. Sie wird jedoch durch kohärente ω-Teilchen bei entsprechend hohem Gehalt an β-Legierungsbildnern ausgehärtet. Allerdings schränkt dies die Duktilität ein. Die Anisotropie der hexagonalen α-Phase führt zudem zu ausgeprägten Verformungstexturen vieler Ti-Legierungen. Die Oxidationsbeständigkeit ist bei hoch-Nb-legierten ß-Ti-Legierungen verbessert.

Die Gefüge der Ti-Legierungen werden durch die Morphologie der α- und β-Phasen bestimmt. Sie resultieren aus dem Anlieferungsgefüge und der thermomechanischen Behandlung der Legierungen. Durch die Abkühlung aus dem β-Feld nach Verformung und Glühung oberhalb des β-Transus resultieren lamellare Gefüge. Lamellare Morphologien sind eher Kriech- und Ermüdungsrißbeständig und besitzen höhere Bruchzähigkeit. Globulare Strukturen (äquiaxial) entstehen durch Rekristallisationsglühen deutlich unterhalb der β-Transus-Temperatur. Die Höhe der Glühtemperatur bestimmt den Volumenanteil der globularen primären α-Körner. Über die Glühzeit läßt sich die Korngröße der primären α-Körner einstellen. Die Parameter Korngröße und Volumenanteil der primären α-Körner kontrollieren im Zusammenspiel die β-Korngröße. Hohe Verformungsgrade im (α+β)-Feld mit anschließender Glühung im (α+β)-Feld ergeben feinkörnige, zweiphasige, globulare Gefüge. Diese äquiaxialen Morphologien sind eher hochfest, duktil, von guter Ermüdungsfestigkeit und ermöglichen superplastische Umformung. Glühtemperaturen nahe am β-Transus resultieren in bimodalen Gefügen (duplex structure) aus globularem primären α in einer lamellaren (α+β)-Matrix. Dieses Gefüge wird aufgrund seiner ausgewogenen mechanischen Eigenschaftspalette häufig eingesetzt und auch für die neuen (near-α)-Legierungen empfohlen. Grobe lamellare Gefüge lassen sich durch eine Lösungsglühung oberhalb des β-Transus einstellen. Titanlegierungen mit einem lamellaren Gefüge zeichnen sich durch eine hohe Kriechbeständigkeit und niedrige Rißwachstumsgeschwindigkeiten aus.

Gegenwärtige und zukünftige Anwendungen: α-Legierungen wie die Ti-5Al-2,3Sn-Legierung sind sehr korrosions- und oxidationsbeständig, allerdings von mittlerer Festigkeit (790 - 830 MPa) bei Zugdehnungen bis 15 %. Die aktuellen und potentiellen Anwendungen liegen u.a. dort, wo gute Schweißbarkeit gefordert wird. Die Bruchzähigkeit bei RT und erhöhten Temperaturen ist gut. Die Legierung wird daher für gegossene Turbinenbauteile, Gehäuse von Raketenmotoren, den komplex verschweißten chemischen Apparatebau und kryogene Tanks eingesetzt.

(Near-α)-Legierungen enthalten meist 5 bis 6 Gew.-% Al und bis zu 7 Gew.-% neutrale Legierungselemente, wie Sn und Zr, sowie geringe Anteile an β-Stabilisatoren. Die Kriech- und Oxidationseigenschaften der α-Phase machen die (near-α)-Legierungen zu den klassischen Hochtemperatur-Ti-Legierungen (z.B. die Ti624S). Geringe β-Anteile verbessern die Festigkeit und die Verformbarkeit. Kleine Si-Anteile bilden Silizide, die das Versetzungsklettern einschränken und das Kriechverhalten verbessern, so daß maximale Einsatztemperaturen bis 600 °C angestrebt werden. Der Einsatz ist u.a. für Triebwerksbauteile, wie Verdichterscheiben und -schaufeln oder dem Nachbrennerbereich, aber auch in Zellenteilen mit Temperaturbelastung gegeben. Ausdehnungskoeffizienten von etwa 8×10^{-6} K^{-1} machen diese Ti-Legierungen auch als Matrix für Metall/Keramik-Verbundwerkstoffe und als Hybridwerkstoffe mit kohlenstoffaserverstärkten Kunststoffen geeignet (Peters 1988).

Die (α+β)-Legierungen besitzen ausgewogene mechanische Eigenschaften und stellen 50 % aller Ti-Legierungen im Einsatz. Klassiker ist TiAl6V4 mit hoher spezifischer Festigkeit bis 300 °C, guter Verbindbarkeit und der Formbarkeit sehr komplexer Strukturen durch superplastische Umformung. Es werden heute Gußstücke mit Durchmessern bis 150 cm hergestellt. Auf Grund seiner Bioverträglichkeit und seiner Korrosionsbeständigkeit in Körperflüssigkeiten wird TiAl6V4 als Implantat für den Hüftgelenks- oder Kniebereich eingesetzt.

Neben der guten Biokompatibilität weisen Implantate aus Titanlegierungen (z.B. TiAl6V4 und TiAl5Fe2,5) die Fähigkeit auf, mit dem Knochengewebe zu verwachsen. Durch diese gute Bioadhäsion sind sie anderen metallischen Biomaterialien, wie z.B. rostbeständigen Stählen und CoCr- bzw. CoNiCr-Legierungen, überlegen. Insbesondere im Bereich der Zahnimplantate müssen die implantierten Materialien hohe Anforderungen bezüglich der Bioadhäsion erfüllen.

In den metastabilen β-Legierungen bleibt die β-Phase beim Abkühlen metastabil zu 100 % erhalten. Die kubische β-Phase erlaubt die Umformung dieser Legierungen bei Temperaturen deutlich unter denen anderer Ti-Legierungen. Sie besitzen bei optimaler Aushärtung eine außergewöhnliche Festigkeit. Bei verbleibender Zähigkeit können die metastabilen β-Legierungen die höchste Festigkeit aller Ti-Legierungen erreichen. Von Nachteil ist ihre höhere Dichte durch die Legierungselemente Mo, Ta, V oder Nb, eine letztlich bescheidene Duktilität im vollausgehärteten Zustand und ihre mangelnde Schweißbarkeit. Neuere Entwicklungen zielen z.B. auf besseren Oxidationswiderstand ab (Leyens 1997). Die metastabile β-Legierung Beta21S von TIMETAL hat eine Reihe günstiger Eigenschaften. Bei einer thermischen Stabilität, die brauchbare Anwendungen bis

300 °C erlaubt, liegt eine gute Kriechfestigkeit vor. Ein E-Modul, der dem menschlichen Knochen entspricht, führt zu einem Einsatz als Implantat im medizinischen Bereich. Entsprechend ist der Einsatz als Werkstoff für Knochenverstärkungsteile gegeben. Die exzellente Korrosions- und Wasserstoffbeständigkeit dieser Legierung haben zu Anwendungen im „Offshore"-Förderbereich für Öl geführt. Der Widerstand gegenüber dem Angriff durch Hydrauliköle der Luftfahrt führte zum Einsatz in den Fahrwerken der Boeing 777. Stabile β-Legierungen finden wenig Anwendungen.

Titanaluminide: Die mit steigender Temperatur nachlassenden Oxidations- und Kriechwiderstände konventioneller Titanlegierungen führen zu einer Einsatzobergrenze von etwa 500 °C. Höhere Einsatztemperaturen werden mit den Titanaluminiden auf Ti_3Al- und TiAl-Basis angestrebt. Die Oxidationsbeständigkeit der intermetallischen Phasen Ti_3Al und TiAl ist deutlich besser als die der konventionellen Ti-Legierungen. Bei den Ti_3Al-basierten Legierungen bildet der in die Oberflächenbereiche von Bauteilen eindiffundierende Sauerstoff jedoch eine Schale aus α_2-Phase, deren Sprödigkeit die Zugdehnung, Zeitstandfestigkeit, Bruchzähigkeit und die Ermüdungsrißfortschrittsgeschwindigkeit ungünstig beeinflußt (Sauthoff 1995, 1996).

Potentielle Anwendungen der Ti_3Al-basierten Legierungen liegen im Bereich von Verdichterleitschaufeln und -scheiben sowie Gehäuseteilen in Triebwerken, ohne daß es bis heute zu einer breiteren Anwendung gekommen wäre. Die RT-Gleichgewichtsphase von Ti_3Al wird als α_2 bezeichnet und ist vom Typ der geordneten hexagonalen DO_{19}-Struktur. Sie besitzt einen breiten Homogenitätsbereich zwischen 22 und 35 At.-% Al. Zusätzliche Legierungselemente führen zu ähnlichen Veränderungen der Gefügeausbildungen wie bei konventionellen Ti-Legierungen, so daß die Einteilung in α- und β-Stabilisatoren und neutrale Elemente beibehalten werden kann. Für Ti_3Al ist der β-Stabilisator Nb das wichtigste Legierungselement, da es die an sich geringe RT-Verformbarkeit von Ti_3Al durch die Aktivierung zusätzlicher Gleitsysteme verbessert. Bei mehr als 10 At.-% Nb bleibt die β-Phase auch beim Abkühlen auf RT erhalten, so daß Spannungsspitzen vermieden werden, die bei der Umwandlung an den α_2/β-Grenzflächen auftreten. Mo wird bis 2 At.-% zugesetzt. Es wirkt im β-Mischkristall festigkeitssteigernd, einhergehend mit der Verbesserung der Kriechbeständigkeit und der Hochtemperatur-Festigkeit. Ähnlich wirkt Vanadium, allerdings auf Kosten der Oxidationsbeständigkeit. Eine typische Zusammensetzung besitzt die Super-α_2-Legierung mit Ti-25Al-10Nb-3V-1Mo (Ti-25-10-3-1) (in At.-%). Die mechanischen Eigenschaften der Ti_3Al-basierten intermetallischen Legierungen werden hauptsächlich von der Zusammensetzung und vom Gefüge beeinflußt. Eine Festigkeitssteigerung wird beispielsweise durch eine thermomechanische Behandlung erreicht, die auf feinkörnige Gefüge mit verbesserten Korngrenzenverfestigungsmechanismen abzielt. Eine gewisse Verbesserung der Duktilität durch die höhere Gleichmäßigkeit der Gleitvorgänge erbringt die „basketweave"-Morphologie. Dabei wird eine Konzentration des Gleitens entlang einer Gleitebene, wie dies z.B. in parallel ausgerichteten Koloniestrukturen auftritt, verhindert. Dennoch ist der Bruch bei einem K_{Ic}-Wert unter 20 MPa $m^{1/2}$ als vergleichsweise spröde anzusehen.

Die Werkstoff-Entwicklung ist weitgehend abgeschlossen, Produktions- und Prozeß-Technologien sind entwickelt worden und die Legierungen sind kommerziell verfügbar. Diese Legierungen werden jedoch wegen des unzureichenden Oxidationswiderstandes, der ausgeprägten Versprödungsneigung bei hohen Temperaturen und aus ökonomischen Gründen noch nicht eingesetzt. Entsprechende Legierungsentwicklungen hat es in Deutschland wegen des begrenzten Einsatzpotentials für diese Werkstoffe nicht gegeben, während jedoch das Einsatz-Potential der US-amerikanischen Legierungen eingehend untersucht wurde. Diese Entwicklungen zielen auf den Einsatz im Bereich der Luft- und Raumfahrt. In Japan wurde ein Ti_3Al-Turbolader-Rotor für die Anwendung bei Antrieben von Automobilen entwickelt.

Mit steigendem Nb-Gehalt nimmt in Ti_3Al-Basislegierungen der Anteil einer orthorhombischen Phase zu, bis bei Gehalten oberhalb von 20 At.-% Nb diese Legierungen als orthorhombische Titanaluminide bezeichnet werden. Orthorhombische Titanaluminide basieren auf der intemetallischen Phase Ti_2AlNb und bilden die jüngste Legierungsklasse innerhalb der Gruppe der Titanaluminide. Die Phase Ti_2AlNb mit einer orthorhombischen Gitterstruktur wurde erst Ende der 80er Jahre entdeckt und zeichnet sich durch eine ungewöhnlich günstige Eigenschaftskombination aus. So ist diese Phase besser verformbar als die intermetallische Phase Ti_3Al, gleichfalls aber signifikant kriechbeständiger. Zur Einstellung eines ausgewogenen Eigenschaftsprofils sind mehrphasige Ti_2AlNb-Basislegierungen erforderlich. Aus dem Bereich der ternären orthorhombischen Titanaluminide zeigt die Legierung Ti-22Al-25Nb (At.-%) einen guten Kompromiß zwischen Hoch- und Raumtemperatureigenschaften. So ist sowohl die Bruchzähigkeit als auch die RT-Duktilität den Ti_3Al- und TiAl-Basislegierungen deutlich überlegen. Die maximale Einsatztemperatur der orthorhombischen Titanaluminide wird derzeit bei 700°C gesehen. Die hohen Warmfestigkeiten der Ti_2AlNb-Basislegierungen kompensieren die höhere Dichte dieser Legierungen, so daß die spezifischen Festigkeiten bis 700°C die der übrigen Titanaluminide sowie die der konventionellen Titanlegierungen übertreffen. Aufgrund dieser Eigenschaften haben die orthorhombischen Titanaluminide ein erhebliches Einsatzpotential im Verdichter zukünftiger Triebwerke. Neben dem Anwendungsfall als Hochtemperaturwerkstoff in monolithischer Form zeigen die Ti_2AlNb-Basislegierungen ebenfalls günstige Eigenschaften für den Einsatz als Matrixmaterial für Hochtemperatur-Titanmatrixverbundwerkstoffe (TMC). Ein potentieller Einsatz vor 2004 ist allerdings unwahrscheinlich.

Verglichen mit den Ti_3Al- und Ti_2AlNb-Basislegierungen zeichnen sich die Al-reichen γ-TiAl-Basislegierungen durch eine niedrigere Dichte, einen höheren E-Modul und einen besseren Oxidationswiderstand aus. Derzeit sind die weltweiten Anstrengungen, eine Leichtgewichts-Legierung für den Einsatz als HT-Strukturlegierung zu entwickeln, auf TiAl ausgerichtet. Ihrer Unempfindlichkeit gegenüber Wasserstoff und ihrer Gefügestabilität bei höheren Temperaturen stehen eine geringe RT-Duktilität und eine unbefriedigende Kriechfestigkeit bei höheren Temperaturen gegenüber. Eine der verbreitetsten Zusammensetzungen ist Ti-48Al-2Cr-2Nb. Gußstrukturen sind in der Regel voll lamellar mit alternierenden γ- und α_2-Platten. Modifizierte Gefüge werden durch thermomechanische Behandlungen eingestellt. Die Warmverformung erfolgt durch isothermes Schmieden bei etwa 1125 °C mit anschließender Rekristallisation und Lösungsglühen im α- oder $(\alpha+\gamma)$-Bereich. Die Auslagerung erfolgt im $(\alpha_2+\gamma)$-Bereich. Bei geschickter Wahl der Parameter lassen sich dadurch feinkörnige Duplexgefüge erzeugen. Eine optimale Gefügeeinstellung im Hinblick auf die Anwendungsbedingungen bei höheren Temperaturen wäre ein feinkörniges voll lamellares Gefüge. Hierzu sind jedoch komplexe thermomechanische Behandlungen notwendig.

Das Anwendungspotential der γ-TiAl-basierten Legierungen liegt in Hochtemperaturanwendungen, bei denen ein geringes Gewicht gefordert ist, wie z.B. bei Schaufeln in Niederdruck- und Hochdruckverdichtern von Flugtriebwerken oder Motorauslaßventilen von Verbrennungsmotoren. Japanische Entwicklungen sind Thema eines nationalen Material-Forschungsprogrammes. Das enorme Potential von TiAl ist auch schon früh in Deutschland, Österreich und in der Schweiz erkannt worden, was zur Zunahme weiterer Entwicklungen führte. Dabei stehen Anwendungen für Ventile in Auto-Motoren, Turbolader-Rotoren, Gasturbinen-Schaufeln und Blech-Werkstoffe für den Leichtbau im Vordergrund der Entwicklung.

Titanmatrix-Faserverbundwerkstoffe: Siliziumkarbidfaserverstärkte Titanmatrix Verbundwerkstoffe (TMC = titanium matrix composites) zeichnen sich durch überragende spezifische Zugfestigkeit und Steifigkeit bis zu maximalen Anwendungstemperaturen der jeweils als Matrix im Verbund eingesetzten Titanlegierungen aus. Aufgrund dieser Eigenschaften sind sie besonders für spezielle Anwendungen in der Luft- und Raumfahrt, so im Verdichter von Flugtriebwerken und als Zellen- und Strukturwerkstoff in Raumfahrtfahrzeugen geeignet. Mit dem Einsatz dieser Werkstoffe lassen sich völlig neue Strukturkonzepte realisieren, die den heute gestellten Forderungen der Verkehrsplaner nach Reduzierung des Treibstoffverbrauchs, der Schadstoffemission und der Verringerung der Lärmemission entsprechen können.

Die Entwicklung der langfaserverstärkten Werkstoffe, insbesondere der TMC muß anwendungsspezifisch für die erforderliche Bauteilgeometrie und die jeweiligen mechanischen und thermischen Belastungen erfolgen. Insbesondere können nur Bauteile aus TMC mit bevorzugter Belastung in Faserrichtung konzipiert werden, da der Werkstoff quer zur Faserrichtung gegenüber der Titanlegierung verminderte Festigkeit besitzt. Bei rotierenden Teilen, wie Schaufeln für den Fan oder den Bling (blade integrated ring) im Hochdruckverdichter, muß der Werkstoff neben hoher spezifischer Festigkeit und Steifigkeit zusätzlich überdurchschnittlich gute Festigkeit bei mechanischer und thermischer Wechselbelastung aufweisen. Aufgrund des komplexen Aufbaus des Werkstoffes sind die Eigenschaften unter Einsatzbedingungen nicht ohne weiteres vorhersagbar. Neben der bereits sehr komplex strukturierten SiC-Faser, die aus einem Kohlenstoffkern, einer spezifisch texturierten SiC-Schicht und aus einer komplexen Kohlenstoffschutzschicht besteht, beeinflussen die mechanischen Eigenschaften des Verbundes eine bei der Herstellung sich ausbildende Reaktionszone, die Anordnung der Fasern, ihren Volumenanteil und vor allem die Eigenschaften der Titanlegierung selbst. Für den Einsatz als Matrix im Verbund wurden daher in der Vergangenheit unterschiedliche Titanlegierungen untersucht. Den Forderungen nach Oxidationsbeständigkeit und Warmfestigkeit für hohe Temperaturen im Hochdruckverdichter, die von den Titanaluminiden weitgehend erfüllt werden können, steht deren Sprödigkeit entgegen, die sich äußerst negativ auf alle mechanischen Eigenschaften von Metallmatrixverbunden auswirkt. Eine effektive Faserverstärkung konnte daher bis heute vor allem in (near-α)-Titanlegierungen realisiert werden. Eine etwa 40 %-ige SiC-Faserverstärkung von (near-α)-Titanlegierungen ermöglicht die Realisierung einer Zugfestigkeit in Faserrichtung von 2.2 GPA, eine Steifigkeit von 220 GPa, LCF Eigenschaften mit Lebensdauern von 10^5 bei 700 MPa mit hoher Zuverlässigkeit auch nach langen Einsatzzeiten bei Temperaturen bis 600°C. Die unvergleichlich hohen spezifischen Eigenschaften werden jedoch erkauft durch hohe Kosten für die Fasern und die Verbundherstellung, für die es heute noch keine großtechnischen Verfahren gibt.

3.2.2.3 Magnesium-Legierungen[4]

Es gibt 4 Magnesium-Legierungssysteme, die kommerziell als Gußwerkstoffe verwendet werden: Mg-Al-Zn-Mn (AZ-Serie), Mg-Al-Mn (AM-Serie), Mg-Al-Si (AS-Serie) und Mg-Al-Seltenerdmetalle (AE-Serie). Ihr Potential als leichte Konstruktionswerkstoffe beruht auf der im Vergleich zu Aluminium (2,7 g/cm³) geringeren Dichte von 1,7 g/cm³ (Kretschmer u. Kohlhoff 1995).

Die am häufigsten verwendeten Legierungselemente für Magnesium sind Aluminium und Zink. Geringe Zusätze von Mangan zu Mg-Al-Zn-Legierungen verbessern deren Korrosionsbeständigkeit. Legierungen mit und ohne Zink, die auf dem Mg-Al-Mn-System basieren, wie z.B. AZ91D (Mg-9Al-0,7Zn-0,2Mn) und AM60B (Mg-6Al-0,2Mn), sind die bevorzugten Druckguß-Legierungen für Anwendungen bei Raumtemperatur. Die AZ91D wird für Zylinderkopfhauben, Getriebegehäuse, Lenksäulen, Lenkräder, Träger und andere verschiedene Teile verwendet; die AM60B wird für Sitzrahmen und Instrumententafeln eingesetzt. Sie machen ungefähr 90 % aller Anwendungen von Magnesium als Strukturwerkstoff aus. Allerdings sind diese Legierungen grundsätzlich ungeeignet für die Verwendung oberhalb 150 °C.

Mg-Al-Si-Legierungen sind eine moderne Ergänzung zu der Liste der kommerziellen Legierungen. Die Druckguß-Legierung AS41A (Mg-4,3Al-1Si-0,35Mn) wurde wegen der Notwendigkeit einer verbesserten Kriechfestigkeit bis zu 150 °C entwickelt (Luo et al. 1996). Die Legierung AS41A weist eine Kriechfestigkeit, die etwas über derjenigen von der AZ91D und der AM60B liegt, bis zu Temperaturen von 175 °C auf. Sie hat auch eine gute Bruchdehnung, Streckgrenze und Zugfestigkeit. Die AS41A wurde klassisch für Kurbelgehäuse von luftgekühlten Fahrzeugmotoren (VW „Käfer") und in einer Anzahl von Teilen im Volkswagen (z.B. als Ventilatorgehäuse und Lichtmaschinenträger) eingesetzt (Mordike u. von Buch 1997).

Kupfer, Nickel und Eisen werden als Legierungselemente gar nicht bzw. nur in Ausnahmefällen verwendet. Der Grund hierfür ist in der starken Erhöhung der Korrosivität des Magnesiums durch die Ausscheidung kathodisch wirkender Verbindungen bei der Erstarrung zu sehen, die die Korrosionsrate des Magnesiums, das sich sonst mit einer schützenden Magnesiumoxid- oder -hydroxid-Schicht überzieht, stark erhöhen. Aus diesem Grunde bewegt sich die Entwicklung von

[4] An diesem Abschnitt hat Dr.-Ing. habil. K.U. Kainer, Inst. für Werkstoffkunde und Werkstofftechnik, Technische Universität Clausthal beratend mitgewirkt.

Magnesiumlegierungen immer mehr zu hochreinen („HP = high purity") Legierungen, die besonders kleine Gehalte an Eisen, Kupfer und Nickel aufweisen.

Während das Recycling konventioneller Mg-Legierungen kaum Probleme bereitet und Ausschuß und Schmelzrückstände meistens direkt in der betreffenden Gießerei in den Prozeßablauf zurückgeführt werden, stellen kontaminierte Magnesiumspäne und lackierte Bauteile größere Probleme dar. Der größte Anteil an Magnesium-Rückständen wurde deshalb bislang häufig zur Desulfurisierung von Stahl eingesetzt. Erst unter dem Eindruck einer steigenden Verwendung von Magnesium für Massenbauteile rückt der Sekundärkreislauf zunehmend in das Interesse der Magnesiumhersteller und Verarbeiter. Aus diesem Grunde wurden in den vergangenen Jahren zunehmend Aktivitäten auf dem Recyclingsektor spürbar. Ein wichtiger Aspekt ist zudem die Rückgewinnung der teuren Seltene-Erden-Metalle, die einer umfangreichen Untersuchung bedarf (Neite et al. 1996).

Gegenwärtige und zukünftige Anwendungen: Während in der Vergangenheit das Potential zur Gewichtsersparnis in erster Linie bei militärischen Anwendungen treibende Kraft für die Verwendung von Magnesiumlegierungen war, steht unter dem Eindruck der wachsenden Umweltproblematik die Gewichtsersparnis bei zivilen Fahrzeugen und damit erhöhter Treibstoffwirkungsgrade und geringere Emissionen im Mittelpunkt der Motivation für die Anwendung von Magnesiumlegierungen.

Die Entwicklung der High-Purity (HP)-Legierungen mit ihren stark verbesserten Korrosionseigenschaften trägt zu einer beschleunigten Produktionsausweitung bei - in früheren Zeiten waren Anwendungen gerade an der mangelnden Korrosionsbeständigkeit der zur Verfügung stehenden Legierungen gescheitert. Zudem ist Magnesium zu den möglichen Kandidaten für eine Substitution von Kunststoffen zu zählen, für die bislang immer noch keine umfassenden Recyclingkonzepte zur Verfügung stehen.

Insbesondere die hohe Korrosionsanfälligkeit hemmt den Einsatz der Mg-Legierungen im Flugzeugbau. Den hochreinen, korrosionsbeständigen Gußlegierungen wird in Verbindung mit geeigneten Beschichtungen durchaus ein Anwendungspotential in der Luft- und Raumfahrt eingeräumt. Durch pulvermetallurgische Verfahren konnten zudem Magnesiumlegierungen mit Yttrium- und Neodym-Legierungszusätzen hergestellt werden, deren Festigkeits- und Duktilitätskombination äquivalent zu der hochfester Al-Legierungen ist. Die Verschleißfestigkeit kann darüber hinaus durch Zusatz harter keramischer Partikel erhöht werden.

Durch die Möglichkeit, mit Hilfe des Druckgußverfahrens Serienbauteile hoher Qualität in Massenfertigung kostenoptimiert herzustellen, ist die Automobilbranche mit Abstand der wichtigste Industriezweig, der Magnesiumlegierungen in großem Maßstab verarbeitet bzw. in Zukunft verarbeiten könnte. Als Beispiele für Magnesium-Bauteile in Automobilen sind zu nennen: Getriebegehäuse, Zylinderkopfhauben, Instrumententafeln, Lenkräder, Vergaser und Autofelgen.

Auf Grund der geringen Dichte von Mg-Legierungen, ihrer guten abschirmenden Eigenschaften gegenüber elektromagnetischen Wellen und der Möglichkeit, extrem dünnwandige Bauteile herzustellen, werden Magnesium-Druckgußteile zunehmend auch in Computer-Bauteilen, Mobiltelefonen und in Handwerkszeugen (z.B. Kettensägen) verarbeitet.

Langfristig wird die Qualifizierung extrem leichter Magnesium-Lithium-Legierungen für technische Anwendungen bis zu einer Einsatztemperatur von 200 °C angestrebt. Zu diesem Zweck gibt es intensive Bemühungen, insbesondere um die Optimierung vorhandener und die Entwicklung neuer Verfahrenstechniken. Außerdem werden weitere Legierungszusammensetzungen erprobt, die ausreichende mechanische und vor allem adäquate korrosionstechnische Eigenschaften haben sollen.

Der nützliche Effekt von Elementen der Seltenerdmetalle (RE) auf die Festigkeit und das Kriechverhalten von Mg-Al-Basislegierungen führte zu der Entwicklung von Mg-Al-RE-Legierungen. Die AE42 (Mg-4Al-2Re) hat im Vergleich zu den Mg-Al-Si-Legierungen eine verbesserte Kriechfestigkeit. Die Möglichkeiten der Verbesserung der AS- und AE-Legierungen für Hochtemperatur-Anwendungen sind begrenzt, und die Legierungen sind schwieriger zu gießen als die konventionellen AZ- und AM-Legierungen. Zusätzlich schränken die höheren Kosten, die mit der Verwendung von Seltenerdmetallen einhergehen, die Anwendungen von AE-Legierungen ein.

Trotz der eindeutigen Vorteile bei der Verwendung von Magnesiumbauteilen hat sich der Werkstoff Magnesium nach wie vor nicht seinem Potential entsprechend am Markt durchsetzen können. Wachstumsmotor für einen zunehmenden Einsatz von Mg-Legierungen ist auf der Abnehmerseite die Automobilindustrie, mit den Möglichkeiten durch den Einsatz von Mg-Legierungen knappe Ressourcen zu schonen und eine sparsame Verwendung von Primärenergieträgern zu ermöglichen, um so Emissionen zu senken und wachsende Umweltbelastungen zu bewältigen. Zur Energieersparnis wurden in der Vergangenheit in erster Linie konstruktive Konzepte im Antriebsaggregatebau und eine Verringerung des Luftwiderstandes ausgenutzt, während die Leichtbauweise nur zögernd umgesetzt wurde. So konnte trotz der steigenden PKW-Leergewichte der durchschnittliche Treibstoffverbrauch deutlich gesenkt werden. Für eine weitere Verringerung des Verbrauchs, müssen zwangsweise alternative Werkstoffe herangezogen werden.

Sollte es gelingen, die nach wie vor bestehenden Wissensbarrieren und Vorbehalte bezüglich der Verwendung von Magnesiumlegierungen abzubauen und die Akzeptanz in wichtigen Bereichen deutlich zu erhöhen und sollten weiterhin die vorrangigen Forschungs- und Entwicklungsarbeiten Erfolg haben und die folgenden Ziele erreicht werden:

- niedrige und konstante Kosten für das Primärmaterial
- Erweiterung der Legierungspalette im Hinblick auf Kriechbeständigkeit, Knetlegierungen und Verringerung der Dichte
- weitere Steigerung der Korrosionsbeständigkeit durch eine selbstausheilende Schicht oder verbesserte Coatings
- Ausnutzung der Prozesse der raschen Erstarrung
- Entwicklung anforderunsoptimierter Verbundwerkstoffe
- umfassende Recycling-Konzepte mit daraus resultierender Etablierung eines Sekundärkreislaufes,

so wird der Magnesiummarkt ein Wachstum erfahren, wie es von einem anderen Konstruktionswerkstoff kaum erreicht werden dürfte.

Magnesium-Matrix-Verbundwerkstoffe: Verbundwerkstoffe auf Magnesiumbasis verbessern die Verschleißfestigkeit, den Elastizitätsmodul, die Zugfestigkeit und die Warmfestigkeit bzw. Kriechbeständigkeit von unverstärkten Mg-Legierungen. Zwei Verfahren zur Herstellung von gegossenen Mg-Verbundwerkstoffen haben sich durchgesetzt: der „liquid-mixing and casting"-Prozeß, entwickelt bei ITM, und der „squeeze-casting (preform infiltration)"-Prozeß, der von einem Team bei ITM/Canmet entwickelt wurde. Der „liquid-mixing and casting"-Prozeß wird hauptsächlich verwendet, um Verbundwerkstoffe mit relativ geringem Volumenanteil der Verstärkungsphase (10-20 %) herzustellen, während der „squeeze-casting"-Prozeß zur Herstellung von Verbundwerkstoffen mit höherem Volumenanteil der Verstärkungsphase (40-50 %) oder „selectively-reinforced" Verbundwerkstoffen, wie z.B. Pleuelstangen, dient. Durch die vorteilhaften mechanischen Eigenschaften und die im Vergleich zu anderen Metallmatrix-Verbundwerkstoffen niedrigen Herstellungskosten bieten sich gegossene Magnesium-Matrix-Verbundwerkstoffe generell für den Einsatz in der Fahrzeug-Industrie an.

3.2.2.4 Kupfer-Legierungen[5]

Die meisten Cu-Legierungen sind nicht aushärtbar. Ihre Festigkeit kann also, außer durch Mischkristallbildung, nur durch Kaltumformung erhöht werden. Aushärtbarkeit ist beschränkt auf wenige Cu-Legierungen, in denen die Löslichkeit der Legierungselemente mit sinkender Temperatur abnimmt. Cu besitzt wegen seiner geringen Reaktionsenthalpie eine gute Korrosionsbeständigkeit, die auf der Bildung einer gleichmäßigen und dichten Schutzschicht beruht. Durch verschiedene Legierungselemente wird die Korrosionsbeständigkeit noch erhöht. So bilden z.B. Cu-Al-Legierungen eine äußerst beständige Al_2O_3-Deckschicht, wodurch sie besonders für Anlagen in der chemischen Industrie und die Meerwasserentsalzung geeignet sind.

Reines Cu ist sehr weich. Es kann deshalb nach allen gebräuchlichen Formgebungsverfahren leicht verarbeitet werden. Dabei tritt eine starke Verformungsverfestigung bei gleichzeitiger Abnahme der Dehnung ein. In Abhängigkeit von der Glühzeit und der Glühtemperatur kann die Verformungsverfestigung wieder rückgängig gemacht werden. Durch Kaltumformung und/oder geignete Glühbehandlung (Temperatur, Zeit) können die jeweils angestrebten Kombinationen von Festigkeit und Duktilität eingestellt werden. Die Entfestigungstemperatur, und damit die Warmfestigkeit, werden durch die meisten Legierungszusätze erhöht. Viele Cu-Legierungen sind ebenfalls gut kalt- oder warmverformbar, so daß sie sich gut für die meisten gebräuchlichen Formgebungsverfahren eignen. Die meisten Cu-Legierungen sind, wie reines Cu, kubisch-flächenzentriert. Sie zeigen im Gegensatz zu vielen kubisch-raumzentrierten Metallen keinen Übergang vom duktilen zum spröden Verhalten. Die Festigkeit steigt bei abnehmender Temperatur, während die Dehnung nahezu unverändert bleibt.

Die Kupferlegierungen lassen sich in die Gruppen, niedriglegiertes Kupfer (mit verschiedenen Legierungselementen, Messinge (mit Zn als Hauptlegierungsele-

[5] An diesem Abschnitt haben beratend mitgewirkt: St. Faßbinder und Dr.-Ing. M. Türpe, Deutsches Kupfer-Institut, Düsseldorf, Dr. G. Müller, Wieland-Werke AG Metallwerke, Ulm

ment), Zinnbronze (mit Sn als Hauptlegierungselement), Aluminiumbronze (mit Al als Legierungslement) und die Cu-Ni-Legierungen einteilen. Die Messinge sind die technisch wichtigste Gruppe der Cu-Werkstoffe. Sie sind in der gesamten industriellen Technik weit verbreitet. Messinge sind alle Legierungen mit bis zu 50 Gew.-% Zn. Es kann unterschieden werden in α-Messing, kfz, bis etwa 35 Gew.-% Zn, (α+β)-Messing, von etwa 37,5 bis 46 Gew.-% Zn und β-Messing, krz, von etwa 46 bis 50 Gew.-% Zn. Die Festigkeit nimmt mit zunehmendem Zn-Gehalt zu; die Zugfestigkeit erreicht bei etwa 45 Gew.-% Zn, d.h. im Übergangsbereich vom (α+β)- zum β-Gebiet, einen Maximalwert von etwa 600 MPa. Sondermessinge sind Cu-Zn-Legierungen, denen zur Verbesserung bestimmter Eigenschaften weitere Elemente zulegiert werden. Z.B. wird Aluminium (bis 2 Gew.-%) zulegiert, um die Erosions- und Seewasserbeständigkeit zu erhöhen (Heller 1996).

Bei Zinnbronze wird zwischen Knet- und Gußlegierungen unterschieden. Knetlegierungen enthalten bis zu 8,5 Gew.-% Sn. Im kaltverformten Zustand besitzen sie eine hohe Wechselfestigkeit. Guß-Zinn-Bleibronzen, die bis zu 26 Gew.-% Pb enthalten, sind Gleitlagerlegierungen mit sehr guten Gleit- oder sogar Notlaufeigenschaften. Die guten Gleiteigenschaften beruhen darauf, daß in das harte Gerüst des Cu-Sn-Mischkristalls das weiche Pb eingelagert ist. Pb ist nicht im Cu-Sn-Mischkristall löslich. Handelsübliche Aluminiumbronzen (Cu-Al-Legierungen) enthalten bis zu 11 Gew.-% Al. Mit weiteren Legierungselementen erreichen sie Zugfestigkeiten von 830 MPa. Vor allem wegen ihrer hervorragenden Korrosionsbeständigkeit (Al_2O_3-Deckschicht) werden sie bevorzugt überall dort eingesetzt, wo aggressive Medien vorhanden sind.

Cu-Ni-Legierungen mit 40 bis 50 Gew.-% Ni weisen einen sehr hohen elektrischen Widerstand und ebenso korrosionsbeständig wie Aluminiumbronzen. Kupfer-Nickel-Zink-Legierungen enthalten bis zu 42 Gew.-% Zn. In bestimmten Konzentrationsbereichen besitzen sie eine silberähnliche Farbe und werden deshalb Neusilber (auch Alpaka) genannt.

Die Wiederverwertung des anfallenden Verarbeitungsabfalls hat bei Kupfer – schon wegen des gegenüber anderen Metallen relativ hohen spezifischen Wertes – Tradition. Wegen des hohen Wertes ist auch der Recyclinggrad am Lebenszyklus-Ende kupferhaltiger Geräte sehr hoch; im Einzelfall wird ein Recyclinggrad von 90 % erreicht. Die Recyclingquote liegt bei Kupfer in den Industrie-Nationen 40 bis 45% der gesamten Kupfer-Produktion. Zum Vergleich: Aluminium liegt bei 30 %. Auch der direkte Energieverbrauch wird durch Recycling deutlich reduziert. Die Produktion vom Kupfererz zum Endprodukt benötigt etwa fünfmal soviel Energie wie die Herstellung von Kupfer-Werkstoffen aus kupferhaltigem Schrott. Kupfer ist ein Werkstoff, der immer wieder verwendet werden kann, da es nicht möglich ist, zwischen wiederaufgearbeitetem Kupfer und Primär-Kupfer zu unterscheiden (Dürrschnabel 1997).

Die relativ hohen Schmelztemperaturen der Cu-Basis-Legierungen ermöglichen eine Trennung der organischen Komponenten vom metallischen Abfall, da diese wegen ihrer geringen Dichte auf der metallischen Schmelze schwimmen und somit leicht beseitigt werden können. Das Kupfer kann danach aus der Schmelze oder durch Elektroraffination, wobei sowohl das Basis-Metall als auch die Edelmetall-Verunreinigungen abgetrennt werden, zurückgewonnen werden. Schwierigkeiten ergeben sich beim Recycling von Aggregaten und Komponenten, wie z.B. Fahrzeug-Teilen, Haushalts-Geräten, Kühl-Geräten, Industrie-Abfällen,

Kommunikations-Geräten, elektronischem Schrott und verunreinigtem Verpackungsmaterial, da diese verschiedene Materialien enthalten können.

Gegenwärtige und zukünftige Anwendungen: Die größte Anteil an Kupfer (ca. 50 %) wird durch die Elektroindustrie in Form von Kabeln, Drähten und Produkten hoher elektrischer Leitfähigkeit verbraucht. Die Bauindustrie ist der zweitgrößte Verbraucher von Kupfer und Kupferlegierungen für Heizungssysteme, Wasserversorgung, sanitäre Einrichtungen, aber auch für Dach-Eindeckungen, Dachrinnen und Wandverkleidungen. In der Fahrzeug-Industrie werden kupferhaltige Werkstoffe für Kühler, Wärmetauscher und die Verkabelung verwendet. Die Entwicklung des Gesamtverbrauches an Kupfer zwischen 1979 und 1991 für die unterschiedlichen industriellen Bereiche wird in Abb. 3.2.2.1 dargestellt.

In einigen Anwendungsbereichen wird versucht, die teuren Kupferwerkstoffe durch andere Materialien, z.B. Aluminium für Starkstromkabel sowie für Kühler in der Fahrzeugindustrie oder, wegen ihres höheren Wirkungsgrades, Glasfaserkabel in der Telekommunikations- bzw. Computer-Industrie, zu verwenden. Kupfer findet jedoch auch neue Anwendungen, z.B. durch die zunehmende Elektrifizierung im Haushalt und durch die Weiterentwicklungen in der Telefon- und Video-Technik sowie bei der Auto-Herstellung. Für die Verwendung oder den Ersatz von Kupfer gibt es im wesentlichen zwei Begründungen: die Energieeinsparung bzw. den Kupferpreis.

Der Einsatz von Kupfer und Kupferlegierungen ist für die Automobilindustrie ansteigend. Elektrische und elektronische Steuer- und Regelungsvorgänge nehmen in der Automobiltechnik immer mehr zu. Dies zeigt sich besonders in der zunehmenden Zahl von Steckverbindungen, welche zur Ankopplung von Elektromotoren, Sensoren und Regeleinrichtungen an das Zentralnetz notwendig werden. Diese werden aus Kupferlegierungen entweder in blankem Zustand oder mit einer Beschichtung aus Zinn, Silber – oder bei Sicherheitskontakten auch mit einer Goldauflage – hergestellt. Aber auch bei der Lösung von Lagerproblemen an Bremsen oder im Motor wird in den letzten Jahren ein zunehmender Einsatz von speziellen Kupfergleitwerkstoffen beobachtet. So werden beispielsweise die Beanspruchungen, welche in einem modernen Dieselmotor an das Pleullager gestellt werden müssen, nur noch durch hochfeste Kupferlegierungen erfüllt.

Im Maschinenbau sind die wesentlichen Anwendungsfelder durch die gute Leitfähigkeit des Kupfers für elektrischen Strom und Wärme begründet. Ähnlich wie beim Automobilbau kommt dazu noch der Einsatz von Gleitelementen der verschiedensten Form. Für die erstgenannten Eigenschaften seien als Beispiel Schweißkappen für das Widerstandsschweißen genannt. Kupferrohre bzw. Rohre aus Legierungen werden heute mit spezieller Oberflächenausbildung durch Berippung auf der Außen- und/oder Innenseite für die verschiedensten Wärmeübertragungsprobleme hergestellt. Haupteinsatzgebiete sind Raumklimatisierung, Kältemaschinen und ähnliche Aggregate.

In der Stromübertragung, etwa in Schaltanlagen oder bei der Stromumwandlung, ist Kupfer immer noch der wichtigste Werkstoff. Auch bei modernen Konzepten zur Energiegewinnung und -übertragung, wie beispielsweise der Supraleitung, ist Kupfer als Hilfswerkstoff für die Umhüllungen der Leiter heute unverzichtbar. Allerdings ist dieser Markt zur Zeit noch relativ klein. Spezielle Kupferlegierungen mit geringenZusätzen verschiedener anderer Elemente (beispielsweise

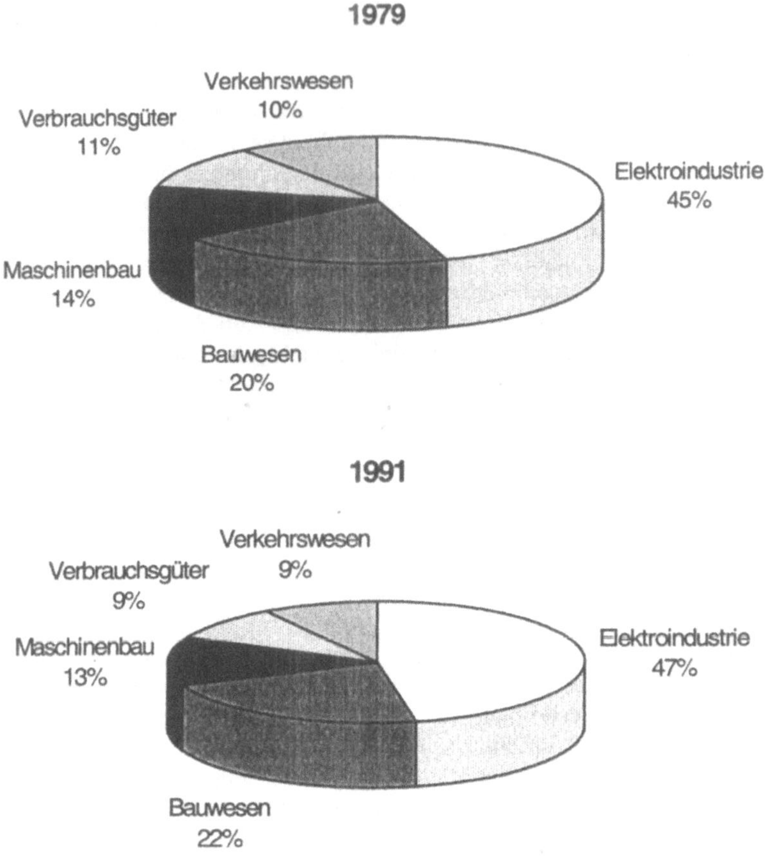

Abb. 3.2.2.1. Anwendungsbereiche für Kupfer in den westlichen Industriestaaten von 1979 bis 1991

Eisen, Nickel, Silizium, Titan oder Zirkon) spielen als Trägermaterial in der Elektronik eine ausschlaggebende Rolle. Diese Werkstoffe sind das Ergebnis einer planvollen Entwicklung. Wichtigstes Kriterium in diesem Feld ist das Verhältnis zwischen Festigkeit und elektrischer Leitfähigkeit. Zusätzlich von Bedeutung sind Biegbarkeit, Reinheit der Oberfläche und Eignung zur weiteren Oberflächenveredelung.

Ein zusätzlicher Anstieg bei der Kupfer-Produktion in den nächsten zwei Jahrzehnten wird auf neue Produkte ausgerichtet sein, welche ausschließlich oder teilweise aus Kupfer hergestellt sein werden. Einige dieser neuen Erfindungen und die zugehörigen Forschungsarbeiten auf dem Gebiet der Kupfer-Legierungen werden im Folgenden zusammengestellt:

- Module zur Energieerzeugung in Industriezweigen mit hohem thermischen Wirkungsgrad und geringer Emission von Abgasen.
- Neue Materialien für Schaltungen; Kupfer-Molybdän-Folien mit guten elektrischen und thermischen Eigenschaften, hoher Festigkeit und unmagnetischem Verhalten als Leitermaterial.
- Hybrid-Kupferkabel, elektronische Schienen aus Cu-Ni-Si-Legierungen.
- Kupfer-Strukturen innerhalb stationärer, großer Batterien, Versorgung von Netzwerken oder Notstrom.
- Schutz von Räumen gegen elektromagnetische Felder.
- Elektrische , Diesel/elektrische oder Hybrid-Prozesse für den Antrieb von Fahrzeugen und Schiffen mit neuartigen Speicher-Batterien.
- Mikrowellen-Geräte zur Wärmeerzeugung.
- Kombinationen mit supraleitendem Material für Schwachstrom-Schaltkreise (low-current circuits).
- Form-Gedächtnis-Legierungen auf der Basis von Kupfer.
- Anwendungen, die die Superplastizität von Kupfer-Werkstoffen einbeziehen.
- Die Entwicklung neuer Werkstoffe für „casting molds", „casting wires" und „casting cylinders".
- Optimierte Herstellungsprozesse für das Pressen von Hohl-Profilen aus Kupfer.
- Dispersionsgehärtetes Kupfer (Kupfer mit Al2O3) mit optimiertem Preis/Leistungs-Verhältnis und Öffnung neuer Märkte.

Kupfer-Matrix-Verbundwerkstoffe und Kupfer-Werkstoffverbunde: Verbundwerkstoffe auf der Basis Kupfer finden einige Anwendungen u.a. dort, wo neben einer guten elektrischen und thermischen Leitfähigkeit auch eine hohe Verschleißfestigkeit (Schleif- und Gleit-Kontakte, Bremsscheiben) vorhanden sein soll. Darüber hinaus gibt es mit Aluminiumoxid dispersionsverfestigtes Kupfer, welches beispielsweise für Schweißkappen verwendet wird, weil es eine besonders hohe Warmfestigkeit aufweist. Hierzu werden feine Aluminiumoxid-Partikel mit einem Anteil von 0,1 Gew.% eingelagert. Diese Einlagerungen bleiben sogar noch bei Erwärmung von mehr als 400 °C gleichmäßig im Kupfer verteilt, und die verbesserte Härte wird bis nahe an den Schmelzpunkt beibehalten.

Feinkörniges SE-Cu-Pulver kann mit Graphit-Pulver (60-75 %Cu) gesintert werden. Dieser Verbundwerkstoff dient zur Herstellung von Schleifbürsten oder Schleifkontakten. Gesinterte W-Cu-Kontakte besitzen einen hohen Widerstand gegen Abbrand. Cu-Pb-Kontakte (90 % Cu) werden für kleine Schalter verwendet.

Gesinterte metallische Lager werden aus Kupfer oder Kupfer-Legierungs-Pulver, das durch Verdüsen oder elektrolytische Abscheidung erzeugt wird, hergestellt. Nach dem Sintern und Kalibrieren werden die verbleibenden Poren der Lager mit Schmieröl gefüllt. Große Mengen an Kupfer-Pulver werden als Verschleiß-Material (z.B. für Bremsbeläge) verwendet. Innerhalb der Bronze (Cu-Sn-Pb)-Matrix von Kupfer- und Zinn-Pulvern werden harte Metall-Oxide und -Silikate eingelagert und gesintert.

Kupfer-Werkstoffverbunde werden u.a durch Schmieden hergestellt. Die geschmiedete Verbindung von unterschiedlich leitenden Materialien ermöglicht Hochspannungskontakte aus Kupfer-Legierungen (Cu-Cd, Cu-Cr und Cu-Ag) und Aluminium. Sie haben hohe Leitfähigkeiten, gute mechanische Eigenschaften, gute Oberflächenqualitäten und einen hohen Korrosionswiderstand in einer gewünschten Kombination und werden als elektrische Kontakte, Anschlußklemmen (terminals), Klemmen (clamps) und Schalter verwendet.

3.2.2.5 Schlußfolgerungen

Aluminium-Legierungen:

- Aluminiumlegierungen bedürfen wegen ihrer auch weiter zunehmenden Massenanwendung besonderer Aufmerksamkeit
- Der hohe Energiebedarf bei der Primärgewinnung und der niedrige Energiebedarf bei der Wiederverwendung (mit Energieeinsparung von etwa 95 % gegenüber Primäraluminium) geben einer konsequenten politischen Förderung einer wirtschaftlich und politisch akzeptablen Recyclingwirtschaft mit geringem „Down Grading" Gewicht.
- Gegenwärtig stammen ungefähr 30 % des Aluminiumangebots auf dem europäischen Markt aus rezykliertem Metall. Eine substantielle Erhöhung des rezyklierten Anteils wird wahrscheinlich wenn:
  - die gegenwärtig rasch zunehmende Nachfrage nach Aluminium in eine Sättigung einläuft
  - verstärkt Produkte für einen Markt mit einem hohen Volumen hergestellt werden (Recycling-Quoten liegen bereits heute in der Automobilindustrie bei ungefähr 95 %, im Baugewerbe bei etwa 85 %)
  - möglichst sortenreiner Schrottrücklauf und Zuführung des aufgearbeiteten Metalls zu den ursprünglichen Einsatzgebieten gelingt
  - bedarfsgerechtere, genauere Werkstoffqualifikationen höhere Verunreingungsgehalte zulassen
- Bei vermindertem Bedarf an Primäraluminium wird sich die Restkapazität in den Regionen (z.B. Venezuela und besonders Kanada) konzentrieren, in denen die Standortfaktoren besonders günstig sind (z.B. transportgünstige Lagerstätten, kostengünstige Energieversorgung, Energieanteil aus Wasserkraft liegt bei Al bereits bei 61,3 %).
  - Aluminium-Legierungen besitzen wegen ihrer geringeren Dichte für mobile Konstruktionen und Teile, die häufig ausgewechselt und transportiert werden, ein Verdrängungspotential für Stähle. Diese Herausforderung wirkt sich zugleich befruchtend auf den optimierten Leichtbau mit Stählen aus.
  - Der Ersatz von Stahl durch Aluminium ist teilweise als Gewichtsfrage, häufig aber in Kombination mit veränderter Bauweise und kostensparender Fertigung zu sehen (z.B. Integralbauweise aus stranggepreßten Breitprofilen bei Wagenkästen beim ICE, laserstrahlgeschweißte integrale Rumpfstrukturen im zukünftigen Super-Airbus A3XX, Friction Stir Welding als neue Verbindungstechnik)
- Wesentlicher Vorteil von Aluminium gegenüber verstärkten Kunststoffen sind die teilweise wesentlich einfachere Verarbeitbarkeit, schadenstoleranteres Verhalten, bekanntes Bauteilverhalten, fast uneingeschränkte Rückführbarkeit in den Stoffkreislauf, Korrosionsbeständigkeit unter bestimmten Bedingungen (auch ein Vorteil gegenüber Stahl z.B. für die Langzeitbeständigkeit der lackierten Aluminium-Karosserie).

- Die breitgestreute Anwendung von Aluminium im Bausektor hat substantielle Veränderungen im funktionalen und ästhetischen Design von Privat- und Industriebauten ermöglicht. Weitere Entwicklungen sind im Bereich der Leichtbauweisen und der Umsetzung von energiesparenden Bauweisen zu erwarten
- Wesentliche Verbesserungen der Eigenschaften sind durch die Weiterentwicklung kommerziell vorhandener Legierungen erreicht worden (z.B. in den klassischen Luftfahrtlegierungen durch die Verringerung des Gehaltes an Verunreinigungselementen).
  - Bei der Entwicklung von Aluminium-Matrix-Verbundwerkstoffen wurden im letzten Jahrzehnt bei der Verschleißbeständigkeit, dem E-Modul und der angepaßten thermischen Ausdehnung erhebliche Fortschritte erzielt, so daß sie bereits in wichtigen Anwendungsbereichen eingeführt werden konnten (z.B. kommerzieller Einsatz für faserverstärkte Kolben und Kurbelgehäuse bei Motoren sowie für partikelverstärkte Bremsscheiben). Die Fortschritte beim Einsatz wurden erst substantiell, als kommerziell eine Vielzahl unterschiedlich verstärkter Aluminiumlegierungen zur Verfügung stand, d.h. diese Werkstoffgruppe aus dem Laboratoriums- und Versuchsstadium herausgeführt konnte und die eigenschaftsbestimmenden Parameter bei der Herstellung, Weiterverarbeitung und Behandlung der Aluminium-Matrix-Verbundwerkstoffe erfaßt werden konnten.
  - Von besonderem ökonomischen und ökologischen Interesse ist für neuentwickelte Werkstoffe die Notwendigkeit der Integration von Bearbeitungsrückständen, Kreislaufschrott und sonstigem Material aus diesen Werkstoffen in den Materialkreislauf. Da üblicherweise keramische Verstärkungsbestandteile in Form von Partikeln, Kurzfasern oder kontinuierlichen Fasern für die Verstärkung der Al-Legierungen zum Einsatz kommen, ist eine stoffliche Trennung der Komponenten mit dem Ziel der Wiederverwertung der Verstärkungen nahezu unmöglich. Über konventionelle Schmelzbehandlungen im Umschmelzwerk kann aber die Matrixlegierung ohne Probleme zurückgewonnen werden.

Titan-Legierungen:

- Titanlegierungen sind Schlüsselwerkstoffe in weiten Teilen der Technik, angefangen bei der chemischen Industrie über die Medizintechnik, Energie und Verkehrstechnik, insbesondere Luftfahrt, sowie dem Off-Shore-Bereich.
- Die Verträglichkeit von Titan- mit CFK-Werkstoffen machen Titan zu einem wichtigen Faktor für Hybridwerkstoffe mit kohlenstoffaserverstärkten Kunststoffen und Hybridkonstuktionen. Verbesserte Herstelltechnologien erlauben eine höhere Komplexität der Strukturen durch superplastische Umformung und deutlich größere Gußstücke mit exzellenten gleichmäßigen Eigenschaften. Die Bioverträglichkeit einiger Ti-Legierungen ist Voraussetzung für mechanisch hochbelastete Implantate im Hüftgelenks- oder Kniebereich.
- Die im Vergleich zu Stählen und Aluminiumlegierungen 3 bis 10fach höheren Werkstoffkosten und die im allgemeinen deutlich höheren Bearbeitungskosten für Titanlegierungen verhindern einen breiteren technischen Einsatz.

- Der Überschuß an Ti-Werkstoffen aus den Staaten der ehemaligen Sowjetunion führte zu drastischen Preiseinbrüchen und einer Konzentration von Ti-Legierungsherstellern und -verarbeitern. So werden die wesentlichen Hochtemperatur (near-α)-Legierungen nur noch von einem Hersteller angeboten. Europa besitzt mit IMI einen Weltmarktführer.
- Für Ti_3Al-basierte Titanaluminide sind in den USA Produktions- und Prozeß-Technologien kommerziell verfügbar. Der unzureichende Oxidationswiderstand, beschränkte Festigkeit und ökonomische Gründe stehen weiteren Entwicklungen und dem breiteren Einsatz entgegen.
- Weltweiten Anstrengungen, eine Leichtgewichts-Legierung für hohe Temperaturen zu entwickeln, sind z.Z. auf TiAl ausgerichtet mit typischen Anwendungspotentialen bei Schaufeln in Hochdruckverdichtern von Flugtriebwerken oder Motorauslaßventilen von Verbrennungsmotoren. Das Potential von TiAl ist auch in Deutschland früh erkannt worden. In Japan sind die Entwicklungen Thema eines nationalen Material-Forschungsprogrammes.

Magnesium-Legierungen:

- Das Potential der Magnesiumlegierungen als besonders leichte (50 % leichter als Aluminium) Konstruktionswerkstoffe ist nicht ausgeschöpft und bedarf der erhöhten Aufmerksamkeit.
- Magnesiumlegierungen finden zunehmend Anwendungen im Fahrzeug und Flugzeugbau. Durch pulvermetallurgische Verfahren konnten Magnesiumlegierungen mit Yttrium- und Neodym-Legierungszusätzen hergestellt werden, deren Festigkeits- und Duktilitätskombination äquivalent zu hochfesten Al-Legierungen ist.
- Vermehrte Anwendungen sind zu erwarten, wenn es gelingt, die nach wie vor bestehenden Wissensbarrieren und Vorbehalte bezüglich der Verwendung von Magnesiumlegierungen abzubauen und die Akzeptanz in wichtigen Bereichen deutlich zu erhöhen.
- Die Verschleißfestigkeit kann durch Zusatz harter keramischer Partikel erhöht werden. Langfristig wird die Qualifizierung extrem leichter Magnesium-Lithium-Legierungen für technische Anwendungen bis zu einer Einsatztemperatur von 200 °C angestrebt.
- Der größte Anteil an rezyklierten Magnesium-Rückständen wurde bislang zur Desulfurisierung von Stahl eingesetzt. Bei steigender Verwendung von Magnesium für Massenbauteile muß der Sekundärkreislauf zunehmend in das Interesse der Magnesiumhersteller und Verarbeiter rücken. Ein wichtiger Aspekt ist zudem die Rückgewinnung der teuren Seltene-Erden-Metalle; sie bedarf einer umfangreichen Untersuchung.

Kupferlegierungen:

- Kupferlegierungen sind klassische Werkstoffe der Energie- und Apparatetechnik mit einem verbleibenden evolutionären Entwicklungspotential in einigen spezifischen Legierungen (z.B. mit geringen Zusätzen von Eisen, Nickel, Silizium, Titan oder Zirkon für Trägermaterialien in der Elektronik).
- Kupferlegierungen haben für die Automobilindustrie an Bedeutung gewonnen durch die Zunahme an elektrischen und elektronischen Steuer- und Regelungs-

vorgängen (z.B. Steckverbindungen zur Ankopplung von Elektromotoren, Sensoren und Regeleinrichtungen an das Zentralnetz).

- Der Recyclinggrad für Kupfer am Lebenszyklus-Ende kupferhaltiger Geräte ist sehr hoch; im Einzelfall wird ein Recyclinggrad von 90 % erreicht.

3.2.3 Polymerwerkstoffe

Polymerwerkstoffe, auch als Kunststoffe oder Plaste bezeichnet, sind technische Werkstoffe, die aus Makromolekülen mit organischen Gruppen bestehen. Die Herstellung erfolgt entweder vollsynthetisch durch Verknüpfung bzw. Polymerisation von kleinen Bausteinen, den Monomeren, zu Makromolekülen oder durch Abwandlung von makromolekularen Naturstoffen (Cellulose, Eiweiß, Naturkautschuk und Naturharze). Die Molmasse liegt etwa zwischen 8.000 und 6 Mio. g/mol.

Die Eigenschaften der Polymerwerkstoffe beruhen sowohl auf der Länge der Makromolekülketten als auch auf dem chemischen und physikalischen Aufbau. Makromoleküle kann man sich als Fäden mit sehr großem Verhältnis von Länge zu Querschnitt vorstellen. Eine Ansammlung von Makromolekülen kann mehr oder weniger verschlauft oder aber auch durch physikalische oder chemische Bindungen vernetzt sein. Kunststoffe klassifiziert man nach ihren physikalischen Eigenschaften und nach ihrer molekularen Struktur. Grundsätzlich wird zwischen Thermoplasten, Elastomeren und Duroplasten unterschieden. Amorphe bzw. teilkristalline Thermoplaste sind nach Erwärmung verformbar und im Prinzip mehrfachverarbeitbar. Zu dieser Klasse gehören die meisten Massenkunststoffe. Elastomere sind bis zu ihrer Zersetzungstemperatur weitmaschig, Duroplaste engmaschig vernetzte Kunststoffe, die nicht wieder aufschmelzbar sind.

Die Umformung der Kunststoffe geht von einer viskosen Kunststoffschmelze aus, um daraus Kunststoffhalbzeug (Platten, Rohre, Strangprofile) oder Fertigteile zu erzeugen. Die Verarbeitung der Thermoplaste erfolgt dabei im Spritzguß, in der Extrusion oder durch Hohlkörper- bzw. Folienblasen. Diese Prozesse sind besonders wirtschaftlich und daher für große Produktionsmengen geeignet. Elastomere werden im allgemeinen vor der Vernetzung im plastischen Zustand oder aus der Emulsion formgebend verarbeitet und danach erst vulkanisiert. Duroplaste werden aus dem flüssigen oder plastischen Zustand geformt und danach gehärtet. Sie sind danach nicht mehr wärmeformbar.

Polymerwerkstoffe haben in diesem Jahrhundert ein überwältigendes Wachstum erlebt. Gut 50 Jahre nach ihrer Entdeckung ist die Produktion von Polymeren weltweit rasant auf 100 Millionen Tonnen gestiegen und dient heute als Maß für wirtschaftliche Leistungskraft. Der damit verbundene technische Fortschritt ist die Basis für viele Elemente unseres heutigen Lebensstandards. Dabei sind die vielfältigen Beiträge der Kunststoffe zur Befriedigung der gehobenen Lebensansprüche – zum Beispiel an Mobilität – für den Konsumenten oft gar nicht mehr sichtbar. Der Konsument hat sich an viele Anwendungen schon gewöhnt. Trotz großer Akzeptanz haben die Kunststoffe in der öffentlichen Diskussion leider keinen guten Ruf.

Obwohl Kunststoffe von vielen Menschen mit Umweltverschmutzung und Deponiebelastung in Verbindung gebracht werden, schneiden sie bei Ökobilanzierungen hervorragend ab. 86 % des Erdöls werden heute zur Energieerzeugung und zur Sicherung unserer Mobilität verbrannt. Nur 4 % gehen in die Kunststoffherstellung und machen dabei einen nützlichen „Umweg" über eine stoffliche Verwertung. Im Vergleich zu anderen Werkstoffklassen zeichnen sich Kunststoffe durch eine attraktive Kombination von geringem Energiebedarf bei der Herstellung und Formgebung bei gleichzeitig günstigem Verhältnis von Preis/Leistung/Qualität und leichter Verarbeitbarkeit aus. Fazit: Kunststoffe leisten einen erheblichen Beitrag zum schonenden Umgang mit den natürlichen Ressourcen. Besonders die Entwicklung recyclingfreundlicher Kunststoffe erfüllt die Forderungen des „sustainable developments" des Umweltgipfels von Rio (Schröder et al. 1995).

3.2.3.1 Trends in der Polymerforschung

Waren Kunststoffe zu Beginn dieses Jahrhunderts unzulängliche Kopien von Naturstoffen (wie z.B. Naturkautschuk), so bestehen moderne Polymerwerkstoffe heute vielfach aus maßgeschneiderten molekularen Strukturen mit räumlich geordneter Morphologie. Voraussetzung für die Entwicklung neuer Polymerwerkstoffe waren grundlegende neue Erkenntnisse im Bereich der Polymerphysik und -chemie. Neu entwickelte, extrem verfeinerte Untersuchungsmethoden, die Einblick bis in die supramolekulare Anordnung der Makromoleküle geben, haben hierzu einen entscheidenden Beitrag geliefert. Besonders bei der Entwicklung neuer oder verbesserter Polymerwerkstoffe weicht aufgrund der gezielten Nutzung von Struktur-Eigenschafts-Beziehungen die empirische immer mehr einer strategischen Vorgehensweise, indem, zum Beispiel auf der Basis von „Molecular Modeling", Voraussagen getroffen werden können, welche molekulare Struktur gewählt werden muß, damit ein Produkt die Erwartungen im praktischen Gebrauch erfüllt. Mit dem Einsatz leistungsfähiger Simulations- und Modellierungsprogramme ist die zielgerichtete Entwicklung hochaktiver Katalysatoren für die Polymerisations gelungen. So gelingt es heute, die Einzelschritte des katalytischen Geschehens auf molekularer Ebene zu veranschaulichen (Mühlhaupt 1996).

Ordnet man thermoplastische Kunststoffe gemäß ihrer wichtigsten Eigenschaft – der Dauergebrauchstemperatur – so erhält man jene wohlbekannte Pyramide, bei der unten die Standardkunststoffe wie Polyolefine, Polystyrol und Polyethylen zu finden sind (Abb. 3.2.3.1). Darüber stehen die technischen Kunststoffe, z.B. Polyamide, Polyester aber auch ABS, während die Spitze der Pyramide schließlich die Hochtemperatur-Thermoplaste bilden. In den siebziger Jahren hatte man noch die Vision, daß die Zukunft den Hochleistungskunststoffen mit Dauergebrauchstemperaturen bis 250 °C gehört. Insbesondere wenn es um Hochtemperaturanwendungen geht, wie z.B. bei der Metallsubstitution, hat man lernen müssen, daß man an eine Preis/Leistungsgrenze stößt. Aus heutiger Sicht kann man die Entwicklung evolutionstheoretisch erklären: Die großen Kunststoffe (Massenkunststoffe) haben sich durch Verfahrensentwicklung kostenmäßig erfolgreich gegen neue Polymerwerkstoffe durchgesetzt. Gleichzeitig konnten sich die „Großen" durch die Weiterentwicklung ihrer Eigenschaften z.B. durch kontrollierte Polymerisation oder Blendtechnologie den wachsenden Anforderungen des Marktes anpassen. Eine Art von „Kanibalismus" führt dazu, daß für bestimmte Anwendungen etablierte

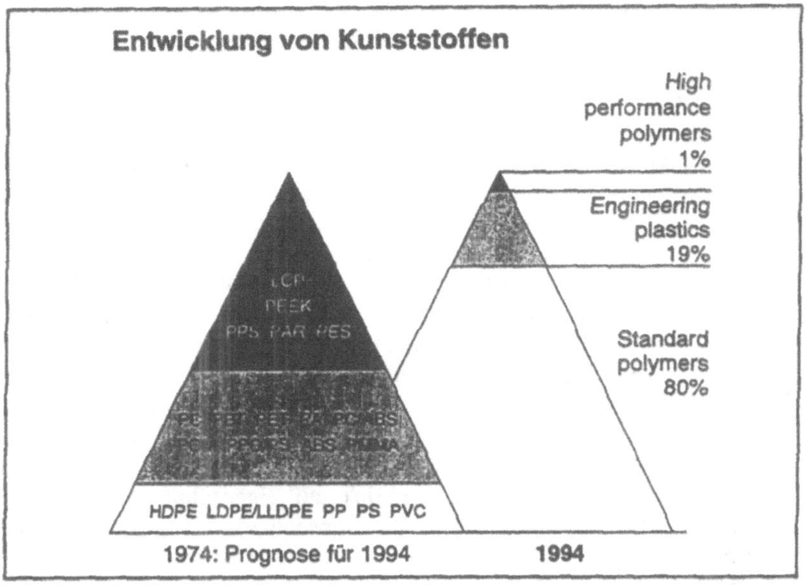

Abb. 3.2.3.1. Prognose für die Entwicklung des Kunststoffmarktes

Kunststoffklassen im oberen Teil der Pyramide durch erfolgreiche Weiterentwicklungen von preiswerteren Polymertypen stufenweise aus dem unteren Teil der Pyramide verdrängt werden (Warzelhan 1995).

Kosten dominieren weiterhin die Entwicklungstrends. Waren in der Vergangenheit neue Monomere Schlüssel zu neuen Kunststoffen, kann in der Zukunft kein neues Monomer den Preisvergleich mit etablierten Monomeren wie Vinylchlorid, Ethylen oder Propylen bestehen. In neue Anlagen für die Herstellung neuer Monomere würde aus heutiger Sicht kein Unternehmen investieren. Aus dieser Tatsache leiten sich logisch die modernen Strategien in der Entwicklung von Polymerwerkstoffen ab:

- Neue Polymere aus klassischen Monomeren
- Neue Polymere aus klassischen Polymeren

Im ersten Fall wird durch die Entwicklung neuer Produktionsverfahren durch „kontrollierte Polymerisation“ eine hohe Präzision bei der Verknüpfung etablierter Monomere erreicht. Dies führt zu einer Renaissance der Polymerisation „klassischer Monomere“ zu Polymeren mit neuen Strukturen, Morphologien und supramolekularen Wechselwirkungen. Struktur- und Funktionspolymere der nächsten Generation werden mit den vorhandenen Monomeren und mit neuen Synthesemethoden aus den großen klassischen Produktlinien heraus entwickelt. Neue Katalysatoren, mit denen sich definierte molekulare Strukturen, mehrdimensional geordnete Morphologien und supramolekulare Architekturen erzeugen lassen, spielen dabei eine Schlüsselrolle (Eckes et al. 1996).

Im zweiten Fall werden neue Polymere als „Kunststofflegierungen" aus klassischen Polymeren hergestellt. Man kann neue Eigenschaftskombinationen finden, wenn es gelingt, die verschiedenen Polymere in der physikalisch optimalen Form miteinander zu vereinen. Die Verbilligung durch Maßschneidern der Eigenschaften entsprechend den Anforderungen des Marktes ist dabei oftmals ein weiterer wichtiger Aspekt. Unterschiedliche Polymere sind fast ausnahmslos nicht miteinander mischbar, da der Mischprozeß im allgemeinen Energie verbraucht und bei großen Molmassen nur zu einem geringen Entropiegewinn führt. Ziel aktueller Forschung ist es deshalb, die Kombination von verschiedenen Polymeren zu ermöglichen. Hierzu werden grenzflächenaktive Blockcopolymere, auch als Haftungsvermittler bezeichnet, eingesetzt. Blockcopolymere mit wohldefinierten Blocklängen können die Grenzflächen zwischen zwei unverträglichen Polymeren wie Polyethylen und Polypropylen durch Interdiffusion in einer ultradünnen Grenzschicht miteinander verankern und dabei besonders die Zähigkeit verbessern.

In den nächsten Abschnitten wird der Stand der aktuellen Forschung und Entwicklung auf dem Polymergebiet im Hinblick auf eigenschafts- bzw. anwendungsorientierte Sachgebiete vorgestellt. Die konsequente Umsetzung von Forschung und Entwicklung ist dabei der Schlüssel für permanente Innovationen mit dem Ziel, den Anforderungen der Gesellschaft zu entsprechen und optimale Umweltverträglichkeit zu erreichen.

Metallocene revolutionieren die Welt der Polyolefine: Mit Hilfe der Metallocene lassen sich erstmals Kunststoffe mit einem in weiten Grenzen präzise steuerbaren Eigenschaftsprofil herstellen. Davon profitieren besonders die Polyolefine, die aufgrund eines deutlich verbesserten Eigenschaftsprofils zunehmend andere Kunststoffe ersetzen können. Weltweit werden zur Zeit mit Hilfe von Ziegler-Natta-Katalysatorsystemen jährlich fast 40 Millionen Tonnen Kunststoffe aus Bausteinen wie Ethen und Propen hergestellt. Diese Polyolefine haben wie keine andere Werkstoffklasse den menschlichen Alltag geprägt. Von der einfachen Plastiktüte aus Polyethylen bis zur hochentwickelten Kondensatorfolie aus Polypropylen reicht eine fast unübersehbare Anzahl von Anwendungen.

Die Effizienz dieser Katalysatoren wurde über die vier Jahrzehnte ihres Einsatzes immer weiter gesteigert. Allerdings konnte eine grundsätzliche Schwierigkeit bei diesem Katalysatortyp nicht überwunden werden, die auf seiner chemisch uneinheitlichen Struktur beruht: Die Molmassenverteilungen der an ihm gebildeten Polymere sind breit, und die Anordnung der Bausteine entlang der Kette (Taktizität) im Falle des Polypropylens ist uneinheitlich und wenig beeinflußbar. Mit Metallocen-Katalysatoren ist hier in jüngster Zeit ein Durchbruch gelungen, indem einheitliche Polymere mit fast einheitlicher Kettenlänge und gleicher Taktizität herstellbar sind (Fleissner 1995).

Werden Metallocene, insbesondere Zirkonocene mit Methylalumoxan (MAO) versetzt, so erhält man Katalysatoren, die Olefine 10mal bis 100mal schneller polymerisieren können als die bisher benutzten und ständig verbesserten hochaktiven Ziegler-Natta-Systeme. Es können 10 Tonnen Polyolefin pro Gramm Zirkon hergestellt werden. Dabei verbleiben die Katalysatoren in den Produkten, da sie nur eine geringe Rolle bei den Herstellungskosten spielen und keine Farb- und Korrosionsprobleme verursachen.

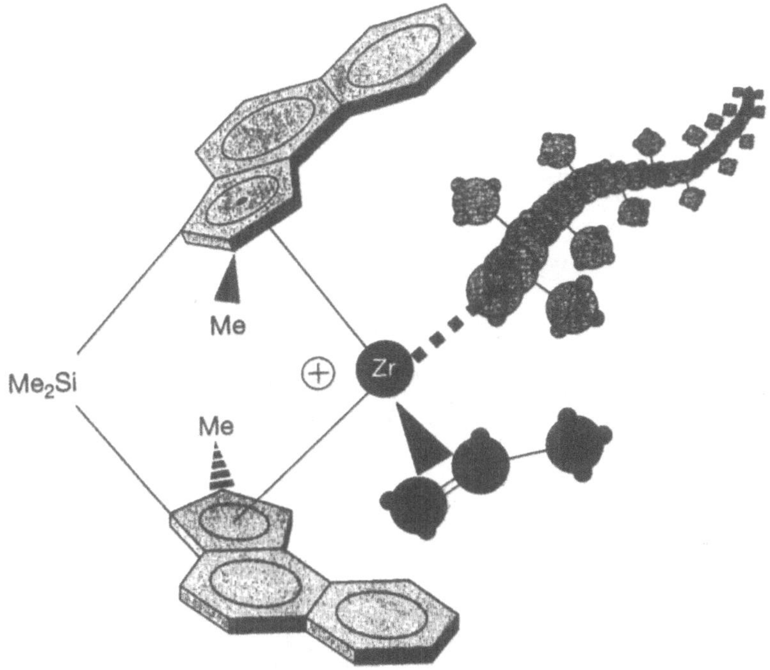

Abb. 3.2.3.2. Metallocenkatalysierte Polymerisation von Polypropylen

Es gelingt mittels Metallocenen, „Störstellen" statistisch in eine isotaktische Polypropylenkette einzubauen und auf diese Weise durch Steuerung der Kristallisation den Schmelzpunkt von 120 °C bis 162 °C und die Glasumwandlungstemperatur von 0 °C bis -30 °C einzustellen. Die Kristallisation kann so gesteuert werden, daß keine Sphärolithe, sondern Nanostrukturen gebildet werden. Dies führt zu einer deutlichen Verbesserung der Transparenz. Durch Langkettenverzweigung kann die Rheologie beeinflußt werden. Metallocen-Polypropylene sind besser orientierbar und können mit deutlich höheren Geschwindigkeiten versponnen werden (Sonder u. Sassenrath 1995).

Neue Eigenschaften revolutionieren die Welt der Polyolefine, indem durch die besser definierte räumliche Anordnung der Monomerbausteine z. B. die Zähigkeit einer mit dem Metallozen-Katalysator hergestellten Folie aus LLDPE doppelt so hoch ist wie die herkömmlicher Verpackungsfolien aus PE. Folgerichtig läßt sich ihre Dicke halbieren, und es entsteht weniger Abfall, oder ein höherwertiger Kunststoff für Folienanwendungen wird bei gleichen Eigenschaften aus Kostengründen aus seinem etablierten Marktsegment verdrängt. Ähnliches gilt für den Bereich der Hartverpackungen aus Kunststoffen (Flaschen, Becher, Eimer).

Neben den aufgeführten Polyolefinen gibt es noch eine Vielzahl weiterer Materialien, die sehr leicht mit Metallocen-Katalysatoren hergestellt werden können. Hierzu zählen:

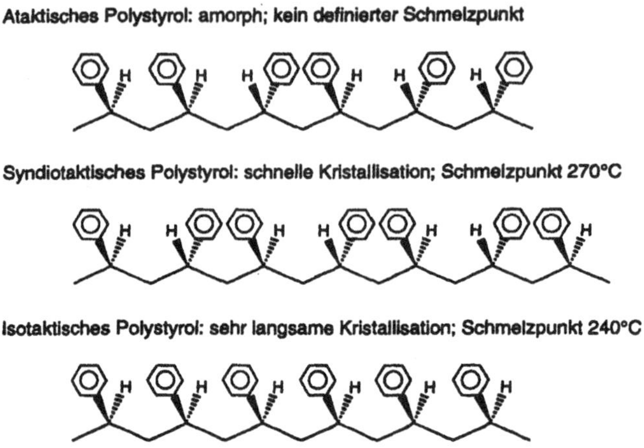

Abb. 3.2.3.3. Konfigurationen des Polystyrols

- Syndiotaktisches Polystyrol mit einem Schmelzpunkt von 276 °C
- Copolymere mit einem hohen Anteil (5-30 %) eines α-Olefins
- Elastomere aus Ethen, Propen und Dienen (EPDM)
- Polymerisate von Cycloolefinen (COC).

Die Entwicklung von Metallocenkatalysatoren ist noch nicht abgeschlossen und wird zu noch weiter optimierten Strukturen und damit neuen Anwendungen führen (Sonder u. Sassenrath 1995).

Syndiotaktisches Polystyrol: Die Metallocen-katalysierte Polymerisation von Styrol zu syndiotaktischem Polystyrol (sPS) zeigt, daß es auch nach über 150 Jahren seit der Entdeckung von Polystyrol immer noch die Chance gibt, ein altes „low-cost" Monomer in ein neues Polymer zu überführen. Während Standardpolystyrol (aPS) ataktisch, amorph und damit nicht kristallisationsfähig ist, gelang es 1985 zuerst japanischen Forschern im Umfeld der neuen Katalysatorforschung, sPS herzustellen, welches sich als teilkristalliner Thermoplast durch eine relativ hohe Kristallinität, hohe Wärmeformbeständigkeit, exzellente Härte und Steifigkeit und durch geringe Wasseraufnahme auszeichnet (Ramlow 1997).

Wie Tabelle 3.2.3.1 zeigt, ähnelt sPS in seinem Eigenschaftsprofil mehr den technischen Thermoplasten als den Polyamiden oder Polybutylentherephthalat als den Standardpolystyroltypen. Reines sPS ist sehr spröde und ist daher erst nach Konfektionierung mit Modifiern, Flammschutzmitteln und Verstärkungsfasern für Anwendungen im Automobil-Bereich, bei elektronischen und elektrischen Teilen, bei Halb- und Werkzeugen, bei mechanischen Teilen und im Haushalt oder Freizeitbereich (Elektro- und Kameragehäuse) einsetzbar.

Cycloolefine: Metallocenkatalysatoren haben die Fähigkeit, cyclische Olefine (COC) zu polymerisieren. Dabei entsteht ein hochtransparenter technischer Kunst-

Tabelle 3.2.3.1. Eigenschaftsvergleich (Ramlow 1997)

	Dichte	Schmelz-temperatur	Wasserauf-nahme	Wärme-formbe-ständigkeit	E-Modul	Schlag-zähigkeit	Streckdeh-nung
	[g cm^{-3}]	[°C]	[%]	[°C]	[g cm^{-3}]	[kJ m^{-2}]	[%]
sPS	1,05	270	0,14	95	4500	8	1,4
aPS	1,05		0,12	80	3300	12	1,5
PA6	1,13	220	4,80	65	3000	>100	4,0
Polyketon	1,24	220	1,00	110	1800	>100	14,0

stoff, der künftig vor allem zur Herstellung von Compact-Discs und CD-ROM der neuesten Generation eingesetzt werden kann. Das Polymer wurde von Forschern bei Hoechst und der japanischen Firma Mitsui Sekka gemeinsam entwickelt. In den Ketten der COC-Polymere sind zwei verschiedene Monomere Ethylen und ein Cycloolefin enthalten. Durch den Gehalt an Cycloolefin im Copolymer läßt sich die Glastemperatur im Bereich von 70 °C bis 180 °C je nach Anforderung einstellen. Im Falle der CD-Anwendung kann durch die Abstimmung der Glastemperatur die Fließfähigkeit der Polymerschmelze und die Pitabformung vorteilhaft beeinflußt werden. Ein weiterer Vorteil ist die geringere Dichte, die rund 20% unter der des konkurrierenden Polycarbonat liegt. Aus einem Kilogramm COC lassen sich damit ca. 20% mehr Compact Discs fertigen. Die extrem niedrige optische Doppelbrechung ermöglicht es, im Vergleich zu herkömmlichen Produkten mehr Daten bei einem besseren Signal-Rauschverhältnis zu speichern. Weitere wichtige Eigenschaften für eine Anwendung als Compact-Disc sind eine direkte Metallisierbarkeit und eine geringe Wasseraufnahme.

Zugleich besteht das COC-Polymer, wie Polypropylen und Polyethylen, ausschließlich aus Kohlenstoff und Wasserstoff, so daß beim stofflichen Recycling

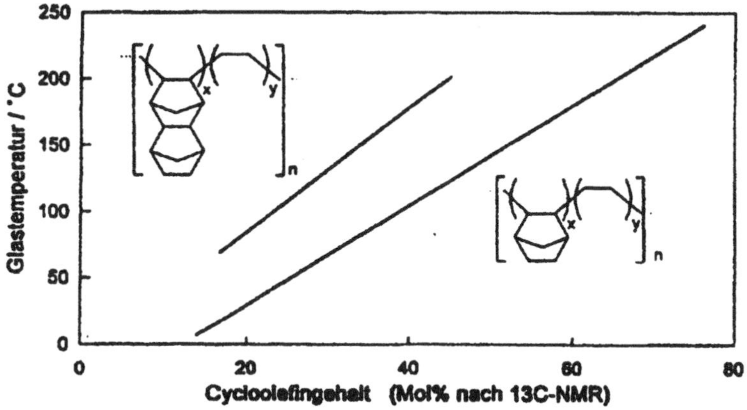

Abb. 3.2.3.4. Neue Cycloolefincopolymere (Sonder u. Sassenrath 1995)

oder der thermischen Verwertung keinerlei toxische Nebenprodukte entstehen können (Mühlhaupt 1996; Sonder u. Sassenrath 1995).

Polyketon: Als neues Polymer wurde Polyketon erfunden und kommerzialisiert. Bei diesem Palladium-katalysierten streng alternierenden Copolymer aus Kohlenmonoxyd und Ethylen, dem zur besseren Verarbeitbarkeit geringe Mengen Propylen zugesetzt sind, handelt es sich um einen teilkristallinen Thermoplasten mit hoher Zähigkeit und hoher Wärmeformbeständigkeit, allerdings vergleichbar niedrigem E-Modul. Sein besonderer Reiz liegt in den günstigen Monomerkosten.

Hochtemperaturbeständige Werkstoffe: Hohe Temperaturen und weitreichende Sicherheitsanforderungen für den Brandfall begrenzen immer noch den Einsatz von Kunststoffen. Hohe Temperaturbeständigkeit und schwere Entflammbarkeit sind bei Polymerwerkstoffen mit Strukturen hoher Steifigkeit der Bausteine und hoher Bindungsenergie zu erreichen. Diese Forderungen erfüllen z.B. die in Tabelle 3.2.3.2 aufgeführten Polymere mit aromatischer Struktur.

Hochtemperaturbeständige Thermoplaste werden wegen ihrer hohen Dauergebrauchstemperatur (T_{CU} > 150 °C) in Anwendungsgebieten eingesetzt, die bisher von Metallen, Glas oder Keramik dominiert wurden. Beispiele dafür sind Lageranwendungen mit hohen Anforderungen an Tribologie, Temperatur-, Chemikalien- und Hydrolysebeständigkeit. Aber auch Kabelummantelungen, Stecker, Spulenteile oder Folienmaterial für flexible Leiterbahnen sind wichtige Anwendungen. Wichtige Charakteristika der hochtemperaturbeständigen Werkstoffe sind eine geringe Entflammbarkeit und eine niedrige Rauchgasdichte. Damit eröffnen sich ihnen Anwendungsbereiche, die hohe Sicherheitsanforderungen an das Brandverhalten stellen (z.B. Innenausbau in Flugzeugen bzw. in Hochgeschwindigkeitszügen). Im Flugzeugbau führt Gewichtsersparnis direkt zu vermindertem Treibstoffverbrauch. Die bisher eingesetzten Aluminium- und Magnesiumlegierungen für Treibstoffpumpen können durch Hochtemperaturwerkstoffe, wie z.B. Polyaryletherketon, mit erheblicher Gewichtsersparnis ersetzt werden. Komplexe Gehäuseteile können dabei durch spezielle Fertigungsverfahren, wie z.B. die Kernausschmelztechnik, realisiert werden.

Das Potential der HT-Thermoplaste ist längst nicht ausgeschöpft. Eine weitere Marktdurchdringung wird allerdings auf der Basis existierender Polymerstrukturen erfolgen, da grundlegend neue Strukturen in näherer Zukunft nicht zu erwarten

Tabelle 3.2.3.2. Hochtemperaturthermoplaste (Temperaturen in °C)

	Glastemperatur [°C]	Schmelztemperatur [°C]	Dauergebrauchs-temperatur [°C]
Polysulfon (PSU)	187		160
Polyetherimid (PEI)	215		180
Polyethersulfon (PES)	225		190
Polyphenylensulfid (PPS)	88	288	220
Polyaryletherketon (PEK)	~170	~370	220
Flüssigkristalline Polyester	180	~350	245

sind. Zukünftige Produktentwicklungen werden dahin zielen, diese Werkstoffe durch größeren Absatz oder durch Blendtechnologie preislich noch günstiger zu gestalten (Münstedt u. Streib 1997).

Intrinsisch leitfähige Polymere: Polymeren Werkstoffen würden sich neue Anwendungen erschließen, wenn es gelänge, ihnen unter Beibehaltung der sie auszeichnenden Vorteile elektrische Eigenschaften einzupflanzen, die für Metalle spezifisch sind. "Organische Metalle" werden seit den 50er Jahren weltweit erforscht (Naarmann 1997).

Der klassische Weg, Polymere elektrisch leitfähig auszurüsten, besteht darin, Additive in Form von elektrisch leitenden Füllstoffen zuzumischen. Es wird ein durchgehendes Netzwerk elektrisch leitender Partikel erzeugt, wobei sich innerhalb eines engen Konzentrationsbereiches ein sogenanntes Perkolationsnetzwerk ausbildet. Als Füllstoffe eignen sich z.B. Ruß, C-Fasern, Ni-beschichtete Glimmer, Al-Plättchen oder Stahlfasern.

Chiang konnte 1977 zeigen, daß Polyacetylen durch Zugabe oxidierender Stoffe elektrisch leitfähig gemacht werden kann. Dies führte Ende der siebziger Jahre zu einem Entwicklungsboom. Wiederaufladbare Polypyrrol/Lithium Flach- und Rundzellen, aber auch die antistatische Ausrüstung, Heizbänder, Sicherungen, Sensoren und elektronische Bauteile galten als Entwicklungsziel. Inzwischen ist auch hier wieder weitgehende wissenschaftliche Nüchternheit eingetreten. Selbstleitende Polymere (10-150 S/cm) in Form von flexiblen, knickfesten und verstreckbaren Filmen zur Abschirmung elektromagnetischer Felder bzw. zur elektrochemischen Ladungsspeicherung oder in Form eines Polymerpulvers für die antielektrostatische Ausrüstung sind zur Zeit vielfach nur als Entwicklungsprodukte für den Markt verfügbar.

Polymere mit intrinsisch elektrischer Leitfähigkeit besitzen als charakteristisches Strukturmerkmal ein ausgedehntes System konjugierter Doppelbindungen mit positiven oder negativen Überschußladungen, die durch Gegenionen kompensiert werden. Streng genommen handelt es sich um polymere Salze, da erst die Oxidation und die aus Gründen der Ladungsneutralität erfolgende Einlagerung eines Anions zu elektrisch leitfähigen Materialien führt. Die perkonjungierten Doppelbindungen -HC=CH- sind z.T. empfindlich gegenüber Feuchtigkeit und Sauerstoff, genauso wie etliche Metalle. Wichtiges Forschungsziel ist es, Polymere mit äußerst sensitivem Grundgerüst wie z.B. das Polyacetylen oder Polypyrrol durch spezielle Verfahren in ihrer Leitfähigkeit zu stabilisieren.

Nanocomposite: Verbundwerkstoffe mit Dimensionen im Bereich von 1 nm bis 100 nm, sogenannte „Nanocomposite" stellen eine völlig neue Klasse von Materialien dar. Durch die Modifikation von Polymerwerkstoffen mit Nanopartikeln aus Ton entstehen Polymerwerkstoffe, welche verbesserte mechanische, flammenhemmende und thermische Eigenschaften sowie Barriereeigenschaften ohne Verlust an Transparenz und Zähigkeit versprechen. Erste Arbeiten begannen in den achtziger Jahren bei Toyota Central R&D Labs mit Polyamid als Matrix (Mühlhaupt 1996, Ramlow 1997).

Die Nanopartikel aus einer Modifikation von Ton beginnen bei der Absorption von Wasser oder anderen polaren Atomen zu schwellen. Eine als Monmorillonite bezeichnete Modifikation kann das 20 bis 30fache des eigenen Volumens an Was-

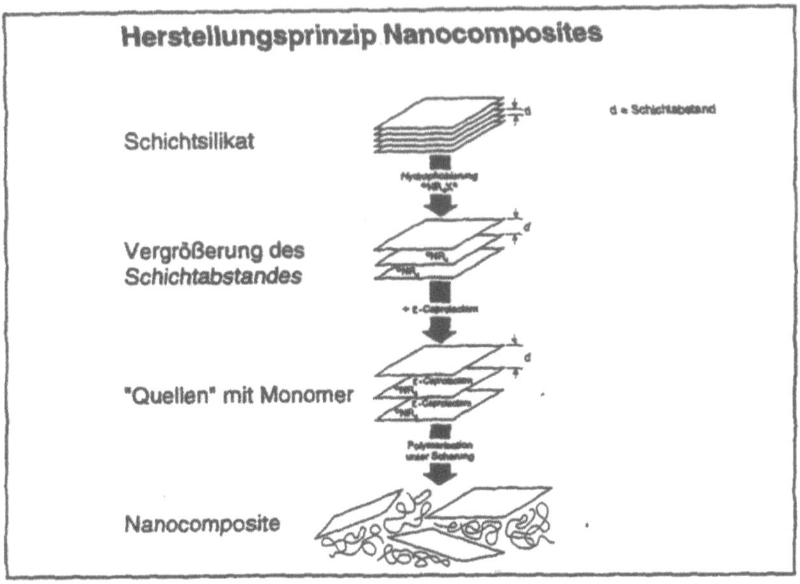

Abb. 3.2.3.5. Herstellungsprinzip Nanocomposite (Ramlow 1997)

ser absorbieren. Durch den schichtweisen Zerfall der Partikel beim Schwellen entsteht insgesamt eine sehr große Oberfläche. Bei der Verarbeitung werden entweder einzelne Makromoleküle unmittelbar zwischen den Nanoplättchen in-situ polymerisiert oder die einzelnen Nanoplättchen werden im Polymer homogen dispergiert. Bei der in-situ Polymerisation bilden sich anisotrope Nano-Schichtsilikate mit ausgezeichneter Phasenanbindung und Dispersion in der Polyamidmatrix. Neben Polyamid 6, 66 und 12 gibt es weltweit Entwicklungen mit Polystyrol, Polyestern, Fluorpolymeren und Epoxidharzen als Matrix.

Mit 3-5 Gew. % der Nanopartikel erreicht man Steifigkeiten, die einer 15 - 20 Gew. % Glasfaserverstärkung entsprechen. Bei einer Dicke von etwa 10 Å beträgt das Längen zu Dickenverhältnis der Partikel etwa 200, woraus sich eine Eignung der Teilchen als Verstärkungselemente direkt ableiten läßt. Die besseren Barriereeigenschaften erklären sich dadurch, daß Gasmoleküle um die Teilchen herum wandern müssen und damit der Diffusionsweg erheblich verlängert wird.

Die Gaspermeabilität eines Polyamids mit 2 % Nanopartikeln ist um die Hälfte geringer im Vergleich zur nicht modifizierten Variante.

Die ersten bedeutenden kommerziellen Anwendungen für Nanocomposite liegen im Bereich von Folien. Hier sind verbesserte Barriereeigenschaften wünschenswert. Als weitere Entwicklungen werden Kotflügel und andere Außenteile bei Automobilanwendungen erwartet. Vorteile wären höhere Kratzfestigkeit in Kombination mit geringerem Gewicht und Durchfärbbarkeit. Aber auch Anwendungen im verbesserten Flammschutzbereich werden gesehen. Diese Entwicklungen zeigen, daß das Potential mit preisgünstigen Komponenten, wie Füllstoffen, noch nicht ausgeschöpft ist (Mühlhaupt 1996).

Blockcopolymere: Über die Perspektiven der Metallocen-katalysierten Polymerisation zur Herstellung von Kunststoffen mit genau definierter Struktur wurde bereits berichtet. Eine andere Möglichkeit zur Herstellung von Polymeren mit genauer Kontrolle der Kettenlänge und des molekularen Aufbaus bietet die „lebende“ anionische Polymerisation. Charakteristisch für diesen Polymerisationsprozeß ist ein aktives Ende der wachsenden Polymerkette, welches dazu benutzt werden kann, gezielt funktionelle Endgruppen anzubinden, lineare Ketten zu Sternmolekülen zu koppeln oder durch Addition eines zweiten Monomers ein Blockcopolymer zu bilden. Dabei können beliebig Zwei-, Drei- oder Mehrblockcopolymere mit definierten Blocklängen und enger Molmassenverteilung gebildet werden. Die aktiven Kettenenden reagieren allerdings sehr empfindlich auf Verunreinigungen. Die anionische Polymerisation ist daher industriell sehr aufwendig und man sucht nach neuen Wegen, zum Beispiel den einer kontrollierten radikalischen Polymerisation, um die anionische Polymerisation auf andere Reaktionstypen zu übertragen (Schröder et al. 1995).

Der aus praktischer Sicht wichtigste Vorteil maßgeschneiderter Multiblockcopolymere ist die Ausbildung von mikrophasenseparierten Strukturen mit Domänen der einzelnen Monomerkomponenten. Die Domänen entstehen, da Makromoleküle, deren Strukturen sich auch nur geringfügig unterscheiden, sich meistens nicht mischen. Weil die Blöcke chemisch miteinander verbunden sind, wird die Ausbildung der Morpholgie von der Ausdehnung der Domänen bestimmt. Diese liegt im Bereich der Moleküldimensionen auf einer Längenskala von 5 bis 100 Nanometern.

Besteht ein Dreiblockcopolymer aus zwei Bausteinen, zum Beispiel Styrol-Butadien-Styrol, so kann die Zusammensetzung so beeinflußt werden, daß entweder thermoplastisch verarbeitbare Kautschuke oder transparente, sehr zähe Thermoplaste für Folienanwendungen entstehen. Thermoplastische Elastomere (TPE) auf Styrol-Butadien-Basis repräsentieren heute die wichtigsten anionischen Styrolpolymerisate.

Besteht ein Dreiblockcopolymer aus drei unterschiedlichen Bausteinen, wie zum Beispiel die von Stadler/Universität Bayreuth mit BASF AG entwickelten SBM-Dreiblockcopolymere aus Styrol, Butadien, Methylmethacrylat, dann erweitern sich die Möglichkeiten supermolekulare Architekturen zu erzeugen um ein Vielfaches. Durch Variation der Zusammensetzung des Dreiblockcopolymers lassen sich ungewöhnliche Superstrukturen erzeugen.

Ein Beispiel gibt Abb. 3.2.3.6 für die im Transmissionselektronenmikroskop sichtbare Morphologie eines SBM-Dreiblockcopolymer aus rund 40 Gewichtsprozent Polystyrol, 20 Gewichtsprozent Polybutadien und rund 40 Gewichtsprozent Polymethylmethacrylat. Man erkennt Polybutadienzylinder zwischen Polystyrol und Polymethylmethacrylat-Lamellen. Hergestellt wurden ebenfalls Morphologien aus ternären Systemen mit einer kontinuierlichen Methylmethacrylatphase in die Polystyrolzylinder eingelagert sind, um die sich wiederum Polybutadienhelices wickeln. Gegenwärtig wird versucht, den Richtungssinn der Polybutadienhelices gezielt zu beeinflussen, um Materialien mit besonderen polarisationsoptischen Eigenschaften herzustellen (Auschra u. Stadler 1993).

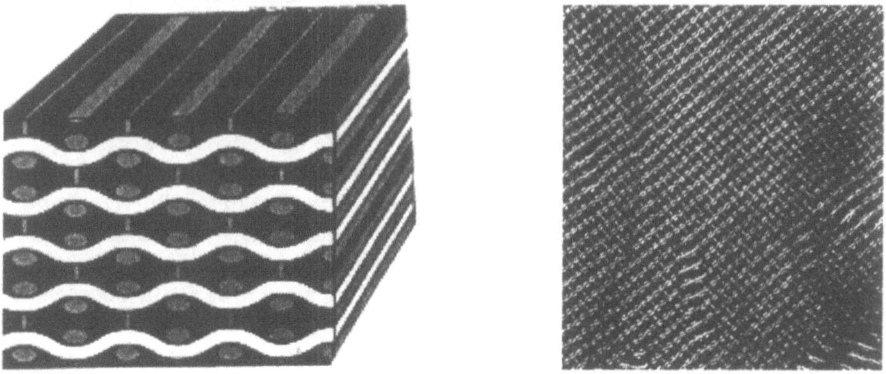

Abb. 3.2.3.6. Morphologie von Dreiblockcopolymeren (Schröder et al. 1995; Auschra u. Stadler 1993)

Da die meisten Polymere untereinander nicht mischbar sind, „Kunststofflegierungen“ aus klassischen Polymeren allerdings, wie einleitend dargelegt, einen wesentlichen Trend in der Polymerforschung darstellen, finden Blockcopolymere als Phasenvermittler hier ebenfalls eine wichtige Anwendung. Dazu werden die Komponenten des Zweiblockcopolymers üblicherweise so gewählt, daß jeder Block für sich mit einer Blendkomponente homogen mischbar ist. Zweiblockcopolymere reduzieren die Grenzflächenspannung zwischen den Homopolymeren und verbessern gleichzeitig die Grenzflächenfestigkeit. Aus der reduzierten Grenzflächenspannung resultiert eine feinere Dispergierung der Blendpartner. Die höhere Grenzflächenhaftung sollte die mechanischen Eigenschaften des Blends verbessern, vorausgesetzt, daß die Blöcke ausreichend gut durch Verschlaufungen in den Homopolymeren verankert sind (Altstädt et al. 1997).

Die Eigenschaften der PPE/SAN Blends sind schlechter im Vergleich zu den Eigenschaften der reinen Komponenten. Die Schwachstelle ist die Grenzfläche zwischen den Komponenten. Diese kann durch die Zugabe von grenzflächenaktiven Zwei- oder günstiger noch Dreiblockcopolymeren wirksam verbessert werden. Gegenüber A-B-Zweiblockcopolymeren bieten die von Auschra und Stadler 1993 beschriebenen A-B-C-Dreiblockcopolymere mit elastomerem Mittelblock eine weitergehende Möglichkeit der Zähmodifizierung (Abb. 3.2.3.7).

Die Beispiele zeigen, daß mit Hilfe von Blockcopolymeren faszinierende Werkstoffe hergestellt werden können mit einem Innovationspotential, welches bis heute noch nicht hinreichend abgeschätzt werden kann.

Biologisch abbaubare Strukturpolymere: Biologischer Abbau bedeutet bei Strukturpolymeren Kompostierung. Dazu muß das Makromolekül durch Mikroorganismen, vor allem Bakterien und Pilze zersetzt werden können. Als Folge der Zersetzungsreaktion wird das Kunststoffteil zunächst spröde und zerfällt mechanisch in kleinere Teile (Zerbröselung). Weiterer Abbau führt prinzipiell zu immer

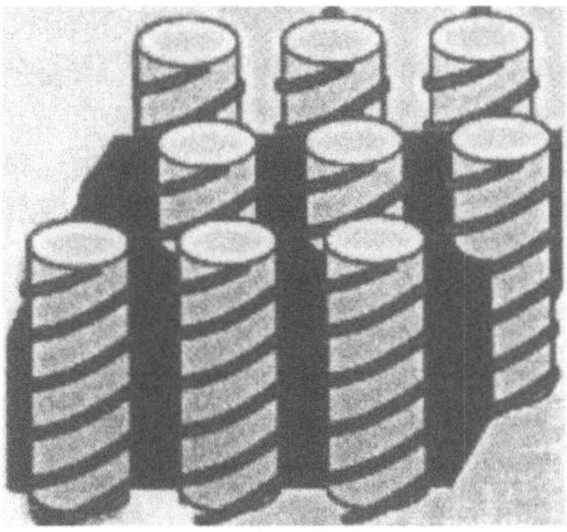

Abb. 3.2.3.7. Blockcopolymere als Phasenvermittler (Auschra u. Stadler 1993)

kleineren Bruchstücken, bis hin zu Kohlendioxid, Wasser und Biomasse (Humus). Biologisch abbaubare Polymere sind grundsätzlich auf drei Wegen zugänglich:

- durch Biosynthese, z. B. Stärke und Cellulose,
- durch biotechnische Verfahren, z. B. Polyhydroxyfettsäuren,
- durch chemische Synthese, zum Beispiel Polyamide, Polyester.

Biopolymere wie Stärke und Cellulose sind durch die Syntheseleistung der Natur preiswert am Markt verfügbar. Nachteilig ist die relativ hohe Wasseraufnahme und die mangelnde thermoplastische Verarbeitbarkeit. War Polymilchsäure vor wenigen Jahren als Rohstoff für über 500 Euro/kg verfügbar, kann heute durch moderne Fermentationsverfahren Milchsäure aus Dextrinen und Glucose preisgünstig gewonnen werden. Polymilchsäure als vollständig abbaubarer Werkstoff ist heute zu Preisen bereits unter 5 Euro/kg am Markt verfügbar. In der gleichen Preisklasse findet man thermoplastische Stärke und die biotechnologisch gewonnene Polyhydroxybuttersäure bzw. deren Copolymere (Grigat et al. 1997).

Für den praktischen Einsatz ist entscheidend, daß die den Abbau einleitende Reaktion nicht während des normalen Gebrauchs einsetzt. Die Bewertung von biologisch abbaubaren Kunststoffen muß ganzheitlich erfolgen. Rohstoffbeschaffung, Gebrauch und Entsorgung müssen sowohl ökologischen wie auch ökonomischen Gesichtspunkten genügen. Kosten und Preise, der heute technisch nutzbaren, jedoch nur begrenzt verfügbaren kompostierbaren Werkstoffe liegen deutlich höher als die der konventionellen Werkstoffe. Auch wenn das zum großen Teil an den geringen Produktionsmengen liegt, darf man für die Zukunft keine Preisgleichheit für beide Werkstoffgruppen erwarten. Chancen für biologisch abbaubare Polymere sind dort zu sehen, wo die biologische Abbaubarkeit volkswirtschaftlich sinnvoll, ökologisch vorteilhaft und vom Verbraucher als wertvoll angesehen wird.

Polymerschäume: Schaumstoffe können heute aus einer breiten Palette von Kunststoffen, von Polyolefinen bis zu hochtemperaturbeständigen Werkstoffen hergestellt werden. Durch die richtige Wahl des Werkstoffs und des Schäumverfahrens können die Eigenschaften der Schaumstoffe für ein breites Spektrum von Anwendungen maßgeschneidert werden. Schaumstoffe ermöglichen kostengünstige Leichtbaulösungen besonders in Kombination mit einer Sandwich-Bauweise. Die kompakte Deckschicht nimmt dabei die Biegebelastung und der Schaumkern die Schubbelastung auf. Die Eigenschaften von Schaumstoffen werden besonders vom Raumgewicht und der Schaummorphologie bestimmt. Bei der Auswahl sind neben dem Preis das Wärmeisolationsvermögen, die Schallabsorption oder das Brandverhalten entscheidend.

Die tiefgreifendste Herausforderung an Polymerschäume in den letzten Jahren war das Verbot bzw. die stufenweise Reduzierung des Fluorchlorkohlenwasserstoff (FCKW)-Einsatzes als Treibmittel. Davon waren besonders die Hartschaumstoffe betroffen. Es setzte eine konzentrierte Suche nach Ersatztreibmitteln ein, die ökologisch geeignet, ökonomisch vertretbar und technisch realisierbar waren. Heute steht eine ganze Reihe von Alternativen zur Verfügung, aus der für jede Anwendung das geeignete Treibmittel ausgewählt werden muß, denn eine einzige Lösung für den Ersatz von FCKW gibt es nicht. Nach Optimierung und Anpassung der Schaumformulierungen an Cyclopentan werden jetzt bei Kühlschränken mit Polyurethanhartschäumen Isolierwerte erreicht, die mit jenen der zuletzt eingesetzten R11 (CCl_3F) Formulierungen praktisch identisch sind. Bei Polystyrolhartschäumen geht der Trend in die Anwendung von Kohlendioxid als Treibmittel. Wo der Einsatz von Kohlendioxid technisch nicht möglich ist, werden brennbare organische Verbindungen eingesetzt (Mühlhaupt 1996; Eckes et al. 1996).

Weitere Entwicklungsarbeiten beschäftigen sich mit der Optimierung der Schaummorphologie, indem eine Verringerung der Wärmeleitfähigkeit durch dünnere Zellwände und kleinere Zellen angestrebt wird.

Polymerlacke: Ein moderner Kunststofflack ist ein abgestimmtes System aus Farbpigmenten, Löse- und Bindemittel. Neue Bindemittelsysteme ermöglichen es, gegenüber konventionellen Lacksystemen den Lösungsmittelanteil bei Wasserbasislacken auf 20 % zu reduzieren. Dazu wurden Harzdispersionen auf Polyurethanbasis entwickelt, die im flüssigen Lack wasserverträglich sind, bei der Trocknung aber zu einem wasserabstoßenden Lackfilm mit hoher Farbbrillanz und Haltbarkeit vernetzen. Entwicklungsarbeiten für Autolacke der nächsten Generation zielen darauf ab, durch Pulverlacke völlig ohne Lösungsmittel auszukommen (Eckes et al. 1996).

3.2.3.2 Schlußfolgerungen

- Polymerwerkstoffe haben in diesem Jahrhundert ein überwältigendes Wachstum erlebt. Die Produktion von Polymeren ist weltweit rasant auf 100 Mio. t gestiegen. Trotz großer Akzeptanz haben die Kunststoffe in der öffentlichen Diskussion keinen guten Ruf.
- Kosten dominieren weiterhin die Entwicklungstrends; daraus leiten sich die modernen Strategien in der Entwicklung von Polymerwerkstoffen ab:
  - Neue Polymere aus klassischen Monomeren
  - Neue Polymere aus klassischen Polymeren
- Mit Metallocenen erhält man Katalysatoren, die Polyolefine 10mal bis 100mal schneller polymerisieren können als die bisher eingesetzten Ziegler-Natta-

Systeme. Weitere Materialien, die sehr leicht mit Metallocen-Katalysatoren hergestellt werden können, sind:
- Syndiotaktisches Polystyrol
- Copolymere
- Elastomere aus Ethen, Propen und Dienen
- Polymerisate von Cycloolefinen (COC)

- Hochtemperaturbeständige Thermoplaste werden wegen ihrer hohen Dauergebrauchstemperatur (TCU > 150 °C) in Anwendungsgebieten eingesetzt, die bisher von Metallen, Glas oder Keramik dominiert wurden. Das Potential der HT-Thermoplaste ist längst nicht ausgeschöpft.
- Die ersten Anwendungen für Nanocomposite liegen im Bereich von Folien. Als Ersatz für Glasfasern bieten sich neue Anwendungen im Bereich von Sichtteilen mit erhöhter Kratzfestigkeit und Durchfärbbarkeit.
- Mit der Hilfe von Blockcopolymeren können nanostrukturierte Werkstoffe hergestellt werden, deren Innovationspotential bis heute noch nicht hinreichend abgeschätzt werden kann.
- Chancen für biologisch abbaubare Polymere sind dort zu sehen, wo die biologische Abbaubarkeit volkswirtschaftlich sinnvoll, ökologisch vorteilhaft und vom Verbraucher als wertvoll angesehen wird.
- Schaumstoffe können heute aus einer breiten Palette von Kunststoffen, von Polyolefinen bis zu hochtemperaturbeständigen Werkstoffen hergestellt werden. Entwicklungsarbeiten beschäftigen sich mit der Optimierung der Schaummorphologie, wobei eine Verringerung der Wärmeleitfähigkeit durch dünnere Zellwände und kleinere Zellen angestrebt wird.
- Entwicklungsarbeiten für Autolacke der nächsten Generation zielen darauf ab, durch Pulverlacke völlig ohne Lösungsmittel auszukommen.

3.2.4 Keramische Werkstoffe

Die Keramik unterteilt sich in die traditionelle Keramik und in die technische Keramik oder Hochleistungskeramik. Die Keramik wie Porzellan, Geschirr, Sanitärwaren, feuerfeste Materialien, aber auch technisch anspruchsvollere Anwendungen wie Isolatoren, besteht weitgehend aus natürlichen Rohstoffen. Im Gegensatz dazu werden die Ausgangsprodukte der technischen Keramik oder Hochleistungskeramik meist durch aufwendige Aufbereitungsverfahren gewonnen und weisen in der Regel eine sehr hohe chemische Reinheit auf. Die Hochleistungskeramik läßt sich zusätzlich in Strukturkeramik und Funktionskeramik unterteilen, wobei bei der ersten Art vor allem die mechanischen Eigenschaften gefragt sind, während bei der zweiten die physikalischen Eigenschaften wie Leitfähigkeit, Piezoelektrizität, Biokompatibilität oder Absorbtionsvermögen im Vordergrund stehen. Zusätzlich sind Unterteilungen in die verwendeten Materialklassen wie Oxidkeramik (Aluminiumoxid, Zirkonoxid) und Nichtoxide (Karbide, Siliziumnitrid) gebräuchlich. Es ist an dieser Stelle darauf hinzuweisen, daß interessanterweise im Gegensatz zu den anglophonen Ländern und in Japan im deutschen Sprachgebrauch Werkstoffe wie Glas oder Zemente und Beton nicht unter den allgemeinen Begriff Keramik fallen. Im folgenden wird ausschließlich Hochleistungskeramik, die auch als Advanced Ceramic (USA) oder Feinkeramik (Japan) bezeichnet wird, beschrieben.

Die Eigenschaften der Hochleistungskeramiken werden von der Struktur und den vorherrschenden kovalenten und ionischen Bindungsanteilen, der das Material aufbauenden Phasen sowie der Gefügeausbildung unter Einschluß der Korngrenzenzusammensetzung, des Porenanteils und der Porenverteilung bestimmt. Strukturkeramiken weisen gegenüber metallischen und organischen Werkstoffen häufig Vorteile bei der thermischen Beständigkeit und den Hochtemperaturverschleiß- und Korrosionseigenschaften auf, oft in Verbindung mit einem niedrigen spezifischen Gewicht (Nitride, Oxide). Nachteilig bei den Strukturkeramiken ist die geringe Schadenstoleranz, unter anderem in Verbindung mit thermischen Wechselbelastungen. Ein weiteres Problem stellt die Herstellung der Hochleistungskeramiken dar, da auch bei der Massenfertigung zur Erzielung der geforderten Maßgenauigkeit die Bauteile häufig nachgearbeitet werden müssen. Allerdings ist es heute bei vielen Hochleistungskeramiken möglich, auch bei hohen mechanischen Anforderungen die Versagenswahrscheinlichkeiten der Bauteile in den geforderten Bereich abzusenken. Die dafür notwendige kontrollierte und meist kostenintensive Verarbeitung vermindert allerdings eine breitere Anwendung der keramischen Bauteile. Zur Zeit werden primär Oxide, Karbide, Nitride und in geringerem Maße auch Silicide und Boride eingesetzt. Der Gefügeaufbau von Hochleistungskeramiken kann einphasig oder mehrphasig sein. Dabei wird eine gezielte Gefügeentwicklung der Keramiken angestrebt um die Verwendbarkeit der Materialien zu verbessern (tailored made materials). Eine gezielte Beeinflussung der Gefügeentwicklung kann durch Fremdstoffzusätze (Dotierung, Glasbildung) vorgenommen werden. Ein Beispiel sind sinterfördernde Additive wie Aluminiumoxid und andere Oxide bei der Herstellung von Siliziumnitrid. Diese bewirken die Bildung einer Glasphase, welche wiederum die primären Pulverteilchen auflöst und wodurch die anschließend ausgeschiedenen Mischkristalle eine stengelförmige Form annehmen. Dieses Gefüge mit gestreckten Körnern weist gegenüber Keramik mit gleichmässig geformten Körnern einen erhöhten Rißfortschrittswiderstand auf. Es muß allerdings festgehalten werden, daß damit keine plastische Verformbarkeit der keramischen Werkstoffe verbunden ist, sondern lediglich ihre Versagensempfindlichkeit gegenüber einem bereits vorhandenen Defekt (Riß) abnimmt.

Nach dem relativ starken Ausbau der Keramikforschung in Deutschland, welcher sich vor allem auf die Strukturkeramik konzentrierte, kann seit Beginn der neunziger Jahre eine Ernüchterung hinsichtlich des Marktvolumens als auch der relativ „zähen" Umsetzung der Forschungsergebnisse in erfolgreiche Produkte verzeichnet werden. Durch die Forschung im Zeitraum von 1975 bis 1990, welche durch europäische und nationale Forschungsprogramme relativ stark unterstützt wurde, sind gerade in Deutschland im Bereich der mechanischen Eigenschaften der Keramik große Fortschritte erzielt wurden, die dazu führten, daß Deutschland eine führende Stellung in diesem Bereich auch heute noch einnimmt. Die von der Automobilindustrie bzw. dem Maschinenbau geforderten technischen Ziele sind im Labor ebenso wie in der Produktion im Pilotmaßstab erreicht worden; teilweise konnten die Ergebnisse in industrielle Produkte überführt werden.

Der Weltumsatz im Bereich der Hochleistungskeramik belief sich 1996 auf ca. 29 Mrd. DM. Dies entspricht ca. 20 % des gesamten Umsatzes in der Keramikindustrie, inklusive Ziegel, Sanitär, Geschirr- und Feuerfestkeramik. 80% des Umsatzes der Hochleistungskeramik werden durch Funktionskeramik, vor allem für die Elektronik, getätigt. In diesem Sektor liegen Japan und die USA deutlich vor Europa. In Deutschland beträgt der Umsatz für Hochleistungskeramik ca. 2 Mrd. DM, was 40 % des europäischen Umsatzes entspricht. Strukturkeramik hat in Deutschland mit 40 % (800 Mio. DM) des Umsatzes im Bereich der Hochleistungskeramik einen überdurchschnittlich hohen Anteil. Der Exportanteil ist innerhalb der letzten zehn Jahren von 36 auf 45 % gestiegen. Im Gegensatz zu der Funktionskeramik, welche von Großfirmen wie Siemens und Bosch hergestellt und direkt in entsprechende Systeme eingebaut wird, wird die Strukturkeramik vor allem von mittelständischen Unternehmen hergestellt (cfi/Ber. DKG 1998).

Von Ausnahmen abgesehen (z.B. Keramikmatrixkomposite) ist die Materialentwicklung im Bereich der Strukturkeramik sehr weit fortgeschritten und es findet zur Zeit eine vermehrte Schwerpunktsverschiebung der entsprechenden Forschungslabors in Richtung Prozeßtechnik, Konstruktion, Bearbeitung etc. statt. Das Ziel ist es, eine ausreichende Qualität, d.h. vor allem keramische Produkte mit einer ausreichenden Zuverlässigkeit und zu konkurrenzfähigen Preisen herstellen zu können. Diese Entwicklung wird im Fallbeispiel „Keramikventil im Verbrennungsmotor " detailliert behandelt.

Im folgenden wird beispielhaft auf einige aktuelle Forschungs- und Entwicklungsrichtungen hingewiesen, mit dem Ziel, den Trend in der Keramikforschung für die nächsten Jahre aufzuzeigen.

3.2.4.1 Konstruktion und Design

In Europa bilden sich zunehmend Forschungsschwerpunkte, welche sich mit anwendungsspezifischen Problemen der Hochleistungskeramik befassen. Aktuelle Themenschwerpunkte sind die Ermittlung von Fügeeigenspannungen in Verbundkörpern aus Keramik und Stahl sowie deren Bewertung hinsichtlich des Versagensverhaltens der Verbunde, die tiefenauflösende Messung von Schleifeigenspannungen in Keramiken sowie Untersuchungen zu deren Einfluß auf die Festigkeit, die Ermittlung von Spannungen an textur- und gradientenbehafteten keramischen Verschleißschutzschichten und Wärmedämmschichten sowie die Analyse der Schädigungsmechanismen bei thermischer und mechanischer Belastung, die Ermittlung von Eigen- und Lastspannungsverteilungen in ein- und mehrphasigen Keramiken und die Analyse des thermischen Abbaus von Eigenspannungen. Es werden Forschungsarbeiten zu tribologischen Mechanismen in verschiedenen Systemen durchgeführt und ihre Abhängigkeit von Oberflächen- und Volumeneigenschaften der Werkstoffe sowie von Umgebungs- und Systemparametern untersucht. Hieraus werden neue theoretische Ansätze zur Reibungs- und Verschleißminderung beim Einsatz keramischer Werkstoffe entwickelt.

Ein weiterer Schwerpunkt liegt bei der Entwicklung von Methoden zur Voraussage der Festigkeit und der Lebensdauer von keramischen Bauteilen und in der Gestaltoptimierung. Dazu werden Spannungsanalysen insbesondere für Keramik-Metallverbindungen (Löten, Reibschweißen) durchgeführt. Für die Zuverlässigkeitsanalyse wurde das auf der Basis der mehrachsigen Weibull-Statistik basierende Programmsystem entwickelt, mit dem eine Gestaltoptimierung von Bauteilen möglich ist.

3.2.4.2 Kostensenkung

Eine Analyse der Herstellungskosten von technischer Keramik zeigt klar, daß die Bearbeitungskosten von ungesinterten ebenso wie von gesinterten Bauteilen etwa 40% der Gesamtfertigungskosten ausmachen. Eine Entwicklung im Bereich der Keramik muß sich deshalb vor allem auf die Reduzierung dieser Kosten fokussieren. Dazu stehen im wesentlichen zwei Ansätze zur Verfügung:

- möglichst endformnahe Formgebungsmethoden (near net shape)
- möglichst präzise Formgebung inklusive Beherrschung der Sinterschrumpfung (letztere kann bis zu 25 % der Bauteilabmessung ausmachen) An dieser Stelle können vor allem die Arbeiten an den Keramikinstituten der Uni Erlangen und Hamburg-Harburg beispielhaft genannt werden,

wobei nur eine Kombination der beiden Ansätze schlußendlich die Keramik zum Ziel führen wird.

In den letzten Jahren wurden vor allem Verfahren wie Spritzgießen und Druckschlickerguß eingeführt. Obwohl diese Verfahren für große Serien geeignet sind, ist eine kostengünstige Produktion von Keramikteilen noch nicht möglich, da nachfolgende Schritte wie z.B. das Ausbrennen von Bindemittel noch sehr aufwendig und kostenintensiv sind. Zudem treten infolge der notwendigen Pyrolyse von Kunststoffen Umweltprobleme bzw. damit verbunden größere Investitionen für Abgasreinigungsanlagen auf. Die neueren Entwicklungen zielen deshalb auf eine Kombination des Druckschlickergießens mit dem Spritzguß hin, d.h. die Verwendung von wäßrigen Suspensionen mit Polymeren (z.B. Glucosen, Cellulosen) welche eine rasche und irreversible Änderung der Viskosität infolge pH-Änderung oder Temperaturänderung in der Spritzgußmaschine ermöglichen. Auf diese Art werden Umweltprobleme infolge des Ausheizens der Binder vermieden. Ebenso sind die technischen Probleme des Trocknens einfacher zu lösen (z.B. Superkritische Trocknung). Der Stand der heutigen Entwicklungsarbeiten ist soweit fortgeschritten, daß bereits unterschiedlichste Systeme zur Viskositätserhöhung wäßriger keramischer Suspensionen zu Verfügung stehen, die benötigten Reaktionszeiten jedoch noch wesentlich zu lang sind (einige Minuten anstelle von Sekunden).

Eine weitere interessante Entwicklung ist die Extrusion von Keramikgrünlingen, welche auch nach dem Sintern Toleranzen von nur einigen Mikrometern aufweisen. Neben dem Design der Extruderdüse spielt hier ebenso die Entwicklung von Bindersystemen eine wesentliche Rolle. Nach dem Extrudiervorgang muß in den ungesinterten Bauteilen eine homogene Verteilung der Gründichte als auch ein möglichst spannungsfreier Zustand vorliegen. Mögliche interessante Anwendungen dieser Verfahren sind die Herstellung von Verbindungselementen für Glasfaserkabel, welche heute aus Kostengründen vor allem in Asien hergestellt werden oder präzise Implantate für die Zahnmedizin wobei der Vorteil bei den niedrigen Herstellungskosten von großen Serien infolge verringerter Nachbearbeitung liegen wird.

In den USA wurde 1989 das Programm „Ceramic Technology Project" initiiert, welches folgende Ziele hat: Entwicklung von Strukturkeramik für Gasturbinen für Automobile und für schwere Dieselmotoren. Als Hauptproblem wurde das unkontrollierte Auftreten von Fehlern in einem spröden Material infolge des Herstellungsprozesses wie auch durch den Einfluß der glasartigen Korngrenzenphasen, welche eine zeitabhängige Festigkeitsreduzierung beim Einsatz bei höherer Temperatur bedingen, erkannt. Im Einzelnen werden folgende Aspekte behandelt:

- zäherer Werkstoff mit größerer Toleranz bezüglich der Mikrodefekte,
- verbesserte Herstellungstechnologie, welche die Fehlergrösse als auch deren Anzahl verringern soll,
- Methoden zur mechanischen Prüfung und zur Prüfung zeitabhängiger Eigenschaften,
- Entwicklung von Modellen für die Lebensdauervorhersagen von Strukturkeramiken.

Ein weiteres Beispiel ist das „Low Cost Ceramic" Programm, welches ebenfalls in den USA lanciert wurde. Geleitet wird dieses Programm von der Northrop Grumman Corporation. Es hat die Aufgabe, neue und wesentlich billigere Herstellungsmethoden für Keramikmatrixkomposite (CMC) für strukturelle Anwendung bis 900°C zu entwickeln.

3.2.4.3 Faserverbundwerkstoffe mit Keramikmatrix (Ceramic Matrix Composite, CMC)

Die keramische Materialentwicklung für den Flugzeugbau ist auf die Turbine ausgerichtet. Im Vordergrund stehen höhere Einsatztemperaturen, welche nach heutigem Wissen wahrscheinlich durch oxidische Keramikmatrixkomposite (CMC) erreicht werden können. Teilweise kann eine Verbesserung des Hochtemperaturverhaltens durch Coatings mit teil- oder vollstabilisiertem Zirkonoxid erreicht werden.

Gerade die Aktivitäten im Bereich der CMC spiegeln sehr gut die Situation neuer keramischer Werkstoffe wieder. Die Entwicklung, welche bereits vor über 20 Jahren begonnen wurde, setzte erst auf Kohlenstoffaserverstärkte Keramik mit einer Oxidmatrix. Als feststand, daß die Oxidationsbeständigkeit der Fasern zu gering ist und zudem die Kriechfestigkeit der Matrix den Anforderungen nicht genügen kann, wurden die Forschungen vor ca. 10 - 15 Jahren auf nichtoxidische Systeme gelenkt, wobei heute amorphe SiCBN Fasern in einer SIALON-Matrix im Vordergrund der Entwicklung stehen. Ein interessantes und erfolgreiches Beispiel aus dem Bereich der nichtoxidischen Komposite ist die Bremsscheibe für den ICE, welche im Rahmen des Matech Programmes entwickelt wurde.

Seit einigen Jahren werden wieder Verbundwerkstoffe mit oxidischer Matrix in die Entwicklung einbezogen. Als Fasermaterial werden dabei ebenfalls Oxide eingesetzt. Als typisches Material gilt heute eine Mullitfaser (Nextel 720) in einer Mullit/Aluminiumoxidmatrix, welche zusätzlich eine kontrollierte Porosität wie auch eine mindestens bimodale Korngrössenverteilung aufweist. Die Entwicklung wird relativ lange dauern, da kaum ein keramisches Material mit solch einer komplizierten Mikrostruktur in den nächsten Jahren reproduzierbar und gleichzeitig kostengünstig hergestellt werden kann.

3.2.4.4 Funktionskeramik

Die Funktionskeramik hat in den letzten Jahren in Europa im Forschungsbereich stark an Bedeutung gewonnen. Im Automobil wird bereits heute relativ viel Keramik, insbesondere für Sensoren und Aktuatoren, eingesetzt. Dieses interessante Feld, welches in den siebziger und achtziger Jahren teilweise als Folge der integrierten F&E und Herstellung von Keramik und Bauteil innerhalb der Großfirmen in Europa, den japanischen und amerikanischen Forschern wie auch den Keramikherstellern überlassen wurde, ist heute der Forschungsschwerpunkt vieler europäischer Keramikinstitute, welche sich früher mit der Strukturkeramik befaßt haben.

Dielektrische keramische Materialien werden zunehmend aus nicht-toxischen, d.h. bleifreien Keramiken hergestellt. Zudem kommen zunehmend dünnere Schichten und temperaturstabilere Dielektrika zum Einsatz. In den USA wird auf der Basis bekannter Bariumtitanate durch verbesserte Prozeßentwicklung versucht, gleichzeitig dünnere Schichten und höhere Permeativität zu erreichen, während japanische Forschungsinstitute versuchen, dieses Ziel durch Sinterung in reduzierender Atmosphäre zu erreichen, die gleichzeitig erlaubt, billiges Nickel als Elektrodenmaterial einzusetzen. Es ist ebenfalls interessant, darauf hinzuweisen, daß die Pulverherstellungsmethoden in Japan und den USA relativ überdurchschnittlich entwickelt ist. In Japan wird die hydrothermale Reaktion für die Herstellung der Bariumtitanate bevorzugt, während in den USA die naßchemische Fällung mit Oxalaten vorherrschend ist. In Europa ist eine vergleichbare Forschung oder Industrie nur im Ansatz vorhanden, wobei hier die Firma Merck hervorzuheben ist. Die mobile Telekommunikation war nur durch die Entwicklung von keramischen Mikrowellenfiltern aus Bariumtitanaten möglich. Die massiven Filter müssen, bedingt durch eine weitere Miniaturisierung in der Mehrschichtentechnik ausgeführt werden. Dies bedingt jedoch die Entwicklung von neuen, reaktiven Pulvern, die zudem kostengünstig hergestellt werden müssen. Ähnliche Entwicklungstendenzen sind im Bereich der Piezokeramik festzustellen. Wie in der Strukturkeramik stehen hier Verbesserungen in der Prozeßtechnik im Vordergrund der Forschungsarbeiten wobei zusätzlich angestrebt wird, die Keramik direkt mit Halbleitern zu verbinden, was infolge der hohen Prozeßtemperaturen für die Keramik in den nächsten Jahren eine große Herausforderung sein wird.

3.2.4.5 Keramik im MaTech-Programm

Aufgrund der Schwerpunktsetzung im MaTech-Programm nimmt die Strukturkeramik eine besonders wichtige Stellung im Bereich der Keramikforschung ein. Insgesamt werden 38 Projekte gefördert, wobei die Schwerpunkte in den Bereichen

- anwendungsorientierte Entwicklung für Herstellungsprozesse,
- Charakterisierung und

- Bearbeitung

liegen. Daneben werden Arbeiten in den Schwerpunkten Keramikmatrixkomposite, grundlegende Untersuchungen zur Material und Prozeßentwicklung und neue Methoden für die Pulverherstellung und pulverfreie Herstellungsprozesse durchgeführt.

Diese Schwerpunkte spiegeln im wesentlichen den Trend wider, welcher auch in der internationalen Forschung festgestellt werden kann. Es sind vor allem die Themen, welche eine möglichst rasche Umsetzung in die industrielle Produktion versprechen, in den Vordergrund der Forschungsförderung gerückt (Materialforschung 1987-1993, Neue Materialien Ma-Tech 1998).

3.2.4.6 Keramik in der DFG

Die Keramikforschung im Bereich der DFG fokussiert sich auf die keramischen Fasern, insbesondere die physikalisch-chemischen Problemstellungen bei der Herstellung als auch Anwendung. Die Forschung für die Funktionskeramik ist nicht stark ausgeprägt. Ein Graduiertenkolleg „Technische Keramik“, Karlsruhe, besteht seit 1991. Neu wurde das Schwerpunktprogramm „Neue Precursorkeramik aus kondensierten molekularen Vorstufen“ als auch der Transferbereich „Rotationsresonanzvibrometrie an Keramikbauteilen“ an der Universität Stuttgart gestartet. Letzterer beruht auf Arbeiten des Sonderforschungsbereichs „Charakterisierung des Schädigungsverlaufes in Faserverbundwerkstoffen mittels zerstörungsfreier Prüfung“ an der Universität Stuttgart. Ziel ist die Entwicklung eines zerstörungsfreien Prüfverfahrens für keramische Bauteile, beispielsweise bei Verbrennungsmotoren.

Wichtig im Zusammenhang mit der Keramik ist, darauf hinzuweisen, daß im Jahresbericht 1997 der DFG ausdrücklich betont wird, daß gegenüber dem Vorjahr die Bewilligungsquote allgemein weiter gesunken ist, wobei bei den keramischen Werkstoffen ein besonders krasser Einbruch zu verzeichnen ist (DFG Jahresbericht 1997).

3.2.4.7 Schlußfolgerungen

- Von Ausnahmen abgesehen (z.B. Keramikmatrixkomposite) ist die Materialentwicklung im Bereich der Strukturkeramik sehr weit fortgeschritten und es findet zur Zeit eine vermehrte Schwerpunktverschiebung der entsprechenden Forschungslabors in Richtung Prozeßtechnik, Konstruktion, Bearbeitung etc. statt. Das Ziel ist es, eine ausreichende Qualität, d.h. vor allem keramische Produkte mit einer ausreichenden Zuverlässigkeit und zu konkurrenzfähigen Preisen, herstellen zu können.
- Das in wirtschaftlicher Hinsicht interessante Feld „Funktionskeramik“, welches von der akademischen Forschung in den siebziger und achtziger Jahren den japanischen und amerikanischen Forschern überlassen wurde, ist heute der Forschungsschwerpunkt vieler europäischer Keramikinstitute geworden, welche sich früher mit der Strukturkeramik befaßt haben. Es kann davon ausgegangen

werden, daß bei einer Übertragung der wesentlich weiterentwickelten Prozeßtechnologie der Strukturkeramik auf die Probleme der Funktionskeramik ein nachträglicher Synergieeffekt auf diese wirken wird.

- Verglichen mit dem potentiellen Marktvolumen als auch mit dem offensichtlichen Trend bezüglich der Keramikforschung in Europa ist die anwendungsnahe Entwicklung überproportional vertreten. Für weitere technische Umsetzungen aus der Keramikforschung wird in den nächsten Jahren die technisch-wissenschaftliche Basis fehlen, da eine grundlegende Keramikforschung bzw. Materialforschung zur Zeit zu wenig betrieben wird.

3.2.5 Glas

Als Glas bezeichnet man einen festen, spröden sowie überwiegend amorphen anorganischen Werkstoff, welcher beim Erhitzen die Viskosität verringert, ohne einen Schmelzpunkt aufzuweisen. Herkömmliches Glas besteht aus einem Netzwerk aus Silizium und Sauerstoffatomen, das aus Quarz, welchem Flußmittel wie Soda, Pottasche und Glaubersalz zugegeben werden, gebildet wird. In der Regel sind weitere Zusätze notwendig (sogenannte Netzwerkwandler bzw. Netzwerkstabilisatoren), um die gewünschten optischen und mechanischen Eigenschaften zu erhalten. Die große Variabilität der Eigenschaften des Glases ist einer der Gründe für die wirtschaftliche Bedeutung des meist transparenten Materials. Jährlich werden weltweit Gläser im Wert von 130 Milliarden Mark umgesetzt. Den weitaus größten Anteil haben Scheiben und Behälter sowie Fasern. Etwa 15 % des Umsatzes entfallen auf Spezialgläser. In Westeuropa werden etwa für 4 Mrd. D-Mark Spezialgläser hergestellt.

Der Werkstoff Glas besitzt insbesondere im Bereich der Optik und der Optoelektronik hohe technische Bedeutung. Hinzu kommen Bereiche wie der Apparatebau in der chemischen Industrie sowie Spezialanwendungen in der Medizin. Nach wie vor haben oxidische Gläser die höchste Verbreitung, jedoch erlangen Spezialgläser (Chalkogenid- oder auch ionische Gläser) aufgrund ihrer neuartigen Eigenschaften zunehmendes Interesse.

Dies gilt in gleicher Weise auch für neue Herstellungsverfahren oxidischer und insbesondere nicht-oxidischer Gläser wie auch für die neuen Glasmatrixkomposite bzw. für die Mikrostrukturierung von Gläsern. Der folgende Abschnitt beschreibt in kompakter Form den aktuellen Stand sowie kurz und mittelfristige Entwicklungen in den Bereichen

1. Sol-Gel Verfahren zur Herstellung oxidischer Gläser
2. Herstellung und Eigenschaften nicht-oxidischer Gläser (Chalkogenidische Gläser)
3. Glasmatrixkomposite
4. Mikrostrukturierung von Glas
5. Glaskeramik (Vitrokeramik).

Abschließend wird ein kurzer Überblick über die notwendigen Forschungs- und Entwicklungsarbeiten im Bereich des Glases gegeben.

3.2.5.1 Sol-Gel-Verfahren zur Herstellung oxidischer Gläser

Neben den klassischen Schmelzverfahren erlangt insbesondere das Sol-Gel-Verfahren zur Erzeugung oxidischer Gläser an Bedeutung. Hydrolyselabile Verbindungen, wie Silicium- oder Titanalkoxide werden in Gegenwart von geeigneten Katalysatoren mit Wasser zur Reaktion gebracht. Über die Stufen des Sols (kolloidale Lösung von kleinsten Partikeln in der Reaktionsflüssigkeit) und des Gels (Verteilung einer flüssigen Phase in einem weitmaschigen Polymernetz) wird schließlich das Xerogel (unter Strukturerhalt getrocknetes Gel) gebildet, welches nach einem Sinterprozeß in den Glaszustand übergeht. Diese Methode bietet neben rein verfahrenstechnischen Vorteilen die bislang einzigartige Möglichkeit, gezielte Strukturen zu erzeugen, indem die Funktionalität der Ausgangssubstanzen variiert und deren Verhältnis verändert wird.

Ebenso ist zu erwarten, daß gezielt organisch modifizierte Alkoxide erzeugt werden und deren neue Eigenschaften auch die des entstehenden Glases verändern. So werden z.B. zukünftig halbleitende Gläser durch den Einsatz organischer, an Silicium gebundener, leitfähiger Polymere auf der Grundlage des Sol-Gel-Prozesses zugänglich sein (Kaim 1996).

3.2.5.2 Herstellung und Eigenschaften nicht-oxidischer Gläser

Unter chalkogenidischen Gläsern sind solche auf der Basis Schwefel, Selen und Tellur zu verstehen, in Kombination mit elektropositiveren Elementen der III- bis V-Hauptgruppe, sowie den Lanthaniden, Silber und den leichteren Alkalimetallen. Im Gegensatz zu den herkömmlichen oxidischen Gläsern werden chalkogenidische Gläser nahezu ausschließlich in der Schmelze und hier unter Vakuum oder Inertgas erzeugt, um oxidische Verunreinigungen zu vermeiden.

Optische Eigenschaften: Chalkogenidische Gläser zeigen eine hohe Transmission im IR, insbesondere im fernen IR (S-basierend bis 12μm, Se-basierend bis 15μm und Te-basierend bis 20μm). Aufgrund dieser Eigenschaft ist zu erwarten, daß diese Materialien verstärkt zur Datenübertragung im IR-Bereich zum Einsatz kommen werden. Voraussetzung ist aber, daß deren Herstellung soweit optimiert wird, daß eine Verunreinigung mit Sauerstoff vermieden wird, da es ansonsten zur Absorption im Bereich zwischen 8-12 μm kommt, was den Einsatz dieser Gläser stark einschränkt.

Die Brechungsindices der Chalkogengläser lassen sich in weiten Bereichen durch Variation des Chalkogens verändern. Mit zunehmender Größe von S $\Rightarrow$ Te nimmt dessen Polarisierbarkeit und damit der Brechungsindex des darauf basierenden Glases zu. Dies gilt in gleicher Weise für die elektropositiveren Elemente im Glas. Die Verwendung von Silicium oder Germanium verringert, die von Blei, Zinn oder Antimon erhöht den Brechungsindex. Diese Abstimmbarkeit des Brechungsindex kann ebenfalls Eingang in die Glasfasertechnik bzw. in auf der Lichtbrechung beruhende optische Geräte finden.

Tabelle 3.2.5.1. Thermische Eigenschaften einiger Chalkogenidgläser (Seddon 1995)

System	Glasübergangstemperatur t_g [°C]	thermischer Ausdehnungskoeffizient [10^{-6} K^{-1}]
$Ge_{30}As_{20}Se_{50}$	361	11,7
$Ge_{30}As_{10}Se_{60}$	345	13,7
$Ge_{10}As_{40}Se_{50}$	222	20,9
$Ge_{10}As_{20}Se_{70}$	159	24,8
$Ge_{30}As_{13}Se_{47}Te_{10}$	308	13,2
$Ge_{30}As_{13}Se_{37}Te_{20}$	285	12,9

Thermische Eigenschaften: Die Chalkogengläser zeigen eine hohe Variabilität im Hinblick auf die Glasübergangstemperatur (t_g) und den thermischen Ausdehnungskoeffizienten. Durch die zunehmende Größe des Chalkogens in der Reihe S ⇒ Se ⇒ Te nimmt dessen Bindungsstärke in der Glasmatrix ab, verbunden mit einer Abnahme der Glasübergangstemperatur. Gleiches gilt für eine Erhöhung des Chalkogengehalts im Glas (siehe Tabelle 3.2.5.1). Umgekehrt verhält sich der thermische Ausdehnungskoeffizient, der in der Reihe S ⇒ Se ⇒ Te zunimmt. Daher ist zu erwarten, daß zukünftige Gläser hinsichtlich ihrer thermischen Eigenschaften „maßgeschneidert" werden können.

Weitere Anwendungen sind in der Lasertechnik zu erwarten (Falbe u. Regitz 1995). Aufgrund der hohen Absorption von Wasser bei 10,6µm werden CO_2-Laser in der Chirurgie zum Schneiden eingesetzt. Da sie eine große Wärmeeinwirkung auf die obersten Zellschichten ausüben, verschließen sie Blutadern sofort, so daß auch stark durchblutete Organe damit operiert werden können. Die hierbei eingesetzten Laser arbeiten kontinuierlich oder gepulst mit typischen Leistungen um 20 Watt. Da noch keine flexiblen Lichtleitfasern für λ = 10,6 µm im medizinischen Einsatz sind, muß das Licht zur Zeit noch über Spiegel zum Operationsgebiet gebracht werden. Hier ist ein potentielles Einsatzgebiet der hoch IR-transparenten Chalkogengläser, wobei sich bereits mit einer schichtartigen Glasfaser (Kern: Ga-Se-Te, Schale: Ga-As-Se-Te) erste Erfolge abzeichnen.

Eine weitere Anwendung kann die Materialbearbeitung mit CO_2-Lasern u.a. zum Schneiden (mit einem 10 kW System können Stahlplatten von mehreren cm Dicke geschnitten werden), zum Schweißen und Beschriften sein (Seddon 1995).

3.2.5.3 Glasmatrixkomposite

An sich sind die Bindungen des glasbildenden Netzwerkes sehr fest und betragen z.B. für die Bindung Si-O 420 kJ/mol. Daraus läßt sich die theoretische Festigkeit von ca. 13'000 MPa ableiten. Jedoch wie bei der Keramik bestimmt die max. Fehlergröße insbesondere an der Oberfläche die Festigkeit des Bauteils. Eine Möglichkeit zur Festigkeitssteigerung und zur Erhöhung der Schadenstoleranz ist der Einbau von Langfasern. Zusätzlich zur Festigkeitssteigerung tritt dadurch ein pseudoelastisches Verhalten ein.

Die Herstellung von Verbundwerkstoffen auf der Basis von SiC- und C-Fasern mit einer Glas- oder glaskeramischen Matrix ist bekannt. Diese Materialien zeichnen sich durch eine annehmbare Zähigkeit und besonders gute Festigkeit bei relativ hohen Temperaturen aus und sind somit insbesondere für den Einsatz bei höheren Temperaturen interessant. Diese Anwendungen erfordern eine hohe Qualität der Verbundwerkstoffe und es sind dadurch relativ hohe Kosten tolerierbar. Im Bereich des Maschinenbaus existieren Anwendungen mit geringeren Anforderungen an die mechanische und thermische Festigkeit, es sind aber andererseits Zähigkeit, Zuverlässigkeit und geringe Kosten gefordert und diese sind für den Einsatz entscheidend. Verbundwerkstoffe auf der Basis der relativ teuren SiC- oder C-Fasern können die zuletzt geschilderten Anforderungen nicht erfüllen. Ein neuer Verbundwerkstoff mit glasfaserverstärkter Glasmatrix wurde an der TU Illmenau entwickelt. Dieser besteht aus kommerziellen Glasfasern in einer Glasmatrix und kann als Werkstoff für Behälter oder flächige Produkte dienen. Die Herstellung des Verbundwerkstoffes setzt sich aus drei wesentlichen Schritten zusammen:

- Faserbeschichtung,
- Slurry-Prozess,
- Heißpressen unter Vakuum.

Um die Fasern vor dem Verschmelzen mit dem Matrixglas zu schützen, wird eine dichte, weiche Kohlenstoffschicht auf die Einzelfasern aufgebracht. Diese Kohlenstoffschicht wird durch die Pyrolyse der vorhandenen Schlichte oder eines Novolakes in einer Stickstoff- oder Vakuumatmosphäre bei 600 °C oder durch CVD erzeugt.

In Abhängigkeit von der Beschichtungstechnologie und den Prozessparametern liegen die erreichbaren Schichtdicken zwischen 16 und 130 nm. Trotz der Verringerung der Zugfestigkeit der Glasfasern während der Beschichtung und des Heisspreßvorganges konnten bessere mechanische Eigenschaften des Verbundwerkstoffes erreicht werden. Die Biegebruchfestigkeit des Verbundwerkstoffes mit CVD-beschichteten Fasern ist im Vergleich mit der unverstärkten Matrix um den Faktor 3 höher. Die Brucharbeit ist um den Faktor dreihundert und der Spannungsintensitätsfaktor auf das Fünffache erhöht gegenüber der unverstärkten Glasmatrix. Diese Erhöhungen sind auf den pull-out-Effekt von Verbundwerkstoffen mit weichen Zwischenschichten zurückzuführen (Hülsenberg et al. 1996).

3.2.5.4
Mikrostrukturierung von Glas

Sensoren, Aktuatoren, Implantate und Reaktionsgefäße mit Abmessungen im Bereich von einigen Milli- oder Mikrometern sind Geräte und Komponenten für die Mikrosystemtechnik. Diese Bauteile wurden zuerst unter Nutzung der Herstellungsmethoden der Mikroelektronik, aus Silizium hergestellt. In der Ebene läßt sich Silizium sehr genau Strukturieren. Größere Probleme entstehen jedoch, wenn dreidimensionale Strukturen hergestellt werden sollen. Daneben müssen vermehrt Anforderungen wie chemische Stabilität, Transparenz im sichtbaren Spektralbereich und elektrische Isolationsfähigkeit erfüllt werden. Dies kann nicht mehr mit

Silizium erreicht werden; Glas hingegen eröffnet neue Möglichkeiten. Zur Strukturierung der Gläser, welche zusätzlich zu den oben genannten Anforderungen auch noch möglichst kompatibel mit Silizium sind, werden im wesentlichen zwei Methoden angewendet:

1. Photoform-Verfahren
2. Laserablation.

1. Photoform-Verfahren: Das Verfahren der Photostrukturierung nutzt die Eigenschaft von speziellen Gläsern, bei der durch eine optische und thermische Behandlung partiell eine Kristallphase entsteht, die eine wesentlich höhere Löslichkeit in verdünnter Flußsäure besitzt als die sie umgebende Glasmatrix. Damit sind präzise Stukturen in dem speziellen Glas oder auch in der durch einen weiteren Temperprozess entstehenden Vitrokeramik herstellbar. Durch die amorphe Struktur des Glases sind der Formenvielfalt kaum Grenzen gesetzt, und es ist eine hohe Strukturfeinheit erzielbar. Die Strukturierung nach einer modifizierten UV-Lithografietechnik ist an spezielle Gläser aus dem Stoffsystem Li2O-Al2O3-SiO2 gebunden. Das Strukturierungsverfahren gliedert sich in drei Hauptprozeßschritte:

1. UV-Belichtung (Initiierung)
2. Temperaturbehandlung (Entwicklung)
3. Ätzen (Strukturierung).

Mittels geeigneter Schablone erfolgt eine partielle Belichtung des Glases mit energiereicher, kurzwelliger UV-Strahlung. Während des sich anschließenden Temperprozesses bildet sich partiell in den belichteten Gebieten eine Kristallphase. Diese belichteten Bereiche lassen sich in verdünnter Flußsäure herausätzen. Leistungsparameter des photosensiblen Glases:

- Kleinstes initiierbares Sollmaß: 5 μm
- Kleinste Struktur nach dem Ätzprozeß: 20 μm
- Erreichte Wandneigungswinkel: 2,0 bis 2,5°.

2. Siliziumkompatibles, mikrostrukturierbares Glas: Ein wichtiges Kriterium für den Einsatz von Glas in der Mikrosystemtechnik ist die Kompatibilität des Ausdehnungskoeffizienten mit dem von Silizium. Diese Forderung wird von Gläsern des Pyrextyps nur bedingt erfüllt. Aufgabe der Glasforschung war es deshalb, ein Glas zu entwickeln, das in seinem Dehnungs-Temperatur-Verhalten besser an Silizium angepaßt ist und mikrostrukturiert werden kann. Ein mögliches Strukturierungsverfahren stellt die Lasermikrobearbeitung dar. Bei der Auswahl des zur Strukturierung verwendbaren Lasers sind drei Kriterien zu beachten:

- das Glas muß die Wellenlänge der Laserstrahlung absorbieren,
- die Leistungsdichte des Laserstrahles muß oberhalb der Zerstörungsschwelle des Glases liegen,
- für die Mikrobearbeitung ist ein minimaler Brennfleckdurchmesser des Laserstrahles anzustreben.

Für die Strukturierung wird ein gepulster 50 Watt Nd:YAG-Laser verwendet, da aufgrund seiner Arbeitswellenlänge von 1,06 μm theoretisch ein minimaler Brennfleckdurchmesser von 5 μm erreicht werden kann. Herkömmliche Silikatgläser sind im nahen Infrarot transparent, so daß kaum eine Wechselwirkung des Nd:YAG-Lasers mit dem Glas besteht. Um mit möglichst niedriger Laserenergie dennoch die erwünschte Mikrostrukturierung zu erreichen, was eine geringere thermische Belastung der Gläser bedeutet, wurde das in der Ausdehnung an Silizium angepaßte Glas mit FeO so modifiziert, daß es bei der Arbeitswellenlänge des Nd:YAG-Lasers eine verbesserte Absorption aufweist. Die Fe^{2+} -Ionen bewirken eine Absorptionsbande im Glas, die zwischen 1,0 und 1,1 µm liegt. Die Laserparameter zur Mikrobearbeitung des modifizierten Glases sind in weiten Grenzen variierbar. Durch geeignete Parameterkombinationen und angepaßte Fokuslage kann die Bohrungsgeometrie beeinflußt werden (Hülsenberg 1997).

3.2.5.5 Glaskeramik

Während Gläser weitgehend amorph sind und Sinterkeramiken durch Pressen und Sintern von kristallinem Pulver hergestellt werden, entsteht eine Glaskeramik aus einer Glasschmelze, in der das Kristallwachstum gezielt gefördert wird. Dazu werden in einem ersten Schritt die Keime erzeugt, wobei als Keimbildner Titanoxid zugegeben wird. In einem zweiten Schritt, bei etwas höherer Temperatur, erfolgt das Wachstum der Kristallite, so daß schlußendlich 30 bis 95 % des Werkstoffes kristallin sind. Durch Scherkräfte, welche während der Kristallisation aufgebracht werden (z.B. Extrudieren des Materials) oder durch gezieltes Steuern des Wachstums von der Oberfläche aus, können Texturen, d.h. gerichtete Anordnung von Kristalliten und dadurch anisotrope Eigenschaften erhalten werden. Zunächst verwendete man Glaskeramik hauptsächlich wegen ihrer minimalen thermischen Ausdehnung (Kochplatten, Teleskopspiegel). Hinzu kam der Einsatz technischer Bauteile, die sich leichter als Keramik bearbeiten lassen. Außer als Knochenersatz bewährt sich dieses biokompatible Material in der Zahnmedizin vor allem für Prothesen, Kronen und Inlays, denn es ist fast so durchscheinend wie natürlicher Zahnschmelz und zudem abriebresistent. Insbesondere gerichtete Glaskeramik eignet sich für viele Bereiche der Elektrotechnik, beispielsweise für pyro- oder piezoelektrische Bauelemente.

Für transparente Glaskeramik (Kochplatten) muß für eine verbreiterte Anwendung vor allem die Festigkeit, welche zur Zeit trotz sehr feinen Gefüges nur ca. 50 MPa beträgt, erhöht werden. Ebenfalls ist die Formstabilität (Hysterese) wie auch die Farbgebung noch ein Problem, insbesondere blau und grau sind heute noch nicht herstellbar. Die üblicherweise in der Keramik verwendeten Farbmittel wie Cobaltoxid und Kupferoxid geben der Glaskeramik völlig andere Farben (lila anstelle von blau). Eine weitere Herausforderung ist die Herstellung von transparenten Feuerschutztüren. Das heute verwendete Titanoxid für die Keimbildung gibt einen unerwünschten Gelbton. Zirkonoxid als Keimbildner kann transparente Glaskeramik erzeugen, sein Einbringen in die Schmelze ist jedoch noch nicht gelöst. Für die Anwendung im Bereich von Sonnenkollektoren muß die Quantenausbeute stark erhöht werden. Eine bereits erhöhte Ausbeute kann durch die Dotierung mit Chrom erreicht werden.

Die Anwendung der Glaskeramik als Substrat für Materialien für magnetische Aufzeichnungen wird ebenfalls bald möglich sein. Dazu müssen Oberflächen mit einer Rauhigkeit kleiner als 50 nm erzeugt werden. Dies ist mit Glas und Glaskeramik möglich. Außerdem ist zu erwarten, daß die geforderte Festigkeit von 200 MPa eher erreicht wird als mit Glas.

Eine in der Zukunft interessante Anwendung von Glaskeramik ist in der Medizin zu finden. Die Kombination von CAD/CAM mit den Möglichkeiten der Bearbeitung der Glaskeramik mit „normalen" Hartmtallwerkzeugen anstelle von Diamantwerkzeugen eröffnet einen großen Markt im Bereich der Implantate und des Zahnersatzes (Beispiel: Tomographie – CAD – CAM Rapid Prototyping). Diese Methode wird vor allem in Europa und Japan in den nächsten Jahren an Bedeutung gewinnen. In den USA wirken sich Zulassungsprobleme auf den Marktzugang noch schwierig aus.

Dielektrische Glaskeramik im Magnesium-Aluminiumsilikat-System wurde in den letzten fünf Jahren von IBM für Chipgehäuse für ihre leistungsfähigsten Computer entwickelt. Auch wenn die Erwartungen nicht vollständig erfüllt wurden (zu teuer im Verhältnis zu den erreichten Verbesserungen) hofft man doch die weitergehenden Anforderungen, die sich aufgrund der erhöhten Rechengeschwindigkeit ergeben (Dielektrizitätzkonstante von 4 und tiefer) mit Glaskeramik mit Borphosphat erfüllen zu können. Eine andere Entwicklungsrichtung sind Glaskeramiken mit relativ hohem Anteil an isolierten Mikroporen welche eine Dielektrizitätskonstante von kleiner als 2 ermöglichen (Beall 1997).

3.2.5.6 Ausblick

Im Bereich der Photonik werden mittelfristig (3–10 Jahre) IR und UV transparente Gläser entwickelt und ein besseres Verständnis der Wechselwirkung der Strahlung mit Glas angestrebt. Langfristig wird angestrebt, oxidische Gläser durch nichtoxidische zu ersetzen. Flachbildschirme und großflächige Reinigungstechnologien müssen mittelfristig für die Elektronikindustrie entwickelt werden. Für das Automobil sollen Photovoltaische Zellen in die Windschutzscheibe integriert werden, zudem muß der Wirkungsgrad von solchen Systemen erhöht werden. Ebenfalls mittelfristig erhofft man sich eine Verbesserung der Glasfasern für die Verstärkung von Beton, verbesserte Formgebungsprozesse für Glaskeramik und eine Verbilligung der Sol-Gel-Prozesse inklusive der Rohstoffe und der Coatingverfahren (Eisenhauer et al. 1997).

3.2.5.7 Schlußfolgerungen

Die breitere Verwendung von Glas wird von der Überwindung von vielfältigen technologischen Barrieren abhängig gemacht:

- Die Verbesserung der Prozeßführung hängt im wesentlichen von der Möglichkeit des Einsatzes von on-line-Messungen und on-line-Kontrollmöglichkeiten (z.B. Glasprofil, Fließcharakteristik, Temperaturgradienten) und dem Schmelzprozeß im allgemeinen ab. Ebenfalls fehlen kostengünstige Coatingverfahren wie auch Prozeßmethoden für die Herstellung von nitrierten oder karburierten Gläsern.

- Im Bereich der Materialwissenschaften für Gläser fehlt es vor allem an Kenntnissen über die Oberflächenstrukturen, die Oberflächenchemie und Wechselwirkungen zwischen der Glasoberfläche und gasförmigen oder flüssigen Medien. Ferner müssen weitere Feuerfestwerkstoffe, abgestimmt auf die Bedürfnisse der Glasindustrie, entwickelt werden. In diesem Bereich spielen nicht nur technische Anforderungen eine wichtige Rolle, sondern auch der Preis.
- Im Bereich der medizinischen Anwendung von Glas stehen Probleme der Zulassung in Amerika im Wege. Diese behindern vor allem innovative Start-Up Firmen.
- Für die Anwendung von Glas im Baubereich bilden vor allem die limitierten Transportmöglichkeiten von großflächigen Glasscheiben ein Problem. Beschädigungen bereits im Mikrobereich können eine Festigkeitsverminderung von 40% hervorrufen. Des weiteren fehlen Methoden zur beschleunigten Lebensdauervorhersage.
- Die Giftigkeit von einigen Glaszusätzen wie auch von Additiven in der Glasherstellung, welche in den nächsten Jahren möglicherweise durch die Gesetzgebung verboten werden, muß verringert werden. Ersatzstoffe und somit auch angepaßte Verfahren müssen gesucht bzw. entwickelt werden.

3.2.6 Faserverbundwerkstoffe mit Polymermatrix

Polymere Verbundwerkstoffe bestehen aus einer Kunststoffmatrix und Verstärkungsfasern. Da diese Komponenten vielfach variiert werden können, ergibt sich eine Vielzahl von Werkstoffvarianten (maßgeschneiderte Werkstoffe). Als Matrix kommen thermoplastische oder duroplastische Systeme zum Einsatz, was die mechanischen Eigenschaften und insbesondere die Verarbeitungstechnik betrifft. Die Verstärkungsfasern können nach vier Kriterien unterschieden werden: Art, Volumenanteil, Länge und Anordnung der Fasern (Meij 1996, 1997). Innerhalb dieser Kriterien können wiederum Gruppen mit bestimmten Eigenschaften gebildet werden:

- Art: Glas, Aramid, Kohlenstoff
- Volumenanteil: < 25%, 25-50%, > 50%
- Länge: < 1mm, 1-10mm, > 10mm
- Anordnung der Fasern: regellos, orientiert

Die Werkstoff- und Verarbeitungseigenschaften können dann nach dieser Einteilung charakterisiert werden. So gilt z.B. für glasmattenverstärkte Thermoplaste (GMT) die Kombination: Faserart: Glas, Faseranteil: 25-50%, Faserlänge: >50mm, Anordnung: regellos. Die relative Lage der Varianten innerhalb der vier Kriterien gibt eine erste Orientierung über das mechanische Leistungsniveau. Beispielsweise ergeben die rechts stehenden Varianten (Kohlenstoff, >50%, >10mm, orientiert) die mechanisch hochwertigsten Verbundwerkstoffe.

3.2.6.1 Polymermatrix[6]

Neben der Gewichtsoptimierung ist die Wirtschaftlichkeit das maßgebende Kriterium für den Einsatz von Faserverbundwerkstoffen. Um eine wesentliche Reduzierung der Fertigungskosten zu erreichen, ist es notwendig, die für Hochleistungsverbunde übliche Prepregtechnologie durch kostengünstigere Verfahren zu ersetzen. Eine wesentliche Entwicklungstendenz stellt hierbei die Herstellung von Bauteilen mit der sogenannten Naßtechnologie (Harzinfusionsverfahren) dar, bei der trockenes Fasermaterial im Werkzeug mit Harz getränkt wird (Herrmann et al. 1998). Da die herkömmlichen, sehr weit entwickelten Prepregharze nicht oder nur sehr bedingt für Naßtechnologien eingesetzt werden können, sind derzeit intensive Forschungsaktivitäten auf dem Gebiet der duroplastisch aushärtenden Infusionsharze zu verzeichnen. Schwerpunkte dieser Arbeiten, wobei im wesentlichen Epoxydharze betrachtet werden, stellen sich wie folgt dar:

- Reduzierung der Viskosität
- Erhöhung der Zähigkeit (ermöglicht Bauteile höherer Schadenstoleranz)
- Erfüllen der Brandschutzanforderungen (wesentlich für Schienenfahrzeuge und häufig auch Luftfahrt)
- Reduzierung der Aushärtungstemperaturen (Kalthärtung).

Forschungsbedarf im Bereich der Zähmodifizierung ist gegeben, da die für Prepregharze übliche Ausrüstung mit Thermoplasten oder Elastomeren mit dem Ziel der Erhöhung der Zähigkeit (Heißler 1986) ebenfalls zu einer Erhöhung der Viskosität führt und daher nur sehr bedingt für Infusionsharze möglich ist. Sehr große Aktivitäten gibt es im Bereich der halogenfreien Brandschutzmaßnahmen, wobei für Infusionsharze der Einsatz von löslichen phosphororganischen Verbindungen (und deren Synergismus zu Stickstoff) untersucht wird (Hörold 1998). Für die Kalthärtung von Epoxydharzen werden schon seit einigen Jahren, z.B. bei der Bakelite AG, Metallorganokatalysatoren sehr intensiv betrachtet (DASA 1999).

Parallel zu diesen Modifizierungen wird eine Reihe weiterer Harze auf Nicht-EP-Basis betrachtet. Als ein sehr interessanter Ansatz der Bayer AG sind hier Polyisocyanurate anzusehen, da diese Werkstoffe sehr niedrige Viskositäten, sehr hohe Glasübergangstemperaturen und eine intrinsische Flammhemmung aufweisen (Jakob 1997). Die mechanischen Eigenschaften können mit denen exzellenter EP-Harze konkurrieren. Eine Verbesserung der leichten Defizite im Bereich der Zähigkeit wird derzeit betrachtet.

Desweiteren werden sogenannte Hybridharze, bei denen während der Aushärtung Polymerisations- und Polyadditionsreaktionen verknüpft sind, untersucht. Im wesentlichen werden hier Typen auf Polyesterbasis (ungesättigtes Polyesterpolyol reagiert im ersten Schritt mit Polyisocyanat, im zweiten Schritt erfolgt die radikalische Vernetzung mit Styrol; Nordberg 1998) und Vinylesterbasis (Ersatz des Polyesterpolyols durch Vinylester) betrachtet. Hybridharze auf Polyesterbasis zeichnen sich im Vergleich zu klassischen Polyesterharzen durch geringere Viskosität, raschere Härtung und gute mechanische Eigenschaften, insbesondere Zähigkeit, aus. Vinylesterurethan-Hybridharze ergänzen diese Eigenschaften durch eine

[6] Kleffmann 1998

sehr hohe Glastemperatur (Tg) und gute Chemikalienbeständigkeit (Verleg 1997). Da die offene Verarbeitungszeit (Zeitraum zwischen Ansetzen der Mischung und Gelieren) für die Hybridharze relativ kurz ist, muß die Fertigung großflächiger Strukturen, wie im Luftfahrtbereich angedacht, als schwierig beurteilt werden.

Injektionstaugliche Phenolharze werden derzeit aufgrund ihrer hohen Brandsicherheit besonders im Bereich Schienenfahrzeuge betrachtet (Müller 1998). Problematisch gestaltet sich für diese Harzgruppe die zugrundeliegende Polykondensationsreaktion, bei der Wasser während der Aushärtung frei wird und im Laminat in Form von Poren anzutreffen ist. Die hohe Sprödigkeit dieser Werkstoffgruppe stellt ein weiteres Problem dar (Böttcher 1995). Als nicht ganz unkritisch ist das Vorhandensein von freien Formaldehyden in der Formulierung anzusehen.

Eine weitere, sehr innovative Entwicklungstendenz ist im Bereich eigenverstärkender (flüssigkristalliner) EP-Harze zu finden. Für solche Systeme wird eine intrinsische Brandhemmung, möglicherweise gepaart mit hoher Zähigkeit, erwartet (Carfagna u. Giamberini 1995). Solche Entwicklungen befinden sich derzeit noch im sehr frühen Anfangsstadium.

3.2.6.2
Fasern

Zur Verstärkung von faserverstärkten Kunststoffen kommen hauptsächlich Glasfasern und Kohlenstoffasern, für Sonderanwendungen Aramidfasern zum Einsatz. Einen Überblick über die mechanischen Eigenschaften von Fasern geben Tabelle 3.2.6.1. und Abb. 3.2.6.1.

Tabelle 3.2.6.1. Mechanische Eigenschaften gängiger Verstärkungsfasern (Ehlers 1997)

Kennwerte	Fasertypen						
	Glas		Kohlenstoff			Aramid	
	E-Glas	R/S-Glas	HT	IM	HM	LM	HM
Dichte [g/cm2]	2,6	2,53	1,75-1,8	1,73-1,8	1,8-1,9	1,4-1,44	1,45
Zugfestigkeit [MPa]	3,4-3,5	4,4-4,7	2,7-4,1	3,4-5,9	2-3,2	2,8-3,4	2,8
E-Modul [GPa]	72-73	86-87	228-238	280-400	350-490	58-80	120-186
Bruchdehung [%]	3,3-4,8	4,2-4,5	1,2-1,4	1,1-1,9	0,4-0,8	3,3-4,4	1,9-2,4

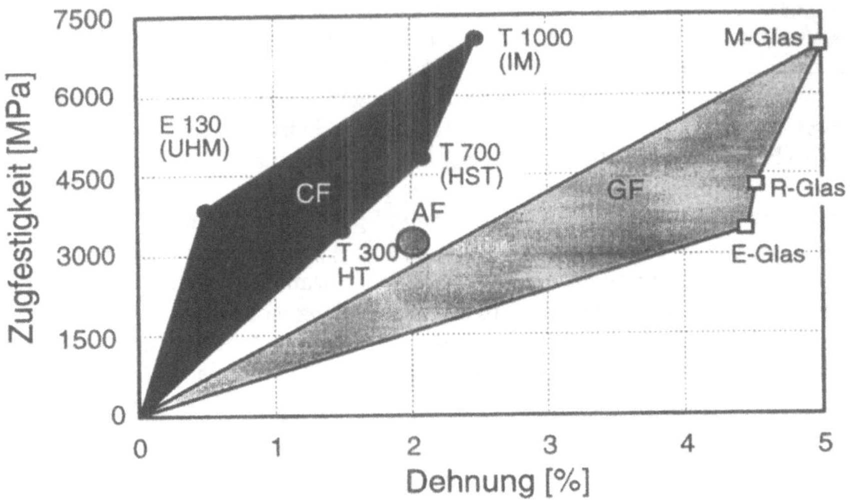

Abb. 3.2.6.1. Idealisierte Spannung-Dehnung-Diagramme von Kohlenstoff- (CF), Aramid- (AF) und Glasfasern (GF) im Vergleich (Ostgathe 1997)

Glasfasern: Die Faserherstellung erfolgt im Schmelzspinnverfahren aus Siliziumdioxyd und Zuschlagstoffen. Die Glasfasern besitzen ein amorphes Gefüge. Durch Art und Menge der Zuschlagstoffe können die Fasern an bestimmte Anwendungsbereiche angepaßt werden. Die häufigste Anwendung zur Verstärkung von Kunststoffen finden E-Glasfasern (Preis 3-4 DM/kg). R- und M-Glasfasern weisen höhere mechanische Eigenschaften auf, sind jedoch teurer. Zum Schutz der Glasfasern bei der textilen Verarbeitung und zur Beeinflussung der Faser-Matrix-Haftung werden Schlichten eingesetzt.

Kohlenstoffasern: Kohlenstoffasern sind aufgrund des hohen E-Moduls und der niedrigen Dichte besonders für den Leichtbau geeignet. Kohlenstoffasern werden aus einem speziellen Precursor aus Polyacrylnitril (PAN), Pech oder Acryl durch Pyrolyse und anschließende Graphitierung hergestellt. Es bilden sich ausgerichtete Graphitschichten aus, welche die hohe Steifigkeit und Festigkeit der Faser ergeben. In Abhängigkeit von dem Ausgangsmaterial und den nachfolgenden Behandlungsschritten kann die Fasereigenschaft beeinflußt werden. Folgende Gruppen von Fasern werden unterschieden: HT-Fasern (hohe Festigkeit), HM-Fasern (hohe Steifigkeit) und IM-Fasern (mittlere Steifigkeit, hohe Festigkeit). Eine Weiterentwicklung sind die Faserarten HST (high strength: erhöhte Festigkeit) und HMS (high modulus and strength: hohe Steifigkeit und Festigkeit).

Kohlenstoffasern werden zum Schutz bei der Verarbeitung und zur Anbindung an die Matrix mit Schlichten ausgestattet. Die Kosten für den Precursor betragen ca. 60% des C-Faserpreises. Die Preise für die Fasern (3K-12K) bewegen sich zwischen 50 und 150 DM/kg. Der Einsatz der C-Fasern für den Luftfahrtbereich wird dominiert durch Rovings zwischen 3000 (3K) und 12000 (12K) Einzelfilamenten, die sich z.B. für die Herstellung von Geweben und UD-Tape-Prepregs besonders eignen.

Es ist davon auszugehen, daß die Preise der hochwertigen Fasern für die Luftfahrtanwendung (3K - 12K) längerfristig weiterhin stabil bleiben werden. Allerdings sind kostengünstigere Kohlenstoffasern zu erwarten, die speziell für die Bereiche Automobil und Sport hergestellt werden sollen (Zoltek Corporation). Die Preisreduzierung ist möglich durch den Einsatz von kostengünstigen, auf konventionellen Textilanlagen hergestellten Precursorn und von sogenannten large strand products mit wesentlich mehr Einzelfasern (48K bis 320K). Es wird angegeben, daß dadurch der Preis auf 20 DM/kg im Jahr 2000 gedrückt werden kann.

Aramid-Fasern (AF): Aramid-Fasern werden aus einer Polymerlösung im Spinnverfahren hergestellt. Sie bestehen aus Einzelfibrillen mit einem hohen Orientierungsgrad. Im Gegensatz zu Glas- und Kohlenstoffasern weisen sie eine begrenzte Temperaturbeständigkeit, hygroskopisches Verhalten und Alterung unter UV-Strahlung auf und sind daher für reine Strukturanwendungen weniger geeignet.

3.2.6.3. Grenzfläche

Die Eigenschaften der Faser-Matrix-Grenzfläche beeinflussen wesentlich die Eigenschaften von Verbundwerkstoffen. Schwerpunkte öffentlich geförderter bzw. universitärer Forschung sind Verfahren zur Charakterisierung der Faser-Matrix-Grenzfläche und deren Auswirkung auf das makromechanische Verhalten (Institut für Polymerforschung Dresden 1998, Hoecker 1996, Karger-Kocsis u. Varga 1998).

Auf dem Gebiet der mikromechanischen Charakterisierung der Grenzfläche konnten deutliche Fortschritte erzielt werden. Ein wichtiges Beispiel ist der Einsatz der Raman-Spektroskopie (Andrews et al. 1994, Bannister et al. 1995) zur Ermittlung der Dehnungsverteilung entlang der belasteten (kristallinen) Einzelfaser. Fortschritte sind ebenfalls auf dem Gebiet der chemischen bzw. physikalischen Charakterisierung erzielt worden. Beispielsweise kann die Bindungsstruktur im Grenzflächenbereich durch den Einsatz der Photoelektronen-Spektroskopie (Bogoeva-Gaceva et al. 1997) ermittelt werden.

Firmeninterne Forschungen und Entwicklungen befassen sich mit gezielten faser- und polymerspezifischen Optimierungen der Faser-Matrix-Grenzfläche. Aus Gründen der Vertraulichkeit erfolgen diese Aktivitäten zumeist unter Ausschluß externer Partner.

3.2.6.4 Herstellung von Bauteilen aus Faserverbundwerkstoffen (FVW)

Die Bauteilentwicklung unter Verwendung von faserverstärkten Kunststoffen stellt aufgrund der Vielseitigkeit des Werkstoffs hinsichtlich Faserausrichtung, Faserart, Füllstoffen, Faservolumengehalt, Schichtaufbau und Wahl des Matrixsystems sowie der damit möglichen Verarbeitungsverfahren einen komplexen Ent-

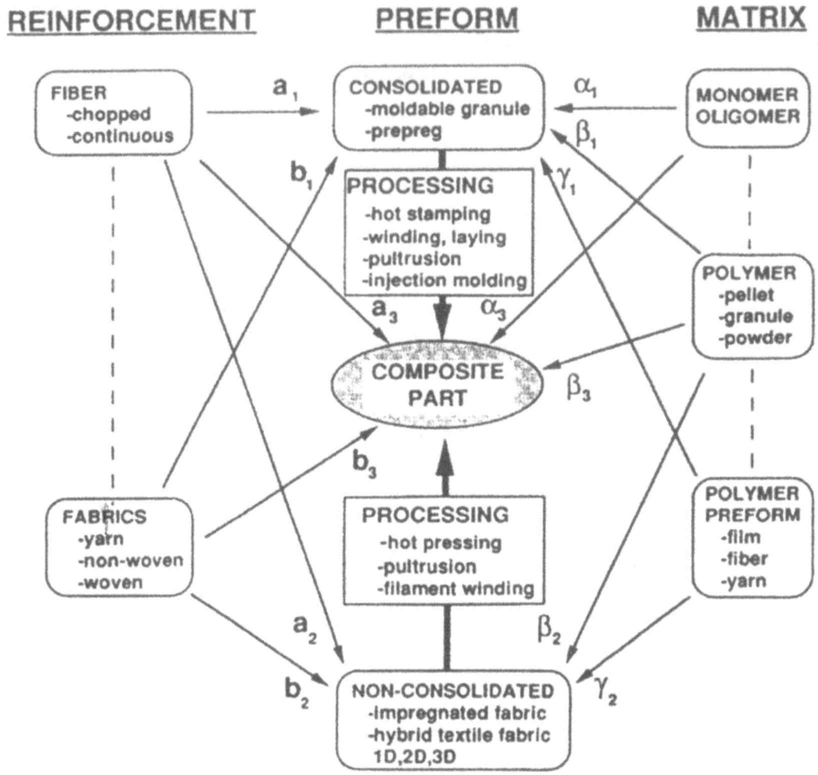

Abb. 3.2.6.2. Verarbeitungsstrategien für Faser-Kunststoff-Verbunde (Karger-Koscis 1996)

wicklungsprozeß dar. Hierbei sind die relevanten Faktoren Material/Bauteil/Verfahren unter Berücksichtigung der Bauteilanforderungen zu beachten.

Während bei Bauteilen aus metallischen Werkstoffen die Herstellung des Werkstoffs und des Bauteils zumeist in getrennten Prozeßstufen stattfindet, erfolgt bei FVW die Bildung des eigentlichen Werkstoffverbundes erst bei der Herstellung des Formteils. Für die Darstellung dieser Werkstoffklasse ist daher die gesamte Prozeßkette von der Herstellung des Halbzeugs bis zur Fertigung des Bauteils zu betrachten. Dies gilt um so mehr, als die einzelnen Verfahren bzw. Verfahrensschritte zu Bauteilen mit einem deutlich unterschiedlichen Preis-Leistungsverhältnis führen. Insbesondere für das Automobil sind jedoch nur Werkstoffe mit einem günstigen Preis-Leistungsverhältnis interessant.

Die Verfahren zur Verarbeitung von faserverstärkten Kunststoffen lassen sich unterscheiden in Pressen, Umformen, Harzinjektionsverfahren, Pultrusion und Wickeln. Die Verarbeitungsstrategien zur Herstellung von Bauteilen aus faserverstärkten Kunststoffen sind schematisch in Abb. 3.2.6.2 dargestellt. Von den Einsatzstoffen (Faser, Matrix, Hilfsstoffe) kann direkt oder über unterschiedliche Zwischenschritte das Bauteil hergestellt werden. Bis auf das Harzinjektionsverfah-

Tabelle 3.2.6.2. Vergleich von unterschiedlichen Fertigungsstückzahlen und Kosten pro Strukturgewicht für drei Verkehrssysteme

Verkehrssystem	jährliche Fertigungsstückzahl	Kosten/Strukturgewicht [DM/kg]
Automobil (Rohkarosse)	ca. 50.000 - 500.000	ca. 5
Bahn (Waggonbau)	ca. 50 - 400	ca. 20
Flugzeug (Airbus)	ca. 250	ca. 400

ren können die Verfahren prinzipiell sowohl für die Verarbeitung von duroplastischen als auch thermoplastischen Matrixsystemen eingesetzt werden. Allerdings macht die hohe Schmelzviskosität der Thermoplastsysteme eine Vorimprägnierung des Halbzeugs erforderlich, was mit einer Verlängerung der Prozeßkette verbunden ist.

Einen generellen verfahrenstechnischen Entwicklungstrend stellt die Verkürzung der Prozeßkette dar, wodurch eine Kostenreduzierung erzielt wird. Bei der Verarbeitung duroplastischer Systeme ist dies die Harzinfusionstechnik von textilen Faserhalbzeugen sowohl für Flugzeug- wie auch für hochbelastete Automobilteile. Neue Entwicklungstendenzen auf dem Gebiet der Verarbeitung von Thermoplastsystemen betreffen die Herstellung von wirrfaserverstärkten Teilen auf der Basis von Polypropylen mittels der LFT-Technik.

Wie angesprochen, kann die zukünftige Verfügbarkeit von kostengünstigen C-Fasern den Einsatz von Hochleistungsverbundwerkstoffen im Automobil wesentlich begünstigen. Für eine realistische Einschätzung der möglichen Verarbeitungsverfahren und des Potentials der Verbundwerkstoffe in verschiedenen Verkehrsträgern sind einige Daten zur Orientierung hilfreich (siehe Tabelle 3.2.6.2).

Aufgrund der unterschiedlichen Fertigungsstückzahlen und der Kosten pro Strukturgewicht werden daher für die einzelnen Verkehrsträger zumeist unterschiedliche Werkstoffe und Verfahren zum Einsatz kommen.

Verschiedene Fertigungsverfahren für FVW-Bauteile

Duroplastsysteme: Eine wesentliche Entwicklungstendenz auf dem Gebiet der Verarbeitung von Duroplastsystemen stellt die Harzinfusionstechnik von textilen Faserhalbzeugen dar. Anwendungsschwerpunkt sind hochbelastete Bauteile aus dem Luftfahrtbereich. Das Verfahren ist jedoch auch für die mögliche Fertigung komplexer Strukturbauteile der Bahn und des Automobils geeignet.

Harzinfusionsverfahren (Räckers 1998): Harzinfusionsverfahren werden seit längerem eingesetzt. Voraussetzung für den Einsatz dieser Technik, insbesondere für Luftfahrtanwendungen, war allerdings die Neuentwicklung geeigneter EP-Harzsysteme, die bei einer geringen Verarbeitungsviskosität eine ausreichende Zähigkeit im ausgehärteten Zustand aufweisen. Die niedrige Verarbeitungsviskosität ist notwendig, um eine schnelle und vollständige Benetzung der Fasern auch bei großflächigen Bauteilen sicherzustellen. Die hohe Matrixzähigkeit ist notwendig, um die Anforderungen hinsichtlich der „damage tolerance“ des Verbundwerkstoffs zu erfüllen.

Für die Harzinfusion kommen z.B. im Luftfahrtbereich im wesentlichen zwei Verfahren in Betracht, das RTM-Verfahren (Resin Transfer Moulding) und als Neuentwicklung das RI-Verfahren (Resin Infusion) (siehe Tabelle 3.2.6.3).

Eine vollständige Harzinfusion des Preformlings setzt derzeit noch entsprechende Erfahrungen und Versuche voraus. Eine wichtige Aufgabe stellt daher die Simulation des Formfüllvorgangs durch 3D-Strömungsberechnungen dar.

Textile Faserhalbzeuge (Preforms) (Räckers 1997, 1998, Drechsler et al. 1997): Der Einsatz und die Optimierung traditioneller textiltechnischer Verfahren sowie die Entwicklung und der Einsatz völlig neuer Textiltechniken ermöglichen die Herstellung von Faservorformlingen (Preforms) zur Verstärkung von Faserverbundwerkstoffen. Die an die mechanischen Anforderungen und die Kontur des FVW-Bauteils genau angepaßten komplexen Verstärkungsmaterialien gestatten, in Verbindung mit dem Harzinfusionsverfahren, die Herstellungskosten deutlich zu senken. Die Preformherstellung trägt aus folgenden Gründen zur Kostenreduzierung bei. Erstens wird von billigerem Halbzeug ausgegangen (kein Tränkungsprozeß bei der Halbzeugherstellung wie beim Prepreg), und zweitens wird das kostenintensive Schneiden und Legen von zweidimensionalen (flächigen) textilen Verstärkungslagen zur Erzeugung von Bauteilformen vermieden und somit die Abfallmenge reduziert. Neben der Kosteneinsparung bestehen folgende werkstoffstrukturorientierte Entwicklungsziele:

- Gezielte Anordnung der Fasern:
  In den Verstärkungstextilien werden die Fäden in verschiedenen Orientierungen positioniert. Die gezielte einstellbare Anordnung der Fäden beeinflußt neben der Wahl des Fasermaterials und der Matrix wesentlich die mechanischen Eigenschaften des FVW.
- Verstärkung in der 3-ten Dimension:
  Neue, in Entwicklung befindliche Verfahren gestatten eine Verstärkung in der

Tabelle 3.2.6.3. Verfahrensvergleich der Harzinfusionsverfahren RTM und RI im Hinblick auf Anwendungen im Luftfahrtbereich (Räckers 1998)

	Verfahrensbeschreibung	Anwendungsbereiche
RTM	• Harz fließt seitlich in die Form ein, daher für kurze Fließwege • hohe Positioniergenauigkeit	• kleinere komplexe Bauteile, auch mit großer Dicke, Integration (Krafteinleitung) • (2 Teile beim Airbus in Serie)
RI	• Harz fließt in Dickenrichtung senkrecht durch das Faserhalbzeug • geringere Positioniergenauigkeit	• flächige Teile (z.B. Schalen, mit bzw. ohne Stringerversteifung)

3-ten Dimension (z-Richtung). Es entstehen komplexe textile Vorformlinge mit Fadenorientierungen in alle drei Raumrichtungen. Damit sinkt die Gefahr der Delamination im FVW-Bauteil. Hierdurch ergeben sich völlig neue Anwendungsmöglichkeiten.

Einen Überblick über den Stand der Herstellungstechniken textiler Faserhalbzeuge gibt Tabelle 3.2.6.4.

Neben den aufgeführten Herstellungsverfahren für Verstärkungstextilien sind auch Fügeverfahren zur Herstellung von komplexen Faservorformlingen in Entwicklung. Diese verbessern die mechanischen Eigenschaften des Verbundes in der Fügezone und senken die Gesamtherstellungskosten der Bauteile. Mit diesen neuartigen Verstärkungstextilien ist es möglich, die Fasereigenschaften wesentlich besser auszunutzen und optimierte FVW-Bauteile z.B. mit geringem Gewicht, sehr guten mechanischen oder thermischen Eigenschaften oder gutem Energieabsorptionsvermögen herzustellen.

Die wesentliche Voraussetzung für einen maßgeschneiderten FVW ist allerdings die genaue Kenntnis des Anforderungsprofils schon in der Konzeptionsphase. Nur dann können aus der Vielfalt an Faserstoffen und -typen mit der optimalen Technologie geeignete Verstärkungstextilien hergestellt werden. Bei vollständiger Erfüllung aller Anforderungen können die geforderten Gebrauchseigenschaften des FVW-Bauteils ohne Überdimensionierung sicher erreicht werden.

Die Textiltechnik birgt auch für die Zukunft noch ein großes Potential für die weitere Rationalisierung der Herstellung von FVW-Bauteilen durch integrierte Faservorformlinge. Deshalb kommt Arbeiten von Expertenteams, die aus den Bereichen der Textil-, Kunststofftechnik und Anwendung zusammengesetzt sind, zur Fortführung der Forschung und Entwicklung auf diesem zukunftsweisenden Gebiet eine große Bedeutung zu (Drechsler et al. 1997).

Thermoplastsysteme: Die faserverstärkten Kunststoffe auf Thermoplastbasis sind bei Erwärmung über die Schmelztemperatur urformbar und können durch Wiedererwärmung auch mehrmalig umgeformt sowie verschweißt werden. Nach der Abkühlung ist der formgebende Prozeß abgeschlossen, und das Bauteil kann der Weiterbearbeitung zugeführt werden. Bei thermoplastischen Matrixsystemen ist

Tabelle 3.2.6.4. Herstellungstechniken textiler Faserhalbzeuge für FVW (Räckers 1998)

		technischer Stand
Gelege	Unidirektionale Gelege	Serie
	Verwirkte multiaxiale Gelege	Serie
Gewebe	Biaxiale Gewebe	Serie
	sphärisch gekrümmte Gewebe	techn. verfügbar
	3D-Gewebe	Entwicklung
Maschenware		traditionelles Textilverfahren[a]
Geflechte	2-D	Serie
	3-D	technisch verfügbar

[a] Begrenzter Einsatzbereich von Maschenware wg. geringer mechanischer Eigenschaften.

die Zykluszeit im wesentlichen durch den physikalischen Prozeß der Abkühlung bestimmt, während bei duroplastischen Systemen die teilweise hohe Aushärtezeit zykluszeitbestimmend ist.

Allerdings ist bei der Verarbeitung von Thermoplasten die hohe Viskosität nachteilig, die die Imprägnierung der Fasern erschwert. Um eine homogene Imprägnierung bei kurzer Werkzeugbelegungszeit zu erreichen, ist die Imprägnierung des Verstärkungsmaterials mit der thermoplastischen Matrix von dem formgebenden Prozeß bei der Bauteilherstellung zu trennen. Dies geschieht durch die Verwendung einer vorimprägnierten Halbzeugstufe.

Neben den materialspezifischen Vorteilen der thermoplastischen Kunststoffe (Zähigkeit) können die verarbeitungstechnischen Eigenschaften einige Vorteile für die Herstellung von Bauteilen in Großserienstückzahl bieten. Als Nachteile der Werkstoffklasse werden die Halbzeugkosten und - bei endlosfaserverstärkten Thermoplasten - die begrenzte Umformbarkeit angesehen. Daher konnten sich FVW mit Thermoplastmatrix zumeist nicht in der erwarteten Weise durchsetzen. Eine Ausnahme stellen glasmattenverstärkte Thermoplaste (GMT) dar, die im Automobil eine breite Anwendung gefunden haben. Allerdings bestehen auch hier Bestrebungen, durch eine Verkürzung der Prozeßkette die Halbzeugherstellung zu umgehen, um hierdurch eine Kostenreduzierung zu erreichen (siehe LFT-Technik).

Fertigungsverfahren für wirrfaserverstärkte Thermoplaste: Im Fahrzeugbau (PKW, LKW) werden Bauteile aus glasmattenverstärkten Thermoplasten (GMT) seit ca. 1980 in zunehmendem Maße eingesetzt (Kupper 1985). Beim GMT-Verfahren wird zuerst ein Halbzeug hergestellt. Hierbei wird in einem kontinuierlichen Prozeß eine Glasfasermatte mit schmelzflüssigem Thermoplast infiltriert. Die Bauteilherstellung erfolgt durch Umformen des über die Schmelztemperatur erwärmten Zuschnitts. GMT besitzt im Werkzeug eine hohe Fließfähigkeit. Daher können auch komplizierte Teile hergestellt werden. Bauteilanwendungen sind Unterbodenverkleidungen, Frontends, Sitzstrukturen usw. Als Matrix wird Polypropylen (PP) eingesetzt. Kostengünstiges Halbzeug, kurze Zykluszeiten und hohe Integrationsfähigkeit ergeben kostengünstige Bauteile.

GMT-Teile zeigen gegenüber ähnlich aufgebauten Werkstoffen auf Duroplastbasis (SMC) eine höhere Schadenstoleranz; allerdings können GMT-Teile aufgrund der nicht vollkommen glatten Oberfläche nicht für (lackierte) Kfz-Sichtteile im Außenbereich eingesetzt werden.

Ein neuerdings entwickeltes und im Serieneinsatz befindliches alternatives Verfahren zur Fertigung von Bauteilen aus wirrfaserverstärkten Thermoplasten stellt das LFT-Verfahren (LFT: langfaserverstärkte Thermoplaste) dar (Liebold 1997, Oelgarth 1998). Das Verfahren beruht auf der schonenden Extrusion einer Polypropylen-Glasfaserschmelze direkt in das Werkzeug und einem anschließenden Verpressen durch Schließen des Werkzeugs. Durch die Verkürzung der Prozeßkette sind die mit dem LFT-Verfahren hergestellten Bauteile kostengünstiger als die mittels der GMT-Technik hergestellten Bauteile. Weitere Einzelheiten zur LFT-Technik sind in dem Fallbeispiel „Glasmatten- und langfaserverstärkte Thermoplaste für den Automobilbereich“ dargestellt.

Fertigungsverfahren für kontinuierlich faserverstärkte Thermoplaste (Ostgathe 1997, Ehlers 1997): Bei den kontinuierlichen Verfahren dient die Doppelbandpresse der Herstellung von flächigen, vollimprägnierten Halbzeugen. Mittels Pultrusion werden unidirektional verstärkte Profile hergestellt. Das Verfahren befindet sich allerdings noch im Entwicklungsstadium.

Bei den diskontinuierlichen Verfahren zeichnen sich aufgrund der günstigen Werte von Zykluszeit und Investitionsbedarf für die Herstellung von rotationssymmetrischen Bauteilen das Flammwickeln und für die Umformung der flächigen Halbzeuge (sog. Organobleche) die Stempelumformung als Verfahren der Wahl ab. Bei der Stempelumformung von Organoblechen wird das Halbzeug über die Schmelztemperatur des Kunststoffs erwärmt und kühlt nach der Umformung im Werkzeug ab.

3.2.6.5 Faserverbundwerkstoffe für Transportsysteme

Faserverbundwerkstoffe für Zivilflugzeuge (Beispiel Airbus), Stand und Entwicklung: Faserverbundwerkstoffe werden seit mehr als 10-15 Jahren im zivilen Flugzeugbau eingesetzt. Mit der Entwicklung und Zulassung des Airbus A 320 in den späten 80er Jahren erreichte diese Entwicklung einen vorläufigen Höhepunkt. Die Leitwerke sowie nahezu alle Klappen wurden auf FVW umgestellt. Der Anteil am Strukturgewicht lag damit bei ca. 17%. Die weitere Zunahme von FVW wurde durch die hohen Herstellungskosten und den im Vergleich zu den frühen 80-Jahren niedrigen Kraftstoffpreis gestoppt. Daher erhält die Entwicklung neuer wirtschaftlicher Bauweisen und Fertigungsverfahren absolute Priorität (Räckers 1997).

Heutiger Stand des Einsatzes von FVW (Räckers 1997): Bei der Entwicklung des CFK-Seitenleitwerks (Airbus A310-300) wurde die Prepreg/Autoklav-Technik eingesetzt und eine Integralbauweise realisiert. Durch einen hohen Integrationsgrad konnte die Zahl der Einzelteile gegenüber einer Al-Ausführung reduziert werden. Als Nachteil der Integralbauweise haben sich die hohen Kosten für aufwendige Vorrichtungen und die Änderungsfeindlichkeit herausgestellt. Deshalb wurde bei nachfolgenden Bauteilentwicklungen (z.B. Landeklappen) zu einer differentiellen Bauweise übergegangen (separat gefertigte T-Stringer). Dies war mit einer Kostensenkung um 25% und – wichtiger – mit einer Einsparung des Änderungsaufwands um 80% verbunden.

Neue Werkstoffe und Verfahren (Räckers 1997): Wie oben angesprochen, hat die Entwicklung neuer wirtschaftlicher Bauweisen und Fertigungsverfahren für FVW höchste Priorität. Dies ist im wesentlichen mit einer Abkehr von der Prepreg/Autoklavtechnik und einer Hinwendung zur Harzinfusion von Preforms verbunden.

Durch den Einsatz von textilen Halbzeugen können bauteilnahe „Preforms" erzeugt werden. Die Preform wird komplett vor dem Einlegen in die Vorrichtung hergestellt. Durch Tränken mit Harz und Aushärten entsteht das fertige Bauteil. Mit Hilfe textiler Verfahren können nahezu alle Bauelemente einer Flugzeugstruktur erzeugt werden.

Wichtige Vorteile gegenüber der Prepregtechnik sind die Vermeidung der Zwischenstufe der Harzimprägnierung des Halbzeugs (Kostenreduzierung), die kostengünstige Herstellung von komplexen Preforms unter Verwendung textiler Techniken, die bessere Maßhaltigkeit und die grundsätzliche Verbesserung der Qualitätskontrolle der gefertigten Bauteile.

Kostenvergleich unterschiedlich gefertigter Strukturteile: Die Kostenvorteile der Harzinfusionstechnik gegenüber der Prepregtechnik zeigt Tabelle 3.2.6.5. Bei dem Prepregverfahren und den Harzinfusionsverfahren beträgt der prozentuale Anteil der Halbzeugkosten ungefähr 30%, demgegenüber liegt der Halbzeuganteil beim Organoblech derzeit bei ca. 80%.

Tabelle 3.2.6.5. Kostenvergleich unterschiedlich gefertigter Strukturteile (Räckers 1998)

	Strukturteil gesamt ca.		Anteil Halbzeug ca.		Anteil Fertigung ca.
	[DM/kg]	[%]	[DM/kg]	[%]	[%]
Prepreg	450	100	150	30	70
RTM	360	80	100-120[a]	30	70
RI	300	70	100-120[a]	30	70

[a] Preform +Harz

FVW im Automobil - Stand und Entwicklungstendenzen

Stand des Einsatzes von FVW im Automobil: Für den Einsatz von FVW im Automobil sind funktionelle Vorteile, Preiswürdigkeit und die Verfügbarkeit von großserienmäßigen Fertigunsverfahren ausschlaggebend. Wichtige funktionelle Vorteile von Bauteilen aus FVW sind Gewichtsreduzierung, Integrationsfähigkeit, Korrosionsbeständigkeit, Wärmeformbeständigkeit, ausreichende Steifigkeit und Zähigkeit sowie bei Sichtteilen ggf. eine hohe Oberflächengüte. Die kostengünstigen Bauteile ergeben sich aufgrund kostengünstiger Ausgangsstoffe (dominierend Glasfaserverstärkung), kostengünstiger, großserienfähiger Fertigungsverfahren und der hohen Integrationsfähigkeit der Bauteile.

Bedingt durch kostengünstige Halbzeuge bzw. Ausgangsstoffe und kostengünstige Fertigungsverfahren (Preßverfahren), liegt in den derzeitig eingesetzten Bauteilen zumeist eine mehr oder weniger stark ausgeprägte Wirrfaserorientierung vor, die daher nur mit einem begrenzten mechanischen Leistungsniveau verbunden ist. Die wichtigsten derzeit eingesetzten Herstellungsverfahren für Fahrzeugteile aus FVW zeigt Tabelle 3.2.6.6.

Tabelle 3.2.6.6. Wichtige Herstellungsverfahren für Fahrzeugteile aus FVW

	Verfahren	Matrix	Faser (Glasfasern), Füllstoffe	Marktanteil
GMT	Glasmattenverstärkte Thermoplaste	PP	z.B. Glasmatte	mittel
SMC	Sheet Moulding Compound Pressen von Halbzeug/Prepreg (SMC) in erwärmtem Werkzeug	UP, VE	Schnittglas (wirr), Kreide	hoch
BMC	Bulk Moulding Compound ähnlich Spritzgießen	UP, VE	Glasfasern, Kreide	mittel
SRIM	Structural Reaction Injection Moulding Vorformling kommt in Werkzeug, danach Injektion von PU in erwärmtes Werkzeug	PU	Glasmatte oder Vorformling	niedrig
RTM	Resin Transfer Moulding Vorformling kommt in Werkzeug, danach Injektion von Harz in erwärmtes Werkzeug	EP, VE	Glasmatte oder Vorformling	niedrig

Entwicklungstendenzen beim Einsatz von FVW im Automobil: Die wesentlichen Entwicklungstendenzen betreffen verfahrenstechnische Aspekte und Fragen des Leichtbaus.

- Einen wichtigen Aspekt unter Kostengesichtspunkten stellt die Verkürzung der Prozeßkette dar. Dies betrifft den Schritt von der GMT- zur LFT-Technologie für die Herstellung von Semi-Strukturbauteilen und den Versuch, über das RTM-Verfahren unter Verwendung von Preforms hochbelastete Strukturbauteile herzustellen.
- Sowohl beim GMT-, LFT-, SMC- wie auch beim RTM-Verfahren stellt die Verbesserung von Simulationsverfahren zur Beschreibung des Formfüllprozesses und der damit z.T. verbundenen Fließ- und Orientierungsprozesse der Fasern eine wichtige Aufgabe zur Festlegung der Fertigungsparameter und der reproduzierbaren Bauteilherstellung dar.
- Die Verbesserung der Prozeßsicherheit bestehender Verfahren (z.B. reproduzierbare Faserorientierung, Oberflächenqualität bei Sichtteilen) stellt eine Daueraufgabe dar, die im wesentlichen firmenintern verfolgt wird.
- Der Einsatz von kostengünstigen C-Fasern wird unter Leichtbaugesichtspunkten insbesondere bei der SMC- und RTM-Technologie verfolgt. Leichtbaukonzepte können durch Verminderung des Energieverbrauchs einen wichtigen Beitrag zur Ressourcenschonung leisten. Neben Leichtbaukonzepten aus Stahl ((Drewes 1996) sowie Al (Space-Frame, Audi A8; Haldenwanger 1997) verfügen FVW über ein hohes Potential zur Gewichtsreduzierung.

Bedingt durch kostengünstige Kohlenstoff-Fasern, die ausschließlich für den Automobil- und Sportbereich gefertigt werden (Zoltek Corporation), eröffnen sich neue Aspekte für den Leichtbau. Folgende Entwicklungsschwerpunkte sind zu erkennen:

- Herstellung von leichten Aussenhautteilen (mit optisch einwandfreier Oberfläche); Ersatz der Glasfasern durch Kohlenstoffasern bei der herkömmlichen SMC-Technologie
- Herstellung von Strukturbauteilen mit hohem Kohlenstoffaseranteil unter Verwendung der SMC-Technologie
- Herstellung von Strukturbauteilen unter Verwendung von textilen Faserhalbzeugen aus Kohlenstoffasern im RTM-Verfahren.

Im SMC-Prozeß werden bislang Glasfasern als kostengünstige Verstärkungsfasern eingesetzt. Durch die Verwendung von geschnittenen und endlosen C-Fasern mit einem Volumenanteil von bis zu 60% kann demgegenüber eine deutliche Steifigkeitserhöhung und Reduzierung des spez. Gewichts erreicht werden. Hiermit ist die Möglichkeit zur Herstellung von großen Stukturbauteilen (z.B. Bodenschale des PKW) unter Leichtbau- und Kostengesichtspunkten gegeben (Halbzeugkosten < 20 DM/kg). Vorteil des großserienmäßig eingesetzten SMC-Prozesses ist die kurze Zykluszeit beim Pressen (ca. 30 sec). Allerdings muß der Fließvorgang beim Pressen reproduzierbar beherrscht werden, um eine definierte Faserorientierung zu erhalten. Dies stellt noch einen Schwerpunkt der Entwicklungsarbeit dar.

Für die Herstellung von Strukturbauteilen unter Verarbeitung von C-Faser-Preforms nach dem RTM-Verfahren sollen z.B. schnell härtende EP-Systeme (140°C-Systeme) eingesetzt werden. Die kostengünstige Herstellung von textilen Halbzeugen stellt noch eine wichtige Entwicklungsaufgabe dar. Ziel ist es vorerst, mit Serien in kleineren Stückzahlen (z.B. Sportwagen, ≤ 50.000/a) Erfahrungen zu gewinnen.

Faserverbundwerkstoffe in Schienenfahrzeugen: Hoher Integrationsgrad, Gewichtsreduktion und Reduktion der Fertigungskosten sind die wesentlichen Argumente für Faserverbundwerkstoffe in Schienenfahrzeugen (Ziegmann 1997). Dies betrifft Bauteile des Innenbereichs, die Frontkabine und z.B. den Wagenkasten. Auf diese Baugruppen, die sich im Serieneinsatz und z.T. im Entwicklungsstadium befinden, wird nachfolgend kurz eingegangen. Da bei Schienenfahrzeugen hohe Brandschutzanforderungen bestehen, wird dieser Aspekt anhand zweier Werkstoffentwicklungen dargestellt.

Bauteile aus Faserverbundwerkstoffen: Im Innenbereich haben sich FVW seit vielen Jahren bewährt. In Wand- und Deckenverkleidungen sind vielfach großflächige SMC-Bauteile eingesetzt, während die Sitzschalen mit Glasendlosmatten im RTM-Prozeß hergestellt werden. Verbundwerkstoffe werden ebenfalls in Toilettenkabinen und Naßzellen zunehmend eingesetzt. Die Frontkabinen aller neueren Hochleistungslokomotiven sind heute in Faserverbundbauweise realisiert (Starlinger u. Bachmann 1995, Cortesi et al. 1991). Die großflächigen Strukturen werden zumeist im RTM-Verfahren, in geringerem Umfang in Prepreg-Technik hergestellt.

Wagenkästen aus FVW befinden sich noch im Entwicklungs- bzw. Prototypstadium. Als Beispiel seien zwei Herstellungstechniken, die Wickeltechnik und das RTM-Verfahren, erwähnt. Die Fa. Schindler, Altenrhein/Schweiz, setzt die Wickeltechnik für die Herstellung eines Intercity-Waggons der SBB ein (Anderegg 1995, 1997). Der Wagenkasten wird als Doppelsandwichkonstruktion mit drei gewickelten Strukturlaminaten hergestellt.

Dagegen setzt die Fa. Duewag AG, Düsseldorf (Goedel 1998), das RTM-Verfahren für die Herstellung von Stadtbahnwagen ein. Es wird ein Fahrzeug realisiert, bei dem die Tragstruktur, Innenverkleidung und Außenfläche ein Bauteil bilden. Der Wagenkasten des Versuchsträgers besteht aus einer GFK-Sandwichstruktur mit Schaumkern. Auf diesem werden außen und innen gezielt orientierte Glasfasergewebe aufgebracht. Das Gewebe wird anschließend im RTM-Verfahren (Vakuumtechnik) mit (flammwidrigem) Epoxidharz getränkt. Die Fahrzeugröhre wird aus mehreren Modulen zusammengesetzt. Jedes Modul hat die Form eines C's, das aus einer kompletten Seitenwand sowie jeweils den Hälften des Daches und des Fußbodens bis zur Wagenmitte gebildet wird. Diese Teile, miteinander verklebt, bilden die Fahrzeugröhre. Als axiale Zuganker dienen jeweils vier rechteckige Hohlprofile aus GFK, die über die gesamte Wagenlänge auf dem Dach und der Wagenunterseite eingeklebt werden.

Die beiden dargestellten Konzepte basieren auf dem Einsatz von Glasfasern. Gewichtsanforderungen und die Preisentwicklung auf dem Fasermarkt werden längerfristig entscheiden, ob Faserverbundkonstruktionen auf der Basis von Kohlenstoffasern in höherem Maße Eingang finden werden.

Brandschutzanforderungen: Die Bauteile von Schienenfahrzeugen müssen besonderen Brandschutzanforderungen genügen (Staufer et al. 1995). Zur Reduzierung der Brennbarkeit kann man die Polymeren in ihrer molekularen Zusammensetzung entsprechend ausrüsten oder flammhemmende Zusätze in Formulierungen der Polymeren zugeben. Auf dem Gebiet der FVW sind besonders Entwicklungen hinsichtlich der Flammwidrigkeit von EP-Harzen und SMC interessant, wobei jeweils eines der obengenannten Verfahren zum Einsatz kommt. Dabei sind insbesondere für den Innenausbau der Waggons Bauteile aus SMC geeignet.

Flammwidrig eingestellte SMC-Formulierungen enthalten neben dem Füllstoff Kreide einen hohen Gehalt an Aluminiumtrihydrat (Staufer et al. 1995, Schmidt 1997). Die entwickelten Formulierungen weisen einen extrem hohen Füllstoffanteil auf (auf 100 Gewichtsanteile Harz bis nahezu 400 Gewichtsanteile Füllstoff). Durch Werkstoffentwicklungen war es möglich, hochgefüllte Rezepturen zu entwickeln, die neben der Flammwidrigkeit ausreichende mechanische Eigenschaften und ein für die Verarbeitung notwendiges, noch ausreichendes Fließverhalten aufweisen. Aluminiumtrihydrat übertrifft die Kreide in der Wirksamkeit durch die Freisetzung von Wasser in einem stark endothermen Schritt oberhalb 180°C bei weitem.

Für die Herstellung von großen Bauteilen aus FVW (z.B. das modular aufgebaute Mittelteil des Stadtbahnwagens der Fa. Duewag AG) ist das RTM-Verfahren besonders geeignet. Aufgrund der hohen mechanischen Anforderungen ist als Matrixmaterial Epoxidharz zu wählen. Allerdings erfüllen die üblichen EP-Harzsysteme nicht die hohen Brandschutzanforderungen. Der Einsatz von pulverförmigen Flammschutzmitteln (z.B. auf der Basis von Ammoniumpolyphosphat (Hörold 1998)) kann aufgrund der Viskositätserhöhung und der Filterwirkung der zu infiltrierenden Fasern beim RTM-Verfahren Schwierigkeiten bereiten. Hier können brandwidrige, niederviskose EP-Systeme Vorteile bringen. Brandwidrige EP-Systeme wurden für eine ganz andere Aufgabe, nämlich die Herstellung von bromfreiem Leiterplattenmaterial für die Elektronikindustrie, von der Fa. Siemens entwickelt. Hierbei handelt es sich um phosphorsäuremodifizierte EP-Systeme. Basierend auf dieser Werkstoffentwicklung konnten entsprechende niederviskose Harzformulierungen für das RTM-Verfahren entwickelt werden, die allerdings noch nicht als Handelsprodukt verfügbar sind. Entsprechende Systeme wurden von der Fa. Duewag AG für die Prototypen eines Stadtbahnwagens eingesetzt (Goedel 1998).

3.2.6.6 Recycling von Faserverbundwerkstoffen

Recycling von FVW betrifft die Verwertung von Produktionsreststoffen, die bei der Fertigung anfallen, und das Recycling von Altprodukten. Ziel des Recyclings ist Ressourcenschonung und Umweltentlastung. Die Recyclingverfahren werden unterschieden in stoffliche, chemische und thermische Verfahren.

Schwerpunkt der Recyclingaktivitäten betreffen aufgrund einer intensiven Diskussion über die Altautoverordnung, die 1997 verabschiedet wurde, das Automobil. Die Recyclingaktivitäten betreffen hierbei sowohl die Frage der Produktionsreststoffe wie der Altteile. Im Vordergrund steht das Recycling der schon eingeführten FVW, nämlich SMC (duroplastische Matrix) und GMT (thermoplastische Matrix).

Das Recycling der übrigen FVW steht noch am Anfang der Entwicklung und kann hinsichtlich der langfristigen Umsetzung vor dem Hintergrund verfahrenstechnischer, werkstofflicher, ökonomischer, ökologischer und gesetzgeberischer Aspekte noch nicht abschließend bewertet werden. Einen wichtigen Schwerpunkt wird sicherlich das Recycling von kohlenstoffaserverstärkten Verbundwerkstoffen (CFK) aufgrund der hohen Preise von Kohlenstoffasern darstellen, wobei dominierend von duroplastischen Matrixsystemen auszugehen ist. Dies betrifft sowohl Recyclingaspeke von CFK-Fertigungsabfällen (wird im Rahmen der Flugzeugfertigung bereits untersucht) als auch das Recycling von Altprodukten (wird dominierend das Automobil betreffen).

Das Recycling von FVW setzt zumeist sortenreine Fraktionen voraus, die vielfach nur durch eine manuelle Demontage und Zerlegung zu erreichen sind. Dies führt gegenüber dem kostengünstigen Massenstromverfahren, das beim Recycling metallischer Werkstoffe eingesetzt wird, zu einer Verteuerung des Recyclingprozesses.

Nachfolgend wird auf den Stand des Recyclings von SMC und GMT und die Entwicklungs- und Forschungsaspekte beim Recycling von CFK eingegangen.

SMC-Recycling (Schaefer 1995, Brinkmann et al. 1994, Schiebisch 1996, Goracy et al. 1997, Ziegmann 1997): SMC (Sheet Moulding Compound) besteht ungefähr zu gleichen Teilen aus Harz, Glasfasern und mineralischem Füllstoff. Für das Recycling wurde von der Fa. ERCOM in Zusammenarbeit mit Rohstoffherstellern und Verarbeitungsfirmen eine Technik des stofflichen Recyclings, das sogenannte Partikelrecycling, entwickelt.

Die Zerkleinerung von Altteilen und Produktionsreststoffen erfolgt in mehreren Stufen, in denen das Material in eine faserige und eine mengenmäßig größere pulverige Fraktion aufgetrennt wird, die anschließend in unterschiedliche Größenbereiche klassiert werden. Als Endprodukt werden mehrere qualitätsgesicherte Recyclatqualitäten angeboten. Diese können wiederum bei der SMC-Halbzeugproduktion eingesetzt werden. Für hochwertige Anwendungen kann heute bereits ein Recyclatanteil von bis zu 30 Gewichtsprozent realisiert werden. Die pulverige Fraktion des Recyklats wird der Harzpaste beigemischt und die faserige Fraktion ggf. im Aufstreuverfahren mit den Verstärkungsfasern zugegeben. Die pulverige Fraktion ersetzt dabei zu einem höheren Prozentsatz die mineralischen Füllstoffe; aufgrund der gegenüber den mineralischen Füllstoffen geringeren Dichte führt dies zu einer gewünschten Dichtereduzierung des SMC-Werkstoffs. Die mechanischen Eigenschaften von SMC werden bis zu einer Recyclatzugabe von ca. 30 Gew.-% nur unwesentlich beeinflußt, da die pulverige Fraktion anstelle der mineralischen Füllstoffe tritt und letztere z.B. auf die Bruchfestigkeit nur geringen Einfluß hat.

GMT-Recycling: Prinzipiell kann GMT im Spritzgießprozeß recycelt werden, wobei allerdings eine starke Reduzierung der Faserlänge und, damit verbunden, eine Reduzierung des mechanischen Kennwertniveaus einhergeht (Starlinger u. Bachmann 1995).

Ziel einer hochwertigen Verwertung ist es, die Faserlänge zu erhalten bzw. nicht stark zu reduzieren und durch Einschleusen des GMT-Recyclats in die GMT-Halbzeugherstellung recyclathaltiges GMT mit hohem Kennwertniveau zu erhalten. Bis zu 25 Gewichtsprozent GMT-Recyclat können ohne wesentliche Reduzierung der mechanischen Eigenschaften eingesetzt werden. Diese Verfahrenstechnik wird serienmäßig eingesetzt (Starke 1996, Dittmar et al. 1995, Zürn et al. 1994).

Ein weiteres, im Forschungsstadium befindliches Verfahren besteht in der Zerkleinerung von GMT-Produktionsresten bzw. -Altprodukten zu grobem Mahlgut mit noch hoher Faserlänge, das nach Erwärmung zu Recyclat-Halbzeug verpreßt wird. Dies kann wie GMT-Halbzeug verarbeitet oder anteilig zugelegt werden. Bei diesem Verfahren können Bauteile mit bis zu 100% Recyclatanteil hergestellt werden (Dittmann et al. 1997).

Recycling von kohlenstoffaserverstärkten Kunststoffen (CFK): Wesentliches Ziel beim Recycling von CFK mit Duroplastmatrix mittels mechanischer, thermischer oder chemischer Verfahren ist die Rückgewinnung der Fasern, die allerdings im Prozeßverlauf verkürzt werden können (Schiebisch 1996; Zogg 1996).

Bei nichtausgehärteten Prepregs kann beispielsweise durch Lösungsmittel die Matrix abgetrennt werden. Durch geeignete Zerkleinerungsverfahren können Kurzfasern hergestellt werden, die als Füll- und Verstärkungsfasern Verwendung finden können (Bledzki et al. 1997; Greiner et al. 1997).

Bei ausgehärteten FVW ist das einfache Herauslösen der Matrix durch Lösemittel nicht gegeben. Für die Rückgewinnung der Fasern stehen verschiedene Verfahren zur Verfügung: chemisch-stoffliches Recycling (Pyrolyse, Solvolyse, Hydrierung) und das Partikelrecycling (Shreddern ausgehärteter Bauteile zur Gewinnung einer faserartigen Fraktion) (Schiebisch 1996; Planitz-Penno et al. 1997; Schulte u. Ahlborn 1997).

Neben der Rückgewinnung von Fasern stellt der Aufbau von Materialkreisläufen die wesentliche Herausforderung dar. Aufgrund der mit dem Recycling verbundenen Faserverkürzung und eines möglichen Abbaus der Faserfestigkeit (Renz u. Stelzer 1998) ist dies in jedem Fall mit einem Abbau der mechanischen Eigenschaften gegenüber dem Ausgangswerkstoff verbunden. Einsatzgebiete können z.B. thermo- und duroplastische Spritzguß- und Pressmassen sein. Die speziellen Eigenschaften der Kohlenstoffasern wie hohe Steifigkeit, niedrige Dichte, hohe elektrische und thermische Leitfähigkeit können ggf. interessante Anwendungsgebiete für faserverstärkte Recyklatware erschließen.

3.2.6.7 Schlußfolgerungen

- Faserverbundwerkstoffe werden aufgrund ihres Leichtbaupotentials im Flugzeugbereich sowie zunehmend auch im Automobil und in Schienenfahrzeugen Anwendung finden. Voraussetzungen sind allerdings Wirtschaftlichkeit und Prozeßsicherheit bei den jeweiligen Fertigungsstückzahlen.
- Zur Verstärkung von faserverstärkten Kunststoffen kommen Glasfasern bzw. im Luftfahrtbereich Kohlenstoffasern zum Einsatz. Durch kostengünstige Kohlenstoffasern, die speziell für Anwendungen außerhalb der Luftfahrt hergestellt werden sollen (20 DM/kg im Jahr 2000), können sich neue Aspekte für den Leichtbau im Automobil und bei Schienenfahrzeugen eröffnen.
- Im Hinblick auf die Harzinfusionstechnik (s.u.) findet eine intensive Forschungsaktivität auf dem Gebiet duroplastisch aushärtender Infusionsharze statt.
- Bei FVW erfolgt die Bildung des eigentlichen Werkstoffverbundes erst bei der Herstellung des Formteils; daher ist die gesamte Prozeßkette bis zur Fertigung des Bauteils zu betrachten. Wesentliche Entwicklungsaktivitäten im Rahmen der Fertigungsverfahren erfolgen vor dem Hintergrund der Kostenreduzierung, die insbesondere durch eine Verkürzung der Prozeßkette erzielt werden kann.
- Wichtige Beispiele für die Verkürzung der Prozeßkette bei der Verarbeitung duroplastischer Systeme ist die Harzinfusionstechnik von textilen Faserhalbzeugen (Flugzeugbau, hochbelastete Teile von Kraft- und Schienenfahrzeugen).

  Eine entsprechende Entwicklung auf dem Gebiet der Verarbeitung von Thermoplastsystemen ist die Direktverarbeitung mittels des LFT-Verfahrens (Automobilteile).
- Während das Recycling von wirrfaserverstärkten Verbundwerkstoffen des Automobils (SMC, GMT) intensiv untersucht wurde, steht das Recycling von Hochleistungsverbundwerkstoffen noch am Anfang der Entwicklung. Neben der Rückgewinnung von Fasern stellt der Aufbau von Materialkreisläufen eine wesentliche Herausforderung dar.

3.2.7 Werkstoffe auf der Basis von pflanzlichen und tierischen Substanzen

Die chemische Industrie setzt seit jeher Nachwachsende Rohstoffe ein. Seit der Entwicklung der Petrochemie ist dieser Anteil deutlich zurückgegangen und hat Ende der 50er Jahre sein Minimum erreicht. In den letzten Jahren steigt die Bedeutung der Nachwachsenden Rohstoffe erneut an, wie in Abb. 3.2.7.1 schematisch dargestellt ist.

Zukünftig werden Nachwachsende Rohstoffe für den Chemiebereich unter anderem folgende Rollen übernehmen:

- Ergänzung der Rohstoffbasis der chemischen Industrie im Bereich höher veredelter Produkte
- Verbreiterung der Rohstoffbasis und damit verbunden eine Erhöhung der Flexibilität
- Schaffung zusätzlichen Innovationspotentials für die Entwicklung neuer Produkte und Prozesse (VCI 1997a).

1991 wurden von der chemischen Industrie in der Bundesrepublik Deutschland ca. 1,8 Mio. Tonnen Substanzen auf der Basis Nachwachsender Rohstoffe eingesetzt. Nach Abb. 3.2.7.2 sind das 8% der insgesamt eingesetzten Rohstoffmenge. Von den 1,8 Mio. Tonnen entfielen ca. 50% auf Fette und Öle. Die genaue Verteilung ist in Abb. 3.2.7.3 grafisch dargestellt.

In Teilbereichen der chemischen Industrie sind Nachwachsende Rohstoffe in Abhängigkeit vom hergestellten Produkt konkurrenzfähig zu nicht regenerativen Ressourcen (Leible 1997). Der Einsatz ist vor allem dann attraktiv, wenn die chemischen Strukturen der Pflanzen im angestrebten Produkt weitgehend genutzt werden können. Darüber hinaus sind unter anderem die Qualität, die Verfügbarkeit, die Verarbeitbarkeit und der Preis wichtige Kenngrößen für eine Vergrößerung der eingesetzten Mengen.

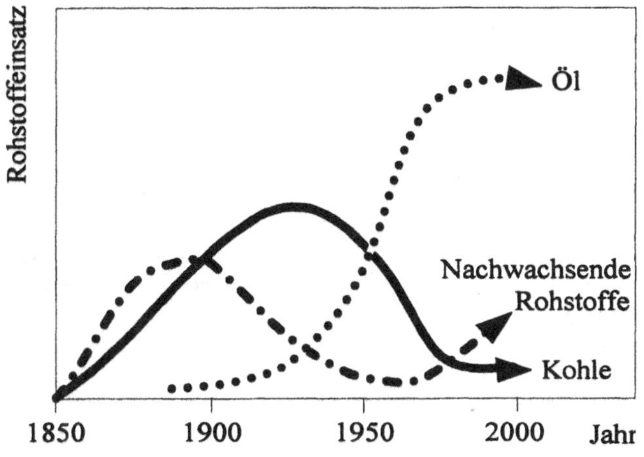

Abb. 3.2.7.1. Strukturwandel der Rohstoffbasis der chemischen Industrie (VCI 1997a)

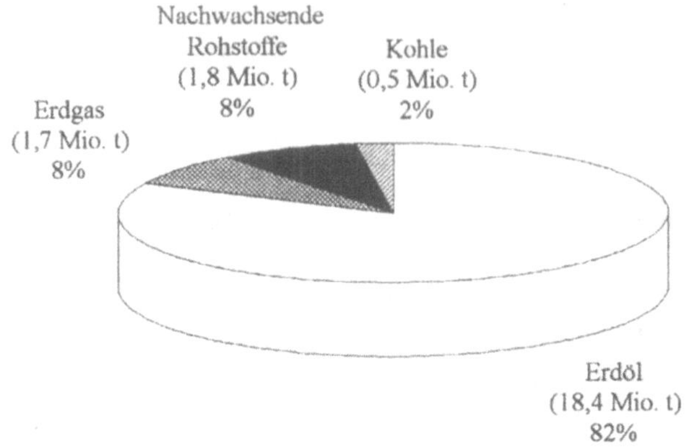

Abb. 3.2.7.2. Rohstoffeinsatz der chemischen Industrie in der Bundesrepublik Deutschland (1991) (VCI 1997a)

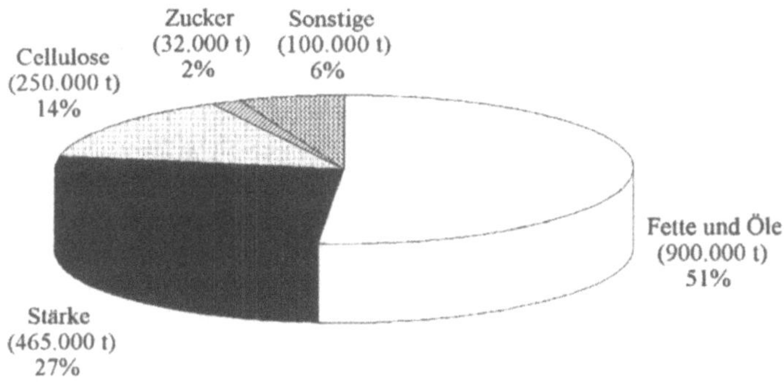

Abb. 3.2.7.3. Einsatz von Nachwachsenden Rohstoffen im Chemiebereich in der Bundesrepublik Deutschland (1991) (VCI 1997a)

Neben den skizzierten Möglichkeiten des Einsatzes Nachwachsender Rohstoffe im Bereich der chemischen Industrie gibt es viele andere Industriezweige, die derartige Rohstoffe verarbeiten. Als Beispiele sind die Bauprodukt-, Dämmprodukt-, Möbel-, Textil-, Papier-, Verpackungs- und Automobilindustrie zu nennen. In Abb. 3.2.7.4 sind einige heimische Pflanzen nach ihren nutzbaren Substanzen geordnet aufgeführt.

Die im Rahmen dieser Studie durchgeführte Fragebogenaktion (siehe Anhang, Frage 27) bestätigt sowohl durch die Aussage der Experten als auch durch die der Befragten mit geringerer Fachkenntnis, daß der Einsatz Nachwachsender Rohstoffe in Westeuropa gesteigert werden sollte.

Insbesondere vor dem Hintergrund der Endlichkeit nicht regenerativer Ressourcen besteht ein erhöhter Forschungsbedarf im Bereich der Nachwachsenden

Nachwachsende Rohstoffe

erneuerbare, CO_2-neutrale und rezyklierbare Rohstoffe

Faser-pflanzen	Öl- und Fett-liefernde Pflanzen	Zucker liefernde Pflanzen	Stärke liefernde Pflanzen	Holz- und Zellulose liefernde Pflanzen	Heil-, Medizinal-, Gewürz-pflanzen	Färber-pflanzen
Flachs, Hanf, Ramie, Kenaf, Miscanthus, Faserhirse, Nessel	Raps, Sonnenblume, Lein, Senf, Rübsen, Crambe, Leindotter, Saflor, Mohn, Kreuzblättrige Wolfsmilch, etc.	Zuckerrüben, Topinambur, Zichorie, Zuckerhirse	Mais, Kartoffel, Weizen, Markerbse	schnellwachsende Hölzer, Miscanthus, Getreide, Hanf, Flachs	Baldrian, Dill, Fenchel, Borretsch, Koriander, Topinambur, Mariendistel, Hanf, Ringelblume, etc.	Färberreseda, Goldrute, Färberkamille, Krapp, Färberdistel, Färberknöterich, Wiesenkerbel, Tagetes, etc.
Anwendungsbereiche						
Textilien, Bau- u. Dämmstoffe, Preßplatten, Formpreßteile, Klebstoffe, Gerbstoffe, Pflanztöpfe, Pappe, Papier, Verpackungsmaterial, Wärme, Strom	Schmiermittel, Hydrauliköl, Motorkraftstoff, Lacke, Farben, Polyethylenzusätze, Tenside, Weichmacher, Seifen, fettchem. Produkte, Kosmetika, Pharmazeutika, Wärme, Strom	Motorenkraftstoffe, Lösungsmittel, Pharmazeutika, Kosmetika, Kunststoffe, Waschmittel, Weichmacher, Klebstoffe	Papier- u. Pappe, Baustoffe, Klebstoffe, Kunststoffe, chemische Industrie, Kosmetika, Pharmazeutika	Zellulose, Folien, Textilien, Thermoplaste, Lacke, Kleber, Waschmittel, Geschmacks- u. Geruchsstoffe, Bau-, Dämm-, Füllstoffe, Wärme, Strom	Nahrungsmittel, Pharmazeutika, Kosmetika	Nahrungsmittel-, Textil- u. Lederindustrie, Druckerzeugnisse, Pharmazeutika, Kosmetika

Abb. 3.2.7.4. Nachwachsende Rohstoffe und deren Anwendungsbereiche (LWK-WE, IPP 1995 - veränderte Darstellung)

Rohstoffe. Diese Aussage wurde im Rahmen der Fragebogenaktion (siehe Anhang, Frage 28) von der Gesamtheit der Befragten bestätigt. Nach der Auswertung gibt der überwiegende Teil der nationalen und internationalen Experten an, daß eine weitere Forschung und Entwicklung die am dringendsten erforderliche Maßnahme sei, um den Einsatz von Nachwachsenden Rohstoffen in Westeuropa zu steigern. An zweiter und dritter Stelle nannten die Experten eine Verbesserung im Bereich des Marketing von Produkten aus Nachwachsenden Rohstoffen und das Sicherstellen der Verfügbarkeit von Nachwachsenden Rohstoffen.

Die Dringlichkeit dieser Forschung sollte nicht abhängig gemacht werden von Diskussionen über neue Erdölfunde, da es sich bei Erdöl in jedem Fall um einen endlichen Rohstoff handelt. Eine These der Konzeption des Fachausschusses Nachwachsende Rohstoffe des VCI besagt, daß zur Steigerung des Einsatzes Nachwachsender Rohstoffe weitere Fortschritte sowohl in der Grundlagenforschung als auch in der angewandten Forschung notwendig sind (VCI 1997b). Obwohl die zukünftige Bedeutung der Nachwachsenden Rohstoffe unbestritten ist, besteht bisher ein Defizit bei der Umsetzung derartiger Konzepte. Besonders deutlich wird das bei Betrachtung der Förderprogramme, in denen nach Meinung der Befragten (siehe Anhang, Frage 29) Werkstoffe aus Nachwachsenden Rohstoffen im Vergleich zu anderen Werkstoffen in der öffentlichen Materialforschung nicht ausreichend berücksichtigt werden. Dies hängt nach Expertenmeinung (siehe Anhang, Frage 30) in der öffentlichen Materialforschungsförderung in Westeuropa damit zusammen, daß Nachwachsende Rohstoffe insbesondere in landwirtschaftlich orientierten Programmen gefördert werden, in denen Werkstoffe nur eine nachgeordnete Rolle spielen. Dies ist in Deutschland darin begründet, daß dem Bundesministerium für Ernährung, Landwirtschaft und Forsten (BML) am 1. Januar 1993 die Federführung der Förderung für Nachwachsende Rohstoffe übertragen wurde. Am 25. Oktober 1993 wurde die Fachagentur Nachwachsende Rohstoffe e.V. (FNR) als eingetragener Verein gegründet, um die Aktivitäten von einer Stelle aus zu koordinieren. Die geförderten Projekte in den Bereichen Zukker, Stärke, Holz/Lignocellulose, energetische Nutzung, Öle und Fette, besondere Inhaltsstoffe, Fasern und Proteine decken ein weites Spektrum von der Züchtung über den Anbau und die Aufbereitung bis zum Endprodukt ab (FNR 1996a). In speziellen Förderprogrammen zum Einsatz „neuer" Werkstoffe werden Werkstoffe aus Nachwachsenden Rohstoffen bisher oftmals nur unzureichend berücksichtigt. Bei einer Recherche im Jahresbericht 1996/97 des Programms MaTech – Neue Materialien für Schlüsseltechnologien des 21. Jahrhunderts – ist unter den 437 geförderten Projekten keines zum Bereich Werkstoffe aus Nachwachsenden Rohstoffen zu finden (Forschungszentrum Jülich 1997). Die Suche nach Stichworten wie: nachwachsend, abbaubar, Biopolymere, Stärke, Zucker, Naturfaser, Cellulose, Flachs und Hanf führt zu keinem Ergebnis.

In der Bevölkerung ist das Wissen über die Potentiale Nachwachsender Rohstoffe wider Erwarten gering. Eine von der FNR in Auftrag gegebene Konsumentenbefragung ergab, daß ein Drittel des befragten repräsentativen Bevölkerungsquerschnittes den Begriff „Nachwachsende Rohstoffe" noch nie gehört oder gelesen hat. Beinahe die Hälfte der Befragten gab an, etwas mit dem Begriff zu verbinden, konnte jedoch kein Beispiel für einen Nachwachsenden Rohstoff geben. Die dennoch genannten Beispiele beschränkten sich auf Holz als Baustoff, Rapsöl als Biodiesel sowie Hanf. Mehr als die Hälfte der Befragten, ca. 60%, sind der Meinung, daß es große Defizite im Wissen über das Thema Nachwachsende Rohstoffe in der breiten Bevölkerung gibt und erwarten einen besseren Informationsfluß sowie öffentliche Aufklärung seitens der Bundesregierung. Vor diesem Hintergrund liegt die Zahl derer, die eine Unterstützung des Anbaus und des Verkaufs befürworten bei annähernd zwei Drittel der Befragten, drei Viertel sprechen sich sogar dafür aus, daß mehr dafür getan werden muß, um Nachwachsende Rohstoffe für den Verbraucher attraktiver zu machen. (FNR 1996b). Es besteht ein tatsächliches Kommunikationsdefizit im Bereich der biologisch abbaubaren Werkstoffe. Selbst Fachleute aus Polymerwerkstoff verarbeitenden Unternehmen verfügen eher selten über aktuelle Informationen zum Stand der Technik. Wenn überhaupt Wissen vorhanden ist wird häufig auf Erfahrungen verwiesen, die zum Teil Jahre zurück liegen. Die Dynamik in der Entwicklung biologisch abbaubarer Werkstoffe erfordert eine intensive Beschäftigung mit diesem innovativen Thema (Käb 1998).

3.2.7.1 Klassifizierung

Für einen geeigneten und vor allem klar abgrenzenden Begriff *Nachwachsende Rohstoffe* erscheint es sinnvoll, die ablaufenden Wachstumsprozesse als originär pflanzliche zu betrachten. Damit definiert sich der Begriff wie folgt (Karafyllis 1998):

> Nachwachsende Rohstoffe sind diejenigen lebenden und/oder toten Pflanzen, deren Syntheseprodukte 1. und 2. Ordnung einer beabsichtigten Nutzung zugänglich sind und sein dürfen[7].

Entsprechend der in Kapitel 4.2 dargestellten Klassifizierung der Werkstoffe erfolgt in Abb. 3.2.7.5, ausgehend von Substanzen pflanzlicher und tierischer Herkunft, eine grobe Einteilung nach der Art der Abwandlung der Struktur.

Im Rahmen dieser Studie werden nur Nachwachsende Rohstoffe betrachtet, die in naturbelassener, chemisch/physikalisch abgewandelter, synthetisierter oder mikrobiell umgewandelter Form als *Werkstoff* eingesetzt werden können. Der Bereich der energetischen Nutzung nachwachsender Rohstoffe wird nicht berücksichtigt.

Im Bereich der Nutzpflanzenkunde geht Franke davon aus, daß nur 3,3% der bekannten Nutzpflanzen in kultivierten Flächen als Kulturpflanzen angebaut werden. Bezogen auf die bekannten lebenden Arten der Pflanzenwelt ist der Anteil der kultivierten Arten mit weniger als 0,2% verschwindend gering. Die Erkenntnisse in Wissenschaft und Technik können dazu führen, daß unbedeutende Wildpflanzen zu Nutz- und Kulturpflanzen werden. Obwohl beispielsweise der Latexsaft des Kautschukbaumes und die daraus hergestellten Produkte lange bekannt waren, wurde die intensive Nutzung dieses Baumes erst nach der Erfindung des Autos und der zugehörigen Gummireifen intensiviert (Franke 1997).

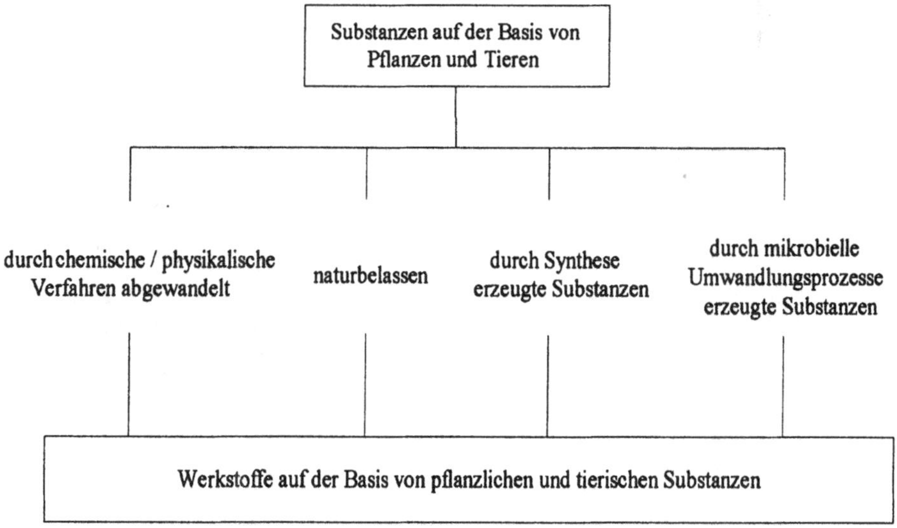

Abb. 3.2.7.5. Von der Substanz auf der Basis von Pflanzen und Tieren zum Werkstoff

Werkstoffe auf der Basis pflanzlicher und tierischer Substanzen

- **Werkstoffe auf der Basis pflanzlicher Substanzen (Nachwachsende Rohstoffe)**
  - auf der Basis von Pflanzenfasern
    - Werkstoffe mit
      - *Samenhaaren*
      - *Fasern aus Sproßachsen*
      - *Fruchthaaren*
      - *Fasern aus Blattscheiden*
      - *Fasern aus Früchten*
  - auf der Basis von Kohlenhydraten
    - Werkstoffe auf der Basis von
      - *Zucker*
      - *Stärke*
      - *Zellulose*
      - *Chitin*
      - *Alginsäure*
      - *Gummi*
  - auf der Basis von Fetten und Ölen
  - auf der Basis von Holz
  - auf der Basis von Kork
  - auf der Basis von Kautschuk
  - auf der Basis von pflanzlichen Harzen und Lacken
  - auf der Basis von pflanzlichem Wachs
- **Werkstoffe auf der Basis tierischer Substanzen**
  - auf der Basis von Fasern tierischer Herkunft
    - Werkstoffe mit
      - *Wollen und Haaren*
      - *Seide*
  - auf der Basis von Kohlenhydraten
    - Werkstoffe auf der Basis von
      - *Chitin*
  - auf der Basis von Eiweiß
    - Werkstoffe auf der Basis von
      - *Kollagen*
      - *Keratin*
      - *Fibroin*

Abb. 3.2.7.6. Werkstoffe auf der Basis pflanzlicher und tierischer Substanzen

Die bisher bekannten Möglichkeiten, Werkstoffe auf der Basis von Nachwachsenden Rohstoffen und tierischer Herkunft herzustellen, sind denkbar groß. Zum groben Überblick dient Abb. 3.2.7.6. Im Rahmen dieser Studie können keinesfalls alle Beispiele anhand von Werkstoffverbesserungen und -entwicklungen gewürdigt werden. Vielmehr soll anhand ausgewählter Beispiele die zukünftig wichtige Bedeutung dieser Werkstoffe dargestellt werden.

3.2.7.2
Werkstoffe auf der Basis von pflanzlichen Substanzen (Nachwachsende Rohstoffe)

Werkstoffe auf der Basis von Pflanzenfasern: Die Vielfalt der pflanzlichen Naturfaserarten ist denkbar groß. Dies liegt darin begründet, daß die Fasern einerseits der Pflanzenart und andererseits dem Ursprung der Fasern aus den verschiedenen Teilen der Pflanze zuzuordnen sind. Zum besseren Verständnis ist in Abb. 3.2.7.7. eine Einteilung der Naturfasern grafisch dargestellt.

Pflanzen verfügen durch ihre Form und Gestalt über interessante Eigenschaften. Die Konstruktion z.B. des Roggenhalmes ist derart komplex, daß Höhen erreicht werden, die das 500fache des Grunddurchmessers betragen. Zudem trägt der Halm das Gewicht der Ähre, die schwerer ist als er selbst. Die elastische Verformbarkeit des Halmes ist so hoch, daß er sich bei Windstößen bis zum Boden neigen und anschließend wieder seine ursprüngliche Position einnehmen kann (Herzog 1930).

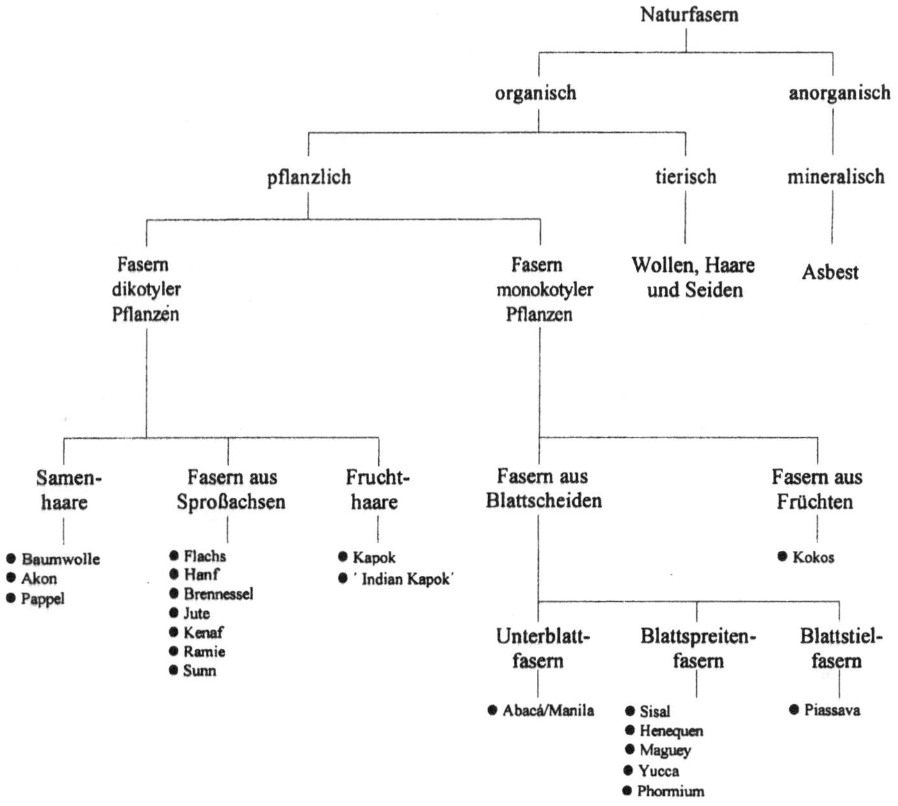

Abb. 3.2.7.7. Übersicht der Naturfasern (Müssig 1995 nach Franke 1989)

Im Bereich der Entwicklung neuer Werkstoffe hat die Natur eine besondere Funktion als Vorbild für neue Lösungen und Konzepte. An natürlichen Vorbildern orientierte, industriell geschaffene Werkstoffe werden biomimetische (der Natur nachgeahmte) Werkstoffe genannt. Ziel ist es, aus wirtschaftlichen Gründen nicht die genaue Kopie der natürlichen Vorlage zu erschaffen, sondern das Verstehen und die technisch sinnvolle Nachahmung des zugrundeliegenden Prinzips zu vollziehen. Einen Schwerpunkt der Forschungsarbeiten bilden dabei das Nachvollziehen der molekularen Architekturen natürlicher Werkstoffe und die biomimetischen Prozesse (Kretschmer u. Kohlhoff 1995).

Entsprechend dem komplexen Aufbau von Pflanzen und der Anzahl der vorkommenden Naturfaserarten ist die Nutzung von Werkstoffen auf der Basis von Naturfasern. Da im Rahmen dieser Studie die werkstofftechnischen Potentiale von Werkstoffen aus nachwachsenden Rohstoffen dargestellt werden sollen, wird dies für die Naturfasern anhand eines Fallbeispiels durchgeführt. Im Kapitel „heimische Pflanzenfasern im Automobilbau" erfolgt eine Darstellung der Potentiale des Einsatzes von Naturfasern in Polymerwerkstoffen.

Einsatz von Pflanzenfasern in Hochleistungswerkstoffen: Beispiele für die industrielle Anwendung von Hochleistungswerkstoffen aus Substanzen pflanzlicher oder tierischer Basis sind:

- Siliciumcarbidwhiskers aus Reisschalen, z.B. für zähe Schneidkeramik zur Zerspanung von Hartguß
- Kohlenstoffilz aus Haaren und/oder pflanzlichen Fasern für Wärmedämmprodukte, z.B. zum Einsatz im Ofenbau.

Die Entwicklung neuer Werkstoffe mit besonderen Eigenschaften setzt eine konsequente Transformation der in pflanzlichen und tierischen Fasern vorhandenen Strukturhierarchien in äquivalente Werkstoffstrukturen voraus. Pflanzenfasern bieten ein hohes Potential für die Herstellung von keramischen Werkstoffen. Entscheidend für die Potentiale ist neben dem 40- bis 50-%igen Kohlenstoffanteil der strukturelle Aufbau des Kohlenstoffs in der Pflanzenfaser (Kleber 1998). Tierische Fasern bestehen aus Keratin, in denen die kristallinen Mikrofibrillen in mehreren Hierarchieebenen angeordnet sind. Der enthaltene Stickstoff ermöglicht die Herstellung von nitridischen und carbonitridischen Verbundwerkstoffen. Durch den Verfahrensschritt der Carbonisierung werden die pflanzlichen oder tierischen Fasern in einen anorganischen Zustand überführt. Bei der Keramisierung kann durch Zuführen von Silicium ein Siliciumcarbid-Verbundwerkstoff entstehen (Kleber 1994).

Bereits die Laborversuche zur Herstellung von Naturfaser-, Kohlenstoff- und Siliciumcarbid-Verbundwerkstoffen führten zu mechanischen Eigenschaften, die den Eigenschaften von konventionellen Werkstoffen nahezu entsprechen. Bei der Bewertung ist außerdem zu berücksichtigen, daß es sich um Versuche ohne verfahrenstechnische Optimierung handelt (Kleber 1998). Kohlenstoff- und Siliciumcarbid-Verbundwerkstoffe auf der Basis von pflanzlichen und tierischen Fasern lassen sich preisgünstig erzeugen und weisen unter anderem folgende positive Eigenschaften auf (Kleber 1994): niedrige Dichte, außergewöhnliche Reib- und Verschleißeigenschaften, Korrosions- und Temperaturbeständigkeit sowie vielversprechende mechanische Eigenschaften.

Werkstoffe auf der Basis von Kohlenhydraten

Werkstoffe auf der Basis von Stärke: Ein Beispiel für ein natürlich gegebenes Polymer ist die Stärke. Der Einsatz von Stärke hat in den letzten Jahren außer im Lebensmittelbereich auch im industriellen Bereich zugenommen. Wenn allgemein von Stärke gesprochen wird, sollte sinnvollerweise eine genauere Einteilung nach dem Grad der Veränderung, ausgehend von der natürlich gegebenen Substanz erfolgen. Während im Pflanzenreich die Cellulose die wichtigste Gerüstsubstanz ist, stellt die Stärke die wichtigste Speichersubstanz dar (Bischof 1994). Die Stärkekörner sind aus Molekülketten aufgebaut. Native Stärke besteht aus den zwei strukturell unterschiedlichen Makromolekülen Amylose und Amylopektin. Während die Amylose eine lineare, unverzweigte Kettenstruktur aufweist, zeichnet sich das Amylopektin durch einen verzweigten, wesentlich komplexeren Aufbau aus (Tegge 1972). Das Polysaccharid Stärke wird seit Jahrzehnten vornehmlich in der Lebensmittel-, Textil-, Kleber-, und Papierindustrie eingesetzt und findet vermehrt das öffentliche Interesse. Stärke wird in unterschiedlich stark abgewandelter Form ausgehend von der natürlich gegebenen Substanz in der Industrie verwendet. Trotz der vielfältigen Anwendungen ist der Stärkeeinsatz als Substitut für petrochemische Polymere bisher noch begrenzt. Zur Herstellung von Polymeren auf der Basis von Stärke lassen sich folgende Möglichkeiten unterscheiden, die im weiteren kurz beschrieben werden:

- Stärke als Füller in synthetischen Polymeren
- Polymerwerkstoffe aus reiner Stärke
- Stärke als Copolymer für Thermoplaste
- Fermentative Produktion von Polymerwerkstoffen aus Stärke
- Chemische Umsetzung der Stärke zu Polymeren.

Stärke als Füller in synthetischen Polymeren: Zur Herstellung von kostengünstigen Werkstoffen wird in der Polymerverarbeitung häufig eine billige Füllsubstanz in die Matrix des Grundwerkstoffes eingebracht. Ein Beispiel hierfür ist die Einlagerung von Quarzmehl oder Ruß in Elastomeren. Ein ähnlicher Ansatz wird bei der Verwendung von nativer Stärke als preiswerter Füller für synthetische, petrochemische Polymere verfolgt. Als Füller bietet sich Stärke zu einem Preis von etwa 1 DM/kg an (C.A.R.M.E.N. 1995). Die Einarbeitung der Stärke in Polyolefine (z.B. Polyethylen) erfolgt in zwei Stufen. In einem ersten Verfahrensschritt wird die in geeigneter Weise vorbehandelte Kartoffel-, Mais-, Weizen- oder Reisstärke mit dem Polyolefin in einem Verhältnis von maximal 1:1 vermischt, extrudiert und granuliert. Hierbei werden die Stärkekörner gleichmäßig in die Polyethylenmatrix verteilt, ohne mit dieser eine chemische Bindung einzugehen. Dieses Granulat (Masterbatch) kann dann zusammen mit dem ungefüllten Polyolefingranulat in einem normalen Thermoplastverarbeitungsprozeß verarbeitet werden. Durch die Unterteilung der Verarbeitungsschritte ist es gelungen, bis zu 20% Stärke in Polyethylen einzuarbeiten. Der Markt für Polyethylentragetaschen in der Bundesrepublik Deutschland beträgt ca. 60.000 t. Von einigen Firmen werden sogenannte Masterbatches angeboten, mit denen Polyethylenfolien mit einem Anteil von 20% hergestellt werden können. Obwohl die Stärkekörner nach kurzer Zeit biologisch abgebaut werden, können derartige Werkstoffe nicht kompostiert werden, da die Polyolefinkomponente gar nicht oder nur sehr langsam biologisch abgebaut wird (BML 1995). Da in der Regel die synthetische Polymerkomponente nicht biologisch abbaubar ist, derartige Werkstoffe mit einem Stärkeanteil in den Anfängen aber als solche bezeichnet wurden, hat das dem Image wirklich biologisch abbaubarer Polymerwerkstoffe geschadet (Mann 1998).

Polymerwerkstoffe aus reiner Stärke: Nicht modifizierte Stärke kann zu Polymerwerkstoffen aus reiner Stärke verarbeitet werden. Die Plastifizierung der Stärke ist unter anderem abhängig von Temperatur, Druck und Wassergehalt. Die Eigenschaften der nativen und der durch Plastifizierung destrukturierten Stärke verändern sich in Abhängigkeit vom jeweiligen Wassergehalt Bei einer thermoplastischen Verarbeitung werden inter- und intramolekulare Wasserstoffbrückenbindungen zwischen den freien OH-Gruppen der Stärkeketten mit Hilfe des Diffusionswassers erzeugt. Das restliche Wasser bleibt als Diffusionswasser erhalten und beeinflußt die mechanischen und thermischen Eigenschaften (Borbe 1997).

Die Einflußgrößen auf die Stärkedestrukturierung lassen sich, wie im folgenden aufgelistet, in prozeß- und rezepturabhängige Größen unterteilen (Fritz 1997):

- *prozeßabhängige Größen:* Schneckendrehzahl, Zylindertemperaturprofil, Extrusionswerkzeug, Schneckenkonfiguration, Extruderlänge
- *rezepturabhängige Größen:* Stärkeart, Gesamtwassergehalt, Additivtyp, Additivgehalt

Bei der Extrusion von Stärke mit Wassergehalten über 10%, entstehen durch das verdampfende Wasser Hohlräume im Extrudat. Dieses Verfahrensprinzip eignet sich zur Herstellung von Stärkeschäumen (BML 1995). Neben der Extursion von reiner Stärke kann auch eine Mischung von Stärke und Fasern (z.B. aus Altpapier) verarbeitet werden. Es lassen sich Verpackungswerkstoffe herstellen, die als Schüttverpackungen vergleichbar den Polystyrolchips einsetzbar sind. Mittlerweile haben biologisch abbaubare, schüttbare Stärkeverpackungswerkstoffe einen Marktanteil von 10% erobert (Mann 1998).

Die mechanischen Eigenschaften thermoplastisch verarbeiteter Stärke lassen Vergleiche mit den Kennwerten von spröden Massenkunststoffen zu. Unter Verwendung von geeigneten Additivsystemen können vereinzelt Eigenschaften wie Wasserbeständigkeit, Duktilität, Alterungsbeständigkeit und Verarbeitbarkeit verbessert werden (Potente u.a. 1994).

Wie bereits an verschiedenen Stellen dieser Studie deutlich wurde, spielt bei der Entwicklung „neuer Werkstoffe“ die Charakterisierung und Prüfung eine entscheidende Rolle. So auch bei Werkstoffen aus Stärke. Die Untersuchung der thermischen und mechanischen Eigenschaften sowie die Optimierung von Untersuchungs- und Prüfmethoden derartig hergestellter Produkte wurde in Ansätzen bereits erarbeitet (Borbe 1993, Fritz 1995).

Ein Nachteil dieser Werkstoffe ist ihre Wasseraffinität sowie das spröde mechanische Verhalten. Um Eigenschaftsverbesserungen zu erzielen, bietet sich die Herstellung von Verbundwerkstoffen auf Stärkebasis an. Ein Ansatz ist die Entwicklung von flachsfaserverstärkter thermoplastischer Stärke. Ein besonderer Vorteil des Einsatzes von Naturfasern wird in der Anhebung der mechanischen Eigenschaften gesehen. Weiterhin kann die Alterungsbeständigkeit wasserdestrukturierter thermoplastischer Stärke durch Zugabe von Naturfasern angehoben werden (Fritz 1995).

Werkstoffe aus „thermoplastischer Stärke“ (TPS) haben hydrophilen Charakter und die Werkstoffeigenschaften hängen stark von den klimatischen Verhältnissen ab. Aus diesen Gründen werden derartige Polymerwerkstoffe selten als eigenständige Werkstoffe eingesetzt. Ein Einsatz als Matrix für naturfaserverstärkte Polymerwerkstoffe oder als Copolymer für andere Thermoplaste erscheint je nach Anforderung zum Teil sinnvoller (Aichholzer et al. 1997).

Stärke als Copolymer für Thermoplaste: In den letzten Jahren wurde an der Entwicklung von Copolymeren aus Stärke und synthetischen Polymeren gearbeitet, damit die Polymerstruktur nach Produktverwendung durch mikrobiologische Abbauprozesse aufgelöst werden kann (Bischof 1994). Bei der Polymerisation von Stärke und beispielsweise Polypropylen oder Polyethylen ist bezüglich der Abbaubarkeit ein Nachteil darin zusehen, daß zwar die Stärkemoleküle biologisch abgebaut werden und damit die Polymerstruktur „zerfällt", aber die synthetischen Polymermoleküle biologisch nicht abbaubar im Boden verbleiben. Wenn die biologische Abbaubarkeit des gesamten Werkstoffes erwünscht ist, ist es erforderlich, den synthetischen Teil durch enzymatisch angreifbare und somit biologisch abbaubare Polymerwerkstoffe zu ersetzten. Beispiele hierfür sind die fermentativ hergestellten Polymere wie (BML 1995):

- Copolyester aus 3-Hydroxybuttersäure (3HB) und 3-Hydroxyvalerianssäure (3HV) oder
- Polymilchsäure.

Ein marktfähiges Beispiel für Copolymere aus Stärke und synthetischen Polymeren stellt das Produkt Mater Bi dar, welches je nach verwendetem synthetischen Polymer in den folgenden vier Klasen angeboten wird (Facco 1996):

- *A-Klasse:* bestehend aus Stärke und einem Copolymer eines Vinylalkohols/der Werkstoff ist biologisch abbaubar, allerdings nicht kompostierbar, da die Abbaurate nicht der eines Kompostierzykluses entspricht/er ist nicht wasserlöslich
- *Z-Klasse:* hauptsächlich bestehend aus Stärke und einem alyphatischen Polyester / der Werkstoff ist kompostierbar und nicht wasserlöslich
- *V-Klasse:* bestehend aus Stärke (>85%)/der Werkstoff ist kompostierbar und wasserlöslich
- *Y-Klasse:* bestehend aus Stärke und Cellulosederivaten/der Werkstoff ist kompostierbar und nicht wasserlöslich.

Für die Polymere der genannten Werkstoffklassen gilt im allgemeinen:

- nicht toxisch
- haben eine Lebensmittelzulassung EN 90/128 (je nach Anwendung müssen globale Migrationstests durchgeführt werden)
- entsprechen der Spielwarenverordnung EN 71/1-3
- eignen sich für die thermische Verwertung
- reagieren mit Veränderung der mechanischen Eigenschaften bei sich ändernder relativer Luftfeuchtigkeit (je nach Werkstofftype geringer oder stärker ausgeprägt)
- A-Klasse neigt zur Wasseraufnahme (bis zu 15%)
- Z-Klasse ist bedingt durch den niedrigen Schmelzpunkt wärmeempfindlich

- alle Werkstoffe lassen sich (mit kleinen Modifikationen) mit konventionellen Verfahren (z.B. Spritzguß, Extrusionsblasformen, Schäumen) verarbeiten.

Für die Verarbeitung im Spritzgußverfahren eignen sich insbesondere die A-, Z- und Y-Klassen. Je nach gewünschter Produktanwendung und Anforderung nach Kompostierbarkeit läßt sich durch die Wahl der Klasse und der entsprechenden Type das Werkstoffverhalten in einer großen Breite variieren (Facco 1996).

Da die unterschiedlichen Werkstoffklassen und -typen einerseits eine thermische Unbeständigkeit bei hohen Temperaturen und andererseits eine hohe Viskosität aufweisen, muß beim Spritzgießen mit hohen Scherraten gearbeitet werden um, das Polymer zum Fließen zu bringen. Die Zykluszeiten sollten allerdings wegen der Temperaturempfindlichkeit klein sein. Insbesondere bei den Y-Typen entsteht bei hohen Temperaturen während der Verarbeitung Essigsäure. Aus diesem Grund sollten Werkzeuge mit hohem Chrom- und Nickelanteil verwendet werden (Facco 1996).

Fermentative Produktion von Polymerwerkstoffen: Die mikrobielle Erzeugung von Polymeren auf der Basis von Kohlenhydraten z.B. Stärke bzw. Stärkehydrolysaten ist ein Gebiet, das zukünftig größere Bedeutung erhalten dürfte (BML 1995). In den letzten Jahren haben sich insbesondere zwei Produkte und Verfahren für einen Einsatz zur Herstellung von Polymerwerkstoffen als zukunftsträchtig herauskristallisiert:

- Poly(3-hydroxybuttersäure)
- Polymilchsäure

1926 wurde bei *Bacillus megaterium* ein intrazellulärer Speicherstoff entdeckt, der als Homopolyester Poly(3-hydroxybuttersäure), kurz PHB, identifiziert wurde. Unter den vielen PHB-positiven Bakterien spielt das Bakterium *Alcaligenes eutrophus*, wegen seiner besonders hohen PHB-Syntheserate in der Forschung eine wichtige Rolle. Das PHB wird bei den Bakterien in Form von Körnchen, umhüllt von einer Membran, eingelagert. Bakterien produzieren das Polymer in großen Mengen; die Zelltrockenmasse von *Alcaligenes eutrophus* kann bis zu 96% aus PHB bestehen. Unter natürlichen Bedingungen wird PHB nicht gespeichert sondern abgebaut. Wenn das Nährmedium allerdings ein Überangebot einer Kohlenstoffquelle enthält und das Wachstum durch fehlen eines anderen Nährstoffes begrenzt wird, dann wird PHB in der Zelle als Speicherstoff abgelagert. Neben PHB können Bakterien auch Heteropolyester produzieren, die aus anderen 3-Hydroxyfettsäuren als Bausteinen bestehen. Solche Polymere werden PHA (Poly(3-Hydroxyalcanoic acids) bzw. Poly(3-Hydroxycarbonsäuren)) genannt (Reiß 1997). Die Werkstoffeigenschaften von PHB und PHA unterscheiden sich, wie im folgenden dargestellt, zum Teil erheblich:

PHB sind thermoplastisch verformbar, als Homopolymer allerdings spröde und steif. PHB können durch Copolymerisation mit erhöhten Anteilen an 3-Hydroxyvaleriansäure (3HV) elastisch und zäh gemacht werden. Sie sind unlöslich in Wasser, Methanol, Hexan, Ethanol und Diethylether und löslich in Chloroform, Dichlormethan, Trichlorethan und Dimethylformamid. Als Polyester bildet PHB Wasserstoffbrücken und ist in gewissem Maße mischbar mit anderen Polymeren und Weichmachern

PHA sind thermoplastisch verformbar und von ihren Eigenschaften vergleichbar mit den Polymerwerkstoffen Polyethylen und Polypropylen. Sie schmelzen in einem Bereich von 39 bis 178 °C. Sie können mit Extrusionsblas-, Spritzguß- und Faserextrusionsverfahren verarbeitet werden. Sie sind biologisch abbaubar und vom Körper resorbierbar (Reiß 1997). PHA besitzen gute Sauerstoff-, Feuchtigkeits- und Aroma-Barriereeigenschaft. Bei Lagerung in Ölen, ausgewählten organischen Lösemitteln, Reinigungsmitteln, Wasser und Puffersubstanzen wurden nur geringfügige Veränderungen der mechanischen Eigenschaften festgestellt. In bestimmten Säuren und Basen kann der Werkstoff hydrolysieren (Gruppe 1996).

Ein bereits auf dem Markt befindlicher Polymerwerkstoff aus PHB/V-Copolymeren ist das Produkt Biopol®. Biopol® ist ein Copolyester aus Einheiten von Hydroxybutyrat (HB) und 0 bis 20% Hydroxyvalerat (HV). Die Werkstoffeigenschaften sind vom HV-Anteil abhängig. Mit steigendem HV-Anteil kann der E-Modul und die Bruchdehnung variiert werden, so daß der Werkstoff über größere Bereiche elastisches Verhalten aufweist. Der Schmelzpunkt nimmt mit Zunahme der HV-Anteile ab (Gruppe 1996). Die Kennwerte von unterschiedlichen Biopol-Typen lassen sich in einer großen Breite variieren (Schack 1998). Im Vergleich zu petrochemischen Polymerprodukten kann Biopol bezüglich der mechanischen und physikalischen Eigenschaften mit Polyolefinen, bezüglich der chemischen Barrieeigenschaften eher mit PET verglichen werden (Gruppe 1996).

Beim Verfahren zur Biopol-Herstellung werden z.B. Glucose und Propansäure eingesetzt, die von *Alcaligentes eutrophus* in Fermentern bei Sauerstoff- und Stickstoffmangel in PHB/V umgewandelt werden. In letzter Zeit wird auch Saccharose oder Glucosesirup als Kohlenstoffquelle eingesetzt, die unter anderem aus den Pflanzen Zuckerrübe und Getreide gewonnen werden. Zur Isolierung der PHB müssen alle Zellbestandteile der Bakterien außer den PHB aufgelöst werden, so daß das PHB-Granulat freigesetzt wird. Dieser Vorgang kann z.B. mit einer Hypochloritlösung und geeigneten Enzymen erfolgen. Da sich diese Verfahren relativ aufwendig gestalten, laufen zur Zeit Forschungsaktivitäten zur möglichen Reduzierung der Kosten zur Produktion von PHB. In diesem Zusammenhang sind insbesondere drei Tendenzen zu nennen (Reiß 1997):

1. Amerikanische Forscher fanden ein bisher noch nicht bestimmtes Bakterium, das in der Lage ist, auch in verschmutzten, salzhaltigen Medien aus Polysacchariden pflanzlicher Zellwände PHB zu bilden. Zur Zeit wird an Verfahren gearbeitet, die es erlauben, Pflanzenabfälle in hochwertiges PHB umzuwandeln.
2. Eine Erhöhung der Ausbeute der PHB-Umwandlung könnte durch sogenannte Hochleistungsmutanten erreicht werden. Diese könnten z.B. Milchzucker als Abfallprodukt der Landwirtschaft in PHB umwandeln.
3. In den USA wurden die PHB-Synthesegene in die Chloroplasten einer senfartigen Pflanze (Ackerschmalwandes) übertragen. Bei den gentechnisch veränderten Pflanzen bestand etwa 14% der pflanzlichen Trockenmasse aus PHB.

Diese Beispiele verdeutlichen die Vielseitigkeit des Einsatzes des Nachwachsenden Rohstoffs Stärke in Werkstoffen, zeigen jedoch auch die bei anderen Werkstoffen oftmals nicht vorhandene Verquickung zwischen Natur, Gentechnik und Werkstoffanwendung. Aus diesem Grund sind solche Entwicklungen nicht generell positiv zu bewerten, auch wenn sie durch das Wort Nachwachsende Rohstoffe Naturnähe suggerieren, sondern müssen in einer alle Vor- und Nachteile abwägenden Technikfolgenbeurteilung genau untersucht werden.

Polymilchsäure oder Polylactid ist ein Polyester auf der Basis von Milchsäure, aus deren Lactid sie durch Ringöffnungspolymerisation hergestellt werden kann. In Abb. 3.2.7.8 sind die Herstellungsschritte von Polymilchsäure schematisch dargestellt.

Polymilchsäure ist als Polyhydroxycarbonsäure biologisch abbaubar. Die Umwandlung der Dextrose in Milchsäure erfolgt per Fermentation mit Hilfe von *Lactobacillus delbrueckii* (Falbe u. Regitz 1995). Auf dem Markt gibt es bereits Polymerwerkstoffe aus PLA, wie z.B. das Produkt ECOPLA. Der Polymerwerkstoff kann so maßgeschneidert werden, daß er Eigenschaften wie konventionelle petrochemische Polymere erhält und mit gängigen Verfahren verarbeitet werden kann (Jopski 1996):

- Blasextrusion: Schlagfestigkeit und Zugfestigkeit wie HPDE
- Papierbeschichtung: Fettbeständigkeit und Sauerstoffbarriere besser als Polyethylen PE
- Gießen von Filmen: kleine Schichtstärken mit Eigenschaften von hochschlagfestem Polystyrol HIPS (high impact polystyrene)/große Schichtstärken mit Eigenschaften ähnlich Surlyn
- Spritzguß: vergleichbar mit Polystyrol.

Der Polymerwerkstoff kann mit minimalen Modifikationen auf den gebräuchlichen Maschinen verarbeitet werden. Vor der Verarbeitung muß der Werkstoff wegen seines hygroskopischen Verhaltens getrocknet werden. Im folgenden sind einige wichtige Eigenschaften des Werkstoffs bei der Verarbeitung zusammengefaßt:

- Spritzguß: niedrige Temperaturen/Gebrauch von Heiß-Kanal-Systemen/Optimierung von Schnecken und Werkzeugformen
- Tiefziehen: niedrige Schmelze- und Ofentemperaturen/schnelle Herstellung/Optimierung von Schneckenauslegungen

Der biologische Abbau von Polymilchsäure erfolgt in zwei Schritten (Jopski 1996):

1. rein chemische Hydrolyse des PLA zu dem Monomer der Milchsäure
2. mikrobieller Abbau der Milchsäure zu CO_2 und H_2O.

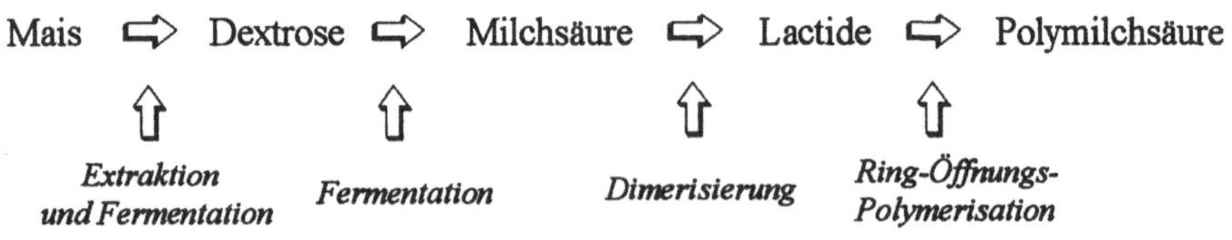

Abb. 3.2.7.8. Schematische Darstellung der Herstellung von Polylactid aus Mais (Jopski 1996)

Chemische Umsetzung der Stärke zu Polymeren: Um einen Stärkewerkstoff mit einer ausreichenden Wasserunempfindlichkeit und einer guten thermoplastischen Verarbeitbarkeit zu realisieren, der noch die Eigenschaft der Kompostierbarkeit aufweist, sind seit Anfang der 90er Jahre wieder verstärkt Forschungsaktivitäten zur Stärkeacetatherstellung in Gang gesetzt worden. Obwohl seit den Arbeiten von Schützenberger (1865) Stärkeacetat eine bekannte Substanz ist, sind bisher kaum Aussagen zur thermoplastischen Verarbeitbarkeit gemacht worden. In der Regel kommt in stärkeliefernden Pflanzen die Amylose in deutlich kleineren Mengen vor (20 - 25%) als das Amylopektin. Aber gerade die Acetylierung der Amylose führt zu deutlich besseren Werkstoffeigenschaften als die Acetylierung des Amylopektins bzw. der gesamten natürlich gegebenen Stärke. Spezielle Züchtungen von Pflanzen, insbesondere Mais und Markerbsen mit hohen Amylosegehalten, haben dazu geführt, daß die Herstellung von Stärkeacetat aus wirtschaftlichen Gesichtspunkten interessant wird (Rapthel u. Kakuschke 1997).

Zur Herstellung des Stärkeacetats wurde ein einfaches zweistufiges Syntheseverfahren entwickelt. In Abb. 3.2.7.9 ist der Verfahrensablauf schematisch dargestellt.

Das Verfahren wurde aus Kostengründen vereinfacht, indem in die Stufe der Acetylierung die Stufe der Aktivierung der Stärke integriert wurde. Der Verzicht auf Katalysatoren und die Reduzierung der Lösungsmittel und Reaktanden auf Essigsäure und Essigsäureanhydrid führte zu weiteren Vereinfachungen. Mit diesem Verfahren können Stärken mit unterschiedlichen Amylosegehalten verarbeitet werden.

Die Compounds aus Stärkeacetat und Additiven lassen sich thermoplastisch mit fast allen in der Kunststofftechnik bekannten Verfahren verarbeiten. Wesentliche Vorteile aus verarbeitungstechnischer Sicht sind die einstellbaren niedrigen Verarbeitungstemperaturen und das gute Fließverhalten der Schmelze.

Der bisherige Einsatzweg von Nachwachsenden Rohstoffen in Polyurethansystemen erfolgte über die Herstellung von Monomeren, z.B. Glyzerin und dessen Umsetzung über Polyol bis zum Polyurethan. Sinnvoll erscheint es, die Syntheseleistung der Natur zu nutzen und Stärke direkt oder über den Zwischenschritt der Modifizierung in das Polyurethan einzubringen. Eine Möglichkeit besteht in einer Veretherung von Stärke bzw. in der Herstellung von Polyetherpolyolen für die

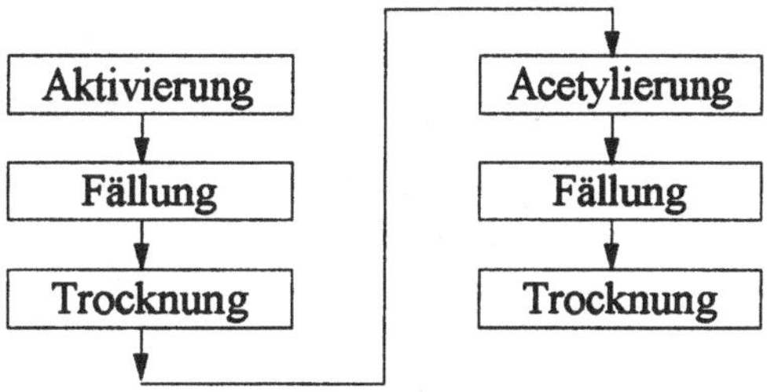

Abb. 3.2.7.9. Schema für die zweistufige Herstellung von Stärkeacetat (Rapthel, Kakuschke 1997)

spätere Polyurethanproduktion. Bei der Verwendung von Stärke-Polyolen in Polyurethanwerkstoffen zeigten sich folgende Vor- und Nachteile (Güttes 1997):

- Vorteile: Verbesserung der Aushärtung/Erniedrigung der Wärmeleitfähigkeit/geringer Schrumpf nach der Entformung
- Nachteile: hohe Viskosität und damit verbunden schlechte Fließfähigkeit

Polymerwerkstoffe aus oder mit Stärke sind eine mögliche Alternative zu petrochemischen Polymeren. Während die Befürworter stärkehaltiger Polymerprodukte die biologische Abbaubarkeit und die ökologischen Vorteile Nachwachsender Rohstoffe in den Vordergrund stellen, sehen die Gegner die Gefahr in einer Intensivierung der Landwirtschaft als Konkurrenz zur Ökologisierung. Ein verstärkter Einsatz von Polymerwerkstoffen auf der Basis von Stärke hat Vor- und Nachteile, wie eine Studie zur *Ökobilanz stärkehaltiger Kunststoffe* im Auftrag des Bundesamtes für Umwelt, Wald und Landschaft in der Schweiz zeigt (Dinkel et al. 1996). In Rahmen der Studie wurden Produkte entlang des gesamten Lebenszyklus von der Rohstoffgewinnung bis zur Verwertung untersucht. Es wurden folgende Produkte betrachtet:

- Folie aus thermoplastischer Stärke (TPS)
- Einschichtfolie aus einem Gemisch aus TPS und Polyethylen
- Dreischichtfolie aus einem Gemisch aus TPS und Polyethylen
- Folien aus reinem Polyethylen (LDPE)
- Spritzgußbecher aus einem Gemisch aus TPS und Polyethylen
- Spritzgußbecher aus Polystyrol (HIPS).

Die wichtigsten Schlußfolgerungen der Studie können wie folgt zusammengefaßt werden (Dinkel u.a. 1996):

- Aus der Sicht der Energiebilanzen und des Klimaschutzes ist die Substitution von petrochemischen Polymerprodukten durch Polymerwerkstoffe auf der Basis von Stärke positiv zu bewerten. Tendentiell trifft dies auch für die Belastung der Luft und der Gewässer durch toxische Substanzen und Salze zu.
- Werden die zur Gewinnung der Stärke angebauten Pflanzen auf naturnahen Flächen angebaut, ergibt sich im Vergleich zu der Produktion von petrochemischen Polymerwerkstoffen eine höhere Belastung der Gewässer infolge Eutrophierung.
- Werden die stärkeliefernden Pflanzen auf bereits landwirtschaftlich genutzten Flächen angebaut, ergeben sich bezüglich der Bodenbelastung und der Artenvielfalt keine zusätzlichen Belastungen. Bei einem Anbau auf vorhandenen naturnahen Flächen bzw. anstatt der Schaffung von naturnahen Flächen ist der Einfluß deutlich negativer.
- Die Entscheidung, ob der verstärkte Einsatz von Polymerprodukten auf der Basis von Stärke sinnvoll ist, hängt von den umweltpolitischen Zielsetzungen ab. Die Entscheidung kann unterschiedlich ausfallen, wenn das primäre Ziel Ressourcenschonung und Klimaschutz oder Erhaltung der Artenvielfalt und Verhinderung der Eutrophierung der Gewässer ist. Der Einsatz von Polymerprodukten auf der Basis von Stärke bewirkt eine hohe Reduktion bei der Emission von treibhausrelevanten Gasen und eine effiziente Ressourcenschonung.

- Für Produkte, die nach einmaliger Verwendung entsorgt werden, können kompostierbare Polymerprodukte Vorteile bieten, wenn eine separate Sammlung erfolgt und als Entsorgung zum Beispiel die Kompostierung vorgesehen ist. Wenn in anderen Anwendungen petrochemische Polymerprodukte mehrfach oder länger verwendet werden können, ergeben sich mit deren Verwendung im allgemeinen geringere Belastungen (Dinkel et al. 1996).

Stärke wird in der EU aus Mais, Kartoffeln und Weizen gewonnen, wobei der Mais die größten Anteile am Stärkemarkt besitzt. In Deutschland ist die Situation eine andere. Der Hauptanteil der Stärke kommt aus dem Kartoffelanbau. Dies hat keineswegs ökologische Gründe, sondern hängt mit der Berücksichtigung der neuen Bundesländer zusammen, in denen die Stärkegewinnung aus der Stärkekartoffel eine wichtige Rolle spielte und spielt (Wintzer u.a. 1993). Beim Vergleich der in Deutschland zur Stärkeproduktion angebauten Pflanzenarten Körnermais, Winterweizen und Stärkekartoffeln wird deutlich, daß die Stärkekartoffeln hinsichtlich ihrer Umweltbelastung am ungünstigsten einzustufen sind. In Tabelle 3.2.7.1 sind die umweltrelevanten Merkmale des Anbaus verschiedener stärkehaltiger Pflanzen zusammenfassend dargestellt.

Der Anbau von Körnermais und Stärkekartoffeln ist ökologisch bedenklicher

Tabelle 3.2.7.1. Umweltrelevante Merkmale des Anbaus verschiedener stärkehaltiger Pflanzen (Wintzer u.a. 1993) .- ergänzt durch (Lange 1998)

	Körnermais	Winterweizen	Stärkekartoffeln	Markerbse
Monokulturanbau	vertretbar	nicht vertr.	nicht vertr.	nicht vertr.
Anbaukonzentration (um die Verarbeitungsanlage)	nein	nein	ja	ja
Flächenbedarf [ha/t Stärke]	0,23	0,32	0,15	1
Energieaufwand der Rohstoffbereitstellung [MJ/t Stärke]	6000	4900	4100	/
Vegetationsdauer	Apr.- Okt.	Okt. - Juli	Mai -Sept.	/
Bodenbedeckungsdauer	kurz	lang	kurz	mittel
Erosionsrisiko	sehr groß	gering	sehr groß	mittel
Düngungsaufwand Gegenwart [kg N/ha]	170	180	170	/
Nitrat-Verlagerungsrisiko	groß	groß	groß	mittel
Pflanzenschutzaufwand	mittel	hoch	hoch	hoch
Bodenverdichtungsgefahr	mittel	gering	groß	gering
Trocknungsbedarf	hoch	niedrig	keine Trocknung	hoch
Lagerfähigkeit	unbegrenzt	unbegrenzt	begrenzt	/
Transportbedingte Umweltbelastungen	gering	gering	im Einzugsbereich von Bedeutung	gering

als der Anbau von Winterweizen. Eine Ausweitung der Anbauflächen für Mais und Winterweizen würde allerdings eine Verarmung der Fruchtfolge mit sich bringen. Im Vergleich zur Kartoffelstärke ist die Herstellung von Stärke aus Mais oder Weizen mit geringeren Umweltbelastungen verbunden. Die dargestellten ökologischen Nachteile insbesondere auch bei der Stärkegewinnung (Energie- und Frischwasserverbrauch und Abwasseranfall) stehen einer in der Agrarstruktur begründeten finanziellen Unterstützung des Anbaus der Stärkekartoffeln gegenüber. Die Beibehaltung oder die Ausdehnung der Anbauförderung setzt eine Tolerierung der negativen ökologischen Auswirkungen zugunsten sozialer und struktureller Vorteile im Agrarbereich voraus (Wintzer u.a. 1993).

Werkstoffe auf der Basis von Fetten und Ölen: Öle und Fette setzen sich, wie in Abb. 3.2.7.10 schematisch dargestellt ist, aus einem Alkohol (Glycerin) und drei daran angelagerten Fettsäuren zusammen. Fette und Öle sind Glyceride der Fettsäuren. Die pflanzlichen Öle und Fette sind zu 97% Triglyceride und enthalten mindestens zwei unterschiedliche Fettsäuregruppen.

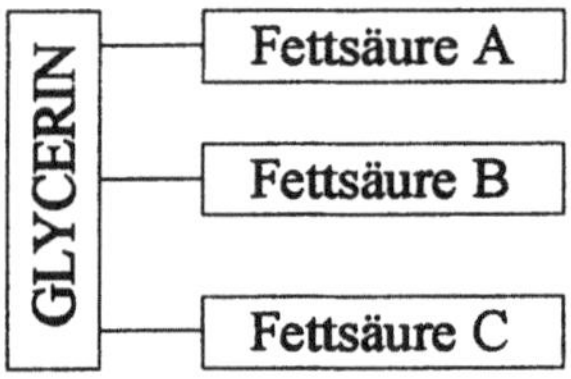

Abb. 3.2.7.10. Schematischer Aufbau von Ölen und Fetten (BMFT 1991)

Die Nutzung der pflanzlichen Öle und Fette in naturbelassener Form und daraus hergestellter Derivate (Farben, Lacke etc.) ist in den letzten Jahren zurückgegangen. Gründe hierfür sind:

- zunehmende Substitution der vergleichsweise teuren Öle wie z.B Rizinusöl durch synthetische Öle
- zum Teil schlechtere Produkteigenschaften im Vergleich zu petrochemischen Produkten
- höhere Verfahrenskosten gegenüber einer Verwendung in chemisch / physikalisch abgewandelter Form.

Durch chemisch/physikalische Abwandlung können die pflanzlichen Öle und Fette in Fettsäuren und Glycerin zerlegt werden. Diese Art der Zerlegung ist aus ökonomischen Gesichtspunkten interessant, da durch den Erlös aus der Glyceringewinnung in etwa die Verfahrenskosten abgedeckt werden (BMFT 1991). Während die Anwendungen derartiger Substanzen in der Industrie zur Zeit insbesondere im Bereich der Seifen-, Tensid-, Wasch- und Reinigungsmittel- und Kosmetikproduktion zu sehen sind, verfolgen neuere Ansätze auch eine Produktion von Werkstoffen auf der Basis von pflanzlichen Ölen und Fetten.

Zur Herstellung von Polyurethanen müssen Isocyanate und Polyole durch Polyaddition miteinander verbunden werden. Steht während der Polyaddition Wasser zur Verfügung, können unter Bildung von CO_2 Polyurethanschäume produziert werden. Neue Ansätze beschäftigen sich damit, Polyole auf fettchemischer Basis zu entwickeln, die durch Derivatisierung von Pflanzenölen erhalten werden können. Diese Polyole sollen als Monomerbausteine für die Herstellung von Polyurethanschäumen für den Automobilbereich dienen (BML u. FNR 1996; S. 173-176). Um gegenüber petrochemischen Polyolen wirtschaftlich konkurrenzfähig zu sein, wurde ein Verfahren zur Polyolsynthese aus ungesättigten Pflanzenölen entwickelt, das nach dem folgenden Schema abläuft (Poltrock 1997a):

- Reinigung der pflanzlichen Rohöle durch Raffination (Entschleimen ⇒ Destillation ⇒ Bleichen)
- Derivatisierungen
  1. Epoxidierung: Überführung der Doppelbindungen der Fettsäureketten mittels Persäuren in Epoxidringe
  2. Hydroxylierung: Umsetzung der mittelständigen Oxirangruppen mit wasserstofftragenden Reaktanden in Anwesenheit spezieller Katalysatoren.

Das Ziel des Projektes war, den Anteil an Nachwachsenden Rohstoffen im Automobilbereich für faserverstärkte Polyurethanwerkstoffe zu erhöhen. In Abb. 3.2.7.11 ist die prozentuale Erhöhung des Anteils an Nachwachsenden Rohstoffen infolge zweier wichtiger Projektschritte vom Urzustand schematisch dargestellt. Auf den ersten Blick verwundert die Angabe des Anteils von 10% Nachwachsenden Rohstoffen im konventionellen glasfaserverstärkten Polyurethanbauteil (LD-RIM). Dies ist darauf zurückzuführen, daß in konventionellen Polyolen Glycerin- und Zuckerpolyole auf der Basis Nachwachsender Rohstoffe mit einem Masseanteil von bis zu 25% enthalten sind. Entsprechend einem Mischungsverhältnis Polyol zu Isocyanat von 100 zu 120 ergibt sich ein Masseanteil von 10% (Poltrock 1997a).

Die Substitution der konventionellen Polyole durch Polyole auf der Basis ungesättigter Pflanzenöle erhöht den massebezogenen Anteil Nachwachsender Rohstoffe auf 36%. Bei Einsatz von Naturfasern kann dieser Anteil auf mehr als 80% erhöht werden. Um die entwickelten Polyole mit dem Treibmittel Wasser verarbeiten zu können, mußten neue Emulgatoren gefunden werden. Weiterhin wurden spezielle thermisch aktivierbare Katalysatoren eingesetzt, die es erlauben, die mit dem Polyurethan getränkten Nadelfilze möglichst lange zu lagern. Dennoch ist garantiert, daß kurze Preßzeiten bei Werkzeugtemperaturen von 130°C realisiert werden. Im Rahmen des Projektes wurden zwei aus verfahrenstechnischer Sicht einfache und kostengünstige Verfahren entwickelt, um die Nadelfilze aus Naturfasern mit dem Polyurethan zu verarbeiten. Ein Verfahren ist in Abb. 3.2.7.12 schematisch dargestellt.

Beim Verfahren nach Abb. 3.2.7.12 werden die Nadelfilze aus Naturfasern konditioniert und anschließend zugeschnitten. Die zwei Komponenten Polyol und Isocyanat werden dosiert und gemischt und mit einem speziellen Niederdruckmischkopf beidseitig auf das Nadelfilz aufgesprüht. Vor dem eigentlichen Preßvorgang werden in das Preßwerkzeug Retainer und Halteclips eingelegt und direkt im Preßvorgang mit dem Bauteil verklebt. In der Presse werden die besprühten Nadelfilze bei ca. 140°C umgeformt und ca. eine Minute ausgehärtet. Bei dem

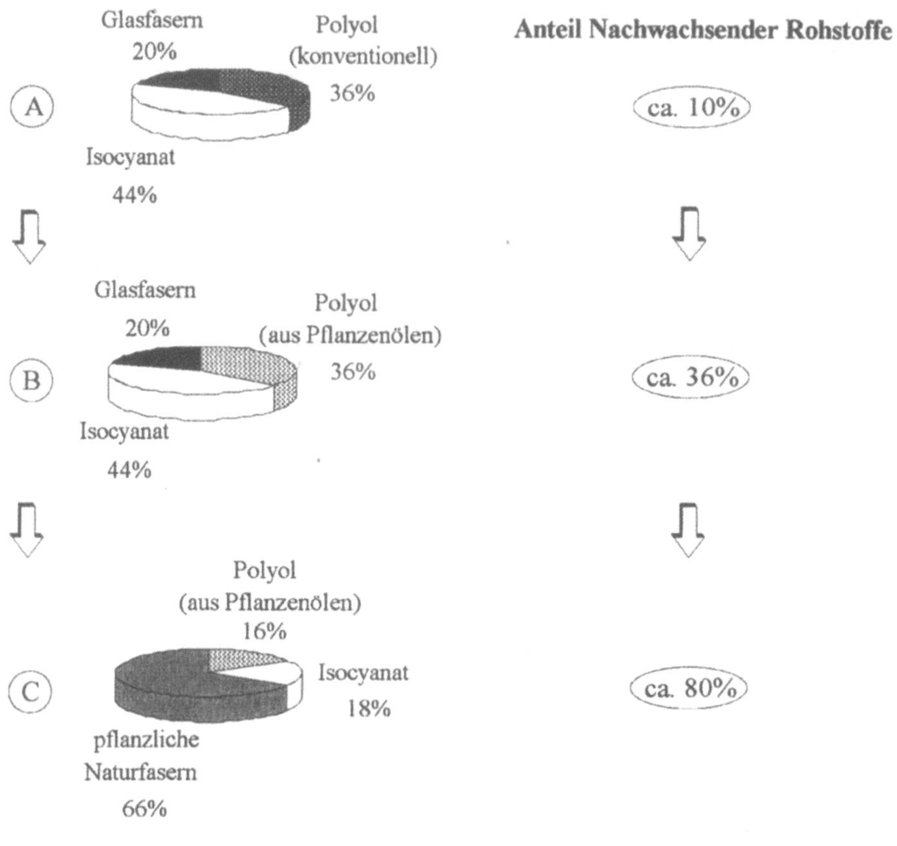

Abb. 3.2.7.11. Verringerung des Einsatzes nicht regenerativer Ressourcen in Innenverkleidungen des Automobilbaus (Poltrock 1997b)

Alternativverfahren werden die zwei Komponenten in zwei Schritten über Walzen in das Nadelfilz eingetragen (Poltrock 1997a). Vorteile dieses Verfahrens sind:

- geringe Investition bei hohem Durchsatz
- verzögerte Reaktionszeit des Harzes bei Raumtemperatur (höhere Flexibilität bei kurzzeitigem Ausfallen der Presse)
- gezielteres und verlustfreieres Auftragen der Polyurethankomponenten im Vergleich zum Sprühverfahren

Aus dem Entwicklungsstand des Projektes läßt sich ableiten, daß die geforderten Bauteileigenschaften bei einem Harzanteil von 30-40% erreicht werden. Durch die poröse Struktur des Polyurethanschaumes in Kombination mit den Naturfasern können Bauteile hergestellt werden, welche die Forderungen des Leichtbaus erfüllen. Die Verfahren zur Herstellung der Polyole auf der Basis von pflanzlichen Ölen und die zur Herstellung der Bauteile sind für eine Serienproduktion verfügbar. Eine Kalkulation der Rohstoffherstellung und der Verarbeitung zeigt, daß der

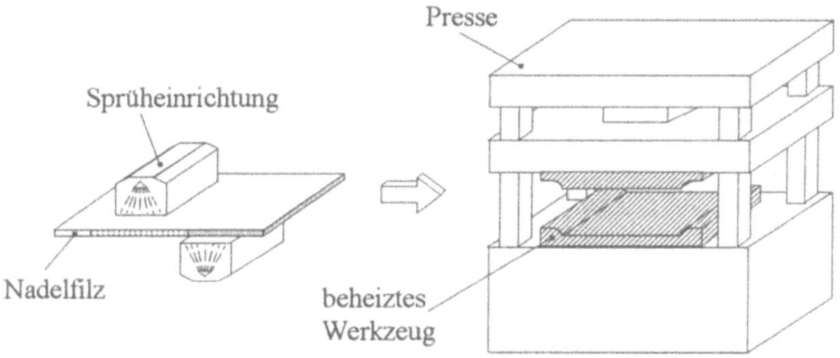

Abb. 3.2.7.12. Herstellung von Bauteilen aus nadelfilzverstärktem Polyurethanharz mit dem Sprühverfahren

Polyurethanwerkstoff aus Nachwachsenden Rohstoffen mit konventionellen Polyurethanen konkurrieren kann (Poltrock 1997a).

3.2.7.3
Schlußfolgerungen

- Die an Bedeutung gewinnenden Nachwachsenden Rohstoffe sind in Teilbereichen der chemischen Industrie in Abhängigkeit vom herzustellenden Produkt konkurrenzfähig zu nicht regenerativen Ressourcen.
- Qualität, Verfügbarkeit, Verarbeitbarkeit und Preis sind wichtige Kenngrößen für eine Vergrößerung der eingesetzten Mengen.
- Der Chemie der Natursubstanzen kommt insbesondere in den Bereichen der Entwicklung von Werkstoffen auf der Basis von Kohlenhydraten und Fetten oder Ölen eine wieder deutlich steigende Bedeutung zu.
- Wie auch bei anderen Werkstoffgruppen ist die Optimierung und der breite Einsatz von Werkstoffen aus Nachwachsenden Rohstoffen an speziell angepaßte und verbesserte Verarbeitungsverfahren gekoppelt.
- In den letzten Jahren nimmt der technische Einsatz von pflanzlichen Naturfasern wieder zu. Hier reicht die Entwicklung von der Grundlagenforschung bis zu Fragen der Verarbeitungsverfahren. Der Bereich der naturfaserverstärkten Polymere hat sich als interessanter Bereich herausgestellt.
- Insbesondere vor dem Hintergrund der Endlichkeit nicht regenerativer Ressourcen besteht ein erhöhter Forschungsbedarf im Bereich der Nachwachsenden Rohstoffe. Dieser bezieht sich auf die gesamte Wertschöpfungskette von der Pflanzenzüchtung über den Anbau, die Aufbereitung, die Werkstoffentwicklung bis zur Verarbeitungs- und Verfahrenstechnik.
- Der verstärkte Einsatz von Werkstoffen aus Nachwachsenden Rohstoffen kann nicht in allen Fällen bejaht werden, sondern hängt ganz entscheidend von gesellschaftspolitischen Entscheidungen ab. Ob beispielsweise verstärkt Polymere auf der Basis von Kartoffelstärke erzeugt werden sollen, ist davon abhängig ob

das primäre Ziel Ressourcenschonung und Klimaschutz oder Erhaltung der Artenvielfalt und Verhinderung der Gewässereutrophierung ist.

- Die Entscheidung, ob ein Anbau von Stärke für die Herstellung von Polymerprodukten aus ökologischer Sicht sinnvoll ist, muß immer mit der Sicht auf die Anwendung der Produkte verknüpft sein. Für Produkte, die nach einmaliger Verwendung entsorgt werden, können kompostierbare Polymerprodukte Vorteile bieten, wenn eine separate Sammlung erfolgt und als Entsorgung zum Beispiel die Kompostierung vorgesehen ist. Wenn in anderen Anwendungen petrochemische Polymerprodukte mehrfach oder länger verwendet werden können, ergeben sich mit deren Verwendung im allgemeinen geringere Belastungen.
- Obwohl die zukünftige Bedeutung der Nachwachsenden Rohstoffe unbestritten ist, besteht bisher ein Defizit bei der Umsetzung entsprechender Konzepte. Dies kann einerseits durch die nach Umfragen festgestellten Wissens- und Kommunikationsdefizite im Bereich der biologisch abbaubaren Werkstoffe begründet sein, andererseits in der Struktur der Förderprogramme liegen.
- Nachwachsende Rohstoffe werden insbesondere in landwirtschaftlich orientierten Programmen gefördert. Da derartige Programme alle landwirtschaftlichen Aspekte abdecken müssen, bleibt für den Bereich der Werkstoffentwicklung und -optimierung aus Nachwachsenden Rohstoffen nur ein geringer Förderanteil übrig. In speziellen Förderprogrammen zum Einsatz neuer Werkstoffe werden Werkstoffe aus Nachwachsenden Rohstoffen bisher nur unzureichend berücksichtigt. Bei einer Recherche im Jahresbericht 1996/97 des Programms MaTech – Neue Materialien für Schlüsseltechnologien des 21. Jahrhunderts – ist unter den 437 geförderten Projekten keines zum Bereich Werkstoffe aus Nachwachsenden Rohstoffen zu finden.
- Die Entkopplung der Förderung der Werkstoffe aus Nachwachsenden Rohstoffen von konventionellen Werkstoffen in bestimmten Förderprogrammen, kann dazu führen, daß eine Ausbreitung des Wissens über diese „Neuen Werkstoffe" gefährdet ist und die Akzeptanz der Werkstoffe aus Nachwachsenden Rohstoffen in der allgemeinen Werkstoffszene wesentlich langsamer erfolgt, als eigentlich wünschenswert wäre.

3.2.8 Holz – ein nachwachsender Rohstoff für Ingenieurwerkstoffe

Der bedeutendste durch Syntheseleistungen der Natur entstehende nachwachsende Rohstoff ist das Holz. Als Werk- und Rohstoff hat das Holz auch in der modernen Industriegesellschaft einen beachtlichen Stellenwert. Wirtschaftlich wurde das Holz insbesondere in den letzten zwei Jahrhunderten etwas in den Hintergrund gedrängt. Hierfür sind im wesentlichen zwei Ursachen anzuführen. Zum einen wurde durch die Entwicklung neuer Bergwerkstechniken, die eine großtechnische Förderung fossiler Rohstoffe ermöglichte, das Holz als universeller Energielieferant substituiert. Zeitgleich begann zum anderen die systematische Entwicklung funktionaler Werkstoffe aus verschiedenen montanen Rohstoffen. Beton, Kohle, Metalle, Glas und letztendlich die vielfältigen Polymere haben das Holz als Roh- und Werkstoff in vielen technischen Bereichen ersetzt. Zur Herstellung dieser Werkstoffe sind beträchtliche Energiemengen erforderlich oder, wenn von der in den letzten Jahren verfolgten Entwicklung natürlich synthetisierter Polymere abgesehen wird, fossile Rohstoffe. Demzufolge beruhen alle metallischen, mineralischen und polymeren Werkstoffe energetisch und/oder stofflich-energetisch auf Ressourcen, die nicht reproduzierbar sind. Sofern die energetische Basis nicht verändert wird, stehen diese Werkstoffe zukünftigen Generationen nur bei stetig abnehmenden fossilen Rohstoffpotentialen zur Verfügung, nicht so beim Holz.

3.2.8.1 Holz als nachwachsender Rohstoff

Bei der in den letzten Jahren intensiv geführten Diskussion über eine stärkere Nutzung reversibler Rohstoffpotentiale und der Entwicklung von Werkstoffen auf der Basis nachwachsender Rohstoffe, wird häufig das Holz als der klassische nachwachsende Rohstoff außer acht gelassen. Auf etwa 30 % des gesamten Festlandes der Erde, dies sind etwa 45 Millionen km^2, befinden sich Wälder oder waldartige Gehölzformationen. Die gesamte auf diesem Areal gespeicherte Phytomasse beträgt bei einem Zuwachs von 50 Milliarden Tonnen/Jahr ca. 1000 Milliarden Tonnen (nach Niemz 1993). Werkstoffseitig ist es vorwiegend das Holz, dem eine wirtschaftliche Bedeutung zukommt. Bei einem jährlichen Zuwachs von 150 t/km^2 stehen zur Zeit insgesamt zwischen 150 Milliarden Tonnen und 200 Milliarden t zur Verfügung. Aus dem mittleren Holzvorrat von 4500 t/km^2 ergibt sich eine Reproduktionszeit der Holzmasse von ca. 30 Jahren. Hierbei ist zu berücksichtigen, daß die nutzbare Holzsubstanz entscheidend vom Baumalter bestimmt wird. Bei einem Baumalter von 20 Jahren beträgt der Stammanteil an der gesamten Biomasse des Baumes 10 bis 15 %. Bei einem 80 Jahre alten Baum liegt der nutzbare Holzanteil dagegen zwischen 70 und 80 %. Unter Berücksichtigung dieser Verhältnisse ist eher von einer Reproduktionszeit zwischen 50 und 80 Jahren auszugehen. Eine nachhaltige Forstwirtschaft vorausgesetzt, können ca. 6,5 Mrd. t/Jahr an Holzsubstanz ohne eine existenzielle Bedrohung des Ökosystems Wald entnommen werden. Weltweit wird zur Zeit weniger Holz eingeschlagen als pro Jahr neu gebildet wird. Die Abnahme des Waldbestandes in verschiedenen Regionen der Erde (tropische und subtropische Regenwälder) ist vorwiegend ein ökonomisches und sozioökonomisches Problem. Für Regionen oder Länder mit einer nachhaltigen Forstwirtschaft wächst demgegenüber deutlich mehr Holzsubstanz nach als eingeschlagen wird. In der Bundesrepublik werden z.B. ca. 40 Millionen m^3 Holz eingeschlagen, der Zuwachs beträgt aber 60 Millionen m^3/Jahr. Trotz der insgesamt positiven Holznutzungsbilanz dürfen die Auswirkungen eines sektoralen Raubbaus nicht unterschätzt werden. Um langfristig die Rohstoffversorgung für Werkstoffe aus Holz sicherzustellen, muß der sektorale Raubbau in den tropischen und subtropischen Regionen mit Unterstützung der entwickelten Industrieländer in eine nachhaltige Forstwirtschaft umgewandelt und – dies ist eine technische Aufgabenstellung – der Nutzungsgrad des Rohstoffes Holz zur Herstellung von Holzwerkstoffen verbessert werden. Ferner wäre es unter dem Aspekt einer effektiveren Holznutzung insgesamt positiv, wenn der Rohstoff Holz für bestimmte Produkte z.B. bei Möbelwerkstoffen durch die Verwendung verholzter Einjahrespflanzen substituiert werden könnte. Während der erstgenannte Punkt: „Verbesserung der nachhaltigen Forstwirtschaft" eine politische Aufgabe beinhaltet, ist die Aufgabe den Nutzungsgrad des Holzes auch unter Einbeziehung verholzter Einjahrespflanzen zu erhöhen, eine typische Fragestellung der Werkstofftechnik.

3.2.8.2 Die Strukturelemente des natürlichen Verbundwerkstoffes Holz

Die außergewöhnlich hohen Festigkeiten verdankt der Naturstoff Holz seinem makroskopischen, mikroskopischen und submikroskopischen Aufbau. Bleiben die beträchtlichen Anteile von Holzinhaltsstoffen einiger tropischer Hölzer unberücksichtigt, besteht Holz grundsätzlich aus drei verschiedenen Stoffgruppen: der Cellulose, den Hemicellulosen und den Polyphenolen. Der submikroskopische Aufbau des Holzes ist gekennzeichnet durch die Anordnung und die Strukturbildung dieser einzelnen Stoffkomponenten. Zum submikroskopischen Aufbau ist die Verteilung der einzelnen Stoffkomponenten über die Zellwand ebenso zu rechnen, wie die Struktur und Orientierung der aus einzelnen Cellulosemolekülen bestehenden Fibrillen oder Mikrofibrillen und die Volumenanteile der stofflich und strukturell aus verschiedenen Schichten aufgebauten Holzfaser. Die Holzfasern selbst und deren geometrische Abmessungen sowie die weiteren Gewebebestandteile werden zur Mikrostruktur gerechnet und die ohne optische Hilfsmittel sichtbaren Jahresringe, Faserverläufe und Farbbilder des Holzes sind kennzeichnende Merkmale für die Makrostruktur (Niemz 1993). Während die Hemicellulosen oder Polyphenole einer Matrix oder Klebsubstanz im Holz zuzurechnen sind, bildet die Cellulose das Gerüst des Holzes. Die besondere Anordnung der Cellulosemoleküle zu größeren Strukturelementen ist die eigentliche Ursache für die außergewöhnliche Festigkeit des Holzes (das Zugfestigkeits-Dichte-Verhältnis übersteigt den Wert vergüteter Stähle).

Die mikroskopische Struktur des Holzes entspricht der Struktur eines typischen ingenieurmäßig hergestellten Mehrphasenwerkstoffes. Wie bei einer Vielzahl der technisch erzeugten Mehrphasenwerkstoffe, sind auch bei Holz die Festigkeitseigenschaften richtungsabhängig. Holz ist durch eine ausgesprochene Anisotropie gekennzeichnet. Bereits im makroskopischen Bereich wird diese Anisotropie durch die Parallellage der Holzfasern in Wuchsrichtung des Baumes sichtbar. Neben den unterschiedlichen mechanischen Eigenschaften in radialer, tangentialer und longitudinaler Richtung, sind auch die hygrischen Eigenschaften des Holzes (Quellen und Schwinden) richtungsabhängig. Bei der Be- und Verarbeitung des Holzes wird diese Richtungsabhängigkeit berücksichtigt. Die anisotropen makroskopischen und mikroskopischen Struktureigenschaften werden gezielt bei der Herstellung von Bohlen, Balken, Brettern und Leisten genutzt. Wird Holz als Baustoff verwendet, so ist zu berücksichtigen, daß dieses Material als Naturstoff nicht frei von Fehlern ist. Makroskopische Inhomogenitäten wie Jahresringe, Äste, oder Holzfehler sind bei der Bemessung von Bauteilen ebenso zu berücksichtigen wie die hohe standortbedingte Variabilität der mechanischen Eigenschaften Die Einteilung in Güteklassen nach einer visuellen Beurteilung oder teilweise nach einer zerstörungsfreien Prüfung soll dem Konstrukteur die Bemessung lasttragender Bauteile erleichtern. Da aber trotz einer Einteilung in verschiedene Güteklassen hohe Standardabweichungen hinsichtlich der mechanischen Eigenschaften vorliegen, müssen bei der Auslegung entsprechende Sicherheitsfaktoren berücksichtigt werden.

Ein wesentliches Ziel der Entwicklung von Werkstoffen aus Holz ist es, die vorhandenen Inhomogenitäten des Holzes statistisch so zu verteilen, daß Werkstoffe mit geringen Standardabweichungen der mechanischen Eigenschaften entstehen.

3.2.8.3 Holzwerkstoffe

Holzwerkstoffe sind eine Gruppe von Materialien, die masse- oder volumenbezogen im wesentlichen aus Holzteilen (Partikel) mit definierten oder regellosen geometrischen Abmessungen bestehen. Durch Zugabe künstlicher oder natürlicher Bindemittel bzw. bei speziellen Holzwerkstoffen durch die Aktivierung holzeigener Bindekräfte, wird ein fester und dauerhafter Verbund zwischen den einzelnen Holzteilen erzielt. Die verschiedenen Holzwerkstoffe werden üblicherweise nach dem Typ der hergestellten Holzteile in Lagenhölzer, Spanplatten und Faserplatten unterteilt. Insbesondere im Hinblick auf die Entwicklung neuer Holzwerkstoffe und deren spezifische Einsatzbereiche ist es zweckmäßiger, die Werkstoffe nach dem strukturellen Aufbau und den Volumenanteilen der Funktions-Struktur-Elemente – Holzpartikel und Bindemittel – zu unterscheiden. Die Holzteile von Holzwerkstoffen, die im Unterschied zum Bindemittel eine bestimmte Form aufweisen (geometrisch charakterisierbare Funktions-Struktur-Elemente), können aus Stäben oder Stäbchen bestehen, aus Platten (Furniere), Furnierstreifen, Spanstreifen, Plättchen (Flakes, Wafers), Flachspänen, Feinspänen, Faserspänen und Fasern sowie letztendlich auch aus den submikroskopischen Bestandteilen des Holzes. Abb. 3.2.8.1 zeigt den Zusammenhang zwischen der Größe der Holzteile und die eigenschaftsbestimmenden Strukturmerkmalen des Holzes.

Aus den Strukturmerkmalen des Holzes kann aber nicht unmittelbar auf die Struktureigenschaften des Holzwerkstoffes geschlossen werden. Werden die einzelnen Holzteile bevorzugt in eine oder zwei Raumrichtungen ausgerichtet, ergibt sich eine andere Holzwerkstoffstruktur als wenn eine statistische Verteilung der Holzteilchen vorliegt. Werkstoffe mit gezielt orientierten Holzteilen können als strukturorientierte Holzwerkstoffe und solche mit einer statistischen Verteilung der Holzteilchen als strukturisotrope Holzwerkstoffe bezeichnet werden (siehe Abb. 3.2.8.2 und Abb. 3.2.8.3). Die jeweilige Struktur beeinflußt die mechanischen und hygrischen Eigenschaften des Holzwerkstoffes mindestens in dem gleichen Maße wie die Dichte als dominierender Einflußfaktor.

Sind Werkstoffe gefragt, die über ein weitgehend richtungsunabhängiges Eigenschaftsspektrum verfügen sollen, ist bei der Herstellung eine Orientierung der Holzteile zu vermeiden. Erfolgt die Beanspruchung eines Werkstoffes oder eines Bauteils dagegen vorwiegend in einer Richtung (Tragwerkkonstruktionen im Bauwesen) kann über die Orientierung der Holzteile ein auf den Belastungsfall zugeschnittener Werkstoff erzeugt werden. Bedingt durch die Holzteilchengröße und deren Geometrie eignen sich die lamellierten Holzteilchen Stäbe oder Stäbchen bzw. die Furniere, Spanstreifen, Flakes und Wafers nach dem Stand der Technik besser zur Herstellung strukturorientierter Holzwerkstoffe als die stärker zerkleinerten Späne oder Holzfasern.

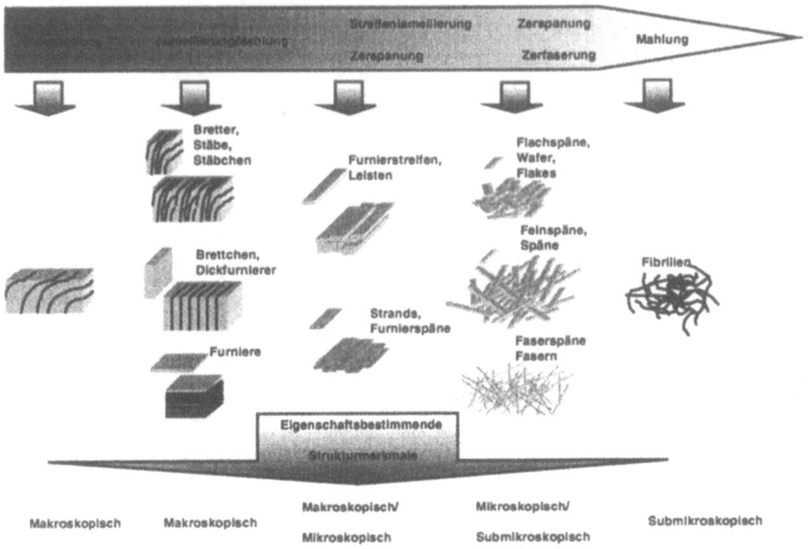

Abb. 3.2.8.1. Eigenschaftsbestimmende Strukturmerkmale in Abhänigkeit von der Größe der Holzteilchen

3.2.8.4 Bindemittel

Um einen Verbund der verschiedenen Holzteile herzustellen, enthalten Holzwerkstoffe als zweites Funktionsstrukturelement Bindemittel. Hinsichtlich der Strukturbildung eines Mehrphasenwerkstoffes ist es weniger der Typ des Bindemittels – anorganisch oder organisch – der die Struktureigenschaften eines Werkstoffes bestimmt, als vielmehr dessen Volumenanteil. Mehrphasenwerkstoffe, bei denen die einzelnen geometrisch bestimmbaren Funktionsstrukturelemente (Fasern, Späne, Plättchen usw.) vollständig von dem Bindemittel eingehüllt sind, zeigen ein grundsätzlich anderes Werkstoffverhalten als Mehrphasenwerkstoffe, bei denen die geometrisch bestimmbaren Funktionsstrukturelemente durch eine punktförmige oder flächige Verklebung fest miteinander verbunden sind. Grundsätzlich können alle Werkstofftypen Verbundtyp: Matrix oder Klebung und die Strukturtypen: strukturorientiert oder strukturisotrop, mit Holz als Funktionsstrukturelement hergestellt werden (siehe Abb. 3.2.8.2 und Abb. 3.2.8.3). Die wirtschaftlich größte Bedeutung haben heute strukturisotrope Werkstoffe mit einer Verklebung als Verbund.

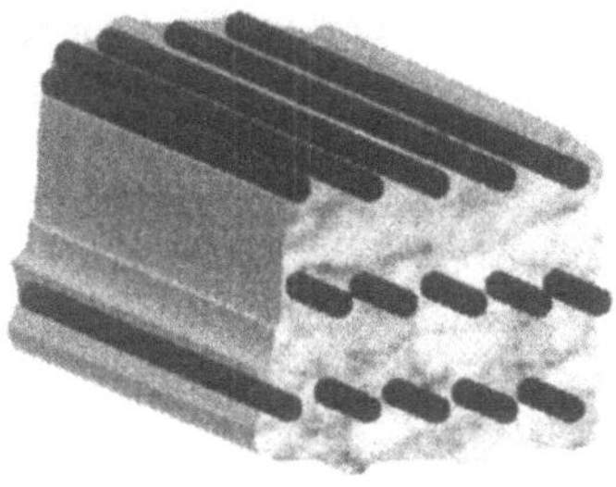

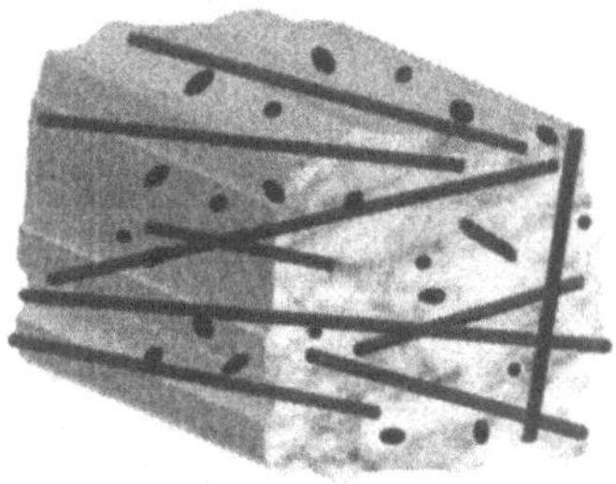

Verbundtyp:	Matrix	Verbundtyp:	Matrix
Strukturtyp:	Strukturorientiert	Strukturtyp:	Strukturisotrop
Beispiel:			
Fasergewebe in Polymer		gipsgebundene Spanplatte	

Abb. 3.2.8.2. Strukturorientierte und Strukturisotrope Werkstoffe mit Matrixverbund

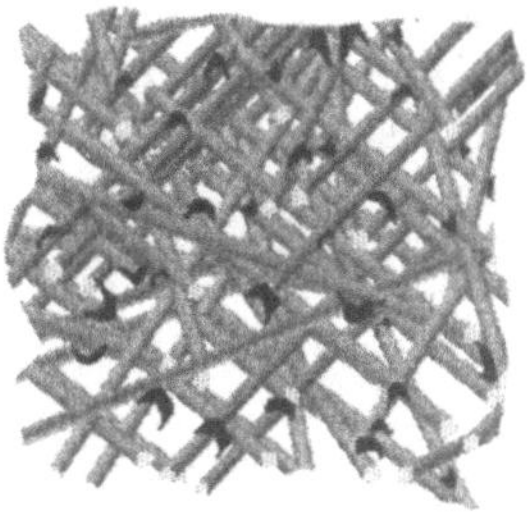

Verbundtyp:	Klebung	Verbundtyp:	Klebung
Strukturtyp:	Strukturorientiert	Strukturtyp:	Strukturisotrop
Beispiel:			
Oriented Strand Board (OSB)		Mitteldichte Faserplatten (MDF)	

Abb. 3.2.8.3. Strukturorientierte und Strukturisotrope Werkstoffe mit Klebverbund

3.2.8.5 Strukturbildung und mechanische Eigenschaften

Bei der Entwicklung der Span- und Faserplatten Ende der vierziger und Anfang der fünfziger Jahre wurde sehr schnell erkannt, daß die Herstellung von Werkstoffen mit holzanalogen Eigenschaften unter ökonomischen und technischen Randbedingungen nicht erreicht werden kann. Bei der Weiterentwicklung, bei der neben Holz auch andere Lignocellulosen einbezogen wurden, stand daher die Homogenisierung und eine weitgehende Rohstoffnutzung im Vordergrund. Die Entwicklung von Werkstoffen aus kleinformatigen Holzteilchen und holzanalogen Eigenschaften wurde systematisch erst Anfang der sechziger Jahre wieder aufgenommen (OSB). Charakteristisch für diese Werkstoffe ist die bereits bei der Herstellung der verschiedenen Lagenhölzer genutzte Lamellierung des Holzes. Neben der Lamellierung selbst werden bei der Herstellung

- Holzfehler gezielt beseitigt
- Fehler oder Inhomogenitäten durch eine Überdeckung kompensiert
- die Makrostruktur des Holzes weitgehend beibehalten
- hohe Schlankheitsgrade der Holzteile (Verhältnis von Länge zu Holzteildicke, Verhältnis von Breite zu Holzteildicke) realisiert und
- die einzelnen Holzteile gezielt orientiert.

Neben der seit vielen Jahren mit Erfolg im Bauwesen eingesetzten OSB (Oriented Strand Board) werden seit einigen Jahren auch weitere strukturorientierte Holzwerkstoffe hergestellt.

Zu diesen Holzwerkstoffen gehören das Spanstreifenholz bzw. Laminated Strand Lumber (LSL), Furnierschichtholz bzw. Laminated Veneer Lumber (LVL), und das Furnierstreifenholz bzw. Parallel Strand Lumber (PSL) (Informationsdienst Holz Reihe 1 und 4; Tansey 1995a, 1995b; anonym 1994).

In Abb. 3.2.8.4 sind typische Merkmale dieser strukturorientierten Holzwerkstoffe zusammengefaßt. Der Schlankheitsgrad und die Strukturorientierung ist der wesentliche Einflußfaktor für die Festigkeit. Bei den Werkstoffen mit hohen Schlankheitsgraden LVL und PSL werden Festigkeiten erzielt, die die des ge-

	LVL Laminated Veneer Lumber	PSL Parallel Strand Lumber	LSL Laminated Strand Lumber	OSB Oriented Strand Board
Rohholz	schälfähiges Rundholz	schälfähiges Rundholz	Rundholz teilweise Resthölzer	Rundholz
Funktions-Struktur-Elemente				
Holz	Furniere, Dicke: 2,5 bis 4,5 mm	Furnierstreifen Dicke: 3mm Breite: 13 bis 20 mm Länge: bis 3000 mm	Spanstreifen Dicke: 0,8 bis 1,5 mm Breite: 20 bis 40 mm Länge: 300 mm	Späne Dicke: 0,5 bis 0,8 mm Breite: 10 bis 40 mm Länge: 60 bis 150 mm
Bindemittel	Phenolharzleime Phenol-Melaminharzleime	Phenolharzleime	Isocyanat	Phenolharzleime Phenol- Melaminharzleime Isocyanat
Strukturtyp	Strukturorientiert	Strukturorientiert	Strukturorientiert	Strukturorientiert mehrschichtig
Werkstoffdichte	480 bis 600 Kg/m³	550 bis 650 kg/m³	650 kg/m³	600 bis 800 kg/m³
Werkstoffabmessungen	Platten Dicke 21 bis 89 mm	20.000 x 280 x 483 mm³	Platten Dicke > 100 mm Länge 11.000 mm	Platten
Biegefestigkeit	50 N/mm²	80 N/mm²	40 N/mm²	25 bis 50 N/mm²
Biege-E-Modul	10.000 N/mm²	14.000 N/mm²	8.000 N/mm²	6.000 N/mm²
Anwendung	Tragwerke, Balken, Ständer, Schalung, I-Träger, Arbeitsbühnen	Träger, Brücken, Masten, Tragwerke I-Träger, Fenster,	Decken, Wände, Stützen, Träger, I-Träger,	Wände, Böden, Verpackung, Dächer, Fahrzeugbau, I-Träger, Türrahmen

Abb. 3.2.8.4. Charakteristische Merkmale von LVL, LSL und PSL

wachsenen Holzes weit überschreiten. Wird ferner berücksichtigt, daß diese Werkstoffe hinsichtlich der Festigkeit eine geringe Standardabweichung aufweisen und deshalb die ermittelten Festigkeiten bei der Bemessung von Bauteilen einbezogen werden dürfen, wird bei diesen Holzwerkstoffen der deutlich höhere Nutzungsgrad des Holzes gegenüber Bauteilen aus Vollholz sichtbar (vgl. Abb. 3.2.8.5).

3.2.8.6
Zukünftige Aufgaben der Holzwerkstoffentwicklung

Die wesentlichen Aufgaben der zukünftigen Werkstofforschung im Bereich der Holzwerkstoffe bestehen in der weiteren Verbesserung der Holznutzung, stärkere Einbeziehung holzfremder Lignocellulosen für Plattenwerkstoffe und der Reduzierung bzw. Substitution der auf petrochemischen Rohstoffen basierenden Bindemittel. Auch ein geringerer Energiebedarf bei der Zerspanung des Holzes oder dessen Trocknung, sind Aufgaben die von der Werkstofforschung bearbeitet werden müssen. Hinsichtlich der Substitution petrochemischer Rohstoffe sind in den letzten Jahren einige erfolgsversprechende Ansätze verfolgt worden. Erwähnenswert sind in diesem Zusammenhang insbesondere die Verwendung von Tanninen zur Herstellung von Span- und Faserplatten und die Entwicklung neuerer Verfahren, bei denen die holzeigenen Bindestoffe zur Herstellung von Faserplatten genutzt werden. Neben den organischen Bindemitteln muß in Zukunft auch den anorganischen Bindemitteln (Gips, Zement) wieder eine größere Beachtung geschenkt werden. Holzwerkstoffe mit anorganischen Bindemitteln sind für die Anwendung im Baubereich prädestiniert. Die hohe Feuchtebeständigkeit zementgebundener Plattenwerkstoffe für Bauteile im Außenbereich und die preiswerte ressourcenschonende Herstellung gipsgebundener Plattenwerkstoffe für den Innenbereich, sind nur einige Vorteile dieser Wertstoffgruppe (Kossatz u. Lempfer 1985; Simon 1980; Pampel u. Schwarz 1979; Hilbert et al. 1988).

Wenn als ökologisches Kriterium die Holznutzung herangezogen wird, so sind an erster Stelle die klassischen Spanplatten zu nennen. In den Industrieländern werden Spanplatten fast ausschließlich aus geringwertigen Holzsortimenten, Recyclingholz oder Gebrauchtholz hergestellt. Die Verwendung dieser Holzsortimente wurde durch eine angepaßte Entwicklung der Zerspanungstechnik und durch Entwicklungen im Bereich der Vliesbildung und der Preßtechnik erreicht. Im Unterschied zu den lamellierten Holzwerkstoffen ist eine zufällige Verteilung der Spangeometrie und eine Strukturisotropie für die zur Zeit geforderten Gebrauchseigenschaften ausreichend. Erreicht werden können die Gebrauchseigenschaften aber lediglich bei einer Rohdichte, die je nach Holzart zwischen 20 und 100% über der Dichte des verwendeten Holzes liegt.

Um z.B. bei MDF die Anforderungen für eine Möbel- oder Bauplatte zu erfüllen, sind Werkstoffdichten von 800 bis 900 kg/m³ erforderlich. Selbst bei lamellierten Werkstoffen ist die Werkstoffdichte deutlich höher als die Dichte des Holzes. Sichtbar wird dieser Zusammenhang aus der in Abb. 3.2.8.6 dargestellten Abhängigkeit zwischen dem Bruchspannung-Dichte-Verhältnis und dem Nutzungsgrad des Holzes. Können Holzwerkstoffe erzeugt werden, die bei der bisher üblichen Dichte höhere Festigkeiten aufweisen oder bei einer geringeren Dichte über das gleiche Festigkeitsniveau verfügen, würde sich der Nutzungsgrad des

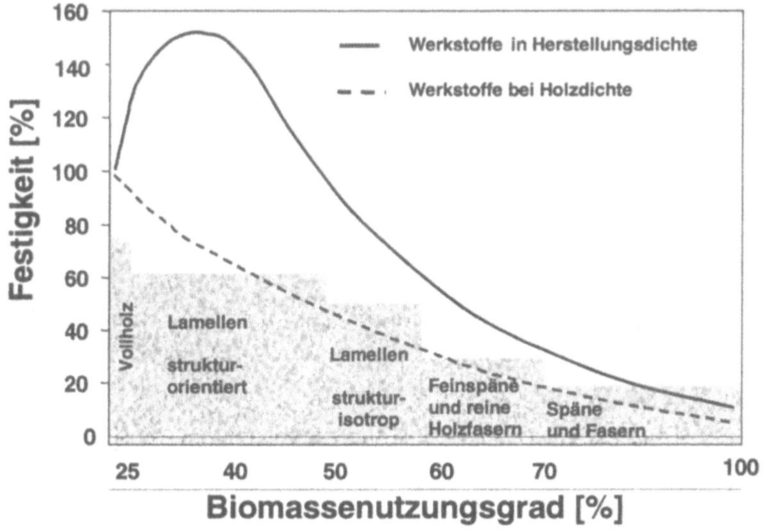

Abb. 3.2.8.5. Festigkeit in Abhängigkeit vom Biomassenutzungsgrad bei verschiedenen Holzwerkstoffen

Holzes beträchtlich verbessern. Für die Werkstofforschung ergeben sich hieraus folgende Aufgabenfelder:

- Holzwerkstoffe aus kleinformatigen laminierten Partikeln
- Strukturorientierung kleinformatiger Partikel
- Zielgerichterte Strukturorientierung bekannter lamellierter Holzwerkstoffe
- Herstellung von Faserstoffen mit einem noch höheren Schlankheitsgrad durch Aufschluß der Mikrofibrillen (vornehmlich für Matrixwerkstoffe)
- Verstärkte Nutzung lignocellulosehaltiger Baumbestandteile oder lignocellulosehaltigem Pflanzen für isotrope Span- oder Faserplatten und
- stärkere Nutzung anorganischer Bindemittel und organischer Bindemittel aus nachwachsenden Rohstoffen.

Die Entwicklung der letzten Jahre im Bereich der Holzwerkstoffe hat gezeigt, daß zunehmend Werkstoffe mit auf spezifische Anwendungsfälle zugeschnittenen Anforderungen gefragt sind (Deppe 1994, Merz 1993, 1994). Auch zukünftige Entwicklungen werden mit einer weiteren Spezialisierung verbunden sein. Die Vielfalt der Holzwerkstoffe wird daher zunehmen. Auch wenn dies verfahrenstechnisch eher ein Nachteil ist, muß unter dem Gesichtspunkt einer besseren Nutzung der Rohstoffpotentiale und der Substitution nicht nachwachsender Rohstoffe, eine größere Vielfalt und Variabilität demgegenüber als Vorteil betrachtet werden. Je mehr verschiedene Holzwerkstoffe mit jeweils spezifischen Eigenschaften zur Verfügung stehen, desto weitgehender können die Rohstoffpotentiale ausgeschöpft werden.

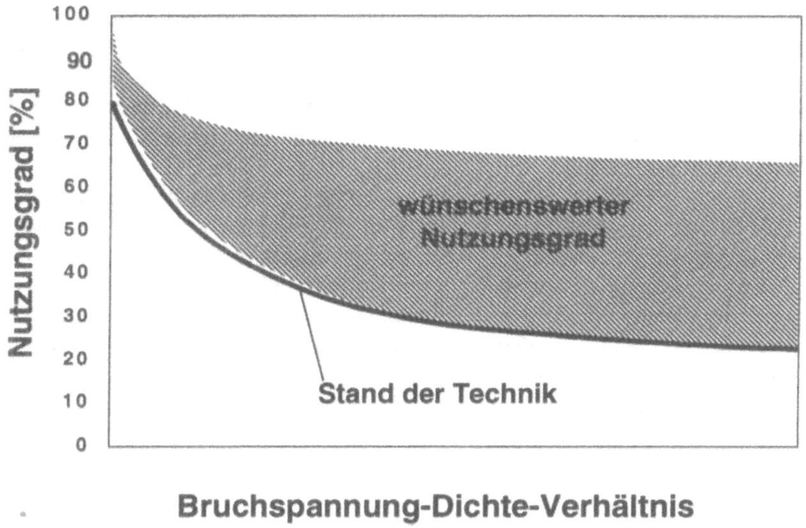

Abb. 3.2.8.6. Abhängigkeit des Nutzungsgrades vom Bruchspannung- Dichte- Verhältnis

3.2.8.7
Ökologische Bedeutung

Bei einer nachhaltigen Forstwirtschaft ist Holz als nachwachsender Rohstoff ein ausgesprochen ökologischer Roh- und Werkstoff. Die ökologische Bedeutung des Holzes geht nicht zuletzt auf die mit der Herstellung von Holzwerkstoffen verbundene bessere Nutzung der Biomasse zurück (Informationsdienst Holz 1994). Selbst bei den lamellierten hochwertigen Holzwerkstoffen besteht ein deutlich höherer Holznutzungsgrad, als wenn lediglich die Vollhölzer eingesetzt werden. Die bei der Zerspanung und zum Teil auch bei der Weiterverarbeitung des Holzes unvermeidlich anfallenden Reststoffe können entweder stofflich oder energetisch verwertet werden. Eine stoffliche Verwertung von Reststoffen bietet sich insbesondere bei der Herstellung lamellierter Holzwerkstoffe an. So können minderwertige Furnierblätter, die bei der Sperrholzherstellung anfallen, stofflich zur Herstellung von PSL und Feingutanteile aus der OSB-Herstellung – eine weitere Aufbereitung vorausgesetzt – aufgrund des hohen Schlankheitsgrades als qualitativ hochwertiges Spanmaterial für klassische Spanplatten genutzt werden. Stofflich nicht verwertbare Bestandteile sind ein idealer Brennstoff, um die in der Holzwerkstoffindustrie benötigte thermische oder elektrische Energie bereitzustellen. Um dem Kreislaufwirtschaftsgedanken Rechnung zu tragen, ist auch die Recyclingfähigkeit gebrauchter Holzwerkstoffe zu berücksichtigen. Bei Holzwerkstoffen mit Harnstoff-Formaldehyd-Leimharzen, dies sind etwa 90 % aller Spanplatten, ist das Recyclingproblem durch neuere technische Entwicklungen gelöst. In verschiedenen Spanplattenwerken wurde ein Recyclingverfahren umgesetzt, bei dem eine hydrolytische Spaltung der Leimverbindung eingeleitet wird (Michanikel 1994). Das so zurückgewonnene Spanmaterial unterscheidet sich nicht vom Ausgangsmaterial. Es handelt sich daher auch nicht um ein Downcyclingverfahren. Hydrolysebeständige Verklebungen können nach diesem Verfahren noch nicht aufgeschlossen werden. An Lösungen, auch diese Werkstoffe aufzuschließen, wird gearbeitet.

Sind Holzwerkstoffe oder Bauteile aus Holz mit Schutzmitteln behandelt, sollte auf eine stoffliche Verwertung verzichtet werden. Eine energetische Verwertung derartiger Reststoffe ist aus ökologischer Sicht vorteilhaft. Bei der Verbrennung wird nur die CO_2-Menge freigesetzt, die bei der Bildung der Holzsubstanz aus der Atmosphäre entnommen wurde, ferner werden die Schutzmittel bei richtiger Temperaturführung biologisch unwirksam. Eine bei der Deponierung stattfindender biologischer Abbau würde die gleiche CO_2-Menge freisetzen. Die dabei freiwerdende Energie ginge aber ungenutzt verloren und die Schutzmittel blieben weitgehend erhalten.

3.2.8.8 Ausblick

Die Entwicklung neuer oder neuartiger Holzwerkstoffe ist bei weitem nicht erschöpft. Das hohe rohdichtebezogene Festigkeitspotential, die leichte und energiesparende Be- und Verarbeitung sowie die Nutzung eines nachwachsenden Rohstoffes sind nur einige Eigenschaften, die Holzwerkstoffe vor allen anderen Ingenieurwerkstoffen auszeichnen (Informationsdienst Holz 1994). Die physikalischen und mechanischen Eigenschaften von Holzwerkstoffen können sowohl durch den Prozeß als auch durch eine geschickte Rohstoffauswahl in weiten Bereichen gezielt eingestellt werden. Holzwerkstoffe eignen sich sowohl zur Herstellung von Dämmstoffen, als Konstruktionselemente in der Bau- und Möbelindustrie und nicht zuletzt als lasttragende Konstruktionselemente im gesamten Bereich des Bauwesens (Holzbaumagazin 1997). Im Bauwesen können Holzwerkstoffe als Plattenmaterialien, als Ständer und als Balken genutzt werden. Die Zerspanung von Holzwerkstoffen kann mit üblichen Holzbearbeitungsmaschinen erfolgen, statisch besonders günstiger Profile sind daher einfach herzustellen.

Entsprechende Entwicklungen vorausgesetzt, dürfte das vorhandene Rohstoffpotential auch außerhalb der Bau- und Möbelindustrie eine Alternative zu weniger ökologischen Werkstoffen sein. Eine Mikrobewehrung organischer und anorganischer Bindestoffe mit Holzfibrillen ist hierbei ebenso denkbar, wie die Herstellung ultraleichter aber hochfester Platten und Tragwerksysteme.

3.2.8.9 Schlußfolgerungen

- Der nachwachsende Rohstoff Holz steht bei einer nachhaltigen Forstwirtschaft auch zukünftigen Generationen in ausreichender Menge zur Verfügung.
- Das Problem einer regionalen Übernutzung des Rohstofflieferanten Wald sollte aber nicht unterschätzt werden. Wie in kaum einen anderen Bereich sind hier ganzheitliche Problemlösungen gefragt. Falsche, kurzfristige Nutzungsstrategi-

en haben – wie bei anderen Rohstoffen auch – negative globale Auswirkungen auf die Umwelt.

- Kein natürlicher Rohstoff ist so vielseitig einsetzbar wie das Holz. Der Energiebedarf zur Konfiguration des Holzes ist gering. Holzwerkstoffe ermöglichen bei einem hohen Holznutzungsgrad eine große Produktvielfalt. Bei einer hohen Wirtschaftlichkeit können Holzwerkstoffe besonders ökologisch hergestellt werden.
- Wirtschaftliche Herstellung und ökologische Nutzung der Rohstoffpotentiale stellen bei Holzwerkstoffen keinen Zielkonflikt dar.
- Eine Renaissance althergebrachter Einsatzbereiche würde weder dem Rohstoff noch der technischen Entwicklung im gebührenden Maße Rechnung tragen. Gefragt sind vielmehr Werkstoffkonzepte, die den Rohstoff in seiner ganzen Breite auf Grundlage neuer Erkenntnisse und Entwicklungen der Werkstoffwissenschaften nutzen.
- Eine noch effektivere Nutzung der mikroskopischen und submikroskopischen Strukturen des Holzes in Mehrphasenwerkstoffen ist bei zukünftigen Entwicklungen ebenso in Betracht zu ziehen wie eine zweckmäßige, auf den Anwendungsfall zielende Kombination mit anderen Werkstoffen zu Bauteilen oder Baugruppen.
- Ferner sind im Holz zahlreiche Extraktstoffe vorhanden, die bisher nur zu geringen Teilen technisch verwertet werden. Die Erschließung dieses Potentials ist auch für die Werkstoffwissenschaften eine interessante Aufgabe.

3.2.9 Nanostrukturierte Funktionswerkstoffe

Mit der Veränderung der Gefügestruktur von Werkstoffen ist in der Regel auch eine Veränderung der Eigenschaften verbunden. Wird jedoch eine gewisse Größe der Gefügeeinheiten unterschritten, kommt es zu einer drastischen Veränderung der Eigenschaften, die es rechtfertigt, von einer neuen Materialgruppe zu sprechen. Es handelt sich um Stoffe, deren Partikelgrößen im Bereich von 1nm - 100nm liegen. Dieser Bereich kennzeichnet den Übergang von typischen molekularen Strukturen (< 1nm) hin zu den bekannten Festkörpern (> 1µm) (Schmid 1992). Die Ursache für diesen „Sprung" ist darin zu sehen, daß im Bereich nanometergroßer fester oder auch flüssiger Materie die physikalischen Eigenschaften durch quantenmechanisches Verhalten zu beschreiben sind. Anders ausgedrückt: Wesentliche Eigenschaften in einem nanometergroßen Teilchen sind nicht mehr so wie im ausgedehnten Festkörper, in dem uns Materie normalerweise begegnet, selbst wenn es sich dabei um mikroskopisch kleine Partikel von wenigen Mikrometern Ausdehnung handelt. Dieses Geschehen läßt sich beispielhaft an der gedanklichen Verkleinerung eines Metallteilchens nachvollziehen.

Abb. 3.2.9.1 illustriert die Entstehung eines Quantenpunktes mit neuartigen physikalischen Eigenschaften aus dem Bulk-Zustand anhand der sich verändernden Elektronik:
Beim Übergang vom dreidimensionalen (3D) metallischen Zustand in ein zweidimensionales Band (2D), wenige Atome dick, können sich die Elektronen nicht mehr entsprechend dem 3D-Zustandsdiagramm quasi-kontinuierlich bewegen, sondern ihre Energie wird quantisiert. Durch weitere Reduktion der Dimensiona-

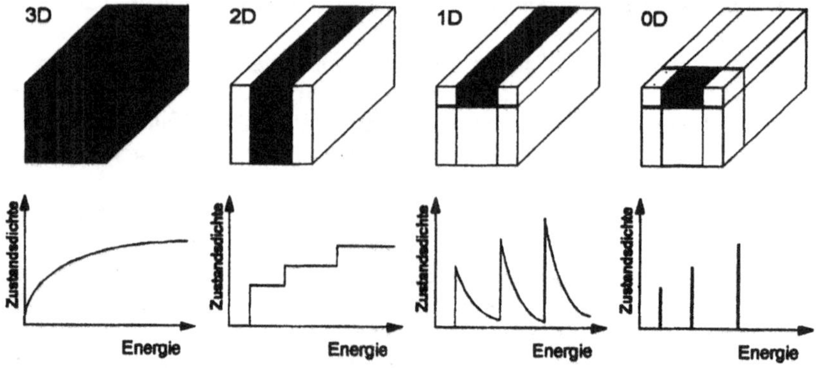

Abb. 3.2.9.1. Entstehung neuartiger physikalischer Eigenschaften beim Übergang vom Bulk-Zustand zum Quantenpunkt

lität (1D) entstehen Quantendrähte, charakterisiert durch eine Präzisierung der Energiezustände, um letztlich im nulldimensionalen (0D) Zustand konkrete Energiezustände zu bilden. Dies ist der hier angesprochene Nanometerbereich.
Im Sinne dieser Ausführungen werden Werkstoffe wie polykristalline Metalle, deren Korngrößen durchaus im Nanometerbereich liegen können, nicht berücksichtigt. Durch die unmittelbare Berührung der Nanoteilchen in einem solchen Material gehen deren intrinsische Eigenschaften z.T. verloren. In den hier beschriebenen Funktionswerkstoffen kommt gerade die individuelle Eigenschaft der einzelnen Nanopartikel zum Tragen. Materialien, aus nicht-koaleszierenden 0D-Teilchen zusammengesetzt, haben grundsätzlich andere Eigenschaften als solche aus Bausteinen gleicher chemischer Zusammensetzung aber makroskopischen Ausmaßes. So eröffnen oxidische, nichtoxidische, Halbleiter- und Metall-Nanopartikel breite Anwendungsbereiche wie beispielsweise in Beschichtungswerkstoffen (Ulman 1996) für z.B. leitfähige, licht- und wärmedurchgangsskontrollierende Schichten, in Nanokompositwerkstoffen (Ozin 1992, 1996) etwa für Implantatoberflächen oder strukturelle Implantate, in Keramiken, Sensoren, Photovoltaikzellen, Photo- und Elektrolumineszenzbausteinen (Grätzel 1995, Weller 1993), Katalysatoren in der Abgasreinigung und nicht zuletzt als Bausteine in der künftigen Nanoelektronik, die immense Auswirkungen auf neue Rechner- und Lasergenerationen haben wird. Neuronale Netzwerke stellen langfristig die vielleicht größte wissenschaftlich-technologische Herausforderung dar. Sie können voraussichtlich mit den heutigen Technologien nicht wirklich realisiert werden. Dazu bedarf es der Einelektronentransistoren (Schön 1995a,b), die aus physikalischen Gründen nur durch Kombination geeigneter Quantenpunkte im Sinne der eingangs erläuterten physikalischen Gesetzmäßigkeiten realisiert werden können (Schmid u. Chi 1998). Die nachfolgend aufgeführten Felder des Einsatzes nanostrukturierter Materialien stellen einen Ausschnitt aus der aktuellen Forschung dar. Diese teilt sich in die Funktions- und die Konstruktionswerkstoffe. Aus der Ansicht der Autoren liegt das Potential der Nanowerkstoffe derzeit ohne Zweifel auf dem Gebiet neuer funktionaler Werkstoffe, so daß eine Beschreibung der Aktivi-

täten auf dem Gebiet der Konstruktionswerkstoffe (Siegel 1994) unterbleibt. Diese Einschätzung wird unterstützt durch die Tatsache, daß die Anzahl der Publikationen im Bereich nicht-funktionaler Nanomaterialien ausgesprochen gering ist. Trotz dieser Einschränkung würde der Versuch, eine Gesamtübersicht zu geben, den Rahmen dieser Ausführungen sprengen. Auch können die angesprochenen Felder nicht in voller Tiefe diskutiert werden. Es soll lediglich ein Überblick und Einblick in das Gebiet Nanotechnologie gegeben werden.

3.2.9.1
Erzeugung von Nanostrukturen

Nanopartikel lassen sich durch zwei vom Ansatz her gegensätzliche Methoden verwirklichen: Zum einen durch die Verkleinerung von Bulk-Materialien (‚top-down'-Prinzip), zum anderen durch die ‚bottom-up'-Methode, bei der Nanoteilchen aus gleichartigen Atomen oder Molekülen aufgebaut werden (Abb. 3.2.9.2).

Beide Wege besitzen ihre spezifischen Vorteile hinsichtlich der erzeugten Strukturen. So bietet das top-down-Verfahren den Vorteil einer höheren Produktionskapazität, einer guten Reproduzierbarkeit und relativ breiten Anwendbarkeit. Nachteile sind die zumeist breite Größenverteilung der erzeugten Partikel, deren Reinheit sowie die Korngröße, die im Bereich mehrerer hundert Nanometer liegt.

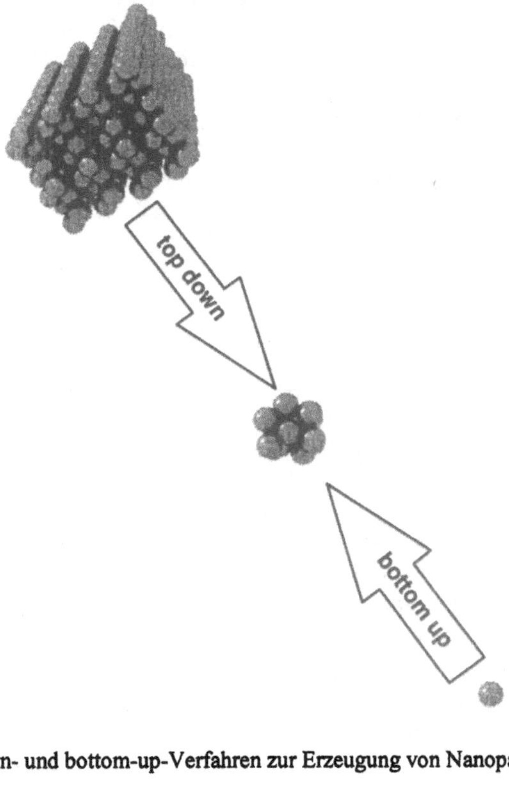

Abb. 3.2.9.2. Top-down- und bottom-up-Verfahren zur Erzeugung von Nanopartikeln

Gleiches gilt für Strukturierungsverfahren von Oberflächen, die zur Zeit auf lithographischen Verfahren beruhen. Dabei ist die Grenze der lateralen Strukturierungsgröße mit ca. 50nm erreicht. In diesem Bereich kommen jedoch die herausragenden Eigenschaften der Nanomaterie noch nicht voll zum Tragen. Eine weitere Verkleinerung der Strukturen ist nur mit außerordentlich hohem technischen Aufwand zu realisieren.

Für die top-down-Methode haben sich Mahl-Techniken und Kombinationen physikalisch-chemischer Herstellungsmethoden wie die Elektronenstrahllithographie, Ätztechniken und Aufdampfverfahren wie die Chemical Vapor Deposition (CVD), Physical Vapor Deposition (PVD) oder die Molecular Beam Epitaxie (MBE) bewährt. Um maßgeschneiderte Nanoteilchen mit noch kleineren Abmessungen herzustellen, erscheint der chemische Aufbau über einzelne Atome oder Moleküle (bottom-up) praktikabler. Teilchen mit definierter Atomzahl zwischen 1 und 2 Nanometern stellen die ultimative Verkleinerung eines Stoffes dar und werden weltweit als Bausteine neuartiger Materialien der Zukunft angesehen (Ozin 1992; Schmid 1994).

Bei der Synthese fester Materialien aus atomaren Vorstufen wird zwangsläufig der Nanozustand durchlaufen, so daß die Strukturen durch geeignete Maßnahmen vor weiterer Koaleszenz geschützt werden müssen. Ebenso bieten neuartige Strukturierungsverfahren eine ideale Ergänzung zu bestehenden Methoden im Hinblick auf die Erzeugung nanometergroßer Systeme. Nachfolgend werden repräsentative Beispiele zur Erzeugung von Nanopartikeln und -strukturen dargestellt und deren Eigenschaften und mögliche sowie teilweise bereits realisierte Anwendungen beschrieben (Fendler 1998; Schmid 1994).

Jede über einen Nukleationsschritt verlaufende chemische Synthese von Festkörpern durchläuft das Stadium, in dem die erzeugten Keime wenige Nanometer groß sind. Dies gilt für die durch Zersetzung und/oder Reduktion von Metallkomplexen erzeugten Metallteilchen ebenso, wie für klassische Fällungsreaktionen unter Bildung schwerlöslicher Feststoffe. Werden die in der Lösung entstehenden hochdispersen Teilchen durch geeignete Maßnahmen vor weiterer Koaleszenz geschützt, so können sie isoliert werden. Dies gelingt z.B. durch Belegung der hochreaktiven Oberflächen mit molekularen chemischen Verbindungen (Liganden) oder durch Polymere. Diese stabilisieren durch entropische oder elektrostatische Wechselwirkung die Partikel gegeneinander. So gewinnt man z.B. nanodisperse Kieselgele durch Stabilisierung aus Solen. Dabei unterbleibt eine vollständige Kondensation unter Bildung makroskopisch vernetzter Xerogele, die dann aber im Zuge einer Anwendung durch geeignete Reaktionsführung herbeigeführt werden kann. Diese Materialien enthalten nanodisperse Partikel in einer kontinuierlichen Matrix, die z.B. in Glasbeschichtungen Anwendung findet. Eine weitere interessante Variation ist die Herstellung Nanometer großer Partikel in "Nanoreaktoren", wie inversen Micellen (Möller 1996b) oder porösen Templaten, deren Hohlraumgröße nahezu beliebig variabel ist. Diese Techniken erlauben somit die Einstellung der Partikelgröße (Martin 1994, Schmid 1997). Ein weiterer Weg zu Nanoteilchen besteht in der Verdampfung von Metallen in eine Matrix aus Ligand oder Polymer. Dabei bilden sich bereits während der Verdampfung oder auch später in der Matrix ebenfalls Nanopartikel. Vorteil dieses Verfahrens ist eine hohe Ausbeute, der Nachteil ist der erheblich größere technische Aufwand.

Lumineszierende Strukturen: Elektrolumineszierende Strukturen beruhen auf der Entstehung elektromagnetischer Strahlung bei der Rekombination von Elektronen und Löchern in einer Matrix (Bard 1992). Bisher beruhen derartige Bauelemente auf der Bildung Nanometer dicker Schichten aus elektronisch unterschiedlichen Materialien, an deren Grenzflächen durch Ladungsträgerrekombination Licht emittiert wird. Durch Verwendung nanometer-feiner Pulver als lichtemittierende Substanz (Weller 1993, 1994) nimmt der Grenzflächenanteil drastisch zu, so daß die Effizienz und Lichthelligkeit derartiger LED`s deutlich verbessert wird. Ein weiterer Vorteil ist in der Steuerung der Lichtemission zu sehen. Diese ist eine Funktion der Halbleiterstruktur, insbesondere der Zusammensetzung und der Größe. Durch Verkleinerung der Teilchengröße erfolgt eine Verschiebung der Lumineszenz in den kurzwelligen Bereich, so daß durch „Nanokonfektionierung" alle Spektralfarben realisierbar wären. Hinzu kommt, daß aufwendige Verfahren zur Erzeugung von Multischichtsystemen entfallen und die Defektanfälligkeit derartiger Systeme abnimmt. Die Anwendungen solcher Schichtsysteme sind vielfältig und reichen von kleinflächigen lichtemittierenden Dioden bis hin zu Displays in Quadratmetergröße. In der Realisierung derartiger Displays spielt die Fehleranfälligkeit und die Lebensdauer unter Arbeitsbedingungen eine entscheidende Rolle. Durch die Verwendung einfacher Beschichtungstechniken, die zudem nur eine aktive Schicht aufweisen, kann die Fehleranfällligkeit drastisch reduziert und damit die Ausdehnung von Displays vergrößert werden (Bard 1992; Weller 1993; 1994).

Magnetische Materialien: Wird die Größe magnetischer Strukturen reduziert, so kommt es auch bei diesen Materialien zu einer Veränderung der elektronischen und damit magnetischen Eigenschaften. Dies betrifft sowohl Schichtsysteme, die zumeist elektrochemisch erzeugt werden, als auch nanoskalig strukturierte Substanzen, die nach den oben beschriebenen Verfahren zugänglich sind (Klabunde 1996). Die Schichtsysteme besitzen alternierend Lagen ferromagnetischen und nicht magnetisierbaren Materials. Bei hinreichend geringer Stärke koppeln diese Schichten untereinander unter Spin-Spin-Wechselwirkung. Damit verändert sich der elektrische Widerstand im Hinblick auf Stromfluß senkrecht durch diese Schichten (Giant Magneto Resistance) (Moskovits 1991). Durch ein äußeres Magnetfeld kommt es zu einer Veränderung der magnetischen Struktur und einer detektierbaren Veränderung des Stromflusses. Diese Strukturen stellen somit ideale Sensoren dar. Ebenfalls von technologischem Interesse könnten nanometerfeine magnetische Suspensionen sein, deren viskoelastisches Verhalten eine Funktion eines äußeren Magnetfeldes ist. Dadurch können Fließeigenschaften von Flüssigkeiten gezielt gesteuert werden. Diese Suspensionen können Metallverbindungen wie Eisennitrid oder Eisenoxid aber auch reine Metallpartikel enthalten. Sie sind dann vor Oxidation durch chemische Modifizierung an der Oberfläche zu schützen. Durch partielle Entmischung nicht löslicher Metalle werden ebenfalls interessante magnetische Materialien erzeugt. Dies gelingt z.B. durch Entmischung von Kobalt in einer Kupfer-Kobalt Legierung (Berkowitz 1992). Nanokristallite von Kobalt werden so durch die kupferreiche Matrix voneinander getrennt.

3.2.9.2 Beschichtungen

Mit Beschichtungen können Eigenschaften nahezu beliebiger Materialien in weitem Umfang verändert werden. Beispiele dafür sind der Korrosionsschutz von Metallen oder die dekorative Beschichtung von Oberflächen. Weitere Vorteile der Anwendung von Beschichtungen sind der geringe Materialeinsatz, die Verwendung unterschiedlichster Substrate und insbesondere die Einstellung verschiedenster Materialeigenschaften. Erzeugt werden sie durch physikalische und/oder chemische Verfahren. Großflächig kommen etablierte Methoden der Beschichtungstechnik, wie z.B. Sprühen, Tauchen und Spin-Coaten zum Einsatz (Ulman 1996). So sind vor allem passive Schichten auf industriellen Massenprodukten wie lackierten Oberflächen oder auch Gläsern zu erzeugen. Ein weiterer Zugang zu Beschichtungen besteht in elektrochemischen Verfahren. Durch Variation der Abscheidebedingungen können Schichtstrukturen bis in den Nanometerbereich hinein erzeugt werden (Fendler 1998).

Beschichtungsverfahren können danach unterschieden werden, ob sie aktiv Eigenschaften des Substrats verändern, d.h. eine physikalisch-chemische Umwandlung bewirken, wie z.B. in der Elektrochromie, oder ob lediglich eine passive Beschichtung erreicht werden soll. Dies ist der Fall, wenn eine Schicht ohne Veränderung der Substratstruktur bestimmte Materialeigenschaften bewirken soll, wie z.B. eine erhöhte Kratzfestigkeit.

Aktive Beschichtungen auf der Basis nanostrukturierter Stoffe führen unter anderem zu neuartigen photovoltaischen Anordnungen. Zwischen zwei leitfähigen Gläsern kann in eleganter Weise elektrischer Strom erzeugt werden, wobei die Transparenz dieser Schichten einen Einsatz in Glasfassaden ermöglichen sollte. Darüber hinaus stellt die Erzeugung schaltbarer Beschichtungen einen Schwerpunkt der Forschung dar. Ein Beispiel sind elektrochrome Schichten, deren Transparenz sich beim Anlegen einer Spannung verändert.

Die Zahl der passiven Funktionsschichten ist naturgemäß deutlich größer. Große Bedeutung erlangen der Korrosionsschutz metallischer Oberflächen oder die Farbe zur Dekoration von Werkstoffen. Ferner sind Eigenschaften wie veränderte Benetzbarkeit, mechanische Festigkeit, Reflexionsvermögen u.a. von großem Interesse.

So können periodische Strukturen auf einer Glasoberfläche, deren Periodizität im Nanometerbereich liegt, die Lichtreflexion wirksam unterdrücken. Dies beruht auf der kontinuierlichen Veränderung des Brechungsindex zwischen Umgebung und Oberfläche, wodurch es nicht mehr zur Totalreflexion kommt. Somit lassen sich Displays, insbesondere in Verkehrssystemen, in beliebigen Winkeln reflexionsfrei ablesen. Mit Hilfe nanostrukturierter Systeme lassen sich transparente Oberflächen kratzfest beschichten. Dies gelingt durch zwei prinzipielle Ansätze: Den Einsatz nicht streuender SiO_2-Nanoteilchen, die eine hohe mechanische Stabilität aufweisen, verbunden mit reaktiven Gruppen, die die Substrathaftung ermöglichen und die Verwendung polymerer oder silikatischer Matrizes, erzeugt durch Sol-Gel-Techniken. Derartige Beschichtungen sind z.B. die Grundvoraussetzung für den Einsatz von Polycarbonat in Automobilverglasungen. Der deutlich leichtere Kunststoff führt zu erheblichen Energieeinsparungen. Darüber hinaus können derartige Schichten zugleich durch geeignete Metallnanoteilchen dauerhaft und lichtstabil eingefärbt werden, so daß sich eine mulitfunktionelle Beschichtung ergibt. Solche keramischen Beschichtungen werden bereits technisch bei Brillengläsern und Halogenlampen eingesetzt, da sie extrem dauerhaft und auch hitzestabil sind (vgl. Abschn. 4.5).

Die kratzfeste Ausrüstung von Glasoberflächen läßt sich nahezu beliebig auch auf andere sensitive Oberflächen wie lackierte Flächen im Automobilbau erweitern. Durch Verbesserung der mechanischen Festigkeit ließe sich die Haltbarkeit der Lackoberflächen erheblich steigern, verbunden mit einer deutlichen Verringerung zur Korrosionsneigung. In Kombination mit einer chemisch zu erzeugenden Niedrigenergieoberfläche kommt es zur Ausbildung schmutzabweisender und leicht zu reinigender Oberflächen. Im Extremfall kann diese Beschichtung derart hydrophob und permanent sein, daß ein „Übersprayen" von lackierten Oberflächen nicht mehr möglich sein wird (vgl. Alivisatos 1992; Ulman 1996).

Strukturierung von Oberflächen: Die Strukturierung von Oberflächen (im Bereich <50nm) ist in vielen Fällen eine grundlegende Voraussetzung für die auf die Erzeugung einer aktiven (Elektrolumineszenz, Photovoltaik, ...) oder auch passiven Funktionsschicht (Verschleißschutz, Lichtreflexion, ...).

Dieses gelingt durch verfeinerte licht- und auch elektronenstrahllithographische oder durch neue drucklithographische Techniken. Neue nanolithographische Strukturierungstechniken sind vielversprechende Ansätze zur Erzeugung neuer funktioneller Schichten. Diese Verfahren gehen von einem aufwendig zu erzeugenden „Master" (z.B. Stempel, Maske) aus, welches aber ohne hohen Aufwand nahezu beliebig oft zu replizieren ist (Whitesides 1995, 1996a-e). Weitere Ansätze zur Nanostrukturierung basieren auf der Anordnung von Nanopartikeln und deren interpartikuläre Wechselwirkungen auf Substraten. Dieser als self-assembly bezeichnete Prozeß ist universell auf verschiedenste Substrate anzuwenden, bewirkt jedoch in der Regel nur eine begrenzte Fernordnung. Gleiches gilt für die Strukturierung von Oberflächen mittels Rastersondenmethoden (Heike 1996). Diese besitzen eine ausgezeichnete Auflösung bis in den Sub-Nanometerbereich, bei allerdings hohem technischen Aufwand zur Strukturierung größerer Bereiche. Ziel der Bemühungen auf diesem Gebiet muß es sein, in leicht reproduzierbarer Weise Strukturen im Bereich unterhalb von 50nm großflächig auf beliebigen Oberflächen zu erzeugen (Masuda 1996). Eine hohe Ordnung in großer Ausdehnung vorausgesetzt, können derartige Strukturen in der Elektronik, Optik, bei funktionellen Beschichtungen neue Eigenschaften ermöglichen (Möller 1996a,b, Möller u. Spatz 1998). Dies beinhaltet die Erzeugung neuer elektronischer oder optischer Speichermedien, die Erzeugung schmutzabweisender Oberflächen, die Beeinflussung des Refelxionsverhaltens von Oberflächen uvm.

3.2.9.3 Nanokompositwerkstoffe

Das Gebiet der Komposite ist naturgemäß breit und stellt für sich in der Variation der Komponenten auch hinsichtlich der Anwendung von Kompositmaterialien kein einheitliches Feld dar. Es reicht von der Erzeugung metallischer Nanoteilchen in polymeren Matrizes (vgl. Herstellung und Fallbeispiel) bis hin zu Keramiken mit Nanostruktur.

So entstehen in micellarer Lösung nach Reduktion von Goldverbindungen farbige Polymerfilme mit Absorptionen im Bereich von 520nm. Ähnliche Eigenschaften besitzen elektrochemisch erzeugte Metallsäulen aus Gold in porösen Wirtssystemen wie Aluminiumoxidmembranen. Diese stellen nanodisperse, anorganische Farbfilter mit einstellbarer Filterwellenlänge dar.

Ebenso können Kohlenstoffnanotubes in Matrizes mit hinreichender thermischer Stabilität durch Pyrolyse von polymeren Ausgangsverbindungen erzeugt werden. Diese besitzen ein außerordentlich hohes Potential als Wasserstoffspeicher (vgl. Fallbeispiel Abschn. 4.5) für zukünftige alternative Energiekonzepte, da sie bereits bei geringem Druck unter Umgebungstemperatur große Mengen Wasserstoff aufnehmen.

Auch im Bereich der Strukturwerkstoffe können Nanokomposite einen wesentlichen Beitrag zur Verbesserung der Eigenschaften leisten. So gelingt durch die Einlagerung von Polymeren in Schichtsilikate (Schichtdicke 1-2nm) eine deutliche Steigerung der mechanischen Festigkeit in 2 Dimensionen, im Gegensatz zu den Faserkunststoffen. Hinzu kommt, daß derartige Komposite nicht brennbar oder toxisch, bei einem geeignetenKunststoff transparent und in großer Menge herstellbar sind. Ein breiter Forschungs- und Entwicklungseinsatz geht in Richtung von Treibstofftanks, Flugzeuginneneinrichtungen, Bremsen und Reifen.

Ebenfalls von technologisch zunehmendem Interesse ist die Erzeugung nanometergroßer Strukturen in porösen Wirtsmatrizes durch CVD oder PCV. Dabei ist die Größe der zu erzeugenden Strukturen durch die Matrix vorgegeben und liegt zwangsläufig im Nanometerbereich. Denkbare Anwendungen sind die Erzeugung funktioneller poröser Pulver für die heterogene Katalyse, als Pigmente aber auch poröse Schichten in der Elektrolumineszenz oder Photovoltaik.

3.2.9.4 Nanoporöse Werkstoffe

Neben den Materialien, die auf Nanopartikeln basieren, stellen auch inverse Strukturen, d.h. Löcher im Nanometerbereich in festen Stoffen, interessante Werkstoffe dar. Seit langem bekannt sind poröse Silikate (Brinker 1996) und auch Zeolithe, die Poren im Bereich weniger Nanometer besitzen. Diese finden insbesondere in der chemischen Katalyse Anwendung. Dabei bestimmt die Struktur und Größe des Hohlraums die Eigenschaften des Materials (Hornyak et al. 1992, 1994, Masuda 1995, 1996, 1997). Darüber hinaus gibt es Materialien, wie z.B. Aerogele, die nahezu vollkommen aus Hohlräumen bestehen. Sie besitzen Dichten im Bereich von 0,01g/cm^3 und eignen sich u.a. hervorragend zur Isolierung. Auch die supramolekularen Strukturen basieren z.T. auf Kavitäten im Nanometerbereich, mit neuartigen Eigenschaften in der Sensorik, Katalyse usw. Regelmäßig angeordnete Poren im Bereich von einigen zehn Nanometern besitzen interessante optische Eigenschaften (Lehmann 1996). Entsprechende Materialien weisen eine optische Bandstruktur auf, die der elektronischen Bandstruktur von Halbleitern ähnelt. Dadurch lassen sich in diesen Materialien elektromagnetische Wellen bestimmter Wellenlänge selektiv weiterleiten. Solche optical-band-gap Werkstoffe können daher in optischen Datenverarbeitungssystemen von großer Bedeutung sein (Ozin 1996).

3.2.9.5 Nanoelektronik

Die Technik der Datenverarbeitung beruht derzeit auf Silizium als Halbleiter. Dieses Material läßt sich in der für Halbleiter geforderten hohen Reinheit herstellen und ist unbegrenzt verfügbar. Es weist allerdings inhärente Nachteile auf. So ist für eine effektivere Datenverarbeitung eine Verkleinerung der Strukturen erforderlich. Dies führt jedoch neben den rein technischen Problemen zu einer elektronischen Veränderung des Festkörpers. Silizium wird zunehmend zum Isolator. Darüber hinaus besitzt Silizium eine indirekte Bandlücke, d.h. daß optische Anregung nur unter Energieverlust und damit ineffektiv möglich ist. Daher sind optoelektronische Bauteile aus reinem Silizium nicht zu realisieren. Auf der Suche nach neuen Halbleitern haben insbesondere Verbindungshalbleiter wie GaN oder GaP, sowie ternäre Verbindungen an technischer Bedeutung gewonnen. Einem technischen Einsatz steht jedoch bislang der hohe Preis dieser Materialien entgegen. Doch auch diese Halbleiter sind bei einer starken Verkleinerung der Strukturen nicht weiter zu verwenden. Der gleiche physikalische Effekt, der aus Halbleitern bei Verkleinerung der Strukturgröße Isolatoren macht, bewirkt, daß Metalle zu Halbleitern werden (Alivisatos 1996; Ahmed 1997; Schmid u. Chi 1998; Schmid 1996). Die Verringerung der Atomanzahl in diskreten Teilchen führt zum Auftreten einer Bandlücke mit wenigen Elektronenvolt. Die dazu erforderliche Größe von 1-2nm z.B. für Gold kann bisher jedoch nicht durch klassische physikalische Strukturierungsverfahren erreicht werden. Vielmehr sind derartige Teilchen nur durch chemische Verfahren zugänglich, wie sie oben beschrieben wurden. Ebenfalls ungelöst ist bislang die Kontaktierung dieser Partikel. Bekannt sind jedoch bereits die besonderen elektronischen Eigenschaften. Diese lassen sich durch Leitfähigkeitsmessungen und insbesondere durch Rastertunnelspektroskopie bestimmen. Derartige Messungen belegen, daß sich diese Teilchen wie Quantenpunkte verhalten, wobei deren Kapazitäten im Attofaradbereich (10^{-19}F!) liegen. Diese extrem geringen Werte führen dazu, daß einzelne Elektronen auf diese Quantenpunkte bereits bei normaler Umgebungstemperatur übertragen werden können. Dies bedeutet, daß Schaltungen durch einzelne Elektronen realisiert werden können, was einer ultimativen Datendichte auf der Basis elektronischer Schaltungen gleichkommt. Somit könnten "Metalle" die Halbleiter der Zukunft sein.

3.2.9.6 Schußfolgerungen

- Da die Nanotechnologie im wesentlichen nicht auf der Entwicklung neuartiger Materialien aufgrund neuer chemischer Zusammensetzung beruht, sondern die veränderten elektronischen Gegebenheiten in existierenden Stoffen ausnutzt, die sich in nanometergroßen Partikeln einstellen, ist ihr Innovationspotential eminent.
- Nanotechnologische Herstellungsverfahren erlauben eine ‚soft chemistry', sind ressourcenschonend und umweltfreundlich. Viele mögliche Anwendungen weisen umweltrelevante Aspekte auf, wie z.B. verlängerte Lebensdauer, Material- und Energieeinsparung. Durch diese Einsparungen und die Erschließung neuer

Märkte sind deutliche wirtschaftliche Impulse zu erwarten. Die Nanotechnologie sollte daher bei einer weiteren intensiven Entwicklung, verbunden mit ihrer großen Anwendungsbreite, mittel- bis langfristig zu neuen industriellen Aktivitäten führen.

3.2.10 Entwicklungstrends bei Beschichtungen

Beschichtungen haben in den letzten Jahren stark an Bedeutung gewonnen. Neben den bekannten Hartstoffschichten für die Zerspanung oder Hartchromschichten auf stark beanspruchten Oberflächen von Maschinenkomponenten wie Hydraulikzylindern, sind Beschichtungen in der Elektronik, für die Datenspeicherung, für tribologische, medizinische, korrosive, optische und dekorative Anwendungen von Bedeutung.

Je nach Einfluß des Substrates auf den Beschichtungsprozeß spricht man vom Aufwachsverfahren oder von Abscheideverfahren. Beim Aufwachsen ist das Trägermaterial direkt am Schichtwachstum beteiligt, indem es chemisch mit der Prozeßatmosphäre reagiert. Die entstehende Schicht stellt eine chemische Verbindung des Substratmaterials mit der Schicht dar. Der bedeutendste Prozeß dieser Art ist die thermische Oxidation von Silicium.

Man unterscheidet zwischen dünnen Schichten (von nm bis µm), die hauptsächlich mit PVD- oder CVD-Methoden hergestellt werden und dicken Schichten (im Bereich von mehreren µm bis zu mm) die mit thermischen Spritzverfahren (zum Beispiel: Plasmaspritzen), Auftragsschweißen (zum Beispiel: Elektroschlackebandplattieren, Laserauftragsschweißen), Pulverbeschichtungen und durch Galvanik hergestellt werden. Teilweise werden auch thermochemische Prozesse unter die Beschichtungen subsumiert, obwohl keine eigentliche Beschichtung stattfindet. Die thermochemischen Prozesse können jedoch sehr gut mit PVD-Prozessen kombiniert werden und stehen auch sehr häufig in Konkurrenz zu den PVD-Prozessen.

Neben den Beschichtungen gewinnen auch jene Arten von Oberflächentechnologien zunehmend an Bedeutung, die mit dem Entfernen dünner Schichten (Reinigen, Ätzen) oder der Modifikation von Oberflächenschichten (Haftverbesserer, Benetzbarkeit) zusammenhängen. Oft kommen Beschichtungen ohne diese Vorbehandlung nicht aus. Durch die Oberflächentechnologie lassen sich zum Beispiel Polymere so behandeln, daß auf diesen Beschichtungen mit guten Hafteigenschaften appliziert werden können.

3.2.10.1 Dünnschichttechnologie und Oberflächenmodifikation

Mit Hilfe verschiedener Beschichtungsverfahren werden dünne Schichten auf geeigneten Substraten (HSS, Stahl, Silicium, Glas, Saphir, Keramik) abgeschieden. Zur Abscheidung eignen sich eine Reihe von Verfahren, die im allgemeinen in zwei Haupt-Gruppen eingeteilt werden:

1. PVD-Verfahren (Physical Vapour Deposition)
2. CVD-Verfahren (Chemical Vapour Deposition)

Bei *PVD-Prozessen* erfolgt der Schichtaufbau durch Kondensation eines Dampfes auf dem zu beschichtenden Substrat. Der aus Atomen, Molekülen oder Clustern bestehende Dampf wird physikalisch, z. B. durch Verdampfen, erzeugt. PVD-Prozesse können durch die Art der Teilchenerzeugung, den Transport der Teilchen zum Substrat und die Art der Kondensation der Teilchen auf dem Substrat unterschieden werden.

Bei *CVD-Prozessen* erfolgt der Schichtaufbau durch chemische Reaktionen gasförmiger Komponenten in der Nähe oder auf der Substratoberfläche. Voraussetzungen für einen CVD-Prozess ist daher die Existenz gasförmiger chemischer Verbindungen, die miteinander so reagieren, daß eines der Reaktionsprodukte der für die Beschichtung gewünschte feste Stoff ist, alle anderen Reaktionsprodukte jedoch gasförmig sind, so daß sie leicht abtransportiert werden können.

Weiter unterscheidet man Plasmapolymerisations-Prozesse, elektrochemische und chemische Abscheidung. Bei *Plasmapolymerisations-Prozessen* erfolgt der Schichtaufbau durch das Vernetzen von Monomeren zu Polymeren im Plasma. Man kann über Plasmapolymerisations-Prozesse aus der Gasphase heraus Schichten deponieren oder aber bereits vorhandene Polymere stärker Vernetzen. Bei der *Elektrochemischen-Abscheidung* unterscheidet man die kathodische Abscheidung, die anodische Oxidation und die Elektrophorese. Bei der *chemischen Abscheidung* unterscheidet man „electroless" Galvanik, Verdrängungsreaktionen, homogene Präzipation, Sprühpyrolyse, Chromatieren und Phosphatieren.

Bei der Schichtherstellung durch Abscheiden entsteht die Schicht durch Anlagerung der Schichtteilchen an die Substratoberfläche. Das Substrat ist nur mittelbar an den dabei ablaufenden physikalischen oder chemischen Prozessen beteiligt. Abscheideprozesse bieten die Möglichkeit, Schichten bei vergleichsweise niedriger Temperatur und weitgehend vom Substrat unabhängiger Zusammensetzung und Struktur herzustellen.

Durch die verschiedenen Verfahren der Dünnschichttechnik bietet sich eine Reihe von nützlichen Möglichkeiten an:

1. Hochreine Materialien in definierter Dicke und mit geringer Defektdichte können abgeschieden werden.
2. Neue Materialien lassen sich auf einfache Weise am Ort des Einsatzes synthetisieren.
3. Unterschiedliche Materialien können in einer Beschichtungsanlage übereinander abgeschieden werden (Sandwich).
4. Dünne Schichten und Substrate können hinsichtlich physikalischer, prozesstechnischer und anwendungsspezifischer Gesichtspunkte weitgehend unabhängig voneinander optimiert werden.

Da das Wachstum dünner Schichten nicht zwingend im thermodynamischen Gleichgewicht erfolgt, weichen ihre physikalischen Eigenschaften im Allgemeinen von denen des kompakten Materials ab. So können durch eine optimierte Prozeßführung Schichten mit verschiedenen Eigenschaften hergestellt werden. Dies betrifft zum Beispiel:

- mechanische Eigenschaften (Härte, Abriebfestigkeit, Gleiteigenschaften, Zugfestigkeit, eingeprägte innere Spannung)
- elektrische Eigenschaften (Leitfähigkeit, Energielücke bei Halbleitern)

- chemische Eigenschaften (Korrosionsfestigkeit, Passivierungseigenschaften)
- magnetische Eigenschaften (magnetische Orientierung)
- optische Eigenschaften (Transmission, Absorption, Reflexion, Polarisation)
- sensitive Eigenschaften (piezoelektrische, magneto-, ionen-, gassensitive Schichten)
- Morphologie (monokristallin, polykristallin, amorph)
- dekorative Eigenschaften (Glanz, Farbe).

Einige wichtige Methoden der Oberflächenmodifikation ohne eigentliche Schichtabscheidung oder gar mit Schichtabtrag sind:

- Plasmabehandlung
- Ionenimplantation
- Thermochemische Behandlung
- Laser- und UV-Behandlung.

3.2.10.2
Einsatzfelder für Dünnschichttechnologie und Oberflächenmodifikation

Hartstoffschichten für Werkzeuge und Präzisionsbauteile: Dank ihrer Härte, die typischerweise im Bereich 2000 HV liegt, kommen Hartstoffschichten vor allem dort zum Einsatz, wo der Widerstand gegen Verschleiß erhöht werden soll. Naheliegendste Anwendung für Hartstoffschichten ist die Beschichtung von Präzisionswerkzeugen, z.B. von Bohrern oder Wendeschneideplatten für das Zerspanen von Stahl. Bereits Ende der sechziger Jahre gelang das Abscheiden von CVD-Hartstoffschichten auf Hartmetall.

Die Mehrzahl der Präzisionswerkzeuge ist aber aus Stahl, vor allem aus Schnellarbeitsstahl HSS, der bei den hohen Prozeßtemperaturen des CVD-Verfahrens von weit über 600 °C weichgeglüht wird. Ende der 70iger Jahre hat die Firma Balzers mittels PVD den technologischen Durchbruch beim Abscheiden von Hartstoffschichten bei Prozeßtemperaturen unterhalb 500°C geschafft. Seither können hinreichend hoch angelassene Stahl-Substrate mit Hartststoffschichten beschichtet werden, ohne daß das Substrat die eigene Härte einbüßt. Der Marktdurchbruch gelang Anfang der achtziger Jahre mit TiN-beschichteten HSS-Bohrern.

PVD-Hartstoffschichten finden heute vor allem in drei Bereichen breite Anwendung:

- als Verschleißschutz-Schicht auf Werkzeugen
- als dekorative Beschichtung z.B. von Türgriffen, Wasserhähnen, Uhrenbändern etc.
- als verschleiß- und reibungsmindernde Schicht auf hoch belasteten Präzisionsbauteilen

Markt Beschichtung von Präzisionswerkzeugen: Hartstoffschichten sind im Bereich Präzisionswerkzeuge nicht mehr wegzudenken. Der Markt kann in drei Segmente eingeteilt werden: a) Erstbeschichtung von Zerspanungswerkzeugen (Neuwerkzeuge), b) Wiederbeschichtung von aufgearbeiteten Zerspanungswerkzeugen und c) Beschichtung von formgebenden Werkzeugen (vor allem Stanz- und Umformwerkzeuge sowie Kunststoff-Spritzgussformen).

a) Neuwerkzeuge: Jährlich werden Neuwerkzeuge für Zerspanung im Gesamtwert von über 10 Mrd. US$ produziert. Als grobe Abschätzung kann man davon ausgehen, daß mittlerweile je etwa die Hälfte auf HSS, die andere Hälfte auf Hartmetallwerkzeuge entfällt, wobei der Anteil von Hartmetall (HM) weiterhin kontinuierlich steigt. Der Anteil der beschichteten vs. unbeschichtete Werkzeuge ist für HSS und HM stark unterschiedlich.

Bei HSS liegt der Anteil PVD-beschichteter Werkzeuge erst im Bereich 10-20%, CVD-Beschichtung spielt hier aus den oben erwähnten Gründen keine Rolle. Bei HM sind bereits etwa zwei Drittel der Werkzeuge beschichtet. Bezogen auf den beschichteten Anteil entfällt dabei der Hauptanteil von etwa 90% auf CVD-Beschichtung, nur etwa 10% der beschichteten Werkzeuge entfällt auf PVD-Beschichtung. Der Anteil PVD-Beschichtung steigt allerdings kontinuierlich.

Für die Abschätzung des Marktvolumens der jährlichen Wertschöpfung durch Hartstoffbeschichtung im Segment Neuwerkzeuge kann man davon ausgehen, daß der wertmässige Anteil der Beschichtung bei beschichteten Neuwerkzeuge in der Gegend von 10-20% des gesamten Werkzeugwertes liegt. Somit kann man von einem Marktvolumen für PVD und CVD-Beschichtung von mehreren 100 Mio. US$ ausgehen. Da der Anteil der beschichteten Neuwerkzeuge zu lasten der unbeschichteten Werkzeugen auch in Zukunft deutlich steigen wird, liegt das Marktpotential einen Faktor 2-3 höher.

Die Märkte für CVD bzw. PVD für die Beschichtung von Neuwerkzeugen sind unterschiedlich strukturiert. CVD-Beschichtungen werden fast ausschließlich von Werkzeugherstellern selbst hergestellt. Bei PVD-Beschichtung hingegen werden über 50% als Lohnservice von Lohnbeschichtungs-Unternehmen angeboten.

b) *Wiederbeschichtung (PVD)*: Die PVD-Beschichtung von aufgearbeiteten Zerspanungswerkzeugen gewinnt zunehmend an Bedeutung. Das Marktvolumen liegt bereits in der Größenordnung von 50 Mio. US$ und ist stark am Wachsen. Ein typisches Beispiel für die Wiederbeschichtung sind Wälzfräser für die Zahnradherstellung. Solche Werkzeuge werden bis zu zehnmal nachgeschliffen und wiederbeschichtet. Heute erreichen nachgeschliffene und wiederbeschichtete Werkzeuge die Leistungsfähigkeit von beschichteten Neuwerkzeugen. Es werden die gleichen Schichten wie bei Neuwerkzeugen angewendet. Die Wiederbeschichtung von Zerspanungswerkzeugen für die Automobil- und Zulieferindustrie ist zum überwiegenden Teil ein Lohnservice-Geschäft.

c) Formgebende Werkzeuge: Zu den formgebenden Werkzeugen zählen sowohl Stanz- und Umformwerkzeuge als auch Spritzgussformen. Sowohl CVD als auch PVD-Beschichtungen werden in diesem Bereich mit hohem Kundennutzen eingesetzt. Allerdings sind die Anwendungen stark fragmentiert Das Marktvolumen für dieses Segment ist in einer ähnlichen Grössenordnung wie das Marktvolumen für die Wiederbeschichtung von Zerspanungswerkzeugen und ist sowohl für PVD als auch für CVD ein Lohnservice-Geschäft.

Produkte: Die am stärksten verbreitete PVD-Beschichtung ist TiN. Hochleistungsschichten lassen sich durch Austausch von Titan durch andere Metalle oder durch Austausch von Stickstoff durch Kohlenstoff, Bor oder Sauerstoff herstellen. Ti- und Cr-basierte Hartstoffschichten können mittlerweile in einem breiten Bereich eingestellt werden und entsprechen weitgehend dem Stand der Technik. Variationen in der Zusammensetzung der Schicht sind oft unter Marketing-Gesichtspunkten zu sehen. Bei Hochleistungswerkzeugen kann die Beschichtung schon seit langem nicht mehr isoliert betrachtet werden. Geometrien, Werkstoffe und Schichten müssen zusammen anwendungsbezogen optimiert werden.

Im Forschungsstadium und somit im präkompetitiven Umfeld befindet sich vor allem das Schichtsystem cBN. Hier muß es zuerst gelingen, geeignete Abscheideverfahren und Prozessparameter zu finden.

Bei der CVD-Beschichtung kommen überwiegend Mehrlagensysteme zum Einsatz: TiC-Ti(C,N) -TiN und vermehrt auch Al_2O_3. Neben der Optimierung von Schichteigenschaften wird vor allem versucht, die Prozess-Temperaturen zu senken. Mitteltemperatur-Beschichtung im Bereich 700°C ist mittlerweile Stand der Technik. Durch Plasma-CVD-Verfahren ist es neuerdings möglich, konventionelle Hartstoff-Schichten auch bei Temperaturen im Bereich 500°C abzuscheiden. Plasma-CVD-Verfahren werden im Bereich Hartstoffschichten für Werkzeuge in Zukunft an Bedeutung gewinnen, wenn es gelingt, vergleichbare Schichtleistung wie PVD-Schichten bei deutlich tieferen Herstellkosten zu erzielen.

In Zusammenhang mit Plasma-CVD ist auch die Diamant-Beschichtung zu erwähnen. Daß Diamant-Beschichtung trotz enormer Forschungs- und Entwicklungsanstrengungen nach wie vor nur marginale Bedeutung als Werkzeugbeschichtung hat, hängt weniger mit den Möglichkeiten der Schichtabscheidung zusammen, sondern vielmehr mit den enormen Schwierigkeiten, auf unterschiedlichsten Hartmetall-Sorten eine genügend gute Schicht-Haftung zu erzielen. Diamant-beschichtete Werkzeuge werden heute vor allem im Bereich Graphit-Bearbeitung für die Elektroden-Herstellung mit Erfolg eingesetzt. Ein wesentlich größeres Einsatzgebiet ist die Zerspanung von Silizium-haltigem Aluminium, sofern es gelingt, die Haftung der Diamantschichten auf unterschiedlichsten Substrat-Sorten zu verbessern.

Beide Technologien, CVD wie PVD, gehören mittlerweile in weiten Anwendungsbereichen zum Stand der Technik. Bei PVD gilt dies insbesondere für elektrisch leitende Hartstoffschichten, die mittels DC-Verfahren abgeschieden werden können, also bei den klassischen Ti- und Cr-basierten PVD-Schichten. Weitere Forschungsarbeiten an solchen Schichtsystemen, die von Hochschulen durchgeführt werden, sind als Auftragsforschung zu verstehen. Staatliche Fördermittel können in diesem Bereich zu Wettbewerbsverzerrungen führen. Ein erhebliches Feld für eine Zusammenarbeit zwischen Industrie und Hochschulen besteht im Bereich Analyse von bestehenden Schichtsystemen für neue Anwendungen, vor allem im Bereich formgebende Werkzeuge. Zusammenarbeit macht auch Sinn bei Schichtsystemen, die noch nicht zum Stand der Technik zu zählen sind. Kohlenstoff-basierte Schichten (DLC) sowie cBN etc. zählen dazu (MRS 1994).

Präzisionsbauteilbeschichtungen: Ein neues Marktsegment mit sehr großem Marktpotential entsteht im Bereich PVD-Beschichtung von Präzisionsbauteilen. Zu Präzisionsbauteilen, die bereits mit Metallkohlenstoffschichten erfolgreich beschichtet werden, gehören unter anderem Komponenten für Dieseleinspritzpumpen oder Führungen für Werkzeugmaschinen.

Beispiel einer neuen Entwicklung: Moderne Hartstoffschichten sind immer häufiger Multischichten. Solche Multischichten erlauben eine genaue Kontrolle der intrinsischen Spannungen, und es kann für viele Anwendungen geringerer Verschleiß beobachtet werden. In Abb. 3.2.10.1 ist das Kalottenschliffbild einer solchen modernen Multischicht dargestellt.

Bei der Trockenbearbeitung von Stählen mittlerer Festigkeit zeigt eine Multischicht aus TiAlN und TiN ihre Leistungsfähigkeit deutlich gegenüber einer konventionellen TiN-Schicht (Brändleet al. 1998).

Neben den „high-end"-Anwendungen werden die Hochleistungsschichten auch dort eingesetzt, wo heute bekannte Schichten mit Erfolg verwendet werden. Der Kenntnisstand über die Möglichkeiten und Einsatzgebiete dieser neuen Schichten ist derzeit noch nicht vollständig. Die angegebenen Beispiele deuten jedoch ein großes Potential an. Es besteht zur Zeit kein Bedarf an neuen Schichtsystemen, sondern an Analysen bestehender Schichtsysteme in unterschiedlichen Einsatzgebieten. An Universitäten werden häufig auf kleinen Versuchsanlagen neuen Schichtsysteme entwickelt, die nicht ohne weiteres für industrielle Zwecke genutzt werden können. Auf der anderen Seite eröffnen die bereits von der Industrie entwickelte Schichten ein so großes Feld, daß eine engere Zusammenarbeit zwischen Industrie und Hochschulen sehr sinnvoll ist.

Mikroelektronik: Die Mikroelektronik stellt den bei weitem größten Einzelmarkt für Dünnfilm-Beschichtungstechnologie dar. So wurden 1997 Geräte zur Abscheidung von dünnen Filmen im Wert von mehr als 6 Mrd. US$ verkauft. Die Entwicklung der Marktsituation 1997 – 2002 ist in Abb. 3.2.10.2 dargestellt.

Praktisch alle Anwendungssegmente der Mikroelektronik zeichnen sind durch eine stetige Zunahme der Funktionalität, der Taktfrequenz und der Integrationsdichte der spezifischen Bauelemente aus (Abb. 3.2.10.3).

Die derzeit aktuellen Themen für die sogenannten „Mainstream"-Anwendungen sind Kupfermetallisierung und Niedertemperatur-Plasmaprozesse. Die Niedertemperatur-Plasmaprozesse gewinnen auch für die Reinigung im „front-end" an Bedeutung. 20% der Prozeßschritte in der Halbleiterindustrie des „front-end" sind Reinigungsprozesse.

Neben dem „Mainstream" gewinnen aber auch – besonders in Europa – Technologien im Telekommunikationsbereich, der Automobilelektronik, einschließlich der zugehörigen Sensorik, und der Aufbau- und Verbindungstechnik (Packaging) mehr und mehr an Bedeutung. Hierbei befaßt sich die Automobilelektronik im wesentlichen mit der Zusammenführung von Mikroelektronik und Sensortechnologie unter dem besonderen Gesichtspunkt des Einsatzes solcher Bauelemente unter extremen Umgebungsbedingungen. Bei der Telekommunikation steht die Verbesserung der GaAs-Fertigungstechnologie, bei einigen Firmen aber auch der Ersatz der GaAs- durch die SiGe-Technologie sowie die weitere Steigerung der Leistungsfähigkeit diskreter Bauelemente – wie z.B. Oberflächenwellenfilter— im Mittelpunkt. Die Aufbau- und Verbindungstechnik befaßt sich heute zu einem großen Teil mit der Ablösung der konventionellen Drahtkontaktierung („Wire Bonding") durch die „Flip Chip (FC)"-Technik.

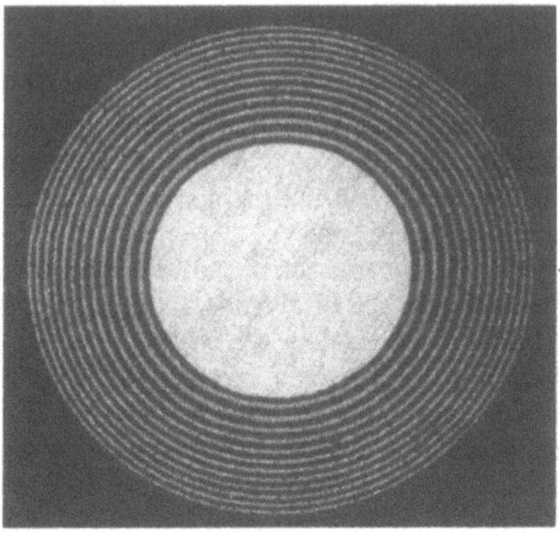

Abb. 3.2.10.1. Kalottenschliffbild einer modernen Multischicht

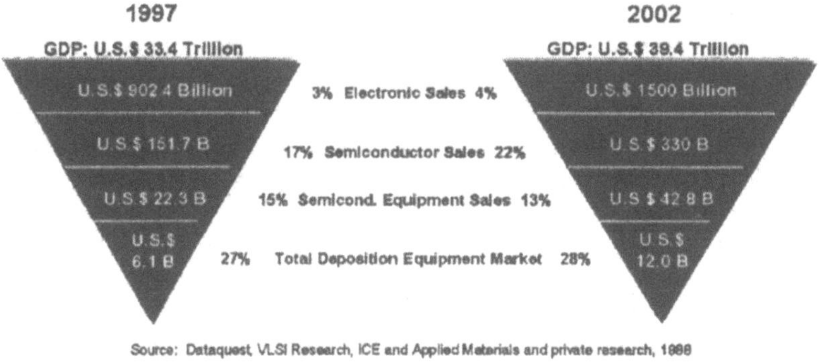

Abb. 3.2.10.2. Entwicklung der Marktsituation 1997 –2002

Die erhöhte Funktionalität neuer Chip-Generationen geht fast immer einher mit höheren Packungsdichten und gesteigerten Taktfrequenzen. Dies wird ermöglicht durch verringerte Strukturgrößen sowie eine wachsende Anzahl an Verdrahtungsebenen, sogenannten Metallagen. Kleinere Leiterbahnquerschnitte sowie verringerte Abstände zwischen den Leiterbahnen, den sogenannten „Interconnects", bedingen jedoch höhere Leiterbahnwiderstände (R) sowie höhere Kapazitäten (C).

Im sogenannten „Tiefen Submikron-Bereich" wird die RC-Konstante des Leiterbahnsystems zur bestimmenden Größe für die Leistungsfähigkeit des Integrierten Schaltkreises, d.h. die RC-Verzögerung des Leiterbahnsystems übersteigt die intrinsische „Gate"-Verzögerung. Die Auswirkungen einer steigenden RC-

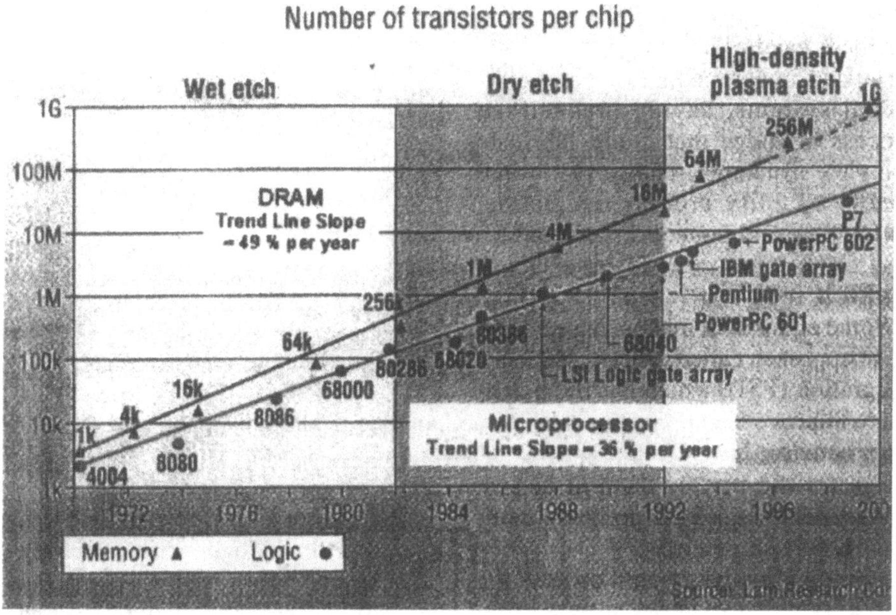

Abb. 3.2.10.3. Zunahme der Integrationsdichte von Speicherbauelementen und Mikroprozessoren

Konstante gehen aber weit über das Verzögern der Schaltkreissignale hinaus. So gibt es u.a. Probleme im Rausch-Verhalten, in der Leistungsverteilung sowie in der Elektromigrationsbeständigkeit.

Unter Beibehaltung des derzeitigen Leiterbahnsystems Al(Cu)Si - SiO_2 können die sich ergebenden Probleme nur mittels einer drastischen Erhöhung der Anzahl der Verdrahtungsebenen gelöst werden. So würde ein in 0,13 µm-Technologie gefertigter Mikroprozessor etwa 10-12 Verdrahtungsebenen benötigen. Diese Tatsache führt unmittelbar zu Fragen der Zuverlässigkeit, der generellen Herstellbarkeit sowie der voraussichtlichen Herstellkosten eines solchen Bauelements.

Eine Lösungsmöglichkeit besteht in der Wahl einer geeigneteren Materialkombination für das Leiterbahnsystem (Singer 1998; Lin u. Pramanik 1998). Bei Verwendung einer Kupfermetallisierung in Verbindung mit neuen Dielektrika mit besonders niedrigen Kapazitäten, sogenannten „low k dielectric materials", läßt sich die RC-Konstante des Metallisierungssystems wesentlich verringern. Positiver Nebeneffekt ist dabei die Senkung des Stromverbrauchs der Bauelemente, was besonders beim Einsatz in batteriebetriebenen Geräten, z.B. „Notebook Computern", große Vorteile bringt. Außerdem besitzt Kupfer eine deutlich höhere Elektromigrationsbeständigkeit als Aluminium, wodurch sich höhere Leistungsdichten in den Leiterbahnen realisieren lassen. Der zukünftige Einsatz von Kupferleiterbahnen in Leistungshalbleitern ist daher naheliegend. Des weiteren kann aufgrund der höheren möglichen Leistungsdichten der Querschnitt der Leiterbahnen reduziert werden, was eine höhere Packungsdichte pro Metallage und somit ein Design mit weniger Metallisierungsebenen ermöglicht.

Allerdings ist der Übergang vom konventionellen Al/SiO_2-System zu einer Kupfermetallisierung keineswegs eine evolutionäre Veränderung, da Kupfer die folgenden Eigenschaften aufweist:

1. Es diffundiert sehr schnell in Si und SiO_2,
2. Für Cu gibt es keinen produktionstauglichen Plasma-Ätzprozeß,
3. Cu oxidiert an Luft bereits bei Temperaturen unter 200°C.

Diese Materialeigenschaften machen es erforderlich, Kupferbahnen stets mit effektiven Diffusionsbarrieren zu umhüllen. Die aus der Al/SiO_2-Technologie bekannte Ti/TiN-Barriere muß durch eine Ta/TaN-Barriere oder e\ine WN-Barriere oder gar durch eine Barriere aus ternären amorphen Metallschichten ersetzt werden (Nicolet 1997).

IBM als Technologieführer auf dem Gebiet der Kupfermetallisierung, berichtet heute, daß durch den Einsatz der Damaszen-Prozesse die Anzahl der Prozeßschritte im Vergleich zur konventionellen Alluminiummetallisierung um etwa 20 bis 30 % reduziert werden kann (Singer 1998). Diese Vereinfachung des Fertigungsprozesses, zusammen mit der bereits erwähnten Möglichkeit Metallisierungsebenen einzusparen – die Herstellungskosten pro Metallage belaufen sich auf etwa 100 US$ (Lineback u. Wade 1997) pro Wafer –, verspricht tiefere Herstellkosten für die neuen Chips.

Nach langjähriger, intensiver Entwicklungstätigkeit konnte IBM 1997 den ersten mit Kupfermetallisierung hergestellten Chip präsentieren. Inzwischen hat man die Pilotfertigung von Kupfer-Chips aufgenommen. Neben IBM planen auch AMD, Intel, Motorola, NEC, Philips, TI, Samsung, Siemens, TSMC, VLSI Technology und UMC die Herstellung von Chips mit Kupfermetallisierung auf ihren Produktionslinien (Status: August 1998 (SBN 1998a)).

1998 wurden Halbleiterfertigungsanlagen zur Herstellung von Kupferleiterbahnen im Wert von 64, 5 Millionen US$ verkauft. Laut VLSI Research (SBN 1999) soll das Marktvolumen 1999 bereits 199,2 Millionen US$ betragen und bis zum Jahr 2003 auf 1,7 Milliarden US$ ansteigen.

Wie die letzte IDEM-Konferenz, die im Dezember 1998 in San Fransisco stattfand, zeigte, ist die Diskussion über die Frage, ob für die Verdrahtungsebenen besser Kupfer oder Aluminium verwendet werden soll, noch im vollem Gang und keineswegs schon zugunsten von Kupfer entschieden. Einige Referenten vertraten sogar die Meinung, daß eine Kombination aus beiden vorteilhafter gegenüber monostrukturierten Verbindungsaufbauten sein könne (SBN 1998b). Nach wie vor scheint Aluminium für kurze Verbindungen einige Vorteile zu haben.

In der Automobilelektronik befaßt man sich heute mehr denn je mit der Ablösung elektromechanischer durch mikromechanische Systeme sowie der klassischen Elektronik durch die Mikroelektronik. Eine ganze Reihe von Mikroprodukten befindet sich gerade in der Entwicklungsphase oder steht kurz vor der Markteinführung. Um die Datentransferraten zwischen dem jeweiligen mikrotechnischen Element, in aller Regel einem Sensor, und der zentralen Steuereinheit auf einem beherrschbaren Niveau zu halten, muß die „Intelligenz“ des Sensors erhöht werden, was unmittelbar zur Integration von Mikroelektronik in den Sensor führt. Natürlich muß hierbei sichergestellt sein, daß die Elektronik auch unter widrigsten

Umweltbedingungen absolut zuverlässig funktioniert. Auf den mikromechanischen Teil dieser Aufgabenstellung soll in diesem Kapitel nicht eingegangen werden, da diese Fragen im Kapitel Mikromechanik abgehandelt werden. Was den Elektrik- und Mikroelektronikeinsatz in der Automobiltechnik anbelangt, geht es heute u.a. um die Entwicklung von dünnsten Isolationsschichten, die extrem hohe Durchschlagsspannungswerte aufweisen bei gleichzeitig minimalen intrinsischen Schichtspannungen. In der Regel kommen hier PECVD-Abscheideverfahren zum Einsatz. Zudem werden vermehrt die aus der klassischen Mikroelektronik bekannten „Lift off"-Aufdampfverfahren für den speziellen Einsatz in diesem Anwendungsbereich weiterentwickelt.

Auch die wirtschaftliche Seite der Integrierten Schaltkreise im automobilen Einsatzbereich darf hier nicht außer acht gelassen werden. So weist das Automobilsegment eine der größten Wachstumsraten des gesamten Halbleitermarktes auf (Wade 1998). Diese Wachstumsrate läßt sich fast vollständig durch den immer größeren Mikroelektronikanteil an den Herstellkosten neuer Automobile erklären. Wurden noch 1998 im Mittel Chips im Wert von 153 US$ in jedes Automobil eingebaut, so wird sich dieser Wert bis zum Jahr 2002 auf durchschnittlich 223 US$ erhöhen. Für den Halbleitermarkt bedeutet dies, daß sein Automobilsegment in den 20 Jahren zwischen 1990 und 2010 um den Faktor 50 auf 100 Mrd. US$ anwachsen wird.

Seit langem versucht man elektronische Sensoren mit deren Auswerteeinheiten bei höheren Temperaturen zu betreiben. Die Fortschritte auf dem Gebiet der Diamantschichten eröffnen neuartige Möglichkeiten auf dem Gebiet der Hochtemperturelektronik (Glass et al. 1998).

Aufbau- und Verbindungstechniken („A&P"): Das Marktvolumen der „Assembly & Packaging" (A&P) Aktivitäten der Halbleiterindustrie belief sich im Jahre 1998 auf etwa 100 Milliarden US$. Den größten Anteil hatten daran die SO (small outline) Verpackungen (35%), gefolgt von den DIP (dual in-line package) (11%) und den QFP (quad flat pack) (6%). Im Zeitraum bis zum Jahre 2002 werden aber vor allem bei den neuartigen Verpackungen wie CSP (chip-scale package) und den BGA (ball grid array) hohe jährliche Wachstumsraten von 100% bzw. 50% erwartet. Diese Entwicklung ist kostengetrieben und es spiegelt sich darin vor allem der Trend zur Erhöhung der Packungsdichte und Zuverlässigkeit wider. In Abb. 3.2.10.4 werden die Packungsdichte, Pitch-Größe und Substratgröße in Bezug zueinander gesetzt (McGill 1998).

Die stark ansteigende Anzahl an äußeren Anschlüssen (I/O's) integrierter Schaltkreise, immer höhere Taktfrequenzen, steigende Schaltkreisflächen, geringere Versorgungsspannungen sowie erhöhte Verlustleistungen erfordern neue Ansätze im „Packaging"-Bereich. So hat die Ablösung der konventionellen Drahtkontaktierung („Wire Bonding") durch die „Flip Chip (FC)"-Technik bei höherwertigen Bauelementen – wie z.B. Mikroprozessoren – bereits begonnen. Eine analoge Entwicklung zeichnet sich auch für den Bereich mobiler Kommunikationssysteme ab. Zuverlässiges „Flip Chip Packaging" ist ohne Dünnfilmtechnologie zur Zeit nicht denkbar. Als Beispiel sei hier die sogenannte „Underbump"-Metallisierung erwähnt. Hierbei handelt es sich um eine Mehrlagenmetallisierung, die das Bindeglied zwischen den flächig auf der Frontseite des aktiven Bauele-

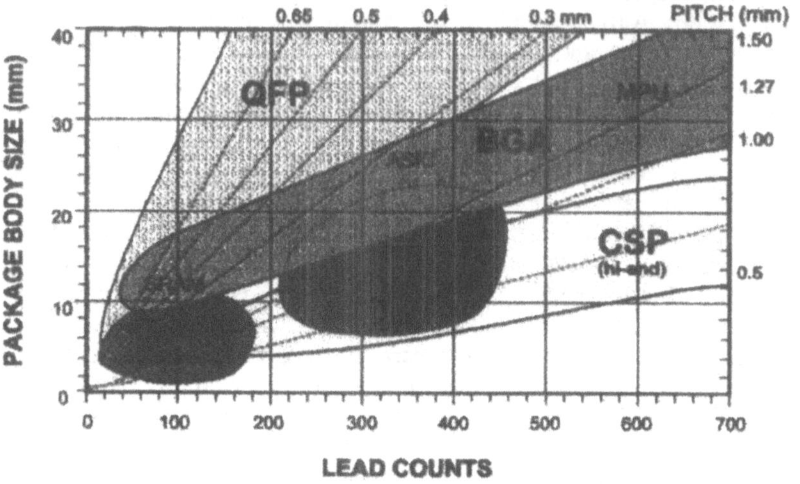

Abb. 3.2.10.4. Packungsdichte, Pitch-Größe und Substratgröße (McGill 1998)

ments verteilten Lotkugeln und der internen Chipverdrahtung („Interconnects") darstellt.

Die große Herausforderung im „A&P" liegen vor allem auf dem Gebiet der Materialien und ihrer Kompatibilität untereinander. Dies muß berücksichtigt werden bei der Entwicklung von neuen Prozessen, damit diese möglichst universell und vielfältig einsetzbar sind. Es zeichnen sich ganz allgemeine Trends in Richtung niedriger Prozeßtemperaturen (Verwendung von Polymersubstraten) und besserer Kontrolle der Oberflächenqualität ab (verkleinerte Kontaktflächen) (Onda et al. 1997). Eine interessante Herausforderung für das „A&P" stellt auch die kommende Kupfermetallisierung der Chips dar. Plasmaprozesse zur Reinigung sowie zur Verbesserung der Benetzbarkeit und Moldbarkeit werden zur Lösung dieser Problematik beitragen (Onda et al. 1997).

Die „Underbump"-Metallisierung muß eine gute elektrische Verbindung zwischen „Interconnect" und Außenwelt gewährleisten, gleichzeitig als Lötstopp dienen, zuverlässig mechanisch und thermisch bedingte Spannungen ausgleichen und natürlich preisgünstig hergestellt werden können. Somit ist es naheliegend, daß die Entwicklung solcher Schichtsysteme im Brennpunkt des industriellen Interesses steht. Es werden also in der Industrie sehr viele neue Beschichtungen für das „back-end", die Packaging-Prozesse, entwickelt. Back-End-Prozesse beruhen noch weitgehend auf empirischen Daten, die nicht publiziert werden. Eine wissenschaftliche Aufarbeitung steht noch aus.

Telekommunikation: Die GaAs-Technologie ist in den vergangenen Jahren dem Labor endgültig entwachsen und hat ihre Produktionstauglichkeit bewiesen. Inzwischen ist die erste 6"-Fertigungsstätte in Betrieb gegangen, weitere Fertigungslinien befinden sich im Bau bzw. in der Planungsphase. Für das Segment der sogenannten III-V Verbindungshalbleiter wird für die kommenden Jahre ein durchschnittliches Wachstum von 44 % vorhergesagt. Die technologische Aufgabenstellung in diesem Segment ergibt sich aus der Übertragung der auf 2"- und 3"-Substraten entwickelten Prozesse auf die neuen 6"-Fertigungslinien sowie deren Weiterentwicklung.

In Konkurrenz zur GaAs-Technologie haben IBM und andere Firmen seit Anfang der 1980'er Jahre die SiGe-Technologie entwickelt.[8] Ein großer Vorteil dieser Technologie ergibt sich aus der Tatsache, daß SiGe-Bauelemente auf bestehenden 8"-Siliziumproduktionslinien, die nur um einen einzigen SiGe-Depositionsschritt ergänzt werden müssen, hergestellt werden können. IBM, der Technologie- und Marktführer im Segment SiGe, verwendet hierzu ein UHV-CVD-Depositionsverfahren, andere Hersteller setzen MBE, Epi-Sputter- oder PECVD-Verfahren ein.

Heute arbeiten mehr als 30 Firmen weltweit an der Entwicklung von SiGe IC's. In den USA sind dies neben IBM: AMCC, AMP M/A-Com, Analog Devices, Harris, Hughes Research, Lucent, Maxim, National Semiconductor, Nortel, und SiGe Microsystems. In Europa sind Alcatel, Daimler-Benz, Philips, STMicroelectronics, Siemens und Temic Atmel auf diesem Gebiet aktiv und in Japan sind es Hitachi, NEC und NTT. Das Marktvolumen für SiGe-Bauelemente belief sich 1998 auf 1,3 Millionen US$, für 1999 ist ein Marktvolumen von 15 Millionen US$ vorhergesagt, im Jahr 2002 soll es bereits 450 Millionen US$ betragen und 2005 dann 1.8 Milliarden US$ erreichen. Hauptproblem ist nach wie vor der große Gitterunterschied zwischen Silicium und Germanium. Diesem Problem begegnet man durch graduierte Layer, die aber zum Teil sehr dick sein müssen, damit die Schicht relaxieren kann (vgl. Schäffler 1997; Rosenblad et al. 1997; Ramana Murty u. Atwater 1995; Hartmann et al. 1999). Dicke Schichten bedeuten aber lange Beschichtungszeiten und damit auch hohe Kosten. Auf diesem Sektor ist ein Kampf zwischen MBE, Epi-Sputtern und PECVD-Prozessen entbrannt, der zu neuen Prozessen geführt hat. Neue Beschichtungsverfahren sind entwickelt worden, die eine um bis zu einem Faktor 10 schnellere Beschichtung erlauben (Hartmann et al. 1999). Ein für die Großserienproduktion tauglicher SiGe-Depositionsprozeß muß aber zweifelsfrei erst entwickelt werden.

Neben der Bearbeitung obiger Problemstellungen muß auch die Leistungsfähigkeit der diskreten Bauelemente durch den Einsatz neuer Materialien, sowie neue Designs weiter gesteigert werden. Für die Oberflächenwellenfilter bedeutet dies z.B. den Ersatz der einfachen Al-Metallisierung durch spezielle Al-Legierungen.

Mikrosystemtechnik: Die Mikrosystemtechnik hat sich in verschiedenen Gebieten in der Zwischenzeit etabliert. Im Automobilbau (Drucksensoren, ABS, Airbag, usw.), in der Medizinalanalytik, in der Weltraumfahrt, in der Kommunikationstechnik und in der Freizeitindustrie (Uhren mit Zusatzfunktionen wie Höhenmesser, Kompass usw.) ist die Mikrosystemtechnik nicht mehr wegzudenken. Das volle Potential der Mikrosytemtechnik ist jedoch noch lange nicht ausgeschöpft worden. Laut der NEXUS-Studie (Wechsung u. Eloy 1998) ist der Markt bereits viel größer als aufgrund von Voraussagen früherer Studien zu erwarten war. Der Markt wird von 11 Mrd. ECU in 1995 auf 30 Mrd. ECU im Jahr 2002 wachsen.[9]

[8] Vgl. IBM Homepage, www.ibm.com
[9] Vgl. Auszüge aus der Nexus-Studie in mst news Nr.3, November 1998, Seite 37.

Die Mikrosystemtechnik kann als eine Kombination der Dünnschichttechnik, der Feinmechanik, der Sensorik und der Elektronik betrachtet werden. Es ist deshalb nicht verwunderlich, daß die Mikrosystemtechnik der Dünnschichttechnik neue Impulse verleiht und umgekehrt. Was zur Zeit fehlt, sind standardisierte Produktionsprozesse für die Mikrosystemtechnik, wie sie in der Elektronik seit langem existieren. Das BMBF in Zusammenarbeit mit dem VDI/VDE (Fecht 1998) hat eine Arbeitsgruppe bestehend aus Industrie- und Universitätsvertretern ins Leben gerufen, die sich mit Materialien der Mikrosystemtechnik beschäftigt. Aus Kostengründen werden auch ganz neue Schichtsysteme ausgetestet. Ein neues Schichtsystem der Mikrosystemtechnik sind z. B. die amorphen Metall-Silicium-Nitrid-Schichten.

Ziel ist, die hervorragenden elektromechanischen Eigenschaften von Me-Si-N-Schichten (z.B. Me=Ta, Ti und W) (Dommann et al. 1997; Linder et al. 1997) für vermarktbare Mikrosysteme einzusetzen. Für zukünftige oder bereits vorhandene Anwendungen in Mikrosystemen müssen zum Teil neuartige Materialien, welche geeignete physikalische und chemische Eigenschaften besitzen und zugleich auch noch reproduzierbar hergestellt werden können, gefunden werden.

Dünne, ternäre Ta-Si-N-Schichten mit röntgen-amorpher Struktur erfüllen eine Reihe interessanter mechanischer, chemischer und elektrischer Anforderungen. Ta-Si-N ist stabil gegenüber den Elementen Cu (möglicher neuer Leiterbahnwerkstoff), Al, Si und Siliziden, und aufgrund der fehlenden Korngrenzen wird die unerwünschte Korngrenzendiffusion wirksam unterbunden (Kolawa et al. 1990).

Charakteristische Eigenschaften der röntgen-amorphen Metallschichten Me-Si-N sind im folgenden zusammengefaßt:

- deponierbar mittels Standard-Sputterprozess
- keine Korngrenzen-Ermüdung
- strukturierbar mittels Standard-Trockenätzprozess
- röntgen-amorphe Struktur
- geringe Schichteigenspannungen einstellbar
- thermisch stabil bis zu höheren Temperaturen
- sehr glatte Oberfläche
- hohe chemische Beständigkeit
- große Härte
- niedriger elektrischer Widerstand
- relativ hoher Q-Faktor

Als weitere Einsatzmöglichkeit von dünnen, röntgen-amorphen Ta-Si-N-Schichten gilt der Bereich Sensoren und Aktoren mit Schwerpunkt freistehende, sich bewegende Mikrostrukturen wie Brücken (z.B. für Mikrorelais) oder Cantilever (z.B. für STM/AFM-Cantilevers). Weitere interessante Strukturen für Ta-Si-N-Schichten sind Mikro-Dichtlippen, z.B. für Mikroventile. Ein anderes weites Feld, sind die Sensorschichten, die gerade für mikrosystemtechnische Senoren von grösster Wichtigkeit sind. PZT-Schichten werden nicht nur als Sensorschichten verwendet, sondern auch als Aktorschicht (Muralt et al. 1990).

Energietechnik: Der Weltmarkt an Solarzellen hatte 1997 einen Umfang von 130 Megawatt MW und entspricht etwa der Menge an Solarzellen die heute in Europa im praktischen Einsatz sind. Die jährlich produzierte Solarzellenfläche ist in der letzten Dekade um durchschnittlich 15% pro Jahr angewachsen und der weltweite Photovoltaik-Markt hatte 1997 die Umsatzschwelle von 1 Mrd. US$ überschritten. Obwohl heute am Markt kristallines Silicium (übliche Waferdicke bis runter auf 200µm) dominiert, zeigen Analysen der zukünftigen Herstellungskosten von Dünnfilmsolarzellen (aktive Schichtdicke etwa 10µm) günstigere Werte von etwa 1 $/W verglichen mit Herstellungskosten von Siliziumsolarzellen von heute etwa 4 $/W. Als Basisabsorbermaterial haben sich bisher polykristalline Verbindungshalbleiter wie CuInSe2 sowie Derivate davon wie CuInGaSeS sowie CdTe mit Spitzenwirkungsgraden bis 17% bzw. amorphe a-SiGe Multischichten mit Spitzenwirkungsgraden von 13% durchgesetzt (Schock et al. 1997). Mit der Entdekkung von micromorphen a-Si Schichten in den letzten drei Jahren besteht die Aussicht, die Leistungsabnahme (Stabler-Wronski-Effekt) von a-SiGe-Solarzellen zu minimieren (Meier et al. 1998). Daneben werden auch in den nächsten Jahren Weiterentwicklungen von hochleitfähigem transparenten Schichten TCO (transparent contact oxid) wie ZnO, ITO, ZITO (Zink-Indium-Oxid) sowie MgF_2 und auch ZnCdSSe auf diversen transparenten Substraten nicht nur auf Glas erwartet.

Weitere Einsatzfelder: Äußerlich ist das *Speichermedium* DVD-Scheibe nicht von einer CD zu unterscheiden. Dank Mehrfachbeschichtung weist sie jedoch die 25fache Speicherkapazität auf. Es lassen sich zur Zeit 17 Gigabyte speichern. DVD Speichermedien erobern den Computermarkt. Entsprechend wächst auch das Marktvolumen. Der Branchenverband in den USA ist über den Verkauf der DVD-Abspielgeräte und Platten im Jahr 1998 sehr erbaut. Man rechnet damit, daß das Jahr 1999 zum Jahr 1 der Digitalisierung der Gerätetechnik wird. Die Firma Balzers Process Systems (BPS) besitzt je nach Datenträger einen Weltmarktanteil zwischen 80-90%.

Die *Displaytechnologie*, mit dem Anwendungsfall *Flat Panel Display*, entwikkelt sich parallel zur Elektronik mit viel rasanteren Wachstumsraten.

Man unterscheidet in der *Glasindustrie* zwei Bereiche: Optik und Architektur. Was auf dem Gebiet der optischen, gesputterten Beschichtung läuft, kann dem Artikel von Mehran Arab: Sputter-Deposited Low-Emissivity Coatings on Glass, MRS Bulletin/September 1997 Seite 27 entnommen werden.

In der *Medizintechnik* werden verschiedene Beschichtungen eingesetzt, insbesondere Beschichtungen von z.B. biokompatiblen Schichten (Biomaterialien).

3.2.10.3
Dickschichttechnologie

Mit Hilfe der modernen Beschichtungstechnik lassen sich heutzutage die Oberflächen von Maschinenkomponenten in einem weiten Rahmen modifizieren und tragen damit entscheidend zur Erhöhung der Effizienz und der Wirtschaftlichkeit eines Verfahrens oder einer Maschine bei. Dicke Schichten (im Bereich von mehreren µm bis zu mm) werden durch Verchromen, thermische Spritzverfahren (zum Beispiel: Plasmaspritzen), Auftragsschweißverfahren (zum Beispiel: Elektroschlackebandplattieren. Laserauftragsschweißen), Pulverbeschichtungen und durch Galvanik hergestellt. Diese Verfahren werden von den Universitäten bezüglich Marktpräsenz wie auch bezüglich Innovationsfähigkeit stark unterschätzt. Am Beispiel des thermischen Spritzens, einem vielseitigen Verfahren zur effizienten

Herstellung dicker funktionaler Oberflächenschichten, wird auf dessen Perspektiven eingegangen.

Kaum ein anderes Beschichtungsverfahren ist so vielfältig wie das thermische Spritzen. Es können hiermit Schichten aus niedrigschmelzenden Kunststoffen genauso wie aus Metallen und Metallegierungen, Pseudolegierungen oder auch aus hochschmelzenden Oxidkeramiken erzeugt werden. Bezüglich der Wahl des Grundwerkstoffes gibt es ebenfalls nahezu keine Einschränkungen, sogar das Beschichten von Papier ist möglich. Typische Schichtdicken liegen im Bereich von 100 bis 500 µm. Anwendungen sind:

- Keramische Wärmedämmschichten und metallische Heißgaskorrosionsschutzschichten auf Komponenten in Gasturbinen
- Verschleißbeständige Beschichtungen aus Metallen, Hartmetallen oder Keramiken auf beanspruchten Maschinenteilen wie Hydraulikzylindern, Wellenschutzhülsen, Walzen etc.
- Schichten aus Aluminium oder Zink auf Brücken oder Oelförderplattformen zum Korrosionsschutz.

Anfang der fünfziger Jahre war man mit keinem anderen Verfahren in der Lage, dicke (0,1 bis 0,3 mm) keramische Schichten auf metallische Bauteile aufzubringen. Eine wichtige Anwendung war beispielsweise die Herstellung von Wärmedämmschichten auf Brennkammern von Raketentriebwerken.[10] Von diesem Zeitpunkt an wuchs der Markt für das Thermische Spritzen kontinuierlich, und dieser Aufstieg setzt sich weiter fort (Langlet u. Isfahani 1992). So betrug im Jahr 1990 das Marktvolumen des thermischen Spritzens allein in den USA bereits 670 Millionen US$ pro Jahr und für das Jahr 2000 wird ein Wert von 2000 Millionen US$ (Zusatzwerkstoffe, Geräte und Dienstleistung) prognostiziert (Longo 1992). Die USA sind der größte Anwender thermisch gespritzter Beschichtungen; das Umsatzvolumen für Europa und Asien beträgt in etwa je 50% des amerikanischen Marktes aber mit gleicher, stark zunehmender Tendendenz.

Allen thermischen Spritzverfahren ist gemein, daß der Beschichtungswerkstoff (Spritzzusatz) in Form von Draht oder Pulver in eine Energiequelle gegeben wird. Als Energiequelle können eine Brennstoff-Sauerstoff Flamme, ein Lichtbogen oder ein thermisches Plasma fungieren. Wird nun der Spritzzusatz in die Energiequelle injiziert, so wird er dort erhitzt, angeschmolzen oder geschmolzen sowie zerstäubt (nur im Falle der Drahtspritzverfahren) und gegen die zu beschichtende Bauteiloberfläche beschleunigt. Die einzelnen, typischerweise 10 bis 100µm durchmessenden Spritzpartikel treffen auf die Bauteiloberfläche und zerplatzen zu mikrometerdicken, kreisförmigen Lamellen. Die Schicht besteht aus vielen einzelnen neben- und übereinander gelagerten Lamellen. Die Haftung thermisch gespritzter Schichten auf den normalerweise durch Sandstrahlen aufgerauhten Substratoberflächen beruht auf mechanischer Verklammerung und metallurgischer Wechselwirkung (die Breite der Reaktionszone ist kleiner als 1µm). Die den Partikeln zugeführte thermische und kinetische Energie definieren im weitesten Sinne die Schichtqualität.

Wurden mit den klassischen Spritzverfahren, wie dem Pulverflammspritzen oder Lichtbogenspritzen, maximale Partikelgeschwindigkeiten von bis zu 200 m/s

[10] Siehe auch Kapitel 4.6: Wärmedämmschichten auf Turbinenschaufeln.

erreicht, so sind mit den modernen Hochgeschwindigkeitssystemen bereits Partikelgeschwindigkeiten von bis zu 1000 m/s zu realisieren. Zur Verdeutlichung des Ist-Zustandes und der nahen Zukunft sind in Abb. 3.2.10.5 die typischen erreichbaren Spritzpartikelgeschwindigkeiten und Prozeßtemperaturen der verschiedenen thermischen Spritzverfahren, einschließlich der neuesten Hochgeschwindigkeitsverfahren, gegenübergestellt.

Die den Spritzpartikeln zugeführte thermische und kinetische Energie läßt sich heutzutage in einem weiten Bereich, je nach Verfahrensvariante und Anwendungszweck einstellen. Infolge der Erkenntnis, daß hohe Auftreffgeschwindigkeiten der Partikel sich in der Regel positiv auf die Schichtqualität auswirken, setzt sich der durch das in den achtziger Jahren eingeführte Hochgeschwindigkeits-Flammspritzen (zumeist als HVOF-Verfahren bezeichnet; aus dem engl. **H**igh **V**elocity **O**xygen **F**uel Spraying) eingeleitete Trend nach der Entwicklung von Hochgeschwindigkeits-Spritzverfahren weiter fort. Man ist bestrebt, die Erwärmung der Partikel noch weiter zu reduzieren bei gleichzeitig noch höheren Partikelgeschwindigkeiten (> 1000 m/s), um thermisch aktivierte Vorgänge, wie die Oxidation der Spritzpartikel, gänzlich zu unterdrücken. Das heißt, die Partikel treffen nicht im schmelzflüssigen Zustand auf die Bauteiloberfläche, sondern im festen Zustand. Aufgrund der ungeheuren kinetischen Energie kommt es dennoch zur Ausbildung von Schichten. Der Prozeß ist im makroskopischen Sinne mit dem Warmumformen oder dem Explosionsplattieren vergleichbar. Noch in der Erprobungsphase befindliche Entwicklungen dieser Art sind zum einen das HVIF-Verfahren (High-Velocity-Impact-Fusion) und zum anderen das Kaltgas-Spritzen oder auch CGSM-Verfahren (Cold-Gas-Spraying-Method). Das HVIF-Verfahren

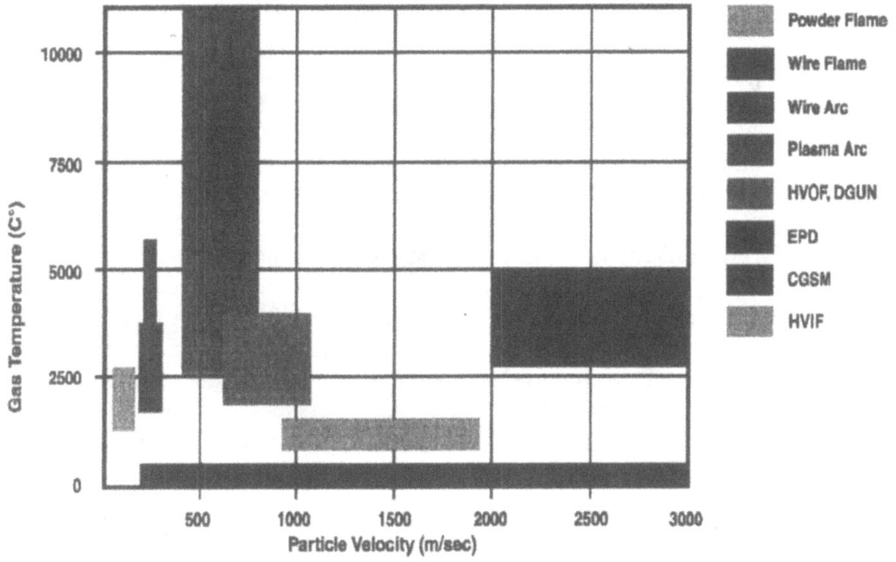

Abb. 3.2.10.5. Prozeßgastemperaturen und Partikelgeschwindigkeiten verschiedener thermischer Spritzverfahren (Dvorak 1998)

basiert auf der Technologie des HVOF-Spritzens, wobei diese Systeme mit erheblich höheren Brennkammerdrücken arbeiten (1,5 MPa bis 7 MPa), wodurch eine wesentlich stärkere Partikelbeschleunigung erzielt werden kann. Bei dem CGSM-Verfahren wird ein beliebiges Gas unter hohem Druck (1,5 bis 4 MPa) zunächst mittels eines elektrischen Erhitzers auf Temperaturen von 400°C bis 800°C erhitzt und danach in ein Düsensystem eingeblasen. Dort entspannt sich das komprimierte und heiße Gas in einer Laval-Düse mit Geschwindigkeiten von 1 bis 5 km/s. In das Düsensystem wird gleichfalls der Spritzzusatz injiziert und von der expandierenden Gasströmung erwärmt und gegen das zu beschichtende Bauteil beschleunigt. Die zu erwartenden Schichtqualitäten sind für beide Verfahren in etwa identisch. Die für konventionell erzeugte metallische Spritzschichten typischen mikrometergroßen Fehlstellen, wie z.B. oxidische Fremdeinschlüsse oder Poren, sollen bei den mit neuesten Verfahrensentwicklungen hergestellten Schichten weitestgehend wegfallen. Das CGSM-Verfahren befindet sich bereits in der industriellen Erprobungsphase. Ziel der Arbeiten ist das Fast-Prototyping von grossen Umformwerkzeugen aus hochlegierten Stählen (vgl. Browning 1992; Dvorak u. Torday 1996; McCune et al. 1992).

HVOF, HVIF und CGSM sind aufgrund der relativ niedrigen Prozesstemperaturen nicht zur effizienten Verarbeitung von hochschmelzenden Werkstoffen wie Oxidkeramiken geeignet. Um dennoch hochschmelzende Werkstoffe mit dem Vorteil der hohen Partikelauftreffgeschwindigkeiten verarbeiten zu können, wurden zum einen spezielle Lavaldüsen für Plasmaspritzpistolen entwickelt (Henne et al. 1995). Zum anderen ist das sogenannte Hochleistungs-Plasmaspritzen zur industriellen Einsatzreife gelangt (Jungklaus et al. 1996). Noch in der Forschung begriffen ist der EDP-Prozess (Electromagnetic-Powder-Deposition). Dieses Verfahren ist auf die im Rahmen des damaligen US-Waffenprogramms SDI entwikkelte Rail Gun zurückzuführen. Das Funktionsprinzip basiert auf der Tatsache, daß ein in einem elektrischen Leiter fließender Strom ein dazu senkrecht stehendes magnetisches Feld erzeugt. Wird nun ein hoher Stromimpuls (160 kA innerhalb von 120 Mikrosekunden) durch zwei parallel verlaufende aber voneinander elektrisch isolierte Leiter (Rails) geschickt und zum Zeitpunkt des Entladungsbeginns ein elektrischer Funke zwischen den zwei Leitern gezündet, so kommt es infolge des starken magnetischen Feldes im Zwischenraum der Leiter zur Ausbildung einer sich mit bis zu 4000 m/s fortbewegenden Plasmawolke (Bacon et al. 1997).

Von der Werkstoffseite her betrachtet sind gleichfalls neue Trends beziehungsweise Entwicklungen im Gange. So ist man insbesondere in den letzten Jahren verstärkt bestrebt, die Spritzzusätze wirklich dem Prozeß des thermischen Spritzens gezielt anzupassen. Waren es in der Vergangenheit fast ausschließlich für den jeweiligen Spritzprozeß im Korngrössenbereich angepasste aber ansonsten konventionelle metallische oder keramische Pulver, versucht man heute auch die Chemie der Pulver entsprechend zu gestalten, um die funktionalen Eigenschaften der resultierenden Beschichtung weiter zu steigern (Dorfman 1995). Im Fall der drahtförmigen Spritzzusätze bieten insbesondere die Fülldrähte ein noch fast unerschlossenes Potential (Dvorak u. Schmid 1996). Besonders interessant erscheint auch die direkte Verarbeitung von nanokristallinen Werkstoffen. So erwartet man beispielsweise von Beschichtungen aus nanokristallinen WC-Co eine erheblich gesteigerte Verschleißbeständigkeit, denn trotz nahezu identischem Karbidgehalt, zeigt nanokristallines WC-Co wesentlich höhere Härten bei gleichzeitig gesteigerter Zähigkeit (Fischer 1997). Ein anderer Forschungstrend ist die direkte Verarbeitung von ultrafeinen Pulvern (Durchmesser < 1 µm), die beispielsweise über einen flüssigen Träger dem Prozeß zugeführt werden. Diese Arbeiten haben unter anderem das Ziel, relative dünne (5 – 30 µm) und nicht mehr nachzubearbeitende Oberflächenschutzschichten herzustellen. Wenn dies gelingt, ist neben bisher noch nicht bekannten Schichteigenschaften insbesondere eine entscheidende Reduktion der Herstellungskosten von funktionalen Schichten durch das thermische Spritzen zu erwarten.

Problematisch ist bis heute die zerstörungsfreie Prüfung thermisch gespritzter Schichten. Dies gilt insbesondere für großflächig beschichtete Bauteile. Diese können lediglich punktuell und zumeist nur auf ein Qualitätsmerkmal hin untersucht werden. Gängige Prüfverfahren besitzen entweder nicht die notwendige Auflösung zur Ermittlung kleinster aber kritischer Fehlstellen (in thermisch gespritzten Schichten liegen diese im Bereich von 20 bis 100 µm), oder sie können nicht vor Ort eingesetzt werden oder die erforderliche Meßzeit ist unwirtschaftlich lang. Mit der Entwicklung und Verfügbarkeit einer neuen Generation von Infrarotsensoren und ultraschneller Elektronik zu Anfang der neunziger Jahre wurde aber eine neue Art der Thermographie industriell machbar, die sogenannte aktive oder auch Puls-Thermographie. Erste Versuche belegen, daß die Puls-Thermographie eine vielversprechende Methode zur Überprüfung großflächig aufgebrachter Schichten sein kann. Bei dieser Verfahrensvariante wird ein definierter Wärmeimpuls, sei es ein ständiges aber beispielsweise sinusförmig moduliertes Signal oder ein einzelner Impuls, mittels einer Wärmequelle auf die zu prüfende Oberfläche gebracht und das von der Oberfläche reflektierte Signal über eine Wärmebildkamera aufgefangen und nachfolgend über ein Computer ausgewertet. Die Einfachheit des erforderlichen Installationsaufwandes erlaubt die Messung direkt vor Ort. Im wesentlichen wird das Abklingverhalten des von der Wärmebildkamera aufgefangenen Signals, beziehungsweise das Fortschreiten der induzierten Wärmewelle in der Schicht beobachtet. Schichtdickenunterschiede, Fehlstellen, Haftungsfehler oder auch ein verändertes Schichtgefüge (bspw. erhöhter Oxidanteil oder Porosität in einer metallischen Schicht) bewirken eine signifikante Signaländerung. Entscheidend ist vor allem, daß die Puls-Thermographie die Prüfung großer Flächen mit hoher geometrischer Auflösung (bis hinab zu einigen Mikrometern) und gleichzeitig hoher Geschwindigkeit (die Prüfung einer Fläche von 1 m^2 benötigt nur wenige Minuten Messzeit) ermöglicht (Dvorak u. Florin 1998).

3.2.10.4 Schlußfolgerungen

- Beschichtungen haben aufgrund ihrer physikalischen, chemischen und mechanischen Eigenschaften ein großes Entwicklungspotential mit jährlichen Wachstumsraten von 20-45%.
- Die Industrie hat auf vielen Sektoren (Elektronik, Hartstoffschichten) die Universitäten überholt. Der Kontakt Industrie-Hochschulen muß verbessert werden. Die Industrie hat einen Bedarf an Analysen bestehender Schichten für neue Einsatzfelder, nicht primär an zusätzlichen neuen Schichtsystemen.

- Ein Schichtsystem ist nicht nur durch die chemische Zusammensetzung charakterisiert. Ganz wesentlich sind innere Spannungen und Texturierungen. Damit Schichten verglichen werden können, müssen sie unter denselben Bedingungen hergestellt werden. Analysen sollten deshalb an gleichdimensionierten, industriell hergestellten Schichten durchgeführt werden.
- Die Materialwissenschaften sind noch nicht fester Bestandteil in allen Gebieten der Dünnschichttechnologie geworden (z.B. A&S)
- Die Kooperation mit öffentlichen Institutionen und Universitäten ist oft zu schwerfällig und teuer. Monatelange und aufwendige Bewilligungsverfahren sowie mehr als dreijährige Forschungsprojekte sind nicht geeignet, den Forschungs- und Entwicklungsbedarf schnellwachsender Technologien zu decken. Projekte mit Industriepartnern werden zudem zwar oft als finanzielle Unterstützung begrüsst, die erforderlichen Arbeiten für den Forschungsalltag werden jedoch als störend empfunden. Die heutige Organisation der wissenschaftlich-technischen Ausbildung erschwert die Einführung eines flexiblen Denkens. Diplomanden und Doktoranden wollen verständlicherweise schnellstmöglich ihre Arbeit beenden und nicht durch Arbeiten für Dritte in Ihrem Arbeitsfluß unterbrochen werden. Eine zu zielgerichtete Ausbildung verhindert jedoch den erforderlichen Blick über den Tellerrand. Daher wäre eine stärkere Integration der Industrie in die Ausbildung und deren Förderung wünschenswert (Vergabe externer Studien, Diplom- und Doktorarbeiten), z.B. durch Schaffung und Förderung von einer Art Interimsposition für Doktoranden und Lehrende (50% Industrie – 50% Hochschule).
- Eine interdisziplinäre Kommunikation und Zusammenarbeit findet zu selten statt. Weiterbildung sollte ein Muß für Angehörige wissenschaftlicher Institutionen werden. Die Weiterbildungsprogramme (besser vielleicht: Informationsprogramme) sollten von der Industrie mit organisiert werden. Ein solch institutionalisierter Gedankenaustausch sollte mit dem Ziel des „Updaten" von Informationen und Bedürfnissen erfolgen und helfen, Forschungsgelder effizienter einzusetzen.
- Die Charakterisierung von Schichteigenschaften bedarf einer immer aufwendigeren Analytik, deren Entwicklung und Anschaffung sich für die klein- und mittelständische Industrie ökonomisch nur selten rechtfertigt. Angeregt wird die Schaffung zentraler Laboratorien an den Universitäten, die Service- und Ausbildungaufgaben für die Industrie innerhalb und außerhalb der Hochschule anbieten. Idealerweise müssten diese Laboratorien von der Hochschule und industriellen Partnern gemeinsam koordiniert werden. Forschungsmittel sollten aus dieser Sicht weniger zur Beschaffung und zum Betrieb eigener Beschichtungssysteme verwendet werden, sondern den Einkauf externer Schichten und Serviceleistungen von der Industrie ermöglichen. In diesem Fall wird eine höhere Flexibilität bei gleichzeitig höherer Spezialisierung einer Forschungsstelle realisiert, was letztendlich auch eine gesteigerte Bearbeitungsgeschwindigkeit eines Forschungsthemas zur Folge hat.
- Die Kombination Mikrosystemtechnik mit Mikroelektronik ist gerade in Europa (Automobilbau) zu fördern.
- Aktuelle Trends sind: Mehrfachbeschichtungen, Präzisionsbeschichtungen, Kombinationsbeschichtungen (CVD mit PVD, UHV-CVD-Depositionsverfah-

ren, MBE-, Epi-Sputter- mit PECVD- und Galvanik-Verfahren) sowie Niedertemperatur-Plasmaprozesse.

- Diffusionsprozeß- und Mikro-Tribologie-Studien sind nach wie vor aktuell.
- Die industrielle Terminologie von Beschichtungen und deren Verfahren ist oft unwissenschaftlich und irreführend, was der Bewertung einer Technik und ihrer Vermittlung in der Ausbildung entgegensteht. Die Arbeit von entsprechenden Gremien (Normungsausschüsse etc.) sollte diesbezüglich unterstützt und effektiver gestaltet werden.
- Es sollen in erster Linie Gebiete gefördert werden, die in Europa eine industrielle Relevanz besitzen.
- Das Lehrfach Oberflächentechnik müßte stärker in den relevanten Studiengängen Berücksichtigung finden. Eine Trennung zwischen Dünnschicht- und Dickschichttechnologien, wie sie heute zumeist erfolgt, ist wenig sinnvoll.
- Heute wissen Studenten und auch praktizierende Ingenieure und Wissenschaftler nur relativ wenig über die vielfältigen Möglichkeiten, Oberflächen zu modifizieren. Spezialisten bestimmter Analysetechniken verstehen zwar bestens ihr Messverfahren, verstehen oftmals zu wenig von den mit unterschiedlichen Verfahren hergestellten Beschichtungen, so daß die Messtechnik nicht optimal eingesetzt wird.
- Verfahren zur Beschichtung werden weiterentwickelt, und die an Hochschulen existierenden Einrichtung sind selbst im Falle einer Neuinstallation innerhalb kurzer Zeit veraltet. Für Ausbildungszwecke und einige spezielle Forschungsaufgaben genügen jedoch auch ältere Einrichtungen völlig. Zur Untersuchung von Schichteigenschaften oder Entwicklung neuer Applikationen von Schichten sollten Schichten von industriellen Labors bzw. Anbietern verwendet werden, denn nur die können den aktuellen Stand garantieren.

3.3 Einfluß von Meßmethoden und Charakterisierung auf die Werkstoffentwicklung und -anwendung anhand ausgewählter Beispiele

Die Entwicklungen neuer Materialien und neuer Meß- und Charakterisierungsmethoden sind eng miteinander verbunden. So ermöglichen neue Verfahren der Charakterisierung häufig erst die Entwicklung vollständig neuer Materialklassen. Andererseits können Probleme bei der Untersuchung und Verbesserung bestehender Materialien die Weiterentwicklung von Meß- und Charakterisierungsverfahren auslösen, die sich dann wiederum breiter in die Materialentwicklung hinein auswirken können. Es handelt sich also um ein enges Wechselspiel.

Allgemein beginnt die Charakterisierung neuer Materialien in der physikalisch-chemischen Grundlagenforschung mit der Untersuchung der chemischen Zusammensetzung und der Bestimmung der Struktur neuer Verbindungen bis auf die atomare Ebene. Die dabei auftretenden Fragestellungen lassen sich in der Regel nur durch die Kombination von Verfahren der chemischen und physikalischen Probenuntersuchung lösen. An die grundlegende Materialentwicklung schließt sich die Werkstoff- und Bauteilfertigung an. Hier erfordern die Bestimmung integraler Eigenschaften und die Untersuchung von Fertigungsketten neue Untersuchungsmethoden.

Dieses Kapitel zeigt exemplarisch einige aktuelle Entwicklungen auf dem Gebiet der Materialcharakterisierung auf. Es soll in Form einzelner Beispiele verdeutlichen, wie eng das Wechselspiel aus Material-, Werkstoff- und Verfahrensentwicklung sowie Meßmethoden und Charakterisierungverfahren ist. Dabei soll beispielhaft belegt werden, wie neue Methoden

- neue Materialklassen erschließen (Beispiel Rastersondenmethoden)
- Fertigungsverfahren beeinflussen (Lockin-Thermographie)
- Probleme der Materialentwicklung lösen helfen (Analytische Transmissionselektronenmikroskopie)

3.3.1 Rastersondenmethoden

Mit fortschreitender Materialentwicklung erlangen Grenz- und Oberflächen zunehmende Beachtung. Ein Beispiel hierfür ist die Veränderung bestehender Materialeigenschaften durch die Erzeugung funktioneller Schichten. (vgl. Abschn. 3.2.5 und Fallbeispiel „Beschichtungen"). Im Vordergrund steht dabei die Charakterisierung dieser Materialien. Diese beginnt mit der Untersuchung makroskopischer Bereiche und endet mit der Untersuchung des atomaren Aufbaus der Materialien. Neben der Weiterentwicklung spektroskopischer Methoden sind insbesondere mikroskopische, bildgebende Verfahren wichtig. Bislang standen hier Beugungsverfahren (z.B. Elektronenmikroskopie) im Vordergrund. Der Vorteil der hohen Auflösung der Elektronenmikroskopie ist verbunden mit dem Nachteil, daß Untersuchungen in der Regel nur im Ultrahochvakuum möglich sind. Damit ist die Abbildung von Grenzflächen in realer Umgebung nicht möglich.

Dies gelingt jedoch durch die bahnbrechende Erfindung von Binnig und Rohrer, die im Jahre 1981 den Prototyp neuartiger Mikroskope entwickelt haben. Es handelt sich hierbei um sogenannte Rastersondenverfahren, wobei Materialeigenschaften im sogenannten Nahfeld, d.h. im z.T. atomaren Abstand von der Oberfläche untersucht werden. Dadurch gelingt es, die bisher bestehenden physikalischen Grenzen der Ortsauflösung der Beugungsverfahren zu erreichen und in vielen Bereichen sogar zu unterschreiten. Eine weitere sehr wesentliche Verbesserung ist die Möglichkeit der Oberflächenuntersuchung unter realen Bedingungen. So lassen sich z.B. biologische Systeme (Elings et al. 1988, Flynn 1996, Heckl 1993, Samori et al. 1993) in Gegenwart entsprechender Flüssigkeiten untersuchen.

Der Prototyp dieser Mikroskope ist das Rastertunnelmikroskop (RTM) (Binning u. Rohrer 1985, Buchholz 1990, Schmid 1990, 1991a, 1991b, Schmid et al. 1995). Mit diesem gelingt die Abbildung leitfähiger Substrate aufgrund eines Tunnelstroms, der zwischen der Oberfläche und einer im atomaren Abstand befindlichen Spitze fließt. Da der Tunnelstrom exponentiell vom Abstand Spitze-Oberfläche abhängt und sich Ströme mit hoher Genauigkeit bestimmen lassen, ergibt sich eine Ortsauflösung von atomarer Dimension. Neben Metallen eignen sich insbesondere Halbleiter für diese Form der Untersuchung. Neuere Entwicklungen ermöglichen auch die Charakterisierung nicht leitfähiger Oberflächen. Der auf jeder Oberfläche unter realen Bedingungen vorhandene Wasserfilm ermöglicht das Fließen kleinster Ströme, so daß eine Abbildung mittels RTM gelingt. Neben der Bestimmung der Topographie lassen sich mit Hilfe der RTM auch elektronische Eigenschaften der Materialien untersuchen (Sattler 1991). Bei konstantem Abstand der Spitze zur Probe gestattet die Bestimmung der spannungsabhängigen Leitfähigkeit einen Einblick in die Elektronik der Materialien mit hoher Ortsauflösung. Diese Form der Spektroskopie ist nur durch Rastersondenmethoden zu realisieren.

Seit der Entwicklung des RTM ist die Technik der Rastermethoden auf eine Vielzahl von Wechselwirkungen oder Materialeigenschaften ausgedehnt worden (Masi 1997, Snyder u. White 1992, Wickramasinghe 1989), wie z.B.

- die allgemeine Kraftwirkung
- den Magnetismus
- die elektrostatischen Kräfte
- die Ionenleitfähigkeit
- die Lichtemission
- die Akustik.

Ein weiteres, mittlerweile weitverbreitetes Verfahren der RSM ist die Rasterkraftmikroskopie (RKM) (Binnig et al. 1987, Fries 1993, Güntherodt 1989, Rugar u. Hansma 1990; Sarid et al. 1991, Sarid u. Elings 1991). Eine Spitze, die sich an einem dünnen Ausleger befindet, wird bei diesem Verfahren in die Nähe der zu untersuchenden Oberfläche gebracht. Je nach Abstand wirkt eine attraktive (größerer Abstand) oder repulsive (kleiner Abstand) Kraft auf die Spitze. Dadurch kommt es zu einer elastischen Verformung des Auslegers, die durch die Ablenkung eines reflektierten Laserstrahls detektiert wird. Der Vorteil dieser Methode ist, daß sich jede Oberfläche untersuchen läßt, da Kraftwechselwirkungen stets vorhanden sind. Es lassen sich aber nicht nur die Topographie, sondern auch lokale Kraftwirkungen untersuchen. So kann im Kontakt der Spitze mit der Oberfläche im Submikrometerbereich die Reibung bestimmt werden, wobei sich eine Abbildung des Materials ergibt, in der die Topographie mit der lokalen Friktion kombiniert ist. Ebenso möglich ist die Messung lokaler Härten, indem die Spitze in die Oberfläche gedrückt wird. Die gemessene Kraft kann danach mit der Struktur des erzeugten Eindrucks korreliert werden. Damit sind wesentliche Materialeigenschaften lokal zu bestimmen. Dies gilt in gleicher Weise für die Bestimmung spezifischer Kraftwirkungen, wie z.B. der magnetischen Wechselwirkung. Bei Verwendung magnetischer Spitzen können lokale magnetische Domänen untersucht und durch entsprechende spektrokopische Verfahren charakterisiert werden.

Neben diesen beiden wohl am weitesten verbreiteten Verfahren gibt es darüber hinaus Methoden, wie die optische Nahfeldmikroskopie, die eine laterale Auflösung bis zu einem Zwanzigstel der Wellenlänge des verwendeten Lichts erreicht. Im Vergleich dazu enden Beugungsmethoden bei der halben Wellenlänge.

Ebenfalls können Temperaturprofile mittels der thermischen Rasternahfeldmikroskopie untersucht werden. Dabei werden z.B. miniaturisierte Thermoelemente verwendet, die im Nahfeld eine Auflösung von 10^{-4} K bei 100nm Ausdehnung der Struktur erreichen.

Darüber hinaus existiert eine wachsende Zahl von Rastermikropipettenverfahren, bei denen eine mit einer Elektrode versehene dünne Kapillare in Lösung verwendet wird. Erreicht diese die Probenoberfläche, nimmt der Ionenfluß und damit die Leitfähigkeit ab, so daß dieses Signal zur Bestimmung der Topographie benutzt werden kann.

Neben neuen Verfahren stehen insbesondere die Verbesserung der Genauigkeit und die Kombination verschiedener Methoden im Vordergrund. Ein weiteres Feld der aktuellen Entwicklung ist die chemische Analyse beliebiger Oberflächen (Michel 1996, Neddermeyer 1992). Diese kann prinzipiell nur im Ultrahochvakuum erfolgen, da ansonsten jede Oberfläche mit Verunreinigungen (Adsorbaten) bedeckt ist. Ziel ist es, in Kombination mit der Probentopographie simultan die Aussage über die chemische Zusammensetzung der Oberfläche zu erhalten. Die Verfahren der RSM sollten es ermöglichen, dies mit atomarer Auflösung zu erreichen.

Insgesamt ist das Feld der Rastersondenverfahren im ständigen Wachstum begriffen. Das Ausmaß dieses Wachstums wird durch eine Abschätzung deutlich, nach der das Marktvolumen von 0,7 Mrd. DM in 1996 voraussichtlich eine Steigerung auf 4,8 Mrd. DM in 2001 erfahren wird. Diese Zahlen verdeutlichen, welche Bedeutung diese Methoden in Zukunft haben werden.

3.3.2 Zerstörungsfreie Materialprüfung mittels Lockin-Thermographie

Viele Verfahren zur Materialcharakterisierung sind in ihrer Anwendung limitiert. So lassen sich in der Regel Bauteile im aktiven System nicht oder nur unter erheblichem Aufwand testen. Doch gerade die On-Line-Untersuchung ganzer Bauteile in verschleißanfälligen und/oder sicherheitsrelevanten Bereichen erfordert präzise und leicht anzuwendende Verfahren der zerstörungsfreien Materialprüfung. Die Lockin-Thermographie als eine Testmethode scheint diese Anforderungen erfüllen zu können.

Dabei handelt es sich um die Weiterentwicklung der photothermischen Meßtechnik. Im Gegensatz zu dieser Meßtechnik, bei der einzelne Schichten des Bauteils nacheinander untersucht werden müssen, erfolgt hier die Untersuchung mehrerer Lagen simultan. Dies gelingt durch die thermische Anregung vieler Meßstellen in einem Meßvorgang, in dem ein modulierter Leistungsstrahler verwendet wird. Die Amplitude und die Phasenlage des Signals werden ebenfalls in einem Vorgang durch eine Thermographiekamera flächig verfolgt. Dabei erfolgt die Auswertung des Meßsignals pixelweise unter Anwendung der Fourieranalyse vieler aufeinanderfolgender Messungen. Durch Verwendung der Mehrkanalmeßtechnik in Kombination mit einer Lockin-Verstärkung kann darüber hinaus die Meßzeit erheblich auf wenige Minuten reduziert werden. Da der Wärmetransport in der Probe durch Defekte gestört wird, können diese in drei Dimensionen im Bauteil lokalisiert werden. Wird zur thermischen Anregung eine Ultraschallquelle verwendet, so erfolgt eine starke Absorption der Strahlung an Defekten, wohingegen der Schall durch intakte Bereiche der Probe geleitet wird. So entsteht eine „Dunkelfeld"-Abbildung der zu untersuchenden Probe, in der lediglich die Defekte hervortreten.

Anwendung findet diese Methode im Bereich verschiedenster Materialien. So lassen sich Schichtdicken von z.B. Lacken auf isolierenden Substraten wie Kunststoffen bestimmen, die der üblichen Wirbelstrommessung nicht zugänglich sind. Des weiteren kann die Haftung keramischer Schichten auf Metallen untersucht werden. Dies ist ein Bereich, in dem herkömmliche Ultraschalluntersuchungen aufgrund der Streuung in der Keramik nicht verwendet werden können. Darüber hinaus lassen sich Kompositwerkstoffe hinsichtlich ihrer Phasenverbindung und ihrer Defektausbildung untersuchen. Diese Beispiele belegen die Anwendungsvielfalt der noch neuen Methode der zerstörungsfreien Materialprüfung.

3.3.3 Anwendungsbeispiel der Analytischen Transmissionselektronenmikroskopie: Entwicklung langzeitstabiler Hochdruckkompressoren[11]

Das erste Transmissions-Elektronen-Mikroskop wurde von Knoll und Ruska 1931 gebaut. Für die Materialforschung entscheidend waren die Arbeiten von Heidenreich, der die ersten durchstrahlbaren Metallfolien für die Transmissionselektronenmikroskopie herstellen konnte. Für die heutige Elektronenmikroskopie ist die bereits 1969 entdeckte, hochauflösende Abbildung atomarer Strukturen (HREM) und die 1939 von Kossel und Möllenstedt entwickelte konvergente Elektronenbeugung (CBED) besonders bedeutsam. Beide Verfahren sind die Grundlagen der heutigen nanostrukturellen Untersuchungen zum atomaren Aufbau der Materie (Ruthemann 1941).

Entwicklungsstand der Analytischen Transmissionselektronenmikroskopie: Die analytische Transmissionselektronenmikroskopie (ATEM) basiert auf der Anregung von charakteristischen Energieniveaus der Atome durch den Elektronenstrahl im untersuchten Probenbereich. Der durch die Elektronen bestrahlte Bereich emittiert charakteristische Röntgenstrahlen, die mittels spektroskopischer Zusätze am TEM zur Identifizierung der chemischen Zusammensetzung genutzt werden können. Die gleiche Information enthalten die eingestrahlten Elektronen nach dem Verlassen des Materials: die chemische Zusammensetzung erhält man hier mit Elektronen Energieverlust Spektrometem (EELS) aus den Energiebeträgen der Elektronen, die bei der Anregung der Energieniveaus der Atome verloren gehen. Die ersten Messungen der Energieverluste von Elektronen, die in Wechselwirkung mit einer Materialoberfläche standen, stammen von Rudberg (1930), die ersten Energiespektren transmittierter Elektronen von Ruthemann. Heute werden die Elektronenenergieverluste mittels magnetischer und elektrischer Spektrometer entweder direkt hinter der Probe (in column filter) oder unterhalb der Projektionsebene (post column filter) mit Paralleldetektoren gemessen (Parallel EELS). Grundlagen der Röngermikroanalyse im Transmissions Elektronen Mikroskop wurden durch den Bau einer Elektronen Mikrosonde von Castaing (1960) (Boersch et al. 1962) gelegt. Ein effektiver Einsatz der Röntgenmikroanalyse in der Materialforschung erfolgte zu Beginn der 80iger Jahre mit der Einführung der energiedispersiven Röntgenmkroanalyse. Dieses Verfahren kann besonders effektiv, zusammen mit einem Rastertransmisssionszusatz (STEM) am TEM zur Bestimmung der Elementverteilung im Nanometerbereich von Phasenübergängen, z.B. zur Bestimmung von Korngrenzensegregationen in Reaktions- und Diffusionsprofilen von Werkstoffen eingesetzt werden (Hirsch et al. 1977).

[11] An diesem Abschnitt hat Dr. H.-J. Dudek, Deutsches Zentrum für Luft- und Raumfahrt, Köln, beratend mitgewirkt.

Zukünftige Entwicklungen der Analytischen Transmissionselektronen-mikroskopie: Am nachfolgenden Beispiel der Faser-Matrix Grenzflächen in Titanmatrix Faserverbundwerkstoffen wird bereits deutlich, daß sich mit der Einführung neuer Werkstoffe die Untersuchungen mittels der Analytischen Transmissionselektronenmikroskopie zunehmend in den Nano- und Subnanobereich verlagern werden. Aus dieser Entwicklung werden daher auch die steigenden Anforderungen der Werkstoff-Forschung an die Leistungsfähigkeit dieser Untersuchungsmethode deutlich: Abbildung der Morphologie, chemische Analyse und Strukturanalyse von nanometer- und subnanometergroßen Bereichen in technischen Werkstoffen. An die Ergebnisse dieser Nanoanalyse werden zunehmend Forderungen nach Quantifizierung, Reproduzierbarkeit und Richtigkeit gestellt (Rhodes u. Spurling 1983, Lancin et al. 1988).

Diesen Forderungen trägt auch die gegenwärtig ablaufende Entwicklung der analytischen Transmissionselektronenmikroskopie Rechnung. Anstelle von Glühkathoden werden zur Strahlerzeugung zunehmend Feldemissionskathoden eingesetzt, die eine Reduzierung des chemisch und kristallographisch analysierbaren Bereichs auf wenige Nanometer erlauben und aufgrund der höheren Strahlkohärenz eine Verbesserung des Kontrastes bei der Abbildung ermöglichen. Energiefilter für Elektronen erlauben die Analyse leichter Elemente. Die Röntgenmikroanalyse kleiner Bereiche im Transmissions-Elektronen-Mikroskop läßt zunehmend eine quantitative Elementanalyse zu. Online Aufnahme von Bildern und deren Fourieranalyse im Rechner gestatten durch Rückkopplung von Funktion und Information eine Optimierung der Untersuchungsergebnisse. Die Zukunft der Elektronenmikroskopie wird bestimmt sein durch eine Monochromatisierung des Primärstrahls, der eine Analyse der chemischen Bindungen im Nanobereich von Materialien mit hoher Energieauflösung ermöglichen wird, ferner durch eine Kompensation der sphärischen Aberration, die zu einer weiteren Verbesserung der Auflösung bei atomarer Abbildung fuhren wird und durch eine vollautomatische Gerätejustierung und Optimierung der Analysenbedingungen durch Rechnersteuerung.

Im folgenden wird ein typischer Fall aufgezeigt, bei dem für eine definierte technische Entwicklung eine wesentliche werkstoffwissenschaftliche Fragestellung durch die analytische Transmissionselektronenmikroskopie gelöst werden konnte.

Motivation der Entwicklung langzeitstabiler Hochdruckkompressoren: Im zivilen Flugverkehr wird auf der Grundlage der Entwicklungen der letzten Jahre eine Verdreifachung des Verkehrsaufkommens bis zum Jahr 2020 prognostiziert. Mittelfristig besteht daher der Zwang zur Entwicklung neuer Konzepte für diesen Verkehrsträger, die signifikant den Treibstoffverbrauch und damit den Ausstoß von Schadstoffen vermindern. Neben widerstandsärmeren Auslegungen der Zellen und ökologisch optimierten Flugzyklen sind insbesondere Veränderungen bei den Antrieben geeignet, die Schadstoffbelastung zu begrenzen. Bei den Kompressoren der Flugtriebwerke sind die dafür entscheidenden technologischen Ziele klar definiert: Vergrößerung des Druckverhältnisses, Erhöhung der Umdrehungsgeschwindigkeit, Erhöhung der Austrittstemperatur, Reduzierung des Gewichts. Die entsprechenden Anforderungen lassen sich nur mit komplexen werkstofftechnischen Lösungen wie Verbundwerkstoffen realisieren. Im Bereich des Verdichters kommen für die Niedertemperaturanwendungen kohlenstoffaserverstärkte Polymere, für die temperaturbelasteteren Bereiche praktisch ausschließlich Verbundwerkstoffe Titanmatrix/SiC-Faser in Frage.

Titanmatrix-Faserverbundwerkstoffe besitzen heute bereits einen großen Teil des aus der Sicht der Anwendung geforderten Eigenschaftsspektrums, z.B. extrem hohe, von keiner weiteren Werkstoffklasse erreichbare spezifische Festigkeiten und Steifigkeiten bis zu Temperaturen von etwa 600°C. Eine offene Frage war bis vor kurzem, wie die Eigenschaftsveränderungen vermieden werden können, die sich bei längerem Einsatz bei hohen Temperaturen aus der Unverträglichkeit zwischen der keramischen SiC-Faser und den reaktiven Titanlegierungen ergeben. Dieses Problem konnte in den 80iger Jahren partiell durch eine auf die SiC-Faser aufgebrachte Schutzschicht aus Kohlenstoff gelöst werden. Bei der Herstellung der Verbunde reagiert die Kohlenstoff-Schutzschicht mit der Titanlegierung unter Bildung von Titankarbid, wobei nur ein Bruchteil der etwa 3 µm dicken C-Schutzschicht konsumiert wird. Die SiC-Faser bleibt dabei unbeschädigt und behält damit ihre mechanischen Eigenschaften. Bei den höheren Temperaturen im Kompressor setzt sich jedoch die Reaktion zwischen der C-Schicht und der Titanlegierung unter Bildung von weiterem Titankarbid fort und führt letztlich zu gravierender Verschlechterung der mechanischen Eigenschaften. Beobachtungen der Reaktionsabläufe in der Faser- Matrix Grenzfläche der Verbundwerkstoffe sowie thermodynamische und kinetische Kriterien für die Stabilität der Grenzflächen bei hohen Anwendungstemperaturen führten zusammenfassend zu der Forderung, in die Grenzfläche zusätzliche (oder die Kohlenstoffschicht ersetzende) Zwischenschichten einzubringen. Die als Barriereschichten besonders geeignet scheinenden Titanboridschichten erwiesen sich als nicht einsetzbar, da in den für Titanmatrix-Verbundwerkstoffe benutzten (α+ß)-, ß- und (near α-) Titanlegierungen die TiB_2 Schicht bei thermischer Belastung unter Bildung von TiB-Reaktionsprodukten konsumiert wird und der Verbund daher bei thermischer Langzeitbelastung nicht stabil ist (Dudek et al. 1990, 1996, 1997, 1998).

Analytische Transmissionselektronenmikroskopie als Instrument zur Klärung des werkstoffwissenschaftlichen Kernproblems langzeitstabiler Hochdruckkompressoren: Auslöser für die Klärung der wissenschaftlichen Fragestellung war die Beobachtung, daß das Verbundsystem aus SCS-6-Fasern und IM1834-Matrix im Gegensatz zu den anderen Systemen auch bei erhöhten Temperaturen eine hervorragende Langzeitstabilität auszeichnete. Zunächst wurde mit der abbildenden Transmissionselektronenmikroskopie beobachtet, daß sich in diesem Verbundsystem zwar wie in den meisten anderen der SiC/Ti-Verbundsysteme bei der Herstellung und der Auslagerung bei erhöhter Temperatur Reaktionsschichten ausbildeten, deren Dicke auch nach Glühzeiten von 3000h bei 700°C allerdings nicht merklich anstieg. Eine Aufklärung der beteiligten Phasen und Mechanismen war nicht möglich. Sie gelang erst durch den Einsatz der analytischen Transmissionselektronenmikroskopie. Durch die Analyse der chemischen Zusammensetzung der Zwischenschichten konnte gezeigt werden, daß sich während der Verbundherstellung, ähnlich wie bei allen SiC-Ti Verbunden, eine Titankarbid-Reaktionszone mit einer Dicke von etwa 0,5 µm ausbildete, in SCS6/IM1834 gleichzeitig aber eine dünne Schicht (<50 nm) mit einer anderen Zusammensetzung entstand. Detaillierte Untersuchungen mit der analytischen Transmissionselektronenmikroskopie ergaben dann, daß Anteile des in IM1834 vorhandenen geringen Legierungszusatzes Si (<0,2 %) zusammen mit dem Legierungselement Zirkon in der Grenzfläche von Reaktionszone und Titanlegierung unter Bildung sogenannter S2-Silizide ($(Ti,Zr)_2Si$), segregieren (Werner 1998). Diese Silizide trennen die Titankarbidreaktionszone vollständig von der Titanlegierung ab, so daß die Ti-Quelle für eine weitere Bildung von Titankarbid von der Kohlenstoffschutzschicht abgetrennt ist (Abb. 3.3.1). Obwohl diese Silizide nur eine Dicke von einigen zehn Nanometern aufweisen, ergibt sich durch die Geschlossenheit der Diffusionsbarriere zwischen der TiC-Reaktionszone und der Titanlegierung bis zu Temperaturen von etwa 700°C eine ausgezeichnete Faser-Matrix Grenzflächenstabilität. Es konnte mittels der analytischen Transmissionselektronenmikroskopie auch gezeigt werden, daß in anderen potentiellen SiC/Ti-Systemen, sich ebenfalls Silizide, jedoch vom Typ Ti_3Si und Ti_5Si_3 bilden, die eine andere kristallographische Struktur aufweisen und nicht als Barriere für die Kohlenstoffdiffusion wirksam sind (Yang u. Dudek 1997).

Mit diesen Untersuchungen mittels der analytischen Transmissionselektronenmikroskopie konnten somit die Grundlagen der Selbststabilisierung von Metallmatrix-Keramik-Faserverbundwerkstoffen ermittelt werden und die Problematik der thermischen Stabilität der Titanmatrix-Faserverbundwerkstoffe für die Anwendung im Verdichter von Strahltriebwerken im Temperaturbereich bis etwa 700°C gelöst werden.

Implikationen der Klärung der werkstoffwissenschaftlichen Fragestellung: Die Abbildung, chemische Analyse und Phasenanalyse der nur wenige zehn Nanometer dicken Barriereschichten in der Grenzfläche zwischen Faser und Matrix ermöglichten nicht nur die Lösung eines der Schlüsselprobleme dieser Verbundwerkstoffe, sondern die damit gewonnenen Erkenntnisse fließen direkt ein in die Herstellungsroute, in die Auswahl geeigneter Legierungen und erlaubten es, die Verbundwerkstoffe so weiterzuentwickeln, daß deren Eigenschaften unter Anwendungsbedingungen weiter verbessert werden. So wird beispielsweise daran gearbeitet, den Einfluß der Reaktionszonendicke dadurch weiter zu minimieren, indem die S2-Silizidschicht vor der Einbettung in die Matrix auf die Faser aufgebracht wird. Es wird erwartet, daß dadurch die TiC-Reaktionszone unter 100 nm reduziert und die Grenzfläche noch besser gegenüber thermischen Lasten stabilisiert werden kann. Dies würde eine weitere Verminderung, vielleicht sogar völlige Beseitigung des Einflusses dieser Schicht auf die Schadensentwicklung der Verbundwerkstoffe und damit eine weitere Verbesserung der Eigenschaften unter mechanischer und thermischer Wechselbelastung sowie Erhöhung der Zuverlässigkeit und thermischen Stabilität ermöglichen.

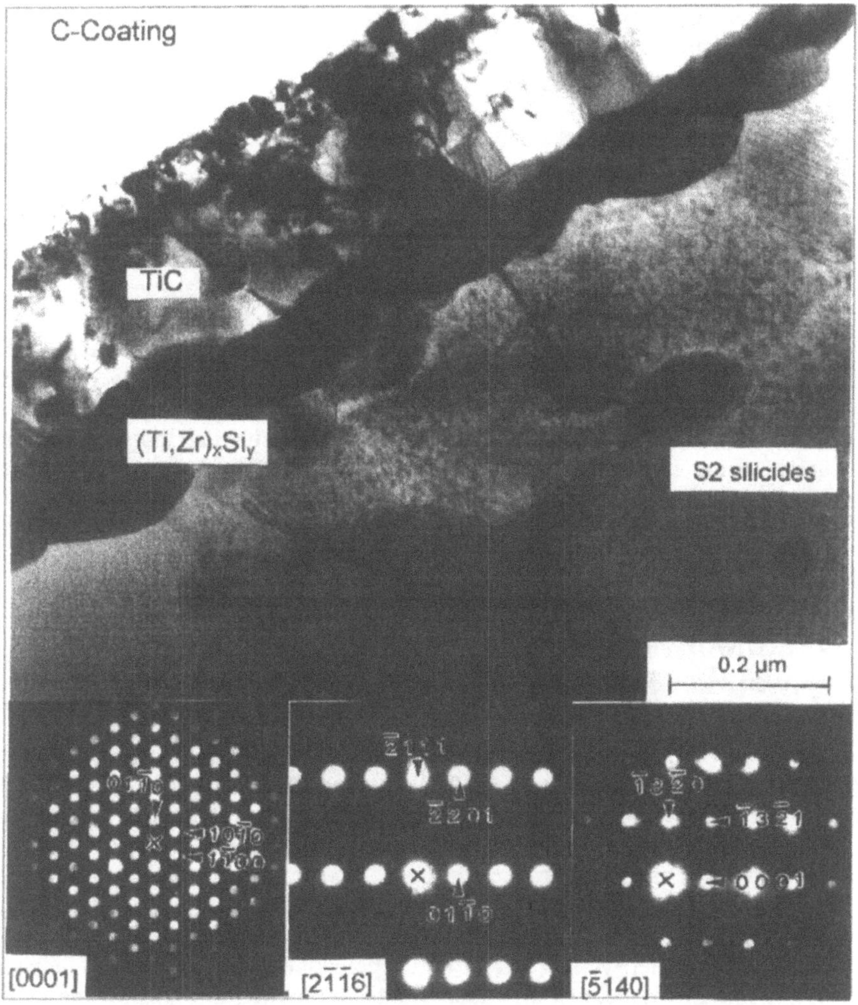

Abb. 3.3.1. Transmissionselektronenmikroskopische Aufnahme der Grenzfläche zwischen Faser und Matrix in SiC-SCS-6' /IMI834 Verbundwerkstoff. Links oben befindet sich die vom Faserhersteller aufgebrachte Kohlenstoffschicht. Dann folgt die TiC-Reaktionszone, die durch eine, einige 10 nm dicke S2-Silizidschicht vollständig von der Titanlegierung abgetrennt wird. Unten im Bild Elektronenbeugungsdiagramme zum Nachweis der S2-Silizide (Quelle: H.J. Dudek, DLR, Köln).

3.3.4 Schlußfolgerungen

Die Schlußfolgerungen fassen zusammen, wie eng das Wechselspiel zwischen Methode und Material ist:

- Technische Entwicklungen sind immer stärker an die Möglichkeiten der chemisch-physikalischen Charakterisierungsverfahren gebunden.
- Allgemeine Zielrichtungen sind:
  - die on-line-Bestimmung von Materialeigenschaften
  - die Verkürzung von Meßzeiten
  - die Verbesserung zerstörungsfreier Prüfverfahren
- Ganze Forschungsfelder initiieren sich erst durch die Entwicklung von Methoden. Die Nanotechnologie sowie die Untersuchung wichtiger Grenz- und Randschichten ermöglichen beispielsweise erst die bahnbrechende Entwicklung der Rastermethodik. Umgekehrt können ungelöste Materialprobleme, wie sie die Haftung von Beschichtungen darstellen, Meßmethoden voran bringen.
- In nur wenigen Fällen finden beide Weiterentwicklungen konzertiert statt. Hinzu kommt, daß derartige Entwicklungen in verschiedenen Disziplinen stattfinden. Während die Methodenentwicklung ein klassisches Gebiet der Physik und Chemie ist, erfolgt die Materialentwicklung häufig in den Ingenieurwissenschaften. Eine Intensivierung dieses Wechselspiels sollte einen Innovationsschub sowohl für die Material- als auch die Methodenentwicklung bringen.

3.4 Einfluß von Modellierung und Simulation auf die Werkstoffentwicklung und -anwendung anhand ausgewählter Beispiele

In den letzten 10 Jahren hat eine stürmische Entwicklung der Computer stattgefunden; etwa alle 18 Monate ist eine Verdoppelung der Leistungsfähigkeit eingetreten. Diese Entwicklung hat dazu geführt, daß die Modellierung und Simulation im Bereich der Materialwissenschaften einen signifikanten Beitrag zum Verständnis wie auch zur schnelleren Entwicklung von Werkstoffen ermöglicht. Da Werkstoffe aus Atomen aufgebaut sind und diese als auch deren Wechselwirkung untereinander mit der Quantentheorie beschrieben werden können, ist es prinzipiell möglich, das Verhalten von Werkstoffen zu berechnen. Für einfache Fälle, wie z.B. defektfreie Einkristalle ist dies auch praktisch möglich. Die quantenmechanischen Ansätze können heute mit den leistungsfähigsten Computern maximal Strukturen von einige hundert Atomen berechnen. Für komplizierte Vorgänge, wie z.B. die plastische Verformung von Metallen reicht dies jedoch bei weitem nicht aus. Für diese, in der Werkstoffwissenschaft üblichen Fälle muß auf eine volle quantenmechanische Behandlung der Probleme verzichtet werden und an deren Stelle Modelle verwendet werden, welche die Wechselwirkung der Atome durch vereinfachte interatomare Potentiale beschreiben. Werden einfache Paarpotentiale benutzt, können Strukturen mit bis zu 10^8 Atomen während einer Verformungsdauer von 1 Nanosekunde beschrieben werden. Mit etwas realistischen Vielkörperpotentialen sind es immerhin noch 35 Millionen Atome. Meistens muß der Anwender solcher Modelle die Anzahl der Atome aufgrund der Anzahl Simulationen und der kostbaren Rechnerzeit stark einschränken. Andererseits ist eine typische Größe für ein werkstoffwissenschaftliches Problem 1 µm und die zu betrachtende Zeit 1 s (z.B. Verformungsprozesse). Dies entspricht 10^{11} Atomen und einer Zeit von 10^9 Nanosekunden wofür eine Rechnerleistung erforderlich wäre, die 10^{12} fach größer ist als sie die heutigen Maschinen zur Verfügung haben. Auch in absehbarer Zeit werden keine ausreichend leistungsfähigen Maschinen vorhanden sein, um komplizierte Vorgänge in Materialien im atomaren Bereich realistisch zu simulieren. Es wurden deshalb für oberhalb der atomistischen Größenbereiche Modelle entwickelt, welche, angepaßt an das Problem, die Modellierung sinnvoll erscheinen lassen.

3.4.1 Atomarer Bereich

Im atomaren Bereich ist es sehr wichtig, daß bei der Simulation ein möglichst realistisches Vielkörperpotential angewendet wird. Einfache Potentiale wie das Lennard-Jones-Potential, welches öfters aufgrund der geringeren Rechnerzeit benutzt wird, ergeben gute Beschreibungen für kondensierte Edelgase, sind aber für Metalle völlig unzureichend. Bei der Simulation von plastischer Verformung wird die „Probe" in z-Richtung verformt, während gleichzeitig die Energie des Gesamtsystems durch Anpassung der Koordinaten der Atome minimiert wird (Molecular dynamics). Dabei muß nach jedem Zeitschritt das Produkt aus Moment und Kraft, die jeweils Vektoren sind, für jedes Atom berechnet werden. Wird dieses Produkt negativ, wird das Moment auf null gesetzt, falls dieses Atom in die Richtung eines ansteigenden Potentials bewegt wird; d.h. das Atom befindet sich am tiefsten Punkt des Potentialtopfes. Dadurch wird die minimale Energie des Gesamtsystems errechnet (Hardouin Dupac 1996).

3.4.2 Mikroskopischer Bereich

Eine Verdoppelung des in die Berechnung einbezogenen Volumens führt unweigerlich zu einer 8-fach grösseren Anzahl an Atomen, d.h. die Simulation mit Methoden der Molecular Dynamics wird unmöglich. Die heute mögliche Simulation entspricht einem Volumen von weniger als 100 nm^3. Es müssen Methoden eingesetzt werden, die die Anzahl der Parameter herabsetzten, z. B. dadurch, daß nicht mehr die einzelnen Atome betrachtet werden, sondern z.B. nur Atome außerhalb der Gleichgewichtsposition, oder es wird nur das Feld elastischer Verzerrungen betrachtet (Schiotz et al. 1998).

Bei der Methode „Versetzungsdynamik" (Dislocation Dynamics) werden nur die Versetzungen und deren Wechselwirkung aufgrund ihrer elastischen Felder betrachtet. Anders ausgedrückt, das Material wird als ein mit sich und äusseren Spannungsfeldern wechselwirkendes System dargestellt. Dieser Ansatz ist jedoch nur für diejenigen Fälle anwendbar, wo Versetzungen beim interessierenden Effekt eine wesentliche Rolle spielen. Effekte, die durch Korngrenzen oder Risse dominiert sind, können damit nicht simuliert werden. Diese Methode, bei der Atome durch Versetzungen und deren Wechselwirkung ersetzt werden, weist jedoch einige wesentliche Probleme auf:

- Versetzungen sind linienförmige Gebilde und nicht Punkte; ein einfaches Set an Koordinaten zur Lagebeschreibung genügt deshalb nicht.

- Die Kräfte, welche auf eine Versetzung wirken als auch die Bewegungsmöglichkeit einer Versetzung, sind sehr stark anisotrop.
- Die Wechselwirkungen zwischen den Versetzungen sind weitreichend und nehmen nur mit 1/r ab, während die Wechselwirkungskräfte zwischen den Atomen exponentiell abnehmen. Dies bedeutet, daß wesentlich mehr Berechnungen pro Versetzung durchgeführt werden als im analogen System mit Atomen.
- Zusätzlich zu den weitreichenden Wechselwirkungen bestehen noch kurzreichende Kräfte, die vor allem beim Schneiden oder Aufspalten von Versetzungen eine Rolle spielen. Diese Wechselwirkungen sind bis heute kaum quantifizierbar.

Für einfache Fälle, insbesondere für Probleme die in zweidimensionaler Form behandelt werden können, werden die Versetzungen zu Punkten und das ursprüngliche Modell der Atome kann angewendet werden. Ein ähnlicher „Trick" besteht darin, die Versetzung in Segmente aufzuteilen und anstelle der gesamten Versetzung deren Segmente (analog zu Punkten) zu betrachten. Damit ist es z.B. gelungen, Effekte wie die Verfestigung bei plastischen Verformung zu simulieren.

Bei größeren Strukturen wird diese Methode zu rechenaufwendig, und es muß von einzelnen diskreten Punkten zu einer kontinuierlichen Beschreibung der Materie übergegangen werden. Die Versetzungen werden durch eine kontinuierliche Funktion der Dichteverteilung der Versetzungen ersetzt. Dabei ist jedoch zu beachten, daß die Versetzungsdichte nicht eine skalare Größe ist, sondern, da eine Versetzung durch ihre Richtung (Vektor) und durch den Burgersvektor beschrieben wird, also ein Tensor mit entsprechendem Rechenaufwand ist.

Für einige Problemstellungen, z.B. Kornwachstum oder Rekristallisation, kann als Basiseinheit das Korn eingesetzt werden. Bei Metallen erreicht man damit typische Grössen von einigen µm bis zu mm. Bei noch größeren räumlichen Effekten muß mit der Methode der Finiten Elemente gearbeitet werden.

Damit ein möglichst vollständiges Verständnis des Materialverhaltens erreicht werden kann, muß eine Modellierung über möglichst viele Größenordnungen durchgeführt werden (multiscale modelling). So kann z.B. die plastische Verformung von einkristallinem Material einerseits durch die Methode der Versetzungsdichte, welche vor allem die weitreichenden Wechselwirkungen berücksichtigt, kombiniert werden mit den atomistischen Methoden (Molecular Dynamics), um die kurzreichenden Wechselwirkungen mit einzubeziehen.

Bei der sogenannten Hybridsimulationstechnik werden ebenfalls Teile des interessierenden Systems durch atomistische Modelle modelliert, während gleichzeitig die weitreichenden Kräfte oder äußeren Spannungsfelder durch linearelastische Felder beschrieben werden. Begründet werden kann dieses Vorgehen damit, daß bei großen Systemen der überwiegende Anteil der Atome nicht „aktiv" teilnimmt, sondern im wesentlichen nur das elastische Feld überträgt. Die elastischen Felder können dabei als klein und linear angenommen werden, während im atomaren Bereich, z.B. im Versetzungskern, nichtlineare Spannungs-zustände vorherrschen. Die Simulation wird deshalb in zwei Zonen durchgeführt: In der inneren Zone, wo eine atomistische Beschreibung angewendet wird, und in der äußeren Zone, welche mit einer elastischen Theorie, typischerweise mit der Finite Elemente Methode, behandelt wird. Dadurch wird das weitreichende elastische Feld durch relativ einfache, computerzeitsparende Art beschrieben und die Atome „sehen“ trotzdem eine für sie realistische Umgebung. Der Übergang zwischen diesen beiden Berechnungsarten stellt jedoch immer noch die größte rechnerische Schwierigkeit dar. Zur Überbrückung dieses Problems wurden adative Methoden entwickelt, basierend auf der Finite Elemente Methode (Rappaz u. Kedro 1996). Anstelle von konstitutiven Relationen werden zur Energieberechnung atomistische Ansätze herangezogen. Zusätzlich wird das Gitter den lokalen Bedürfnissen angepaßt, d.h. daß z.B. bei Versetzungskernen oder Rißspitzen die Knotenpunkte des Gitters den Atomen entsprechen, während in weniger beeinflußten Zonen gröbere Gitter mit entsprechend weniger Rechenaufwand eingesetzt werden können.

3.4.3 Simulation und Visualisierung von Bauteilen

Die Automobilindustrie ist bemüht, durch Anwendung der modernen Informationstechnologie eine signifikante Erhöhung der Effizienz zu erzielen. Simulationsverfahren in Verbindung mit Visualisierung versprechen, an vielen Stellen Lösungen schneller und mit höherer Qualität zu finden. Der wesentliche Vorteil ergibt sich aus der Möglichkeit, den Produktentstehungsprozeß mit einer signifikanten Reduzierung von Erprobungen an physischen Bauteilen zu gestalten und so Zeit und Kosten zu sparen. Außerdem können numerische Verfahren eingesetzt werden, die eine Optimierung bestimmter Größen ermöglichen, wie z. B. die Gewichtsminimierung hochbeanspruchter Bauteile. Unter diesem Gesichtspunkt ist zusätzlich eine Steigerung der Qualität zu erwarten.

Traditionsgemäß sind die Prozesse der Produktentstehung in der Automobilindustrie handwerklich-praktisch orientiert, d.h. Funktionsabsicherungen und Freigaben erfolgen anhand physischer Teile bzw. Prototypen mit all den dazugehörenden Nachteilen, wie Zeit- und Kostenaufwand. Total anders agiert die Flugzeugindustrie; sämtliche Funktionen des zu entwickelnden Produktes werden mittels der Simulationstechnologie im Vorfeld nachgebildet, und der fertige Prototyp dient nur mehr zur Verifikation. Gelingt es einem Unternehmen der Automobilindustrie, ähnliche Prozesse einzuführen, kann dadurch ein Wettbewerbsvorteil erzielt werden, da ein wesentlicher Kostenfaktor deutlich reduziert wird.

Selbstverständlich sind Simulationsverfahren, CAD, Visualisierung u.ä. in der Fahrzeugentwicklung seit langem etabliert. Entscheidend ist aber, daß diese neuen Computertechniken in die existierenden Prozesse – die von den alten Traditionen geprägt sind – integriert wurden und damit nur lokale Verbesserungen bewirken konnten. Der wesentliche Vorsprung kann erst erreicht werden, wenn die Prozesse selbst entsprechend der neuen Technologie umgestaltet werden.

Zum Beispiel wurde bei Audi als Ziel das Virtuelle Produkt definiert. Darunter versteht man die Darstellung der Baustufe eines Fahrzeuges mit allen Funktionalitäten im Computer. Das Virtuelle Produkt ersetzt das physische und erlaubt damit die Einsparung teurer Prototypen. Die zur Realisierung erforderlichen Voraussetzungen müssen aus drei Gesichtspunkten abgeleitet werden:

1. Datenorganisation, dabei muß grundsätzlich unterschieden werden zwischen:
   - Geometriedaten: das sind die Daten, die direkt aus der Konstruktionstätigkeit entstehen,

- Fahrzeugdaten: dies sind indirekt entstehende Daten, wie Motorkennfelder, Widerstandsbeiwerte, Übersetzungsverhältnisse u.ä. und
- Werkstoffdaten, wie Festigkeitswerte, Elastizitätswerte: diese müssen von den Versuchsabteilungen zur Verfügung gestellt werden.

Einerseits muß eine unternehmensweit einheitliche Datenorganisation geschaffen werden mit der Entwicklung entsprechender Datenmodelle, und andererseits muß sichergestellt sein, daß die abgelegten Daten jederzeit dem aktuellen Stand der Entwicklung entsprechen.

2. Funktionserprobung
   Hier stehen Simulationsverfahren für Disziplinen wie Crash, Dynamik, Festigkeit, Strömungsvorgänge aller Art, Packaging, Robotik u.ä. zur Verfügung. Die meisten dieser Anwendungen sind sehr komplex und benötigen die Unterstützung eigens ausgebildeter Spezialisten, vor allem um die Qualität sicherzustellen. Außerdem hat es sich als vorteilhaft erwiesen, zur Bewertung der Aussagen auf die Erfahrung der Versuchsingenieure zurückzugreifen. So sollte zur Absicherung der Ergebnisse ein Experiment unter den gleichen Voraussetzungen durchgeführt werden. Am Ende steht die Visualisierung, um den Verantwortlichen die Ergebnisse verständlich zu machen und die nötigen Konsequenzen zu ermöglichen.

3. Prozesse
   Darunter ist im wesentlichen zu verstehen, daß die Aktivitäten im Entwicklungszyklus und der Datenfluß aufeinander abgestimmt werden. Dies bedeutet z.B., daß sich die Datenausprägungen an den Erfordernissen der Funktionserprobungen orientieren. So ist für die Berechnung aerodynamischer Beiwerte die Oberflächenbeschreibung des Fahrzeugs in einer genau festgelegten Form nötig; diese muß verfügbar sein, sobald die entsprechenden Berechnungen beginnen. Die Versuchsabteilungen müssen eingebunden werden zur Bereitstellung von Parametern, die meßtechnisch zu ermitteln sind. Die Systemlieferanten spielen eine wesentliche Rolle in der Entwicklung und müssen daher in all diese Überlegungen mit einbezogen werden.

Das Virtuelle Produkt entsteht durch Zusammenwirken des Inhalts, den diese drei Punkte beschreiben. Abb. 3.4.1 zeigt schematisch die Vielfältigkeit der Simulationsaufgaben und des Datenflusses. Die Visualisierung macht die Nachbildung der realen Welt sichtbar und vervollständigt damit den Umfang, der mit Virtual Reality bezeichnet wird. Abhängig von der Entstehung und der zu beschreibenden Größen sind die unterschiedlichsten Arten von Daten zu verwalten. Die Anforderungen der Simulation steuern andererseits die Datenausprägungen; so wird für das Packaging des Motorraumes die Geometrie und die Position der zu verdauenden Teile benötigt, während für eine Crash-Simulation desselben Bauteils zusätzlich die Materialstärken, Werkstoffeigenschaften etc. eine wesentliche Rolle spielen. Die Ergebnisse alter Untersuchungen müssen für spätere Weiterverarbeitung in die Datenorganisation eingebunden werden.

Aufgabe des Prozesses ist es, mit Hilfe eines Datenmanagements diese Daten zu steuern, so daß die Simulationen ausgeführt werden können. So müssen zu Kollisisionsprüfungen die Nachbarschaftsbeziehungen der angrenzenden Teile verfügbar gemacht werden; die Ergebnisse werden durch Visualisierung ausge-

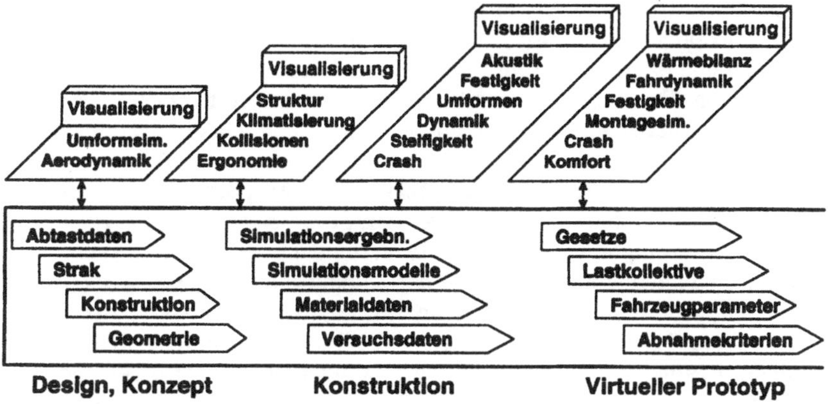

Abb. 3.4.1. Zusammenwirken von Daten und Simulation

wertet. Wie Abb. 3.4.1 zeigt, kommen in dem Produkt-Entstehungsprozeß sehr unterschiedliche Systeme zum Einsatz, wodurch auch Prozessoren zum Datentransfer an den Schnittstellen Teil der Prozeßsteuerung sind. Versuchsdaten werden zur Validierung der Simulationsmodelle sowie zur Bereitstellung von Parametem, wie z. B. Leistungskennfelder von Motoren u.ä. in dem Prozeß integriert.

Welche Simulationen eingesetzt werden, hängt im wesentlichen von der Verfügbarkeit der Daten und damit von der Phase des Entwicklungsprozesses ab. So liegt in der Konzeptphase der Schwerpunkt auf geometriebasierenden Untersuchungen. Dies sind in erster Linie die bereits erwähnten Kollisionstests, die sicherstellen, daß die an unterschiedlichen Stellen entwickelten Teile in das Fahrzeug passen und der verfügbare Raum optimal ausgenutzt wird. Das Simulationssystem stellt mittels der CAD-Daten fest, welche Teile sich überschneiden. Dieser virtuelle Zusammenbau spart deutlich Entwicklungszeit, da am realen Fahrzeug Änderungen aufgrund von Fehlern meist nur mit großem Aufwand zu bewerkstelligen sind. Eine weitere typische Anwendung in der frühen Phase der Entwicklung sind Ergonomiebetrachtungen. Diese erlauben es, bei der Auslegung des Interieurs Gesichtspunkte wie die Fahrerplatzauslegungen zu berücksichtigen oder auch Handhabungen der Fahrzeugmodule für den Kundendienst zu optimieren. Eingesetzt wird das System RAMSIS, das in einem Gemeinschaftsprojekt der deutschen Automobilindustrie entstanden ist. Lösungen von Problemen der Aerodynamik werden im verstärktem Maße mit der Simulationstechnik unterstützt, um die Stylingabteilung in der Bewertung der Außenform zu unterstützen. All diese Techniken führen zum virtuellen Konzeptfahrzeug, d.h. die Entwicklung und Bewertung erfolgt ohne Aufbau der aufwendigen Hardware.

Sobald in der Serienentwicklung Daten der Fahrzeugstruktur, des Fahrwerks und der Aggregate verfügbar sind, überwiegen Simulationstools, die Funktionen wie Steifigkeit, Dynamik, Crash u.ä. bewerten. Die Tools selbst haben einen ausreichenden Reifegrad erreicht, allerdings ist deren Entwicklung noch lange nicht abgeschlossen. Eine stetige Steigerung der Rechnerleistung und bessere Algorithmen eröffnen immer neue Anwendungsfelder. Der Grundstein wurde durch die

Finite-Element Methode gelegt, die es ermöglicht, so komplexe Vorgänge wie den Fahrzeugcrash oder die Akustik im Fahrzeuginnenraum mittels des Computers nachzubilden und damit eine Analyse dieser Vorgänge in dem Konstruktionsprozeß einzubinden. Der hohe Sicherheitsstandard, den unsere Fahrzeuge heute bieten, ist zu einem beträchtlichen Teil auf den Einsatz der Computersimulation zurückzuführen.

Ein Gebiet, auf dem die Simulationstechnik erst seit relativ kurzer Zeit wertvolle Unterstützung liefert, ist die Analyse von Strömungsvorgängen. Im Vordergrund steht die Lösung aller Fragen, die in Verbindung mit der Beherrschung der Strömung im Fahrzeuginneren, speziell der Klimatisierung, stehen. Die Untersuchungen beginnen mit der Durchströmung des Motorraumes, erfassen die Wärmebilanz von Motor/Klimagerät und liefern schließlich das Strömungsfeld im Fahrzeuginneren. Besonderen Nutzen liefert die Simulation außerdem bei der Erfassung komplexen Vorgänge wie etwa des Gaswechsels im Zylinder von Verbrennungskraftmaschinen, da dazu die Meßtechnik nur im beschränkten Maße Unterstützung bieten kann. Ein weiteres aktuelles Einsatzfeld ist die Fahrzeugaerodynamik mit den Fragestellungen von Widerstandsbeiwerten bis zur Aeroakustik.

Zu dem Begriff des Virtuellen Produktes sind auch die Simulationen zu zählen, die bei der Erstellung des Fertigungsprozesses zum Einsatz kommen. Dazu gehört die Montagesimulation der Komponenten des Fahrzeuges, die Simulation des Tiefziehvorganges der Blechteile, die Analyse von Gießvorgängen u.ä. Die Einsparung von Kosten ist hier gut nachvollziehbar, da Versuchseinrichtungen in der Produktion, wie z.B. Umformwerkzeuge, sehr kostenintensiv sind. Aus diesen Gründen wird intensiv an der Weiterentwicklung der Verfahren gearbeitet, und die verfügbaren Systeme werden unmittelbar für den industriellen Nutzen verfügbar gemacht. Derzeit ist am weitesten die Simulation der Blechumformung verbreitet; bei Audi wird jedes kritische Teil mit Hilfe des Computers bezüglich des Verhaltens im Ziehvorgang geprüft bzw. optimiert.

Die Einführung des Virtuellen Produktes bedeutet nicht, daß der Computer das Fahrzeug entwickelt, im Mittelpunkt steht nach wie vor die Kreativität des Ingenieurs. Es eröffnet sich zusätzlich die Möglichkeit, den Weg zu verfolgen, den andere High-Tech Industrien wie die Flugzeugindustrie mit Erfolg gegangen sind, nämlich das Vorgehen „trial and error" durch eine systematische Vorgehensweise zu ersetzen, die sich den Stand der Technik zu Nutze macht.

3.4.4 Schlußfolgerungen

- Die Simulation und Modellierung des Wekstoffverhaltens kann heute in einem sehr weiten Größenordnungsbereich (atomar bis zum Bauteil oder ganzen Systemen) durchgeführt werden.
- Es existieren im Prinzip jedoch nur zwei unterschiedliche Ansätze: Modellierungen basierend auf der Beschreibung von Potentialen zwischen den Atomen, und die Methode der Finiten Elemente. Das Problem besteht im wesentlichen darin, diese zwei Ansätze miteinander zu verbinden. Ansätze hierzu existieren, sind aber noch nicht ausreichend weiterentwickelt.
- Eine weitere Grenze bildet die Rechnerleistung. Auch wenn immer leistungsfähigere Computer gebaut werden, ist doch eine Simulierung des mechanischen

und/oder physikalischen Verhaltens eines Werkstoffes oder Werkstückes, basierend auf atomistischen Modellen, in absehbarer Zeit nicht möglich.

- Die Generierung und Aufbereitung von Werkstoffdaten ist noch nicht ausreichend normiert. Zudem stehen oft nicht die benötigten Kennwerte eines Materials zur Verfügung. Soll die Modellierung und Simulation weiter ausgebaut werden, muß neben der Rechnerleistung und der Software vor allem dieser Bereich intensiv bearbeitet werden.

4 Ausgewählte Beispiele materialwissenschaftlicher Entwicklungen

Im vorangegangenen Kapitel wurden umfassend die aktuelle Forschungssituation, die erkennbaren Forschungsrichtungen und die erwartbaren weiteren Entwicklungen in den Materialwissenschaften dargestellt. Dies erfolgte bisher im wesentlichen aus der *Innenperspektive* der Materialforschung heraus. Gesellschaftliche Rahmenbedingungen materialwissenschaftlicher Forschung wurden nicht eigens thematisiert. Sie traten in der Forschung nur im Hintergrund auf, etwa wenn die Problemlösekapazität bestimmter Entwicklungen analysiert wurde, wofür von der Existenz eines einschlägigen gesellschaftlichen Problems und der Nachfrage nach einer Problemlösung einfach ausgegangen wurde.

Diese eher „angebotsorientierte" Darstellung und Analyse (vgl. Abschn. 2.2) wird nun verlassen. Statt dessen treten die gesellschaftlichen *Kontexte* der Materialwissenschaften verstärkt in die Mitte des Interesses, d.h. die Rahmenbedingungen, unter denen die Materialwissenschaften agieren. Diese bestehen vor allem in der

- gesellschaftlichen Bedarfssituation nach materialwissenschaftlichen Innovationen,
- den ökonomischen Randbedingungen und Einflußgrößen auf materialwissenschaftliche Forschung und in
- den gesellschaftlichen, vorwiegend staatlichen, Eingriffen in die Materialforschung durch Gestaltung der Forschungsinfrastruktur, durch Förderung von Forschungsaktivitäten und Technologietransfer oder durch ordnungsrechtliche Regulierung.

Detaillierte Analysen dieser Art können nur anhand von ausgewählten konkreten Entwicklungen (Fallbeispielen) unternommen werden.[1] Aus der Vielzahl der möglichen Entwicklungen wurden sechs Fallbeispiele ausgewählt. Leitende Überlegung für diese Auswahl war, strukturell möglichst verschiedene Fallbeispiele zu erfassen, um möglichst viele Facetten im Verhältnis von Materialwissenschaften und ihrem gesellschaftlichen Umfeld berücksichtigen zu können. Näherhin erfolgte die Auswahl aufgrund der folgenden Kriterien:

- Die Fallbeispiele sollten sich auf möglichst verschiedene Stadien der Entwicklung beziehen, um die Verschiedenheiten von noch am Anfang stehenden Entwicklungen und sich im späten Reifestadium befindlichen Optimierungen erfassen zu können.

---

[1] Das Prinzip exemplarischer Analyse ist in der Technikfolgenabschätzung gängig, weil anders in der Regel nicht praktikabel (vgl. dazu für den Bereich der Materialwissenschaften TAB 1994, Hofmann et al. 1995). Das damit unvermeidlich verbundene Problem ist allerdings die Verallgemeinerung der Konsequenzen (Kap. 6).

- Sie sollen einerseits vergangene Entwicklungen betreffen, die ex post als ganze beurteilbar sind, andererseits aber auch Entwicklungen, die erst am Anfang stehen.
- Sie sollen strukturell verschiedene Anwendungskontexte berühren (z.B. in der Differenzierung nach Massenprodukten wie Autos einerseits und hochspezialisierten Entwicklungen für kleine Nischenmärkte andererseits).
- Dabei sollen jeweils verschiedene Materialklassen im Vordergrund stehen.

Die im folgenden analysierten Fallbeispiele sind:

(4.1) Keramikventil im Verbrennungsmotor als Beispiel für eine vergangene Entwicklung, die trotz hohen Ressourceneinsatzes nicht zum gewünschten Erfolg geführt hat.

(4.2) Batterien für elektrische Antriebe von Fahrzeugen als Beispiel für aktuelle Entwicklungen, an denen Materialwissenschaften zwar wesentlich beteiligt sind, jedoch nur geringen Einfluß auf die tatsächliche Umsetzung haben.

(4.3) Glasmatten- und langfaserverstärkte Thermoplaste für den Automobilbereich als Beispiel einer innovativen Entwicklung außerhalb der Forschungsförderung.

(4.4) Heimische Pflanzenfasern im Automobilbereich als Beispiel für die komplexen Anforderungen an Koordination in der „Förderungslandschaft", wenn es darum geht, nachwachsende Rohstoffe vom Anbau bis zum Produkt zu begleiten.

(4.5) Nanotechnologische Entwicklungen als Beispiel für noch grundlagenforschungsnahe, in den Anfängen befindliche Forschung mit möglicherweise großem, aber noch nicht genau angebbarem Anwendungspotential.

(4.6) Wärmedämmschichten auf Turbinenschaufeln als Beispiel für Entwicklungen unter den Bedingungen eines hochspezialisierten Nischenmarktes mit wenigen Akteuren.

In der Analyse dieser Fallbeispiele wurde gefragt, wie durch materialwissenschaftliche Entwicklungen Beiträge zur Realisierung gesellschaftlicher Ziele geleistet werden können, welche Rahmenbedingungen dafür gegeben sein müßten und wo hemmende Faktoren liegen. Die Aufgabe besteht in der Beantwortung der Frage, ob und wie der Einsatz neuer Materialien oder damit zusammenhängender Verfahren zur Lösung bestimmter Probleme beitragen bzw. zu Innovationen führen und unter welchen kontextuellen Bedingungen dies der Fall sein kann. Diese Überlegungen führen zur Identifizierung von hemmenden und fördernden Faktoren für die materialwissenschaftliche Forschung. Schließlich sollen einerseits die kontextuellen Bedingungen (z.B. Forschungsförderung, Forschungsinfrastruktur, ökonomisches Umfeld), andererseits die Forschungs- und Entwicklungsleistungen bestimmt werden, die erforderlich sind, um Problemlösung zu realisieren.

Aus der Verschränkung der „materialorientierten" Darstellung in Kap. 3 und der hier folgenden „kontextorientierten" Darstellung sollen verallgemeinerbare Aussagen über die Optimierung materialwissenschaftlicher Forschung hinsichtlich des wissenschaftlichen Outputs, gesellschaftlicher Bedürfnisse und ökonomischer Ansprüche gewonnen werden (Kap. 6).

4.1 Keramikventil im Verbrennungsmotor

Isolierungen für die Zündkerze, Träger für den Katalysator oder Dichtringe für Wasserpumpen sind gute Beispiele für die serienmäßige Nutzung von Keramik im Automobilbau. Daneben gibt es sehr viele verstecktere Anwendungen von keramischen Werkstoffen wie die Lambda-Sonde (Zirkondioxid) oder Sensoren und Aktuatoren (piezoelektrische Keramik). Seit den späten siebziger Jahren beschäftigen sich Forschungsinstitute und die Automobilindustrie mit der Idee der vermehrten Nutzung von Keramik im Verbrennungsmotor, insbesondere zur Steigerung seines Wirkungsgrades und zur Reduzierung schädlicher Abgase. Vor allem in den frühen achtziger Jahren war dies infolge der hohen Ölpreise ein sehr aktuelles Thema. Die ersten Entwicklungsprogramme hatten im wesentlichen zwei Ziele vor Augen: 1. die keramische Gasturbine und 2. den adiabatischen Motor.

Die keramische Gasturbine wurde in den USA, Deutschland wie auch in Japan entwickelt. Entsprechende Prototypen wurden gebaut und in Autos eingesetzt. Ebenfalls adiabatische, vollkeramische Motoren wurden entwickelt, jedoch gelangten sie nie über den Prototypenstatus hinaus. Die Gründe sind vielfältig, sicher dazu beigetragen hat, daß einerseits die Entwicklung bei konventionellen Dieselmotoren wesentlich rascher als erwartet verlief, daß andererseits die Verbesserungen des Wirkungsgrades und der Abgaszusammensetzung nicht so hoch waren wie erwartet. Zusätzlich wurde erkannt, daß die Herstellung von teilweise sehr komplexen Bauteilen die technischen Möglichkeiten bei weitem überstieg und eine seriengerechte Konstruktion, Herstellung und Prüfung dieser komplizierten Bauteile nicht in absehbarer Zeit möglich sein würde. Angesichts dieser Resultate wurden im Gegensatz zu den USA (siehe Abschn. 3.4), in Deutschland ab 1991 keine Mittel mehr im Rahmen des Matfo-Programmes für die keramische Gasturbine beziehungsweise den vollkeramischen Motor zur Verfügung gestellt. Gefördert wurde jedoch die Entwicklung einzelner Bauteile des Motors, wobei folgende Teile besondere Beachtung fanden: Turboladerrotor; Glühkerzen; Ventile, Ventilsitze; Ventilführungen; Kolbenbolzen, Kugellager; Kolbenringe; Vorbrennkammer, Kolbenböden; Zylinderauskleidung; Abgaskrümmer, Nocken; Ventileinstellplättchen; Kipphebelbelag.

Im folgenden wird sich dieses Fallbeispiel auf das Keramikventil konzentrieren, da dieses Bauteil vor allem in Europa, und damit in Deutschland, heute die größte Chance für einen serienmäßigen Einsatz hat.[2]

Unter dem Aspekt der Energieersparnis und Lebensdauerverlängerung werden zunehmend die Probleme Reibung, Verschleiß und Masseersparnis in den Vordergrund der Motorentwicklung gerückt. In diesem Bereich findet das Ventil aus Keramik besondere Beachtung, da das Ventil hohen Beschleunigungskräften, Stoßbelastung, korrosivem als auch mechanischem Verschleiß unterliegt und gleichzeitig relativ hohen Temperaturen ausgesetzt wird. Ein weiterer Grund für die Einführung des Keramikventils ergibt sich aus der außermotorischen Ventil-

[2] Wertvolle Hinweise und Informationen verdankt der Autor persönlichen Mitteilungen der Herren Gugel (1998) und Seitz (1998).

steuerung, welche leichte Ventile benötigt. Das einzige keramische Material, welches diese Belastung ohne Kühlung aushält, ist Siliciumnitrid, welches mit den entsprechenden Additiven (Aluminiumoxid, Yttriumoxid) unter Bildung einer flüssigen Phase gesintert wird. Siliciumnitrid spielte ebenfalls bei der Entwicklung von Gasturbinenteilen und beim adiabatischen Motor eine entscheidende Rolle.

4.1.1 Die Entwicklung

Die Materialforschungsprogramme des BMFT förderten in den Jahren 1983 bis 1998 Entwicklungen, welche relativ stark auf Keramikbauteile für Verbrennungsmotoren und Gasturbinen fokussiert waren, mit ca. 100 Mio. DM. Bei einem durchschnittlichen Förderanteil von 50 % entspricht dies einem Forschungsaufwand von 200 Mio. DM. Über den gesamten Zeitraum wurden grundlegende Arbeiten bezüglich der Pulver und der Keramik (Gefüge, Zusammensetzung) mit ca. 2 Mio. DM/Jahr gefördert. Für die Entwicklungsarbeiten an der keramischen Gasturbine wurden bis 1991 ca. 1,5 Mio. DM/Jahr bereitgestellt, während diejenigen für Motorenteile von 1986 bis heute mit ca. 2,75 Mio. DM/Jahr unterstützt wurden. Die Entwicklung von Prüfmethoden, insbesondere zerstörungsfreier, wurden ebenfalls während der gesamten Programmlaufzeit (Matfo und MaTech) gefördert, wobei eine Zunahme der jährlichen Fördersumme (ca. 0,5 Mio. DM/Jahr 1986 auf 1 Mio. DM/Jahr 1998) zu beobachten ist (BMBF 1994, 1998). Die Fügetechnik Keramik/Metall fand vor allem 1988 bis 1991 Beachtung, während die Keramikbearbeitung im Grünzustand als auch gesintert ähnlich wie die zerstörungsfreie Prüfung über die gesamte Programmlaufzeit gefördert wurde und in der Errichtung eines Demonstrationszentrums mündete.

Die Entwicklung des Siliziumnitrids begann etwa vor 30 Jahren, als es gelang, durch Reaktionssintern oder durch Heißpressen Bauteile einfachster Geometrie herzustellen. Nur durch diese relativ teuren Formgebungs- und Konsolidierungsverfahren konnten Werkstoffe mit ausreichender Festigkeit hergestellt werden. Da die Kosten der Bauteile, hergestellt durch diese aufwendigen Verfahren, viel zu hoch und die Herstellungsmethoden kaum geeignet für die Produktion großer Serien sind, wurde die weitere Entwicklung des keramischen Ventils auf die folgenden fünf Bereiche fokussiert:

1. Pulverherstellung
2. Werkstoffentwicklung
3. Prozeßentwicklung
4. Bearbeitung
5. Prüfverfahren

4.1.1.1 Pulverherstellung

Aufgrund der in den achtziger Jahren allgemein anerkannten Managementstrategien der großen Firmen wurde in vielversprechende neue Gebiete diversifiziert. Viele Firmen im Bereich der Chemie und der mineralischen Rohstoffe begannen Entwicklungsarbeiten im Bereich der Pulversynthese von Siliciumnitrid. In Europa waren dies insbesondere Alusuisse-Lonza, Bayer, Degussa, Hüls. Daneben existierten bereits Pulverhersteller, welche auch Siliciumnitrid herstellten (H.C. Starck). Ebenfalls japanische Firmen waren von Beginn an sehr aktiv (UBE, Toshiba, Shinezu), während amerikanische Firmen wie Union Carbide oder General Electric noch im Labormaßstab arbeiteten. Es wurden im industriellen Maßstab vier Verfahren entwickelt:

- Direktnitridierung (H.C. Starck)
- Carbothermische Reduktion von Siliciumoxid (Alusuisse-Lonza, Toshiba, Shinezu, GE)
- Siliciumdiimide-Verfahren (Degussa, UBE)
- Gasphasenreaktionen mit unterschiedlichen Precoursern (Bayer, H.C. Starck)

Von den mehr als zehn Firmen, welche sich mit der Entwicklung von Herstellungsprozessen für Siliciumnitrid befaßten, hat sich ein großer Teil zurückgezogen. Die Ursachen für diese Entwicklung waren:

- Der Markt für diese Pulver entwickelte sich wesentlich langsamer als vorhergesagt. Die Vorhersagen waren zu positiv bzw. die technischen Probleme wurden unterschätzt.
- Der Preis konnte aufgrund der kleinen Produktionsmengen nicht gesenkt werden, (er blieb im Bereich von 100 bis 200 DM/kg!).
- Keine der Firmen war bereit, das Risiko des Baus einer großen Produktionsanlage auf sich zu nehmen. Damit fehlte eine wesentliche Voraussetzung, damit dieser Werkstoff in der weiterverarbeitenden Industrie und im Automobilbau akzeptiert wurde.
- Es herrschte bereits im Stadium der Pilotanlagen weltweit eine Überkapazität.
- Die meisten Entwicklungslabors (industriell als auch universitär), welche sich mit der Werkstoffentwicklung beschäftigten, benutzten das UBE-Pulver. Damit ergab sich bereits im Stadium der Entwicklung und Pilotphase ein Verdrängungswettbewerb, welcher Neuankömmlinge stark benachteiligte. Eine ähnliche Situation bestand im Bereich Zirkondioxidpulver, wo mehr als 10 Firmen aufgaben und heute im wesentlichen Tosoh der Marktführer ist. Tosoh war auch der Erste auf dem Markt, der größte Teil der Entwicklungsarbeiten wurde mit Pulver dieser Firma durchgeführt.

Interessant ist, darauf hinzuweisen, daß die akademischen Entwicklungsarbeiten, vorwiegend von öffentlichen Mitteln bezahlt, sich kaum mit der industriellen Pulverentwicklung befaßten. Das Ziel der akademischen Forschung im Bereich der Pulverherstellung war es, möglichst reine und bezüglich der Korngrößenverteilung ideale Pulver herzustellen und so eine Basis für die Herstellung von sehr hochwertigem Siliziumnitrid zu legen. Damit sollte das Potential, welches in diesem neuen Werkstoff vorhanden ist, aufgezeigt werden.

Rückblickend kann gesagt werden, daß die Forschung im Bereich der akademischen Pulverentwicklung nicht in wirtschaftlich interessante Prozesse umgesetzt werden konnte und die Ergebnisse kaum auf andere Gebiete übertragen werden können. Die industrielle Forschung ging davon aus, daß durch eine geeignete Prozeßführung bei der Ventilherstellung auch mit ausreichend gutem Pulver eine Keramik hergestellt werden kann, welche den geforderten Eigenschaften genügt. Sie war von Anfang an nur an einer kostengünstigen Herstellungsmethode (Preisvorstellung: 30 – 50 DM/kg) interessiert. Es gelang der Industrie nicht, die Hochschulen und Institute für die Entwicklung von kommerziell interessanten Pulverherstellungsmethoden zu gewinnen.

4.1.1.2 Werkstoffentwicklung

Aufgrund der starken kovalenten Bindung des Siliciumnitrides kann dieses Material nicht durch einen Festphasenprozeß gesintert werden, die Sublimationstemperatur liegt bei ca. 1800°C. Es müssen deshalb Oxide dazugegeben werden, welche eine Glasphase bilden, das Si_3N_4-Pulver auflösen und infolge Übersättigung stengelförmige Mischkristalle ausscheiden. Aufgrund der Glasphase werden aber die Hochtemperatureigenschaften negativ beeinflußt. Das Ziel der Werkstoffentwicklung lag vor allem im Verständnis des relativ komplizierten Sintermechanismus mit flüssiger Phase und des Einflusses der Glasphase bzw. deren Kristallisationsprodukte auf die mechanischen Eigenschaften bei hohen Temperaturen.

Wesentliche Teile der Werkstoffentwicklung wurden am MPI für Metallforschung, Pulvermetallurgisches Laboratorium (PML), Stuttgart, durchgeführt. Anfänglich sehr grundlagenorientiert, wurde ab 1985 aufgrund der Bildung eines Konsortiums mit Beteiligung von Bayer, Hoechst, MTU und Daimler mehr anwendungsorientierte Forschung betrieben, wobei weiterhin der Werkstoff und nicht die Herstellungsprozesse im Vordergrund stand. Durch die Keramikfertigung unter Reinstraumbedingungen, wie sie im PML stattfand, konnten einzelne Arten von Fehlern ausgeschlossen werden; die Hauptursache für die große Streuung der mechanischen Eigenschaften (Gefügeinhomogenitäten aufgrund von unzureichend aufbereiteten Pulvern) konnte damit jedoch nicht unter Kontrolle gebracht werden. Auch wenn der wissenschaftliche Beitrag dieser Forschung als sehr hoch einzuschätzen ist und dem Auftrag eines Max-Planck-Institutes gerecht wird, ist der direkte industrielle Nutzen nur schwer zu beurteilen. Als Indiz für einen eher geringen direkten Nutzen kann aufgeführt werden, daß heutige Siliciumnitridventile aus Werkstoffen gefertigt werden, die teilweise unabhängig von der akademischen Forschung entwickelt wurden. Ein Nachteil der akademischen Forschung war, daß die Arbeiten mit kommerziellen Pulvern durchgeführt wurden (in der Regel UBE oder H.C.Starck). Somit konnten wichtige Parameter für die Keramikherstellung, wie Pulverreinheit, Agglomeratbildung und Phasenreinheit, welche das Gefüge und damit die Streuung der mechanischen Eigenschaften einer Keramik bestimmten, weder ausreichend kontrolliert noch konnte deren Einfluß quantifiziert werden. Die CFI (CFI GmbH & Co.KG, Rödental , Deutschland, Beteiligungsgesellschaft der Bayer AG und der Cremer Gruppe) konnte in diesem Bereich anders vorgehen, da der potentielle Pulverhersteller (Bayer AG) parallel eine entsprechende Entwicklung für die Pulverherstellung durchführte. Somit konnten Pulver entwickelt werden, die für die Ansprüche hinsichtlich mechanischer Eigenschaften optimiert und gleichzeitig an die Herstellungsmethode (Formgebung, Sinterung) angepaßt waren (Gugel et al. 1998).

4.1.1.3 Prozeßtechnik

Neben den Pulvereigenschaften spielt vor allem die Prozeßtechnik eine wichtige Rolle im Hinblick auf die Reproduzierbarkeit der mechanischen Eigenschaften des Bauteils und die Kosten. Somit war es das Ziel der Prozeßtechnik, Methoden zu finden, welche eine Verdichtung schon bei tieferen Temperaturen mit einem möglichst geringen Glasphasenanteil erreichen. Begonnen wurde mit Heißpressen oder gar mit Heißisostatischem Pressen (HIP). Beides sind Verfahren, welche nur eine begrenzte Vielfalt in der Formgebung zulassen und zudem nicht zu den serientauglichen Herstellungsvefahren zählen. Trotzdem wurden diese Verfahren relativ intensiv für die Bauteilherstellung weiter entwickelt, da die zu der damaligen Zeit vorhandenen Pulver und der Kenntnisstand keine andere Alternative zuließen. Ein nächster Schritt war die Einführung des Gasdrucksinterns. Bei diesem Verfahren wird die Sublimationstemperatur des Si_3N_4 durch die Erhöhung des Stickstoffdruckes erhöht und damit wurden auch höhere Sintertemperaturen möglich. Dieser Schritt hin zu einer Serienfertigung von Ventilen scheiterte jedoch eindeutig an den immer noch zu hohen Kosten dieses Verfahrens. Der letzte, notwendige Schritt wurde von der einzig noch verbliebenen Firma für die Ventilherstellung in Deutschland unternommen: das drucklose Sintern von Siliziumnitridbauteilen. Dieser Schritt war jedoch nur möglich, weil die Pulverherstellung und damit die Pulvereigenschaften nicht nur den Werkstoffanforderungen, sondern insbesondere den Prozeßbedingungen angepaßt wurden. An dieser Stelle sei ebenfalls auf die Rolle des MaTech Förderprogramms hingewiesen. In den Jahren 1994 bis heute wurde insbesondere diese Zusammenarbeit zwischen Pulverhersteller und Ventilhersteller gezielt gefördert, so daß Pulver und Herstellungsverfahren entwickelt werden konnten, welche inzwischen soweit ausgereift sind, daß die Anforderungen der Automobilindustrie an die Zuverlässigkeit der keramischen Ventile erfüllt werden können.

4.1.1.4 Bearbeitung

Über 40% der Kosten für die Keramikbauteilfertigung entstehen bei der Bearbeitung der keramischen Rohlinge. Die oben aufgeführten technischen und wissenschaftlichen Errungenschaften können somit nur dann erfolgreich in die industrielle Anwendung umgesetzt werden, wenn es auch möglich ist, die Bearbeitungskosten soweit zu senken, daß die Gesamtkosten für ein Ventil denen eines Metallventils nahe kommen. Dank der langjährigen Förderung der Entwicklung im Bereich der Keramikbearbeitung durch das BMFT wurde die Basis für eine industrielle Anwendung der Bearbeitungstechnik geschaffen, für den speziellen Fall „Keramischer Ventile“ ist der Durchbruch im wesentlichen auf die nachfolgende industrielle Entwicklung zurückzuführen. Mit der von Junker entwickelten Hochgeschwindigkeits-Schleifmaschine die nach dem Quick-Point-Prinzip arbeitet, konnten annehmbare Bearbeitungszeiten erreicht werden. Die Entwicklung zur Serienfertigung wurde in enger Zusammenarbeit mit CFI und einer bedeutenden Ventilfirma (Euroval) durchgeführt.

4.1.1.5
Prüfung

Um die Verläßlichkeit von keramischen Ventilen sicherzustellen, ist der gesamte Produktionsprozeß durch angepaßte Untersuchungsmethoden zu kontrollieren. CFI, Euroval und Daimler-Benz haben in einem vom BMFT geförderten gemeinsamen Projekt dieses Problem bearbeitet. Geeignete Methoden sind Mikrofokus-Radiographie, Vibrations- und Schallanalyse, Ultraschallanalyse sowie Farbeindringmethoden. Die vom MaTech Förderprogramm unterstützte Entwicklung der Schallananlyse-Techniken ist inzwischen ausgereift genug, um in der Serienproduktion für die Überprüfung der Ventile eingesetzt werden zu können.

4.1.2
Stand der Technik – Die Situation 1998

Es wurde schon vor einiger Zeit gezeigt, daß die technischen Anforderungen von einem Keramikventil aus Siliciumnitrid erfüllt werden. Ebenfalls wurde die Pilotfertigung von bis zu 1000 Ventilen pro Monat durch die deutsche mittelständische Industrie (CFI) erfolgreich demonstriert. Der Zielpreis von 10 – 14 DM pro Ventil ist erreicht worden. Danach ist die Serienproduktion auf der Basis des vorhandenen Know-Hows der Pulversynthese (Bayer), Rohlingsproduktion (CFI), Schleifen (Euroval) und Prüfen (CFI) innerhalb kurzer Zeit möglich, falls sich die Automobilindustrie zur serienmäßigen Einführung der Keramikventile entschließt.

CFI hat fristgerecht für 1000 Motoren Ventile an Daimler-Benz für einen Feldtest geliefert (Bartsch 1997). Die Ventile haben den 1 ½-jährigen Test schadlos überstanden. Die ebenfalls für den Feldtest vorgesehenen 700 Keramikventile von NGK wurden mit 18 Monaten Verzögerung geliefert und sind zur Zeit (Herbst 1998) in der Testphase.

Als Ursachen für das trotzdem zögerliche Verhalten der Automobilindustrie werden zur Zeit folgende Gründe aufgeführt:

- Unsicherheit bezüglich der Verläßlichkeit bei der Produktion in großem Umfang. Diese Unsicherheit besteht immer noch, obwohl die Feldtests mit großem Erfolg durchgeführt wurden.
- Die Kosten sind immer noch sehr hoch. Die Kosten setzten sich heute aus 1/3 Pulver, 1/3 Herstellung und 1/3 Schleifen zusammen. Diese Aufstellung zeigt, daß in allen drei Bereichen noch ein Potential zur Kostensenkung vorhanden ist, wobei bei der Pulverherstellung und Ventilherstellung im Falle einer Serienfertigung die größte Kostensenkung erreicht werden kann. Nach derzeitiger Sicht ist nach weiterer Optimierung ein Preisniveau von weniger als DM 10,- je Siliciumnitridventil erreichbar, was im Bereich von metallischen Hochleistungsventilen liegt.
- Die Rahmenbedingungen haben sich während der Entwicklungszeit verändert. Der Brennstoffverbrauch und die schädlichen Emissionen konnten durch alternative Maßnahmen vermindert werden. Damit wurde der Anreiz für die Konstrukteure, Keramikventile einzusetzen, stark vermindert. Anderseits ist auf der positiven Seite zu vermerken, daß der in der Entwicklung befindliche extramotorische Ventiltrieb, z.B. elektromotorische Steuerung, nur durch leichtere

Ventile möglich ist. Hier zeichnet sich eine neue Anwendung von Keramikventilen ab, welche zu Beginn der Entwicklung noch nicht absehbar war.

- Eine weitere Unsicherheit besteht in der Beurteilung des Marktpotentials. Auch wenn nahezu alle Automobilhersteller die Keramikventile testen, der Einsatz hängt weiterhin von den Ergebnissen der laufenden Feldtests in Deutschland und Japan ab.

4.1.3 Umfrageergebnisse – Die Situation 1998

Zur Vervollständigung der Darstellung der Situation der Keramik im Jahre 1998 werden im folgenden die Umfrageergebnisse der Delphi-Studie und der Umfrage der Europäischen Akademie herangezogen. Diese schriftlichen Befragungen von nationalen und europäischen Wissenschaftlern aus dem akademischen und industriellen Umfeld tragen dazu bei, daß die aufgestellten strukturellen Thesen zu künftigen Forschungs- und Entwicklungslinien und zur aktuellen Situation der materialwissenschaftlichen Forschungsförderung zum einen hinterfragt werden und zum anderen die vorhandene Datenbasis zu deren Belegung verbreitert wird.

4.1.3.1 Delphi-Studie

Die Skepsis bezüglich der Keramikanwendung im Automobilbau spiegelt sich auch in den Resultaten der Delphi-Studie des BMBF wieder (Delphi 1998). Auf die Frage „Mit speziellen Verbrennungsmotoren aus Keramik ist es möglich, ein 2-Liter-Auto mit niedrigen Schadstoff-Emissionen ohne Katalysator zu bauen" (Frage 5 in Mobilität & Transport) nehmen 20 % der Befragten an, daß dies nicht realisierbar sein wird. Unter den Experten sind dies sogar 29 %. Eine Realisierung wird gegebenenfalls erst in 15 bis 20 Jahren möglich sein. Übereinstimmend mit der Darstellung im Abschn. 3.4 (Keramik) und 4.1 wird die Meinung vertreten, daß in Deutschland ein hoher Stand in der Forschung auf diesem Gebiet besteht.

Günstiger ist das Ergebnis bezüglich der Frage, ob zerstörungsfreie Prüfverfahren zur Auffindung winziger Risse von unter 10 μm in Keramik praktische Anwendung finden werden. 100 % der Befragten glauben, daß dies im Jahr 2005 realisiert sein wird. Das deutsche Forschungsniveau wird auch hier wieder als sehr hoch (vor Japan und der USA) eingestuft. Außerdem wird die Bedeutung dieses Problems als sehr hoch für die wirtschaftliche Entwicklung Deutschlands eingeschätzt.

4.1.3.2 Umfrage der Europäischen Akademie

Die von der Europäischen Akademie im Rahmen dieses Projektes durchgeführte Umfrage ergab für den Bereich Keramik folgende Ergebnisse:

1. Es ist heute technisch möglich, Keramik in der Serienfertigung von Verbrennungsmotoren einzusetzen, wobei die Regionen Westeuropa, USA und Japan unterschieden wurde.

Die Meinung ist für alle drei Regionen positiv, wobei vor allem für Japan etwa 2/3 der Antwortenden die Frage mit Ja beantwortet haben. Für Europa und die USA konnte festgestellt werden, daß die Meinung sich deutlich mit dem Kenntnisstand verändert. Nichtexperten tendierten eher zur Meinung, daß der Einsatz von Keramik im Verbrennungsmotor technisch nicht möglich sein wird, während die Experten dies mehrheitlich für möglich hielten. Zudem ist kein Unterschied zwischen Antworten aus Deutschland und Europa festzustellen. Ein interessanter, statistisch signifikanter Unterschied wurde jedoch in der Beurteilung der Situation in den USA bezüglich des akademischen bzw. industriellen Umfeldes der Experten gefunden: die Experten aus der Industrie glauben nicht, daß die USA bereits die technischen Möglichkeiten für die Serienfertigung dieser Keramik hat, während die Experten aus dem akademischen Umfeld diese Frage bejahen.

2. Die Frage nach den Ursachen für die bisher nicht erfolgte Serienfertigung von Keramik für den Verbrennungsmotor ergab, daß vor allem drei Ursachen wichtig sind:

- fehlende Kenntnisse der Maschinenbauer bezüglich der Konstruktion mit Keramik;
- die technischen Anforderungen werden von der heutigen Keramik noch nicht erfüllt
- keramische Bauteile werden nicht mehr benötigt um die gesetzlichen Anforderung hinsichtlich der Abgasnormen zu erfüllen, die Ziele können durch andere Mittel erreicht werden.

Es ist kein Unterschied zwischen deutschen und europäischen Experten zu erkennen. Ebenfalls ist kein signifikanter Unterschied in den Antworten bezüglich des akademischen oder industriellen Umfeldes festzustellen. Ein wesentlicher Unterschied ist jedoch in den Antworten im Hinblick auf den Kenntnisstand festzustellen: Im Gegensatz zu den Experten sind die Nichtexperten der Meinung, daß die vorhandenen Prozesse für die Serienfertigung noch nicht ausreichend entwickelt sind.

3. Auf die Frage, wie wahrscheinlich der Einsatz von Ventilen, Turboladerrotoren, Kolbenböden, die jeweils aus Keramik gefertigt wurden, in den nächsten 10 Jahren sein wird, wurden folgende Antworten erhalten:

   Ventile: Hier ist die Wahrscheinlichkeit relativ groß. Etwa 50 % der Befragten halten diese Aussage für wahrscheinlich bis sehr wahrscheinlich. Interessant ist, daß mit zunehmendem Grad an Kenntnis die Frage immer eindeutiger mit sehr wahrscheinlich beantwortet wird. Dies gilt für alle Befragten nicht nur für die in Deutschland tätigen Experten.
   Turbolader und Kolbenböden werden nach Meinung der Befragten höchstens mit mittlerer Wahrscheinlichkeit in den nächsten Jahren eingesetzt. Bei diesen beiden Anwendungen ist kaum ein Unterschied aufgrund des Kenntnisstandes festzustellen.

Auch wenn die Fragen in den beiden oben aufgeführten Studien sehr unterschiedlich waren, so lassen sich doch folgende drei Konsequenzen ziehen:

1. Der Stand der Entwicklung wie auch das Know-How im Bereich der Keramik für strukturelle Anwendungen ist in der akademischen Forschung und in der Industrie in Deutschland sehr hoch. Sie kann als Weltspitze bezeichnet werden.
2. Im Bereich der Umsetzung der Resultate ist eine deutliche Skepsis zu verzeichnen, deren Ursache nicht alleine nur auf technische Gründe zurückzuführen ist.
3. Selbst die technisch gebildeten und interessierten Fachleute (die Befragten in der Umfrage der Europäischen Akademie) haben immer noch Vorurteile bezüglich der Situation im Bereich der technischen Keramik.

4.1.4 Schlußfolgerungen

- Bewertung von Ergebnissen der Grundlagenforschung:
  Seit ca. 20 Jahren wird relativ intensiv auf dem Gebiet des Siliciumnitrides, insbesondere im Hinblick auf die mechanischen Eigenschaften geforscht. Es wurden nicht nur Erkenntnisse auf dem Gebiet dieses Werkstoffes erarbeitet sondern ebenfalls nützliches Wissen auf den Gebieten Korrosion, Werkstoffprüfung, Gefügeanalyse etc. von keramischen Werkstoffen generiert. Die Frage im nachhinein ist, ob genug Grundlagenforschung betrieben wurde, ob sie rasch genug umgesetzt oder ob im Gegenteil zuviel Geld in diese Entwicklung investiert wurde. Ein unbestrittenes Resultat der Forschung ist, daß Europa, insbesondere Deutschland eine führende Rolle auf dem Gebiet der Forschung und Entwicklung in der Strukturkeramik eingenommen hat. In keinem anderen Land Europas wurden so intensiv Sinteradditive, Gefüge und mechanisches Verhalten von Siliciumnitrid untersucht wie in Deutschland. Verglichen mit dem Material welches heute eingesetzt wird, war diese Forschung sehr intensiv, und es wurde viel Aufwand vor allem in Richtung Optimierung der mechanischen Eigenschaften betrieben. In Europa wurde viel in Richtung prestigeträchtige Anwendung (Gasturbine für das Auto) investiert, selbst als bereits erkennbar wurde, daß diese Anwendung mit hoher Wahrscheinlichkeit nicht wirtschaftlich realisierbar sein wird. Deutschland beendete diese Aktivität 1990/91, nachdem die ersten Projekte von MaTech abgeschlossen wurden.
- Nahezu parallel zur Werkstoffentwicklung wurden die Herstellungsverfahren entwickelt.
- Zu Beginn dieser Entwicklung (1986-1992) flossen staatliche Fördermittel für die Entwicklung von Herstellungsmethoden von Keramikteilen für den Automobilmotor vor allem zu den Firmen Hoechst, Daimler und ESK, ab 1992 wurde die staatliche Förderung auf CFI und Bayer gelenkt. In beiden Fällen erfolgte die Förderung der Herstellungsverfahren mehr oder weniger unabhängig von der Werkstoffentwicklung. Dies hat zu einer Verzögerung der gesamten Entwicklung, insbesondere im Hinblick auf die Umsetzung zu einem serienreifen Produkt, geführt. Erst ab 1994 kann eine verstärkte Koordination beobachtet werden.
- Es kann zudem festgestellt werden, daß eine Zusammenarbeit mit artverwandten Forschungsrichtungen (Interdisziplinarität) wie der Kolloidalchemie oder einigen interessanten Neuerungen in der Silikatkeramik nicht oder erst viel später stattfand. Rückblickend muß die Frage gestellt werden, ob sich dieser hohe Aufwand für die Entwicklung der keramischen Ventile in bezug auf den

zu erwartenden wirtschaftlichen Effekt rechtfertigen läßt und ob eine Steuerung bzw. stärkere Fokussierung dieser Werkstoffentwicklung von Beginn an möglich gewesen wäre (siehe Kap.6)

- Dauer einer Werkstoffentwicklung:
  Die notwendige Dauer einer Werkstoffentwicklung wird in der Regel stark unterschätzt. Beim Siliciumnitrid handelt es sich nicht um eine neue Stahllegierung, sondern es wurde von Grund auf ein neuer Werkstoff entwickelt, zudem in einer Zeit, in der kaum Kenntnis bezüglich der Hochleistungskeramik bestand. Vergleicht man dies mit anderen neuen Werkstoffen, z.B. Superlegierungen, Supraleitern, Kunststoffen etc., so sind 20 bis 25 Jahre eine normale Entwicklungszeit für einen marktreifen Werkstoff. Für Siliciumnitrid ist diese Zeit ebenfalls notwendig, unabhängig von Marktprognosen bekannter Beratungsfirmen oder den Versprechungen der Forscher (Abschn. 6.2).
  Hier sollte die Technikfolgenbeurteilung frühzeitig einsetzen und begleitend durchgeführt werden, damit die Forschungsfelder, der Aufwand und der gesellschaftliche Gesamtnutzen einer solchen Entwicklung beurteilt und möglicherweise während der Entwicklung regulierend eingegriffen werden kann (Kap. 7).
- Wertschöpfungskette:
  Die Wertschöpfung bei der Herstellung von Keramikbauteilen liegt bei der Bearbeitung, falls erforderlich, und sicher beim Einbau der Keramik in das System. Dies bedeutet für den Pulverhersteller wie auch für den Bauteilhersteller (keramischer Rohling), daß die Wertschöpfung gering ist und ein stetiger Preisdruck besteht. Dabei ist zu beachten, daß dieser Druck, im Gegensatz zu den achtziger Jahren nicht von der Überkapazität oder der großen Anzahl an Produzenten kommt, sondern aufgrund des Verdrängungswettbewerbes Metall – Keramik. Dadurch ist das Risiko der Installation einer Fabrikation, wie sie für eine Serienproduktion notwendig ist, sehr hoch und der finanzielle Anreiz sehr gering. Dies ist der Hauptgrund, weshalb viele große Chemieunternehmen in Europa Ende der achtziger Jahre ihre Aktivitäten auf diesem Gebiet, insbesondere die Pulverherstellung, eingestellt haben.
- Hemmnisse bei der Einführung von Keramik
  a) Marktführerschaft:
     Die Keramikentwicklung am Beispiel des Ventils zeigt ebenfalls deutlich, daß die Märkte im Gegensatz zu den Prognosen kleine Nischenmärkte geblieben sind. Die ersten Produzenten, welche auf dem Markt waren (ALCOA mit Aluminiumoxid, Tosoh mit Zirkonoxid, UBE und H.C. Starck mit Siliciumnitrid), setzten auch den Standard für die Pulver fest, da die relativ teuren Preßwerkzeuge dem Verdichtungsverhalten der Pulver angepaßt werden müssen. Dadurch stellt sich den Firmen, welche später auf den Markt kommen, nicht nur das übliche Problem billiger zu sein, sondern die Pulver müssen auch dieselben Verdichtungseigenschaften wie die Pulver der Marktführer aufweisen, da sonst eine teure Neuanschaffung der Formgebungswerkzeuge bzw. Anpassungen der Herstellungsprozesse notwendig werden. Im Bereich des Keramikventils war dies vor allem in der ersten Hälfte der Entwicklungszeit der Fall. In der zweiten Hälfte wurde dieses Problem erkannt und durch die Forschungsförderung als auch durch die Kooperationen und Zusammenschlüsse bzw. Käufe von der Industrie bewirkt, Beispiel (Bayer-CFI mit H.C. Starck).

b) Normung:
Der Konstrukteur kann nur Werkstoffe für den Motorenbau einsetzten, welche auch genormt sind und dadurch garantierte Eigenschaftswerte haben, so wie dies bei Polymeren und Metallen der Fall ist. Dieser Aspekt wurde bei der Keramikentwicklung vernachlässigt. Statt eine Zusammensetzung und eine entsprechende Mikrostruktur als ausreichend gut festzulegen und dadurch die Normung einiger Werkstoffe zu ermöglichen, auch wenn sie nicht die besten Eigenschaften aufwiesen, wurden immer mehr neue Zusatzstoffe ausprobiert um minimale Steigerungen der mechanischen Eigenschaften zu erreichen. Heute bestehen zwar Normen für die Messung der Eigenschaften der Rohstoffe und Werkstoffe, Normen bezüglich der Werkstoffe fehlen jedoch. Andererseits ist zu beachten, daß infolge der engen Beziehung zwischen dem Hersteller und dem Abnehmer im Falle des Keramikventils die Spezifikationen ausreichend sind; für eine weitere Verbreitung der Siliziumnitridkeramik über die heute bekannten Anwendungen hinaus (Kugeln für Kugellager, Ventil, Turbolader etc.) ist aber eine Normung des Werkstoffes notwendig.

c) Ausbildung:
Die wenigsten der heute in verantwortlicher Stellung arbeitenden Konstrukteure haben gelernt, mit Keramik zu konstruieren. Da es sich um einen spröden Werkstoff handelt, müssen völlig neue Konstruktionsprinzipien angewandt werden. Zudem ist auf Grund der im Vergleich zu Metallen unterschiedlichen Versagensstatisik ein anderes Sicherheitskonzept bei der Benutzung von Keramik einzuführen. Ebenfalls müssen die Montagemethoden dem neuen Material angepaßt werden. Solange nur in Einzelfällen eine vertiefte Ausbildung im Bereich der Anwendung von Keramik im Maschinenbau angeboten wird, ist nicht zu erwarten, daß die Keramik im größeren Maßstab im Maschinenbau, inklusive Automobil, eingesetzt wird. Das Beispiel Keramikventil zeigt hier erneut, daß es im Prinzip möglich ist, Keramik im Automobilmotor einzuführen. Die notwendige Voraussetzung ist jedoch eine langjährige intensive Zusammenarbeit von der Rohstoffherstellung bis zur Konzeption der Montagelinien.

d) Risikobereitschaft:
Es wird heute viel von der mangelnden Risikobereitschaft der europäischen Unternehmer wie auch von der mangelnden Bereitschaft der forschenden Wissenschaftler zur Gründung einer eigenen Firma gesprochen. Im Bereich der Werkstoffe ist es illusorisch, an ein spin-off zu denken, da wie oben erklärt wurde, die Entwicklungszeit und Kosten für die Entwicklung eines neuen Werkstoffes den Rahmen jedes Risikokapitalgebers überschreiten wird. Zusätzlich wird eine kleine Firma kaum das Kapital und die Sicherheiten aufbringen können, die notwendig sind, um Keramik in größeren Serien, wie im hier betrachteten Fall des Keramikventils, zu fertigen.

- Bedingungen für eine erfolgreiche Einführung:

Eine erfolgreiche Einführung der Keramikventile in den Markt wird nur dann möglich sein, wenn es gelingt, den bestehenden Interessenverbund zwischen Automobilhersteller, Bearbeiter, Keramik- und Rohstoffhersteller langfristig zu halten und weiter auszubauen. Mit dieser vertrauensbildenden Maßnahme wird das Risiko gesenkt, so daß die notwendigen großen Investitionen durchgeführt werden können. Falls wirkliche technische und kommerzielle Vorteile beim Einsatz von Keramikventilen bestehen, oder anders formuliert, falls der „Leidensdruck“ für die Einführung des Keramikventils groß genug ist, braucht es keine staatliche „Hilfen“ in Form von verschärften Abgasvorschriften oder max. zulässigem Benzinverbrauch, damit die Forschungs- und Entwicklungskosten für Keramik für den Verbrennungsmotor und dabei insbesondere das Keramikventil sich langfristig auszahlen und zu einem kommerziellen Erfolg für die deutsche Keramikindustrie beitragen.

4.2 Der Einfluß von nanostrukturierten Werkstoffen auf die Entwicklung von Batterien für elektrische Antriebe von Fahrzeugen

Automobilhersteller halten seit Jahren trotz mangelnden Kaufinteresses an der Entwicklung des Elektroautos fest. Dies ist vor allem auf das „Zero-Emmission-Mandat“ zurückzuführen, nachdem in Kalifornien in fünf Jahren zehn Prozent des angebotenen Fahrzeugkontingentes (ca. 1.300.000 Fahrzeuge) schadstoffffrei sein müssen. Alle Automobilhersteller sind sich einig, daß die mit dem Elektromobil verbundenen Technologien stark verbessert werden müssen. Die Prioritäten liegen auf neuen Batteriekonzepten und auf der Brennstoffzellentechnik. Mit Bleibatterien ausgerüstete E-Mobile, wie der 1997 an der „Greater Los Angeles Auto“ ausgestellte Chevrolet S-10, dürften kaum noch eine Zukunft haben. Lithium-Ionen Batterien (Nissan Altra EV) und Nickel-Metallhydrid-Batterien (Toyota RVA 4 EV und E-com) sind leistungsstärkere, aber zur Zeit auch wesentlich teurere Alternativen. Das elektrogetriebene Fahrzeug ist, genau betrachtet, nicht eine Erfindung der neueren Zeit aufgrund der Luftreinhalteverordnung. Die etwa vor einem Jahrhundert begonnene Entwicklung motorisch angetriebener Straßenfahrzeuge verlief anfänglich für das batterie-elektrisch und das durch einen Verbrennungsmotor angetriebene Fahrzeug nahezu parallel. Um die Jahrhundertwende existierten sogar mehr Elektrofahrzeuge als kraftstoffbetriebene. Dann setzte sich der Verbrennungsmotor durch und verdrängte das Elektro-Straßenfahrzeug nahezu völlig. Dies war – neben anderen Gründen – hauptsächlich auf den nicht unerheblichen Wartungsbedarf und die verhältnismäßig geringe Energie- und Leistungsdichte der damals vorhandenen Batterien zurückzuführen. Auch die derzeit zur Verfügung stehenden und in Entwicklung befindlichen modernen Batteriesysteme besitzen Energiedichten, d.h. gespeicherte elektrische Energie pro kg Speichermasse, die um mehr als den Faktor 20 niedriger sind als die Energiedichte von Kraftstoff, wobei die im Verbrennungsmotor auftretenden Verluste bereits berücksichtigt sind. Auch in Zukunft wird es keinen elektrochemischen Energiespeicher geben, der die Energiedichte von Verbrennungskraftstoffen erreicht. Trotzdem hat das elektrisch angetriebene Straßenfahrzeug wegen seiner Umweltfreundlichkeit und *praktischen Emissionsfreiheit vor Ort* in der Zukunft in bestimmten Bereichen eine reelle Chance, insbesondere in Städten und Ballungsräumen.

Ein ausschlaggebender Grund für die Akzeptanz des elektrisch angetriebenen Straßenfahrzeugs ist das Vorhandensein geeigneter Speichersysteme für die benötigte elektrische Energie. Die Leistungsdichte muß mindestens 300 Ah/kg betragen, damit eine akzeptable Reichweite von 400-500 km/Ladungszyklus erreicht wird. Es ist unter gegenwärtigen Bedingungen nicht vorstellbar, daß der Konsument ein Auto kaufen wird, welches eine spürbare Einschränkung seines gewohnten Lebensstils bedeutet.

Zur Zeit sind verschiedene Systeme in der Anwendung bzw. in der Entwicklung:

- konventionelle Systeme wie die Blei- und die Nickel/Cadmium-Batterie;
- neuere Entwicklungen wie die Hochtemperatur-Hochenergie-Batterie, Natrium/Schwefel und die Zink/Brom-Batterie;
- für die Zukunft evtl. interessant werdende Systeme wie z.B. Zink/Luft, Nickel/Hydrid, Natrium/Nickelchlorid und Lithium-Ionen (Rocking-chair Batterien) sowie die Membran-Brennstoffzelle.

In dieser Fallstudie wird das Umfeld für die Einführung des Elektroautos in Europa, der Stand der Technik auf dem Gebiet der elektrischen Speichersysteme sowie die weitere notwendige Entwicklung im Bereich der Werkstoffe behandelt, damit die Einführung der elektrischen Autos im größeren Maßstab möglich wird.

4.2.1 Das Umfeld

Aus unterschiedlichen Studien geht hervor, daß ca. 65 % der von einem PKW täglich zurückgelegten Fahrstrecken weniger als 50 km betragen (Haubrich u. Heider 1997a,b). Somit ließen sich trotz der batterieabhängigen Reichweitenbegrenzung von Elektrofahrzeugen heute schon in Deutschland rund 20 % aller privaten PKW, das entspricht etwa acht Millionen Fahrzeuge, ohne spürbare Mobilitätsbeschränkung durch Elektro-PKW ersetzen. Im Jahre 2010 wird dieser Anteil sogar auf fast 25 % geschätzt. Die elektrische Energie wird dem Fahrzeug über stationäre Ladestationen zugeführt die an allen Standplätzen zur Verfügung stehen, wo Fahrzeuge regelmäßig wiederkehrend ausreichend lange Zeit verweilen.

Abb. 4.2.1 zeigt, wo sich ein privater PKW im Verlauf eines typischen Werktages aufhält. Überraschend ist, daß bei Berücksichtigung aller privaten Fahrzeuge selbst zu den Stoßzeiten des Berufsverkehrs statistisch gesehen nur ein geringer Bruchteil der vorhandenen Fahrzeuge in Bewegung ist, kaum mehr als zu anderen Tageszeiten. Nach diesem Analyseergebnis können viele Fahrzeuge in der Regel ihre Batterien am Wohnungsparkplatz nachladen. Dies wäre der Einführung von Elektro-PKW förderlich, da alle Haushalte in der Bundesrepublik Deutschland einen elektrischen Netzanschluß haben, der die heute übliche Ladeleistung von bis zu 3 Kilowatt problemlos zur Verfügung stellen kann. Ähnliche Ergebnisse dürften aus den Nachbarländern Deutschlands, Skandinavien und Italien zu erwarten sein.

Bei dieser statistischen Betrachtung von Heider ist jedoch zu beachten, daß viele Autobesitzer ihr Auto einige mal pro Jahr für längere Fahrten (Ferien, Freizeit) nutzen. Die vorgelegten Prozentzahlen sind nur dann realistisch, wenn der Zweitwagen zum üblichen Lebensstandard wird, wobei der Zweitwagen für die tägliche Fahrt (wie sie Abb. 4.2.1 widerspiegelt) benützt wird und sicher einen

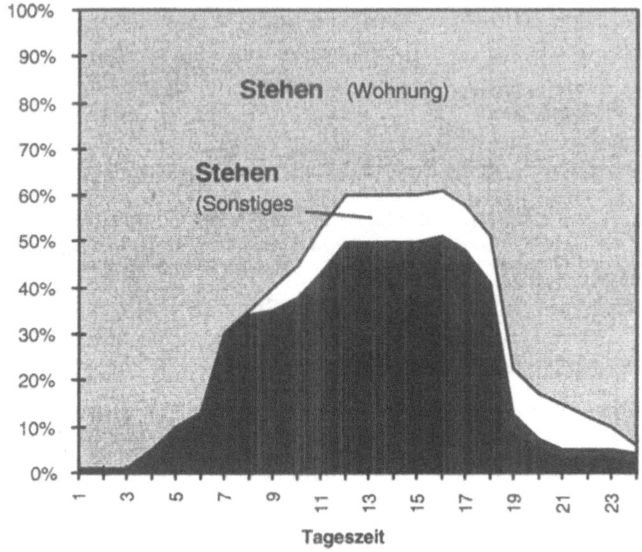

Abb. 4.2.1. Aufenthaltsort eines PKW in Deutschland (nach Heider 1997)

elektrischen Antrieb haben kann. Eine andere Alternative wäre, daß die Autobesitzer sich für die Ferien ein Auto mieten würden (Szenario für die USA; Cairns 1997)

Elektroautomobile sind im Geschwindigkeitsbereich bis 50 km/h äußerst geräuscharm und besitzen praktisch *keine Schadstoffemissionen vor Ort* (Haubrich u. Heider 1997c). Der Schadstoffausstoß erfolgt zentral in den stromerzeugenden Kraftwerken, damit wird eine wesentlich effektivere Abgasreinigung und insgesamt eine Verringerung der Emission möglich im Vergleich zur direkten Verbrennung im Fahrzeug. Wird die elektrische Energie durch regenerative Energiequellen oder durch Kernkraftwerke erzeugt, so kann die Schadstoffemission sogar noch wesentlich gesenkt oder nahezu vermieden werden. Letztere Energiequelle dürfte jedoch weiterhin auf politischen Widerstand stoßen und kaum als Alternative zum benzingetriebenen Auto betrachtet werden. Auf die Frage, welche Veränderungen in der Elektrizitätsversorgung durch die Batterienachladung zu erwarten sind, konnte bis heute noch keine abschließende Antwort gefunden werden, da die benötigte Ladeleistung noch nicht genau genug bekannt ist.

Abschließend zur Betrachtung des Umfeldes sollen hier kurz einige relevante Ergebnisse der Delphi-Studie des BMBF (Delphi 1998) zitiert werden. Nach dieser Umfrage werden um das Jahr 2020 Elektroautos mit 4 Sitzplätzen und 100 kg Nutzlast sowie einer Dauerhöchstgeschwindigkeit von 130 km/h mit einer Reichweite von 400 km zum gleichen Preis wie Autos mit Verbrennungsmotor technisch möglich sein. Ungefähr 10% der Experten glauben, daß dies nie realisiert werden kann. Eindeutig ist die Aussage bezüglich des Standes der Forschung: Deutschland belegt den ersten Platz vor Japan und den USA. Fragen, welche mehr auf die Vorhersage des Verhaltens der Benutzer zielen, (z.B. ein vermietbares elektrisches Citymobil am Bahnhof, nur noch Elektromobile in Ballungszonen) kommen zu ähnlichen Ergebnissen bezüglich des Zeitraumes. Der Anteil an Experten, die glauben, daß dies jedoch nicht realisiert wird, ist mit 15% doch relativ hoch.

4.2.2 Elektroantriebe und Batteriesysteme

Prinzipiell stehen zwei Arten von Elektroautomobilen zur Diskussion: der reine Elektroantrieb mit einer Batterie oder der Hybridantrieb, eine Kombination von Verbrennungsmotor mit einer leistungsstarken Batterie. Die Batterie für beide Arten von Elektromobil sollte u.a. folgende Kriterien erfüllen:

- hohe Energiedichte – entsprechend einer großen Reichweite
- hohe Leistungsdichte – entsprechend einer guten Beschleunigungsfähigkeit
- hohe Lebensdauer, Sicherheit, Umweltfreundlichkeit, Wiederverwertbarkeit, Wartungsfreiheit
- niedriger Preis.

In Entwicklung finden sich zur Zeit folgende Batteriesysteme:

Die Bleibatterie: Bei der Bleibatterie handelt es sich um ein konventionelles System mit hohem Entwicklungsstand. Es arbeitet bei Umgebungstemperatur und hat feste positive Bleidioxid- und negative Bleielektroden. Der Elektrolyt besteht aus wäßriger Schwefelsäure, neuere Typen besitzen auch in einem Gel oder in Glasfaserflies fixierte Elektrolyte. Typen mit festgelegtem Elektrolyten werden in geschlossener Bauweise hergestellt und sind damit praktisch wartungsfrei. Die Bleibatterie ist umweltverträglich und sicher, das Recyclingproblem ist gelöst, sie ist sofort verfügbar und derzeit mit einem Preis von ca. DM 200 - 350 pro kWh Speicherenergie das preiswerteste Speichersystem. Ein Nachteil ist die geringe Energiedichte, die hohe Batteriegewichte erfordert und nur relativ kleine Reichweiten ermöglicht, die beim PKW bei etwa 50 - 70 km liegen.

Die Nickel/Cadmium-Batterie: Bei der Nickel/Cadmium-Batterie handelt es sich ebenfalls um ein konventionelles System. Es arbeitet bei Umgebungstemperatur und hat feste positive Nickeloxidhydroxid- und negative Cadmiumelektroden. Der Elektrolyt besteht aus wäßriger Kalilauge. Ni/Cd-Batterien können inzwischen in gasdichter, geschlossener Ausführung hergestellt werden und sind somit wartungsfrei. Eine Verbesserung der Energie- und Leistungsdichte konnte durch die Verwendung von sog. Faserstrukturelektroden, die aus metallbeschichteten Chemiefasern bestehen, erzielt werden. Dies führt bei PKW zu Reichweiten von ca. 80 - 100 km und insbesondere zu guten Beschleunigungswerten. Weitere Vorteile sind die Schnelladefähigkeit – 80 % des Energieinhaltes können in weniger als 30 Minuten eingeladen werden –, die hohe Lebensdauer und gute Zuverlässigkeit. Nachteile des Systems sind zum einen – insbesondere unter Umweltgesichtspunkten – die Verwendung von Cadmium wegen seiner Giftigkeit, zum anderen der hohe Preis, der auch in Zukunft nicht weit unter 1000 DM/kWh fallen dürfte.

Die Natrium/Schwefelbatterie: Die Natrium/Schwefelbatterie ist ein relativ neu entwickeltes Hochtemperatur-Hochenergiesystem mit einer Arbeitstemperatur oberhalb 300°C. Sie hat flüssige positive Schwefel- und negative Natrium-Elektroden. Der Elektrolyt besteht aus einer festen Keramik, Natrium-beta-Aluminiumoxid. Auf Grund der hohen Energie- und Leistungsdichten können in PKW Reichweiten von über 200 km und gute Beschleunigungswerte erzielt werden. Die Batterie ist hermetisch abgeschlossen und wartungsfrei. Die Batterie besitzt zur Zeit noch eine kurze Lebensdauer von 2 Jahren. Bei Großserienfertigung wird ein Preis wie bei der Bleibatterie erwartet. Na/S-Batterien haben ihre erste Bewährungsprobe in nahezu einer halben Millionen Kilometern auf öffentlichen Straßen in Serienautos, die auf elektrischen Antrieb umgestellt wurden, mit gutem Erfolg bestanden. Die Weiterentwicklung dieses Systems stagniert jedoch zur Zeit nahezu.

Die Zink/Brom-Batterie: Die Zink/Brom-Batterie ist ein neueres System mit relativ hoher Energiedichte, welches bei Umgebungstemperatur arbeitet. Es hat negative Zinkelektroden und positive Elektroden aus porösem Kohlenstoff, welchem der eigentliche Reaktionspartner Brom als flüssiger Komplex aus einem Vorratsgefäß zugeführt wird. Der Elektrolyt besteht aus einer wäßrigen Zinkbromidlösung, die durch ein Diaphragma vom Bromkomplex der positiven Elektroden getrennt ist. Prototypen von Zn/Br_2-Batterien haben ihre Einsetzbarkeit und Leistungsfähigkeit in elektrisch angetriebenen Straßenfahrzeugen in praktischen Fahrversuchen bereits gezeigt.

Ungünstig erscheint die Notwendigkeit der Verwendung flüssiger Elektrolyte, die in Tanks gelagert und umgepumpt werden müssen. Die Zn/Br_2-Batterie ist wartungsbedürftig und bedarf spezieller Ladetechniken. Sie dürfte daher für den Einsatz insbesondere im Elektro-PKW derzeit nur eingeschränkte Aussichten besitzen.

Die Nickel/Hydrid-Batterie: Die Nickel/Hydrid-Batterie ähnelt in Aufbau und Eigenschaften sehr der Nickel/Cadmium-Batterie. Das Ni/H-System hat anstelle der nicht sehr umweltfreundlichen Cadmium-Elektrode der Ni/Cd-Batterie eine Elektrode, die Wasserstoff in Form von Hydriden speichert. Aufgrund ihrer hohen Kapazität werden Energiedichten erreicht, die bis zu 50 % höher liegen als bei der Ni/Cd-Batterie. Allerdings dürften die Kosten dieser Batterie kaum geringer sein als bei der Ni/Cd-Batterie. Produktionsanlagen für kleine Batterien zum Einsatz z.B. in der Unterhaltungselektronik befinden sich in Betrieb. Die Batterieentwicklung ist soweit gediehen, daß Prototypen in Elektroautos getestet werden können.

Die Zink/Luft-Batterie: Zink/Luft-Batterien werden als besonders umweltfreundlich, ungefährlich und leicht zu entsorgen angesehen. An den positiven Elektroden wird der Sauerstoff der Luft umgesetzt, die negativen Elektroden bestehen aus Zink. Das Zink/Luft-System hat mit 140 Wh/kg und 180 W/kg eine recht hohe Energie- und Leistungsdichte. Eine technische Realisierung mit angemessenen Aufwand wird angestrebt. Dabei werden zwei Konzepte verfolgt. Beim ersten liegt die Zinkelektrode in fester Form vor. Während des Entladevorgangs löst sich diese auf, beim Laden durch Strom wird das Zink wieder abgeschieden. Problematisch ist hierbei das Wachstum von metallischen Zinknadeln – Dendriten –, die zu inneren Kurzschlüssen in der Batterie führen können. Beim zweiten interessanten Konzept wird das Dendritenproblem umgangen. Hier liegt das Zink der negativen Elektrode nicht in kompakter Form, sondern in Form von kleinen, im Elektrolyten suspendierten Partikeln vor. Nach deren Verbrauch durch die Entladung wird der Elektrolyt zusammen mit dem Reaktionsprodukt entfernt und die Batterie durch Einfüllen einer neuen Suspension wieder „aufgeladen". Der verbrauchte Elektrolyt wird aufgearbeitet und das Zink z.B. auf elektrochemischem Weg wiedergewonnen. Die Verwirklichung dieses interessanten Konzepts bedarf jedoch einer neu zu schaffenden Infrastruktur. Das Fahrzeug wird nicht mehr an der Steckdose „aufgetankt". Dieses System hat in letzter Zeit erhebliche Fortschritte gemacht und gilt als aussichtsreich.

Die Lithium-Ionen Batterie: Bei diesem Konzept handelt es sich um ein neues, erst seit kurzer Zeit in Entwicklung befindliches System. Es hat im geladenen Zustand negative Elektroden aus Kohlenstoff, in welche Lithiumionen eingelagert sind und positive Elektroden aus Übergangsmetalloxiden, z.B. Mangan- oder Cobaltoxid. Der Elektrolyt besteht entweder aus einer nichtwäßrigen, flüssigen Phase oder aber aus einem Festkörper-Polymerelektrolyten. Beim Entladen wandern die Lithium-Ionen durch den Elektrolyten in die Oxid-Elektrode, beim Laden wird der Vorgang umgekehrt. Wegen dieses Hin- und Herpendelns der Lithium-Ionen wird dieses System auch als „Swing"- oder Rocking-Chair System bezeichnet. Es arbeitet bei Raumtemperatur und besitzt eine hohe Zellspannung von ca. 3,5V. Die theoretische Energiedichte liegt bei ca. 550Wh/kg. Für die Unterhaltungselektronik werden bereits solche Batterien eingesetzt (Patent von Sony). Die Entwicklung für Batterien für Elektrofahrzeuge befindet sich noch im Laborstadium. Ein erster Einsatz in Prototypfahrzeugen ist jedoch bald zu erwarten.

Brennstoffzellen: Brennstoffzellen haben in letzter Zeit für den elektrischen Antrieb von Straßenfahrzeugen wieder mehr an Bedeutung gewonnen. Insbesondere die Membran-Brennstoffzelle (SPFC-Solid Polymer Fuel Cell) wird für einen Einsatz in Elektrofahrzeugen favorisiert, da sie über eine hohe Leistungsdichte verfügt, bei Umgebungstemperatur arbeitet und relativ einfach handhabbar ist. In Brennstoffzellen werden Brennstoffe wie z.B. Wasserstoff oder evtl. Methan mit Sauerstoff elektrochemisch unter Gewinnung von elektrischer Energie umgesetzt, „verbrannt". Das zentrale Bauteil der Membran-Brennstoffzelle stellt die wasserstoffionenleitende Ionenaustauschermembran dar mit den auf ihr fixierten porösen metallischen Wasserstoff- und Sauerstoffelektroden. Wasserstoffionen wandern durch die Membran und reagieren unter Gewinnung elektrischer Energie mit Sauerstoff zu Wasser. Die Emission dieser Zelle besteht also lediglich aus Wasser, sie ist daher sehr umweltfreundlich. Ein Prototyp eines mit solchen Brennstoffzellen angetriebenen Autos – ein Kleinbus mit 6 Plätzen, einer Spitzengeschwindigkeit von 110 km/h und einer Reichweite von mehr als 250 km – wurde bereits gebaut.
Obwohl die oben beschriebenen Batteriesysteme teilweise recht vielversprechend sind, müssen für die weitere Entwicklung folgende Punkte berücksichtigt werden:

- Die Verwendung von toxischen Materialien bzw. von Materialien, die aus Umweltgründen heute nicht mehr akzeptiert werden, muß ausgeschlossen werden. Die heute eingesetzten Materialien sind, unter diesem Aspekt betrachtet, teilweise absolut ungeeignet (z.B. Ni, Cd und seine Verbindungen).

- Es ist in der Regel ein Leistungsabfall mit steigender Zyklenzahl zu verzeichnen. Dies führt wiederum zu einer verkürzten Reichweite, die sicher nicht akzeptiert wird. (Nicht für Li-Rocking-chair)
- Die heutigen Li-Batterien sind relativ gefährlich (Überhitzung, Kurzschluß durch Dendritenwachstum). Es wird insbesondere von amerikanischer Seite erwartet, daß Vorschriften erarbeitet werden, welche nur sehr sichere Batteriekonzepte zulassen werden.

4.2.3 Situation der Batterieforschung

Aus dieser oben beschriebenen Situation (einerseits der Wunsch nach leistungsfähigen Elektrofahrzeugen, andererseits die noch anstehende Lösung technischer Probleme, nicht zu reden von den politischen Problemen wie hinsichtlich des Einflusses der Erdöllobby) haben einige Länder erneut mit relativ großen Forschungsprogrammen die Batterieentwicklung verstärkt. Da die meisten Experten der Li-Ionen Batterie die größten Zukunftschancen geben, wird sich diese Fallstudie auf diesen Batterietyp konzentrieren.

Die USA haben Anfang 1997 die zweite Phase eines Batterieforschungsprogramms gestartet. Das Programm, gefördert von der USABC (United States Advanced Battery Consortium, eine Unterorganisation von United State Council for Automotive Research) wird zusätzlich von Ford, GM, Chrysler, DOE und Electric Power Research Institute getragen. Alleine GM wird über 23 Mio. US$ erhalten, um die Entwicklung der Li-Batterie weiterzuführen. VARTA, der deutsche Batteriekonzern, erhält 18 Mio. DM aus diesem amerikanischen Programm für die Weiterentwicklung der Li-Ionen Batterie.

Innerhalb europäischer Projekte wird seit 1990 intensiv die Li-Ionen Batterie gefördert. Bis 1993 waren es englische und italienische Institute, welche bereits Tests in Autos vorsahen (Polymer solid electrolyte lithium batteries for electric vehicles: further development approaching vehicle demonstration). Ab 1993 verstärkten sich die Aktivitäten wesentlich, nahezu alle westeuropäischen Automobilhersteller waren in den Projekten vertreten. Der vorwettbewerbliche Charakter der Forschung ist daran ersichtlich, daß jeweils mehrere Automobilhersteller gemeinsam in einem Projekt vertreten waren. Damit die Übersichtlichkeit bewahrt bleibt, werden im folgenden nur die Ziele der drei jüngsten Forschungsprogramme aufgeführt (Text aus der Cordis Datenbank 1997 für Europäische Projekte):

1. Concept evaluation of low cost lithium polymer battery system for electric vehicles (Danionics A/S (DK)). Lithium-Polymer ist anerkanntermaßen das Batteriesystem mit der höchsten Leistung, geringsten Toxizität, höchsten Sicherheit und gleichzeitig den niedrigsten Herstellungskosten. Das Li-Ionen Batteriesystem ist deshalb das vielversprechendste System für eine Anwendung im Automobil. In diesem Projekt (Beginn: 01.06.1996) sollen industrielle Herstellungsverfahren zur Batteriefabrikation untersucht werden. Das Projekt umfaßt ebenfalls das Design als auch die Einführung und entsprechende Tests der Batterie in einem Auto, wobei folgende Spezifikationen erreicht werden sollen:

- Kapazität: 20 kWh
- Leistung: 30 kW
- Masse: 200 kg max.
- Volumen: 125 l max.

2. Lithium-carbon-liquid electrolyte battery system for electric vehicles: battery module and system development project. (Saft SA (F)). Das Drei-Jahres-Projekt (Beginn: 01.01.1996) befaßt sich mit dem Studium und Fabrikation einer Lithium-Kohlenstoff-Batterie (Prototyp) Die folgenden Spezifikationen sollen dabei erreicht werden:

- Kapazität: 30 kWh
- Masse: 250 kg max.
- Volumen: 150 l max.
- Leistung: 60 kW
- Anzahl Ladungszyklen: 600 Minimum

3. Bench test and evaluate traction energy storage systems for electric and hybrid electric vehicles "Phase III" (Rover Group Ltd. (jetzt BMW)). Dieses Projekt hat zum Ziel, der Zulieferindustrie die beste technische Grundlage zur Herstellung von Li-Ionen Rocking-chair Batterien zu geben. Der Projektstart erfolgte am 1. Januar 1996 (Detailliertere Zielsetzungen sind nicht im veröffentlichen Text).

Die kurze Beschreibung der neusten Projekte zeigt klar, daß die Probleme bei der Li-Ionen-Batterie noch nicht gelöst sind, daß aber die wichtigsten Firmen im Bereich der Batterien (SAFT SA (Alcatel,F) und VARTA (D) und im Bereich der Anwendung (Automobilindustrie) auf europäischem Niveau eng zusammenarbeiten. Es ist interessant festzustellen, daß nach einer ersten Phase (vor 1996) die Universitäten mit involviert waren, in den neueren Projekten dies jedoch nicht mehr der Fall ist.

Im MaTech-Programm sind zwei Projekte der Li-Batterieforschung zuzuordnen. Im Projekt 03N2006 werden Materialien für Li-Ionen Batterien mit flüssigem Elektrolyten entwickelt (Merck KgaA, VARTA; Uni Duisburg, Uni Darmstadt sowie Uni Ramat-Gan (Israel)). In diesem Projekt werden vor allem Materialien für die Kathode entwickelt. Im zweiten Projekt (Nr 03N3007), welches sich ebenfalls auf das Kathodenmaterial, aber zusätzlich mit polymeren Elektrolyten beschäftigt, arbeiten neben VARTA die Firmen BASF AG, Dornier GmbH und ZSW-Zentrum für Sonnenenergie und Wasserstoff-Forschung Baden-Württemberg. Akademische Partner sind die Universität Halle/Wittenberg und das Max-Planck-Institut für Polymerforschung. Daneben wurde in der Schweiz, welche weder über eine entsprechende Automobilindustrie noch eine große Batteriefirma verfügt, 1997 ein größeres Batterieforschungsprogramm für Automobile gestartet.

Neben den wirtschaftlichen und politischen Problemen sind es vor allem Werkstoffprobleme, welche die Einführung der Elektroautos zur Zeit verhindert. Eines der Hauptprobleme ist die Forderung nach einer hohen Kapazität bei gleichzeitig hoher Ladungs-Entladungsgeschwindigkeit, wobei zusätzlich die Forderung erfüllt werden muß, daß keine toxischen Materialien eingesetzt werden. Damit diese

Forderungen erfüllt werden, müssen werkstoffseitig folgende Bedingungen eingehalten werden:

- Sehr hohe spezifische Oberfläche des Anoden- als auch des Kathodenmaterials, damit ein rascher Austausch der Li-Ionen möglich ist (Rocking-Chair Batterie).
- Hoher Volumenanteil an Kathoden- als auch Anodenmaterial.
- Hohe Porosität im Kathoden- als auch im Anodenmaterial, damit der Li-Ionen Transport im Elektrolyt möglichst rasch erfolgen kann.
- Möglichst stabile Oxide, welche einen reversiblen Einbau der Li-Ionen über eine große Zyklenzahl überleben (z.B. keine Zerstörung der Partikel beim Einbau der Li-Ionen durch eine zu starke Volumenveränderung).
- Einsatz eines Feststoffelektrolyten (Polymerbasis) damit das Sicherheitsrisiko vermindert werden kann.

Die ersten Forderungen sind widersprüchlich, da große spezifische Oberfläche, großes verfügbares Materialvolumen und hohe Porosität sicher nicht gleichzeitig erfüllt werden können. Es müssen neue Konzepte und Materialien entwickelt werden. Nach heutiger Einschätzung kann diese sehr schwierige Optimierungsaufgabe am besten durch den Einsatz von nanostrukturierten Materialien gelöst werden. Durch die Teilchengröße der primären Kristalle wird im Wesentlichen die spezifische Oberfläche bestimmt. In Batterien scheint sich eine optimale Teilchengröße um 50 - 100 nm abzuzeichnen. Mit solchen Pulvern können Mikrostrukturen mit Porengrößen von einigen nm hergestellt werden. Diese Poren sind mit dem Elektrolyten ausgefüllt. Idealerweise ist jedes Partikel von dem Elektrolyten ummantelt. Diese Partikel können innerhalb weniger Minuten geladen oder entladen werden, da der Diffusionskoeffizient von Li in den entsprechenden Oxiden groß genug ist. Andererseits ist bekannt, daß die Diffusion des Li im Elektrolyten und der Übergang von Feststoff zum Elektrolyten beim Einsatz von sehr feinen Pulvern der geschwindigkeitsbestimmende Schritt beim Lade- bzw. Entladungsprozeß wird.

Das werkstoffwissenschaftliche Problem kann somit folgendermaßen definiert werden: Wie können ca. 100 nm große Oxidpartikel so gepackt werden, daß eine möglichst hohe Packungsdichte erreicht wird, ohne den Diffusionswiderstand des Li im Elektrolyten zu erhöhen? Zusätzlich muß eine ausreichende elektrische Leitfähigkeit gewährleistet werden. Auch wenn sich dieses Beispiel auf die Kathode konzentriert, ist darauf hinzuweisen, daß analoge Probleme auch im Bereich der Anode existieren.

Diese Fragestellung kann nur im Zusammenhang mit der Herstellungstechnik der Pulver und der Batterie beantwortet werden, da solch feine Pulver nur sehr schwer zu verarbeiten sind. Die theoretischen Ansätze bezüglich der Packungsdichte von Pulvern sind hier nicht direkt anwendbar, da sie in der Regel von idealen Teilchengrößenverteilungen ausgehen, welche technisch nicht realisierbar sind, jedenfalls nicht zu annehmbaren Kosten. Damit feine Pulver verarbeitet werden können, müssen sie agglomeriert werden. Dadurch entsteht nach der Verdichtung eine Hierarchie bezüglich der Porosität: Poren innerhalb der Partikel, Poren innerhalb der Agglomerate und Poren zwischen den Agglomeraten. Erstere sind nicht erwünscht, während die Inter- und Intra-Agglomeratporen in ihrer Größe so beschaffen sein sollen, daß eine gute und rasche Diffusion der Li-Ionen möglich ist.

Heute werden für die Lösung dieses Problems neue Simulationstechniken wie neuronale Netzwerke eingesetzt, da einfache analytische Modelle bezüglich des Packungsverhalten von Pulvern nicht zur Verfügung stehen. Neue Materialien werden ebenfalls entwickelt. So zum Beispiel Vanadiumoxid (auch in der Form als Nanotube), oder Mischoxide auf der Basis von Manganoxid. Eine Verwendung von diesen Materialien in Großserien ist jedoch auf Grund ihrer Toxizität und des hohen Preises wenig wahrscheinlich. Andererseits sind die Substanzen für die Entwicklung von Modelluntersuchungen sehr nützlich.

Ein weiteres Werkstoffproblem ist der zu verwendende Elektrolyt, der in jedem Fall ein Feststoff sein muß (Sicherheit). Bei der hohen Zellspannung von über 4 Volt kann es zur Zersetzung der organischen Verbindung kommen. Es müssen deshalb Elektrolyte mit hoher Stabilität und gleichzeitig guter Verarbeitbarkeit (z.B. gute Mischbarkeit mit den Oxidpulver, bzw. dem Anodenmaterial (Kohlenstoff)) entwickelt werden. Ebenfalls ist zu beachten, daß die Transportgeschwindigkeit der Li-Ionen hoch genug ist. Idealerweise sollte ein Polymer mit einer ausreichenden elektrischen Leitfähigkeit eingesetzt werden.

Nur die Lösung all dieser Werkstoffprobleme kann die Herstellung einer Li-Ionen Batterie ermöglichen. Auch wenn die einzelnen Probleme leicht den entsprechenden Spezialisten innerhalb der Materialforschung zugewiesen werden können, ist das eigentliche Problem ein Optimierungsproblem, da nur die Leistung des Gesamtsystems „Batterie" interessiert. Es ist deshalb eine intensive interdisziplinäre Zusammenarbeit zwischen Materialwissenschaftlern verschiedenster Ausrichtung und Spezialisten im Bereich der anorganischen und organischen Chemie, der Elektrochemie sowie der Produktions- und Automobiltechnik notwendig.

4.2.4 Auswertung des Fragebogens

Das Ergebnis bezüglich der Frage, welche technischen Herausforderungen gelöst werden müssen, damit die Li-Batterie eingesetzt werden kann, zeigte eindeutig auf, daß die Entwicklung von besserem Kathodenmaterial (höhere Kapazität) die höchste Priorität hat. An zweiter Stelle folgt die Entwicklung eines Feststoffelektrolyten (Polymer), während die Entwicklung feinerer Pulver – welche zu einer höheren Leistung der Batterie beitragen könnten (bessere Beschleunigung, höhere Geschwindigkeit) – nicht als sehr wichtig erscheint. Unterschiede aufgrund des Kenntnisstandes als auch der Herkunft der Befragten konnte nicht festgestellt werden.

Für eine Einführung des elektrisch getriebenen Fahrzeuges sind neben den technischen Anforderungen vor allem niedrige Kosten in Anschaffung und Unterhalt wichtig. Ebenfalls könnten, wenn auch im verminderten Ausmaß, eine verschärfte Gesetzgebung bezüglich der Abgase oder der Wunsch nach einer allgemeinen Reduktion des Kohlendioxidausstoßes zur Einführung beitragen. Völlig nebensächlich im Hinblick auf die Einführung der Batterie für ein elektrisch angetriebenes Fahrzeug sind Problemstellungen wie die Beschaffung des Rohmaterials für die Batterieherstellung oder Recyclingaspekte.

Das Ergebnis der Auswertung der Fallstudie stimmt sehr gut mit den Themen der laufenden europäischen als auch nationalen Forschungsprogramme überein.

4.2.5 Schlußfolgerungen

- Das Fallbeispiel zeigt deutlich, daß für die Einführung des elektrisch angetriebenen Autos im wesentlichen die heutigen Batterien weiterentwickelt werden müssen.
- Neben den Barrieren wie Änderung des Verhaltens der Konsumenten, Infrastruktur, Bereitschaft der Automobilindustrie für große Veränderungen in der Produktion spielen auch neue Werkstoffe und insbesondere neue Konzepte für die Verarbeitung von bekannten Werkstoffen eine Schlüsselrolle.
- Die wesentliche Frage ist auch hier, wer den ersten Schritt für eine gezielte Förderung des Elektromobils machen soll. Die amerikanischen Automobilhersteller halten sich aus Furcht vor den hohen Entwicklungskosten zurück, sie möchten auch nicht das Risiko für die erste große Serienproduktion übernehmen. Die Vorgaben des Gesetzgebers („Zero-Emmission-Mandat") können von ihm selbst in diesem Fall nicht durchgesetzt werden (siehe Kalifornien, wo die Frist für die Einführung der Elektromobile verlängert werden mußte, da die entsprechenden Autos nicht zur Verfügung standen (Cairns 1997). Die amerikanischen Autohersteller werden als „second Player" auftreten und die Entwicklung in Europa oder Japan einkaufen und als zweiter, aber wesentlich billigerer Anbieter auf dem Markt auftreten.
- Die Lösung der materialwissenschaftlichen Probleme ist zwar notwendig, aber nicht hinreichend für die wirtschaftlich und technisch erfolgreiche Einführung des batteriegetriebenen Automobils. Der Durchbruch kann nur dann erfolgen, wenn eine technisch ausgereifte Batterie, welche die Mindestanforderung hinsichtlich Reichweite, Geschwindigkeit und Ladezeit erfüllt, auch kostengünstig hergestellt werden kann. Umweltaspekte oder verschärfte Verordnungen haben keinen Einfluß auf die Markteinführung.
- Im Gegensatz zur Einführung des Katalysators, welche nur eine leichte Kostenerhöhung, aber keine Änderung der Gewohnheiten des Verbrauchers verursachte, muß das Elektromobil eine wesentlich höhere Barriere überwinden.

4.3 Glasmatten- und langfaserverstärkte Thermoplaste für das Automobil

4.3.1 Glasmattenverstärkte Thermoplaste (GMT)

Bauteile aus glasmattenverstärkten Thermoplasten (GMT) sind seit dem Beginn der achtziger Jahre im Automobil im Serieneinsatz. GMT-Halbzeug wird zumeist durch Schmelztränken von Glasfasermatten mit thermoplastischem Kunststoff hergestellt, es entsteht hierbei ein plattenförmiges Erzeugnis. Diese Platten werden zugeschnitten, erwärmt und anschließend mit kurzer Zykluszeit im Preßverfahren zu Bauteilen geformt. Zumeist wird das sog. Fließpressen eingesetzt. Hierbei wird nur ca. die halbe Bauteilfläche mit Zuschnitten belegt, die dann beim Schließen der Presse bis zu den Bauteilgrenzen strömen.

Als Matrixmaterial wird nahezu ausschließlich der kostengünstige und leistungsfähige Werkstoff Polypropylen eingesetzt, als Fasern kommen die kostengünstigen Glasfasern zum Einsatz. Aufgrund der langen, planar angeordneten Glasfasern, deren Orientierung in Grenzen beeinflußbar ist, zeigt der Werkstoff ein günstiges mechanisches Eigenschaftsprofil (Peterson 1992, Wüthrich u. Keser 1992).

Mit dem Fließpreßverfahren können sowohl flächige Bauteile (z.B. Geräuschkapseln) als auch kompliziert strukturierte Teile mit hohem Integrationsgrad (Beispiel Frontend) kostengünstig hergestellt werden. Aufgrund der begrenzten Oberflächengüte können allerdings mit dem GMT-Verfahren keine zu lackierenden Sichtteile hergestellt werden. Etwa 8% der langfaserverstärkten Kunststoffe in Deutschland sind mit dem GMT-Verfahren hergestellt (Liebold 1996), wovon der überwiegende Teil im Automobilbau Anwendung findet (Tabelle 4.3.1).

Tabelle 4.3.1. Anwendungsbereiche von GMT im Jahr 1994 (Spur u. Liebelt 1997)

Anwendungsbereich	Anteil am GMT Bedarf [%]
Sitzstrukturen	26
Kapseln	22
Stoßfängerträger	6
Innenteile incl. Armaturentafeln	5
Batterieträger	2
Frontends	32
Nicht-Automobilteile	7

Im Automobilbereich bestehen einige Werkstoffalternativen zu GMT: Blechkonstruktionen, Bauteile aus duroplastischer Preßmasse (SMC) und ggf. aus thermoplastischem Spritzgußmaterial. Werkstofflicher Vorteil von GMT ist allerdings das schadenstolerante Verhalten. Die Konkurrenzsituation zwischen den Werkstoffklassen wie auch der Wettbewerb innerhalb der Automobilzulieferanten führte zu einer Weiterentwicklung von GMT, bei der die Werkstoffeigenschaften im wesentlichen erhalten blieben, allerdings ein deutlicher Kostenvorteil erzielt wurde.

4.3.2 Langfaserverstärkte Thermoplaste (LFT)

Die konventionelle GMT-Verarbeitung besteht aus den Prozeßschritten Mattenherstellung und Pressen der wieder aufgeheizten GMT-Platine zum Bauteil. Die Arbeitsschritte werden somit aufgeteilt zwischen dem Halbzeughersteller und dem Bauteilhersteller. Durch den Bezug von GMT-Halbzeug wird zwar die Verarbeitung für den Bauteilhersteller vereinfacht, allerdings sind mit der Halbzeugherstellung und der Aufheizung des Halbzeugs Mehrkosten verbunden. Es ist daher

Tabelle 4.3.2. Prozeßschritte für die Herstellung von glasmattenverstärkten Thermoplasten (GMT) und langfaserverstärkten Thermoplasten (LFT) (Kannegießer)

GMT	LFT	
	LFRTP-Pellets	Direktes Verfahren (LFT-Verfahren)
Mattenherstellung Extrusion der Matrix und Konsolidierung über Doppelbandpresse (Plattensonderzuschnitt)	Pultrusion des Halbzeugs	
Aufheizen im GMT-Ofen Einlegen in Presse Pressen des Bauteils	Plastifizierung Einlegen in Presse Pressen des Bauteils	Inline-Compoundierung Einlegen in Presse Pressen des Bauteils

naheliegend, zur Kostenreduzierung eine Verkürzung der Prozeßkette anzustreben. Hierzu bestehen derzeit zwei unterschiedliche Ansätze (Tabelle 4.3.2).

Beim Verfahren über LFRTP-Pellets (LFRTP: Long-Fibre Reinforced Thermoplastic, Kannegießer) werden zuerst die Fasern in einem Pultrusionsprozeß mit PP-Matrix ummantelt und diese Faserstränge zu Pellets geschnitten. Beim Bauteilhersteller erfolgen eine Plastifizierung der Pellets, die Einbringung des Plastifikats in das Werkzeug und das Pressen des Bauteils. Konsequenter hinsichtlich der Verkürzung der Prozeßkette ist das „direkte Verfahren", bei dem eine Inline-Compoundierung stattfindet, das Extrudat in das Werkzeug eingebracht und anschließend verpreßt wird (Liebold 1997, Menzolit-Fibron).

Das von der Firma Menzolit-Fibron in Bretten entwickelte LFT-Verfahren (Liebold 1997, Menzolit-Fibron) geht den direkten Weg (vgl. Abb. 4.3.1). Im Ein- oder Zweischneckenextruder erfolgen die Materialplastifizierung, das Ablängen der zugeführten Endlosfasern auf die gewünschte Faserlängenverteilung und das Imprägnieren der Glasfasern mit Thermoplast. Diese verschiedenen, vom Plastifizieraggregat durchgeführten Aufgaben stellen besondere Anforderungen an die Auswahl der Plastifiziereinheit und die Wahl der Verfahrensparameter.
Aus dem Extruder wird das Plastifikat über eine Breitschlitzdüse auf einem Transportband abgelegt, dem Greifer der Einlegevorrichtung zugeführt und im Werkzeug placiert. Die Glasfasern werden auch bei komplizierten Teilegeometrien im Fließprozeß gleichmäßig transportiert und ergeben einen homogenen Faservolumenanteil. Der Fasertransport ist besser als bei GMT. Die Faserorientierung beim Fließen ist ähnlich wie bei GMT. Das LFT-Verfahren hat folgende weitere Vorteile: Die Online-Materialherstellung beim Verarbeiter gestattet einen kostengünstigen Bezug der Ausgangsprodukte und eine individuelle Rezeptierung (Farbe, Kunststoff, Fasern). Die thermoplastische Verarbeitung ermöglicht den Aufbau einer direkten Rezyklierung mit einem hohen Anteil von Schneidabfällen und ggf. Altteilen.

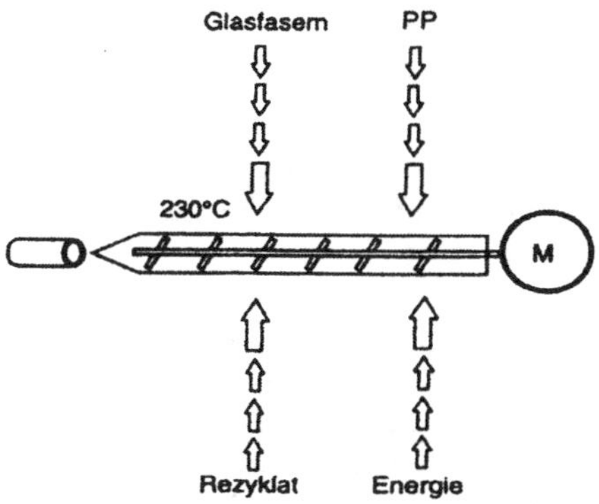

Abb. 4.3.1. Prinzip der LFT-Herstellung (vgl. Liebold 1997)

Die Materialentwicklung einschließlich der verfahrenstechnischen Aspekte setzt ein umfassendes Know-how beim Verarbeiter voraus. Im wesentlichen mußten folgende sich teilweise gegenseitig beeinflussende Anforderungen erfüllt werden: Homogenisierung der Schmelze, gezielte Faserverkürzung, Benetzung der Faser mit Matrixmaterial, schwache bzw. gezielte Orientierung des Extrudats, definierter und reproduzierbarer Formfüllungsvorgang des Werkzeugs, definierte

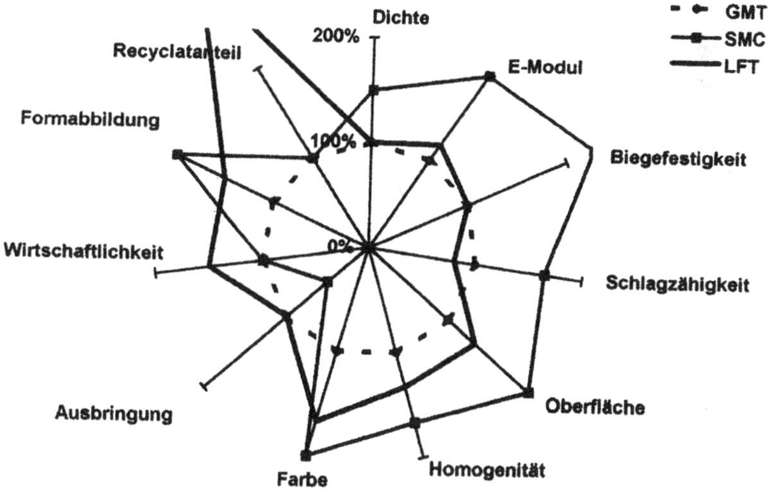

Abb. 4.3.2. Vergleich der Materialeigenschaften (Menzolit-Fibron)

und reproduzierbare Werte des Faservolumengehalts und der Faserorientierung im Bauteil. Aufgrund der hohen Anlageinvestitionen ist das Verfahren geeignet für die Herstellung von großen Bauteilen (Beispiel Frontend, 3 kg) und die Großserienproduktion.

Der *Materialvergleich* (Abb. 4.3.2) zeigt nahezu ähnliche mechanische Eigenschaften der Werkstoffe GMT und LFT, was die Möglichkeit für eine Werkstoffsubstitution von GMT bei gleichzeitiger Kostenreduzierung ergibt (Menzolit-Fibron, Oelgarth et al. 1998). Der *Kostenvergleich* anhand eines PKW-Frontends zeigt den Kostenvorteil des LFT-Verfahrens gegenüber der Herstellung des Teils aus GMT und SMC (Tabelle 4.3.3). Die Masse des Bauteils bei der Herstellung nach dem GMT- und LFT-Verfahren liegt bei 3 kg. Da die höhere Dichte von SMC (Faktor 1,5) nicht komplett durch eine Dickenreduzierung ausgeglichen werden kann, wird die SMC-Masse bei ca. 3,8 kg liegen.
Die Entwicklungen zu dem LFT-Verfahren begannen bei der Firma Menzolit-Fibron vor ca. 5 Jahren. Die Serienproduktion von Teilen (Pkw-Frontendträger VW-Passat) wurde Juli 1997 begonnen. Es werden jährlich 400.000 Teile gefertigt (Menzolit-Fibron).

Tabelle 4.3.3. Kostenvergleich anhand eines PKW-Frontends (3 kg bzw. 3,8 kg) (Orientierende Kostenangaben, ohne Overhead) (Brüssel 1998)

		GMT	LFT	SMC
	Masse [kg]	3	3	3,8
Halbzeug-Herstellung	Halbzeug- bzw. Ausgangsmaterialkosten, Grenzen und Mittelwert [DM/kg]	(4,5-6,0) 5	(2,5-4,0) 3	(2,5-4,0) 3
	Halbzeugkosten Frontend [DM]	15	9	9
Pressen des Bauteils	Zykluszeit, Grenzen und Mittelwert [min]	(0,5-1,5) 1	(0,5-1,5) 0,9	(0,5-1,5) 1,1
	Fertigungskosten [DM] (Maschinenkosten 4 DM/min)	4	ca. 3,5	4
	Nacharbeit [DM]	1	1	1

4.3.3 Schlußfolgerungen

- Werkstoffe und die daraus gefertigten Bauteile müssen in die Kostenstruktur des Automobils passen. Dies wird plakativ durch folgende masse-spezifischen Kosten beschrieben:
  - Strukturkosten Rohkarosse ca. 5 DM/kg

- Halbzeugkosten: Stahlblech ca. 1,10 DM/kg
  Al-Blech ca. 4 DM/kg

- Eine der wichtigsten Voraussetzungen für den Großserieneinsatz von FVW ist daher ein kostengünstiges Ausgangsmaterial. Bei GM-PP bzw. LFT ist dies durch die kostengünstigen Ausgangsprodukte Polypropylen und Glasfasern gegeben. Anwendungsbeispiele für diese Werkstoffklassen sind Abdeckungen und mäßig belastete Strukturbauteile mit hohem Integrationsgrad. Beim LFT-Verfahren wird darüber hinaus noch durch eine Verkürzung der Prozeßkette eine Reduzierung der Bauteilkosten erreicht.
- Im Vordergrund der Entwicklung und Serieneinführung des LFT-Verfahrens standen die Entwicklung und Optimierung der Prozeßtechnik. Werkstoffliche Methoden unterstützten die Prozeßoptimierung, neue Werkstoffe kamen jedoch nicht zum Einsatz. Da die komplizierten verfahrenstechnischen Prozesse und deren Optimierung unter dem Aspekt des Großserieneinsatzes eine breite und tiefe Erfahrungsbasis voraussetzen, wurde die Entwicklung zur Serienreife im wesentlichen nur firmenintern durchgeführt.
- Hinsichtlich der Forschungsförderung ist interessant, daß die Firmen Menzolit-Fibron und Kannegießer, die unabhängig voneinander diese Verfahrenstechniken in relativ kurzer Zeit entwickelt und kommerzialisiert haben, nicht in den Genuß einer Forschungsförderung kamen.

4.4 Heimische Pflanzenfasern für das Automobil

4.4.1 Naturfasern im Automobilbau

Der Einsatz von Naturfasern im Automobilbereich ist nicht neu, bis vor ca. 35 Jahren kamen in faserhaltigen Bauteilen fast ausschließlich Naturfasern zum Einsatz. Die Leistungsfähigkeit der Produkte mit oder aus Naturfasern war gegeben und der Einsatz derartiger Produkte akzeptiert. Einige Beispiele sind (Eisele 1994):

- Nadelfilze aus Jutefasern zur Schalldämmung,
- Watte aus Woll- und Baumwollfasern (gerissene Konfektionsabfälle) als Formpolster über Federkernen,
- Kokosfasern mit Naturkautschuk gebunden als Polster über Federkernen,
- hochfrequenzverschweißbare Watte mit Baumwolle oder Wolle im Sitzpolsterbereich oder als Polsterelement in der Tür- und Seitenverkleidung,
- sogenannter „Holzfaserformstoff" aus Holzfasern (Abfälle aus Sägewerken) z.B. im Bereich der Türinnenverkleidungen.

Durch die Entwicklung von industriell geschaffenen Fasern und neuen Polymersystemen (z.B. PUR-Schäume) wurden die Naturfasern im Laufe der 70er und 80er Jahre nach und nach verdrängt (Eisele 1994). Die Vorteile der industriell geschaffenen Fasern sind unter anderem die hohe Liefersicherheit, die kostengünstige Verfügbarkeit und die reproduzierbaren Qualitäten, die über das ganze Jahr verfügbar sind. Weiterhin ergaben sich aus verarbeitungstechnischer Sicht Vorteile, z.B. sind in diesem Zusammenhang die bei der Thermoplastverarbeitung kurzen Produktionszeiten zu nennen.

Die Diskussionen zur nachhaltigen Produktion und ganzheitlichen Betrachtung von Produktlinien (technisch, ökonomisch und ökologisch) führten zur Wiederaufnahme der Prüfung des Einsatzes Nachwachsender Rohstoffe im Automobilbereich unter neuen Gesichtspunkten (Eisele 1994). Die im Rahmen dieser Studie durchgeführte Umfrage (siehe Anhang, Frage 25A und 25B) bestätigt, daß insbesondere Experten die Erfolgsaussichten für den Einsatz von Pflanzenfasern in Westeuropa als Verbunde für Fahrzeugverkleidungen in PKW und in Nutzfahrzeugen mit guten bis sehr guten Aussichten beurteilen.

Von seiten der Automobilhersteller wird in den letzten Jahren verstärkt für die Wiedereinführung von pflanzlichen Naturfasern im Bereich des Fahrzeugbaus geforscht. Gründe hierfür sind neben einem positiven Marketing- und Imageeffekt (Einsatz Nachwachsender Rohstoffe, Schonung fossiler Ressourcen) vor allem werkstoff- und verarbeitungstechnische Aspekte. Einige dieser Punkte sind:

- hohe Festigkeitswerte heimischer Pflanzenfasern bei geringer Dichte,
- hohe Festigkeit und Steifigkeit der hergestellten Bauteile,
- zum Teil geringere geruchsbelästigende und toxische Emissionen im Fahrzeug als bei konventionellen Bauteilen,
- Verbesserung des Arbeitsschutzes
- Reduzierung der Masse der Bauteile durch die niedrige Dichte der Pflanzenfasern,
- Erhöhung des Aufprallschutzes (verringerte Splitterneigung der Bauteile beim Bruch),
- zum Teil Kostenersparnis bei der Herstellung und der Rohstoffbeschaffung,
- gute Rezyklierbarkeit,
- nahezu CO_2-neutrale und rückstandsfreie Verbrennung.

Durch die fast völlige Verdrängung der Naturfasern in technischen Bereichen fehlen immer noch viele Erkenntnisse über ihre Aufbereitung, Qualität, Eigenschaften, Verarbeitbarkeit und Produkteigenschaften. Aus den Aktivitäten vieler Automobilzulieferer und Automobilhersteller ist erkennbar, daß der Anteil an Naturfasern im Automobilinnenverkleidungsbereich in Zukunft ansteigen wird. Im Bereich der Automobilausstattung sind Bauteile zu unterscheiden, welche die Funktion der reinen akustischen Dämpfung aufweisen und welche selbsttragende Funktion haben. Als Schnittmenge ergibt sich die Gruppe der Teile mit Doppelfunktion.

Für die Verstärkung von Polymerprodukten sind insbesondere die Fasern geeignet, die bei geringer Dehnung eine hohe Festigkeit aufweisen (Herrmann 1994). Nach Abb. 4.4.1 eignen sich insbesondere die Fasern der Pflanzen Ramie, Hanf, Flachs, Nessel und bedingt Sisal und Jute. Die realen Festigkeit-Dehnung-Verläufe sind aus Gründen der Darstellung linearisiert worden. Die beschriebenen Fasereigenschaften sind jedoch nicht als feste Größe für eine Faserart zu sehen. Da es sich um Naturprodukte handelt, unterliegen sie infolge verschiedener Pflanzensorten, Anbau- und Klimabedingungen und unterschiedlicher Röst- und Aufschlußverfahren starken Schwankungen. Die Grafik stellt somit keine absoluten

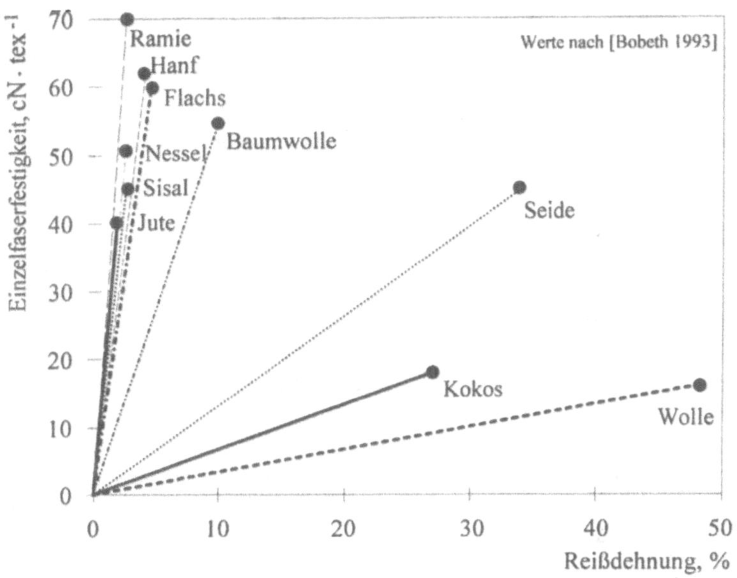

Abb. 4.4.1. Vergleich der linearisierten Festigkeit-Dehnung-Kurven verschiedener Naturfasern (Müssig 1998)

Größen dar, sondern soll als Orientierung dienen, um die Potentiale der Naturfasern zu verdeutlichen.

Die meisten Hersteller von Innenausstattungsteilen für die Automobilindustrie führen in ihrem Programm Produkte aus Nachwachsenden Rohstoffen oder arbeiten an ihrer Entwicklung. Die folgende Liste von Produkten unterschiedlicher Hersteller dient beispielhaft zur Darstellung der Produktvielfalt und der eingesetzten Fasern und Polymere im Bereich des Fahrzeuginnenbereiches:

Holz/Binder: zu 95% aus Holz / seit 40 Jahren Serienwerkstoff / Bauteile: Instrumenten-Tafel (I-Tafel) für den Opel-Astra und die MB A-Klasse und die Türverkleidung (TV) für die MB S-Klasse und den VW-Golf. Zur Zeit wird an der Entwicklung gearbeitet, die synthetischen Polymere durch Polymere aus Nachwachsenden Rohstoffen zu ersetzen.

Jute/Polyester: aus Jutefasernadelfilz und duroplastischem Polyesterharz / Bauteile: TV für den 5er und 7er BMW

Flachs, Sisal/Polyurethan: aus Flachs- und Sisalfasernadelfilz und Polyurethanharz / Bauteile: ab 1997 in der MB S-Klasse als TV eingesetzt.

Holz/wasserdispergierbarer Binder: aus Holzfasern und wasserdispergierbaren Binder / Bauteile: ab 1997 in der MB A-Klasse für Scheibenanlagenkante der I-Tafel

Flachs/PP: aus Nadelfilz aus Flachs- und Polypropylenfasern / Bauteile: zur Zeit in der Bemusterung für die I-Tafel der MB C-Klasse (Prömper 1997b). Bauteile: Rückenlehne für den Audi A3 und A6 und Kofferraumauskleidung für den Passat Kombi / Im Neuanlauf Bauteile im 3er BMW und im neuen Opel Astra.

Flachs, Sisal/Epoxidharz: aus Nadelfilz aus Flachs- und Sisalfasern und Epoxidharz / Bauteile: TV für den 5er BMW (Poltrock 1998).

Baumwolle/Polyester: aus Baumwollfasern gerissener Konfektionsabfälle, Polyester-Komponentenfasern, PUR-Schaumflocken aus rezyklierten Automobilsitzen / Bauteile: im Fahrzeuginnenraum z.B. im Bodenbereich zur Schalldämmung

Baumwolle/PP: aus Baumwollfasern gerissener Konfektionsabfälle und Polypropylenfasern / Bauteile: Seitenverkleidungsteile im Kofferraum / Bauteile mit tragender Funktion z.B. Gepäckraumabdeckung. In der Entwicklung sind Produkte mit anderen Naturfasern und anderen Polymeren (Seurig-Franke 1998).

In fast allen Fahrzeugserien der letzten 10 bis 20 Jahre waren in großen Mengen Formteile aus Baumwolle aus gerissenen Konfektionsabfällen gebunden mit Phenolharz integriert. Insbesondere durch den günstigen Preis für die Fasern stellten daraus hergestellte Bauteile die kostengünstigste Alternative dar. Der Einsatz derartiger Bauteile im Innenraum ist durch das Bindemittel Phenolharz in der Diskussion (Kinkel 1998). Gründe hierfür sind die schlechte Rezyklierbarkeit (Phenolharze sind nur bei hohen Temperaturen verbrennbar), Arbeits- und Gesundheitsschutzerwägungen und Geruchs- und Schadsubstanzemissionen. Infolge der abnehmenden Akzeptanz in der Automobilindustrie und beim Verbraucher für Phenolharze oder Glasfasern sehen sich viele Zulieferer gezwungen, nach Alternativen zu suchen. Die Auswahl der hierfür zur Verfügung stehenden pflanzlichen Naturfasern ist sehr groß. Wie unterschiedlich ihre Eignung in Form der Halbzeuge Filz oder Vlies für Produkte des Automobilinnenbereiches von Seiten der Industrie eingestuft wird, zeigt Tabelle 4.4.1.

Tabelle 4.4.1. Beurteilung von Vliesen und Filzen aus unterschiedlichen Faserarten für den Einsatz in Innenverkleidungen (Scherzer 1997 - veränderte Darstellung)

Filz oder Vlies aus:	Preis	mechanische Eigenschaften	Bindemittelverbrauch	Durchtränkbarkeit	Neigung zum Fogging
Baumwolle aus gerissenen Konfektionsabfällen	+ +	- -	- -	-	+
Flachs	+/-	+	+	+	+/-
Jute	+	+	+	+	+/-
Jute aus gerissenen Säcken	+ +	+	+	+	- -
Sisal	+	+/-	++	++	++
Sisal aus gerissenen Säcken	+ +	+/-	++	++	- -
Flachs/Sisal	+	+	+	++	+

Bewertung: + + sehr gut - - sehr schlecht

Von seiten der weiterverarbeitenden Industrie werden immer höhere Anforderungen an die Qualitäten von technischen Textilien gestellt. Trotz der günstigen Preise für Fasern, beispielsweise aus gerissenen Jute- oder Sisaltextilien, wird der Einsatz von Nadelfilzen dieser Fasern wegen der steigenden Qualitätsanforderungen immer fragwürdiger. Die Emissionen von kondensierbaren Bestandteilen, Geruch und Schadsubstanzen etc. sind oftmals k.o.-Kriterien für derartige Produkte. Wie unterschiedlich die Foggingkondensatwerte von Werkstoffen der Fahr-

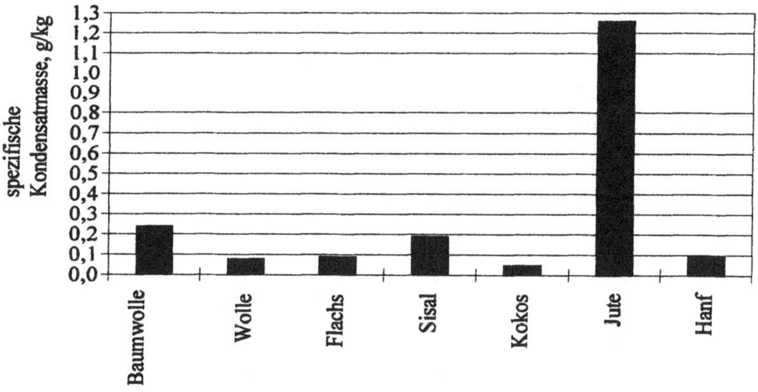

Abb. 4.4.2. Spezifische Kondensatmasse verschiedener Naturfasern (Kinkel 1998)

zeuginnenausstattung sein können, zeigt Abb. 4.4.2. Da Kokos und Wolle zwar die geringsten Werte aufweisen, aber nicht für den Einsatz in faserverstärkten Polymerprodukten geeignet sind, ergibt der Vergleich einen deutlichen Vorteil für die heimischen Pflanzenfasern Flachs und Hanf.

Das Schlagwort Qualitätsnachweis unter ökologischen Anforderungen (Umweltzertifikate), angefangen beim Anbau, kann für heimische Pflanzenfasern einen deutlichen Vorteil darstellen, wenn diese durch geeignete Aufschlußtechnik zu ökonomisch und möglichst auch ökologisch akzeptablen Bedingungen zur Verfügung stehen.

4.4.2 Rohstofferzeugung und Rohstoffbereitstellung heimischer Pflanzenfasern

4.4.2.1 Flachs

In Förderprogrammen zum Anbau und zur Nutzung heimischer Faserpflanzen wurde in den letzten Jahren ein eindeutiger Schwerpunkt auf den Flachs gelegt (CARMEN 1992; FNR 1996). Diese grundsätzliche Entscheidung wurde insbesondere durch die Hochpreisphase für Flachsfasern in den achtziger Jahren begünstigt. Zur Unterscheidung der Fasern (sowohl Hanf als auch Flachs) aus der traditionellen gegenüber der modernen Verarbeitung, fehlt es bisher an geeigneten systemkonformen Begriffen. Aus dem Grund wird vorgeschlagen, als charakterisierendes Merkmal die Lage der Stengel und Fasern zu wählen und die Begriffe *Richtungslage* und *Streulage* für Flachs- bzw. Hanffasern zu verwenden:

- *Richtungslagenflachs* bzw. *Richtungslagenhanf* ist für Flachs- bzw. Hanffaserkollektive zu wählen, deren Fasern bzw. Faserbündel vorzugsweise in eine Richtung orientiert sind.

- *Streulagenflachs* bzw. *Streulagenhanf* steht für Faserkollektive, deren Fasern bzw. Faserbündel eine wirre oder gemusterte Orientierung aufweisen. In den meisten Fällen werden die Stengel bereits in Streulage geerntet oder zu mindestens durch Wende- oder Bergetechnik in diese Lage gebracht.

Richtungslagenflachs: Die traditionelle Verarbeitung von Flachs wird mit dem Ziel verfolgt, Fasern (sogenannten Lang- oder Hechelflachs) für die Naßspinntechnik zu produzieren (Schnegelsberg 1996). Zur Zeit des Versuches der Wiedereinführung des Flachsanbaus Mitte der 80er Jahre wurden Ernte- und Aufbereitungstechniken gefördert, jedoch ohne zuvor einen direkten Produkt- oder Marktzugang aufzubauen. Viele technische Einsatzbereiche waren zu diesem Zeitpunkt weitgehend unzureichend entwickelt. Die Blickrichtung wurde zu wenig auf das Marktgeschehen in den etablierten Flachsanbauländern Belgien und Frankreich gelenkt. In diesen Ländern bestanden für den Langflachs und das anfallende Werk langjährig gepflegte Geschäftsbeziehungen und Absatzwege auf dem Textilmarkt. In vielen Fällen wurden nicht die vorteilhaften Organisationsstrukturen beispielsweise der belgischen Flachsschwingen übernommen, die eine enge Kooperation – zum Teil in Personalunion – zwischen Landwirten und Aufbereitern vorsehen. Dementsprechend schwer war der Marktzugang für den deutschen Flachs. Das eigentliche Marktvolumen erwies sich ebenfalls als relativ klein. In der Hochpreisphase für Flachsfasern wurden die Anbauflächen deutlich ausgeweitet, was nach kurzer Zeit zu einem drastischen Preisverfall führte.

Das Thema „gleichbleibende Qualität“ stellt nach allgemeiner Meinung (siehe Anhang, Frage 26A) für Pflanzenfasern ein gegenwärtiges Hemmnis dar und muß demnach in weiteren Ansätzen eine zentrale Bedeutung bekommen. Am Beispiel der Flachsaktivitäten in Niedersachsen wird deutlich, wie wichtig auch bei Nachwachsenden Rohstoffen ein Qualitätsmanagement ist. In den Anfängen wurde zu wenig an einem funktionierenden Qualitätsmanagement gearbeitet, welches bereits auf dem Feld beginnt und Einflüsse wie Feuchtigkeit, Röste etc. berücksichtigt.

Nach Rottmann-Meyer (1998) war die Qualitätsbeurteilung zum Teil schlecht nachvollziehbar, und es fand keine produktbezogene Objektivierung statt, da kein funktionierendes Instrumentarium zur Qualitätsbestimmung vorhanden war. Dies führte dazu, daß die Ernte und Aufbereitungsschiene nicht optimiert werden konnte. Die Faserausbeuten fielen aus den genannten Gründen durchschnittlich mit 18% gering aus. Dies hatte wiederum direkten Einfluß auf die Wirtschaftlichkeit des Flachsanbaus, zumal die Deckungsbeiträge mit einer Faserausbeute von 25% kalkuliert wurden. Mitte der achtziger Jahre wurden in den Deckungsbeitragsrechnungen für die Landwirte die Langfaserpreise der Hochpreisphase zu Grunde gelegt, die in den folgenden Jahren nicht mehr realisiert werden konnten. Auf der Erlösseite fehlten ferner Einnahmen aus dem Wergverkauf und aus der Schäbenvermarktung, die nur zögerlich funktionierte. Für Flachswerg stagnierte der Absatz und es wurden nur sehr niedrige Preise gezahlt, zumal Absatzmärkte für technische Anwendungen nur in Ansätzen vorhanden waren. Ein weiteres Problem war in der Anbaustruktur zu suchen. Entsprechend der landwirtschaftlichen Struktur gab es eine Vielzahl von Anbauern mit kleinen Flächen. Die Flachsflächen waren zudem weit verstreut, so daß es zu Problemen und hohen Kosten bei der Ernteorganisation kam. Infolge der schlechten Auslastung der Maschinen, die für 300 ha ausgelegt waren, aber beispielsweise nur auf 80 ha zum Ernteeinsatz kamen, ergaben sich überproportionale Anbaukosten pro Hektar. Da auch bei Langflachs nur wenige Spitzenqualitäten mit guten Erlös erzeugt wurden, führten hohe Anbau- und Schwingkosten dazu, daß keine zufriedenstellenden Deckungsbeiträge erzielt wurden. Als Folge konnte die kalkulierte Auslastung der Schwinge nicht erreicht werden, was zum einen eine weitere Erhöhung der Schwingkosten zur Folge hatte und zum anderen auch die Wirtschaftlichkeit der Aufbereitungsanlage in Frage stellte. Der Flachsanbau in Niedersachsen war unter den angegebenen Bedingungen nicht konkurrenzfähig (Rottmann-Meyer 1998).

Von den insgesamt fünf errichteten Schwingen haben mittlerweile fast alle den Betrieb eingestellt. Eine der wenigen Flachsschwingen, die die genannten Schwierigkeiten besser meistern konnte, befindet sich in Schleswig-Holstein. Die bereits zuvor beschriebenen Wissens- und Verfahrenslücken mußten durch mühsames Erlernen ausgeglichen werden. Im Gegensatz zu den meisten anderen Betrieben war eine enge Kooperation zwischen Anbauern und Betreibern von vornherein geplant. Der enge Wissenstransfer und ein besser organisiertes Qualitätsmanagement führten zu besseren Ausbeuten und nachvollziehbaren Faserqualitäten. Weiterhin wurde sowohl im technischen Bereich als auch im Bekleidungssektor versucht, die Wertschöpfungskette möglichst nahe in Richtung des Endkunden zu bringen. Ein weiterer wichtiger Aspekt für die anfänglichen Probleme im Flachsbereich ist in einem fehlenden Kapitalpolster der deutschen Schwingenbetreiber zu sehen. In Belgien und Frankreich verfügen viele traditionelle Betriebe über ein genügend hohes Kapital, um Tiefpreisphasen besser überstehen zu können, um dann in Hochpreisphasen ihre auf Lager produzierte Ware mit Gewinn zu verkaufen (Heger 1998).

Streulagenflachs: Für die Herstellung von Nadelfilzen, die beispielsweise in der Automobilindustrie zu Innenverkleidungsteilen verarbeitet werden können, eignet sich aus Wirtschaftlichkeitsgründen nicht der hochwertige Langflachs, sondern nur das anfallende Flachswerg. Da aber die verfügbaren Mengen an Flachswerg direkt vom Langflachsmarkt abhängen, kann es risikoreich sein, sich an ein stark marktabhängiges Nebenprodukt zu binden. Insbesondere vor diesem Hintergrund wurden in der zweiten Phase der Flachsaktivitäten Ernte- und Aufschlußkonzepte entwickelt, die in erster Linie Fasern für eine technische Verwendung produzieren sollten, wie die Grünflachsverarbeitung zur Reduzierung des Witterungsrisikos.

Der Verzicht auf eine Aufrechterhaltung der Richtungslage der Stengel während der Ernte, des Wendens, der Bergung und des Aufschlusses ermöglichte es, neue leistungsfähigere Ernteverfahren zu entwickeln (Schulz 1998). Als Beispiel für die Entwicklung eines neuen Ernteverfahrens dient das vom Bundesministerium für Ernährung, Landwirtschaft und Forsten (BML) geförderte Projekt „Grünflachs-Entholzung (Grobentholzung von un- oder kurzgeröstetem Flachsstroh auf dem Feld)". Das Ziel des Projektes läßt sich in zwei Hauptpunkte aufteilen (CARMEN 1992):

- Verbesserung der Wirtschaftlichkeit der Erntetechnik durch Vereinfachung des Ernteverfahrens und durch Anhebung der effektiven Flächenleistung,
- Verbesserung der Wirtschaftlichkeit der Gesamtverfahrenskette durch Zuordnung der Flachsgrobentholzung zur Erntetechnik.

Der Flachsvollernter wurde in Versuchen als ein technisch noch nicht voll ausgereiftes Erprobungsmuster eingesetzt. Vorteile ergaben sich durch eine hohe Flächenleistung und Produktivität, da die Arbeitsschritte dreschen, teilentholzen, reinigen und pressen zu Quaderballen in einem Arbeitsgang erfolgen. Als Nachteil ist der hohe Investitionsaufwand zu zählen (Schulz 1998). Der Investitionsaufwand ist bei Betrachtung der gesamten Produktionskette zu relativieren. Im Vergleich zur stationären Aufbereitung von Streulagenflachs sind beim Flachsvollernter (mit entsprechenden stationären Zusatzkomponenten) sowohl die Investitions- als auch die Betriebskosten relativ niedrig. Durch die Feldentholzung ergeben sich durch die Reduzierung des Transports- und Lagerungsvolumens (ca. 50 - 70%) weitere wirtschaftliche Vorteile, wenn Miete und Instandhaltungskosten für die Gebäude mit einbezogen werden. Durch die Nachfragedefizite und die daraus resultierenden geringe allgemeine Marktentwicklung wurde die Serienumsetzung des Flachsvollernters bislang nicht weiter vorangetrieben. Aus den Erfahrungen mit belgischen Unternehmen zeichnete sich jedoch ab, daß bei vorhandenem Absatzmarkt der Flachsvollernter eine technisch und wirtschaftlich vorteilhafte Erntemaschinenentwicklung darstellt (Reitz 1998).

Mit dem Blick auf eine technische Verwendung der heimischen Faserpflanze Flachs im Automobilbereich ist insbesondere das Projekt „Optimierung der Produktion, der Verwertung und des Recycling von technisch nutzbaren Kurzfasern“ zu nennen, welches den Ansatz verfolgt, die Qualitätsanforderungen der Industrie durch Optimierungen im Bereich der Züchtung, des Pflanzenbaus, der Ernte, der Bergung und der Aufschlußverfahren zu beeinflussen. In diesem Verbundvorhaben sind Teilvorhaben zu Fragen der Züchtung, des Anbaus, der Entholzungstechnik, der Nadelfilzherstellung und der Faserverbundwerkstoffherstellung integriert (FNR 1997). Hervorzuheben ist der Ansatz, heimische Pflanzenfasern mit an die industrielle Verarbeitung angepaßten Eigenschaften bereitzustellen. Weiterhin wurde berücksichtigt, wie durch mögliche Koppelnutzung von Fasern und Samen der Anbau von Flachs für den Landwirt ohne Subventionen wirtschaftlich praktiziert werden kann (Scheer-Triebel et al. 1997). Zur Minimierung des Ernterisikos, welches bei der Röste von Flachs besteht, sind sowohl Ernte als auch stationäre Aufschlußverfahren in der Entwicklung und Erprobung, die eine Fasergewinnung ohne Röste der Flachsstengel ermöglichen (BML 1993). Im Hinblick auf die Entholzung von ungeröstetem Flachs und die Verwendung der aufgeschlossenen Fasern im technischen Bereich sind die Anforderungen an die Fasern neu zu definieren (Keijzer u. Metz 1994). Eine produktbezogene Qualitätsbeurteilung ist wichtig, da die Anforderungen zwischen einer Nutzung von Flachs im Bekleidungsbereich und im Verbundwerkstoffbereich extrem unterschiedlich sind. Beispielsweise ist die im Bekleidungsbereich gewünschte hohe Wasseraufnahme der Flachsfasern bei der Verarbeitung mit Thermoplasten zu Verbundwerkstoffen unerwünscht (Hinrichsen u. Wuttke 1993).

Die nach den technischen Vorgaben gezüchteten, angebauten und mechanisch aufgeschlossenen Grünflachsfasern sollen zu Nadelfilzen verarbeitet werden und zur Verstärkung von Thermo- und Duroplasten im Automobilbau eingesetzt werden. In Abb. 4.4.3 ist das Werkstoffpotential nadelfilzverstärkter Thermoplaste und Duromere aus Grünflachsfasern im Vergleich zu glasfaserverstärkten Polymeren dargestellt.

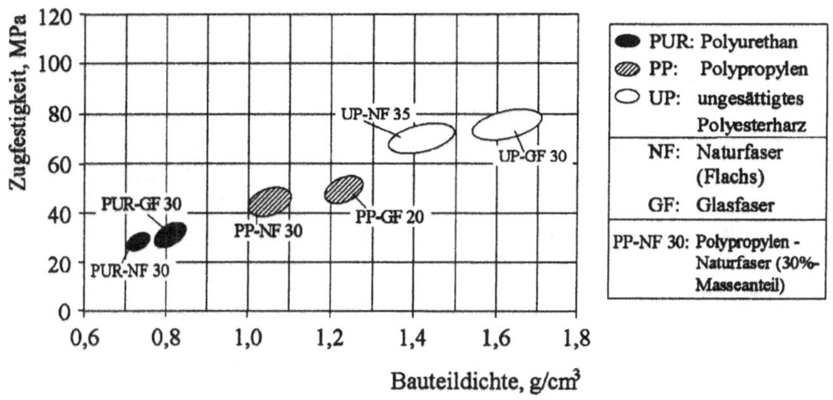

Abb. 4.4.3. Derzeitiges Werkstoffpotential flachsfaserverstärkter Kunststoffbauteile (Knothe 1997 - veränderte Darstellung)

Für alle drei Polymersysteme (Polyurethan, Polypropylen und ungesättigtes Polyester) liegen sowohl die Festigkeits- als auch die Elastizitätsmodulwerte der glas- und flachsfaserverstärkten Polymerprodukte auf dem gleichen Niveau. Besonders zu erwähnen ist die Verringerung der Bauteildichte durch den Naturfasereinsatz, die zum Teil über 15% beträgt. Bei Betrachtung der Abb. 4.4.3 wird deutlich, daß zum Erreichen der Eigenschaften bei den Naturfasern ein höherer Fasergehalt (Masseanteil) notwendig ist. Unter Berücksichtigung der unterschiedlichen Dichte von Glas- und Flachsfasern ergibt sich zum Teil ein doppelt so hoher Faservolumengehalt bei den naturfaserverstärkten Polymeren. Entwicklungsbedarf besteht insbesondere im Bereich der Verbesserung der Schlagzähigkeit. Der Angleich der Eigenschaften von naturfaser- an glasfaserverstärkten Polymerprodukten sollte in Zukunft vor allem durch eine Verbesserung der Faser-Matrixhaftung erzielt werden (Knothe 1997).

4.4.2.2
Hanf

Die vielfältige Verwendbarkeit von Hanf wurde zwar schon früh erkannt, es bedurfte aber erst einer Änderung des Betäubungsmittelgesetzes, um Hanf in Deutschland wieder landwirtschaftlich zu erzeugen. Die Bedeutungslosigkeit des Hanfanbaus bis 1996 hatte zwangsweise ein Fehlen an know-how über die Anbau- und Produktionstechnik, aber auch über die Aufbereitung, Herstellung von technischen Textilien und Absatzmöglichkeiten zur Folge. Dieser Mangel an Kenntnissen erklärt sich weniger aus der Unkenntnis traditioneller Methoden, als vielmehr aus den versäumten Chancen, an innovativen, züchterischen und produktionstechnischen Entwicklungen der letzten 40 Jahre teilzunehmen (Müssig et al. 1997). Die Faserpflanzen Hanf und Nessel unterscheiden sich im Vergleich zum Flachs beim Anbau, der Ernte, der Röste, der Aufbereitung, dem Aufschluß und der Verarbeitung zum Teil deutlich. Dennoch werden oftmals die Erfahrungen aus der Flachsforschung fälschlicherweise z.B. auf den Hanf übertragen. Während es sich im Bereich des Automobilbaus als vorteilhaft erwiesen hat, Grünflachs einzusetzen, ist die Übertragung auf den Hanf kaum möglich. Die Dauer der Landröste hat beispielsweise beim Flachs einen großen Einfluß auf die Festigkeit von Faserbündelkollektiven. Beim Hanf hingegen konnte dieser Zusammenhang in ersten Untersuchungsreihen nicht beobachtet werden. Offenbar führte während der Röste eine Zunahme der mycotischen Aktivität zu einer Auflösung der Faserbündel, ohne jedoch große Schädigungen zu bewirken. Somit wurden die Eigenschaften Faserfestigkeit und Dehnung nicht beeinträchtigt. Selbst längere Feldliegezeiten führten nicht zu einer Abnahme der Festigkeit (Müssig et al. 1997). Aus den Ergebnissen kann gefolgert werden, daß Hanf wesentlich witterungsunempfindlicher ist als Flachs. Es besteht demnach nicht die Notwendigkeit wie beim Flachs, den Hanf ungeröstet zu bergen und zu verarbeiten. Dies muß als deutlicher Vorteil bewertet werden, denn Grünhanf (ebenso Grünflachs) weist beim Aufschluß und der Weiterverarbeitung erhebliche Verluste gegenüber gerösteten Varianten auf. Weiterhin ergibt sich bei gerösteten Varianten eine bessere Entholzbarkeit der Stengel und damit verbunden eine bessere Entfernung von Staub und Holz. Außerdem lassen sich geröstete Varianten in der Regel viel feiner aufschließen als ungeröstete (Martens u. Müssig 1997). Wie sich die unterschiedlichen Röst- und Aufschlußvarianten im Verarbeitungsprozeß verhalten und welche Röstvariante sich im Hinblick auf das zu erwartende Textil- und Automobilbauteilverhalten als geeignet erweist, konnte bisher beim Hanf nur in ersten Ansätzen betrachtet werden (FIBRE 1997, Müssig u. Harig 1997, Prömper 1997a).

Obwohl im Flachsbereich insbesondere durch Fördermaßnahmen an der Entwicklung und der Erprobung von großtechnischen Ernte- und Faseraufschlußverfahren gearbeitet wurde (für den aktuellen Stand im Bereich der Faseraufschlußtechnik für heimische Faserpflanzen in Deutschland vgl. Müller 1998), war und ist die industrielle Umsetzung zum Teil mit Problemen verbunden. In diesem Zusammenhang ist zu erwähnen, daß beispielsweise die für den Flachsfaseraufschluß entwickelten Anlagen nicht ohne umfangreiche Modifikationen und Anpassungen an den Aufschluß von Hanffasern adaptiert werden können (Müssig et al. 1996). So mußten viele Anlagenbetreiber gekaufte Bastfaseraufbereitungsanlagen (Flachsentwicklungen) durch Zusatzkomponenten und Eigenentwicklungen modifizieren, um Hanf überhaupt in annähernd gewünschten Durchsatzmengen und Qualitäten verarbeiten zu können. Nach wie vor existieren viele offene technische Fragen, so daß sich auch weiterhin interessante Betätigungsfelder für den Maschinenbau ergeben.

Die hohen Anschaffungskosten für Komplettanlagen führen zum Teil dazu, daß die Preise von Fasern aus diesen Anlagen über den Preisen von importierten Fasern liegen. Vor diesem Hintergrund haben einige Anlagenbetreiber nicht die komplette Aufschlußlinie der Hersteller erworben, sondern Anlagenteile mit eigenen Modifikationen ergänzt oder Anlagenteile unterschiedlicher Hersteller kombiniert. In letzter Zeit werden Konzepte verfolgt, die einen kostengünstigen und gegebenenfalls sogar mobilen Aufschluß zu realisieren versuchen. Die Entwicklung läuft in die Richtung, einen Faseraufschluß nicht bis an die Grenzen des Machbaren zu treiben, sondern entsprechend den späteren Produktanforderungen Fasern bereitzustellen, die den Anforderungen genügen. Vielfach werden diese Ansätze fälschlicherweise gleichgesetzt mit der Idee der Produktion von qualitativ minderwertigen Fasern. Entscheidend ist es, den Produktanforderungen entsprechend reproduzierbare Qualitäten zu liefern. Wie wichtig auch in diesem Zusammenhang ein gut funktionierendes Qualitätsmanagement ist, wird häufig vergessen (Harig u. Müssig 1998).

Die Aktivitäten der Aufschlußanlagenbetreiber im Hanfbereich haben dazu geführt, daß trotz des erst zweijährigen Anbaus von Hanf in Deutschland die Faserpreise für die Industrie kalkulierbar sind. Die Preise für grob aufgeschlossene Hanffasern weisen geringe Schwankungen auf und lagen in den letzten Jahren bei ca. 1,00 bis 1,20 DM/kg (Karus 1998). Entgegen der weitläufigen Meinung kann festgestellt werden, daß in der EU grob aufgeschlossene Hanffasern zu Preisen bereitgestellt werden können, die mit importierten Fasern konkurrieren können. Zur Darstellung der Konkurrenzfähigkeit heimischer Naturfasern wurden im Rahmen dieser Studie Preise recherchiert. Um vergleichbare Preise zu erhalten, war die Anforderung an die Fasern, einerseits mit der Krempeltechnik verarbeitbar und andererseits für die Herstellung von Autoinnenverkleidungen geeignet zu sein. Da die Preise im internationalen Fasermarkt schwanken können und von Liefermengen und dergleichen abhängen, sind die in Abb. 4.4.4 angegebenen Preise als Anhaltswerte zu sehen.

Nach Aussagen von Automobilzulieferern ist das Interesse an heimischen Faserpflanzen zur Substitution von importierten Pflanzenfasern sehr groß (Prömper 1997a). Praktisch alle deutschen Automobilhersteller und deren Zulieferer zeigen konkretes Interesse an Hanffasern aus Deutschland. Seit Anfang 1998 setzt ein deutscher Automobilhersteller bereits Hanffasern in der Serienproduktion ein (Karus 1998). Weitere Gründe, die Verwendung von heimischen Faserpflanzen im Automobilbereich voranzutreiben (Müssig 1998), könnten sein:

- die Nähe zum Faserproduzenten,
- nachvollziehbarer Herkunftsnachweis,

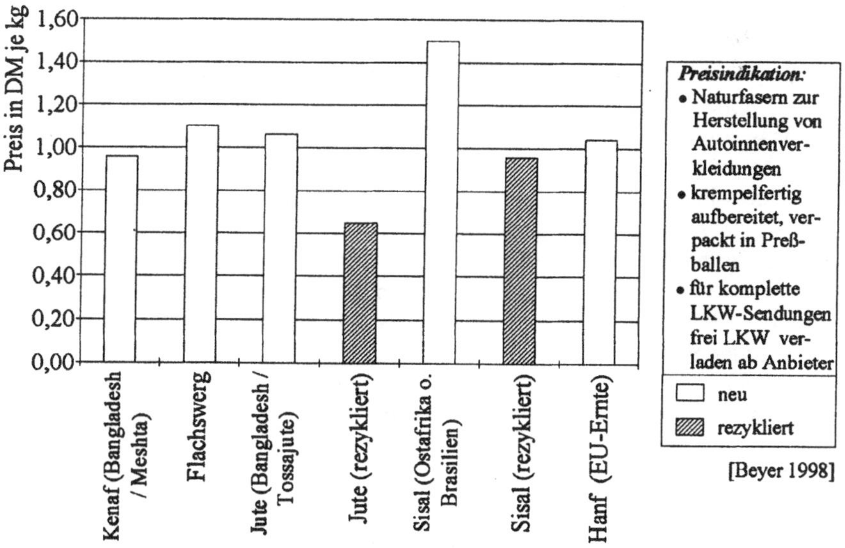

Abb. 4.4.4. Preise für Naturfasern im Automobilbereich - Anhaltswerte (Beyer 1998)

- bekannter Ansprechpartner bei Qualitätsfragen,
- bessere Eingriffsmöglichkeiten bei Produktionsumstellungen,
- just in time-Zulieferungen mit kurzen Transportwegen.

Zur Bereitstellung von reproduzierbaren Qualitäten muß angestrebt werden, mit physikalisch objektiven Prüfmethoden eine zuverlässigere Abschätzung der Faserqualität zu ermöglichen. Eine verbesserte Klassifizierung der Rohstoffe führt zu einem optimalen Einsatz in textilen Verarbeitungsstufen, wie z.B. der Vlies- und Filzherstellung. Weiterhin ist es erforderlich, eine produktgerechte Zuordnung von Faserarten und die größtmögliche Ausnutzung des Rohstoffs zu erreichen Entsprechend der Produktanforderung müssen die notwendigen Fasereigenschaften definiert werden. Daraus abzuleiten sind die erforderlichen Ernte-, Röst- Bergungs-, Aufschluß und Verarbeitungsverfahren. Wesentliche Anforderungen an die Fasern sind:

- Verfügbarkeit gleichbleibender, definierter Qualitäten,
- die Anforderungen müssen kontinuierlich von Jahr zu Jahr erfüllt werden,
- ständige Rohstoffverfügbarkeit,
- Konkurrenzfähigkeit der Faserproduktion.

Es besteht Förderbedarf, eine gut funktionierende Qualitätskontrolle im Rahmen des Anbaus, der Beerntung und der Lagerung heimischer Faserpflanzen zu entwickeln und zu realisieren. Durch Verwertungsgesellschaften könnte eine organisierte und qualitativ hochwertige Rohstoffversorgung aufgebaut werden. Besonders wichtig ist es, die Informations- und Wertschöpfungskette vom Anbau bis zum Produkt zu schließen, um eine Rückkopplung zwischen den einzelnen Stufen zu ermöglichen, damit die Anforderungen der verarbeitenden Industrie, über den Nadelfilzhersteller, den Faseraufbereiter bis zum Landwirt weitergegeben werden können. Ein Zusammenschluß oder eine Kooperation von Aufschlußanlagenbetreibern könnte dazu führen, daß in Vertragsverhandlungen z.B. mit der Automobilindustrie in einfacher und vertrauensvoller Weise Liefermengen und -qualitäten zugesagt werden können.

Bei der Verarbeitung von heimischen Pflanzenfasern zu Nadelfilzen besteht in vielen Bereichen Forschungs- und Entwicklungsbedarf, da zum Teil ein sehr geringes Wissen über die Naturfasern und deren Verarbeitung vorhanden ist. So ist z.B. zu überprüfen, ob der Einsatz von ungeröstetem Flachs und Hanf, wie von einigen Herstellern propagiert wird, aus den bereits genannten Gründen sinnvoll ist. Außerdem sollte auch hier untersucht werden, mit welchen Faserqualitäten bestimmte Produkteigenschaften erreicht werden. In Ansätzen ist dies zum Teil schon erfolgt, allerdings sind in den meisten Untersuchungen die Aspekte vom Anbau, über Ernte, Röste, Bergung, Aufschluß und Verarbeitung nicht integriert.

Die Aktivitäten im Hanfbereich der letzen Jahre waren weniger durch staatliche Fördermaßnahmen als mehr durch persönliches Engagement einzelner Personen, Institute und Firmen geprägt. Die Anstrengungen, Erfolge und Investitionen im Bereich des Anbaus, der Ernte, des Aufschlusses und der Verarbeitung von Hanf in Deutschland haben dazu geführt, daß nach der anfänglichen Zurückhaltung staatlicher Einrichtungen mittlerweile auch der Faserhanf als förderungswürdiger Nachwachsender Rohstoff angesehen wird und einige Projekte im Hanfbereich gefördert werden. Um so verwunderlicher erscheinen Vorschläge der Europäischen Kommission zur Regulierung des Hanfanbaus und zu den Agrarpreisen 1998/99. Was die beabsichtigten Änderungen der Europäischen Union zur Hanfbeihilfe bewirkt, kann wie folgt zusammengefaßt werden (Martens 1998):

Der Faserhanf steht, da er zum größten Teil nicht auf Stillegungsflächen angebaut wird, mit anderen Kulturen in direkter Konkurrenz. Eine Etablierung von Faserhanf als landwirtschaftliche Kultur kann aufgrund der hohen variablen Kosten (wie Saatgut und Ernte) derzeit ohne eine angemessene Beihilferegelung nicht gelingen. Da das Ziel der EU-Agrarpolitik ausgewiesenermaßen die Nichtausweitung der landwirtschaftlichen Nutzfläche auf dem Nahrungsmittelsektor ist, wäre die Förderung einer Kultur, welche nicht eine Ausweitung der Nahrungsmittelfläche zur Folge hat – wie Hanf –, EU-agrarpolitisch konform. Da sich der Fasermarkt in der Europäischen Union allgemein und speziell in Deutschland erst in der Entwicklung (2. Jahr) befindet, wäre eine Herabsetzung der Beihilfe für die Etablierung neuer Produktlinien existenzgefährdend. Dies kommt dadurch zustande, daß in der Aufbauphase zunächst technische Märkte mit weniger anspruchsvollen Produkten erschlossen werden. Das hierdurch zu realisierende Preisniveau ist recht gering und die darauf basierende Rohstoffzulieferung somit besonders anfällig gegenüber einer Änderung ihres monetären Umfeldes. Bei einer sukzessiven Reduzierung der Faserhanfbeihilfe auf das Getreidebeihilfeniveau wären die sich derzeit aufbauenden Märkte weniger gefährdet (Martens 1998).

Durch den Einsatz des BML, der massiv unterstützt wurde durch die Beteiligten des deutschen Faserpflanzenanbaus und der Weiterverarbeitung, konnten die geplanten Änderungen zur Beihilfeverordnung für den Flachs- und Hanfanbau nach zähen Verhandlungen im Rahmen des Erträglichen gehalten werden. Die Sitzung des Agrarrates vom Juni 1998 in Brüssel entschied unter anderem über folgende Punkte (Jux 1998):[3]

- Kürzung der Hanfbeihilfe um 7,5% im Wirtschaftsjahr 1998/99,
- Gewährung der Beihilfe für den Anbau bei Nachweis der Verarbeitung des Hanfstrohs (vorbehaltlich noch festzulegender Übergangsmaßnahmen),
- für die Wirtschaftsjahre 1998/99 bis 2000/01 gilt weiterhin ein THC-Gehalt von 0,3%, danach soll er 0,2% betragen,
- Beibehaltung der Regulierung der Aussaatgenehmigung und des Ermtetermins.

4.4.2.3 Nessel

Eine systematische züchterische Bearbeitung der Großen Brennessel zur Erhöhung des Fasergehaltes und Versuche zum Anbau als Faserpflanze wurden langfristig nur im Zeitraum von 1920 bis 1950 vorgenommen. Ergebnis der langjährigen Züchtungsarbeit am Staatsinstitut für Botanik waren mehrere Fasernesseln, die für den feldmäßigen Anbau geeignet waren und einen hohen Fasergehalt aufwiesen

[3] Die zum Teil schwierigen Vorbereitungen zur Sitzung des Agrarrates bezüglich der Flachs- und Hanfbeihilfe und die Wichtigkeit gebündelter Interessenbekundungen haben dazu geführt, daß sich am 15. Juni 1998 in Bonn der Deutsche Naturfaserverband gegründet hat. Zweck des Verbandes ist die Vertretung der Interessen seiner Mitglieder und die Beratung in allen Angelegenheiten, die den Anbau, die Verarbeitung und den Absatz von einheimischen Faserpflanzen betreffen (DNV 1998).

(Bredemann 1959, Dreyer et al. 1998). Diese gezüchteten Fasernesseln wurden am Institut für Angewandte Botanik durch sorgsame Pflege bis heute erhalten, ohne daß in den Jahren 1950 bis 1992 weitere Untersuchungen durchgeführt wurden. Neuere Untersuchungsergebnisse zur Anbaueignung der Fasernessel zeigen, daß es nach wie vor aussichtsreich erscheint, einen Anbau dieser mehr als 40 Jahre alten, leistungsfähigen Faserpflanzen zur Fasergewinnung vorzunehmen (Dreyer et al. 1998). Neuere Forschungsaktivitäten zum genetischen und landwirtschaftlichen Potential sowie zu Anbau- und Verarbeitungsmöglichkeiten von unterschiedlichen Zuchtformen der Großen Brennessel (*Urtica dioica* L.) setzten ab 1993 insbesondere an der Universität Hamburg ein. Zeitlich etwas versetzt begannen in Thüringen 1995 Verarbeitungsversuche mit Wildformen der Brennessel. Diese Versuche hatten zum Ziel, Werkstoffe mit Brennesselfasern herzustellen und ihre Eigenschaften zu prüfen. Von der Arbeitsgruppe der Universität Hamburg wurde ein Forschungsprojekt gemeinsam mit einem Produkthersteller konzipiert, beantragt und eingeworben (DBU, AZ 06895). Ziel ist die marktorientierte Produktion von Fasernesselverbunden zur Substitution von Glasfasern im Bereich der Innenverkleidung von Fahrzeugen.

Die Förderung der Aktivitäten mit der Fasernessel verliefen bis 1996 sehr zögerlich, da vor allem der geringe Markterfolg beim Flachs erkannt wurde und fast alle betroffenen Stellen stark verunsicherte. Dabei wurde der Fasersektor meist allgemein als „schwierig" eingestuft und andere Produktlinien wie z.B. Stärke und Öle noch stärker in die Förderung genommen (Dreyer 1998).

4.4.3 Anmerkungen zur Förderpolitik

Da in den Beschreibungen und Diskussionen zu den Aktivitäten der einzelnen Faserarten Flachs, Nessel und Hanf bereits eine Defizitanalyse integriert ist, sollen hier nicht die Aspekte erneut aufgeführt und beurteilt werden. Es erscheint sinnvoller, hier eine Anmerkung zu den Flachsaktivitäten zu zitieren, die parallel zur Flachsförderung Ende der 80er Jahre die Situation wie folgt beschreibt:

> Der bisher dargestellte Stand der Forschung und Entwicklung von neuen Einsatzbereichen von Flachshaupt- und -nebenprodukten ist, auch wenn die Ergebnisse mittlerweile auf Veranstaltungen des BMFT und BMELF vorgestellt werden, fast ausschließlich durch private Initiativen erreicht worden. Eine dringend notwendige systematische Förderung von Innovationen auf all diesen Gebieten fehlt bisher völlig. Gerade wenn aufgrund knapper Mittel nicht alles gleichzeitig und gleichermaßen gefördert werden kann, wäre ein systematisches Vorgehen notwendig. Eine Konzentration auf die vielversprechendsten technischen Einsatzgebiete von Flachskurzfasern wie Faserverbundwerkstoffen, ... und Geotextilien sowie den pharmazeutischen Einsatz von Flachswachs würde sich unseres Erachtens anbieten. Die Förderung des BMELF ist jedoch mit Blick auf die Agrarüberschüsse bisher gekennzeichnet durch kurzsichtige Konzentration auf den Anbau und die ersten Verarbeitungsschritte Rösten und Schwingen, während die Förderung des BMFT zu sehr auf sogenannte Hochtechnologien fixiert ist. (von Gleich 1992, S. 212)

Aus derzeitiger Sicht ist die Position von Teilen der Automobilindustrie kritisch zu sehen, die in den letzten Jahren zwar im Inland Flachsfasern aus deutschem Anbau bemustert haben, aber bei Produktionseinstieg den Flachs aus dem Ausland beziehen. Viele Zulieferer haben bisher nicht einsehen können, daß nachvollziehbare Qualitäten und Liefersicherheiten einen Mehrpreis wert sind (Heger 1998). Vor diesem Hintergrund muß die Frage gestellt werden, warum Firmen aus dem Bereich der Automobilindustrie und der Textilindustrie Fördermittel beziehen, die zum Teil zur Stärkung und Diversifizierung der heimischen Landwirtschaft gedacht sind, und nach Abschluß der finanzierten Entwicklungsarbeit die Verlagerung des Rohstoffeinkaufs ins Ausland mit Kostenunterschieden von zum Teil wenigen Pfennigen pro kg begründen.

Nach Dreyer sollte künftig ein zu verbesserndes Förderungssystem im Faserbereich v.a. eine intensivere Koppelung von Forschung und Markt auszeichnen. Es hat den Anschein, daß die jeweiligen Einzelinteressen der Maschinenbauer, Anlagenplaner und -hersteller, Pflanzenzüchter, Landwirtschaft und anderer Großunternehmen in Großprojekten vorrangig berücksichtigt werden, ohne jedoch eine ausreichende Interessenabwägung aller Beteiligten des Forschungsvorhabens vorzunehmen. Das Gesamtziel (z.B. nennenswerter Faserpflanzenanbau in Deutschland) kann verfehlt werden, auch wenn die einzelnen Aktivitäten gelingen (Dreyer 1998). In diesem Zusammenhang muß beispielsweise die Frage gestellt werden, ob ein Projekt zur Stärkung des heimischen Faserpflanzenbaus mit integrierten maschinenbaulichen Fragestellungen aus Mitteln zur Stärkung des landwirtschaftlichen Strukturen finanziert werden sollte, wenn am Projektende eine exportfähige Maschinenentwicklung, aber keine nennenswerte Stärkung und Diversifizierung der heimischen Landwirtschaft erreicht wurde.

Daß neben der Technik die Bereiche Markt & Ökonomie sowie Marketing von

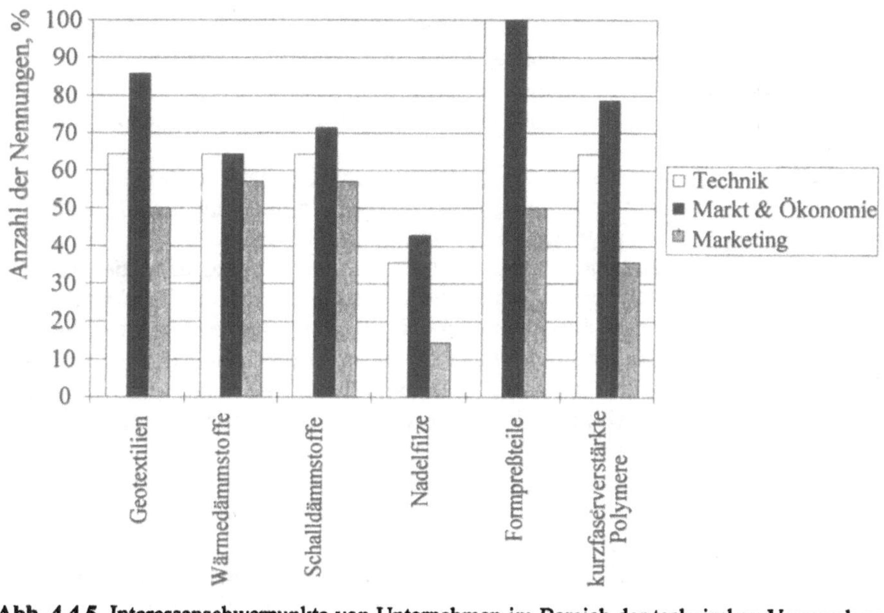

Abb. 4.4.5. Interessenschwerpunkte von Unternehmen im Bereich der technischen Verwendung von Hanffasern (nova 1998 - veränderte Darstellung)

Wichtigkeit sind, ergab eine Umfrage bei kleinen und mittleren Unternehmen, die im Bereich der heimischen Pflanzenfasern bereits aktiv sind, oder zukünftig aktiv werden wollen (nova 1998). Die Ergebnisse dieser Umfrage sind in Abb. 4.4.5 auszugsweise dargestellt.

Für die Bereiche Formpreßteile und kurzfaserverstärkte Polymere stehen für die interessierten Unternehmen der Markt und die Wirtschaftlichkeit von Hanffasern an erster Stelle, an zweiter Stelle die Technik beim Aufschluß und der Verarbeitung von Hanf und an dritter Stelle das Marketing. Diese Gewichtung wird jedoch in den meisten Förderkonzepten „Neue Werkstoffe" nicht berücksichtigt, da nach wie vor ein eindeutiger Schwerpunkt auf die Technik gelegt wird. Insbesondere kleine und mittlere Unternehmen haben oftmals Probleme, nach dem Ablauf einer rein werkstofflich ausgerichteten Teilförderung ihre technisch ausgereiften Produkte ohne weitere Unterstützung in den Bereichen Markt & Ökonomie und Marketing am Markt etablieren zu können.

In zukünftigen Projekten sollten die meist unterschiedlichen Interessen aller Projektbetroffenen (1. Verbraucher, 2. Vermarkter, 3. Produkthersteller, 4. Vorproduktanbauer; Vorschlag für die Reihenfolge der Wichtigkeit) besser berücksichtigt und Schnittstellenverluste so verhindert werden. Der Naturfasereinsatz sollte wegen der landwirtschaftlichen Relevanz und ökologischen Aspekten stärker mit einem zukunftsorientierten Konzept in den Vordergrund treten. Es sollten dabei solche mittelständischen Unternehmen gezielt angesprochen werden, von denen ein Innovationschub ausgehen könnte und die eine europaweite Marktnähe aufweisen (Dreyer 1998).

4.4.4 Schlußfolgerungen

- Die heimischen Pflanzenfasern Hanf, Nessel und Flachs stellen bezüglich ihres Einsatzes im Bereich des Automobilbaus interessante Alternativen zu importierten Naturfasern und industriell geschaffenen Fasern dar.
- Durch den Einsatz von Naturfasern können nicht regenerative Ressourcen geschont werden.
- Bezüglich des Arbeitsschutzes, der Herstellung, der Werkstoffeigenschaften, des Gebrauchs und der Entsorgung besitzen Bauteile mit pflanzlichen Naturfasern deutliche Vorteile gegenüber konventionellen Bauteilen.
- Der Einsatz von heimischen Pflanzenfasern im Vergleich zu importierten Fasern kann aus Aspekten der Qualitäts- und Liefersicherung Vorteile bieten.
- Die Erfahrungen aus dem Flachsbereich haben gezeigt, daß eine schlecht nachvollziehbare Qualitätsbeurteilung und eine fehlende produktbezogene Objektivierung, infolge eines nur in Ansätzen vorhandenen Instrumentariums zur Qualitätsbestimmung dazu führten, daß die Ernte- und Aufbereitungsschiene nicht optimiert werden konnte.
- Es besteht Förderbedarf, eine gut funktionierende Qualitätskontrolle im Rahmen des Anbaus, der Beerntung und der Lagerung heimischer Faserpflanzen zu entwickeln und zu realisieren.
- Zu Beginn der Flachsförderung wurden Ernte- und Aufbereitungstechniken gefördert, jedoch ohne zuvor einen direkten Produkt- oder Marktzugang aufzu-

bauen. In neueren Förderkonzepten sollte der Werkstoff- und insbesondere der Produktentwicklung eine wichtigere Bedeutung zukommen.

- Durch Verwertungsgesellschaften könnte eine organisierte und qualitativ hochwertige Rohstoffversorgung aufgebaut werden. Besonders wichtig ist es, die Informations- und Wertschöpfungskette vom Anbau bis zum Produkt zu schließen, um eine Rückkopplung zwischen den einzelnen Stufen zu ermöglichen.
- Ein Zusammenschluß oder eine Kooperation von Aufschlußanlagenbetreibern könnte dazu führen, daß in Vertragsverhandlungen, z.B. mit der Automobilindustrie, in einfacher und vertrauensvoller Weise Liefermengen und -qualitäten zugesagt werden können
- Bei der Verarbeitung von heimischen Pflanzenfasern zu Bauteilen besteht in vielen Bereichen Forschungs- und Entwicklungsbedarf, da zum Teil ein sehr geringes Wissen über die Naturfasern und deren Verarbeitung vorhanden ist. Wichtig ist insbesondere, mit welchen Faserqualitäten bestimmte Produkteigenschaften erreicht werden können.
- Der Naturfasereinsatz sollte wegen der landwirtschaftlichen Relevanz und ökologischer Aspekten stärker mit einem zukunftsorientierten Konzept in den Vordergrund treten. Unter diesen Aspekten ist z.B. die Nutzung von Dauerkulturen wie z.B. der Fasernessel interessant.
- Bis zur Wiederetablierung der Nutzung der heimischen Faserpflanzen ist zur Stabilisierung des derzeit noch sensiblen Bereiches eine Förderung sinnvoll.
- Die Förderung im Bereich der heimischen Faserpflanzen sollte sowohl bundes- als auch landesweit besser koordiniert werden. Ein zu verbesserndes Förderungssystem im Faserbereich sollte sich vor allem durch eine intensivere Koppelung von Forschung und Markt auszeichnen, damit das Gesamtziel (z.B. nennenswerter Faserpflanzenanbau und -verarbeitung in Deutschland) erreicht wird.

4.5 Nanotechnologie – Zwischen Grundlagenforschung und Anwendung

Die Entwicklung neuer Materialien auf der Basis nanostrukturierter Werkstoffe erfolgt derzeit in vielen Bereichen makroskopisch bereits bekannter Materialien. Diese Entwicklungen sind in den verschiedenen Gebieten unterschiedlich weit fortgeschritten. So befinden sich weite Teile der Nanotechnologie ohne Zweifel noch im Stadium der Grundlagenforschung. Dazu gehört z.B. die Nanoelektronik. Daneben gibt es jedoch bereits nanostrukturierte Materialien wie funktionelle Beschichtungen, die technisch etabliert sind und in Großserienprodukten umgesetzt werden. In diesem Umfeld aus prinzipieller Machbarkeit und realisierter Anwendung bewegt sich die heutige nanotechnologische Forschung, wie nachfolgend anhand zweier sehr unterschiedlicher Beispiele gezeigt wird. So ist die farbige Beschichtung mittels nanostrukturierter Materialien bereits etabliert, wohingegen Kohlenstoffnanomaterialien bis heute großes Anwendungspotential versprechen, aber noch keine konkrete Anwendung gefunden haben.

4.5.1
Nanotechnologisch basierte Beschichtungen

Farbe entsteht bei der Wechselwirkung elektromagnetischer Strahlung mit der Umgebung. Dabei kommt es bei der Aufnahme von Energie durch Materie zur Entstehung einer Sekundärstrahlung, die den jeweiligen Farbeindruck vermittelt. Die Aufnahme von Energie kann auf verschiedene Arten erfolgen. Im Falle der thermischen Anregung kommt es zur Aussendung von sichtbarem Licht z.B. durch glühende Körper oder auch angeregte Atome (Flammenfärbung). Bei der Anregung durch Strahlung kann zum einen die Wellenlänge der anregenden Strahlung verändert werden, wodurch sichtbares oder anders farbiges Licht resultiert, zum anderen ein Wellenlängenbereich aus dem kontinuierlichen Spektrum des sichtbaren Lichts entfernt werden, wodurch ein dazu komplementärer Farbeindruck entsteht. Bei vollständiger Absorption der Primärstrahlung erscheint der Stoff schwarz (subtraktive Farbmischung). Bei der additiven Farbmischung erzeugt das Mischen der drei spektralen Grundfarben gelb, blau und rot die Farbe weiß. Durch Entfernen eines Farbanteils aus weißem Licht entsteht der Farbeindruck des dem entfernten Teil komplementären Lichts.

Diese grundlegenden Beschreibungen des Entstehens eines Farbeindrucks müssen beim Übergang zu Nanomaterialien erweitert werden, da in diesem Bereich die Teilchengröße die Größe der Wellenlänge des sichtbaren Lichts unterschreitet. Dadurch treten neue Effekte auf (Kreibig 1995, Hummel 1993, Dörfler 1994, Schmid 1994, Fendler 1998).

So ist kompakte Materie in der Regel nicht transparent, sondern es kommt an der Grenzfläche zur Materie zu Reflexion, Streuung und/oder Absorption von elektromagnetischer Strahlung. Der Körper erscheint dadurch undurchsichtig mit spezifischer Farbe. Wird die Größe dieses Teilchens systematisch verkleinert, so wird im Bereich der Lichtwellenlänge das Gebiet der Rayleigh-Streuung erreicht. Hier ist die Intensität der Lichtstreuung abhängig von der dritten Potenz des Teilchendurchmessers bei konstanter Lichtwellenlänge. Damit ergibt sich eine deutliche Reduzierung der Streuung bei Abnahme der Teilchengröße. Eine Dispersion, die Nanoteilchen in der Größenordnung $R<25$nm enthält, ist vollkommen transparent.

Hinzu kommt ein weiterer Effekt, der Folge der Verkleinerung von Metallen ist. In diesen bilden die Valenzelektronen nanometergroßer Teilchen auf der Oberfläche stehende quantisierte Wellen, die sogenannten Plasmonenwellen (Kreibig 1995). Diese können durch Licht der Frequenz der Elektronenwelle angeregt und zur Resonanz gebracht werden. Die Plasmonenresonanz führt zur Absorption eines Teils der elektromagnetischen Strahlung, das Nanoteilchen erzeugt somit Farbe. Die Lage dieser Absorption wird durch die Mie-Theorie beschrieben. Da die Wellenlänge der Plasmonenschwingung durch Veränderung der Dielektrizitätskonstanten des Nanoteilchens stark stoff- und größenabhängig ist, kann durch reine Variation des Materials und des Teilchendurchmessers (dieser geht mit der dritten Potenz ein) Farbe erzeugt und verändert werden. Darüber hinaus ist die erzeugte Farbe eine Funktion der Dielektrizitätskonstanten des Mediums und damit von dessen Brechungsindex n_D. Durch Variation von n_D kann somit ebenfalls die Farbe verändert werden.

Abb. 4.5.1 zeigt die Lage der Plasmonenresonanz für Kupfernanoteilchen als Funktion der Dielektrizitätskonstanten des umgebenden Materials. Die Dielektrizitätskonstante ist in komplexer Weise dem Brechungsindex proportional. Dabei ist eine Verschiebung bei ansonsten gleicher Teilchengröße von ca. 575nm (Absorption im Bereich orange, woraus ein blauer Farbeindruck resultiert) über 650nm (Absorption im Bereich rot, woraus cyan resultiert) bis 700nm (purpurrot - grün) möglich. Eine Verschiebung in ähnlicher Weise erhält man bei Veränderung des Teilchenradius R.

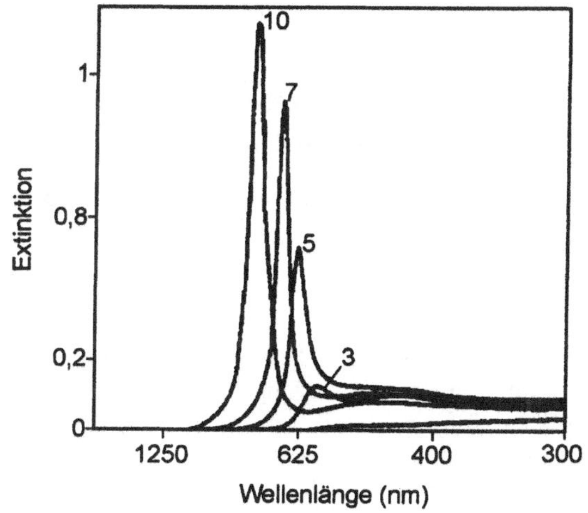

Abb. 4.5.1. Plasmonenresonanz nanoskaliger Kupferteilchen als Funktion des Mediums (Kreibig 1995)

Durch Veränderung der chemischen Zusammensetzung wird ebenfalls die Dielektrizitätskonstante des Nanoteilchens verändert. Auch dies hat eine Verschiebung der Plasmonenresonanz zur Folge (Abb. 4.5.2 für Silber-Gold-Kolloide Ag_xAu_{1-x}). Mit zunehmendem Goldgehalt wird die Lage der Plasmonenresonanz zu höheren Wellenlängen verschoben. Damit verschiebt sich der Farbeindruck von gelb (425nm) über orange (475nm) nach violett (530nm).

Neben den Metallnanoteilchen zeigen insbesondere Halbleiterteilchen eine größenabhängige Farbe (Weller 1993). Diese beruht auf der Anregung einzelner Elektronen aus dem Leitungs- in das Valenzband dieser Teilchen. Die Folge ist, daß sich Elektron-Loch-Paare bilden, die im Partikel eingeschlossen bleiben. Kommt es zur Rekombination dieser Paare, wird die freiwerdende Energie in Form elektromagnetischer Strahlung (häufig im Bereich des sichtbaren Lichtes) an die Umgebung abgegeben. Durch die ausschließliche Veränderung des Teilchendurchmessers kann somit das gesamte Farbspektrum erzeugt werden.

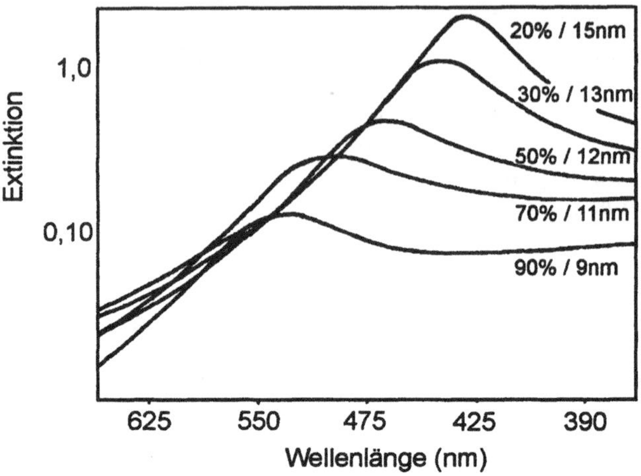

Abb. 4.5.2. Plasmonenresonanz von Silber-Gold-Nanopartikeln als Funktion der Teilchenzusammensetzung (Kreibig 1995) - angegeben ist der Goldgehalt.

Nanopartikel für Beschichtungen: Die Erzeugung der Nanopartikel ist hier nur kurz mit dem Schwerpunkt auf der Erzeugung farbiger Beschichtungen angedeutet (vgl. allgemeiner Abschn. 3.8). Nanoteilchen können auf chemischem oder physikalischem Weg erzeugt werden. Durch PVD (Physical Vapour Deposition) von Metallen können Metallcluster und -kolloide entstehen. Diese können im folgenden in Form stabilisierter Nanoteilchen in Matrizes eingebettet werden. Der chemische Ansatz beruht auf der Bildung von Metallpartikeln in Lösung, durch chemische Zersetzung/Reaktion von Metallsalzen oder Komplexverbindungen (Martin 1994, Möller 1996, Möller u. Spatz 1998, Schmid 1994, 1997,1998, Fendler 1998).

Ein wesentlicher Vorteil gegenüber herkömmlichen Beschichtungen besteht in der Variabilität im Hinblick auf die Farbe, wie sie oben beschrieben wurde. Hinzu kommt, daß es sich um anorganische Partikel handelt, die keiner photochemischen Zersetzung unterliegen, wie dies häufig bei organischen Farbstoffen der Fall ist. Daraus resultieren mögliche Anwendungen für witterungs- und photostabile Lakkierungen, Farbfilter mit spezifischer Absorption, auch bei erhöhten Temperaturen (z.B. Autoscheinwerfer), und transparente Beschichtung von Sichtscheiben (zur Wärmedämmung in Kombination mit weiteren Nanomaterialien).

Durch Verwendung amphiphiler Blockcopolymere gelingt die Erzeugung und strukturierte Anordnung nanoskaliger Metallpartikel in polymeren Beschichtungen (Möller 1996, Möller u. Spatz 1998). Durch gezielte Variation der Reaktionsbedingungen können Teilchengröße und -anordnung exakt gesteuert werden, Abb. 4.5.3 a-c). Diese wurden durch Reduktion eines Metallsalzes bzw. dessen Photolyse in Polymermicellen erzeugt.

Tabelle 4.5.1 zeigt die Lage der Plasmonenresonanz und die Komplementärfarbe als Funktion der Teilchengröße. Mit dieser Methode können nicht nur homo-

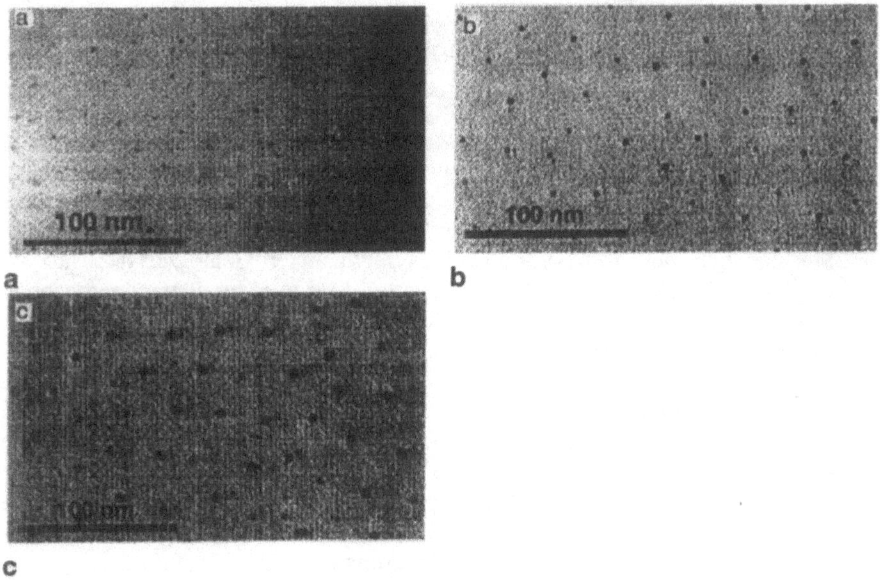

Abb. 4.5.3. Transmissionselektronenmikroskopische Aufnahmen von Goldnanoteilchen unterschiedlicher Größe in Polymerschichten (Möller 1996)

Tabelle 4.5.1. Plasmonenresonanz als Funktion der Teilchengröße

Bild (Abb. 4.5.3)	Durchmesser [nm]	Plasmonenresonanz [nm]	Farbe
a	2,5	519	rot
b	4	524	purpur
c	6	525	purpur

metallische Nanoteilchen, sondern auch Metallegierungen auf der Nanometerskala und Strukturen erzeugt werden, die einen Kern und eine Schale aus unterschiedlichen Metallen (core-shell-structur) besitzen.

Ein weiteres Beispiel ist die thermische oder auch katalytische Bildung nanoskaliger Metallpartikel in *porösen, transparenten* Schichten (Martin 1994, Schmid 1997, 1998). Dabei werden z.B. bei der Erzeugung 10 nm großer Goldteilchen in transparentem, porösem Aluminiumoxid Schichten mit charakteristischer roter Farbe erhalten. Diese sind, da sie aus anorganischem Material bestehen, hoch hitzestabil und stellen ideale Filter in Hochtemperaturanwendungen dar. Durch Variation des Porendurchmessers wird darüber hinaus die Umgebung der Teilchen derart verändert, daß eine Verschiebung des Absorptionsmaximums und damit eine Änderung der Farbe resultiert.

Ein sehr eindrucksvolles Beispiel für eine „intelligente" Nanobeschichtung ist die Erzeugung von Metallkolloiden in silikatischen Schichten. Diese werden durch Sol-Gel-Technik (vgl. Abschn. 3.2.9.2) erzeugt, denen Metallsalze zugemischt werden (INM 1997). Nach Beschichtung einer (beliebigen) Oberfläche kommt es zur thermischen Aushärtung der Schicht unter Zersetzung der Metallverbindung und Erzeugung von Nanoteilchen mit charakteristischer Plasmonenresonanz. Durch Verwendung von Gold, Silber oder Kupfer sind drei grundsätzlich verschiedene Farbbereiche (rot, gelb, grün) zugänglich. Feinabstimmungen der Farbtöne gelingen nun durch Variation des verwendeten Gels. Durch Zusatz von Bleioxid wird der Brechungsindex erhöht und die Lage der Plasmonenresonanz verschoben. Somit sind komplett anorganische Farbbeschichtungen möglich (z.B. für hochtemperaturstabile Beschichtungen).

Ein weiterer Vorteil dieses Verfahrens liegt in der Kombination von Nanomaterialien in der silikatischen Schicht. Durch Einbau kleinster silikatischer Kolloide kann durch deren ausgesprochen hohe Härte eine farbige (Metallpartikel) kratzfeste Beschichtung erzeugt werden (vgl. Abschn. 3.2.9.2). Durch die Verwendung geringer Anteile flexibler organischer Polymere, die an das Silikatgerüst in der Sol-Gel-Bildung gebunden werden, wird so eine kompositartige, farbig-transparente, kratzfeste und flexible Nanobeschichtung erhalten.

4.5.2 Kohlenstoffnanomaterialien

Einen Schwerpunkt der Forschung im Bereich neuer nanostrukturierter Materialien stellen die Kohlenstoffnanomaterialien dar. Ausgelöst durch die Entdeckung des ersten Fullerens, C_{60} (Kroto 1985), wurden immer weitere Formen entdeckt (Iijima 1991; Dekker 1997) und ihre Eigenschaften untersucht. Insbesondere die in Abb. 4.5.4 dargestellte röhrenartige Form und deren Varianten des Kohlenstoffs (Iijima 1991) lassen aufgrund ihrer ungewöhnlichen Eigenschaften an eine Vielzahl möglicher Anwendungen denken.

Schwerpunkt des kurzen Überblicks über den Stand der Kohlenstoffnanoröhrenforschung ist im folgenden die mögliche Anwendung in Feldemittern und Wasserstoffspeichern. Im Anschluß daran werden die Forschungsaktivitäten auf nationaler und europäischer Ebene dargestellt und der weitere Entwicklungsbedarf angesprochen.

Struktur: Kohlenstoffnanoröhren besitzen die Struktur aufgerollter Graphit-

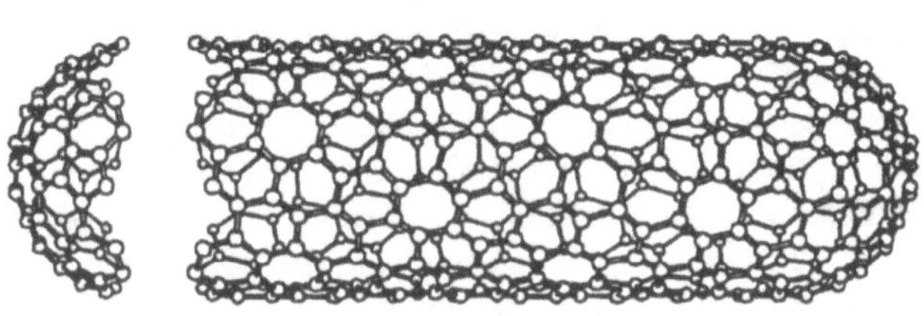

Abb. 4.5.4. Kohlenstoffnanoröhre

schichten. Dabei bilden sich sowohl Röhren mit nur einer Wandung (single-wall) als auch Strukturen die aus koaxialen Röhren bestehen (multi-wall) (Iijima 1991). Der Durchmesser dieser Röhren liegt zwischen 1 nm und mehren 10 nm, die Länge kann bis zu einigen 10 μm betragen. Die Enden dieser Röhren können durch Kappen, die u.a. Fullerenhälften entsprechen, verschlossen oder aber auch offen sein. Die Wandungen werden durch die typische Graphit-Sechsringstruktur aufgebaut, jedoch ergeben sich mehrere Formen der Ringverknüpfung. Daraus resultieren Röhren, die sowohl Metall- als auch Halbleitereigenschaften besitzen (Dekker 1997; Chalier 1998; Collins 1997). Für alle angesprochenen Strukturdetails sind mittlerweile Syntheseverfahren gefunden, die eine der möglichen Strukturen zumindest favorisieren.

Synthese: Die Syntheseverfahren gehen zum einen von Graphit aus, welcher verdampft wird und auf diesem Weg Kohlenstoffnanoröhren bildet und zum anderen von organischen Vorstufen, deren Pyrolyse ebenfalls zu Kohlenstoffnanoröhren führt (Iijima 1991).

Bei der thermischen Graphitverdampfung wird ein Lichtbogen zwischen zwei Graphitelektroden in einer Inertgasatmosphäre gezündet. Die Elektroden verdampfen, und es entstehen neben Fullerenen und amorphem Kohlenstoff auch Kohlenstoffnanoröhren, deren Struktur und Ausbeute durch eine Metalldotierung der Elektroden verändert bzw. erhöht werden kann. Die Verdampfung von Graphit kann auch durch Laserbestrahlung initiiert werden. Dabei wird ein Laserstrahl auf ein Graphittarget fokussiert, der entstehende Abtrag enthält wiederum neben amorphem Kohlenstoff die gewünschten Kohlenstoffnanoröhren.

Die chemische Synthese beruht auf der katalytischen Zersetzung von Kohlenwasserstoffen. Diese werden an Übergangsmetallen zu Metallcarbiden zersetzt. Bei Übersättigung mit Kohlenstoff kommt es an der Oberfläche der Metalle zur Bildung von Kohlenstoffnanoröhren. Dabei wird der Katalysator mit fortschreitender Reaktion von Kohlenstoff umschlossen, wodurch die Bildung der Röhren zum Stillstand kommt. Kohlenstoffnanoröhren können auch in porösen Templaten wie z.B. Aluminiumoxidmembranen durch die Pyrolyse polymerer Vorstufen erzeugt werden (Martin 1997). Es entstehen so nur teilweise graphitische Nanoröhren mit einem Durchmesser bis zu mehreren 10 nm.

Eigenschaften: Kohlenstoffnanoröhren sind, im Gegensatz zu den deutlich reaktiveren Fullerenen, chemisch ausgesprochen inert. Dies wird durch das Fehlen der Kohlenstoff-Fünfringe in den Röhren verursacht. Eine gezielte chemische Modifizierung erscheint daher bislang nicht möglich. Lediglich die Struktur kann durch Oxidation verändert werden. So gelingt sowohl das Öffnen der Röhren, als auch das Entfernen äußerer Schalen durch vorsichtige Oxidation mit Sauerstoff. Bemerkenswert sind die mechanischen Eigenschaften der Kohlenstoffnanoröhren (Bernholc 1998). So liegt die Biegefestigkeit mehrwandiger Röhren bei 14 GPa (Lieber 1997), sowie der Young-Modul bei einigen TPa (Overney 1993).

Die bereits erwähnten elektrischen Eigenschaften stellen eine Besonderheit dieser Form des Kohlenstoffs dar. Eine geringe Variation der Struktur (Veränderung des Durchmessers und der Helikalität) lassen die Röhren sowohl metallisch als auch halbleitend sein (Abb. 4.5.5). So sind Kohlenstoffnanoröhren mit einer als „Sessel" bezeichneten Struktur metallisch leitend und stellen aufgrund ihres un-

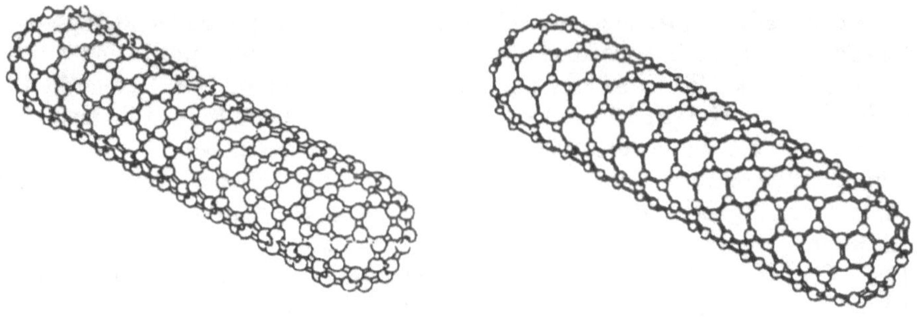

Abb. 4.5.5. Modifikationen der Kohlenstoffnanoröhren (Dresselhaus et al. 1996)

gewöhnlichen Längenverhältnisses natürliche Quantendrähte dar, in denen sich die Elektronen entlang der Röhrenachse nahezu verlustfrei bewegen. Demgegenüber sind „Zickzack"-Röhren aufgrund ihrer Struktur halbleitend mit einer strukturabhängigen Bandlücke. Dies sollte Anwendungen im Bereich neuartiger Nanoelektronik und elektrischer Bauteile eröffnen können.

Darüber hinaus lassen sich die Röhren chemisch mit verschiedenen Materialien, z.B. Metallen oder Halbleitern, füllen. Derartige Komposite werden intensiv im Hinblick auf ihre elektronischen Eigenschaften untersucht (Ugarte 1998). Aufgrund ihrer homogenen Porengröße sind die Röhren darüber hinaus ideale Materialien zur Stofftrennung durch Diffusion oder zur reversiblen Absorption gasförmiger Stoffe.

Anwendungsbeispiel Feldemission: Heutige Bildschirme beruhen überwiegend auf dem Prinzip der Kathodenstrahlröhre. In dieser werden durch Anlegen eines elektrischen Feldes an eine Glühkathode Elektronen freigesetzt, welche, im Feld beschleunigt, auf eine Schicht aus Leuchtmittel auftreffen und dort Licht erzeugen. Aufgrund der hohen Temperatur des Emitters ist die Reduktion der Größe derartiger Anordnungen limitiert. Eine Alternative sind ultradünne Displays auf Basis organischer, lichtemittierender Schichten, deren Lebensdauer bisher aber noch begrenzt ist. Die ebenfalls Verwendung findenden LCD-Displays weisen erhebliche Nachteile hinsichtlich der Schaltgeschwindigkeit, Helligkeit uvm. auf. Durch Ausnutzung der Feldemission ist es möglich, Elektronenemitter zu konstruieren, die bei Umgebungstemperatur arbeiten können. Dazu sind stabile, ultrafeine metallische Spitzen erforderlich, welche in Gegenwart eines hohen elektrischen Feldes Elektronen freisetzen (VDI 1998). Derartige Anordnungen erlauben somit eine kompakte, flache Bauweise und weisen zudem eine deutlich höhere Effizienz auf. Neben ersten Ansätzen, die z.B. auf dotiertem Diamant beruhen, können Kohlenstoffnanoröhren potentielle Feldemitter für derartige Displays sein (Saito 1998; de Heer 1995). So konnte gezeigt werden, daß ausgerichtete Röhren bei einer angelegten Spannung von nur 200V bereits Stromdichten von $0{,}1 mA/cm^2$ erreichen (de Heer 1995). Derartige Anordnungen sind darüber hinaus luftstabil.

Ein Einsatz der Feldemission zur Hintergrundbeleuchtung von LCD-Anzeigen ist ebenfalls denkbar.

Anwendungsbeispiel Wasserstoffspeicherung: Die Nutzung von Wasserstoff als alternativer Energieträger ist eng verbunden mit dem Problem der reversiblen Speicherung, insbesondere in mobilen Systemen wie dem PKW. Verschiedene Verfahren (Hydridspeicher, Kryotank usw.) werden für diesen Zweck intensiv untersucht. Seit kurzer Zeit zeichnet sich eine alternative Form der Speicherung, basierend auf Kohlenstoffnanoröhren, ab. Die nur aus einer Graphitmonolage bestehenden Röhren könnten sich hier als äußerst effizient erweisen. Die effektive Energiespeicherung ist zweifelsfrei ein zentrales Problem einer zukunftsorientierten Energiepolitik, im Verkehr ebenso, wie in nahezu allen gesellschaftlichen Bereichen. Ein Hauptproblem stellt hierbei die Energiedichte dar, bezogen sowohl auf die Masse als auch auf das Volumen des Speichertanks. Im Falle von Wasserstoff erfordern bisherige Verfahren, basierend z.B. auf Metallhydriden oder makroporösen Festkörpern, hohe Drücke und tiefe Temperaturen. Dies verursacht eine hohe Tankmasse bei gleichzeitig geringem Volumen. Demgegenüber sollen Nanotubes mit einem Durchmesser von 1,2 nm eine ausgezeichnete Kapazität zur Wasserstoffspeicherung besitzen.

Diese wird verursacht durch die stabilisierende Wechselwirkung zwischen dem Adsorbat und der Porenwand des Adsorbens. So erfolgt die Adsorption von Wasserstoff auch an mikroporösem, amorphem Graphit mit durchschnittlichen Porendurchmessern von 0,13 nm. Jedoch besteht die Vermutung, daß Bündel von single-wall Nanotubes zehn mal mehr Wasserstoff adsorbieren könnten. Darüber hinaus ist der adsorbierte Wasserstoff bei minus 70°C unter Vakuum nicht zu desorbieren, was auf die starke Wechselwirkung zwischen Wasserstoff und den Porenwänden hinweist. Dies wird ebenfalls deutlich bei der Betrachtung der isothermen Desorption. Bei einem Druck von 30 - 400 Pa liegt die Beladung zwischen 30 und 100 %. Somit kann Wasserstoff bei Umgebungstemperatur und einem leichten Unterdruck stabil an single-wall Nanotubes adsorbiert werden. Berechnungen der Energiedichte zeigen, daß diese bis zu fünf mal größer ist, als es flüssigem Wasserstoff in den Röhrchen entsprechen kann. Dies kann nur durch eine ungewöhnlich effektive Aufhebung intermolekularer Repulsion der Wasserstoffmoleküle in und zwischen den Röhren erklärt werden.

Allerdings beruht diese Untersuchung auf einer bislang groben Abschätzung experimenteller Ergebnisse, welche an einer Probe, die nur einen geringen Anteil der interessanten single-walled-Nanotubes enthielt, erhalten wurde. Es bleibt daher abzuwarten, ob sich die hohen Erwartungen an reine Proben erfüllen lassen.

Forschungsaktivitäten auf dem Gebiet der Kohlenstoffnanoröhren (VDI 1998): Die nachfolgenden Angaben entstammen in wesentlichen Teilen einer Analyse des VDI. Dieser hat die nationalen, europäischen und außereuropäischen Aktivitäten im Bereich der Kohlenstoffnanoröhren zusammengefaßt.

Nationale Aktivitäten: Nationale Aktivitäten sind durch einzelne Forschungsgruppen getragen. Dies sind z.B. Gruppen an der TU Berlin, dem MPI für Festkörperforschung in Stuttgart, dem Fritz-Haber-Institut Berlin u.a.. Eine Bündelung der Forschungsaktivität und insbesondere Forschungsförderung ist bislang nur im

Ansatz in Karlsruhe im Rahmen des neuen Sonderforschungsbereichs 1634, „Kohlenstoffe aus der Gasphase: Elementarreaktionen, Strukturen, Werkstoffe", zu erkennen. Wird die Anzahl der Patente in dem Bereich der Kohlenstoffnanoröhren als ein Maß für eine industrielle Forschung genommen, so ist diese ausgesprochen gering, da in Deutschland nur ein Patent zur Feldemission basierend auf Kohlenstoffnanoröhren besteht.

Europäische Aktivitäten: Im Rahmen des TMR-Netzes wird seit 1996 unter dem Nahmen „Namitech" (Nanotubes for Microstructure Technology) die Forschungsaktivität in Europa gebündelt. Ziel ist es, die Eigenschaften der Kohlenstoffnanoröhren zu erforschen, deren Herstellung und Reinigung zu optimieren und diese Untersuchungen theoretisch zu untermauern. Beteiligt sind Einrichtungen aus Frankreich, Belgien, Irland, Spanien und Deutschland. Darüber hinaus gibt es nationale Einzelaktivitäten in den zuvor genannten Ländern, sowie der Schweiz, Großbritannien, den Niederlanden und Ungarn.

Japan: Die japanischen Aktivitäten konzentrieren sich zum einen auf das Institut von Iijima, in dem die Kohlenstoffnanoröhren entdeckt wurden, zum anderen auf ein MITI-Forschungsprogramm. In diesem Programm mit dem Titel „Front Carbon Technology Project" wird die Kohlenstoffnanoröhrenforschung mit einem finanziellen Aufwand von 10 Mio. US$ über fünf Jahre (1996-2003) gefördert.

USA: Die Forschung in USA wird durch eine Vielzahl an Gruppen und Einrichtungen getragen. Beispiele sind das National Renewable Energy Laboratory, welches auf dem Gebiet der Wasserstoffspeicherung tätig ist, die Gruppe Dresselhaus (MIT), welche sich intensiv mit der Vorhersage von Struktur Eigenschaftsbeziehungen bei den Kohlenstoffnanoröhren beschäftigt.

Es bleibt festzuhalten, daß die Forschungsaktivitäten auf dem Gebiet der Kohlenstoffnanoröhren in Deutschland und Europa deutlich hinter denen in Japan und USA zurückbleiben. Dies ist um so erstaunlicher, da Europa auf dem Gebiet der Fullerene einen erheblichen Forschungsvorsprung aufweisen kann.

Forschungsbedarf: Eine Vielzahl der aktuellen Untersuchungen beruht auf einer Mischung verschiedenster Kohlenstoffnanoröhren-Typen. Es ist daher dringend erforderlich, die Synthese und insbesondere Trennverfahren (Smalley 1997, Roth 1998) weiterzuentwickeln, um an exakt definierten Materialien die prognostizierten und bereits gemessenen Eigenschaften zu überprüfen. Sollte sich das Potential der Kohlenstoffnanoröhren im Hinblick auf mögliche Anwendungen bestätigen, dann ist es erforderlich, die nur einige µm langen Röhren zu manipulieren und gezielt anzuordnen, wie das Beispiel Feldemission zeigt. Auch hier ist noch erheblicher Forschungsbedarf gegeben.

4.5.3 Schlußfolgerungen

Nanotechnologie ist ein weltweiter Schwerpunkt bei der Erforschung neuartiger Materialien. Zugleich ist Nanotechnologie jedoch auch zu einem Schlagwort in Forschung und Entwicklung geworden. In diesem Spannungsfeld zwischen berechtigten und überzogenen Erwartungen entstehen Probleme durch:

- die unzureichende Definition des Begriffs Nanotechnologie,
- die unüberschaubare Breite der Forschung und Entwicklung,
- die unterschiedlichen Entwicklungsphasen einzelner Teilgebiete (Grundlagenforschung bis Marktreife),
- die stark interdisziplinäre Ausrichtung.

Diesen Problemen stehen (berechtigte) Erwartungen gegenüber:

- die Lösung wichtiger technischer Probleme,
- die Entwicklung neuer Materialien,
- die Entdeckung neuer Materialeigenschaften,
- die Ressourcenschonung.

Insgesamt wird das hohe Engagement in Grundlagen- und Anwendungsforschung in der Nanotechnologie, wie die vorstehend beschriebenen Beispiel zeigen, durch das Potential dieser Entwicklungen gerechtfertigt. Dennoch ergibt sich das Problem der Identifizierung technisch relevanter Forschungsgebiete, welches z.T. dadurch aufgehoben wird, daß heutige technische Systeme in naher Zukunft an die Grenze ihrer Möglichkeiten stoßen. Dies gilt z.B. für die tradierte Mikroelektronik. Hier kann nur die Nanotechnologie einen wirklichen Durchbruch bringen. Gleiches kann für die beschriebene Energiespeicherung mittels Kohlenstoffnanomaterialien, für die vielversprechende Ansätze vorliegen, gelten. Wo diese eindeutige Zuordnung nicht möglich ist, ergibt sich dennoch das Problem, technisch wichtige und erfolgversprechende Forschungsansätze zu erkennen und gezielt zu fördern. Hier kommt erschwerend hinzu, daß eine Extrapolation über viele Forschungsstadien hinweg (Grundlagen, Anwendungen technische Umsetzung) notwendig ist, an denen unterschiedliche Disziplinen beteiligt sind. Daher sollte eine interdisziplinäre Forschung, die sowohl die Grundlagen als auch deren Umsetzung im Auge behält, gezielt gefördert werden.

Aufgrund des hohen Anwendungspotentials nanotechnologischer Entwicklungen ist es zudem wünschenswert, daß die Kooperation zwischen öffentlichen Instituten (Grundlagenforschung) und Industrie (Technologietransfer und Anwendung) gefördert wird. Wie die Umfrage zu dieser Studie belegt, wünschen sowohl die Vertreter der Institute als auch die der Industrie eine enge Zusammenarbeit (über 60% halten dies für wichtig oder sehr wichtig). Hier kann jedoch ein Spannungsfeld unterschiedlicher Interessen entstehen. Die grundlagenorientierte institutionelle Forschung ist langfristig angelegt. Im Gegensatz dazu nimmt die Bereitschaft der Industrie zur Unterstützung langfristiger Forschung ab. Verkürzte Produktlebenszyklen führen zu immer schnelleren Entwicklungs- und Umsetzungszeiträumen, die nur wenig Platz für langfristige Forschung lassen. Der Ausgleich zwischen schneller Umsetzung neuer nanotechnologischer Entwicklung und der Erarbeitung einer gewissermaßen zweiten Innovations- und Produktgeneration durch die heutige Grundlagenforschung sollte in diesem Umfeld weiter berücksichtigt werden, da angesichts der Anstrengungen in USA und Japan der Wirtschafts- und Wissenschaftsstandort Europa auf eine extrem zukunftsorientierte Forschung auf dem Gebiete der Nanotechnologie als ein Motor zukünftiger materialwissenschaftlicher Entwicklungen nicht verzichten kann.

4.6 Wärmedämmschichten auf Turbinenschaufeln[4]

Mobilität und Energieversorgung dürfen u. a. als zentrale Motoren der wirtschaftlichen Entwicklung der kommenden Jahrzehnte angesehen werden. Die Weiterentwicklung von Kraftwerken und Flugsystemen ist daher ein wesentliches wirtschaftspolitisches Zukunftsthema. In Europa sind Rolls Royce, SNECMA, Siemens/KWU, ABB, MTU, BMW/RR u.a. Hersteller von stationären und fliegenden Gasturbinen mit substantiellen Weltmarktanteilen (bis 30 %). Im Bereich Triebwerke/Gasturbinen waren in Deutschland 1994 über 53.000 Personen bei einem Umsatz von 10,7 Mrd. DM beschäftigt. Mit der Turbomaschinenforschung sind in Europa mittel- und unmittelbar deutlich mehr als 300.000 Arbeitsplätze verbunden. Der gegenwärtige internationale Verdrängungswettbewerb im technisch komplexen und hoch entwickelten System „Gasturbine" ist von der Senkung der Herstellkosten, der Leistungssteigerung, Schadstoffminderung und erhöhter Zuverlässigkeit bestimmt. Es ist typisch für den Produktbereich, daß Verbesserungen der Gasturbine oft über die Marktfähigkeit von Gesamtsystemen (Kraftwerke, Flugzeuge) mit großem Finanz- und Arbeitsmarktvolumen entscheiden.

Substantielle wirtschaftliche Vorteile beim Einsatz von Gasturbinen für Flugzeuge und stromerzeugende Kraftwerke sind erreichbar, wenn die Synergieeffekte verbesserter Grundwerkstoffe, Kühlmethoden und fortschrittlicher Wärmedämmschichten für die kommenden Generationen der Turbinenschaufeln rechtzeitig genutzt werden können. Die dafür notwendige Verbesserung wird möglich, wenn konzentriert und integral die Fähigkeiten und Erfahrungen von Schaufeldesignern mit denen von Verarbeitungs- und Produktionsspezialisten sowie Materialwissenschaftlern und -technologen gekoppelt werden. Die Entwicklung im Bereich der Turbinen ist von einer Komplexität, die es im Rahmen der zwar beträchtlichen, aber erst mittelfristig zu erwartenden Mittelrückflüsse auch weltmarktführenden einschlägigen Firmen nicht ermöglicht, das Gesamtproblem ohne Partner wirtschaftlich zu bearbeiten und zu lösen.[5]

Am Beispiel der Entwicklung hochbelastbarer keramischer EB-PVD-Wärmedämmschichten (electron beam - physical vapour deposited), die einen entscheidenden Teilaspekt der Technologieverbesserung zukünftiger Gasturbinen bilden, sollen kritische Punkte des unterschiedlichen internationalen Vorgehens bei der Lösung einer derart komplexen Herausforderung ausgewiesen werden, wobei der Vergleich zwischen Europa und den USA als den wesentlichen Anbietern auf dem Gasturbinenmarkt im Vordergrund steht.

---

[4] Dieser Abschnitt stützt sich zum Teil auf: (a) Advanced Turbine Systems, Proceedings Materials Workshop, Feb. 1996, Charleston, South Carolina, und (b) The Advanced Turbine Systems Program in the U.S.A., W.P.Parks, Jr.P.Hoffmann, M.A.Karnitz and I.G.Wright, presented at COST/98

[5] Die Möglichkeiten großer Automobilfirmen, die insbesondere durch die globalen großen Firmenvereinigungen prinzipiell in der Lage sind, auch komplexe Probleme dieser Größenordnung eigenständig zu lösen, sind für den Markt der Gasturbinen nicht vorhanden.

4.6.1 Das technische System Gasturbine und werkstoffkundliche Fragestellungen

Nur wenige andere ingenieurtechnische Systeme stellen heute ähnlich herausfordernde und komplexe grenzwertige Ansprüche an fortschrittliche Strukturwerkstoffe wie moderne Gasturbinen. Sie begrenzen einen weiteren Anstieg der Betriebstemperaturen und Druckverhältnisse, die Zuverlässigkeit und die Möglichkeit des Einsatzes von Leichtbaustrukturen. Die Erhöhung der Turbineneinlaßtemperatur in die Turbinensektion von stationären und fliegenden Gasturbinen ist mit einer Erhöhung der Arbeitstemperatur der metallischen Bestandteile der Turbine (insbesondere der kriech- und oxidationsgefährdeten Superlegierungsschaufeln) oder mit einer weiteren Steigerung der Kühlungsleistung verbunden.

Die Einsatztemperaturen der heutigen Superlegierungen in den auch mechanisch hochbelasteten Bereichen der Hochdruckturbinen liegen bei bis zu 1100°C im Kurzzeit- und bei etwa 950°C im Langzeitbetrieb. Es ist allgemein akzeptiert, daß die Einsatztemperatur der dafür einsetzbaren Superlegierungen nur noch sehr langsam erhöht werden kann, mit einer Rate, die deutlich unter 4 K pro Jahr zu veranschlagen ist. Bei polykristallinen oder gerichtet erstarrten Schaufeln begrenzen die Kriechraten eine weitere Temperaturerhöhung. Bei den heute – auch in stationären Gasturbinen – häufig verwendeten Einkristallschaufeln ist es darüberhinaus das Oxidationsverhalten der oxidationshemmenden Schutzschichten – meist auf MCrAlY- oder Pt-Al-Basis –, das einer *moderaten* weiteren Temperatursteigerung entgegensteht. Die bis auf das äußerste ausgereizte Kühlung der Lauf- und Leitschaufeln mit Luft aus der Hochdrucksektion des Kompressors erlaubt schon heute Gaseinlaßtemperaturen von über 1400°C. Allerdings ist die Kühlbarkeit der Schaufeln technisch nur noch langsam steigerbar. Wesentlich dünneren Außenwandungen der Schaufeln sind durch gießtechnische und thermomechanische Probleme enge Grenzen gesetzt; höhere Kühlluftströme bedeuten einen weiteren Leistungsverlust des Kompressors.

In neueren Entwicklungen werden in der Hochdruckturbinensektion Turbinenschaufeln aus Superlegierungen und ihre Fußbereiche mit wärmeflußdämmenden keramischen Schichten versehen, die eine Verminderung der Metallsubstrattemperatur je nach Schichtdicke und Wärmeleitfähigkeit von 50 K bis 150 K bewirken. Als funktionsfähige Wärmedämmschichten werden heute Zirkonoxid-Grundmaterialien eingesetzt, deren mechanisch günstige tetragonale Phase praktisch stets mit Zugaben von 6% bis 8% Ytriumoxid stabilisiert ist. Aufgebracht werden die Wärmedämmschichten durch Plasmaspritzen an Luft (APS), Plasmaspritzen unter Grobvakuum (LPPS) oder durch physikalische Dampfabscheidung mittels Elektronenstrahlverdampfung (EB-PVD) (Strangmann 1982). Obwohl die Beschichtungsverfahren eine vieljährige praktische Einsatzerprobung aufweisen, können die Wärmedämmschichten heute im wesentlichen nur zur Lebensdauerverlängerung der Schaufeln und nicht für die Erhöhung der Gaseinlaßtemperatur eingesetzt werden. Der Grund liegt in dem bislang wenig verstandenen und kaum beherrschten Versagensverhalten der Wärmedämmschichten. Bei den wirtschaftlich anzustrebenden erhöhten Gaseinlaßtemperaturen würde nach dem Abplatzen der Wärmedämmschichten die Lebensdauer der ungeschützten Schaufeln im Vergleich zu den wirtschaftlich akzeptablen Wartungsintervallen sehr kurz werden.

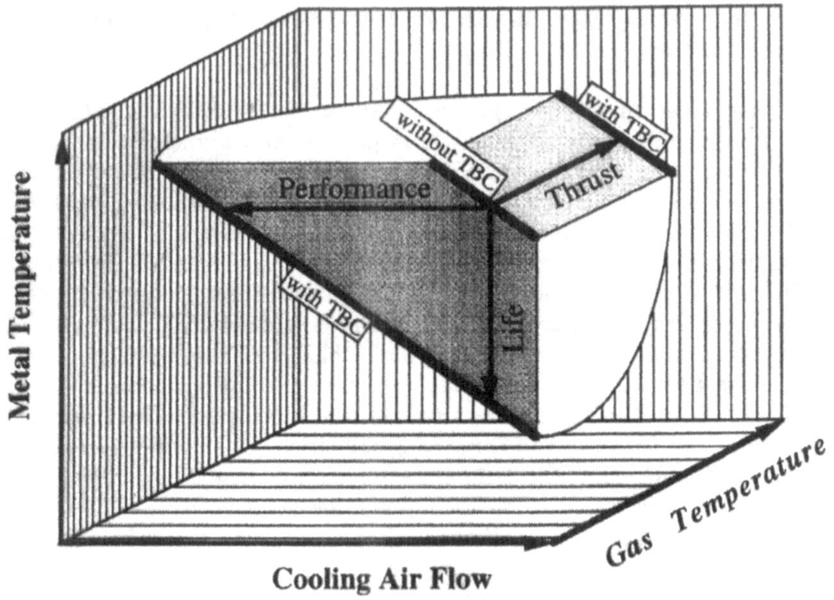

Abb. 4.6.1. Wärmedämmschichten (TBC) ermöglichen Wirkungsgradsteigerung von Gasturbinen durch Erhöhung der Gastemperatur oder Verminderung der Kühlluft.

Die industrielle Herstellung der EB-PVD-Wärmedämmschichten für den Einsatz bei geringem Risiko[6] ist heute sowohl in den USA als auch in Europa Stand der Technik. Der wirtschaftliche Durchbruch jedoch würde erreicht, wenn durch die Wärmedämmschichten eine höhere Belastung der Turbinensektionen möglich wäre, wie Abb. 4.6.1 zeigt. Hierzu ist es notwendig, Wärmedämmschichtsysteme und standardisierte Methoden zu ihrer Bewertung zu entwickeln, die sicherstellen, daß der Schutz der Schaufeln durch die Wärmedämmschichten für die erwartete Einsatzdauer sicher erhalten bleibt.

Meist sind die heutigen Betriebsbedingungen an einem Kompromiß zwischen dem materialmäßig gerade noch Machbaren und der wirtschaftlichen Lebensdauer orientiert. Daher sind komponentenbezogen die dafür entscheidenden materialkundlichen Themenstellungen für die zukünftige Marktkompetenz mitentscheidend. Dies gilt auch für die Ertüchtigung von EB-PVD-Wärmedämmschichten für den Einsatz bei erhöhten Gaseinlaßtemperaturen (siehe Abb. 4.6.2).

Die notwendigen Forschungs- und Entwicklungsarbeiten auf dem Gebiet der Wärmedämmschichten betreffen zum einen die Verbesserung der Wärmedämmschichtsysteme selbst. Hierbei stehen Schichten mit geringerer Wärmeleitfähigkeit, höherer tolerabler Einsatztemperatur sowie höherer Schadenstoleranz im

[6] Geringes Risiko bedeutet, daß beim Versagen der Schicht bis zum nächsten Sicherheitscheck keine dramatischen Veränderungen des Systems, wie z.B. das Aufschmelzen der Turbinenschaufeln, auftreten.

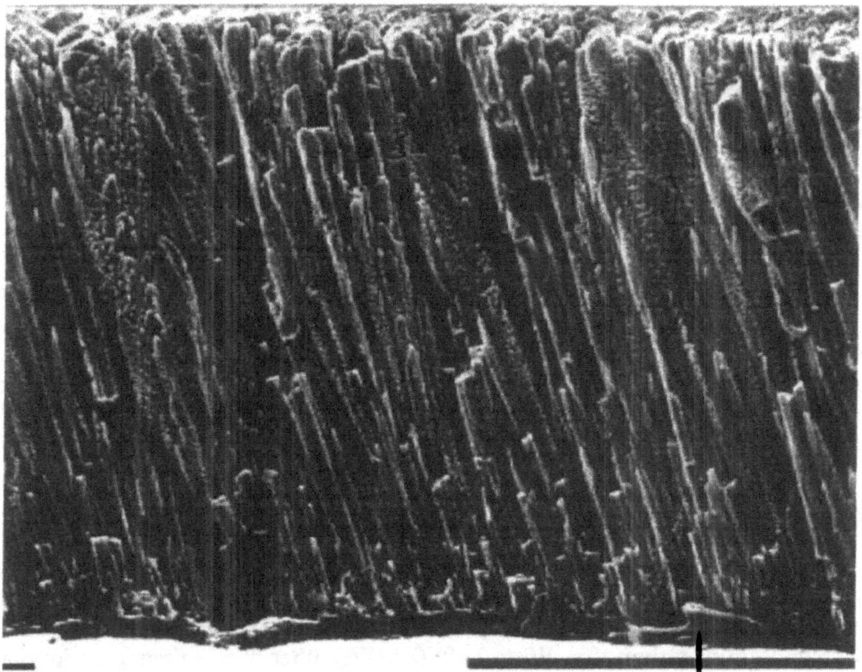

Abb. 4.6.2. Morphologie einer EB-PVD-Wärmedämmschicht aus Zirkondioxid

Vordergrund. Zum anderen ist es erforderlich, zuverlässige Lebensdauervorhersagekonzepte für diese Schichtsysteme zu entwickeln. Dies setzt die Kenntnis der Versagensmechanismen der Schichten ebenso voraus wie Kenntnisse der Spannungsverhältnisse in den Schichtsystemen nach der Herstellung, im Temperaturgradienten sowie nach längerem Einsatz, um auch die Alterung der Schichten zu erfassen. Parallel hierzu ist es erforderlich, Schichtensimulationsverfahren zu entwickeln, die realitätsnah das Verhalten im Betrieb simulieren bis hin zu Bauteilversuchen in stationären und mobilen Gasturbinen.

4.6.2
Das Vorgehen in Ländern der Europäischen Union

In Deutschland wurden Forschungsarbeiten zur Herstellung von EB-PVD-Wärmedämmschichten ab 1990 beim Deutschen Zentrum für Luft- und Raumfahrt (DLR) in Köln aufgenommen. Zusätzlich wurden auf dem Gebiet der Analyse von EB-PVD-Wärmedämmschichten internationaler Anbieter eine kleine Anzahl meist solitärer Forschungsaktivitäten durchgeführt. Entsprechende Forschungsarbeiten in Zusammenhang mit der Industrie waren und sind häufig bilateral orientiert und auf spezifische firmenrelevante Aspekte begrenzt (Peters et al. 1997, Schulz et al. 1997a,b).

In dem ab 1996 geförderten DFG-Schwerpunktprogramm „Gradientenwerkstoffe" werden auf Grundlagenbasis beim DLR gradierte Wärmedämmschichtsysteme mit dem Ziel verlängerter Lebensdauern entwickelt. Diese Aktivitäten werden durch gleichzeitige Schadens- und FEM-Modellierungen an den Universitäten Dresden und Karlsruhe unterstützt (Kaysser et al. 1998). Im Sonderforschungsbereich 167 „Hochbelastete Brennräume – stationäre Gleichdruckverbrennung" der Universität Karlsruhe wurde ansatzweise der Einfluß unterschiedlich mikrostrukturierter Wärmedämmschichten auf das Hochtemperaturverformungsverhalten untersucht. Die Arbeiten schlossen die EB-PVD-Schichten praktisch mit ein; leider endet der Schwerpunkt im Jahre 1999.

In zwei BMBF-Projekten werden Forschungsverbünde zur Weiterentwicklung von Wärmedämmschichten gefördert, in denen Hochschulen, außeruniversitäre Forschungseinrichtungen und Industrie zur Weiterentwicklung von Wärmedämmschichten beteiligt sind. Das Aufstellen von Lebensdauermodellen für konventionelle Schichtsysteme ist Inhalt eines BEO-Projekts, während sich ein MaTech-Projekt mit der Entwicklung neuartiger Wärmedämmschichten mit extremer Hochtemperaturstabilität befaßt. Der Inhalt beider Forschungsvorhaben umfaßt zu etwa 50% die EB-PVD-Technologie. Am Institut für Werkstoffkunde der Staatlichen Materialprüfungsanstalt Darmstadt wird an bauteilnahem Probenmaterial das Hochtemperaturverhalten von Wärmedämmschichten unter Beanspruchung untersucht. Schädigungsmechanismen werden ermittelt und dienen als Basis einer späteren Lebensdauermodellierung. Zum Teil werden diese Untersuchungen durch das Bundesministerium für Wirtschaft (BMWi) über die Arbeitsgemeinschaft industrieller Forschungsvereinigungen (AiF) gefördert. Die Hermann von Helmholtz-Gemeinschaft Deutscher Forschungszentren fördert seit 1998 ein 3jähriges Strategiefondprojekt zur Ermittlung des Schädigungsverhaltens von plasmagespritzten und aufgedampften EB-PVD-Wärmedämmschichten. Für die wirkungsvolle Weiterentwickelung der Wärmedämmschichten wird hierbei die materialkundliche Expertise der Forschungszentren DLR, FZJ, GKSS, HMI und FZK gebündelt. Synergieeffekte werden durch die Nutzung des breiten Spektrums der vorhandenen Kompetenzen in Herstellung, Thermodynamik und Kinetik des Hochtemperaturlangzeitverhaltens, Eigen- und Fremdspannungen und Lebensdauervorhersage sowie der vorhandenen apparativen Ausstattung in den Zentren erzielt.

Neben dem Bund tragen auch die Länder finanziell zur Weiterentwicklung der EB-PVD-Technologie Projekte bei. Diese Unterstützung der heimischen Triebwerks- als auch Anlagenbauer ist unter dem Aspekt der industriellen Standortsicherung zu sehen. Das Land Bayern unterstützt die Entwicklung fortschrittlicher Wärmedämmschichtsysteme bei der *MTU*, während das Land Sachsen beim Anlagenhersteller *von Ardenne Anlagentechnik* die Weiterentwicklung der EB-PVD-Prozeßtechnologie fördert. Partner mit know-how in der EB-PVD-Schichtentwicklung und -Prozeßtechnik war in beiden Projekten u.a. das DLR. Das Design einer neuartigen Aufdampfanlage mit Springstrahltechnik wurde *von Ardenne Anlagentechnik* für das DLR gebaut und wird seit einigen Jahren dort betrieben. Bis 1998 sind auf der Basis des DLR-Ardenne-Prototyps zwei kommerzielle Industriebeschichtungsanlagen für die Firmen TACR (Siemens) und ITA (Interturbine von Ardenne) gebaut worden. In Deutschland gibt es substantielle Industrie, die Forschungs- und Entwicklungsergebnisse in Produkte umsetzen könnte, Hersteller von stationären und mobilen Gasturbinen mit substantiellen

Weltmarktanteilen, aber auch Beschichtungsanlagenhersteller – hier dominieren mit der Leybold AG und mit von Ardenne Anlagentechnik Dresden zwei deutsche Firmen den Weltmarkt. Das europäische Vorgehen auf dem Gebiet der EB-PVD-Wärmedämmschichten ist durch die nationale Förderung in wenigen nationalen Forschungszentren und angegliederten universitären Einrichtungen sowie einer kleinen Zahl übernationaler Einzelvorhaben im Rahmen unterschiedlicher EU-Programme gekennzeichnet (Jaslier u. Alperine 1998). Außerhalb Deutschlands sind wesentliche Arbeiten zur Herstellung der EB-PVD-Schichten mit der Möglichkeit der eigenen Herstellung komplexer Schichtsysteme im prototypischen Maßstab an der Cranfield University durchgeführt worden, die auf diesem Forschungsgebiet direkt mit der Defense Engineering and Research Agency (DERA) zusammenwirkt. Die bis November 1998 von der EU geförderten beiden Vorhaben mit EB-PVD-Relevanz sind:

- Brite Euram No. 3337: The development of environmentally tolerant PVD thermal barrier coatings ; Beginn August 1990, Laufzeit 52 Monate; Partner: Rolls-Royce plc, UK; MTU, D; DLR, D; Cranfield University (CIT), UK; Multiarc Limited (ASET), UK; AEA Technology, UK.
- Brite-Euram No. 3226 High Insulation Thermal Barrier Coatings; Partner: Snecma, Volvo, Sulzer, ONERA, DLR, u.a.; Plasmaspritzen und EB-PVD.

Ein 1995 eingereichter Antrag von ONERA und der Cranfield University, ein europäisches Netzwerk über Thermal Barrier Coatings aufzubauen, wurde bis Juli 1998 nicht genehmigt. Für plasmagespritzte Wärmedämmschichten wurden folgende Programme durchgeführt:

- Brite Euram No. 4212 Fabricoat Modelling and characterization of the manufacturing process of ceramic thermal barrier coatings.
- Brite Euram No. 4272 Modelcoat Finite element modeling of ceramics TBCs to extend the operation range of heat engine components.
- Cost 501, WP 501 Advanced Coating Technology for Gas Turbines.

Die europäischen Programme führten zu einer projektmäßig gut organisierten Zusammenarbeit und zu deutlichen Fortschritten im Bereich des Verfahrenswissens und der wissenschaftlichen Untersuchungsmethoden.

4.6.3
Das Vorgehen in den USA und Ländern der ehemaligen Sowjetunion

Außerhalb Westeuropas liefen die wesentlichen Entwicklungen vor allem in den USA und der ehemaligen Sowjetunion.

Ehemalige Sowjetunion: Das E.O. Paton Electric Welding Institute der Ukrainischen Akademie der Wissenschaften in Kiew begann die Arbeiten an EB-PVD-Schichtsystemen bereits in den frühen 60er Jahren in der damaligen Sowjetunion. Die Entwicklungen konzentrierten sich hierbei nicht nur auf Schichtsysteme sondern vorwiegend auch auf die EB-PVD-Anlagentechnik. Derzeit betreibt das Institut 16 verschiedene Anlagen von kleinen Labor- über Pilot- bis hin zu kommerziellen Aufdampfanlagen. Prozeßanlagen wurden nicht nur der heimischen Industrie zur Verfügung gestellt, sondern auch in die Niederlande, nach China und in

Lizenz in die USA verkauft. Anfang der 90er Jahre wurden Joint-venture-Verträge mit Pratt&Whitney (USA) und Interturbine (NL) geschlossen.

Die Versuche der Übernahme der Herstellungsverfahren der ehemaligen Sowjetunion in die Produktionsvoraussetzungen Westeuropas bzw. der USA haben deutliche Defizite einer eher auf der Basis individueller Machbarkeit als auf Reproduzierbarkeit und Ökonomie hin entwickelten Werkstofftechnologie bei der Kommerzialisierung aufgezeigt.

USA: Bei Pratt&Wittney, Airco-Temescal und Chromalloy wurden die grundlegenden Entwicklungen der EB-PVD-Wärmedämmschichten ab Ende der siebziger Jahre durchgeführt. Die anfänglichen Schwierigekeiten, reproduzierbar zu produzieren wurden bis Mitte der 80er Jahre überwunden. Dazu trugen wesentlich Labortests und mehr noch Testläufe in Triebwerken bei. Gegen Ende der neunziger Jahre kam der Übergang von EB-PVD-abgeschiedenen zu plasmagespritzten Bond Coats. Gleichzeitig wurden Bondcoats auf der Basis intermetallischer Verbindungen entwickelt.

Seit 1992 läuft das Programm Advanced Turbine Systems (ATS) für stationäre Gasturbinen. Das Unterprogramm Materials/Manufacturing Plan wird vom DOE Oak Ridge Operations und Oak Ridge National Laboratory koordiniert. Im Fiskaljahr 1994 wurde ein detaillierter Plan in Zusammenarbeit von Turbinenherstellern, Werkstofflieferanten, Universitäten und Staatlichen Forschungseinrichtungen (National Labs.) ausgearbeitet. Die wesentlichen Teilprogramme des Materials/Manufacturing-Plans waren (ATS 1996, Parks et al. 1998):

1. Wärmedämmschichten und ihre Herstellungsverfahren
2. Einkristalline Turbinenschaufeln inkl. Herstellungsverfahren
3. Werkstoffcharakterisierung
4. Informationstransfer
5. Turbinenschaufelentwicklung
6. Keramische Turbinenschaufeln
7. Katalytische Brennkammermaterialien.

Hierbei wird der Wärmedämmschichtentwicklung die höchste Priorität im „Materials/Manufacturing"-Teil gegeben. Die zwei zentralen Projekte werden von Pratt&Whitney und Westinghouse Power Generation geleitet. Partner von Pratt&Wittney sind Advanced Coating Technology, Howmet Corp., Engineering Science Software und die University of Connecticut. Partner des von Westinghouse Power Generation geleiteten Projekts sind Westinghouse Science and Technology Center, Chromalloy, Sermatech, Southwest Research Institute und die University of Arizona. Beide Projekte haben die Entwicklung verläßlicher Wärmedämmschichten für höhere Gaseinlaßtemperaturen für stationäre Gasturbinen zum Ziel, mit dem Potential des Wissenstransfers für Fluggasturbinen. Während Einzelfirmen für verschiedene technische Demonstratoren zuständig sind, werden die längerreichenden Entwicklungen, die zu umfangreich für einen Partner sind, im Team erarbeitet. In einer ersten Phase wird die Verfahrenstechnik weiterentwickelt, Phase zwei beinhaltet Vergleichstests zu Standard-Schichtsystemen, und die dritte Phase sieht Bauteiltests in kommerziellen Gasturbinen vor. Derzeit befindet sich das ATS-Programm in den Phasen I und II. Der technische Informationsaustausch erfolgt auf einem Jahressymposium, speziellen Workshops und nationalen bzw. internationalen technischen Konferenzen (Maricocchi et al. 1995, Meier et al. 1992, Rigney et al. 1997). Im Rahmen dieses Programms wurden alternative „Bondcoat“ Systeme außerhalb der NiCoCrAlY-Basis und Alternativen zu den keramischen mit 7-8 Mol% Yttriumoxid stabilisierten Zirkonoxidschichten entwickelt. Analytische Lebensdauermodelle für Wärmedämmschichten wurden auf der Basis des NASA-HOST-Modells entwickelt, um die Risiken bei der Auslegung der Triebwerke zu veringern und die Wartungskonditionen für die kritischen heißen Teile festzulegen. Die in Vortests ermittelten besten Kombinationen von „Bondcoat“ und keramischer Dämmschicht werden in Brennerprüfständen getestet, die mit Plasmaflammen oder Kerosinflammen ausgerüstet sind und die Temperaturverhältnisse – insbesondere Absolutwerte und Gradienten – während des Einsatzes der Wärmedämmschichten realistisch simulieren. Das Thema Werkstoffcharakterisierung konzentrierte sich auf die Messung des Langzeit-Kriechverhaltens von monolithischen und faserverstärkten Keramiken zur Unterstützung der Programme bei Solar Turbines, Allison Engines und Westinghouse Power Generation sowie weiterhin auf die Entwicklung von Charakterisierungstechniken zur Anwendung für Wärmedämmschichten zur Unterstützung aller Hersteller von Gasturbinen. Besonderes Augenmerk wurde auf Verfahren gelegt, die zur Steigerung der Zuverlässigkeit der Wärmedämmschichten durch das Erkennen und Auffinden von Defekten in den Schichtenführen und zur Messung der Veränderungen der thermischen Eigenschaften während des Einsatzes geeignet sind. Darüberhinaus wurden Meßmethoden für die thermophysikalischen Eigenschaften durch zerstörungsfreie Methoden besonders angegangen. Die Degradationsmechanismen der Wärmedämmschichten wurden in anhängigen Programmen in den nationalen Forschungszentren und Hochschulen untersucht unter Benutzung einsatzfähiger WDS-Superlegierungssysteme und Modellproben beschichteter Substratsysteme, die in den Labor-Brennerprüfständen getestet worden waren. Zusätzlich wurden Schichten nach dem Betrieb in Gasturbinen untersucht. In Hochschulprogrammen wurden auch Lebensdauervorhersagen der Wärmedämmschichten unter Hochtemperatur-Dampfkorrosion und Konzepte für neue Wärmedämmschichten erarbeitet. Zielsetzung dieser Bemühungen war es, ein fundiertes Verständnis für die wesentlichen Faktoren zu entwickeln, die für den Einsatz der Wärmedämmschichten lebensdauerbegrenzend sind und eine Grundlage für verbesserte Lebensdauermodelle zu schaffen (Sohn et al. 1994, Unal et al. 1994).

4.6.4 Analyse der Entwicklungsförderung

Für die Analyse der Entwicklungsförderung wird als Maßstab die werkstofftechnische Intention des amerikanischen ATS-Programms (Programm Advanced Turbine Systems) hinsichtlich des Teilprogramms Wärmedämmschichten und ihre Herstellungsverfahren für stationäre Gasturbinen angelegt. Es ist offensichtlich, daß es in diesem Programm gelang, praktisch alle wesentlichen nationalen Hersteller, Verarbeiter und Anwender in zwei Gruppierungen zusammenzufassen. Daß dies gelang, obwohl die beteiligten Firmen auf dem Weltmarkt der mobilen und stationären Gasturbinen härteste Konkurrenten sind (z.B. Westinghouse und General Electric), könnte hypothetisch auf verschiedenen Ursachen beruhen:

- Der technische Stand der beteiligten Firmen ist so hoch, daß die Forschungs- und Entwicklungsergebnisse nicht nur Wissensgewinn sondern umsetzbare Fortschritte im Produkt erbringen. Daher sind auch die Ergebnisse grundlegender, längerfristig wirksamer Untersuchungen für die Industrie im Sinne des Markterhalts nutzbar.
- Der technische Stand aller beteiligter Firmen ist so hoch, daß die in den gemeinsamen Untersuchungen erarbeiteten Fortschritte für *jeden* Partner individuell auf der Basis seiner eigenen Technik gewinnbringend verwertbar ist.
- Es gibt eingespielte und bewährte Regeln der Zusammenarbeit, die im Bereich der US-nationalen Förderung eingehalten werden müssen, wenn eine Firma für entsprechende andere oder zukünftige Programme als Partner zugelassen werden soll.
- Der gemeinsam erarbeitete technische Fortschritt sichert einen einheitlichen Wirtschaftsraum gegen Konkurrenz von außen.
- Die Zusammenarbeit zwischen Industrie, nationalen Forschungseinrichtungen und Hochschulen erfolgt erfolgsorientiert und diszipliniert.
- Der große Wirtschaftsraum rechtfertigt hohe finanzielle Risiken der öffentlichen Hand und der Industriepartner.
- Die Schnittstellen zwischen „offener" Forschung an Hochschulen bzw. nationalen Forschungseinrichtungen und den „geschlossenen" Forschungsarbeiten in der Industrie sind optimiert und wirksam.
- Das Management des Vorhabens erfolgt auf Projektbasis mit hoher Professionalität und Disziplin.
- Der nationale politische Wille zum Erhalt von Marktführerschaft auf ausgesuchten high-tech-Themen ist national umsetzbar.
- Die hochrangigen universitären Forschungseinrichtungen werden gezielt in das nationale Programm einbezogen. Es gibt im nationalen Raum eine ganze Reihe hochrangiger Einrichtungen auf Spezialgebieten, auf die zumindest über Geldmittel fast jederzeit zugegriffen werden kann. Diese Einrichtungen bewegen sich praktisch stets an der Weltspitze neuer Entwicklungen und stellen ein erhebliches Potential dar. Insbesondere in der Werkstofforschung ist zu beobachten, daß eine Grundkonstellation von Forschungsteams immer wieder praktisch zeitgleich Themen aufgreift und im Zusammenwirken mit wechselnden anderen Forschungsteams das wissenschaftliche Verständnis deutliche Schritte vorantreibt. Solche Themen in der zeitlichen Reihenfolge: Umwandlungsverstärkte Keramik, langfaserverstärkte Ti-Legierungen, Intermetallische Phasen (insbesondere Ti-Aluminide), faser- bzw. teilchenverstärkte Keramiken, Dünnschichtverbunde und Beschichtungen und seit etwa zwei Jahren die keramischen Wärmedämmschichten.
- Die nationalen Forschungszentren sind als Koordinatoren und Forschungseinrichtungen gleichzeitig eingebunden (z.B. das High-Temperature Materials Laboratory des Oak Ridge National Laboratory; ORNL). Der Konflikt zwischen der Agenturfunktion und der gleichzeitigen Teilnahme als Forschungslabor scheint so geregelt, daß keine Interessenkonflikte wirksam werden.
- Das U.S. Department of Energy (DOE) geht mit einer langfristig angelegten Strategie mit zwei verzahnten Offices als Finanzier heran. Als einer der Hauptsponsoren auf dem Gebiet der Werkstofforschung erscheint das DOE auf der Basis von Entscheidungen unklarer Herkunft in einem speziellen Gebiet der

Werkstoffentwicklung einen „Sense of Mutual Unterstanding“ bei wesentlichen potentiellen Beteiligten herbeizuführen.

Im Vergleich des konzertierten Rahmens des amerikanischen ATS-Programms stellen sich die europäischen Aktivitäten als sehr uneinheitlich und wenig abgestimmt dar. In Europa sind nationale Aktivitäten die Regel. In Großbritannien liegt der Schwerpunkt auf Fragen der Verarbeitung und der Wärmeleitfähigkeitsbestimmungen.[7] In Frankreich sind enge Kooperationen zwischen SCNECMA und dem französischen nationalen Luft- und Raumfahrtforschungszentrum ONERA auf ein umsetzbares Verständnis der Wärmeleitfähigkeitsfragen der Wärmedämmschichten ausgerichtet. In Deutschland arbeiten einige getrennte Gruppen in unterschiedlichen Förderprogrammen zum Teil überlappend. Die gemeinsamen europäischen Aktivitäten auf dem Gebiet der EB-PVD-Wärmedämmschichten sind seit 1990 gekennzeichnet durch zwei kleinere Programme, mit wechselnden Aufgaben und Partnern. Das Vorgehen in Europa scheint durch folgende Nachteile gekennzeichnet:

- Ein deutliches Manko scheint auf europäischer Ebene zu sein, daß im Verhältnis zu den USA sowohl im nationalen Rahmen der Einzelstaaten als auch noch deutlicher im europäischen Rahmen wenig Mittel für die detaillierte Durchdringung der wissenschaftlichen und wirtschaftlichen Situation eingesetzt werden.
- In europäischen Forschungsprogrammen beteiligte Industriepartner befanden bzw. befinden sich in sehr unterschiedlichen Entwicklungsstadien der Produktion (von der technologischen Marktorientierung bis zur vollen Herstellungsfähigkeit) und haben daher entweder direkte partikuläre Ergebniswünsche oder suchen eher allgemeine Beurteilungskompetenz.
- Nennenswerte übernationale europäische Verbundstrukturen auf der Arbeitsebene können sich nur dann in substantiellem Maße bilden, wenn hohe begleitende Industrieanteile vorhanden sind.
- Die Verflechtung stark industriedominierter EU-Vorhaben mit begleitenden Netzwerken europäischer Hochschulen und Forschungszentren wird nicht im substantiellen Maße gefördert.
- Die nationalen Universitäten der europäischen Staaten sind auf der Basis der verschwindend geringen Grundmittel nicht in der Lage, in Verbundvorhaben essentielle Arbeitspakete längerfristig zu bearbeiten, wenn dafür keine arbeitspaketorientierten zusätzlichen Drittmittel zur Verfügung stehen.

4.6.5 Schlußfolgerungen

- Für die Steigerung des Wirkungsgrades von Gasturbinen messen neben den USA zunehmend weitere Länder der Realisierung von Wärmedämmschichten auf Turbinenschaufeln mittels der EB-PVD-Technologie erhebliche Bedeutung bei, sowohl in Europa (z.B. Deutschland, Großbritannien, Frankreich, Nieder-

---

[7] Gekennzeichnet durch Aktivitäten zwischen dem eng mit dem nationalen Forschungszentrum DERA gekoppelten Cranfiel Institute of Technology und dem dominierenden europäischen Hersteller Rolls Royce.

lande) als auch in Fernost (Japan, China). Diese Ansicht wird in den Kernpunkten durch die Ergebnisse der europäischen Umfrage gestützt.[8] Die Wahrscheinlichkeit, daß Wärmedämmschichten in den nächsten acht Jahren durch Erhöhung der Gaseinlaßtemperatur um 80 K zu einer drastischen Wirkungsgradsteigerung von Gasturbinen führen werden, schätzen insbesondere Fachleute mit sehr hoher Fachkenntnis als sehr hoch ein, während eine gleich hohe Temperatursteigerung durch verbesserte Superlegierungen als weniger wahrscheinlich angesehen wird.

- Die Geschlossenheit staatlich arrangierter, mittelfristorientierter, die EB-PVD-Technik unterstützender Forschungsprogramme ist in den USA mit Abstand am weitesten entwickelt.
- Das in Europa ähnlich den USA vorhandene industrielle Nutzungspotential kann auf der Basis der heute in Europa aktiven Koordinationsstrukturen im Forschungsbereich nur unbefriedigend unterstützt werden. Das europäische Umfrageergebnis gibt die vorherrschende Meinung eindeutig wieder, daß eine intensivierte Kooperation von öffentlich geförderten Forschungseinrichtungen und der Industrie für die rasche Einführung der Wärmedämmschichten in die Industrie höchste Bedeutung besitzt.
- Während sich die europäische Industrie in eine rasche marktorientierte Internationalisierung/Europäisierung begeben hat, kommt die Internationalisierung/Europäisierung der Universitäten und nationalen Forschungseinrichtungen auf der Basis der derzeitigen staatlichen Unterstützung nur langsam voran.

[8] Vgl. Anhang 2.5. Hochtemperaturwerkstoffe

5 Europäische Aktivitäten

Im Gegensatz zu den Kapiteln 3 und 4, welche sowohl den Stand der einzelnen Materialklassen als auch aktuelle und historische materialtechnische Entwicklungen behandeln, sollten in diesem Kapitel die europäischen Aktivitäten im Bereich der Materialforschung in Relation zu verschiedenen Kriterien analysiert werden. Dazu sollten neben Deutschland weitere Länder der Europäischen Union: Frankreich, Großbritannien, Schweden, Niederlande, Österreich, Italien, Spanien sowie die Schweiz, USA und Japan in die Untersuchungen mit einbezogen werden. Die Versuche zur Beschaffung der hierfür notwendigen Daten führten jedoch auf folgende Problematik: Selbst einfach erscheinende Fakten sind aus den verschiedenen vorhandenen Datenbanken der EU oder von den Werkstoffverbänden nicht abrufbar. Beispielsweise müssen für einen Ländervergleich zum monetären Verhältnis von öffentlichem Gesamtforschungsaufwand zu Materialforschungaufwand über zwei bis drei Jahre die Daten einzeln und akribisch – einer Detektivarbeit gleich – zusammengetragen werden. Hierbei sollte von Beginn an so vorgegangen werden, daß für den jeweiligen Posten *Materialforschung* nur die Gesamtsumme zu berücksichtigen ist, welche unter einer Rubrik *Materialwissenschaft* etc. ausgewiesen ist. Aufwendungen für Materialforschungen unter anderen Rubriktiteln wie *Medizin* sollten unberücksichtigt bleiben. Der daraus abgeleitete Arbeitsaufwand konnte in dem vorgegebenen Rahmen des Memorandums nicht geleistet werden.

Um dem Leser einen Überblick zu geben, welche Recherche- und Analysearbeiten in diesem Abschnitt angedacht worden sind, seien hier die wesentlichen Prinzipen kurz zusammengefaßt:

- Monetäres Verhältnis von Gesamtforschungsaufwand zu Materialforschungsaufwand (nur öffentlicher Anteil) bezogen auf eine Kenngröße (z.B. Bruttosozialprodukt), welche die Leistungsfähigkeit des betreffenden Landes wiedergibt, für den Zeitraum 1992 bis 1995;
- Schwerpunkte der Aktivitäten der Länder: D, CH, F, I, GB, USA und J über eine Datenbankanalyse auf den Gebieten: *Metalle*, *Polymere*, *Keramiken*, *Verbundwerkstoffe*, *Nanostrukturierte Werkstoffe*, *Nachwachsende Rohstoffe*, *Material Development*, *Coating*, *Characterisations*, *Processing* und *Surface Development*. Die Datenbank (z.B. Cordis) sollte nach den Kriterien: *Science Citation Index*, *Patentintensität* und *EU-Kooperationen* für den Zeitraum von 1992 bis 1995 analysiert werden;
- Verhältnis der öffentlichen zu der privaten Materialforschung für den Zeitraum von 1992 bis 1995;
- Relation Industriestruktur zur Struktur der Materialforschung auf den Bereichen: *Transport (Auto; Luft; Schiff; Eisenbahn)*, *Maschinenbau*, *Elektronik*,

Medizintechnik, Optik und *Mikrotechnik (inkl. Sensorik)* für die Jahre 1990, 1992, 1994 und 1996. Für diese Bereiche sollten wiederum länderabhängig die Entwicklung der Beschäftigungszahlen und der Anteil am Bruttosozialprodukt ermittelt werden.

Aufgrund dieser Analysen sollte anschließend eine Prognose zur möglichen weiteren Entwicklung der Materialforschung durchgeführt werden. Die beschriebenen Schwierigkeiten in der Datenerhebung führten dazu, daß die schließlich durchgeführten Analysearbeiten in dem Kapitel nicht den Anspruch erheben, repräsentativ zu sein, sie sollen vielmehr einen wenn auch groben Überblick über die europäischen Aktivitäten auf dem Gebiet der Materialforschung geben. Ohne einen solchen Überblick sind die in Kapitel 6 ausgeführten Empfehlungen zum Teil nicht nachvollziehbar.

5.1 Die technische Leistungsfähigkeit Europas

Die technische und wissenschaftliche Leistungsfähigkeit Europas hat zur Zeit eine beachtliche Substanz. Damit auch in Zukunft diese Stärke gehalten werden kann, sollte ein langfristiges Wirtschaftswachstum durch konzentrierte und gezielte Investitionen im Bereich der Forschung, der Entwicklung und der allgemeinen und beruflichen Bildung gefördert werden.

Der zweite europäische ERSTI-Bericht (European Science and Technology in the World) über Wissenschafts- und Technik- (W&T) Indikatoren veröffentlichte die Kommission im April 1998. Teil I des ERSTI-Bericht vergleicht die Wirtschaftsleistungen aller 180 Länder der Welt in bezug auf ihre W&T-Leistung. Im Bericht sind 50 Länder hervorzuheben, die eine gesunde internationale Wirtschaftstätigkeit ausüben. Auch alle Mitgliedsländer der EU gehören zu dazu. Die

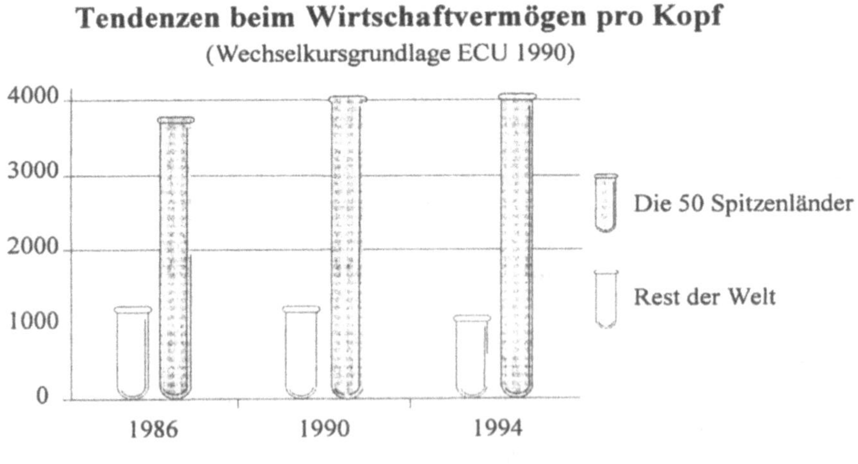

Abb. 5.5.1. Die 50 „Spitzenländer" und der Rest der Welt/Tendenzen beim Wirtschaftsvermögen pro Kopf (FTE19 1998, veränderte Darstellung)

Kluft zwischen den 50 „Spitzenländern“ und den 130 „W&T-schwachen“ Ländern ist groß. Die 50 „Spitzenländer“ tätigten 1994 etwa 98% der weltweiten Ausgaben für Forschung und Entwicklung (F&E) sowie Bildung. Fast 95% der Wissenschaftler und Techniker der Welt waren zu diesem Zeitpunkt in diesen Ländern beschäftigt. Weiterhin kamen 98% aller Veröffentlichungen in Zeitschriften, die im “Science Citation Index” aufgeführt sind, sowie 98% aller in den USA und Europa ausgestellten Patente aus diesen Ländern. Diese Übermacht im Bereich der W&T hatte auch starken Einfluß auf die wirtschaftlichen Bereiche. Wie in Abb. 5.5.1 dargestellt, konnten die 50 „Spitzenländer“ zwischen 1986 und 1994 das Wirtschaftsvermögen mit durchschnittlich 1,1% Wachstum pro Jahr steigern, während in den 130 anderen Ländern das Einkommen in den letzten zehn Jahren jährlich um 1,5% sank (FTE19 1998).

Das Wirtschaftswachstum in Europa in den vergangenen zehn Jahren entsprach den Entwicklungen in den USA und Japan. Als Quelle und Zielort ausländischer Investitionen ist die EU noch immer an erster Stelle. Gegenwärtig ist die EU hinter den USA und vor Japan weltweit die Wissenschaftsmacht Nummer Zwei.

Wie in Abb. 5.5.2 dargestellt, wurden mit Beginn der wirtschaftlichen Rezession Anfang der 90er Jahre in der EU Investitionen in Bereichen wie F&E, Wissenschaft & Technik und allgemeine und berufliche Bildung gekürzt.

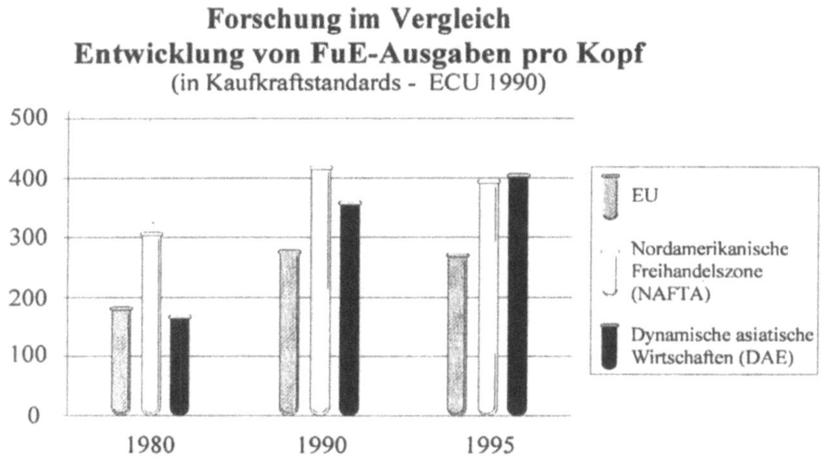

Abb. 5.5.2. Entwicklung von F&E-Ausgaben pro Kopf im Vergleich EU, NAFTA und DAE (FTE19 1998, veränderte Darstellung)

Die Investitionen in F&E, die Anfang bis Mitte der achtziger Jahre in der EU getätigt wurden, wirken bis heute und sind Ursache für die Verbesserung der wirtschaftlichen Leistung Europas zwischen 1980 und 1995. In der ersten Hälfte der neunziger Jahre ging die technische Leistung der EU im Vergleich zu den USA und Japan deutlich zurück. In der EU war das Wachstum im Bereich des Exports von sogenannten High-Tech-Produkten geringer als in den USA und Japan und resultierte in einem hohen Handelsdefizit (I&T6 1998). Daneben werden die dargestellten Kürzungen der F&E-Ausgaben zumindest teilweise als Erklärungen für das verminderte Wirtschaftswachstum, die geringe Wettbewerbsfähigkeit und die hohe Arbeitslosigkeit gesehen (FTE19 1998).

5.2 Die europäischen Patentaktivitäten

Die EU hat 1995, wie in Abb. 5.5.3 dargestellt, 1,91% ihres BIP für F&E aufgewendet, und damit etwa 0,5% bzw. knapp 1% weniger als die USA und Japan. Die EU erzielt damit gemessen am Verhältnis von Anzahl der wissenschaftlichen Veröffentlichungen pro Million investierter ECU vergleichbare Ergebnisse wie die USA. Werden jedoch neben den wissenschaftlichen Indikatoren marktbezogene, wie z.B. die Anzahl der Patentanmeldungen, integriert, fällt auf, daß Japan die USA übertrifft und die EU hinter Japan und USA liegt. Nicht in der Abbildung dargestellt sind die Patentaktivitäten von Firmen und Institutionen südostasiatischer Länder, deren Forschungsleistung nicht mit der der EU vergleichbar ist. Im Vergleich zu Firmen und Institutionen in der EU melden diese sogar mehr Patente an (I&T6 1998). Diese Tendenzen bezeichnet man seit der Veröffentlichung des Grünbuches der Europäischen Kommission zur Innovation mit dem Ausdruck „das europäische Paradox“.

Der grafische Vergleich in Abb. 5.5.4 schlüsselt die beim europäischen (EPA), japanischen (JPO) und US-amerikanischen Patentamt (USPTO) eingereichten Patente hinsichtlich ihrer nationalen Herkunft auf. Die Aktivitäten US-

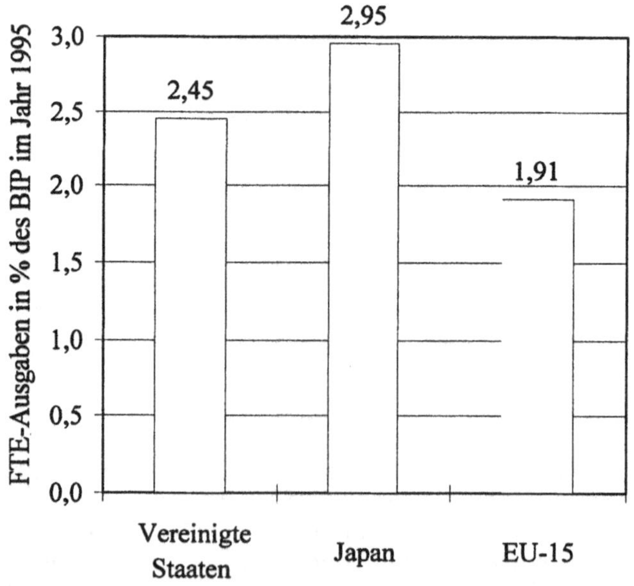

Abb. 5.5.3. Vergleich der FTE-Ausgaben in % des BIP im Jahr 1995 (I&T6 1998, veränderte Darstellung)

amerikanischer und japanischer Forscher und Unternehmer im Bereich der Patentanmeldungen im Ausland sind deutlich intensiver als die der europäischen Kollegen. Hervorstechend ist die sehr geringe Anmeldequote von Patenten europäischer und US-amerikanischer Herkunft für den japanischen Markt, was sicherlich u. a. an der Sprache liegt. Doch selbst bei der Anmeldequote in den USA liegt Europa hinter Japan, die 1995 beim USPTO prozentual etwa genauso viel angemeldet haben wie beim EPA. Weiterhin halten für wichtige Bereiche die USA und Japan beim Europäischen Patentamt die Hauptanzahl der Patente in ihrer Hand. So verfügen die USA beispielsweise im Bereich *Pharmaproduktion* über 60% der EPA-Patente, während die EU ganze 27% auf sich vereinigt. Im Bereich der Elektrofahrzeuge besitzen japanische Forscher und Unternehmer 40% der Patente, die Europäer hingegen nur 20% (FTE20 1998).

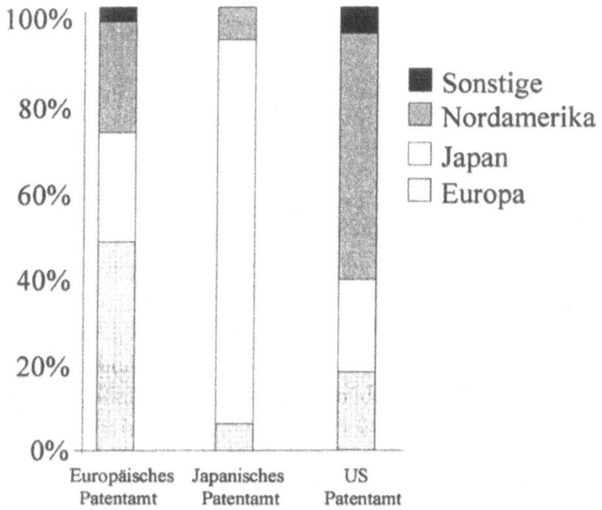

Abb. 5.5.4. Vergleich der Herkunft von Patenten, die beim Europäischen Patentamt (EPA), Japanischen Patentamt (JPO) und US-Patentamt (USPTO) eingereicht wurden (1995) (FTE20 1998, veränderte Darstellung)

In Abb. 5.5.5 ist die Verteilung der Patente auf die Bereiche Fundamentale F&E, Angewandte F&E und Entwicklung für die Länder Japan, USA, Deutschland und Frankreich vergleichend gegenüber gestellt. Auffällig ist eine Zweiteilung bei der Verteilung: Japan und die USA auf der einen Seite und Deutschland und Frankreich auf der anderen mit fast identischen Anteilen bei den dargestellten Schwerpunkten. Während in Japan und den USA die Patentanmeldungen zu zwei Drittel im Entwicklungsbereich gemacht werden, liegt der Schwerpunkt bei den beiden europäischen Ländern deutlich auf der F&E-Seite, was wiederum zu negativen Rückschlüssen auf die Vernetzung zwischen Forschungseinrichtungen und Industrie führen könnte.

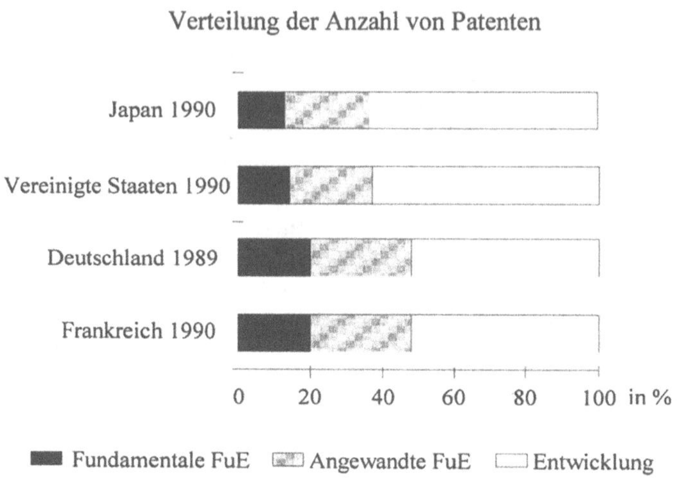

Abb. 5.5.5. Verteilung der Anzahl von Patenten nach Schwerpunkten in Japan, USA, Deutschland und Frankreich (I&T6 1998, veränderte Darstellung)

Vorstehende Patentstatistiken werden gerne für die Beschreibung der Position von Ländern, Unternehmen oder Branchen im technischen Wettbewerb oder für Trendprognosen einer Entwicklungsrichtung herangezogen. Die Vor- und Nachteile einer solchen Betrachtung liegen in den definierten Annahmen bei der Bewertung und Einordnung der erzielten Ergebnisse. In der Regel sollte davon ausgegangen werden, daß

> bei angemeldeten Patenten ein konkretes Ergebnis aus Forschungs- und Entwicklungsarbeiten vorliegt, welches den gestellten Anforderungen an Neuheit und Erfindungshöhe entspricht und dessen ökonomischer Nutzen zumindest den z.T. erheblichen Aufwand für die Schutzrechtserteilung rechtfertigt (Socher et al. 1994a).

5.3 Verhältnis der öffentlichen zur privaten Forschung

Das Auflegen des nationalen Matfo-Programms und seines Nachfolgers MaTech Mitte der achtziger Jahre führte dazu, daß der Schwerpunkt der öffentlichen Forschungsförderung der Materialwissenschaft des Bundes nunmehr bei der stark anwendungsorientierten Förderung liegt. Darüber hinaus fördert der Bund Aspekte der Materialwissenschaft direkt oder indirekt in weiteren Programmen (Energie-, Umwelttechnik, etc.), deren Zuständigkeit jedoch im Bereich anderer Ministerien liegt (vgl. Abschn. 4.4). Insgesamt wird für die öffentliche Förderung der Materialforschung in Deutschland jährlich etwa 750 Millionen DM aufgebracht, wie Abb. 5.5.6 zeigt.

Die Grundlagenforschung im Bereich der Materialien übernimmt im wesentlichen die Deutsche Forschungsgemeinschaft (DFG), die hierfür ein werkstofforientiertes Förderprogramm zusammengestellt hat. Trotz der Finanzierung durch

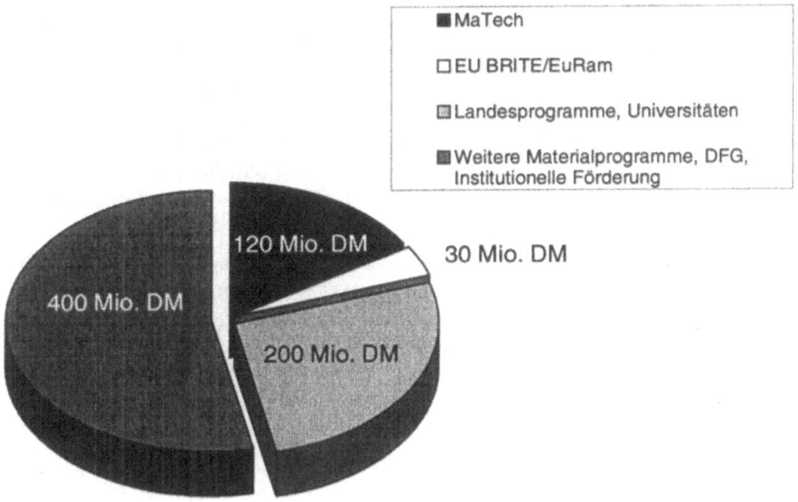

Abb. 5.5.6. Öffentliche Förderung der Materialforschung in Deutschland (Quelle: Projektträger NMT des BMBF)

Bund und Länder behält sich die DFG die Auswahl der materialwissenschaftlichen Schwerpunkte im Sinne der Freiheit der Wissenschaft vor. Zu der groben Bestandsaufnahme der Förderung zählen auch die an den Universitäten angesiedelten Sonderforschungsbereiche und die werkstofforientierte Förderung der Länder (vgl. Bayern 1998).

Die öffentliche und somit auch aus öffentlichen Mitteln finanzierte Forschungslandschaft bilden die Hochschulen, die Großforschungseinrichtungen, die Forschungsgesellschaften und eine Reihe werkstofforientierter Bundes- und Landeseinrichtungen. Die sogenannte private Forschungsförderung – die Eigenforschung der Industrie – finanziert sich neben den Industriebudgets durch Projektförderung privater oder halbstaatlicher Stiftungen und Vereinigungen, wie der Volkswagen-Stiftung oder der Arbeitsgemeinschaft Industrieller Forschungsvereinigungen (AIF).

Das Ergebnis der Fragebogenaktion auf die Frage nach der geschätzten Höhe des Anteils öffentlicher Fördermittel an den gesamten Aufwendungen für Materialforschung in einem Land zeigt keinen Unterschied im Antwortverhalten, wenn die Antworten getrennt für deutsche bzw. ausländische Befragte ausgewertet werden. Die Mehrzahl der Antworten, etwa 45 % meinen, daß der Anteil der öffentlichen Förderung in Bereich bis zu 30 % liegt. Die übrigen Schätzungen verteilen sich gleichmäßig auf den Bereich von 20 bis 80 % (vgl. Abschn. Anhang 2.6, Frage 6).

Interessant ist für das Verhältnis der öffentlichen zur privaten Forschung auch die Frage nach der Herkunft der Mittel für die Materialforschung und die Entwicklung der notwendigen Verfahrenstechnik. Vor diesem Hintergrund interessieren bei der Auswertung dieser Umfrageantworten vor allem die Anteile von Forschungsmitteln, die aus dem jeweils anderen Bereich stammen. Die Ergebnisse der

Auswertung zeigen den Stellenwert der öffentlichen Förderung für die Industrie, wo dieser Fördermittelanteil in etwa 54 % der Fälle bei etwa 10 % oder weniger und in etwa 81 % der Fälle bei 30 % und weniger liegt. Bemerkenswert ist jedoch, daß in Einzelfällen die Mittel für Forschung und Entwicklung durch die Bewilligung von öffentlichen Fördergeldern fast verdoppelt werden kann. Eine ähnliches Ergebnis ergibt sich für den umgekehrten Fall der industriellen Drittmittel in der öffentlichen Forschung. In 79 % der Fälle liegt hier der Anteil unterhalb von 30 % (vgl. Abschn. Anhang 2.6, Frage S11).

Eine detaillierte Aufarbeitung und Darstellung des Verhältnis der öffentlichen zu der privaten Forschung für den Bereich der Materialforschung übersteigt nicht nur aus den genannten statistischen Problemen den Rahmen der Studie. Die Fakten und Trends dokumentieren daher nur einen groben Überblick.

5.4 Relation Humankapital zur Innovationsfähigkeit

Im Bereich der Arbeitsmarktsituation gibt es große Unterschiede zwischen den USA, Japan und Europa. Die negativen Auswirkungen der wirtschaftlichen Rezession am Ende der achtziger, Anfang der neunziger Jahre waren in Europa, wie in Abb. 5.5.7 dargestellt, deutlich stärker als in den USA oder Japan. In der EU sind zwischen 1990 und 1995 in fast allen Bereichen (ausgenommen Pharmaprodukte) die Beschäftigungszahlen um mindestens zwei bis vier Prozent zurückgegangen. Insbesondere die in der EU ansässigen Großunternehmen hatten die höchsten Arbeitsplatzverluste zu verzeichnen. Im Gegensatz dazu erfolgte in der gleichen Zeit bei US-amerikanischen Großunternehmen eine Schaffung von Arbeitsplätzen.

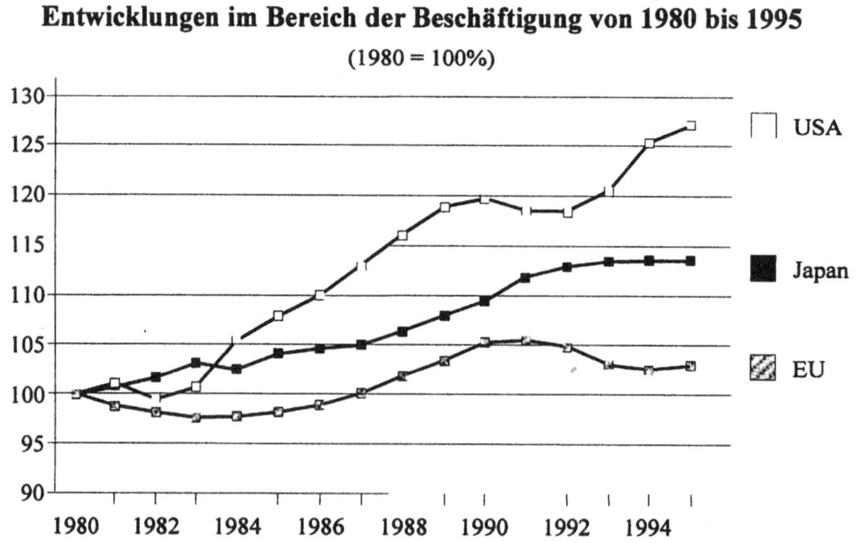

Abb. 5.5.7. Entwicklung im Bereich der Beschäftigung im Vergleich EU, USA und Japan (FTE19 1998, veränderte Darstellung)

Ähnlich ist die Situation bei High-Tech-intensiven Unternehmen, deren Erfolg bei der Schaffung von Arbeitsplätzen bisher gering ist (FTE20 1998).

Diese unterschiedliche Entwicklung der Arbeitsmärkte verdeutlicht, daß Menschen mit unzureichender Bildung und Qualifizierung keinen Zugang zu Wissenschaft und Technik (W&T) finden und dadurch immer weniger von einem steigenden wirtschaftlichen Wohlstand profitieren. Nach einer Schlußfolgerung im ERSTI-Bericht zur Abwendung dieser Problematik „muß Europa in erhöhtem Maße in die Entwicklung von Humankapital investieren". Unterstrichen wird diese Forderung durch die zahlenmäßigen Angaben des zweiten europäischen Berichts über W&T-Indikatoren zur Akademikerquote im Ingenieurwesen und Technik. Laut den dort zu findenden Indikatoren und Daten bringt Europa in den Bereichen *Ingenieurwesen* und *Technologie* pro Kopf weniger Hochschulabsolventen hervor als Nordamerika oder Asien. Die Angaben sind in Abb. 5.5.8 grafisch dargestellt. Der Hauptunterschied betrifft die Zahl männlicher Studenten, die Kluft zwischen Männern und Frauen mit technischem Studienabschluß ist weltweit sehr groß (I&T12 1998).

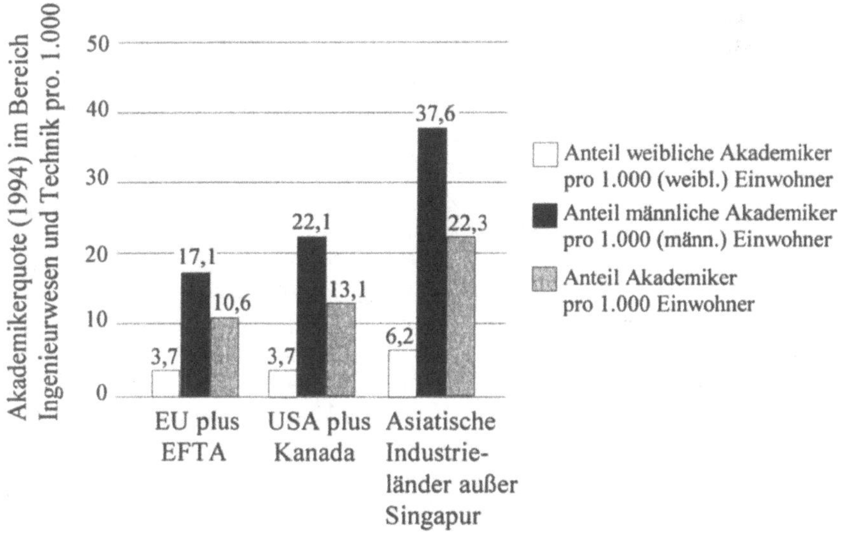

Abb. 5.5.8. Akademikerquote im Bereich Ingenieurwesen und Technik im Jahr 1994 im Vergleich EU, USA und Asien (I&T12 1998, veränderte Darstellung)

Weiterhin müssen F&E sowie Innovationsfähigkeit erweitert und Forschungsergebnisse viel effizienter vermarktet werden (FTE19 1998). Die Verfasser des zweiten europäischen Berichts über W&T-Indikatoren stellen dafür zwei strategische Achsen in den Vordergrund, mit denen sich die W&T-Leistungen dynamisieren lassen (FTE20 1998):

- Als besonders wichtig wird die Stärkung der Schnittstelle zwischen Universität bzw. Forschungsinstituten und Industrie gesehen. Die Stärken der Forschung der Universitäten und Forschungsinstitute sollte stärker genutzt und ausgebaut werden. So wird im Bericht empfohlen, die politischen Maßnahmen zur Entwicklung der Beziehung zwischen Unternehmen und Universitäten auf die Forschungskultur der Hochschulen abzustimmen. Hierbei sollte ein zu kommerzieller Ansatz vermieden werden. Die Ziele des Unternehmens sollten vielmehr mit den langfristigen Forschungszielen der Universitäten und Forschungsinstituten abgestimmt werden.

- Die zweite Achse beruht auf dem Zusammenspiel von Unternehmen, beispielsweise in Form von Bündnissen zwischen KMU und Großunternehmen. Die Förderung derartiger Zusammenspiele war bereits Gegenstand von Fördermaßnahmen auf nationaler und europäischer Ebene. Zukünftig könnte nach Aussagen des Berichtes eine wichtige Rolle der Politik darin bestehen, die Innovation in KMU mit Hilfe regionaler Fördermaßnahmen zu stärken.

5.5 Zukünftige Entwicklung oder die „Philosophie der Materialforschung“

Ob grundlagenorientiert oder systeminduziert, die Materialforschung nimmt bei den Industrieländern der EU eine vorrangige Position ein, da der Werkstoff mit der verbundenen Prozeßtechnik eine Schlüsselstellung bei der Entwicklung der technischen Reife eines Systems oder innovativer technischer Neuerungen einnimmt. Mit zunehmendem technischen Reifegrad steigt jedoch auch der damit verbundene Aufwand und nebenbei erhöht sich der Grad an Komplexität, nicht unbedingt des Endprodukts aber bei Gliedern seiner Produktionskette. Die positive Wirkung dieser Entwicklung ist die zunehmende Bereitschaft und notwendige Erkenntnis, daß die anstehenden Forschungsanstrengungen weitgehend nur in global vernetzten Kooperationen zwischen Wissenschaft und Industrie durchgeführt werden sollten; nicht nur um Synergieeffekte zu nutzen, sondern um den veränderten Bedingungen der Forschungsförderung Rechnung zu tragen.

Einige bestehende und geplante Forschungsförderungsprogramme oder Initiativen der Länder (wie MaTech in Deutschland; Schwerpunktprogramm „Werkstoffe“ in der Schweiz) und der EU (4. Rahmenprogramm, EUREKA) prüfen die Anträge nach entsprechenden Kriterien und weisen daher solche Ziele explizit aus. EUREKA z. B. ist eine politische Initiative für grenzüberschreitende Zusammenarbeit auf dem Gebiet Forschung und Entwicklung im technischen Bereich für zivile Zwecke mit der Intention, das vorhandene Potential an fachlicher Kompetenz und finanziellen Ressourcen in Kooperationsprojekten zu bündeln und somit effektiver zu nutzen. Es ist kein Förderprogramm der EU, sondern stellt zu den Forschungsprogrammen der EU eine schlüssige Ergänzung dar. Im Gegensatz zu den Programmen der EU ist EUREKA kein vorab inhaltlich festgelegtes und im Konsens beschlossenes Programm, zu dem sich Institutionen bewerben können. Vielmehr stellt EUREKA einen offenen Rahmen für Forschungsaktivitäten dar. Die Teilnehmer antworten somit nicht auf Programmausschreibungen, sondern legen in eigener Initiative Thema, Partner, Umfang und Art der Zusammenarbeit fest. Da EUREKA kein Förderprogramm mit eigenen finanziellen Mitteln ist, sind die Unternehmen und Forschungseinrichtungen für die Finanzierung selbst verantwortlich. Eine wachsende Zahl der Projekte wird ohne öffentliche Förderung durchgeführt. Wird eine Förderung benötigt, können nationale Mittel oder EU-Mittel beantragt werden. Durch die Struktur von EUREKA ist die thematische Vielfalt der Projekte sehr groß. Weiterhin können Bereiche abgedeckt werden, die in anderen EU-Programmen nicht berücksichtigt sind (EUREKA 1996).

Der Innovationsstandort Europa, ein häufig wiederkehrender Ausdruck, doch was soll darunter verstanden werden? Im Kontext dieser Studie bedeutet Innovationsstandort, die Fähigkeit, Neuerungen im Bereich der Materialwissenschaft hervorzubringen, zu erforschen und zu entwickeln sowie erfolgreich in einem Markt umzusetzen. Dabei ist die Rolle der Innovation sehr vielschichtig. Sie soll dazu beitragen, den Standort Europa wirtschaftlich zu festigen, den dort ansässigen Industriebetrieben eine Spitzenposition im internationalen Kontext ermöglichen. Materialinnovationen werden aber auch zu einer Erneuerung der bestehenden Industriestrukturen führen und es werden neue Wirtschaftszweige entstehen können. Das bedeutet, daß Produkt- und Dienstleistungsangebote umgestellt und ausgeweitet werden, davon werden auch die entsprechenden Märkte betroffen sein. Entscheidende Herausforderungen aber auch Widerstände auf dem Gebiet der Materialwissenschaft werden die Innovationen entwickeln, welche weitreichende Umstellungen der Herstell- und Produktionsmethoden erfordern. Daneben ist es wichtig, Änderungen bei Arbeitsorganisation, den Arbeitsbedingungen und der Qualifikation der Arbeitnehmer herbeizuführen. Grundvoraussetzung für eine ideale Realisierung ist die Forderung, daß keine strikte Abgrenzung zwischen den innovierenden Unternehmen und dem materialwissenschaftlichen Umfeld in Europa besteht.

Im Rahmen der Durchführung des ersten Aktionsplans für Innovation in Europa wurden auf der Basis eines intensiven Informations- und Erfahrungsaustausches und der Bildung von Arbeitsgruppen zum Thema „Gründung und Wachstum von technologieorientierten Unternehmen“ Problemfelder und Vorschläge erarbeitet. Neben allgemeinen Prinzipien wurden vor allem vier Bereiche herausgearbeitet (I&T12 1998):

1. Verbesserung des Zugangs zu Fachwissen und Kompetenz
   - Aufbau interner Ressourcen durch Schulung und Einstellung erfahrener Mitarbeiter
   - Nutzung externer Ressourcen
   - Der Schutz geistigen Eigentums
   - Entwicklung von unterstützenden Strukturen und Maßnahmen
2. Verbesserung des Zugangs zu Finanzmitteln
   - Öffentliche Finanzierungsbeteiligung
   - Partnerschaft zwischen öffentlichen und privaten Einrichtungen
   - Ausbau der Beziehungen zwischen den Akteuren
   - Ordnungspolitische bzw. gesetzliche Maßnahmen
3. Verbesserung des Marktzuganges
   - Bezuschussung von Marktstudien
   - Bereitstellung von Marktinformationen
   - Schaffung von Märkten für neue Firmen

4. Schaffung innovationsfreundlicher Rahmenbedingungen
   - Förderung einer Kultur der Selbständigkeit
   - Verbesserung allgemeiner steuerlicher und ordnungspolitischer Rahmenbedingungen

5.6 Europäische Arbeitsteilung

Im Weißbuch „Wachstum, Wettbewerbsfähigkeit, Beschäftigung – Herausforderungen der Gegenwart und Wege ins 21. Jahrhundert" (EU 1994) wird attestiert, daß das System der europäischen Forschung und Industrie eine Anzahl von „traditionellen" Schwächen aufweist. Das Weißbuch benennt als erste Schwäche den finanziellen Aufwand. Die EU investiert im Vergleich zu USA und Japan, den schärfsten Konkurrenten, weniger in den Bereichen Forschung und Entwicklung (vgl. Abb. 5.5.2).

Es ist eine ökonomische Aufgabe für alle Beteiligten, mit Blick auf eine europäische Arbeitsteilung zu entscheiden, ob und wo die jeweiligen vorhandenen Kapazitäten und Kompetenzen unter sich verändernden Wettbewerbsbedingungen sich behaupten können und mit industrieller Perspektive geführt werden können.

Als zweite Schwäche weist der Bericht auf die mangelnde Koordinierung der europäischen Forschungs- und Entwicklungsmaßnahmen hin. Oftmals liegt das Problem in dem Zuständigkeitsbereich, Programme und Strategien werden nicht nur auf verschiedenen Ebenen entschieden, sondern werden von mehreren „konkurrierenden" Einrichtungen mit unterschiedlichen Zielvorgaben betreut. Diese Problematik bildet oft die Kontingenz der Referateverteilung in den staatlichen Instanzen nur ab: Wer fördert was unter welchem Stichwort? Dies betrifft besonders neue fachübergreifende Entwicklungen wie Simulation oder Biomaterialien.

Ein beispielhafter Blick auf das bundesdeutsche Problem einer mangelnden Koordination zwischen BMBF und BMELF im Rahmen der Forschung und Entwicklung neuer Anwendungsgebiete bei Pflanzenfasern soll die Schwäche unterstreichen. Die meisten Entwicklungsfortschritte in diesem Forschungsgebiet sind durch private Initiativen erreicht worden. Das BMBF förderte vorrangig sogenannte „HighTech"-Anwendungen, wohingegen das BMELF die Förderung auf den Anbau und die ersten Verarbeitungsschritte lenkte vor dem Hintergrund bestehender Agrarüberschüsse (vgl. auch Abschn. 4.4 *Ausblick*). Die Schwäche der „planlosen" Koordinierung könnte durch ein effizientes Monitoring auf übergeordneter Ebene, wie einem Cluster zu *Pflanzenfasern im Automobilbau*, behoben werden.

Die größte Schwäche liegt aber in der unzureichenden Umsetzung der erzielten wissenschaftlichen Ergebnisse in industrielle und kommerzielle Erfolge. Die wissenschaftlichen und technischen Leistungen der europäischen Forschungseinrichtungen können mit denen der Hauptpartner verglichen werden, aber der Umsetzungsvorgang der hervorgebrachten Innovationen in den Markt ist zu kritisieren.

Die starken Unterschiede der Industriestruktur in Europa sind sicherlich ein Problem dabei, welche gleichbedeutend mit einem Unterschied in der technischen Leistungsfähigkeit der Regionen einhergehen. Viele EU-Länder bemühen sich daher, mit eigenen Lösungen diesem Problem zu begegnen. Die Förderanstrengungen gehen dabei in Richtung von KMU-Netzen über die Kooperation von Forschungseinrichtungen und KMU. Die gemachten Erfahrungen sind durchweg positiver Art, doch handelt es sich bei den vorhandenen Kooperationen primär um nationale. Wünschenswert müssen aber auch länderüberschreitende Kooperationen sein. In einigen Fällen könnte die europäische Zusammenarbeit als die Bedingung formuliert werden zur Schaffung der Voraussetzungen von innovativen Fortschritten.

Beispielhaft sind dabei die sich aus der Notwendigkeit des Wettbewerbs und des Bestehens im Markt etablierten Gemeinschaften der Luft- und Raumfahrtindustrie. Wer könnte sich heute noch vorstellen, daß europäische Flugzeugbauer nicht nur in Konkurrenz zu Boeing stehen sondern auch noch gegeneinander. Dem Airbus-Programm kommt in diesem Bereich der entstandenen europäischen Allianzen eine herausragende Bedeutung zu. Der zukunftsweisende Ansatz, den Wissenschaft und Industrie dabei beschreiten, muß in den nächsten Jahren weiter verbessert werden. Um die verfügbaren Ressourcen bestmöglich einzusetzen, sind die gesetzten industriellen und technischen Ziele in europäische und nationale Programme eingebettet.

Im kommenden 5. Rahmenprogramm der EU ist die Luftfahrtforschung eine der Schlüsselaktivitäten mit einem Budgetansatz von derzeit 700 Mio. Euro (rund 1,373 Mrd. DM). Wesentliche Prioritäten bei der europäischen Arbeitsteilung hierbei sind eine stärkere Anwendungsorientierung der Forschungs- und Entwicklungsarbeiten, die Synergien zwischen den europäischen und nationalen Programmen zu verstärken und den Abbau von bürokratischen Hürden. Auf nationaler Ebene wurde 1995 das Luftfahrtforschungsprogramm gestartet. Das integrierte F&T-Programm hat eine Laufzeit von drei Jahren mit einem Volumen von 1,2 Mrd. DM. Mit diesem Programm förderte man Entwicklungen in den Bereichen Verkehrsflugzeuge, Hubschrauber und Triebwerke.

Als konkretes Beispiel wird das der Triebwerke betrachtet. Die Gesellschaft sorgt sich vor allem um den Schadstoffausstoß und die Lärmentwicklung. Durch den Einsatz von neuen Werkstoffen und Bauweisen könnte die Turbinenmasse um etwa 25 % reduziert werden. Um dieses Ziel zu erreichen, muß die Turbinensektion einer höheren Belastung ausgesetzt werden, mit dem Risiko, daß beim Abplatzen der herkömmlichen Wärmedämmschichten die Lebensdauer der ungeschützten Schaufeln rapide sinken und somit die Wartungsintervalle drastisch verkürzt werden, was wiederum zu wirtschaftlichem Mehraufwand führt. Der Durchbruch auf diesem Gebiet gelingt mit Hilfe von Turbinenschaufeln, deren Wärmeschutz für die vorgesehene Einsatzdauer sicher gewährleistet ist. Die dafür notwendigen Wärmedämmschichtsysteme und standardisierte Bewertungsmethoden müssen unter wirtschaftlichen Gesichtspunkten entwickelt werden (vgl. Abschn. 4.6).

Nun tritt neben das technische Problem der Realisierung der gesetzten Ziele ein weiteres hinzu. Im Rahmen des nationalen Programms wird diese Thematik gefördert und damit müssen die Fördermittel national aufgebracht werden, aber auf der anderen Seite sind die Kompetenzen, Standorte und die industrielle Kapazitäten aus nationaler Verantwortung weitgehend losgelöst. Das erfordert im Falle der Wärmedämmschichten einen Integrationsprozeß der beteiligten Forschungseinrichtungen, ähnlich dem amerikanischen im ATS-Programm.

Obwohl in Europa in bezug auf die USA ein vergleichbares industrielles Nutzungspotential vorhanden ist, existieren seit 1990 nur zwei kleinere Programme mit wechselnden Partnern und Aufgabenspektren. Die nationale Förderung der Problemstellung „Wärmedämmschichten" hat nun eine konkurrierende Forschung dreier Teams in Deutschland, Frankreich und Großbritannien hervorgebracht, an denen die jeweiligen nationalen Industriebetriebe beteiligt sind. Es liegt auf der Hand, daß in dem speziellen Anwendungsgebiet durch diese Art der europäischen „Verbundforschung" gravierende Probleme und Wettbewerbsnachteile bei der Realisierung der sehr anspruchsvollen technischen Ziele auftreten.

In diesem industriedominierten Fall könnte, wie bei den Naturfasern auch, ein systematisch auf Europa ausgerichtetes und mittelfristig angelegtes Forschungsprogramm dafür Sorge tragen, daß durch eine ausgewogene Interessenabwägung die technischen Vorgaben und damit der industrielle Nutzen erreicht werden kann und somit der Markterhalt für Europa gesichert wird. Der derzeitige europäische Integrationsprozeß in der Luftfahrt – die AIRBUS AG – könnte zu „übernationalen" europäischen Forschungsverbundstrukturen führen, was durchaus realistisch erscheint. Doch es bleibt die Frage zu stellen, wie diese aktiven Netzwerke koordiniert und unterstützt werden können. Zum einen müssen die vorhandenen Mittel besser für die detaillierte Durchdringung der wissenschaftlichen und wirtschaftlichen Situation in Europa eingesetzt werden und zum anderen könnte eine DFG auf europäischer Ebene – ähnlich der ESA für die Raumfahrt – die Geschlossenheit der Forschungslandschaft sukzessive herstellen.

Zur weiteren Stärkung der materialwissenschaftlichen Forschung und für die effizientere Nutzung der Ergebnisse für die Industrie werden nationale Beratungs- und Kompetenzzentren eingerichtet. Diese Einrichtungen beschreiben eine Gruppe – neuerdings auch Cluster – von Akteuren aus Wissenschaft und Wirtschaft die an einem Ort oder virtuell (Verbund) zusammengefaßt sind. Bei den Zentren geht es um die Schaffung von Netzwerken bei F&E-Kapazitäten, Rahmenbedingungen und Infrastrukturen, die sowohl interdisziplinär (quer zu den Fachdisziplinen) als auch in den Fachdisziplinen zur Abdeckung der Wertschöpfung (Idee-Forschung-Entwicklung-Produktion-Vermarktung) ausgerichtet sind. Darin soll nicht nur wissenschaftlich-technische Kompetenz auf hohem Niveau vereinigt werden, sondern auch die organisatorischen Fähigkeiten eines Dienstleistungsanbieters den industriellen Kunden geboten werden.

Primär sind aber die Ausschreibungen solcher Kompetenzzentren, wie der im September 1998 abgeschlossene Wettbewerb zur Förderung von bis zu fünf Nanotechnologie-Kompetenzzentren, auf die Stärkung des nationalen Standorts ausgerichtet. Das erwartete Beschäftigungspotential und die Schaffung neuer Wirtschaftszweige soll dem nationalen Standort zugute kommen. Grenzüberschreitende Kontakte findet man in den klassischen Euro-Regionen. Die Initiative REGIOTECH ist ein Projekt im Rahmen des INTERREG II Programms der EU. Es zielt auf die Intensivierung der grenzüberschreitenden Zusammenarbeit zwischen den Forschungseinrichtungen und den Unternehmen der Euro-Region Saar-Lor-Lux-Trier/Westpfalz-Wallonien.

Daneben wird von der Europäischen Kommission zur Unterstützung der mittelständischen Wirtschaft ein Netzwerk von 260 Euro Info Centren (EIC) in ganz Europa eingerichtet. Ein EIC steht den Ansprechpartnern als zentrale Informationsstelle für alle europäischen Fragen zur Verfügung. So können über ein elektronisch gestütztes Kommunikationssystem in kürzester Zeit Informationen über nationale Vorschriften in den gewünschten Mitgliedstaaten ausgetauscht und Kooperationspartner z.B. für Forschungszwecke innerhalb der EU vermittelt werden.

Europäische Kooperationen und Integrationen in der Materialwissenschaft sind ein wichtiger Maßstab für die Leistungsfähigkeit von Wissenschaft und Industrie und eine Notwendigkeit angesichts des global zunehmenden Wettbewerbs. Eine schlagkräftige europäische Materialwissenschaft muß auf der anderen Seite notwendigerweise von einem politischen Handlungsfeld unterstützt werden, etwa durch klare, richtungsweisende und langfristige Entscheidungen und Vorgaben. Nur so können wichtige Forschungsprogramme mit materialwissenschaftlichen Aufgabenstellungen in einer europäischen Arbeitsteilung verankert werden.

5.7 Schlußfolgerungen

- Die Recherche der Daten zeigte, daß es an einer Transparenz der Förderung mangelt, da nicht die gesamte Werkstofforschung auch als solche deklariert wird.
- Die mangelnde Transparenz beruht auf der Tatsache, daß es keine vernünftige und einheitliche Klassifizierung gibt, da der vorhandene Stichwortkatalog willkürlich verwendet wird. Damit müßte für eine belastbare Analyse eine Einzelprojekt „Nach-“Klassifizierung von Hand erfolgen.
- Im europäischen Bereich fehlen übergreifende Datensammlungen (eine Aufgabe für das Institute for Prospective Technological Studies (IPTS)?) als Vorbedingung für eine europäische Arbeitsteilung und für Synergieeffekte. Der Aufbau einer Ordnungsstruktur für eine entsprechende Datenbank wäre ein eigenes Projekt wert. Die Probleme der Klassifikation von Materialforschungs- und Entwicklungsaktivitäten (z.B. Verbuchung unter Materialforschung oder unter dem jeweiligen Anwendungskontext oder unter dem Verfahrens-/Herstellungs-Aspekt?) bringen dann Probleme des Suchens nach Stichworten mit sich.
- Durch die Konkurrenzsituation und verringerte Etats der öffentlichen Förderstellen ist es oftmals nicht erwünscht, Materialforschungen als solche zu deklarieren. Dies hat zur Folge, daß Themen oft mehrfach beantragt werden können.
- Es würde sich anbieten, eine European Science Foundation (ESF)[1] zu gründen, die die Forschungsziele vorgibt, koordiniert und überwacht, ähnlich der DFG. Die Steuerung der Förderung durch eine ESF muß nicht zwangsweise gegen den Grundsatz der „Freiheit der Wissenschaften“ gerichtet sein.
- Es müssen verstärkt europäische Zusammenschlüsse stattfinden, aber ohne den Primat der Gleichverteilung oder der nationalen Belange. Erst so könnte eine europäische Arbeitsteilung zu einer Effektivitätssteigerung führen.
- In Europa ist die Forschung zu wenig zielorientiert – vielfach wird das „Gießkannenprinzip“ angewendet, da aus „politischen“ Gründen Randregionen mit berücksichtigt werden müssen. In den USA werden Themen für Forschungs-

[1] Es wird darauf hingewiesen, daß mit dieser Schlußfolgerung nicht die bereits existierende Einrichtung mit gleichem Namen gemeint ist.

programme von der Regierung im Konsens mit der Industrie definiert, wobei eine starke Bündelung auf Vorhaben von nationalem Interesse erfolgt aber mit harten Abbruchbedingungen und klaren Fristen. Dabei werden auch Themen aus der Grundlagenforschung mit berücksichtigt. Dagegen stehen in Europa die anwendungsorientierte Forschung und der Techniktransfer im Vordergrund.

- Die Grundlagenforschung, soweit sie die Werkstoffwissenschaft betrifft, wird nur national und ohne Koordination gefördert. Dies führt zu einer Verarmung der Forschung in Europa mit der Folge, daß langfristig kein Potential für den weiteren Transfer mehr vorhanden sein wird und die Industrie an Wettbewerbsvorteilen verlieren wird bzw. das notwendige Wissen außereuropäisch einkauft.

6 Materialwissenschaften im gesellschaftlichen Kontext

Die im Memorandum vorgenommenen Analysen in den genannten thematischen Schwerpunkten wurden auf aktuelle Problemfelder im Spannungsbereich zwischen den Materialwissenschaften und ihrem gesellschaftlichen und politischen Umfeld bezogen, um auf diese Weise begründete Perspektiven und Handlungsempfehlungen zur Gestaltung der weiteren Zukunft in diesem Bereich zu formulieren. Die Empfehlungen richten sich an die beteiligten Akteure in Politik, in Verbänden und in den Materialwissenschaften in Forschung und Lehre. Sie sind, wie gesagt, aus der *Innenperspektive* der Materialwissenschaften entstanden (vgl. Abschn. 2.4).

6.1 Ziele in Materialforschung und -entwicklung

Begreift man Materialentwicklungen als Mittel zur Erreichung von bestimmten Zielen wie

- der *Ermöglichung* der Entwicklung neuartiger technischer Systeme wie z.B. elektrische Antriebe für PKW (Abschn. 6.1.1, Fallbeispiel Abschn. 4.2),
- der *Substitution* von bislang üblichen Materialien durch in bestimmten Hinsichten bessere (etwa aus Umweltschutz-, Gesundheits- oder Wirtschaftlichkeitsgründen), etwa von synthetischen Materalien durch nachwachsende Rohstoffe (Abschn. 6.1.2, 6.1.3, Fallbeispiel Abschn. 4.4),

so ist, wenn die *umfassende* Beurteilung einer Materialentwicklung gefragt ist, stets auch die Ebene dieser Ziele mit zu berücksichtigen. Denn:

1. Eine ausschließliche Analyse der Eignung der betreffenden Materialentwicklung für ein (nicht weiter hinterfragtes) Ziel verhindert, daß mögliche Alternativen zur Erreichung des gleichen Ziels auch nur in Betracht gezogen werden können. Erst im *Vergleich konkurrierender Optionen* jedoch kann eine sinnvolle Auswahl begründet und transparent getroffen werden (man denke etwa an die Optionen Metallventil oder Keramikventil im Verbrennungsmotor, Abschn. 4.1).
2. Die Ziele selbst bedürfen einer kritischen Analyse, da sie die normative Basis für Erfolgsbeurteilungen bilden. So entscheidet über die Rationalität der Forschungsförderung im Bereich Keramik (vgl. Abschn. 4.1) nicht nur das Verhältnis von eingesetzten (Forschungs-)Mitteln zum erreichten Output in die industrielle Praxis hinein, sondern auch die Rationalität der Zielsetzung, keramische Bauteile im Verbrennungsmotor haben zu wollen.

Dabei darf – und dies betrifft alle Aspekte der Erforschung und Entwicklung neuer Materialien bis hin zu Charakterisierungsmethoden und Verfahrenstechniken – die Optimierung und Beurteilung nicht unter *ausschließlich technischen* Zielsetzungen und Kriterien erfolgen, sondern die *im betreffenden Kontext relevante Zielhierarchie* muß einbezogen werden. Die Anwendungskontexte und ihre speziellen Bedingungen sowie allgemeine gesellschaftliche Erwartungen determinieren ebenfalls die Rationalität und den „Sinn" technischer Entwicklungen (Rip et al. 1995, Grin u. Grunwald 1999): Materialentwicklung ist kein Selbstzweck.

Daher kommt der Formulierung der Ziele in der Materialentwicklung und der Kohärenz von entsprechenden Zielsystemen eine erhebliche Bedeutung zu. Entwicklungen können keinen Erfolg haben, wenn bereits auf dieser Ebene Inkonsistenzen, Unsicherheiten oder einfach Fehleinschätzungen vorliegen. Die Herstellung von Zielkohärenz erfordert im Bereich der Forschungsförderung oftmals *interministerielle* Koordination und Kooperation, genauso wie die wissenschaftliche Beratung in diesem Falle *interdisziplinär* erfolgen muß (als Beispiel vgl. Abschn. 4.4). Ein besonders gutes Beispiel für die Bedeutung der Kontexte und der (oft divergierenden) Zielsysteme der beteiligten Akteure ist die Einführung elektrischer Antriebe in Automobilen (Abschn. 4.2), man denke an die verschiedenen Zielsysteme der Öl-Lobby und der Umweltverbände, an die Notwendigkeit neuer Infrastrukturen für diesen Fall und an die Fahrgewohnheiten der Autobesitzer als mit in Betracht zu ziehende Elemente einer *umfassenden* Bewertung. Die Ergebnisse solcher Beurteilungen haben Geltung immer nur *relativ zu Anwendungskontexten* (Grin u. Grunwald 1999). Abstrakte und pauschale Aussagen über die Eignung von Materialien sind in sich sinnlos (Beispiel: wenn die Kosten pro Kilogramm Strukturmasse sich in PKW und Flugzeug um den Faktor 100 unterscheiden, so hat dieser Anwendungsbezug erheblichen Einfluß auf Bewertungen von Strukturmaterialien in den betreffenden Bereichen). Analysen der Anwendungskontexte werden immer noch zu wenig durchgeführt, z.B. wegen disziplinärer Barrieren zwischen Teildisziplinen, zwischen grundlagen- und umsetzungsorientierter Forschung und zwischen Technik- und Kulturwissenschaften. Wenn darüber hinaus keine begleitende Reflexion der *kontextuell bedingten* Erfolgsbedingungen von Materialentwicklung (z.B. in Form der Aussichten auf eine Markteinführung) erfolgt, besteht die Gefahr „schiefer" oder einseitiger Zielsetzungen und der unreflektierten Fortführung von Entwicklungen trotz eines sich verändernden und den Erfolg in Frage stellenden gesellschaftlichen Umfeldes.

Materialforschung und -entwicklung erfolgen unter Zielsetzungen auf verschiedenen Ebenen: Sie reichen von individuellen Zielsetzungen von Wissenschaftlern über strategische Ziele auf Instituts- oder Unternehmensebene bis hin zu den Zielsetzungen, unter denen staatliche Instanzen diese Forschungseinrichtungen zu steuern versuchen, z.B. durch Forschungsförderung. Um Fragen des Typs „Was ist zu tun, damit bestimmte Entwicklungen in der gewünschten Richtung verlaufen?" (finaler Ansatz, vgl. Abschn. 2.2) beantworten zu können, muß zunächst geklärt sein, was unter „gewünschten Richtungen" zu verstehen ist. Auch dieser Aspekt erfordert also eine Verständigung über die Ziele der Materialentwicklung.

Die Arbeitsgruppe „Forschungsprospektion" des Wissenschaftsrates sieht Defizite gerade in der Abstimmung über Ziele und langfristige Überlegungen innerhalb der Wissenschaften selbst:

> Es fehlt insbesondere eine Verständigung über Ziele und Themen der Forschung, die jenseits der Fachgrenzen und -interessen angesiedelt ist. Eine solche wissenschaftsgeleitete, d.h. von Wissenschaftlern entscheidend mitgeprägte Abstimmung ist notwendig, um künftig wünschenswerte Arbeitsschwerpunkte aus Sicht der Forschung bestimmen zu können; dabei handelt es sich um Zeithorizonte von 10 bis maximal 15 Jahren, die erforderlich sind, damit sich neue Forschungs- und Wissensgebiete herausbilden und etablieren können (Wissenschaftsrat 1998, S. 113).

Wenn dieser Ebene der Abstimmung von den Wissenschaften zuwenig Bedeutung beigemessen wird, wenn also zuwenig über langfristige Zielsetzungen gesprochen wird, besteht die Gefahr, daß richtungsloser Inkrementalismus (Grunwald 1999b) und unkoordinierter Atomismus statt einer (gewünschten) kohärenten Zielsetzung für die Bearbeitung von Forschungsfeldern die Folge sind.

Um dies für den Bereich der Materialforschung und -entwicklung zu analysieren, seien zunächst die Zielsetzungen der Forschungsförderung in diesem Bereich in den Blick genommen. Materialforschung und -entwicklung stehen in vielfältiger Weise in Beziehung zum gesellschaftlichen Kontext und sind in Programme der staatlichen Forschungsförderung institutioneller und projektförmiger Art eingebunden (Kap. 5). Die erste Frage bezieht sich auf die Ziele, die der Staat mit der (erheblichen) Förderung der Materialforschung und -entwicklung verfolgt. Das BMBF führt selbst folgende Gründe an (MaTech 1997, S. 20):

- Materialforschung soll einen wesentlichen Beitrag zur Daseinsvorsorge und technologischen Wettbewerbsfähigkeit durch Erschließung bedeutender Potentiale für ressourcen- und umweltschonende Produkte und Verfahren leisten;
- Neue Materialien haben Schlüsselcharakter für volkswirtschaftlich bedeutende Technologie-Entwicklungen (vgl. Abschn. 2.1.1); durch die Förderung von Materialforschung sollen entsprechende Entwicklungen angeregt werden, um den Wirtschaftsstandort Deutschland zu stärken;
- Besonders lange Diffusionszeiten von Ergebnissen der Materialforschung in die Anwendung von 10-15 Jahre und mehr (vgl. Abschn. 6.2) haben erhebliche Investitionsrisiken zur Folge, die von KMU oftmals nicht getragen werden können;
- Materialentwicklungen, die zwar mengenmäßig klein, aber kostenintensiv sind, dienen oft der Systemermöglichung, sind jedoch für sich ökonomisch nicht lohnend (vgl. Abschn. 2.1, auch das Fallbeispiel in Abschn. 4.6, auch Deutscher Bundestag 1995, S. 15).

Im Vordergrund stehen wirtschaftspolitische Ziele der Standortsicherung und Stärkung der ökonomischen Wettbewerbsfähigkeit, zu denen Materialforschung und -entwicklung in einem instrumentellen Verhältnis gesehen werden. Als Nebenzweck tritt allein der Aspekt der Ressourcen- und Umweltschonung auf. Diese Ziele sind an anderer Stelle (MaTech 1998, S. 32) in bezug auf Operationalisierung weiter ausdifferenziert. Danach gehören zu den strategischen Zielen die Bündelung vorhandener Ressourcen, die Verknüpfung der einzelnen Wertschöpfungsstufen, die Beschleunigung des Ergebnistransfers und die Abstimmung der Fördermaßnahmen.

Um die internen Zielsetzungen der Materialwissenschaften hierzu in Beziehung setzen zu können, ist zunächst die Ebene festzulegen, auf der hier von Zielen geredet werden soll. Diese kann in einem abschließenden und zusammenfassenden

Kapitel nicht die Objektebene sein (z.B. welche Ziele werden für Titan-Aluminumlegierungen verfolgt), sondern nur auf der strategischen Ebene „der" Materialwissenschaft gesucht werden. Um dies zu tun, werden, ausgehend von den Schlußfolgerungen der Abschnitte in Kapitel 3 und 4, Bereiche von Zielen angegeben, die eine gewisse Integrationsleistung gegenüber vielen der dort genannten Teilziele haben. Diese Bereiche sind:

1. Materialforschung für *Systeminnovationen*,
2. Materialforschung für *Substitutionen*,
3. Materialwissenschaft und *Nachhaltigkeit* und – teilweise in einem Mittelverhältnis hierzu –
4. *Integration* der Materialforschung.

Die ersten beiden Punkte betreffen eine einfache Differenzierung des allgemeinen Ziels materialwissenschaftlicher Forschung, nämlich materialwissenschaftliche Inventionen (neues Know-how) zu produzieren, in zwei strukturell unterschiedene Anwendungsfälle: Geht es um neue technische Systeme oder die Ersetzung von Materialien in bestehenden Systemen? Der dritte Punkt führt zu der wesentlichen substantiellen Zielsetzung in den Materialwissenschaften, die seit einiger Zeit materialübergreifend verfolgt wird. Der letzte Punkt schließlich bezieht sich auf das Ziel einer möglichst effizienten Problemlösung durch materialwissenschaftliche Forschung und -entwicklung, die gegenwärtig vor allem durch integrative und interdisziplinäre Ansätze erwartet wird. Dies wird im folgenden erläutert.

6.1.1 Materialforschung und -entwicklung für Systeminnovationen

Neue Materialien bilden vielfach eine *conditio sine qua non* für die Entwicklung neuer technischer Systeme (Socher et al. 1994b, S. 23). Der Erfolg eines technischen Systems wäre in diesen Fällen ohne sie nicht denkbar gewesen, auch wenn das Material ökonomisch oder in der öffentlichen Wahrnehmung hinter dem System „verschwindet" (vgl. auch Abschn. 2.2.3). Viele Materialentwicklungen stellen *Basisinnovationen* dar. Wesentliches Ziel der Materialwissenschaft ist daher, diese Funktion wahrzunehmen und ihre Organisation und Struktur darauf auszurichten, daß derartige Basisinnovationen begünstigt werden. Systemermöglichende Funktionen neuer oder modifizierter Materialien einschließlich der korrespondierenden Charakterisierungs-, Fertigungs- und Prüfverfahren (Abschn. 3.3) werden in der vorliegenden Studie an vielen Stellen betont und es wurde auf aussichtsreiche Entwicklungen wie auf behindernde Faktoren hingewiesen. Erinnert sei insbesondere an

- die Beiträge der Materialforschung zur Entwicklung neuer Batterie-Typen für den Einsatz in Automobilen (Abschn. 4.2), die vielfach notwendige, aber nicht hinreichende Bedingungen für eine eventuelle Markteinführung darstellen,
- die Wärmedämmschichten (Abschn. 4.6), die in wesentlichen Teilen auf materialwissenschaftlichen Arbeiten zur Verbesserung der Lebensdauervorhersage und der Früherkennung von Schäden basieren,
- die (vielfach noch Perspektivencharakter tragenden) Aussichten auf neue technische Systeme durch Fortschritte im Bereich der Nanomaterialien, etwa in den

Anwendungsfeldern der Energiespeicherung oder der Halbleitertechnik (Abschn. 4.5).

Diese Entwicklungen sind durch hohes Risiko gekennzeichnet, insbesondere was noch im Anfang befindliche Forschung betrifft. Hierbei kommt hinzu, daß die Systemwechsel, die ermöglicht werden sollen, selbst nur perspektivisch erkennbar sind. Erschwerend kommen Konkurrenzsituationen hinzu, aktuell etwa zwischen Nanomaterialien und der Mikrosystemtechnik, die in dieser noch umsetzungsfernen Situation zu Entscheidungsproblemen führen. Über die Realisierungsaussichten kann in diesen Fällen nicht viel gesagt werden, zumal hier gravierende Kontexteinflüsse zu erwarten sind (allgemeingesellschaftliche Entwicklungen, konkurrierende technische Entwicklungen auf Material-, Produkt- oder Systemebene). Trotz dieser für eine Beurteilung hinderlichen Faktoren ist dieser Zielbereich für die Materialwissenschaften – die hier in erster Linie *angebotsorientiert* agieren, d.h. Materialien für neue technische Systeme entwickeln und anbieten – von essentieller Bedeutung. Materialwissenschaft ist hier *nicht bloßer Dienstleister* für die Produzenten dieser neuen Systeme, sondern kann durch innovative Entwicklungen Anstöße für gänzlich neue Technikrichtungen geben. Für das Selbstverständnis der Materialwissenschaften und die Möglichkeiten, die von ihnen erwarteten Innovationen bereitzustellen, ist diesem Punkt daher besondere Bedeutung beizumessen.

6.1.2 Materialforschung und -entwicklung für Substitutionen

Neben der Systemermöglichung steht als zweiter wesentlicher Zielbereich materialwissenschaftlicher Forschung und Entwicklung die Substitution bereits in bestehenden Systemen eingesetzter Materialien zur Optimierung bestimmter Leistungsmerkmale. Hierbei treten (definitionsgemäß) Konkurrenzen zwischen Materialien oder Materialiengruppen einschließlich der hierfür geeigneten Charakterisierungs- und Prüfverfahren auf. Hauptkriterium für erfolgreiche Substitutionen sind in erster Linie die Kosten des substituierenden Materials relativ zum substituierten.

> Die Gründe für die Substitution von Werkstoffen waren entweder die Kosten des Rohstoffs, die Kosten seiner Verarbeitung bis zum Produkt, die technischen Möglichkeiten der Verarbeitung oder die bessere Funktionserfüllung für den jeweiligen Anwendungsfall. (Deutscher Bundestag 1994, S. 50).

Das vorliegende Memorandum diskutiert (erfolgte oder angezielte) Substitutionen an verschiedenen Beispielen und Konstellationen. Einige dieser Felder sind:

- In den Bemühungen, in vorhandenen Transportsystemen verstärkt zur Leichtbauweise überzugehen, kommt es zu einer Konkurrenz zwischen Aluminium und avancierten Stählen (vgl. Abschn. 3.2.1, 3.2.2).
- Das Ziel des Einsatzes von Keramik im Verbrennungsmotor impliziert die Substitution von Metallen in den betreffenden Bauteilen (etwa im Ventil, vgl. Abschn. 4.1).

- Der Erfolg langglasfaserverstärkte Thermoplaste im Automobil (Abschn. 4.3) ging einher mit der Verdrängung anderer Materialien vor allem unter dem Kriterium der Kosten.
- Nachwachsende Rohstoffe müssen sich gegen bereits im Automobil oder Flugzeug eingesetzte Materialien unter technischen und ökonomischen Aspekten sowie unter Qualitätsgesichtspunkten durchsetzen (Abschn. 4.4).

Materialwissenschaftlich ermöglichte Substitutionen führen daher immer zu einer Konkurrenzsituation. Diese kann auf eine ganz andere Weise Erfolg haben als geplant, wenn z.B. aufgrund einer Konkurrenzentwicklung das ursprüngliche Material soweit verbessert wird, daß zwar die geplante Substitution mißlingt, aber durch die Leistungssteigerung des ursprünglichen Materials die gleichen Leistungsmerkmale auf Systemebene erreicht werden.

Kriterium für Entscheidungen ist vor allem das Kostenverhältnis. Da einerseits die Kosten sich *relativ zu den politisch gesetzten Rahmenbedingungen* des betreffenden Marktsegmentes ergeben und andererseits durch politische Vorgaben der reinen Kostensituation weitere Kriterien hinzugefügt werden können, besteht hier die Möglichkeit, durch politische Maßnahmen Einfluß zu nehmen. Ein Beispiel zum ersteren Fall wäre die stärkere Besteuerung von Energieverbrauch in Verkehrssystemen, die zu einer Bevorzugung z.B. von Leichtbauweisen und den daraus sich ergebenden veränderten Anforderungen an den Materialeinsatz führen würde. Der zweite Fall wäre z.B. gegeben, wenn durch Verordnungen wie die Altautoverordnung oder das Kreislaufwirtschaftsgesetz die Rahmenbedingungen für den Einsatz von Materialien verändert werden (indem etwa nur mit hohem Aufwand recyclingfähige Materialien wie Verbundwerkstoffe benachteiligt werden). Politische Maßnahmen können daher Substitutionen begünstigen oder erschweren. Dies ist von besonderer Bedeutung unter dem Aspekt der Nachhaltigkeitsdiskussion (s.u.).

6.1.3 Materialwissenschaft und umweltbezogene Nachhaltigkeit

Zusätzlich zu den traditionellen Zielen der Materialforschung (Innovation und Substitution, s.o.) vor dem Hintergrund technischer Optimierungen und wirtschaftlicher Gewinnerwartungen ist als Resultat der Entwicklung der letzten zwei Jahrzehnte als substantielle Zielsetzung die Berücksichtigung von umweltrelevanten Faktoren in der Materialforschung und -entwicklung zu konstatieren (Wissenschaftsrat 1993, 1996; Socher et al. 1994b):

> Heute ... [ist] es erforderlich, den Energie- und Ressourcenverbrauch, die Recycling- bzw. Demontagefähigkeit sowie Schadstoffemissionen bei der Werkstoffwahl frühzeitig zu bedenken (Deutscher Bundestag 1994, S. 50).

Folgen von Technikentwicklung und -einsatz hängen sowohl im Ausmaß als auch in der Art und Weise wesentlich von den eingesetzten Materialien ab, etwa hinsichtlich der Entsorgung oder Rezyklierung, hinsichtlich der Ökobilanz des Gesamtprodukts oder -systems oder im Kontext der Ressourcenschonung im Hinblick auf Energie und Stoffe und der Verbesserung der Emissionsbilanz. Neue Materialien können dazu Beiträge vor allem hinsichtlich der Substitution ökologisch bedenklicher Materialien und Verfahren, der Förderung der Rezyklierbarkeit von Stoffen und der Materialeinsparung leisten (vgl. Abschn. 2.1.2 als allgemeine Einführung, Kapitel 3 in den detaillierten Bemerkungen zu Einzelentwicklungen und Trends sowie Abschn. 4.4).

In der Beurteilung von umweltrelevanten Eigenschaften neuer Werkstoffe und der Auswirkungen ihres Einsatzes ist der gesamte *Lebenszyklus* von Entwicklung und Produktion über die Nutzung bis hin zur Entsorgung zugrundezulegen. Ansätze integrierter Betrachtungen (Socher et al. 1994b, s. u., Abschn. 6.1.4) sollen dazu beitragen, daß bereits in der Entwicklung der gesamte Lebenszyklus prospektiv berücksichtigt werden kann.

In der Materialforschung tritt hier ein Dilemma auf. Neue Materialien lassen sich zwar unter Gesichtspunkten ihrer Auswirkungen auf die natürliche Umwelt maßgeschneidert strukturieren und als komplexe Gefüge verschiedenster Bauteile in technischen Produkten implementieren. Dann stellt sich jedoch die Frage, inwieweit überhaupt und unter welchem Aufwand (Zeit, Geld, Energie) das Produkt am Ende der Lebensdauer wieder in seine Bestandteile zerlegbar ist, um die Einzelwerkstoffe rezyklieren zu können (kritisch in dieser Beziehung ist z.B. Aluminium in Verbindung mit Kunststoffen, vgl. Abschn. 3.2.2). Auch lassen sich maßgeschneiderte Werkstoffe nur mit elaborierten Verfahren der Fügetechnik optimal einsetzen. Diese Verfahren jedoch haben Auswirkungen auf die spätere Möglichkeit der Zerlegung (man denke z.B. an Klebetechniken). Weiterhin ist der für das Fügen und Zerlegen erforderliche Energieverbrauch zu beachten und mit den erreichbaren Vorteilen der Rezyklierung abzuwägen (Abschn. 3.2.6). Werkstoff-, Konstruktions- und Fertigungsentwicklungen haben zu Reduktionen beim Einsatz von Struktur und Funktionswerkstoffen mit der Folge einer Entlastung im Ressourceneinsatz und Energieverbrauch geführt (z.B. durch Leichtbau in Verkehrssystemen). An Grenzen stößt die Rezyklierbarkeit jedoch aufgrund der Heterogenisierung sowohl der inneren Werkstoffstrukturen wie auch der Komplexität der technischen Systeme, die den Rezyklieraufwand in die Höhe treiben.

An diesen Problemen ist zu erkennen, daß allgemeine und pauschale Forderungen, etwa nach einem Schließen der Stoffkreisläufe, in ihrer Pauschalität nicht weiterhelfen. Vielmehr geht es um die *Analyse und Abwägung in jeweils verschiedenen Einzelfällen* unter den jeweils verschiedenen Bedingungen:

> Die Chance zur Energieeinsparung während des Einsatzes eines Werkstoffes bringt aus ökologischer Sicht nicht unbedingt Gewinn, wenn zur Herstellung des Werkstoffs ein hoher energetischer Aufwand erforderlich ist. Die Verwendung eines nicht oder nur unter hohem Wertverlust rezyklierbaren Werkstoffes kann ökologisch sinnvoll sein, wenn der Werkstoff in der Anwendung deutliche ökologische Vorteile, wie z.B. eine lange Lebensdauer, aufweist (Deutscher Bundestag 1995, S. 18f.).

Die Berücksichtigung umweltrelevanter Aspekte in Materialforschung und -entwicklung hat zu einer erheblichen Komplexitätssteigerung der Anforderungen an Neue Materialien geführt, welche zu einer Fülle weiterer Forschungen Anlaß geben. Die Unangemessenheit pauschaler Antworten erklärt, daß auf dem Gebiet der Umweltaspekte der Materialforschung nach wie vor viele Fragen ungeklärt sind (Socher et al. 1994b, S. 87; Wissenschaftsrat 1996, S. 46).

In der vorliegenden Studie ist das Thema „Nachhaltigkeit" auf wahrscheinlich jeder Seite mindestens einmal in einer seiner vielen umweltbezogenen Facetten berührt worden. Dies zeigt, daß das Ziel, durch Materialentwicklung Beiträge zur

Umweltproblematik zu leisten, von den Materialwissenschaftlern verinnerlicht worden ist: Es ist nicht mehr erforderlich, diesem Themenbereich ein eigenes Kapitel zu widmen, *weil das Thema Eingang in den Alltag der Materialforschung und -entwicklung gefunden hat.* Einige Beispiele aus der vorliegenden Studie sind

- die Selbstverständlichkeit, mit der in zukünftiger Stahlentwicklung Recycling-Aspekte berücksichtigt werden (Abschn. 3.2.1),
- die Berücksichtigung des Recyclings von Aluminium aufgrund des hohen Primärenergiebedarfs; mittlerweile sind in einigen Bereichen Recycling-Quoten von teilweise über 90 Prozent erreicht (dies gilt auch für Kupfer) (vgl. Abschn. 3.2.2),
- die Zielrichtung der Entwicklung umweltfreundlicher Beschichtungssysteme, z.B. Lacke ohne Lösungsmittel (Abschn. 3.2.3),
- das Leitbild Leichtbau in Transportsystemen mit der resultierenden Energieeinsparung im Betrieb wird durch den zunehmenden Einsatz von Leichtmetallen (Aluminium, auch Magnesium, Abschn. 3.2.2), Faserverbundwerkstoffen und Kohlenstoffasern (Abschn. 3.2.6) ermöglicht,
- das Recycling von Hochleistungsverbundwerkstoffen steht hingegen noch am Anfang der Entwicklung (Abschn. 3.2.6).
- die Überlegungen, aus materialwissenschaftlicher Sicht traditionelle Werkstoffe durch Werkstoffe aus nachwachsenden Rohstoffen zu substituieren (Abschn. 3.2.6, 3.2.7), die bereits zu einer Reihe neuartiger Produkte geführt haben (Abschn. 4.4 für den Bereich der Fahrzeuginnenverkleidung).
- Die Nanotechnologie ermöglicht in vielen denkbaren Anwendungen eine "soft chemistry" (Abschn. 3.2.9).

Selbstverständlich sind die Materialwissenschaften nicht allein, wahrscheinlich nicht einmal primär verantwortlich für eine umweltverträgliche Technikgestaltung. Hier sind zumindest noch die Gestaltung der Rahmenbedingungen durch die Politik, die Produktplanung in der Industrie und das Verhalten der Techniknutzer zu nennen. Die Beispiele machen aber deutlich, daß die Materialwissenschaften wesentliche Beiträge durch eine entsprechende Berücksichtigung umweltrelevanter Belange in ihrer Zielhierarchie leisten können und dies auch tun.

Ist also das Ziel von relativ zu bestimmten Kriterien „umweltverträglicher" Technikgestaltung in den Materialwissenschaften akzeptierte Praxis, so besteht in vielen Feldern dringender Forschungsbedarf. Hier sind kontextuelle Einzelanalysen im Gegensatz zu pauschalen Aussagen erforderlich. Die Ziele für derartige Teilbereiche materialwissenschaftlicher Forschung unter Berücksichtigung von Umweltaspekten können nur in einem *Zusammenwirken von Materialwissenschaftlern und Stoffökologen im Einzelfall* bestimmt werden. Die Kontextualisierungsanforderungen steigen, weil eine ökologische Bewertung neuer Werkstoffe allein nicht hinreichend ist: „Unter Umständen wiegen die durch den Werkstoffeinsatz erreichbaren Ziele nicht-ökologischer Art aus gesamtgesellschaftlicher Sicht die während seines Lebenszyklus auftretenden Beeinträchtigungen der Umwelt auf" (Deutscher Bundestag 1995, S. 19). Ökobilanzen wie auch Produktlinienanalysen (als Überblick vgl. Socher et al. 1994b) können demnach nur Teil einer integrierten Beurteilung sein (integrated assessment). Soll ein solches in die Design- und Entwicklungsvorgänge eingebracht werden, muß Materialforschung, wenigstens in den hierfür sensiblen anwendungsnahen Feldern, selbst integriert arbeiten.

6.1.4 Integration der Materialforschung

In den Materialwissenschaften findet, wie auch in anderen Wissenschaftsbereichen, eine weitergehende Spezialisierung statt. Ist diese Spezialisierung in vielerlei Hinsicht wissenschaftsimmanent durchaus plausibel, ergeben sich jedoch Nachteile in bezug auf erwartete und geforderte integrative Problemlösungen. So wird die zu geringe Interdisziplinarität von Forschung und Lehre beklagt (Wissenschaftsrat 1998, S. 117ff.), insbesondere angesichts der Einschätzung, daß „wissenschaftlich Neues vor allem ‚zwischen' den Disziplinen entstehe" (Wissenschaftsrat 1998, S. 4). In der Tat zieht es sich wie ein *ceterum censeo* auch durch den vorliegenden Bericht, daß in vielen Fällen zuviel (oftmals unkoordinierte) disziplinäre oder subdisziplinäre Detailarbeit betrieben wird, während aus Sicht der oben genannten Zielbereiche (Abschn. 6.1) integrative Ansätze erforderlich wären. Einige Beispiele sind:

- Der wenig prestigeträchtigen Prozeßtechnologie wurde in der Entwicklung von Keramikbauteilen für den Verbrennungsmotor zu spät Aufmerksamkeit gewidmet, Verfahren der eigentlich erforderlichen zerstörungsfreien Werkstoffprüfung sind nicht vorhanden (Abschn. 4.1). Die Probleme reichen bis in die Ausbildung zurück, weil in der Regel Maschinenbauer nicht mit Keramik vertraut gemacht werden.
- In zukünftiger Stahlentwicklung sollen Material- und Verfahrensentwicklung Hand in Hand durchgeführt werden, dabei gehe es vor allem um eine Einsparung von Prozeßschritten und um die Entwicklung von Prozessen mit geringen Investitionskosten (Abschn. 3.2.1). Auch bei der Verarbeitung duroplastischer Systeme für Flugzeug und Automobil geht es um eine Verkürzung von Prozeßketten (Abschn. 3.2.6).
- Beschichtungen erfordern ebenfalls in vielen Fällen die integrierte Zusammenarbeit von Subdisziplinen verschiedener Fächer (Abschn. 3.2.10).
- Bei Gläsern (Abschn. 3.2.5) ist zukünftig die Verbesserung der Prozeßführung entscheidend.
- Auch für den weiteren Markteintritt nachwachsender Rohstoffe (Abschn. 3.2.7) ist die Entwicklung speziell angepaßter und verbesserter Verarbeitungsverfahren entscheidend. Hier kommt es insbesondere auch aus ökologischen Gründen darauf an, vom Anbau der Pflanzen bis zur Entsorgung der Produkte den integrierten Ansatz durchgängig anzuwenden.
- Bei faserverstärkten Werkstoffen muß die gesamte Prozeßkette bis zum Bauteil analysiert und bewertet werden (Abschn. 3.2.6).
- Während die Materialentwicklung traditionell eher Aufgabe der Ingenieurwissenschaften ist, liegt die Entwicklung von Charaktisierungsverfahren eher in den Händen von Physik und Chemie. Hier ist eine stärkere Zusammenarbeit gefordert (Abschn. 3.3).
- Dies gilt auch für die zunehmenden Möglichkeiten der Simulation, die eher in Physik und Chemie zu Hause ist als in den Ingenieurwissenschaften. Die Ver-

breitung von Kompetenzen im Umgang mit Simulationen ist vor allem eine Aufgabe für die Hochschulausbildung.

Interdisziplinarität wird bekanntlich öfter gefordert als realisiert. Die Probleme interdisziplinärer Arbeit (z.B. Wissenschaftsrat 1998) haben ihre Wurzel darin, daß sich die Wissenschaften nach ihren internen Standards fortentwickeln, während gesellschaftliche Kontexte quer zu diesen in *externen* Anforderungen münden. Interdisziplinarität wird in Kommunikation, Vernetzung und richtiger Institutionalisierung realisiert. Interdisziplinäre Forschung ist *problemorientiert* und damit zeitlich und thematisch abgrenzbar.

Zur Förderung interdisziplinärer Materialforschung zwischen Physik, Chemie, Maschinenbau, Verfahrenstechnik etc. wird überlegt, die „klassischen“ Disziplinen und Teildisziplinen der Materialwissenschaften sowie ihre traditionelle Orientierung an Stoffgruppen gemäß der Klassifizierung der Materialien (Abschn. 3.1) aufzugeben und statt dessen die Materialwissenschaften

> nach Funktionen (z.B. Oberflächen- und Grenzflächeneigenschaften; physikalische und chemische Funktionen), nach Prozessen (z.B. rapid prototyping, powder processing, nanostructuring) und nach Anwendungen (z.B. Biomaterialien, Baustoffe, Materialkombinationen für die Mikrosystemtechnik; Materialkombinationen für die Verpackungstechnik)" (Schweizer Wissenschaftsrat 1997, S. 36)

zu strukturieren.

Ein derartig tiefgehender Eingriff wäre jedoch mit hohem Risiko bei ungewissen Erfolgsaussichten verbunden. Vor allem die Projektförmigkeit der externen Herausforderungen an die Materialwissenschaften mit ihrer häufigen Kurzlebigkeit verhindert, daß derartige Umstrukturierungen Aussicht auf *längerfristige* Stabilität und Erfolg haben könnten. Es scheint daher sinnvoller, weiterhin die Disziplinen und Subdisziplinen als *stabile* Felder der Kompetenzbildung und -weitergabe anzusehen (dies betrifft insbesondere das Studium, in dem langfristig verwertbares Know-how und entsprechende Kompetenz vermittelt werden sollen), die Möglichkeiten projektförmiger interdisziplinärer Kooperation jedoch zu verbessern, um jedenfalls in anwendungsnahen, problemorientierten Feldern eine „integrierte Materialforschung“ zu erlauben und zu fördern (hierzu auch Socher et al. 1994b, S. 132ff.). Dies sollte vor allem in "Kompetenzzentren" erfolgen, die selbst auf Zeit angelegt sind und eine *internationale Signalwirkung* haben sollen (Abschn. 4.6).

6.1.5 Zielfindung und -definition in den Materialwissenschaften

Die Zieldefinition für Materialforschung und –entwicklung erfolgt auf verschiedenen gesellschaftlichen Ebenen in einem komplexen Prozeß mit vielen Beteiligten. Diese lassen sich folgendermaßen einteilen:

- auf der individuellen Ebene von Wissenschaftlern (etwa Lehrstühlen) unter dem Primat der Forschungsfreiheit,
- auf der strategischen Ebene von Instituten oder Unternehmen (um bestimmte Kompetenzen zu erwerben und zu festigen, um bestimmte Marktsegmente zu besetzen etc.),

- auf der Ebene staatlicher Steuerung durch Forschungsförderung oder Regulierung (Abschn. 2.2.3).

Der Staat agiert in diesem Feld vor allem

1. durch die Einbringung der „Gemeinwohlinteressen", die sich sowohl in Regulierungen als auch in Leitlinien für die Forschungsförderung ausdrücken (z.B. in MaTech, s.o.),
2. durch die Verfolgung (das impliziert nicht die Definitionshoheit!) substantieller Ziele auf der Objektebene, etwa in Form der Orientierung von Forschungsförderung an Leitbildern (Abschn. 6.2.2).

Die Frage ist, ob und wie diese Ziele konkret definiert werden. Aufgabe des Staates ist die *Koordination und Moderation* dieses Zielfindungsprozesses. Dabei wird vor allem in kurz- bis mittelfristig relevant werdenden Bereichen auch die Industrie beteiligt. Hier gibt es allerdings Probleme, analog zum konstatierten Defizit in der Diskussion mittel- bis langfristiger Zielvorstellungen in den Wissenschaften (s.o.):

> Gleichwohl findet in Deutschland eine die Wissenschaft in öffentlich finanzierten Einrichtungen und forschenden Wirtschaftsunternehmen gleichermaßen einbeziehende Verständigung über mittelfristig gemeinsam zu verfolgende Forschungsaufgaben kaum statt (Wissenschaftsrat 1998, S. 119).

Wenn also im allgemeinen Zielfindungsprozeß die Rolle wissenschaftsinterner Mechanismen (über Beiräte, Gutachter, etwa in der DFG oder in Fachgesellschaften oder -verbänden) nicht genügend eingesetzt wird, agiert die Materialwissenschaft hier unter ihren Möglichkeiten. Immerhin liegt spezifisches Wissen über materialwissenschaftliche Probleme, offene Fragen, kritische Entwicklungen und technische Lösungsmöglichkeiten oftmals *nur bei ihnen* vor (hierzu für die aktuelle Situation Kap. 3). Der Begriff der „Forschungsprospektion" (Wissenschaftsrat 1998) ist hierfür ein geeigneter Begriff. Forschungsprospektion sollte – trotz der damit verbundenen konzeptionellen und methodischen Probleme – in stärkerem Maße betrieben werden, um die (Fehl-)Entwicklung der Materialwissenschaften zu einer bloß inkrementellen, an kurzfristigen Überlegungen orientierten und damit „kurzatmigen" Disziplin ohne eigene Gestaltungsoptionen zu vermeiden.

Etwas anders sieht dies aus bei der Hinwendung zu umsetzungsnäheren Fragestellungen. Da hier nicht wissenschaftliche Zielsetzungen, sondern die Marktentwicklung die materialkundlichen Aktivitäten bestimmen, ist es hier nicht nur akzeptabel, sondern sogar wünschenswert, daß die Industrie die (mittelfristigen) Ziele der Forschung und der Forschungsförderung in diesen Feldern mitbestimmt (Abschn. 4.3, 4.5).

Insgesamt ist insbesondere das Problem zu beachten, daß bottom-up (marktorientiert) und top-down (zielorientiert) Ansätze kombiniert werden müssen. Kohärenz in der Zieldefinition ist notwendig, um

- einerseits einem „Atomismus" entgegenzuwirken (jeder „forscht herum" aus individuellem Interesse ohne Bezug zu übergeordneten Zielsetzungen),

- muß aber andererseits dem „bottom-up“ soviel Freiräume belassen, damit Forschungsfreiheit gewährleistet bleibt (das Schreckbild wäre eine zentrale Zielplanung).

In der Zieldefinition sind verschiedene Ebenen zu berücksichtigen: von der strategischen bis zur stoff- und stoffbereichsbezogenen, von der System- bis zur Produktebene. Stoff- und stoffbereichsbezogen kann dies nur in detaillierten Studien zu konkreten Stoffen, Legierungen, Stoffgruppen, Anwendungen, Systemen, Verfahren oder Produkten bearbeitet werden. Strategisch können jedoch wenigstens einige Positionen markiert werden.

Die Stärke der deutschen Materialwissenschaften liegt (auch) darin, daß hier ein kombiniertes System aus grundlagennaher und umsetzungsorientierter Forschung besteht. Der Spagat zwischen (a) Forschung auf Nobelpreisträger-Niveau und (b) der Dienstleitungsfunktion für die Verbesserung oder Ermöglichung technischer Systeme sollte – und dies ist ein strategisches Ziel – *in seiner konstruktiven Spannung beibehalten und gestärkt werden.*

Dies ist wesentlich, weil beide Typen von Zielsetzungen auf sehr unterschiedliche Mitteln ihrer Realisierung führen. Ist z.B. in der Grundlagenforschung die internationale Anerkennung der wissenschaftlichen Qualität entscheidendes Erfolgskriterium, kommt es in der anwendungsorientierten Forschung auf die optimale Umsetzung der Ergebnisse an. Ist im ersteren Fall die Industrie zwar zu informieren (auf dem laufenden zu halten) und sollte dort nicht die Themen bestimmen, sieht dies erkennbar im zweiten Fall anders aus. Diese Unterschiede haben Konsequenzen für die Ausgestaltung der Forschungsförderung (Abschn. 6.4).

6.2 Zeitskalen in der Materialforschung und -entwicklung

In vielen technischen Bereichen nehmen Materialwissenschaften eine Schlüsselfunktion bei der Entwicklung technischer Systeme ein. Somit spielen in allen Szenarien, die heute über die zu erwartenden Entwicklungen in den Jahren 2000 bis 2025 und danach (BMBF 1998) erstellt werden, materialwissenschaftliche Innovationen eine zunehmende Rolle. Sie sollen die Basis bilden für die Schaffung neuer Absatzmärkte und Wachstumsbereiche.

Auf originellen Ideen basierende Innovationen (zur Definition vgl. Gutmann u. Weingarten 1998) sind selten, gleichzeitig aber auch vielfach unangenehm, da bestehende Produkte, Produktionsanlagen und nicht zuletzt Know-how und Kompetenzen entwertet werden (die “dunkle Seite der Innovation“, Schumpeter). Die etablierte Marktordnung wird in Frage gestellt. So wird eine innovative Idee häufig zunächst nach allen Regeln der Kunst bekämpft. Unter diesen Umständen kann eine Entwicklung bereits im Stadium der Grundlagenforschung scheitern, aufgrund ihrer „Unreife“ im Vergleich zu den „Gereiften“. Um dieses Risiko zu überstehen, muß den Beteiligten Zeit für Weiterentwicklungen gegeben werden. Innovationen sollten daher nach ihrem technischen *Reifegrad* unterschieden werden. Unterschiedliche Reifegrade lassen dann Rückschlüsse auf die erforderliche Erforschungs- und Entwicklungszeit bis zur Marktreife zu.

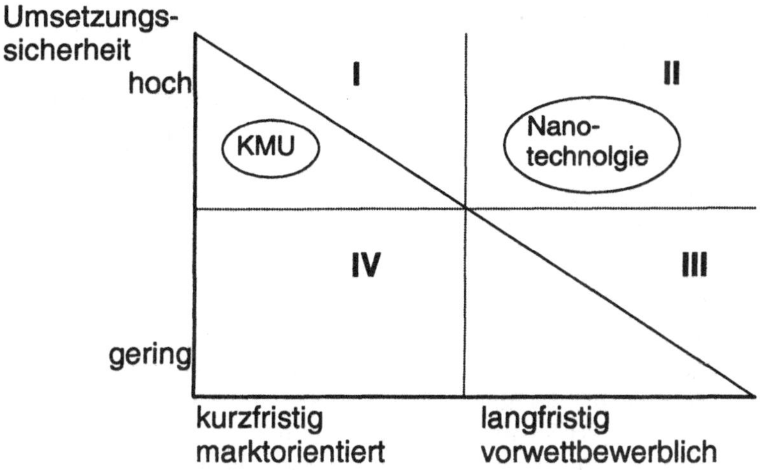

Abb. 6.2.1. Zusammenhang zwischen zeitlichem Entwicklungshorizont und Umsetzungssicherheit.

In Abb. 6.2.1 ist deskriptiv der Zusammenhang zwischen dem zeitlichen Entwicklungshorizont und der *Umsetzungssicherheit* einer Innovation dargestellt. Je visionärer eine Idee ist, um so kleiner die Berechtigung, von einer sicheren Umsetzung auszugehen. Dieser Bereich (Quadrant III) ist charakteristisch für eine langfristig angelegte Grundlagenförderung. Die Verifizierung der Machbarkeit durch Grundlagenforschung hebt, wie im Falle der Nanotechnologie, die Umsetzungssicherheit (Quadrant I), aber die Forschung bleibt weiterhin im vorwettbewerblichen Stadium. Erst am Schnittpunkt der Quadranten wird es für Unternehmen interessant, Forschung zu betreiben oder zu unterstützen. Für risikokapitalschwache KMU ist nur der erste Quadrant interessant, da hier die Aussichten für eine erfolgreiche Umsetzung von Forschungsergebnissen hoch sind und die Ziele in relativ kurzer Zeit erreicht werden können. Vor diesem Hintergrund ist es nachvollziehbar, warum eine auf kurzfristigen ökonomischen Erfolg ausgerichtete Forschungsförderung die Schwerpunkte fast ausschließlich auf den Quadranten I und Teilbereiche von II legt.

Der bedeutende Stellenwert, den Materialwissenschaften auch in technik- und wissenschaftspolitischen Diskussionen einnehmen, spiegelt sich in den zahlreichen europäischen und nationalen Materialforschungsprogrammen, z.B. COST, Bite/EuRam (EU) und MaTech (D) wider. In diesen Programmen wird der Versuch unternommen, ein ausgewogenes Verhältnis zwischen Grundlagen- und Anwendungsforschung herzustellen. Dies ist um so schwieriger, da die Umsetzungszeiten von Ergebnissen der Materialforschung in die Anwendung je nach technischem Reifegrad bei 15 und mehr Jahren liegen.

Die Programmlaufzeit darf für diese Situation weder zu lang noch zu kurz sein. Erstens soll die Erarbeitung von Forschungsergebnissen in verschiedenen Entwicklungsstufen möglich sein (z.B. als Erschließung von langfristig angelegten oder notwendigen kostenintensiven Materialentwicklungen). Zweitens soll der

Zeitraum eine sinnvolle Vorschau ermöglichen, d.h. das gesetzte materialwissenschaftliche Forschungsziel soll in einem überschaubaren und verläßlichem Zeithorizont erreicht werden können. Dies wird durch eine längere Laufzeit, z.B. zehn Jahre bei Matfo (1985-1995) und bei MaTech (1994-2004) berücksichtigt. Umsetzungsfernere Forschung wird bei diesen Programmen meist ausgeklammert und in Deutschland durch die DFG gefördert.

Forschungsförderung bezieht sich darin auf jeweils sehr unterschiedliche Phasen, abhängig vom Reifegrad[1] einer Materialentwicklung (vgl. Abb. 6.2.2). Für die Grundlagenforschung eröffnet sich die Chance zur Vorbereitung und Erarbeitung von Ideen oder der prioritären und konzentrierten Erforschung von Basisannahmen. Die ebenso notwendige *industrienahe* Forschung unter dem Aspekt der Umsetzungsorientierung greift Forschungsfelder auf, bei dem der Reifegrad des untersuchten Materials bereits einen sehr hohen Stand aufweist. Charakteristisch sind Forschungsansätze, die die Entwicklung zur technischen Reifung und die Verbesserung zum Zwecke der Verifikation zum Ziel haben.

Allgemein charakterisieren die verschiedenen Phasen eines solchen Forschungsprogramms verschiedene Innovationsstufen von der Idee bis zur Einsatzreife. Es können bis zu fünf Phasen spezifiziert werden: In der Ideenphase (Phase I) werden Anforderungen und Erwartungen definiert. In der Phase II findet die Erforschung der Grundlagen statt. Die Phase II befaßt sich mit der weiteren Entwicklung, der sogenannten Reifung. Verbesserungen des erreichten technischen Standes sowie dessen Verifikation sind Gegenstand der Phase IV. In Phase V kann davon ausgegangen werden, daß die Forschungsanstrengungen direkt in der operationellen Anwendung erfolgen.

Diese Phasen weisen verschiedene unterschiedliche Phasendauern aus, in denen die gesetzten Forschungsziele erreicht werden sollten. Da die Phase V für Verbesserungen innerhalb der Anwendung bis zum Produktionsende steht, kann hierfür keine Phasendauer angegeben werden. Bezogen auf einen zehnjährigen Förderungshorizont kann davon ausgegangen werden, daß in den einzelnen Phasen für Projekte durchschnittlich ein Zeitraum von zweieinhalb Jahren vorzusehen ist. Da die Projektzeiten jedoch meist administrativ vorgegeben sind, sagen sie über die eigentlichen Forschungsphasen einer Werkstoffinnovation wenig aus. Auswertungen allgemeiner Technologie- und Studienprogramme (Langenbach 1997) zeigen, daß für die Erforschung der Grundlagen und die Verbesserung des vorhandenen technischen Standes (Phasen II und IV) ein zeitlicher Zuschlag von bis zu einem Jahr vorzusehen ist.

Die auf dem erreichten Reifegrad aufsetzende Forschung innerhalb der Phasen, kann durch die Einrichtung von Demonstrations-, Kompetenz- oder Transferzentren unterstützt werden. Die Kompetenzzentren decken dabei den weitesten Bereich ab, indem mit den zur Verfügung stehenden Förderinstrumenten die Möglichkeit besteht, eine Entwicklung über den gesamten Reifeprozeß aufbauend auf den Ergebnissen der Grundlagenforschung zu unterstützen. Bei den Transferzentren handelt es sich primär um die Vernetzung der Forschungseinrichtungen und den Übergang von Ergebnissen der erarbeiteten technischen Grundlagen, wie

[1] Der Reifegrad einer Technologieentwicklung ist das Verhältnis von Erreichtem zu maximal Erreichbarem, gleichbedeutend mit dem Verhältnis von erreichtem Stand der Technik zum höchstmöglichen Stand dieser Technik. (Langenbach 1997, S. 35)

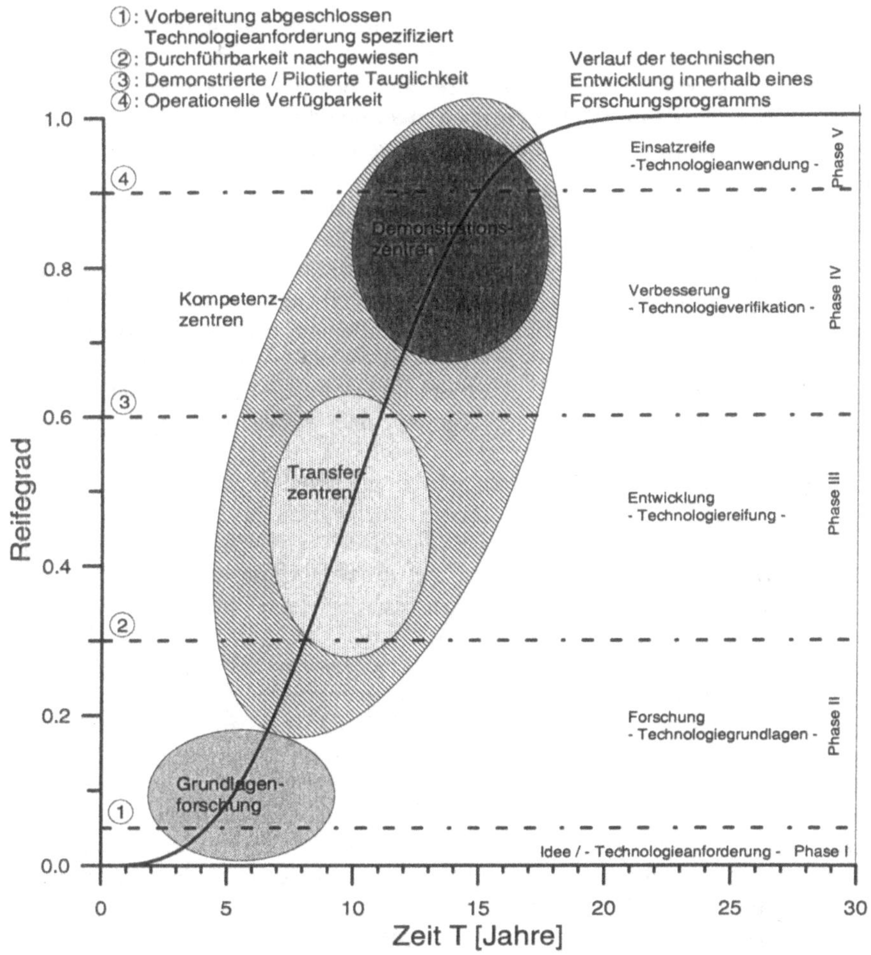

Abb. 6.2.2. Charakterisierung der verschiedenen Phasen einer technischen Entwicklung innerhalb eines Forschungsprogramms mit gleichzeitiger Phasenzuordnung der Einrichtung möglicher Demonstrations-, Kompetenz- und Transferzentren.

bei der Nanotechnologie oder der Werkstoffsimulation, mit der industriellen Forschung in Groß- und mittelständischen Unternehmen. Demonstrationszentren, wie bereits der Name vermuten läßt, werden etabliert, wenn es um den letzten Schritt im Entwicklungslauf einer technischen Innovation geht. Dieser Schritt ist die Markteinführung eines Systems und bedarf der Aufbereitung von F&E-Know-how der beteiligten Forschungseinrichtungen.

Die theoretische Reflexion des Zusammenspiels der einzelnen Phasen und der verschiedenen Schwerpunkte eines Förderprogramms wirft die Fragen auf, ob eine Parallelisierung von Teilschritten möglich ist bzw. wo die Grenzen der Beschleunigung der Forschung liegen. Bei der Parallelisierung (Simultaneous Engineering) wird versucht, durch das Vorziehen einzelner Phasen die Gesamtentwicklungszeiten gegenüber dem sequentiellen und zeitintensiven Ablauf einer Systementwicklung deutlich zu verkürzen. Praktisch werden dabei Arbeiten der nächsten Phase bereits während der laufenden ersten Phase begonnen. Eine Besonderheit ist der regelmäßige Austausch der Ergebnisse zwischen den Phasen durch den jeweiligen Arbeitsfortschritt, welcher zu einer Verbesserung der Forschungsergebnisse führen kann.

Doch wo liegen dabei die Grenzen der durch Parallelisierung hervorgerufenen Beschleunigung und wie kann eine Beschleunigung von Forschungsprogrammen einen Beitrag zur Sicherung der internationalen Wettbewerbsfähigkeit der Materialwissenschaften liefern? Begründungen für die Beschleunigung bestehen häufig in bloßen Phrasen: effizienter Mitteleinsatz, Bündelung des Forschungspotentials, enge Verzahnung, Konzentration etc. Hier ergibt sich die Notwendigkeit der Erörterung von Chancen oder Risiken kurzfristiger „Mode-Erscheinungen" versus Planungssicherheit zum Beispiel im Rahmen einer reflexiven Begleitforschung (vgl. Kap. 7, auch Grunwald 1999b).

Die beschriebene „Wiederentdeckung" der heimischen Faserpflanzen Flachs, Hanf und Nessel (Abschn. 4.4) könnte vordergründig als solche „Mode-Erscheinung" angesehen werden. Durch das verstärkte Interesse der Gesellschaft an dem Gebrauch von Naturfasern hat die Automobilindustrie nach einer fast vollständigen Verdrängung der Naturfasern aus relevanten Produkten in den siebziger und achtziger Jahren einen gegenläufigen Prozeß in Gang gebracht. Nun aber fehlt Know-how über Aufbereitung, Qualität, Eigenschaften, Verarbeitbarkeit und Produkteigenschaften. Die Förderung entsprechender Projekte im Faserbereich liegt im Verantwortungsbereich von BMFT und BML. Es mangelt jedoch an einer kohärenten Abstimmung über Ziele (vgl. Abschn. 6.1) und Projekte, daher fehlt eine systematische Förderung von Innovationen. Durch die Förderung von bloßen Einzelinteressen entweder des Maschinenbaus (nachvollziehbare Qualitäten, Liefersicherheit, etc.) oder der Landwirtschaft (Flächenbeihilfe, Saatgut, Rösten, etc.), bestimmt durch die Hausphilosophie der jeweils fördernden Stelle, können zwar einzelne Projektziele erreicht werden, aber nicht das Gesamtziel einer Stärkung aller Beteiligten im Sinne einer langfristigen Planungssicherheit durch eine Konzentration auf die vielversprechendsten technischen Einsatzgebiete. Nur über das gegenseitige Wissen der Probleme und eine intensivere Vernetzung von Landwirtschaft, Maschinenbau und den Sozialwissenschaften ist sicherzustellen, daß zunehmend Forschungsergebnisse in marktreife Produkte überführt werden und somit die „Mode-Erscheinung" zu einem langfristig gestaltbaren Innovationsschub in Europa wird.

Die verschieden langen Zeiträume der Erforschung und Entwicklung, ausgehend vom unterschiedlichen Reifegrad des Materials, machen eine reflexive Begleitforschung zur Unterstützung der politischen Gremien notwendig, um Chancen und Risiken zu erforschen und zu beurteilen (vgl. Kap. 7).

6.3 Optionen staatlichen Handelns in der Materialforschung und -entwicklung

Ziel der öffentlichen Förderung technischer Forschungen und Entwicklungen ist vor allem, die Qualität des Wirtschaftsstandortes mittel- bis langfristig zu halten und zu verbessern. Für die Materialwissenschaft ist unter dieser Zielsetzung wesentlich, wie gut die Umsetzung innovativer Forschungs- und Entwicklungsergebnisse in marktfähige Produkte gelingt. Staatliche Instanzen versuchen z.B. über Forschungsförderung der Materialwissenschaft dieses Primärziel zu erreichen (MaTech 1997, vgl. Abschn. 6.1). Damit kommt förderstrategischen Optionen, die über verschiedene Eingriffs- und Steuerungsmöglichkeiten charakterisiert sind, besondere Bedeutung zu. Mit ihnen soll das Zusammenwirken von:

- Universitären und außeruniversitären Forschungseinrichtungen,
- Werkstoffherstellender und werkstoffverarbeitender Industrie sowie
- staatlichen und halbstaatlichen Instanzen der Forschungsförderung (Wissenschaftsrat 1993, S.66)

gelingen. In den folgenden Unterabschnitten geht es nicht um konkrete Handlungsempfehlungen für die Materialforschung für Einzelfälle in der Form: „Im Bereich der Nanotechnologie ist die Förderung der aktiven Beschichtungen wie Lackierungen zu empfehlen.“, sondern um die Darstellung allgemeiner Handlungsstrategien, unterschieden nach ihren Folgen und Implikationen sowie den dabei einzusetzenden Kriterien im Gebiet der Materialwissenschaften.

Vorliegende Stellungnahmen und Studien zur Situation der Materialwissenschaften (Wissenschaftsrat 1993, 1996, 1998; Socher et al. 1994b; Deutscher Bundestag 1995; Hofmann et al. 1995) bieten hierzu ein breit angelegtes Spektrum verschiedener Handlungsempfehlungen mit Bedingungen und Grenzen an. Nach deren Strukturierung nach der Methode der *Szenario-Gestaltung* (Grunwald u. Langenbach 1998) werden dazu drei stark abweichende Szenarien entworfen:

- Inkrementalistische Option (6.2.1),
- Option Leitbildsteuerung (6.2.2) und
- Option Marktplatz (6.2.3).

Die Zukunft kann durch die Wahl und Ausgestaltung des Szenarios im gewünschten Sinne gestaltet werden. Im Vordergrund der Darstellung dieser drei Szenarien steht der Gestaltungs-, nicht der Prognoseaspekt. Die tatsächliche zukünftige Entwicklung der Materialforschung wird durch die Wahl einer der drei Optionen oder durch die Kombination dieser Optionen geprägt sein. Die Optionen bilden demnach ein orientierendes Strukturraster.

In die Beschreibung der Optionen werden Verweise zu den Fallbeispielen und den existierenden Handlungsempfehlungen (Wissenschaftsrat, TAB etc.) aufgenommen. In dieser Weise sind Szenarien argumentativ dahingehend beurteilbar, wie Erfolg oder Effizienz einzuschätzen sind, wovon diese abhängen und welche Kriterien dafür relevant sind.

6.3.1 Inkrementalistische Option

Die inkrementalistische Option betrifft das Prinzip „Weitermachen wie bisher“, bei dessen Befolgung auf grundlegende Änderungen weitgehend verzichtet wird und statt dessen geringe, leicht kontrollierbare Anpassungen an neue Entwicklungen angestrebt werden, eben die „kleinen Schritte“. Für das Vorgehen bei Entscheidungen, mit denen der Wandel vollzogen werden soll, dient als dessen Maßstab der bestehende Zustand, wie beim Übergang vom stofforientierten Materialforschungsprogramm (Matfo) hin zu einem technologieorientierten Programm (MaTech) beschrieben (vgl. auch Socher et al. 1994b, S. 126):

> Man möchte identifizierte Defizite wettmachen bzw. den erreichten technischen Stand halten. Verbundforschung, direkte Projektförderung und die Konzentration auf ausgewählte Schlüsseltechnologien sollen dazu beitragen, das Programm übersichtlich zu gestalten, eine effiziente Kontrolle über die verwendeten Mittel zu gewährleisten und die Überführung der Forschungsergebnisse in die Wirtschaft zu beschleunigen (Deutscher Bundestag 1995, S. 29).

Nach Popper stellt demnach eine derartige Planung eine *Stückwerk-Technologie* („muddling through“) dar (Popper 1974, S. 47), mit der durch Ausprobieren Stück für Stück eine Verbesserung der jeweils gegenwärtigen Lage erreicht werden soll (*ungerichteter Inkrementalismus*, disjointed incrementalism, zitiert nach Camhis 1979, S. 37).[2] Kennzeichen dieses Ansatzes ist, daß nicht zielorientiert im Hinblick auf gewünschte Zustände hin geplant werden soll, sondern daß das Ziel von Planung die Beseitigung von Mißständen des gegenwärtigen Zustands sein solle: Es sei die Aufgabe der Planung, „to identify situations or ills from which to move *away* rather than goals *towards* which to move“ (Braybrooke/Lindblom 1963, S. 102, dazu auch Camhis 1979, S. 41).

Dieses tastende Ausprobieren der kleinen Schritte kann nur bedingt Planungssicherheit für die Forschungseinrichtungen und Unternehmen liefern, da immer damit gerechnet werden muß, daß ein neuer kleiner Schritt zur Anpassung an aktuelle Ereignisse – wie Kürzungen des staatlichen Forschungsetats – unternommen wird, wodurch die bisherigen Planungs- und Entscheidungsgrundlagen in Frage gestellt werden würden. Beispielhaft könnte zunächst die Förderung bestimmter Werkstoffgruppen angegangen werden, eine mögliche Anpassung wäre die Verschiebung des Schwerpunktes auf Material*eigenschaften*. Dann wäre aber Materialforschung nur unzureichend auf Themenschwerpunkte konzentriert, umsetzungsorientierte Forschung mit ökonomischem Potential wäre untervertreten (Hofmann et al. 1997, S. 2f, 55f., Wissenschaftsrat 1996, S.155). Damit liefert die inkrementalistische Option insgesamt zuviel Flexibilität und zuwenig notwendige Kontinuität für langfristig angelegte Materialforschung und Überführung der Ergebnisse in die industrielle Praxis.

Das staatliche Handeln in der inkrementalistischen Option ist stark durch äußere Einflüsse vorgegeben und geprägt, damit also eher reaktiv als aktiv. Man versucht mit der Methode der kleinen Schritte das Zurückfahren der F&E-Aktivitäten und –Aufwendungen zu kompensieren, indem die Forschungsförderung auf “un-

---

[2] In einer polemischen Kritik wird dies so gesehen, als ob „we do stagger through history like a drunk putting one disjointed incremental foot after another“ (Boulding 1964, S. 931).

rentable" Projekte durchforstet wird. Dabei werden aber stichhaltige Kriterien benötigt, mit denen ein Förderer klassifizieren könnte, was bei abnehmendem Forschungsetat gefördert werden soll und kann. Grundsätzlich besteht die Gefahr, daß – statt auf Langfristvisionen zu setzen, um Prioritäten zu rechtfertigen – nur mit der „Rasenmähermethode" gekürzt wird.

Der unmittelbare Anwendungsbezug wird dabei oft zu einem Über- oder Finalkriterium erhoben. Dieses Kriterium der bereits vorliegenden technischen Reife eines Projektes und des damit verbundenen geringen „Fehlers" hat zur Folge, daß der Prozentsatz abgelehnter Forschungsanträge mit vorwiegendem Grundlagenbezug weiter steigen wird. Die Themen der Ausschreibungen sind in dieser Ausrichtung überwiegend vom Marktgeschehen geprägt. Sie beziehen sich auf das „letzte" Stadium der technischen Reifung eines Systems, das zwar mit Materialforschungsproblemen verbunden ist, jedoch, da auf bekannten Verfahren und Werkstoffen aufgesetzt wird, enthält eine solche Option kaum eine Grundlagenforschung. Primär stehen in den Zielvorgaben quantitative Kriterien wie Firmengründungen, Patentanmeldungen oder Schaffung von Arbeitsplätzen im Vordergrund (Wissenschaftsrat 1996).

Das führt zu einem weiteren Schwachpunkt der Option, nämlich dem erreichbaren Grad an Innovation. Dieser wächst nur im industriellen Sinn, über die schrittweise Verbesserung bereits bestehender Systeme, welche einen recht hohen Reifegrad auf der Entwicklungsleiter aufweisen, da sich Innovationen unter dieser Option nur auf den Bereich der materialwissenschaftlichen Systemanwendungen konzentrieren. Der Wissenschaftsrat hat hierfür folgende, im Auszug dargestellte, Auswirkungen lokalisiert (Wissenschaftsrat 1996, S.134-135):

- Die Unternehmen beschränken sich auf das „Kerngeschäft", das zu einer Konzentration auf „wissenschaftliche Kernkompetenz" führt.
- Orientierung auf aktuelle Nachfrage („market pull") statt auf Innovationen („technology push"), mit der Folge der ausschließlichen Weiterentwicklung bekannter Werkstoffe.
- Kurzfristige Projektvorhaben werden gegenüber mittel- und langfristigen bevorzugt.
- Abwanderung und „Ausbluten" der wissenschaftlichen Kompetenzen.
- Vergrößerung der Kluft beim strategischen Denken zwischen Unternehmen und Forschungseinrichtungen.

Damit wird die Materialwissenschaft in die Rolle eines Dienstleisters für Systemlösungen manövriert, da die Beherrschung der Materialeigenschaften zwingend notwendig für die technischen Entwicklungen ist. Wenn aber für eine technische Entwicklung hohen Reifegrades die nächste Stufe in der Entwicklungsleiter erreicht werden soll, müssen für ca. 20% Innovation 80% Kosten bezahlt werden, bei einer kumulierten Reife nahe 100%. An einem solchen Punkt ist die Frage zu stellen, ob die Gelder für eine nicht unbedingt notwendige und den Markt vielleicht nur kurzfristig stärkende Weiterentwicklung ausgegeben werden sollen oder ob diese nicht für die Erforschung neuer Ideen und Lösungen bereitgestellt werden müßten. Wenn auf die Weiterentwicklung gesetzt wird, dann kann im Falle eines Mißerfolgs der technische Anschluß für den jeweiligen Wirtschaftsstandort verloren sein. Wenn sich für das zweite entschieden wird, dann kann das gravierende

Systemveränderungen von der Umkonstruktion bis zur Entwicklung neuer Produktionsverfahren zur Folge haben.

Die Methode der kleinen Schritte ist also der Versuch, durch rasches, an den jeweiligen Kontexten orientiertes Handeln den Forschungsstandort zu stärken und die Effizienz zu steigern. Hier entsteht die Gefahr des bloßen Hinterherlaufens hinter kurzfristigen Entwicklungen: Reaktion statt Aktion. Der mittel- und langfristige Erfolg einer derartig flexiblen und risikoscheuen Förderung mit Blick auf eine Standortsicherung oder Stärkung der Forschung ist auch deshalb zu bezweifeln, da bei den global agierenden Unternehmen die Meinung vorherrscht, daß gute Forschungsergebnisse heute überall auf der Welt produziert und erkauft werden können (Abschn. 6.3). Daraus erwächst die Schwierigkeit für die Materialforschung, daß mit dem *externen* Einkauf von Forschungsergebnissen und der Zentrierung von Forschungskapazitäten insgesamt ein Abbau von Forschungskapazitäten einhergeht.

Durch die hierdurch begünstigte Tendenz zu risikoschwacher Förderung engt sich für langfristige Entwicklungen mit hohem Risiko der potentielle Kreis der Förderer weiter ein. Die Forschung erfolgt zunehmend ohne Niveau und Qualität, da die Forschungseinrichtungen von dem ehemals erworbenen Know-how leben – das in der Materialwissenschaft durch die Entwicklungszeiträume etwa 20 Jahre ausmacht – und dieses sukzessive, eben in kleinen Schritten, aufgezehrt wird. Die risikoschwache Förderung begünstigt das Leben von der Substanz (Abschn. 6.3).

Die Methode der kleinen Schritte ist weiterhin nicht dafür geeignet, das europäische Verteilungsproblem zu lösen oder die europäische Integration der Forschungslandschaft herbeizuführen, da bei dieser Option primär die nationalen Bedürfnisse und Erfordernisse befriedigt werden.

6.3.2 Option „Leitbildsteuerung"

Leitbilder technischer Zukunftsentwicklungen stellen gesellschaftlich weitgehend im Konsens akzeptierte Paradigmen dar, die eine Vielzahl von partikularen Bemühungen unter einem entsprechenden Oberziel integrieren können. Sie beschreiben gesellschaftliche Zielattribute für bestimmte Bereiche der Technik oder Querschnittstechniken, ohne bereits die Realisierung im Detail festzulegen. Ein Leitbild innovativer Techniken im Umkreis des Begriffs "Informationsgesellschaft" besteht, als Beispiel, darin, daß jedermann zu jeder Zeit Zugriff auf alle an einem beliebigen Punkt der Erde frei verfügbaren Informationen haben solle. Damit fungieren Leitbilder als Medien der Kristallisation gesellschaftlicher Anstrengungen und gebündelter Maßnahmen zu ihrer Erreichung (Mambrey 1999) und sind daher gerade in der Forschungsförderung von besonderer Bedeutung. Durch den Entwurf von *Leitkonzepten* können sie operationalisiert werden, ohne daß direkt bereits von Produkten geredet werden muß. Damit sei ein technisches Ziel gemeint, das in sich eine Reihe verschiedener Herausforderungen vereinigt, die wiederum als separate technische Entwicklungen in verschiedenen Produkten Verwendung finden können. Als Beispiele: das Raumtransportsystem SÄNGER (Paschen et al. 1992) stellte ein Leitkonzept für die Entwicklung von Hyperschalltechnologien dar, so wie gegenwärtig das „Dreiliter-Auto" als ein Leitkonzept für die zukünftige Entwicklung im Automobilbau gehandelt wird (vgl. auch AG-MAT 1997, S.70ff).

In der Option „Leitbildsteuerung“ werden Forschung und Entwicklung auf gewisse gesellschaftliche Leitbilder hin „finalisiert", um die Richtung für bestimmte Entwicklungen vorzugeben. Materialspezifische Herausforderungen und Möglichkeiten, zwar wesentliches und notwendiges Thema für die Realisierung, können dabei keinem Selbstzweck folgen, sondern müssen mit anderen Faktoren der Technikentwicklung abgewogen bzw. integriert werden. Mit dem Begriff Leitbild wird ein Prozeß generiert, für den verschiedene Stufen benannt werden können (Wissenschaftsrat 1996, S. 136; Dierkes et al. 1992, S. 111):

1. Stufe: Verfügbarkeit einer (Projekt-)Idee mit Leitbildpotential
2. Stufe: Ausprägung des Leitbildpotentials und Ausweitung des Konsenses (Forschung und Entwicklung)
3. Stufe: Stabilisierung und Reife (Erfindung [bis zum Prototyp], Investitionen, Fertigung und Marketing)
4. Stufe: Erstarrung, Umorientierung oder Ende (Einführung und Durchsetzung eines neuen Produktes am Markt oder eines neuen Prozesses in der Fertigung [Produkt-Innovation, Prozess-Innovation]).

Das Erkennen einer Idee mit Leitbildpotential stellt erfahrungsgemäß die größte Schwierigkeit dar. Nicht nur weil solche Ideen im Umfeld der technischen Entwicklung zwar existieren, aber derzeit nicht im gesellschaftlichen Vordergrund stehen (vgl. Einleitung und Schlußfolgerungen von Abschn. 4.2). Sondern die Frage ist, welches der vorgebrachten Leitbilder in Hinsicht auf Innovation eine aussichtsreiche visionäre Dimension besitzt, gesellschaftlich akzeptabel und ethisch rechtfertigbar ist, wofür die Frage nach Kriterien zu beantworten wäre, die ex ante, also vor der betreffenden Entwicklung, hierüber Auskunft geben können.

Die sequentiell verlaufenden Stufen ermöglichen eine Kooperation der Institutionen bei verschiedenem technischen Reifegrad. Es können universitäre Forschungseinrichtungen zum frühest möglichen Zeitpunkt eingebunden werden und nach Erreichen ihre Forschungsteilziels wieder ausscheiden. Ihre Ergebnisse können nun von weiteren Partnern übernommen und weitergetrieben werden. Der ungünstigen Konstellation in der Zusammenarbeit zwischen Forschungseinrichtungen und Unternehmen durch die unterschiedlichen Tätigkeiten im Ablaufprozeß kann somit Rechnung getragen werden (Wissenschaftsrat 1996; Hofmann et al. 1995). Doch es ist bei dieser Art von „Arbeitsteilung“ die Frage nach der Gesamtverantwortung zu stellen.

Ist das visionäre Leitbild erkannt, gerechtfertigt und etabliert, beginnt nun eine Gratwanderung seitens des Staates zwischen einer „weichen“ Grenzphasenziehung und harten Techniksteuerung. Zur Auswahl der Steuerungsstrategie müssen mindestens folgende Fragen beantwortet werden: zur Vollständigkeit und Geschlossenheit des Leitbildansatzes, zum Zeitpunkt regelmäßiger Soll/Ist-Vergleiche zwischen jeweiligen Leitbildzielen und tatsächlichen Teilprojektergebnissen und zur Erfordernis unmittelbaren und sofortigen Eingreifens bis hin zu einem Projektabbruch. An dieser Stelle stellt sich die Frage, ob dies nicht sowohl eine Überforderung des Staates als auch eine Rückkehr zum planungszentralistischen Modell der sechziger Jahre darstellt.[3]

Das Leitkonzept der „Keramik für das Automobil“ (vgl. Abschn. 4.1) zeigt anschaulich, in welche Probleme die Leitbildsteuerung geraten kann, wenn an dem einmal eingeschlagenen Weg zu lange festgehalten wird. Leitbilder sollen in der Forschungsförderung für Kontinuität sorgen. Wenn das Thema sehr breit gewählt wird (wie bei der Keramik), fehlt das Abbruchkriterium, da auch bei Nichterreichen von Zielen – z.B. Keramik*motor* – immer neue Zielsetzungen – Keramik*ventil* – gefunden werden können. Die Folge von einerseits zuviel Kontinuität und andererseits zuwenig Flexibilität könnte vermieden werden, wenn die gesamte Wertschöpfungskette von vornherein berücksichtigt wird.

Verändert man das vorgenannte Leitkonzept textlich nur geringfügig in „Keramik**ventil** für das Automobil (konkreter: für den Motor)“, so wird die Stoßrichtung plötzlich gedreht. Obwohl die Idee – nun kein Leitkonzept mehr, aber ein langfristiges Projekt – genauso marktfern wäre wie im zuvor genannten. Doch jetzt muß zuerst das Marktvolumen – Wieviele Metallventile können substituiert werden? – untersucht werden. Zusammen mit dem erzielbaren Preis eines Ventils können wiederum Rückschlüsse auf das Verhältnis von realistischer Forschungs- und Entwicklungssumme zum erwarteten Gesamtertrag gezogen werden. Sind diese Hausaufgaben gemacht, kann das Forschungsprogramm mit konkreten Abbruchkriterien definiert werden.

Am Leitkonzept „Keramik“ kann ein weiteres Problem thematisiert werden. In einer solchen Option, die ein breites thematisches Forschungsfeld abdecken muß und langfristig ausgerichtet ist, ist die visionäre Idee eines integralen Materialkonzeptes noch nicht verankert (Hofmann et al. 1995 S. 94; Socher et al. 1994b, S. 132). Trotz der umfangreichen Forschungsarbeiten sind für benachbarte Forschungsaktivitäten im gleichen Gebiet, wie den Fragen nach der Rezyklierfähigkeit oder den Stoffströmen mit ihren ökologischen Auswirkungen, nur unzureichende bis gar keine Mittel vorgesehen. In dem beschriebenen Beispiel der Keramikentwicklung war der Großserieneinsatz im Automobil das vorgegebene Ziel, damit waren die Aktivitäten auf *technische* Fragen fokussiert, für *gesellschaftliche* Aspekte war kein Raum vorhanden. Ein Leitkonzept muß alle Aspekte beinhalten und untersuchen:

- Was bedeutet das Leitbild für die Rohstoffbeschaffung, den Energiebedarf, etc.?
- Was bedeutet das Leitbild für den Herstellungsprozeß des jetzigen Produktes - Gerade Großserien reagieren über Kosten und Zeit sensibel auf Umrüstungen -?
- Was bedeutet das Leitbild für die Abfallmengen und die Wiederaufbereitung?
- Wie ändert sich durch das Leitbild die Tätigkeit des Arbeiters, des Zulieferers, des Endabnehmers und somit der Gesellschaft?

Ein definiertes Leitbild hat auch gravierende Einflüsse auf Ausbildung und Weiterbildung. Für die breit angelegte und für einen mittelfristigen Zeitraum kontinuierlich angelegte Forschung und Entwicklung sind entsprechende Forschungsein-

[3] Die Beantwortung der hier gestellten Fragen – in der freien Wirtschaft normales Tagesgeschäft – müssen durch Fachleute „vor Ort“ erfolgen und nicht auf der Basis der Projektberichte durch die Verwaltung.

richtungen und ausgebildetes Personal notwendig. Anders als über einen Personaltransfer zwischen den an dem Leitbild arbeitenden Forschungseinrichtungen und Unternehmen kann der Technologie- und Wissenstransfer kaum bewerkstelligt werden (Wissenschaftsrat 1996; Hofmann et al. 1995). Beide Forderungen richten sich an Hochschulen, indem Lehrstühle und Studiengänge kreiert und die Studenten in der neuen Thematik ausgebildet werden.

Doch hier liegt eine nicht zu unterschätzende Gefahr der *Fehlausbildung*, wenn relativ spät erst erkannt wird, daß der gewünschte Markt nicht etabliert werden kann. Die Leute wurden für einen thematisch stark fokussierten und nun nicht existierenden Bereich ausgebildet. Die Lehrstühle haben neben Legitimationsproblemen zusätzlich mit dem Wegfall der Projekte zu kämpfen. Trotz der Leitbilder müssen den Studiengängen weiterhin die Breite und Tiefe der Fächer zugestanden werden, die für ein umfassendes thematisches Wissen erforderlich sind und die Ausbildenden ermächtigen, sich fast jedem Forschungsthema in seinem erlernten Gebiet auch zukünftig zuzuwenden. Wenn die Fokussierung dagegen bei der Forschung erfolgt, dann vermeidet man „integrierte" alles umfassende Studiengänge bei denen kein vertieftes Wissen mehr gelehrt wird.

Das förderstrategische Handeln im Hinblick auf Leitbilder ist also durch ein Steuerungsdilemma gekennzeichnet (Collingridge 1982). Jedes Leitbild hat durch die erfahrungsgemäße Überschätzung zukünftiger Entwicklungen mehr oder weniger Probleme durch nicht intendierte Schwächen, die übersehen wurden oder zunächst nicht ins Gewicht fielen, und somit ein tendenzielles Steuerungsrisiko. Aber die Art der aufbauenden Forschungsförderung zusammen mit dem verbesserten Informationsaustausch macht die Leitbilder abschätzbar (prognostizierbar) und somit auch für KMU attraktiv.

6.3.3
Option „Marktplatz für Forschung"

Die Option „Marktplatz für Forschung" beschreibt einen wirtschaftlichen Zustand, in dem sich in funktioneller Hinsicht durch das Zusammentreffen von Angebot und Nachfrage Preise bilden. Übertragen auf die Forschungsförderung heißt dies, daß alle Anbieter von materialwissenschaftlichen Leistungen in den Markt eintreten können. Die Marktpartner handeln ihre Aktionsparameter, insbesondere die Forschungsleistung und den Preis, frei aus, da individuelle Lösungen gefragt sind (Hofmann et al. 1995, S. VII). Der Staat würde sich auf die Gestaltung der Rahmenbedingungen für diesen Markt konzentrieren. Dies wäre eine weitgehende Deregulierung zugunsten des Wettbewerbs (etwa die Vergabe von Risikokapitaldarlehen statt fester Forschungsförderung (Socher et al. 1994b, S. 137ff, Deutscher Bundestag 1995, S. 30). Die staatliche Gestaltung der Materialentwicklung würde sich damit im wesentlichen auf folgendes reduzieren: keine Vorgabe positiver Ziele der Materialentwicklung (etwa von Leitbildern), sondern nur Festlegung der Rahmenbedingungen für das dann unter marktähnlichen Bedingungen ablaufende Geschehen (Rahmenbedingungen sind etwa Sicherheits- und Umweltstandards, ordnungs- oder steuerrechtliche Regelungen etc.). Die Zielvorgaben wären dann weitgehend dem Markt überlassen und würden unter Konkurrenzbedingungen erfolgen. Es muß klar herausgestellt werden, daß für die global denkenden Unternehmen dabei eine rasche Umsetzung von Forschungs- und Entwicklungsergebnissen im Vordergrund steht, und damit der Ort, an dem die Forschungstätigkeiten stattfinden, zweitrangig wird (Hofmann et al. 1995, S. IX).

Anbietende Forschungseinrichtungen sind gefordert, die Kundenbedürfnisse via Marktbeobachtung zu erfassen. Die so gewonnenen Erkenntnisse fließen wiederum in die Produktdefinition und führen zu den Forschungsthemen und -arbeiten, in einem *top-down* Ansatz. Die Technikgetriebenheit der Forschung wird durch Markt- und Bedarfsgetriebenheit ergänzt. An Stelle der reinen Materialforschung und –entwicklung tritt die interdisziplinäre Ansatz, wie Klärung von Processing- oder Recyclingfragen. Dafür müßte der oftmals beschriebene und zitierte "gläserne oder goldene Forschungsturm" verlassen werden (Hofmann et al. 1995, S. XI). Die Forschungseinrichtungen mutieren zu aktiven betrieblichen Operationseinheiten, denen neben einer marktgerechten Entwicklungsforschung weiterhin die Aufgabe der Grundlagenforschung zukommt. Die Unternehmen verlieren ihre Kooperationshemmnisse durch den Umstand, daß die Forschungseinrichtungen eine projektorientierte Arbeitsweise pflegen und in der vertraglichen Gestaltung der Zusammenarbeit flexibel sind, z.B. in Bezug auf die Verwertung der Forschungsergebnisse. Durch das Zusammenspiel und die Befriedigung der unternehmerischen Bedürfnisse verbessern sich sukzessive die Qualität und das Ausmaß der Kooperationen.[4]

Da aus der Entwicklungsforschung nicht vollständig der „lange Atem“ für materialwissenschaftliche Grundlagenforschung geschöpft werden kann, könnte ein Industriefond, wie ihn die chemische Industrie betreibt, zur Verfügung stehen. Die Industrie wäre aufgefordert dorthin einzuzahlen; die Ausschüttung erfolgt nach einem zu definierendem Ranking der Forschungseinrichtungen ohne Antrag und Rechenschaftsbericht. Eine weitere Einnahmequelle für Basisforschung der Forschungseinrichtungen könnte die Verwertung von Patenten darstellen. Dazu ist neben der Stimulierung der Patenttätigkeit auch eine Veränderung der Anmeldeprozedur notwendig, das einer flexiblen Vertragsgestaltung förderlich ist (Wissenschaftsrat 1996, S.152).

Das staatliche Handeln hinsichtlich der Forschungsförderung in der Option würde sich – sozusagen als Ausnahme von der allgemeinen Abstinenz in substantiellen Fragen, auf die Form der Marktabgrenzung für solche technische Entwicklungen beschränken, die ein geringes Weltmarktvolumen aufweisen. Das hat zur Folge, daß nur wenige Forschungseinrichtungen (Anbieter) das unternehmerische Risiko übernehmen können, obwohl von vornherein klar ist, das die Nachfrageseite *überschaubar* und das technische Transferpotential vernachlässigbar ist. Die Wärmedämmschichten auf Turbinenschaufeln (Abschn. 4.6) sind ein solcher Fall einer Marktabgrenzung in sachlicher, räumlicher und zeitlicher Hinsicht. Das staatliche Handeln würde die Kriterien festlegen, wer nach diesen Prämissen zu den Anbietern und den Nachfragern gehören soll, d.h. in den *Genuß* der Forschungsförderung gelangen können. Eine allgemeine Marktabgrenzung gibt es als solche nicht, sondern nur nach Zwecksetzung. Damit ist ein gewisser Grad an *Kontextualität* nicht zu vermeiden.

[4] Der Wissenschaftsrat erhebliche Defizite in der Zusammenarbeit zwischen den Unternehmen und den Forschungseinrichtungen in seiner Stellungnahme identifiziert (Wissenschaftsrat 1996, S.132).

Die Marktoption erfordert weitreichende Maßnahmen, bis hin zur vollständigen Reorganisation der Forschungsinfrastruktur. Anpassungen der Ausbildungsgänge, der Weiterbildungsangebote und der notwendigen Umschulungsaktivitäten sind zu leisten. Weiterhin ist ein Bewußtseinswandel im Wissenschaftssystem dergestalt herbeizuführen, daß die Vernetzung von Forschungsaktivitäten ähnlich der nationalen und europäischen Industriecluster zu einer Effektivitätssteigerung führt und eigene Ressourcen schont. Das führt im Idealfalle zur raschen Lösung von Vereinheitlichungsfragen und Standards im Rahmen einer anzustrebenden europäischen Normung.

Die Aufgabe des Staates heißt bei der marktwirtschaftlichen Option: Sicherung der Planungssicherheit für Investoren und Risikokapitalgeber – und das heißt: verläßliche Regulierung vor allem der Rahmenbedingungen, also die Forschungsinfrastruktur und Strukturförderung. Eine Forschungsförderung in einem starken Sinne (Vorgabe von Leitbildern und Zielen der Entwicklung) ist dagegen in dieser Option nicht Aufgabe des Staates. Die Allokation entsprechender Ressourcen ist staatlich nicht optimal zu machen und Marktmechanismen dürfen nicht bloß unterstützend zugelassen werden.

6.3.4 Fazit

Politische und gesellschaftliche Zwecksetzungen werden die Wahl des Szenarios bzw. einer Kombination entscheidend beeinflussen. Einer knappen Auslotung der Handlungs- und Entscheidungsspielräume mit „Wenn-dann-Ketten" soll dieses Fazit dienen. Den Ausgangspunkt für alle Überlegungen in dieser Richtung stellen verschiedene Erkenntnisse der Studien zur Materialwissenschaft dar, nämlich daß

- Innovationen im Werkstoffbereich für den Wirtschaftsstandort Deutschland eine wichtige Voraussetzung für die Konkurrenzfähigkeit darstellen (Deutscher Bundestag 1995; Wissenschaftsrat 1996),
- Materialforschung und Werkstofftechnologien der Schlüssel für die besonders zukunftsträchtigen Technikbereiche sind (Wissenschaftsrat 1993; Hofmann et al. 1995; Deutscher Bundestag 1995),
- Deutschland eine weltweit führende Position in der grundlagenorientierten Werkstofforschung einnimmt (Deutscher Bundestag 1995) und
- materialwissenschaftlich orientierte Forschung und Entwicklung mit hohen Kosten verbunden ist (Wissenschaftsrat 1993).

Ein Einverständnis über diese Punkte vorausgesetzt, erscheint es, wenn man zu dem Schluß kommt, daß Deutschland weiterhin eine breit angelegte Materialforschung betreiben sollte, am konsequentesten, die inkrementalistische Option zu verfolgen und auszugestalten. Eine Folge wird dabei sein, daß die Aussagen der vorhandenen Stellungnahmen fast beliebig duplizierbar sein werden. Wenn in dieser Option Innovationen identifiziert werden können, dann wird diesen im allgemeinen nicht eine werkstoff*induzierte* Systeminnovation (bottom-up) zugrundeliegen, sondern sie wird, den kleinen Schritten folgend, auf einer Optimierung vorhandener Systeme (top-down Ansatz) basieren.

Wenn neue oder weiterentwickelte Werkstoffe den Schlüssel für besonders zukunftsträchtige Technikbereiche darstellen (vgl. Abschn. 4.5), dann müssen planende Aspekte entlang der gesamten Wertschöpfungskette eines Produktes oder Systems berücksichtigt werden (vgl. Abschn. 2.2). Wenn solche Aspekte in die Planung eines Förderprogrammes einfließen, dann müssen zum einen frühzeitig und auch sequentiell die Betroffenen zusammengeführt werden, wie in der Leitbildoption aufgezeigt. Über die Verabredung von Meilensteinen in der Option "Leitbilder" können Teilziele definiert werden, auf denen später an anderer Stelle aufgebaut werden kann. Argumentativ ausgedrückt, wenn ein Oberziel technisch, wirtschaftlich oder gesellschaftlich nicht opportun erreicht werden kann, dann kann bei Abbruch zu einem günstigeren Zeitpunkt wieder darauf aufgebaut werden. Die aufgeführten „Wenn-Dann-Ketten" zu dieser Option zeigen aber auch, daß es zu einer Konzentration der Mittel und des Wissens führt, wenn Forschungsförderung über Leitbilder organisiert wird. Andere Gebiete können mittel- und langfristig somit „zugunsten" dieser Option zurückfallen. Diese nichtberücksichtigten Themengebiete sollten daher einem ständigen Forschungsmonitoring unterzogen werden, um den Zeitpunkt ihrer Förderung nicht zu verpassen. Sieht man diese „Prozedur" nicht vor, verpaßt man möglicherweise einen technischen *Breakthrough* – Technologiesprung. Man sollte daher mehrere koordinierte Leitbilder in den Rahmen der Forschungsförderung stellen (Paulsen u. Fröhlich 1998).

Wird auf der anderen Seite die schnelle Umsetzung von Forschung und Entwicklung als Hauptforderung erhoben, dann muß der Kontakt zwischen Forschungseinrichtungen und Unternehmen intensiviert werden. Beide beteiligten Partner sind gefordert, ihre jeweiligen Vorbehalte abzubauen, dazu zählt auch die Klärung der vorhanden unterschiedlichen Interpretationen und Auslegungen über die industriellen Forschungs- und Entwicklungsbereiche und die öffentliche Forschungsförderung. Wenn ein „Marktplatz der Forschung" funktionieren soll, dann müssen forschungspolitische Freiräume geschaffen werden, die Kundennähe und Marktorientierung für Forschungseinrichtungen ermöglichen, damit maßgeschneiderte Lösungen angeboten werden können. Dazu gehören unter anderem auch eine administrativ vereinfachte Forschungsförderung.

Von einer anderen Warte aus betrachtet, führt die Marktplatzoption zu der Überlegung, daß, wenn das kundenorientierte Angebot erfolgreich ist, die forschungspolitischen Steuerungen reduziert werden können. Die Tätigkeit des Staates kann dann im wesentlichen auf die Einleitung von aufgezeigten werkstoffinduzierten Innovationen beschränkt werden (bottom-up). Begleitet werden sollte diese Entwicklung von einer Verbesserung der Transparenz der Forschungsförderung.[5]

Das Fazit zeigt, daß die Suche nach einem „roten Faden" für ein optimiertes Forschungsförderszenario aufwendig und schwierig ist, was auch mit der Entgrenzung der früher „sauber" getrennten Wissensgebiete durch übergreifende Forschungen und Entwicklungen zusammenhängt. Dabei sollten an eine Planung im Sinne eines Szenarios von Anfang an folgende Bedingungsmerkmale geknüpft werden:

- Forschungs- und Entwicklungskonzept,

[5] Diese Transparenz ist generell für jede der hier vorgeschlagenen Optionen zu fordern.

- Ausbildungs- und Lehrkonzept,
- Kostenabschätzung und -controlling,
- Abstimmung und Koordination der Planung,
- Bildung regionaler und europäischer Verbundstrukturen und Netzwerke.

Diese übergeordneten Bedingungen, d.h. die Berücksichtigung außertechnischer kontextueller und gesellschaftlicher Rahmenbedingungen und Einflußfaktoren, sollten dazu beitragen, die künftigen materialwissenschaftlichen Schwerpunkte verbessert zu fördern.

6.4 Beurteilungen und Konsequenzen

Die Konsequenzen aus den Recherchen und Überlegungen des vorliegenden Bandes (insbesondere den Schlußfolgerungen aus den Kap. 3 und 4) stellen einerseits *Diagnosen* dar: sie erfassen gegenwärtige Entwicklungen und Probleme in Materialforschung und -entwicklung, die einerseits aus der Forschung selbst hervorgehen, andererseits auf externe, d.h. gesellschaftliche Entwicklungen zurückgehen. Darüber hinaus werden *Therapie*vorschläge unterbreitet. Die Hauptzielrichtung der folgenden Abschnitte besteht darin, bestimmte Einseitigkeiten der Diskussion über Materialforschung und -entwicklung in den letzten Jahren zu korrigieren. Statt ausschließlich oder vorwiegend (etwa Socher et al. 1994b, Deutscher Bundestag 1995, Wissenschaftsrat 1996) die schnelle Umsetzung materialwissenschaftlicher Forschung in industrielle Praxis als das Kriterium für staatliche Förderung anzusehen, ist in einer differenzierten Betrachtungsweise zwischen umsetzungsnaher und umsetzungsferner Forschung zu unterscheiden. Auch die (berechtigte) Forderung nach Kompetenzzentren darf nicht darüber hinwegtäuschen, daß für Forschung in verschiedenen Reifegraden auch verschiedene Förderziele und -instrumente anzusetzen sind (Abschn. 6.2). Die Förderungsbedingungen und ihre Erfolgskriterien in diesbezüglich unterschiedlichen Bereichen (vgl. Abschn. 4.4 und 4.5) sind außerordentlich verschieden und bedürfen je eigener Analysen.

Materialforschung beinhaltet per definitionem immer einen Anwendungsbezug; sie kann nicht „reine Grundlagenforschung" sein: Materialien sind Materialien „für etwas". Anderenfalls würde man nicht von Materialforschung, sondern von Teilbereichen der Physik oder der Chemie sprechen. Durch die Wahl des Begriffs der Materialforschung ist impliziert, daß ein Anwendungsbezug zumindest „von ferne" sichtbar sein muß. Dieser (möglicherweise „visionäre") Anwendungsbezug dient dann als *ein* Element der Legitimation für Projektförderung, nicht als das alleinige:

> Gleichwohl eignet sich ‚Anwendbarkeit' nicht als Maßstab der Forschungsförderung für die Beurteilung wissenschaftlicher Qualität und Relevanz in der Grundlagenforschung (Wissenschaftsrat 1998, S. 122).

Dies liegt daran, daß Fortschritt und Substanzerneuerung in den Materialwissenschaften ihre Quelle in *zwei* Mechanismen und nicht in der Anwendung *allein* haben:

1. Ziele werden von außen an die Materialforschung herangetragen (finaler Ansatz, vgl. Abschn. 2.2.2). Aus der Perspektive von System-Herausforderungen entsteht ein Bedarf an der Optimierung technischer Leistungsmerkmale oder an Substitutionen traditioneller Werkstoffe. Dieser Innovationsdruck führt zu neuen Fragen an die Materialforschung aufgrund externer Herausforderungen (Beispiele: Herausforderungen durch Technologiebedarf in Luft- und Raumfahrt, Bedarf nach Materialien für extreme Umweltbedingungen, Abschn. 4.6).
2. Neue Entwicklungen werden „von innen", d.h. von den Materialwissenschaften selbst, oder auch durch Transfer von Ergebnissen und Verfahren aus Physik und Chemie angestoßen (Beispiele sind die Nanotechnologie, Abschn. 3.2.9, 4.5, und die Hochtemperatur-Supraleiter) (explorativer Ansatz, vgl. Abschn. 2.2.2).

Die Entwicklung der Materialwissenschaften verläuft dabei in einer sich gegenseitig bedingenden und befruchtenden *Kombination beider Typen*. Typisch hierfür ist die Entwicklung der Keramik für Verbrennungsmotoren (Abschn. 4.1), die zunächst explorativ begann und schließlich final in angestrebte Umsetzungen Eingang finden sollte. Zu diesem Wechselprozeß gehört auch der Transfer von Verfahren in neue Kontexte und Anwendungen.

Die Entwicklung der letzten Jahre in der staatlichen Forschungsförderung ist gekennzeichnet von der zunehmenden Priorisierung in bezug auf die möglichst schnelle industrielle Umsetzung von Forschungsergebnissen. So werden im MaTech-Programm (MaTech 1997, S. 20, vgl. auch Abschn. 6.1) als Ziele des Programms fast ausschließlich wirtschaftspolitische Aspekte der Standortsicherung und der Erhöhung der Konkurrenzfähigkeit der deutschen Wirtschaft genannt.[6] Läßt sich diese Umsteuerung als Antwort auf erkannte Schwächen des deutschen Forschungsförderungssystems und damit als zunächst plausibler Behebungsversuch von bestehenden Defiziten verstehen (dazu auch Wissenschaftsrat 1993, 1996), so stellt sich die Frage nach unerwünschten Nebenfolgen dieser Ausrichtung oder gar nach einer etwaigen *Übersteuerung* in diese Richtung.

In der Tat gibt es Anzeichen, daß der gegenwärtige „Zwang" zur möglichst sofortigen Umsetzung von Forschungsergebnissen in die industrielle Praxis sich negativ auf die umsetzungsfernere Materialforschung auswirkt.

> Insgesamt ist die Zahl ambitionierter und wissenschaftlich anspruchsvoller, aber mit einem hohen Risiko behafteter Forschungsprojekte auch in der öffentlich finanzierten Forschung zu gering. Zu häufig werden Projekte mit geringem wissenschaftlichen Risiko und „mittlerem Innovationsgehalt" gefördert. Die Gründe sind auch darin zu suchen, daß es in Zeiten knapper Mittel und entsprechender Ablehnungsquoten offenbar opportun erscheint, Fördermittel für „sichere" Projekte ... zu beantragen und zu bewilligen (Wissenschaftsrat 1998, S. 121).

Dieses Dilemma,[7] daß erhöhte Konkurrenz nicht zu mehr Risikobereitschaft führt, sondern (gegen die Intentionen) *auf beiden Seiten* das Sicherheitsdenken fördert,

---

[6] Dies ist auch das Hauptthema der TAB-Studie „Neue Werkstoffe" (Socher et al. 1994b, vgl. auch Abschn. 2.3 im vorliegenden Band).

[7] Diese Entwicklung wird dadurch verstärkt, daß die Mittel aus der institutionellen Förderung (die eigentlich den langfristigen Entwicklungen dienen sollen) in einem immer stärkeren Maße zur Formulierung und Verwaltung von Anträgen auf Drittmittelprojekte eingesetzt werden müssen. Der kritische Parameter dabei ist der *Aufwand pro Antrag*, nicht die Zahl der Anträge.

läßt zukünftige Probleme für die Materialwissenschaften erwarten, die dann ihr Ziel „Ermöglichung von Systeminnovationen" (Abschn. 6.1.1) vermutlich nicht mehr erreichen bzw. im erwarteten Umfang realisieren können. Der tiefere Grund liegt in der Störung der Balance zwischen top-down und bottom-up Mechanismen, wenn der top-down Ansatz unter dem Druck schneller Umsetzung bevorzugt wird. Bereits an der zeitlichen Skalierung materialwissenschaftlicher Innovationen (Abschn. 6.3.1) ist erkennbar, daß auf diese Weise ein wesentlicher Aspekt in den Materialwissenschaften zu kurz kommt.

Diese einseitige Steuerung führt zu einem Verlust an wissenschaftlicher Kontinuität: die Materialwissenschaft wird gezwungen, von der Substanz zu leben. Dazu gehört auch, daß der ökonomische Druck das Vergessen bereits erforschter Ergebnisse fördert. Das wissenschaftliche „Gedächtnis" wird zu einem Kurzzeitgedächtnis, das in einem nicht unwesentlichen Maße vorgetäuschte Neuerungen, nämlich Wiederentdeckungen produziert (diese Situation ist anzutreffen in maturierten Entwicklungen, etwa bei Kupfer, Abschn. 3.2.2). Wenn die Wissenserhaltung zum Problem wird, ist langfristig der Kompetenzverlust die Folge. Die Möglichkeiten, langfristige Entwicklungen voranzutreiben, bis sie „Früchte tragen", sind in den letzten Jahren zu stark beschnitten worden (Abschn. 3.2.4.). Die Materialforschung wird dazu gedrängt, hinter kurzfristigen Mode-Erscheinungen hinterherzulaufen statt ein Forschungsfeld langfristig und sorgfältig bearbeiten zu können (vgl. Abschn. 6.3.1).[8] Dies wird mittel- und langfristig die Erreichung wesentlicher Ziele der Materialforschung erschweren und Nachteile für die Wettbewerbsfähigkeit der Forschung und dann auch der Wirtschaft nach sich ziehen. Dies gilt insbesondere, weil in der globalisierten Welt gilt:

> Durchschnittliches wissenschaftliches Wissen ist international zugänglich ... Zur Stärkung der Wettbewerbsfähigkeit nationaler Forschungs- und Innovationssysteme sind jedoch herausragende wissenschaftliche Leistungen wichtiger als ein breit gestreutes Mittelmaß (Wissenschaftsrat 1998, S. 122).

Die Materialwissenschaften haben in Förderanträgen nur noch eine Chance, wenn sie *als Dienstleister* für Systemlösungen auftreten: Substitution statt Innovation (im Gegensatz zu Abschn. 6.1). Es besteht dann kaum noch die Chance, daß *aus den Materialwissenschaften heraus* neue Entwicklungen vorgeschlagen und zielstrebig entwickelt werden. Der einseitige Bezug auf die Nachfrage- und Bedarfsorientierung erstickt die Chancen der Entwicklung neuer Angebote aus den Materialwissenschaften heraus. Wie auch in anderen Bereichen gilt in den Materialwissenschaften, daß einer „Finalisierung der Wissenschaften" Grenzen gesetzt sind.[9] Materialwissenschaften lassen sich nur um den Preis ernsthafter langfristiger Nachteile in Richtung auf die „schnelle Umsetzung" finalisieren. Es muß ein „an-

[8] Die Umsteuerung der Projektförderung des Bundes in Richtung auf schnelle Umsetzbarkeit hat dazu geführt, daß die DFG – deren Aufgabe die Förderung nach wissenschaftsinternen Kriterien ist – mit Anträgen überhäuft wird, wodurch es zu kontraproduktiven Formen von Wettbewerb kommt (z.B. in Form des obengenannten Sicherheitsdenkens und zu "Trittbrettfahrern" auf solchen Wellen.).

[9] Demgegenüber scheinen Paulsen u. Fröhlich (1998) einem unbegrenzten Finalisierungs- (und damit Steuerungs-) optimismus anzuhängen (S. 7, These 2). Hier scheinen die Lehren aus der Finalisierungsdebatte der siebziger Jahre vergessen worden zu sein.

gebotsorientierter" und damit „nicht-finalisierter" Anteil der Materialwissenschaften für die umsetzungsfernere Forschung erhalten bleiben.

Die Abgrenzung von Grundlagenforschung und Anwendungsbezug in den Materialwissenschaften ist nicht sinnvoll möglich. Statt dessen handelt es sich hier um ein Kontinuum verschiedener Forschungsaktivitäten, die unterschiedlichen Zeitskalen folgen und sich in unterschiedlichen Reifegraden befinden (Abschn. 6.2). Die problemorientierte Bündelung derartiger mehr oder weniger umsetzungsnaher Forschungen in Kompetenzzentren ist zu begrüßen, da sie künstlich erzeugte Gräben überwinden hilft.[10] Kritisch ist allerdings die pauschal geforderte Beteiligung der Industrie zu sehen und das Erfolgskriterium der Zahl der Existenzgründungen. Diese Anforderungen weisen darauf hin, daß einseitig die schnelle Umsetzung im Vordergrund steht, daß jedoch die umsetzungsfernere Forschung keine Chance erhält (vgl. die letzten Absätze in Abschn. 6.1.5).[11]

Die Rolle des Staates in dieser materialwissenschaftlichen „Grundlagenforschung", d.h. der umsetzungsferneren Materialforschung besteht vor allem in der Sicherstellung einer „überkritischen" institutionellen Förderung. Die Umsteuerung von institutioneller Förderung auf Projektförderung (Wissenschaftsrat 1996) hat dort ihre Grenze, wo der Bereich der umsetzungsnahen Forschung (mit fließendem Übergang zur Entwicklung) verlassen wird. Es müssen qualitativ hochstehende Bereiche umsetzungsferner Materialwissenschaften gesichert werden. Die Rolle des Staates in umsetzungsnaher Forschung sollte darin gesehen werden, gegebenenfalls den Markteintritt von innovativen Entwicklungen zu erleichtern, wenn es hierfür Argumente gibt (seien diese wirtschaftspolitischer, umweltpolitischer –Abschn. 6.1.3 – oder anderer Art). Dies sollte nicht in der Form von Subventionen erfolgen, sondern als „Risikopartnerschaft" zwischen Forschungsförderer und Industrie, etwa nach einem Risikokapitalmodell (Socher et al. 1994b). Die Forschungsförderung *als Subvention* wirkt sich eher innovationsfeindlich aus:

> Jahrelange Erfahrung hat gelehrt, daß bei der direkten Produktförderung unlösbare Informations- und Prognoseprobleme auftreten und die Versuchung sehr groß ist, auch dann noch öffentliche Mittel einzusetzen, wenn ein Projekt notleidend wird (Sachverständigenrat 1993, S.151).

Diese Empfehlungen zielen auf eine Umverteilung innerhalb des bisherigen Etats, *nicht* auf eine insgesamt erhöhte Förderung der Materialwissenschaften.

Wenn ökonomische Anreize für neue Materialentwicklungen (d.h. Absatzchancen auf einem Markt) vorhanden sind, ist keine staatliche Intervention erforderlich. In der Regel wird die Industrie diese Entwicklungen selbst in die Hand nehmen, jedenfalls im Falle großer Firmen (vgl. Abschn. 4.3). Forschungsförderung hat in diesen Situationen *Subventionscharakter*, wenn die Grenze zum wettbewerblichen Bereich überschritten wird. Dann wäre sie nicht mehr Förderung von Forschung, sondern Wirtschafts-, Standort- oder Strukturpolitik. Wenn die Beteiligung von KMU gewünscht wird, kann dies über entsprechende Förde-

---

[10] Auch die Einrichtung von Kompetenzzentren kommt nicht am Steuerungsdilemma vorbei (vgl. Abschn. 7.3). Es muß auch Möglichkeiten geben, solche Zentren zu modifizieren, an aktuelle Entwicklungen anzupassen oder aufzulösen.

[11] So erscheint der Ansatz, für die Nanotechnologie *im gegenwärtigen Stadium* der Forschung Kompetenzzentren unter genau diesen Anforderungen zu gründen, verfrüht.

rung erreicht werden. Dies sollte jedoch nicht als Forschungsförderung, sondern als Wirtschafts- oder Strukturförderung ausgewiesen werden.

In diesem Bereich bleibt der Staat für Forschung (im engeren Sinne, d.h. keine Entwicklung!) und Regulierung (rechtliche Rahmenbedingungen, steuerliche Erleichterungen oder Anreize bis hin zu Risikokapitalmodellen) zuständig. Insbesondere ist an die Moderatorenrolle zur Zielfindung zu denken (Abschn. 6.1.5).

> Demgegenüber wäre es bedenklich, wenn der Staat die industrielle Entwicklung im Hochtechnologiebereich gezielt mitgestalten wollte ... Der Staat wüßte vorab nicht, ob er das Richtige mit den richtigen Mitteln und in der richtigen Dosierung fördert. Die Fehlleitung von Ressourcen – öffentliche Mittel, Forschungskapazitäten – wäre programmiert (Sachverständigenrat 1993, S. 152).

Auch kann der Gesetzgeber nicht einfach die Ziele vorgeben, sondern diese müssen auch realisierbar sein (Beispiel Elektroautos in den USA, vgl. Abschn. 4.2). Hier bieten sich konzertierte Aktionen zwischen staatlichen Stellen, Wissenschaft und Wirtschaft an, etwa in der Option der Leitbildsteuerung (Abschn. 6.3.2).

Oft werden innerhalb der Projektförderung von Universitäten und außeruniversitären Instituten Einzel- und Insellösungen entwickelt, die dann später nicht in übergeordnete Rahmen implementiert werden können. Oft sind nicht einmal die Schnittstellen normiert und es gibt keine anerkannten Maßstäbe für die Qualitätssicherung. Hier liegt eine Koordinierungsfunktion für den Staat, die noch stärker ausgefüllt werden muß (Abschn. 6.1.5).

Der Forderung nach schneller Umsetzung entsprechen nicht alle Rahmenbedingungen. So wäre unter dieser Zielsetzung der Patentierung höchste Priorität einzuräumen. Hierfür fehlt aber in der Regel die Unterstützung der Förderer. Der Zugang von Forschungseinrichtungen zu Patentierungsmöglichkeiten muß erleichtert werden (hierzu auch bereits Wissenschaftsrat 1996). Ein spezielles Problem liegt in der Bedeutung der Öffentlichkeit von Ergebnissen öffentlich geförderter Forschung. Sie kollidiert oft – das ist hinlänglich bekannt – mit den Interessen kooperierender Industrieunternehmen. Die Beantwortung dieser Frage übersteigt jedoch den Rahmen der vorliegenden Studie.

Die vorzugsweise Orientierung der Forschungsförderung an der Forderung nach schneller Umsetzung materialwissenschaftlicher Resultate führt dazu, daß Methoden (Prüfverfahren, Charakterisierungsverfahren, Simulationsverfahren, vgl. Abschn. 3.3, 3.4) unter diesem Anspruch oftmals nicht förderungswürdig sind und daher zuwenig weiterentwickelt werden. Sie stehen dann nicht zur Verfügung, wenn sie gebraucht werden, um *Neue Materialien* in der Praxis einzusetzen. Auch an dieser Stelle kommt es zu der paradoxen Situation, daß die Orientierung von Maßnahmen an dem Ziel schneller Umsetzung indirekt die schnelle Umsetzung *ver- oder behindert.* Integration braucht Zeit (Abschn. 6.1.4)

Eine stärkere Förderung interdisziplinärer Projektgruppen oder Kompetenzzentren (Physiker, Chemiker, Designer, Rezyklierer, Verfahrenstechniker etc.) ist – sicher themen- und situationsabhängig – erforderlich um der zunehmenden Komplexität der Anforderungen gerecht zu werden und der Spezialisierung der Werkstoffwissenschaften ein Gegengewicht gegenüberzustellen. Dies ist auch deswegen erforderlich, um einerseits den gesamten Lebenszyklus des Materials bzw. Produkts am Anfang überschauen und beurteilen zu können und um andererseits bestimmte Materialien erfolgreich in andere Anwendungskontexte übertragen zu können (Abschn. 6.1.4). Technische Innovationen müssen bekanntlich von sozialen Innovationen begleitet werden, sollen sie erfolgreich in einer Gesellschaft implementiert werden (Rammert 1994, vgl. Abschn. 4.2, Einbettung von Technik in Gesellschaft). Es kann nicht nur um die möglichst schnelle Produktion wissenschaftlicher oder technischer Neuerungen gehen. Forschungsförderung im umsetzungsnahen Bereich darf daher nicht einseitig techniklastig ausgelegt werden, sondern muß die „gesellschaftlichen Kontexte“ berücksichtigen (Abschn. 4.2, 6.1) und konkurrierende technische Entwicklungen im Auge behalten (Abschn. 4.1). Die gesellschaftlichen Kontexte betreffen vor allem die Dimension der *Ziele* von Entwicklungen, die zusätzlich zu den internen Zielen der Materialwissenschaften zu berücksichtigen sind (Abschn. 6.1, insbesondere die Dimension der umweltbezogenen Nachhaltigkeit in 6.1.3).

Weiterhin stellt sich die Frage nach dem Nutzen nationaler Forschungsförderung angesichts der Globalisierung. Stellt die Globalisierung die nationale Forschungsförderung grundsätzlich in Frage? Welches sind die Kriterien dafür, was im eigenen Land geforscht und was auf dem globalen Markt an Wissen und Können eingekauft werden sollte? Diese Fragen überschreiten den Rahmen der vorliegenden Studie; ihr sollten eigene Untersuchungen gewidmet werden.

> Insgesamt ergibt sich daraus, daß sich die in vielen Ländern anzutreffende Prämisse einer nationalen Forschungs- und Technologiepolitik, der Nutzen der öffentlichen Ressourcenallokation in diesem Bereich fließe überwiegend der nationalen Volkswirtschaft zu, zunehmend auflöst. Nicht nur das im nationalen Innovationssystem produzierte Know-how, sondern auch andere öffentliche Investitionen, z.B. in der Ausbildung, geraten zunehmend in den Sog des internationalen Wissensaustausches. Damit erweitert sich der Focus der Politik: es geht nicht allein um die Appropriierung national generierten Wissens, sondern um die Verstärkung eines nutzenstiftenden interaktiv-länderübergreifenden Wissensaustausches. Die Absorption weltweit entstandenen Wissens ist möglicherweise ebenso wichtig wie die Förderung der Wissensproduktion im eigenen Land (Meyer-Krahmer u. Reger 1997).

An der jüngsten Fusions- und Übernahmewelle internationaler Konzerne läßt sich dieses Problem gut verdeutlichen. Werden mit nationalen Firmen Förderprojekte vertraglich vereinbart, kann der Fall eintreten, daß diese Firmen während der Projektlaufzeit in ausländische Hände geraten. Die Ergebnisse nationaler Forschungsförderung kämen dann einem ausländischen Konzern zugute.

Im Montanbereich finden sich gelungene Beispiele für Forschungsförderung im europäischen Rahmen, so etwa in der Förderung europäischer Kompetenzzentren oder in Hinsicht auf Arbeitsteilung, wenn nämlich Pilotanlagen konzentriert auf europäische Belange ausgelegt und Mehrfachrealisierungen vermieden werden.

Ausgehend hiervon wäre zu fragen, inwieweit dieses Modell auf andere Bereiche übertragbar ist. Europäische Kompetenzzentren sollten der Ermöglichung von Spitzenforschung unter hohem Risiko vorbehalten bleiben. Ihre Einrichtung (möglicherweise nach dem Vorbild der BioRegionen, d.h. unter den Kriterien des Regionalismus, der Verflechtung von Universitäten, Forschungsinstituten und Industrie und einer erkennbaren inhaltlichen Schwerpunktbildung) sollte eine weltweite Ausstrahlung haben, um einerseits die europäische Kompetenz auf dem globalen Markt deutlich zu machen und andererseits internationales Know-how dorthin zu ziehen.

6.5 Zusammenfassende Empfehlungen

Die im folgenden aufgeführten Empfehlungen sind relativ zu der normativen Basis (zu Zwecken und Zielen, wie sie im Abschn. 6.1 diskutiert werden) und relativ zu den Erkenntnissen aus der Analyse der Materialentwicklung und der Fallbeispiele zu verstehen, ergänzt um die Ergebnisse der europäischen Umfrage. In dieser relationalen Form lassen sich die Empfehlungen als Wenn-Dann-Sätze lesen, die in Beziehung zu den Kap. 3 und 4, den in Abschn. 6.1 diskutierten Zielen der Materialwissenschaften und den in den Abschn. 6.2, 6.3 und 6.4 verallgemeinernden Konsequenzen stehen.

Zielsetzungen und Forschungsperspektiven

1. Es sollte in der Materialwissenschaft eine verstärkte Auseinandersetzung über mittel- und langfristige Zielsetzungen erfolgen (etwa durch Forschungsprospektion aus der Materialwissenschaft heraus), um die wissenschaftlichen Perspektiven in der Wahl langfristiger Forschungsthemen zur Geltung zu bringen.
2. Integrierte Ansätze sind weiter zu stärken, etwa in bezug auf die Integration von Material- und Verfahrensentwicklung. Dabei sind nichttechnische Aspekte (z.B. ökonomische oder soziale Aspekte) stärker zu berücksichtigen.
3. Die Umweltverträglichkeitsthematik hat in die innerwissenschaftlichen Zielfindungen der Materialwissenschaften Eingang gefunden. Pauschale Forderungen nach einem Schließen der Stoffkreisläufe oder nach maximalem Recycling werden der Komplexität des Problems nicht gerecht. Statt dessen sind *kontextbezogene* Analysen unter Hinzuziehung *nichttechnischer* Kriterien vorzunehmen.
4. Innovative Problemlösungen sind gegenwärtig oft nicht von neuen Materialien per se, sondern von verbesserten und neuen Prüf- und Produktionsverfahren zu erwarten. Diesen folgt eine angepaßte Materialentwicklung damit müssen die resultierenden kontextuellen Verknüpfungen in der Forschungsförderung Berücksichtigung finden.
5. Simulationsverfahren für die Materialentwicklung werden weiter an Bedeutung gewinnen. Dazu ist es wichtig, die Software in diesem Bereich intensiv weiterzuentwickeln und entsprechend zu validieren. Daneben muß diesem Umstand die Ausbildung Rechnung tragen, sowohl durch eine Anpassung der Lerninhalte als auch durch die Vermittlung von Methodenkompetenz (Software, Tools, Statistik) und die Verbesserung der EDV-Infrastruktur.
6. Der Steuerung der Materialwissenschaften im Hinblick auf den vermuteten gesellschaftlichen Bedarf (Finalisierung) sind Grenzen gesetzt. Wissenschaftlicher Fortschritt bedarf sowohl der Herausforderung durch Anwendungsprobleme (top-down) als auch der innerwissenschaftlichen Weiterentwicklung (bottom-up).

Forschungsförderung „Material“

7. Die Koordinierungs- und Moderatorenfunktion des Staates hinsichtlich der Forschungsförderung, der Normierung von Schnittstellen und der Qualitätssicherung ist im Sinne einer kohärenten nationalen und europäischen Forschungspolitik zu verstärken.
8. Hauptziel staatlicher *Forschungs*förderung sollte nicht die Erhöhung des Grenznutzens bestimmter Techniken – mit einem hohen industriellen Reifegrad –, sondern die zukunftsorientierte Förderung von neuen Material- und/oder Verfahrensideen sein.
9. Förderung anwendungsnaher Forschung darf nicht zur (in der Regel innovationsbehindernden) Subvention werden. Statt dessen sind Formen der Risikopartnerschaft zwischen Staat und Industrie (Private Public Partnership) zu erproben (etwa in Bezug auf Risikokapital). Der Staat muß hierbei vor allem Garantien für Planungs- und Investitionssicherheit geben.
10. Die seit Jahren erfolgende Umsteuerung von institutioneller Förderung auf Projektförderung führt gegenwärtig in einigen, vorwiegend universitären Bereichen zur Minderung oder gar zum Verlust der Erneuerungsfähigkeit der Materialwissenschaften. Auf längere Sicht kann es damit zur Gefährdung der internationalen Konkurrenzfähigkeit kommen. Oft ist die Einwerbung von Forschungsvorhaben nur zur Aufrechterhaltung der Infrastruktur erforderlich, etwa für komplexe Apparaturen. Hier scheint es geboten, den Übersteuerungsphänomenen zu begegnen.

Europäische Situation

11. Von einer kohärenten europäischen Kooperation und Arbeitsteilung sind die Materialwissenschaften weit entfernt. Die Einrichtung grenzübergreifender forschungsorientierter Kompetenzzentren in Europa ist anzustreben.
12. Zur Vermeidung „doppelter“ Förderanträge und Forschungsleistungen auf nationaler wie europäischer Ebene müssen weiterhin die Datenbasis, -zugänglichkeit und -transparenz verbessert werden. Vorrangige Bedeutung kommt der Einrichtung einer umfassenden europäischen Materialforschungsdatenbank zu.
13. Die Einrichtung von forschungsorientierten Kompetenzzentren sollte auf Aktivitäten mit internationaler Signalwirkung konzentriert werden. Ihre Erfolgskriterien sollten vor allem in der internationalen wissenschaftlichen Anerkennung bestehen. Sie darf nicht durch strukturpolitische Überlegungen konterkariert werden.
14. Der Prozeß der Globalisierung läßt die Forschungsförderung nicht unberührt. Zur Frage, inwieweit und unter welchen Prämissen im europäischen oder globalen Wirtschaftsraum nationale Forschungsförderung in der heutigen Form noch sinnvoll ist, sollten intensivere Überlegungen angestellt werden.

7 Technikfolgenbeurteilung und Materialentwicklung – ein Ausblick

Das vorliegende Memorandum hat Konsequenzen für die Durchführung weiterer Studien zu gesellschaftlichen Aspekten und Folgen der Materialforschung und -entwicklung; darüber hinaus erlaubt es Schlußfolgerungen für die Konzeption von Technikfolgenbeurteilung. Diese seien im folgenden kurz angesprochen.

7.1 Technikfolgenbeurteilung in der Materialwissenschaft

Anders als oft (wohl unabsichtlich) durch monoton klingende Bezeichnungsweisen wie „TA Neue Werkstoffe" (Socher et al. 1994b) suggeriert, können Analysen und Empfehlungen im Bereich der Materialforschung auf ganz verschiedenen Gegenstands- und Abstraktionsebenen angesiedelt sein:

- *Objektorientiert*: *Substantielle* Empfehlungen zur Forschungsförderung, Aussagen zu den Inhalten der Forschungsförderung des Typs „man fördere die Entwicklung der Aluminiumlegierung xyz". Diese können sowohl aus materialorientierten als auch aus produkt- oder systemorientierten Untersuchungen resultieren (zu dieser Unterscheidung vgl. Abschn. 2.2.3).
- *Prozedurorientiert*: *Prozedurale* Empfehlungen zur Forschungsförderung, beruhend auf kontextorientierten Untersuchungen, die in Aussagen zu Verfahren des Typs resultieren: „man beschleunige die Prozesse der Antragstellung und Genehmigung oder verbessere sie in anderer Hinsicht, man berufe einen Beirat für Materialforschung etc.".
- *Strategieorientiert*: Empfehlungen zu übergeordneten *strategischen* Optionen des Umgangs mit Prozeduren des Typs: „man wähle (kontextorientiert) inkrementelle Strategien für die Forschungsförderung" (vgl. Abschn. 6.2).

Entsprechend zu differenzieren ist auch die normative Ebene (vgl. Abschn. 6.1): Ziele können auf der Ebene bestimmter Materialeigenschaften definiert werden (etwa in einem Lastenheft zu einem Produkt oder System), sie können sich auf die konkreten Prozeduren an der Schnittstelle zwischen den Materialwissenschaften und dem gesellschaftlichen Kontext beziehen oder die Strategien thematisieren, die den Hintergrund für diese Prozeduren bilden. Diese Ebenen werden oftmals nicht hinreichend unterschieden (Socher et al. 1994b, Wissenschaftsrat 1993, 1996), wodurch es zu Vermischungen von Begründungsstrukturen und Prämissen kommt, die der Transparenz der Arbeiten abträglich sind. Relativ zu Zielsetzungen auf diesen Ebenen (sicher auch relativ zu weiteren Aspekten) ist sodann die Auswahl strategischer Szenarien (Abschn. 6.2) und konkreter Maßnahmen zu rechtfertigen.

7.2
Prognosen als Planungsgrößen

Jeder Form von Technikfolgenreflexion stellt sich die Frage nach dem Verständnis prognostischer Aussagen. Die *Antizipation der Zukunft als zukünftige Realität kann aus prinzipiellen Gründen nicht gelingen:* Auch eine noch so gute Begründung von Prognosen garantiert nicht ihr faktisches Zutreffen (Grunwald u. Langenbach 1998, vgl. auch AG-MAT 1997). Es kann in der Technikfolgenbeurteilung daher nicht darum gehen, „richtige Prognosen" zu erstellen, weil ex ante nicht festgestellt werden kann, ob eine Prognose richtig ist. Daß Prognosen tatsächlich *Planungsgrößen* und Elemente von Entscheidungsgrundlagen darstellen (Grunwald u. Langenbach 1998), kann durch Fallbeispiele aus den Materialwissenschaften belegt werden:

- Abschn. 4.1 (Keramik im Verbrennungsmotor) für enttäuschte Hoffnungen bzw. unberechtigte Erwartungen, verbunden mit der eingangs nicht vorhergesehenen Verbesserung von Metallventilen aufgrund der befürchteten Konkurrenz durch Keramikventile. Hieran kann man einerseits die (bekanntermaßen) mit Prognosen der Erreichbarkeit technischer Leistungsmerkmale verbundenen Unsicherheiten beobachten, vor allem aber die prinzipielle Schwierigkeit, daß nämlich auf Prognosen beruhende Handlungsweisen Auswirkungen haben können (hier: die Verbesserung der Metallventile), welche die zugrundeliegenden Annahmen dieser Prognose falsifizieren.[1]
- Abschn. 4.5 (Nanotechnologie) für die gegenwärtige Unmöglichkeit, zukünftige Anwendungen der Nanotechnologie zu antizipieren. Hier kann es nur darum gehen, perspektivisch bestimmte Anwendungsfelder zu erwarten und Forschung in diesen Feldern anzuregen.

Aus beiden Fallbeispielen folgt – unbeschadet ihrer sonstigen Verschiedenheit – die Notwendigkeit, in Entscheidungsprozessen diese zukunftsbezogenen Elemente der Entscheidungsbasis *permanent gemäß dem jeweils neuesten Kenntnisstand nachzuführen und für die Adaptation der einmal getroffenen Entscheidung an diese neuen Erkenntnisse zu sorgen*. Dies nicht hinreichend berücksichtigt zu haben, dürfte eine der Hauptursache für zu spät abgebrochene oder zuwenig modifizierte Entwicklungen sein (Abschn. 4.1). Prognoselasten sind daher nur durch die Flexibilität von Entscheidungen und Planungen zu reduzieren. Allerdings ist die Bezeichnung „Prognose als Prozeß" (VDI 1991, Paschen u. Petermann 1991) insofern irreführend, als daß es sich nicht um einen *Prognoseprozeß*, sondern um einen *Planungs*prozeß handelt, indem Prognosen als Teil des Planungswissens sukzessive nachgeführt und aktualisiert werden. Technikfolgenbeurteilung ist in dieser Weise eine die Technikentwicklung und die Entwicklung der entsprechenden Rahmenbedingungen begleitende Reflexion auf der Basis *des jeweiligen Wissens* um Technik- und Entscheidungsfolgen (dazu auch s.u.).

---

[1] Dieses wird gängigerweise als „self-destroying prophecy" bezeichnet. Dies ist jedoch insofern eine unzutreffende Bezeichnung, als daß sie sich erstens nicht nur auf „Prophezeiungen", sondern auch auf begründete Prognosen bezieht, und weil sie zweitens eine sprachlich verkürzte Sicht von Vorhersagen unterstellt, sie nämlich als assertorische statt als hypothetische Sätze formuliert, indem das Antezedens unterschlagen wird (Grunwald 1999a).

Die grundlagenorientierte Forschung arbeitet angebotsorientiert (bottom-up) und läßt daher keine Prognosen über ihren Fortgang mit Ausnahme des Verfahrens zu, von den Forschungs- und Entwicklungszielen auszugehen und ihre mutmaßliche Erreichung begründet anzunehmen. Hingegen sind systemorientierte Ansätze von der Umsetzungsseite her in der Lage, Zielvorgaben an umsetzungsorientierte Wissenschaften zu formulieren (top-down, Bedarfsorientierung). Hieraus ergeben sich Möglichkeiten, Zukunftserwartungen als Eingangsgrößen für Planungen zu gewinnen. Danach hängen Trends in den umsetzungsorientierten Materialwissenschaften von den Entwicklungslinien, Problemen und Trends in den jeweiligen Branchen der Umsetzungen ab. Werden z.B. Entscheidungen zur Einführung elektrischer Antriebe im Straßenverkehr (Abschn. 4.2) getroffen und entsprechende Anstrengungen mit der Entwicklung geeigneter Batterietypen verbunden, können, ausgehend von bestimmten technikwissenschaftlichen Erfahrungen, Angaben über die zeitliche Realisierung der im Lastenheft niedergelegten Leistungsmerkmale gemacht werden. Auf deren Basis können wiederum bestimmte Entscheidungen getroffen werden können, z.B. Entscheidungen über den Aufbau passender Infrastrukturelemente.

7.3 Technikfolgenbeurteilung als begleitendes Controlling?

Die Einordnung von Prognosen als Elemente eines flexiblen Entscheidungs- und Planungsprozesses erlaubt es, die Rolle der Technikfolgenbeurteilung in diesem Feld zu präzisieren. In der Frage, welche Instanz für die genannten Punkte eines planungs- und entscheidungstheoretisch optimierten Procedere der Forschungsförderung verantwortlich sein oder die Betreuung dieser Aspekte übernehmen soll, ist man wiederum auf die Technikfolgenbeurteilung zurückverwiesen. Welche Anforderungen an sie zu richten wären, kann anhand der Leitfragen[2] überlegt werden:

- Hätte man die unbefriedigende Erfolgsquote in der Forschungsförderung „Keramik im Verbrennungsmotor" (Abschn. 4.1) durch Technikfolgenbeurteilung verhindern können?
- Wenn ja, dann mit welcher Ausrichtung der Technikfolgenbeurteilung?

Eine entscheidende Rolle spielt dabei die Einschätzung, daß gute Gründe für eine Modifikation nicht zeitig genug umgesetzt worden sind und daß statt dessen am ursprünglichen Konzept festgehalten wurde (Abschn. 4.1). Aus praktischen Gründen mag es zwar oft unvermeidbar sein, Förderprogramme bzw. Steuerungen oder bestimmte Anteile von ihnen vorläufig oder für eine begrenzte Zeit abzuschließen oder „einzufrieren". Die optimale Zweckerreichung erfordert jedoch, im Zeitraum zwischen der Entscheidung über das Förderprogramm oder das geförderte Forschungsprojekt und seiner Durchführung und während dieser Durchführung genü-

[2] Es geht hier nicht darum, besserwisserisch zu rechten, wie man es hätte besser machen können. Dies ist unbilllig, kann man doch allen Beteiligten ein Handeln gemäß bestem Wissen unterstellen. Vielmehr soll nach Möglichkeiten des strukturellen Lernens aus dieser Entwicklung gefragt werden.

gend Freiräume zur flexiblen Anpassung des Programms oder Projektes an neu eingetretene Sachverhalte offenzuhalten (Grunwald 1998). Der Rationalitätsgewinn besteht genau darin, daß jede Änderung durch ihre Bezüge zu der älteren Version und in ihrer Bedingtheit durch die neu eingetretenen Sachverhalte reflektiert werden *muß und kann*; ein bloßes Hinterherlaufen hinter kurzlebigen Modeerscheinungen wird dadurch ausgeschlossen (vgl. Abschn. 6.3., 2.2; Grunwald 1999b). Die Reflexionserfordernisse können dabei durch die Definition von *Meilensteinen* auf bestimmte Punkte der antizipierten Entwicklung fokussiert werden, an denen z.B. Verzweigungen eines Entscheidungsbaumes liegen oder an denen die Erfüllung bestimmter Zwischenschritte überprüft werden soll. Diese Meilensteine können z.B. durch eine Vereinbarung von *Abbruch- oder Modifikationskriterien* ergänzt werden. Auf diese Weise ermöglicht „flexible Planung" (Grunwald 1999a) das reflektierte (nicht sture!) Durchhalten von Handlungssträngen inmitten eines sich ändernden Umfeldes zur Erreichung von Zielen angesichts begrenzter gesellschaftlicher Ressourcen:

> In Forschung und Entwicklung ist also eine regelmäßige Überprüfung der ursprünglich gesetzten Ziele selbst, der Zielerreichung und der dazu eingesetzten Mittel und Methoden notwendig. Insofern verbieten sich „Dekadenfestlegungen" im Sinne einer unreflektierten Verfolgung einmal gesetzter Ziele (Wissenschaftsrat 1998, S. 126).

Damit kann *langfristige Stabilität* von Förderprogrammen und konkreten Förderungen unter simultaner Berücksichtigung der Anforderungen von *Flexibilität und Adaptationsfähigkeit* erreicht werden (vgl. auch die Abschn. 4.1, 4.2, 4.4, 4.6, in denen diese Verbindung von Kontinuität und Wechsel mehr oder weniger gut gelungen ist). Das Resultat dieser Überlegung besteht darin, Technikfolgenbeurteilung für diesen Aufgabentyp als ein „begleitendes Controlling" auszulegen.[3] Dies bedeutet im einzelnen:

- Technikfolgenbeurteilung muß früh beginnen, relativ zur Abfassung von Förderprogrammen, Produkt- und Systementwicklungen (Paschen et al. 1987, Gethmann 1998), und bereits an der Abfassung der Meilensteine, der Bestimmung von Ausstiegs- und Umstiegspunkten, der Reflexion von gegebenen Zukunftserwartungen an der Formulierung und Rechtfertigung etwaiger Abbruch- oder Modifikationskriterien beteiligt sein.
- Technikfolgenbeurteilung sollte dabei die Dimension der Ziele der Förderung sowie der Ziele des jeweiligen Projekts und der zugehörigen Entwicklung beachten und das jeweilige Projekt *in einem Kontext möglicher Alternativen* beurteilen. Diese Berücksichtigung der (wissenschaftlichen, technischen, wirtschaftlichen und gesamtgesellschaftlichen) Kontexte ist entscheidend, um mögliche Fehlentwicklungen möglichst früh absehen zu können (vgl. etwa Abschn. 4.1).

Abbruch- und Modifikationskriterien sind nach zwei strukturell verschiedenen Quellen ihrer Herkunft zu unterscheiden, zumal beide verschieden motiviert und legitimiert werden müssen:

[3] In Anlehnung an das Verständnis des Controlling bei Weber u. Schäffer 1998a, b, die Sicherstellung von Rationalität als zentrale Aufgabe des Controlling anzusehen (und dies damit weit über ein verengtes Verständnis im Sinne buchhalterischer Kontrolle erhebend).

- *Interne* Kriterien verdanken sich den innerwissenschaftlichen Erfolgs- und Gelingensbedingungen für die entsprechende materialwissenschaftliche Entwicklung; hier sind z.B. das Erreichen bestimmter Festigkeitswerte oder das Hinausschieben von Grenztemperaturen in einem vorab festgelegten Kosten- und Zeitrahmen der Entwicklung zu verstehen; hier geht es ausschließlich um die wissenschaftlich-technische Realisierbarkeit der Leistungsmerkmale und um die Bedingungen ihrer Realisierbarkeit (z.B. die Frage der Wasserstoffspeicherkapazität von Kohlenstoffnanoröhrchen betreffend, vgl. Abschn. 4.5: was ist unter welchen Bedingungen (Temperatur, Druck) erreichbar?).
- *Externe* Kriterien betreffen den gesellschaftlichen Kontext der Entwicklung, etwa die ordnungsrechtlichen Rahmenbedingungen, die prognostizierte Marktentwicklung oder alternative Entwicklungen (besonders wichtig in Fällen angestrebter Materialsubstitution), deren Erfolg gegebenenfalls eine Aufgabe anderer Entwicklungen nach sich ziehen müßte oder im Falle eines Erfolgs anderer Entwicklungen gegebenenfalls selbst aufzugeben wäre. Dies betrifft konkurrierende Entwicklungen auf den verschiedensten Ebenen, etwa den Fall konkurrierender Batteriekonzepte, vgl. Abschn. 4.2, oder den Fall der angestrebten Substitution von Kunststoffen durch Bauteile aus nachwachsenden Rohstoffen (Abschn. 4.4).

Durch Forschungsförderung stellt sich oftmals unvermeidlich eine gewisse Eigendynamik ein, weil durch die Förderung „Fakten“ geschaffen werden (etwa im Aufbau von Forschungsverbunden oder –arbeitsgruppen und durch vertragliche Bindungen, z.B. hinsichtlich personeller Ressourcen, vgl. Bremer u. Preusser 1995, Anhang), die durch ihre bloße Existenz ein Beharrungsvermögen entwickeln (vgl. Abschn. 4.1 und 4.4). Technikfolgenbeurteilung muß F&E in *kritischer Distanz* begleiten, d.h. diese Eigendynamik *stören*, indem die aktuellen Erfolge und Mißerfolge relativ zu den ursprünglich verfolgten Zielen, den dort festgelegten Abbruch- oder Modifikationskriterien und den inzwischen eingetretenen neuen Erkenntnissen beurteilt werden: „Rechtzeitiges Beenden von Projekten, in denen offenkundig die gesteckten Ziele nicht mehr erreichbar sind, bietet jedoch auch ein Potential zur Freisetzung finanzieller Ressourcen, die dann für neue Projekte eingesetzt werden können“ (Bremer u. Preusser 1995, Anhang). Das „Beharrungsvermögen“ zu überwinden, ist vor allem deshalb schwierig, weil sich immer Gründe für eine Fortführung eines Projektes finden lassen (Abrundung der Ergebnisse für die Dokumentation, Hoffnung auf spätere Umsetzung etc.). Hier ist im Einzelfall zu prüfen, inwieweit es derartige „Trägheits“-argumentationen tatsächlich rechtfertigen, auf andere, um die gleichen Fördermittel konkurrierende Vorhaben zu verzichten.[4]

[4] Selbstverständlich greift an dieser Stelle das bekannte Kontroll- oder Steuerungsdilemma (Wagner-Döbler 1989 und die dort erwähnte Literatur), nach dem eine Komplettsteuerung im Sinne der garantierten Zielerreichung nicht möglich ist. Dieses wäre aber auch zuviel verlangt; das Streben nach *vollständiger* Zielerreichung in einem komplexen Umfeld ist in der Regel keine pragmatisch sinnvolle Handlungsorientierung. Technikfolgenbeurteilung als Begleitung eines flexiblen Planungsprozesses kann jedoch, so der Anspruch, den erwartbaren Zielerreichungsgrad verbessern, wenn nicht sogar maximieren.

Das vorliegende Memorandum ist ein Plädoyer für eine begleitende Reflexion der Materialforschung und -entwicklung unter den genannten Rationalitätsstandards sowohl hinsichtlich der Sicherung von Kontinuität als auch hinsichtlich der Berücksichtigung der Flexibilitäts- und Adaptationserfordernisse *als Handlungstyp*. Es ist nicht unbedingt ein Plädoyer für weitere diesbezügliche Aufträge an Einrichtungen der Technikfolgenbeurteilung, denn die begleitenden Reflexion ist oftmals bereits in den Vorschriften und Regelungen der Forschungsförderung institutionalisiert (vgl. hierzu auch Bremer u. Preusser 1995, S. 23).[5] Folgende Aufgaben ergeben sich nach den Ergebnissen des Memorandums vorrangig als weitere Schritte für den begleitenden Reflexionsprozeß:

- Weitere und detaillierte Überlegungen und Analysen zur optimalen Ausbalancierung der bedarfs- und der angebotsorientierten Sicht unter Einbeziehung ökonomischer Expertise und den Erfahrungen aus dem Technologietransfer-Bereich; dies könnte anhand der Technikfolgenbeurteilung materialwissenschaftlicher Forschung für bestimmte Anwendungsfelder erfolgen (Medizintechnik, Bauwesen, Informations- und Kommunikationstechnologien).
- Befassung mit den in dem vorliegenden Memorandum nicht intensiv behandelten Bereichen der Materialwissenschaften. Hierzu gehören insbesondere das zukunftsträchtige Gebiet der Funktionswerkstoffe, etwa in Form der Biomaterialien oder der Materialentwicklung für den stark wachsenden Bereich der Sensorik.
- Vergleichende Studien zum Vorgehen in europäischen Ländern mit dem Ziel der Analyse der Bedingungen für eine größere Vernetzung und Kohärenz.
- Schließlich, bezogen auf die Inhalte der Materialforschung, die Fokussierung auf aktuelle Entwicklungen, ihre Probleme und Herausforderungen, um die im vorliegenden Memorandum beschriebenen Schritte und methodischen Ansätze auf konkretere Fragen zu beziehen (hierfür könnten sich insbesondere Bereiche der Nanotechnologie eignen).

Sieht man Materialforschung und -entwicklung als einen Teil der gesamtwissenschaftlichen Entwicklung an und die Studien in diesem Bereich als Elemente eines begleitenden wissenschaftlichen und gesellschaftlichen Reflexionsprozesses dieser Entwicklung, und zwar in bezug auf die Position der Materialwissenschaften in der Wirtschaftspolitik, der Umweltpolitik und der Wissenschafts- und Technikpolitik, ferner in bezug auf Möglichkeiten der Verbesserung der verschiedenen Schnittstellen zwischen Wissenschaft und Gesellschaft, so stellt das vorliegende Memorandum einen Schritt in diesem permanenten Reflexionsprozeß dar. Er ist dadurch gekennzeichnet, daß er aus der *Teilnehmerperspektive* der Materialwissenschaften heraus entstanden ist.

---

[5] So gehören „Früherkennung programmrelevanter Entwicklungslinien und -trends, Technikbewertung" (MaTech 1997, S. 29) zu den Aufgaben der Projektträger (vgl. dazu auch Bremer, Preusser 1995).

Anhang: Umfrage zur Materialforschung in Europa

Im Zusammenhang mit den in Kapitel 4 dargestellten Fallstudien wurde von der Europäischen Akademie eine schriftliche Befragung von Materialwissenschaftlern in Europa durchgeführt. Neben einigen allgemeinen Fragen bestand der Fragebogen hauptsächlich aus Fragen mit Bezug zu den sechs Fallstudien. Eine umfassende Betrachtung aller Bereiche und Aspekte der Materialforschung in Europa war nicht beabsichtigt.

Abschnitt A.1 enthält Informationen über die Teilnehmer der Befragung. Zunächst wird das Verfahren zur Ziehung einer Stichprobe von europäischen Materialwissenschaftlern mit Expertise in den Gebieten der sechs Fallstudien beschrieben. Es folgen Angaben zu den Antwortraten sowie zur Verteilung der institutionellen Angehörigkeiten der Befragten.

Für diejenigen Fragen, auf die im Text der vorliegenden Studie explizit Bezug genommen wird, finden sich in Abschnitt A.2 die statistischen Verteilungen der Antworten der Befragten. Die Verteilungen werden auch nach der Expertise oder der institutionellen Angehörigkeit der Befragten getrennt ausgewiesen, sofern diese Differenzierungen statistisch signifikant sind. Eine statistische Auswertung des gesamten Fragebogens findet sich in einem begleitenden Materialienband (Nigge 1999).

A.1 Teilnehmer der Umfrage

A.1.1 Adressenrecherche

Die Umfrage wurde unter Materialwissenschaftlern aus Universitäten, Forschungsinsituten und der Industrie in West- und Mitteleuropa durchgeführt. Dabei wurden die Länder der Europäischen Union (EU) sowie der Europäischen Freihandelszone (EFTA) in Betracht gezogen.

Für jedes der sechs in den Fallstudien behandelten Gebiete der Materialwissenschaften (Keramik, faserverstärkte Kunststoffe, nanostrukturierte Materialien, Hochtemperaturwerkstoffe, Werkstoffe für Batterien, Nachwachsende Rohstoffe) wurden einschlägige Institutionen oder Wissenschaftler in Europa durch Recherchen in Datenbanken sowie in Konferenzbänden identifiziert. Weiterhin wurden ergänzend Experten in anderen Gebieten der Materialwissenschaften durch die Projektgruppe identifiziert, um eine ausgewogene fachliche Zusammensetzung der Stichprobe zu gewährleisten.

Im Zuge der obigen Recherchen zeigte sich, daß ein Mangel an einfach zugänglichen Quellen von Informationen über europäische Experten in bestimmten Gebieten der Materialwissenschaften besteht. Lediglich in einigen Gebieten werden solche Überblicke gegenwärtig im Rahmen von durch die EU geförderten Forschungsprojekten erstellt. Ein Beispiel ist das Netzwerk NF-2000 zum Thema Nachwachsende Rohstoffe (http:/www.nf-2000.org).

Für die Zwecke der vorliegenden Umfrage erwies sich die CORDIS Datenbank EU-finanzierter Forschungsprojekte in den meisten Fällen als sehr nützlich. Da es im Rahmen der Umfrage nicht beabsichtigt war, alle europäischen Experten in den sechs Fachgebieten der Fallstudien auch nur annähernd zu erfassen, erschien die Beschränkung der CORDIS Datenbank auf Institutionen, die an EU-Projekten teilgenommen haben, generell als zweckmäßig.

Soweit es im Rahmen der zur Verfügung stehenden Zeit und Ressourcen möglich war, wurden die Ergebnisse der CORDIS Recherchen durch andere Informationsquellen ergänzt. Für das Fachgebiet faserverstärkte Kunststoffe wurden anhand eines veröffentlichten Mitgliederverzeichnisses der Society for the Advancement of Material and Process Engineering (SAMPE 1997) von der Projektgruppe weitere Wissenschaftler identifiziert. Im Fall der Nachwachsenden Rohstoffe lieferten die Homepage der Fachagentur Nachwachsende Rohstoffe (FNR, http://www.dainet.de/fnr) sowie das obengenannte Netzwerk NF-2000 zusätzliche Adressen.

Die meisten der auf das Fallbeispiel Keramik bezogenen Adressen wurden der Virtuellen Bibliothek Technische Keramik (http://www.ikts.fhg.de/ceramics.html) entnommen. Adressen von Experten im Bereich Nanotechnologie stammten aus drei Quellen: (a) die Kurzzusammenfassungen der Vorträge der Konferenz NANO '98, wobei jeweils die letztgenannten Autoren (senior authors) herangezogen wurden, (b) eine Teilnehmerliste einer Tagung des Bundesforschungsministeriums (BMBF) mit dem Titel „Innovationsschub aus dem Nanokosmos", die am 3.-4. März 1998 in Bonn stattfand, und (c) eine Liste der Mitglieder, die freundlicherweise vom Europäischen Konsortium Nanomaterialien (European Consortium on Nanomaterials, ECNM) zur Verfügung gestellt wurde.

Die auf diesem Wege konstruierte Stichprobe von europäischen Materialwissenschaftlern umfaßte 942 Personen oder Institutionen. Aufgrund der Schwierigkeiten der Beschaffung ausländischer Adressen bestand dabei etwa die Hälfte der Stichprobe aus deutschen Wissenschaftlern. Die detaillierte Verteilung der Adressaten der Umfrage auf die europäischen Länder sowie die materialwissenschaftlichen Fachgebiete ist in den Tabellen A.1 und A.2 zusammen mit den jeweiligen Antwortraten wiedergegeben.

Aus Tabelle A.1 ist zu ersehen, daß Deutschland bezüglich der Anzahl der Adressaten und der Antworten auch normiert auf die Einwohnerzahl im Vergleich zu den anderen Ländern deutlich überrepräsentiert ist. Demgegenüber sind die Schwankungen der auf die Einwohnerzahl normierten Adressaten bzw. Antworten in den anderen Ländern der EU und der EFTA von geringerer Bedeutung. Aufgrund der Überrepräsentation deutscher Teilnehmer wurde auf eine nach einzelnen Ländern getrennte Auswertung der Resultate verzichtet. Darüber hinaus zeigte sich, daß zwischen den Antworten der Teilnehmer aus Deutschland und denen aus dem europäischen Ausland insgesamt (alle Länder zusammengefaßt) i.a. keine statistisch signifikanten Unterschiede bestehen.

Die ursprünglich beabsichtigte Gleichverteilung der Stichprobe bezüglich der verschiedenen Fallbeispiele konnte aufgrund der Schwierigkeiten der Adreßrecherche nicht vollständig verwirklicht werden. Insbesondere spiegelt die hohe Anzahl von Teilnehmern aus dem Bereich Nanotechnologie die im Rahmen der vorliegenden Studie gute Zugänglichkeit von entsprechenden Adressenlisten wieder. Wie in Abschnitt A.1.4 gezeigt wird, ändert sich dieses Bild jedoch, wenn anstelle der im Zuge der Adressenrecherche vorgenommenen Zuordnung der Adressaten zu Fachgebieten die Selbsteinschätzung der Expertise der Teilnehmer der Befragung bezüglich der Fachgebiete zugrunde gelegt wird.

A.1.2 Antwortraten

Die Fragebögen wurden am 15. Mai 1998 versendet. Etwa zwei Wochen später wurde ein Erinnerungsschreiben an diejenigen Adressaten gerichtet, die bis dahin nicht geantwortet hatten. Darin wurde der 30. Juni 1998 als Einsendeschluß festgelegt, so daß die gesamte Antwortperiode etwa sechs Wochen betrug. Gegen Ende dieses Zeitraumes trat bezüglich der Anzahl der eingegangenen Antworten eine Sättigung ein, so daß mit weiteren Antworten nicht mehr in großer Zahl zu rechnen war und auf ein weiteres Erinnerungsschreiben verzichtet wurde. Die wenigen Antworten, die innerhalb von vier Wochen nach dem Einsendeschluß eintrafen, wurden in der Auswertung mitberücksichtigt.

Aufgrund von Arbeitsplatzwechseln, Ruhestand und anderen Gründen erwiesen sich 71 Adressen als nicht mehr gültig, so daß sich die Netto-Stichprobengröße auf 871 reduzierte.

Mit Antwortraten von 57% in Deutschland, 39% im Ausland und 48% insgesamt war die Beteiligung an der Umfrage erstaunlich hoch. Dies mag zum einen an der beabsichtigten Kürze des Fragebogens liegen. Darüber hinaus wurde den Befragten ausdrücklich die Möglichkeit angeboten, nur die sie interessierenden Teile des Fragebogens auszufüllen. Im Durchschnitt wurden die Fragen zu drei der sechs Teilgebiete der Materialwissenschaften bearbeitet. Die einleitenden allgemeinen Fragen wurden von fast allen Teilnehmern beantwortet. Die Tabellen A.1 und A.2 zeigen die nach Ländern bzw. Fachgebieten aufgeschlüsselten Antwortraten.

Erwartungsgemäß war die Antwortrate in Deutschland mit 57% höher als im europäischen Ausland mit durchschnittlich 39%, wobei die Werte für die meisten Länder etwa im Bereich von 30 bis 50% schwanken. Die Variabilität der Antwortraten ist jedoch im Vergleich zur deutlichen Überrepräsentation von Deutschland in der Stichprobe unerheblich.

Bezüglich der in der Umfrage erfaßten Teilgebiete der Materialwissenschaften zeigt die Antwortrate keine deutliche Variation. Eine Ausnahme bilden die niedrigeren Antwortraten in den Gebieten Werkstoffe für Batterien und Nachwachsende Rohstoffe. Dies mag auf eine geringere Treffsicherheit der entsprechenden Adreßrecherche hindeuten.

Tabelle A.1. Adressaten und Antwortraten der Umfrage nach Ländern

Land	Gültige Adressen	Einwohner [Mio.]	Adressen pro Einwohner [1/Mio.]	Antworten	Antworten pro Einwohner [1/Mio.]	Antwortrate [%]
Deutschland	446	81,3	5,4	254	3,1	57
Ausland (EU+EFTA) gesamt	425	236,8	1,8	167	0,7	39
Belgien	28	10,1	2,8	14	1,4	50
Dänemark	15	5,2	2,9	6	1,2	40
Finnland	10	5,1	2,0	4	0,8	40
Frankreich	85	58,1	1,5	23	0,4	27
Griechenland	15	10,7	1,4	4	0,4	27
Italien	46	58,2	0,8	16	0,3	35
Niederlande	39	15,5	2,5	13	0,8	33
Österreich	19	8,0	2,4	13	1,6	68
Portugal	4	10,6	0,4	1	0,1	25
Schweden	39	8,8	4,4	13	1,5	33
Schweiz	35	7,1	4,9	19	2,7	54
Spanien	26	39,4	0,7	14	0,4	54

Tabelle A.2. Adressaten und Antwortraten der Umfrage nach Fachgebieten. Zugrundegelegt ist hierbei die recherchierte Zuordnung zu Fachgebieten (im Gegensatz zur Selbsteinschätzung der Fachkenntnis der Befragten in Tabelle A.3).

Fachgebiet	Antworten	Gültige Adressen	Antwortrate [%]
Allgemein	132	251	53
Keramik	38	71	54
Faserverstärkte Kunststoffe	29	50	58
Nanostrukturierte Materialien	116	228	51
Hochtemperaturwerkstoffe	27	55	49
Werkstoffe für Batterien	29	86	34
Nachwachsende Rohstoffe	50	130	39

A.1.3 Institutionelle Angehörigkeit

Die institutionelle Angehörigkeit der Wissenschaftler wurde im Fragebogen erfaßt, wobei zwischen Universitäten, öffentlich geförderten und anderen Forschungsinstituten sowie der Industrie unterschieden wurde. Wie Abbildung A.1 zeigt, sind etwa 2/3 der Teilnehmer Angehörige von öffentlichen Einrichtungen (Universitäten oder Forschungsinstitute). Dennoch liegt auch eine ausreichende

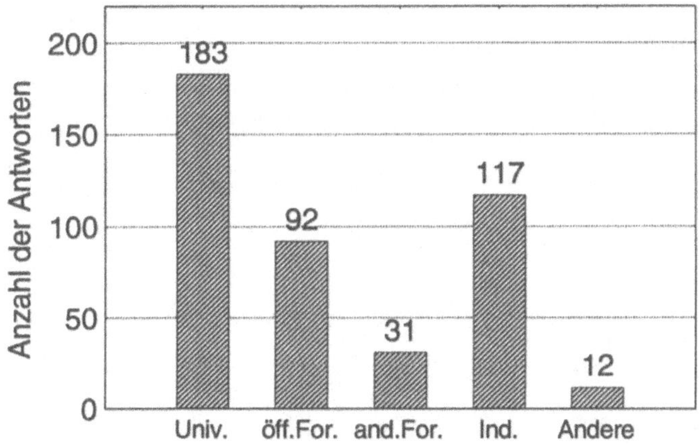

Abb. A.1. Verteilung der Teilnehmer der Befragung auf verschiedene Typen von Institutionen (Frage S3). *Univ.* Universitäten, *öff.For.* öffentliche Forschungsinstitute, *and.For.* andere Forschungsinstitute, *Ind.* Industrie

Anzahl von Antworten aus der Industrie vor. Dies ist insbesondere im Hinblick auf Fragen zur Umsetzung der Ergebnisse materialwissenschaftlicher Forschung in die industrielle Praxis von Bedeutung.

A.1.4 Verteilung der Fachkenntnis

Der Fragebogen bestand aus einigen einleitenden allgemeinen Fragen, gefolgt von sechs Frageblöcken zu bestimmten Teilgebieten der Materialwissenschaften entsprechend den sechs Fallstudien aus Kapitel 4. Wie aus Tabelle A.3 zu entnehmen ist, wurde jeder fachspezifische Teil im Schnitt von etwa der Hälfte der Teilnehmer bearbeitet, während die allgemeinen Fragen von fast allen Einsendern beantwortet wurden.

Für jedes Teilgebiet wurden die Befragten einleitend um eine Einschätzung ihrer eigenen Fachkenntnis gebeten. Dazu wurde eine 5-teilige Skala mit den Randpunkten „keine Fachkenntnis“ (1) und „sehr hohe Fachkenntnis“ (5) ohne verbale Beschreibung der Zwischenstufen verwendet. Die Verteilungen dieser Selbsteinschätzungen sind in Tabelle A.3 wiedergegeben.

Demnach wurden die Teilgebiete jeweils nicht nur von Experten im engeren Sinne (Fachkenntnis 4-5), sondern auch von Teilnehmern mit geringerer Fachkenntnis bearbeitet. Dies ermöglicht eine Untersuchung des Einflusses der Fachkenntnis auf das Antwortverhalten, was in einigen Fällen zu interessanten Differenzierungen führt.

Ferner zeigt der Vergleich der Anzahl der Teilnehmer mit sehr hoher Fachkenntnis laut Selbsteinschätzung (Spalte 6 in Tabelle A.3) mit der Anzahl der Teilnehmer, die im Zuge der Recherche als Experten für das jeweilige Fachgebiet

Tabelle A.3. Anzahl der Beantworter und Verteilung ihrer Fachkenntnis (gemäß Selbsteinschätzung) für die sechs fachlichen Teile des Fragebogens. Für den allgemeinen Teil war eine Abfrage der Fachkenntnis nicht sinnvoll.

Teil des Fragebogens	Anzahl der Beantworter	Anzahl der Beantworter mit einer selbsteingeschätzten Fachkenntnis von: (*1* keine ..., *5* sehr hohe Fachkenntnis)					in Recherche als Experten identifizierte Beantworter
		1	2	3	4	5	
Keramik	243	11	62	80	61	29	38
Faserverstärkte Kunststoffe	254	8	80	82	54	30	29
Nanostrukturierte Materialien	288	2	46	101	92	47	116
Hochtemperatur-Werkstoffe	229	2	33	68	67	59	27
Werkstoffe für Batterien	186	13	64	52	32	25	29
Nachwachsende Rohstoffe	213	15	68	67	30	33	50
Allgemein	417	-	-	-	-	-	132

identifiziert worden waren (Spalte 7 in Tabelle A.3), in etwa eine Übereinstimmung, wobei die Schwankungen der erstgenannten Zahl zwischen den verschiedenen Fachgebieten deutlich geringer sind. Daher läßt sich vermuten, daß die in der Recherche vorgenommen Zuordnungen zu den Fachgebieten im wesentlichen zutreffend waren. (Ein individueller Vergleich konnte aufgrund der Anonymität der Umfrage nicht durchgeführt werden). Die Reduktion der Schwankungen zwischen den Fachgebieten ist vermutlich darauf zurückzuführen, daß einige der Teilnehmer Experten in mehreren der sechs Fachgebiete sind. Dies wurde in der Recherche nicht erfaßt, ist jedoch plausibel, da es naheliegende Berührungspunkte zwischen den Fachgebieten gibt (z.B. zwischen Keramik und Hochtemperaturwerkstoffen sowie zwischen faserverstärkten Kunststoffen und Naturfasern als Schwerpunkt im Bereich Nachwachsende Rohstoffe).

A.2 Statistische Auswertung ausgewählter Fragen

Für diejenigen Fragen des Fragebogens, auf die im Text der vorliegenden Studie explizit Bezug genommen wird, werden hier die statistischen Verteilungen der Antworten dargestellt. Bei vielen Fragen wurden als Antwortoptionen 5-teilige Skalen mit verbal bezeichneten Endpunkten (1, 5) und ohne verbale Beschreibung der Zwischenstufen 2-4 verwendet.

A.2.1 Keramik

Frage 7: Ist Ihrer Ansicht nach zum gegenwärtigen Zeitpunkt der serienmäßige Einsatz von Keramik im Motorenbau (A) in Westeuropa, (B) in den USA bzw. (C) in Japan technisch möglich?

Antwortoptionen: ja / nein

Für Westeuropa und die USA zeigt die Gesamtverteilung der Antworten nur eine schwach bejahende Einschätzung, während für Japan die positive Einschätzung deutlich überwiegt (Abb. A.2.a, A.3.a und A.4.a). Dabei hängt im Falle von Westeuropa und den USA das Antwortverhalten deutlich von der Expertise der Befragten im Bereich Keramik ab. Während Nichtexperten eher zu der Meinung tendieren, daß der Einsatz von Keramik im Verbrennungsmotor in den jeweiligen Ländern technisch nicht möglich ist, ist dies bei den Experten gerade umgekehrt (Abb. A.2.b und A.3.b). Diese Differenzierung ist statistisch signifikant (Die mittels F-Test bestimmten Irrtumswahrscheinlichkeiten betragen 1,6% für Westeuropa und 3,8% für die USA). Im Falle von Japan überwiegt die bejahende Einschätzung unabhängig vom Grad der Fachkenntnis. Zwar tendieren auch hier die Experten zu einer deutlich positiven Einschätzung, die Unterschiede sind jedoch nicht statistisch signifikant (Irrtumswahrscheinlichkeit 10,9 % nach F-Test, Abb. A.4.b).

Frage 8: Der großserienmäßige Einsatz von Keramik im Motorenbau in Westeuropa erfolgt derzeit nicht. Welche der im folgenden genannten Aussagen sind Ihrer Ansicht nach die wichtigsten Gründe dafür? Bitte kreuzen Sie maximal 3 Aussagen an!

Antwortoptionen:

A Die keramikgerechte Konstruktion ist nicht genügend entwickelt worden.
B Die keramischen Werkstoffe sind nicht genormt.
C Die Herstellungsmethoden sind noch nicht serienreif.
D Geeignete Mittel zur Qualitätsprüfung sind nicht vorhanden.
E Die Preise für Keramikteile sind zu hoch
F Die Kenntnisse der Motorkonstrukteure bezüglich des Verhaltens der Keramik sind nicht ausreichend.
G Die Keramik genügt den technischen Anforderungen nicht.
H Keramik wird nicht mehr benötigt, da die Abgasvorschriften auch mit neuartigen Motorkonzepten oder anderen Verbesserungen erreicht werden können.

Unter den acht zur Auswahl stehenden Aussagen wurden zu hohe Preise für Keramikteile (E), unzureichende Kenntnisse der Motorkonstrukteure bezüglich des Verhaltens der Keramik (F) und eine unzureichende Entwicklung der keramikgerechten Konstruktion (A) am häufigsten als Gründe genannt (Abb. A.5). Diese Einschätzung ist im wesentlichen unabhängig von der Fachkenntnis der Befragten, abgesehen davon, daß mit abnehmender Fachkenntnis zunehmend auch eine mangelnde Serienreife der Herstellungsmethoden (C) als Grund genannt wird (Abb. A.6).

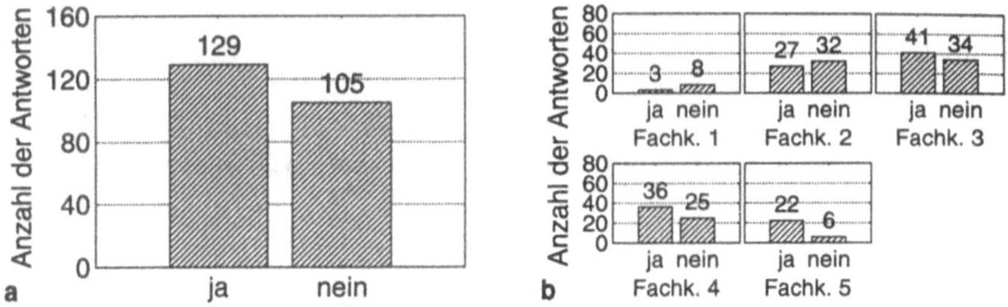

Abb. A.2. Möglichkeit des Einsatzes von Keramik in Verbrennungsmotoren in Westeuropa (Frage 7A) (a) Gesamtverteilung der Antworten (N=234) (b) Differenzierung nach dem Grad der Fachkenntnis im Bereich Keramik (*Fachk. 1* keine Fachkenntnis *Fachk. 5* sehr hohe Fachkenntnis). Diese Differenzierung ist statistisch signifikant (Irrtumswahrscheinlichkeit p = 1,6% nach Scheffé-Test).

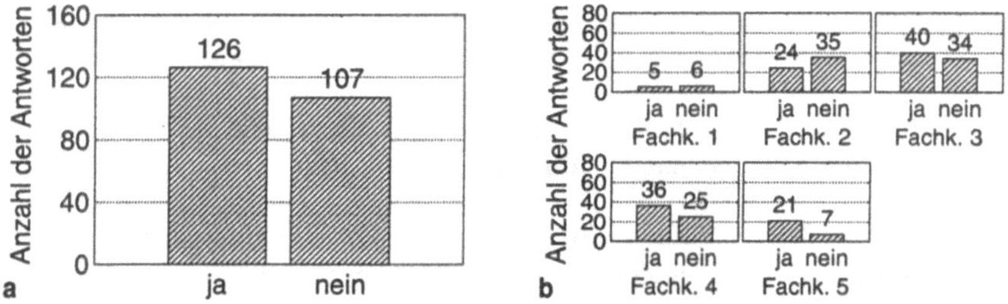

Abb. A.3. Möglichkeit des Einsatzes von Keramik in Verbrennungsmotoren in den USA (Frage 7B) (a) Gesamtverteilung der Antworten (N=233) (b) Differenzierung nach dem Grad der Fachkenntnis im Bereich Keramik (*Fachk. 1* keine Fachkenntnis *Fachk. 5* sehr hohe Fachkenntnis). Diese Differenzierung ist statistisch signifikant (Irrtumswahrscheinlichkeit p = 3,8% gemäß einfaktorieller Varianzanalyse).

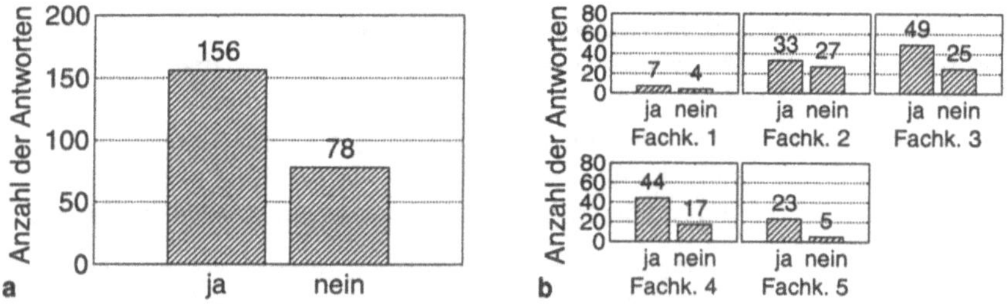

Abb. A.4. Möglichkeit des Einsatzes von Keramik in Verbrennungsmotoren in Japan (Frage 7C) (a) Gesamtverteilung der Antworten (N=234) (b) Differenzierung nach dem Grad der Fachkenntnis im Bereich Keramik (*Fachk. 1* keine Fachkenntnis *Fachk. 5* sehr hohe Fachkenntnis). Diese Differenzierung ist nicht statistisch signifikant (Irrtumswahrscheinlichkeit p = 10,9% nach einfaktorieller Varianzanalyse).

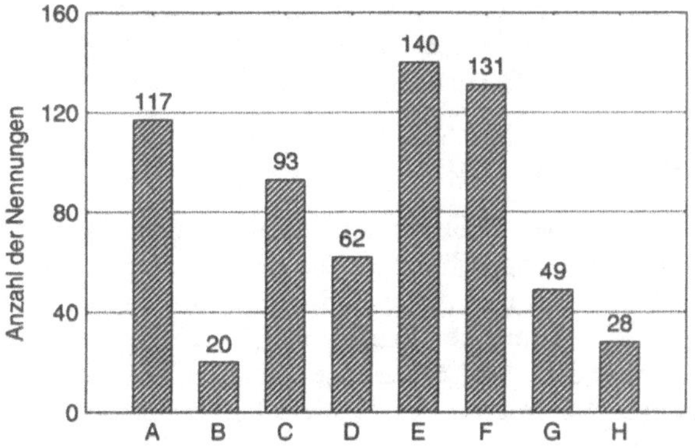

Abb. A.5. Gründe für den fehlenden Einsatz von Keramik im Motorenbau in Westeuropa (Frage 8): Gesamtverteilung der Antworten (N=239 Antworten mit 640 Nennungen). *A* nicht entwickelte Konstruktion, *B* fehlende Normung der Werkstoffe, *C* nicht serienreife Herstellungsmethoden *D* fehlende Qualitätsprüfung *E* zu hohe Kosten *F* mangelnde Kenntnisse der Motorkonstrukteure *G* Nichterfüllung der technischen Anforderungen *H* Keramik nicht mehr notwendig

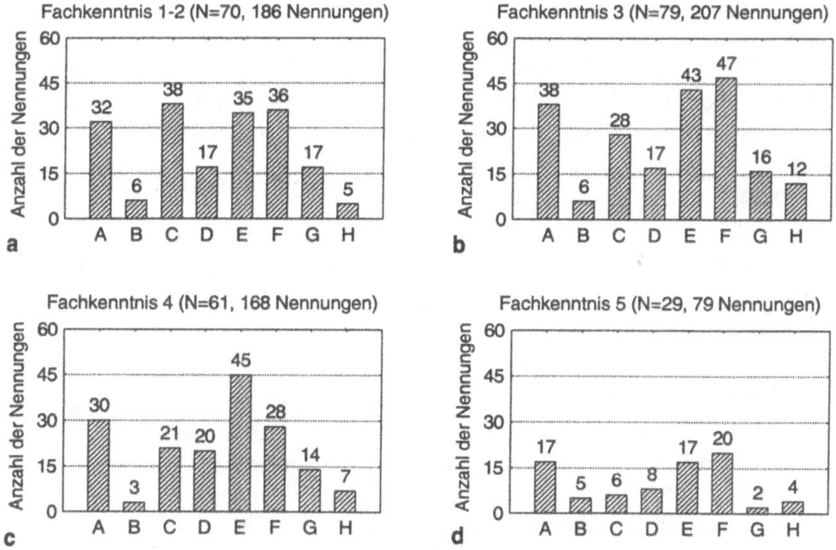

Abb. A.6. Gründe für den fehlenden Einsatz von Keramik im Motorenbau in Westeuropa (Frage 8): Differenzierung nach Fachkenntnis im Bereich Keramik (*1* keine Fachkenntnis *5* sehr hohe Fachkenntnis). *A* nicht entwickelte Konstruktion, *B* fehlende Normung der Werkstoffe, *C* nicht serienreife Herstellungsmethoden, *D* fehlende Qualitätsprüfung, *E* zu hohe Kosten, *F* mangelnde Kenntnisse der Motorkonstrukteure, *G* Nichterfüllung der technischen Anforderungen, *H* Keramik nicht mehr notwendig

Frage 9: Für wie wahrscheinlich halten Sie es, daß in den nächsten 10 Jahren in Westeuropa die folgenden Teile im Automobil großserienmäßig aus Keramik hergestellt werden? A Ventil, B Turbolader, C Kolbenboden

Antwortoptionen: jeweils 5-teilige Skala von „vollkommen unwahrscheinlich" (1) bis „sehr wahrscheinlich" (5)

Insgesamt wurden von den Beantwortern dieser Fragen die Erfolgsaussichten keramischer Ventile höher eingeschätzt als die keramischer Turbolader oder Kolbenböden (Abb. A.7.a, A.8.a und A.9.a). Dies läßt sich z.B. an dem für Ventile höheren Mittelwert von 3,5 (auf der Skala von 1 bis 5) gegenüber einem Mittelwert von 3,2 für Turbolader und Kolbenböden ablesen. (Diese Unterschiede sind statistisch signifikant. Die mit t-Tests bestimmten Irrtumswahrscheinlichkeiten betragen etwa 0,5 %.)

Die insgesamt höhere Einschätzung der Erfolgsaussichten für keramische Ventile rührt daher, daß die Experten mit sehr hoher Fachkenntnis im Bereich Keramik (Fachkenntnis 5 auf einer Skala von 1-5) diese deutlich höher einschätzen, während unter den übrigen Beantwortern keine statistisch signifikanten Unterschiede zu ermitteln sind (siehe Abb. A.7.b, A.8.b und A.9.b).

A.2.2
Werkstoffe für Batterien

Frage 23: Bitte ordnen Sie die im folgenden genannten Werkstoffentwicklungen in der Reihenfolge ihrer Wichtigkeit zur Entwicklung leistungsfähigerer Batterien von 1 (wichtigste Entwicklung) bis 3 (am wenigsten wichtige Entwicklung).

A Entwicklung neuer Werkstoffe zur Li-Ionen Einlagerung (Ziel: größere Reichweite durch Kapazitätserhöhung)
B Verwendung von sehr feinen Pulvern (Ziel: Erhöhung der Spitzengeschwindigkeit und Verkürzung der Ladezeiten durch schnelleren Ladungsaustausch)
C Entwicklung von Feststoffelektrolyten (Ziel: Erhöhung von Sicherheit und Lebensdauer)

Die Verteilung der Antworten (Abb. A.10) zeigt, daß insgesamt der Entwicklung der Li-Batterie (A) die höchste Wichtigkeit beigemessen wird, gefolgt von Batterien auf der Basis von Feststoffelektrolyten (C). Der Entwicklung feinerer Pulver (B) wird deutlich die geringste Bedeutung beigemessen. Hinsichtlich der Expertise der Befragten im Fachgebiet Keramik sowie ihrer institutionellen Angehörigkeit konnten dabei keine statistisch signifikanten Differenzierungen festgestellt werden.

Frage 24: Unter der Voraussetzung, daß leistungsfähige Batterien für Elektroautos entwickelt werden, könnten verschiedene weitere Faktoren für die breite Einführung von Elektroautos in Westeuropa von Bedeutung sein. Bitte ordnen Sie in dieser Hinsicht die folgenden Faktoren nach Ihrer Wichtigkeit von 1 (wichtigster Faktor) bis 5 (am wenigsten wichtiger Faktor)!

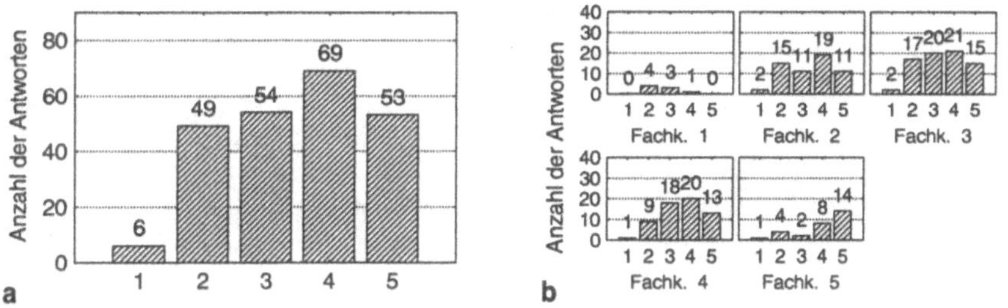

Abb. A.7. Wahrscheinlichkeit einer serienmäßigen Fertigung von Ventilen aus Keramik in Westeuropa in den nächsten 10 Jahren (Frage 9A, *1* vollkommen unwahrscheinlich, *5* sehr wahrscheinlich) (a) Gesamtverteilung der Antworten (N=231, Mittelwert 3,5) (b) Differenzierung nach dem Grad der Fachkenntnis im Bereich Keramik (*Fachk. 1* keine Fachkenntnis, *Fachk. 5* sehr hohe Fachkenntnis). Diese Differenzierung ist statistisch signifikant (Irrtumswahrscheinlichkeit p = 1,2% gemäß F-Test).

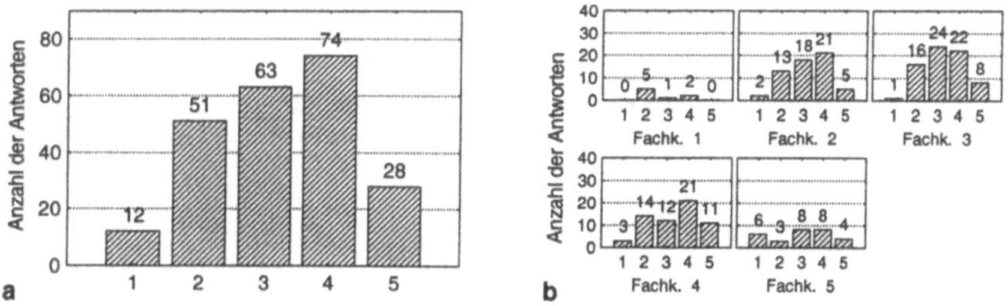

Abb. A.8. Wahrscheinlichkeit einer serienmäßigen Fertigung von Turboladern aus Keramik in Westeuropa in den nächsten 10 Jahren (Frage 9B, *1* vollkommen unwahrscheinlich, *5* sehr wahrscheinlich) (a) Gesamtverteilung der Antworten (N=228, Mittelwert 3,2) (b) Differenzierung nach dem Grad der Fachkenntnis im Bereich Keramik (*Fachk. 1* keine Fachkenntnis, *Fachk. 5* sehr hohe Fachkenntnis). Diese Differenzierung ist statistisch nicht signifikant (Irrtumswahrscheinlichkeit p = 33,1 % gemäß F-Test).

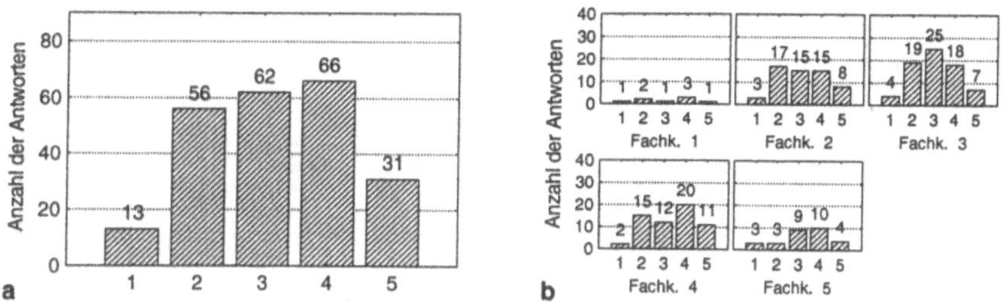

Abb. A.9. Wahrscheinlichkeit einer serienmäßigen Fertigung von Kolbenböden aus Keramik in Westeuropa in den nächsten 10 Jahren (Frage 9C, *1* vollkommen unwahrscheinlich, *5* sehr wahrscheinlich) (a) Gesamtverteilung der Antworten (N=228, Mittelwert 3,2) (b) Differenzierung nach dem Grad der Fachkenntnis im Bereich Keramik (*Fachk. 1* keine Fachkenntnis *Fachk. 5* sehr hohe Fachkenntnis). Diese Differenzierung ist statistisch nicht signifikant (Irrtumswahrscheinlichkeit p = 33,1 % gemäß F-Test).

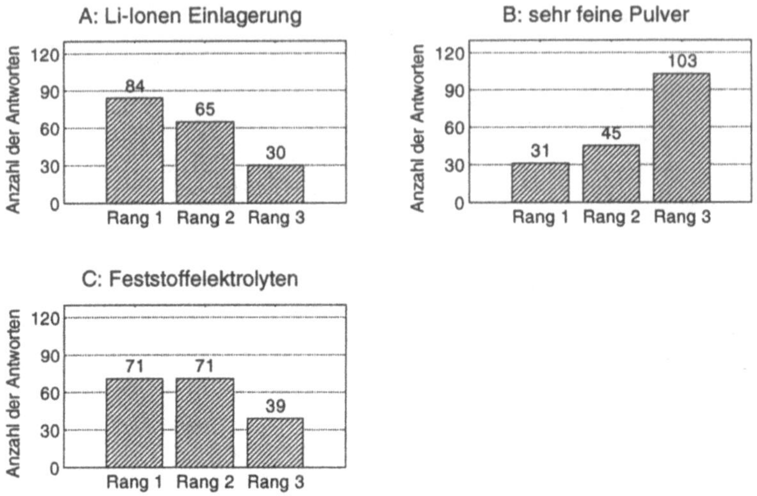

Abb. A.10. Wichtigkeit verschiedener Werkstoffentwicklungen für die Entwicklung leistungsfähigerer Batterien (Frage 23): Gesamtverteilungen der Antworten (N=179 für A und B, N=181 für C)

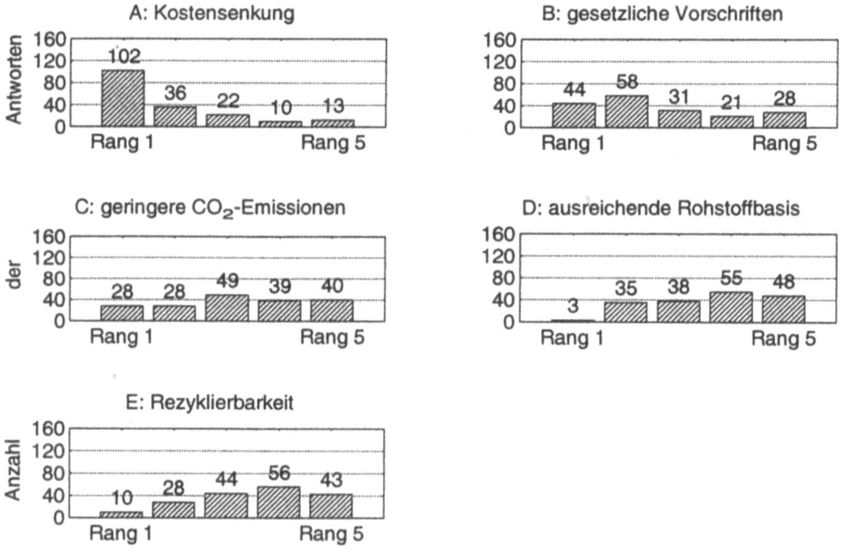

Abb. A.11. Wichtigkeit verschiedener Faktoren für die Einführung batteriegetriebener Elektroautos in Westeuropa (Frage 24): Gesamtverteilungen der Antworten (N=183 für A, N=182 für B, N=184 für C, N=179 für D, N=181 für E)

A Senkung der Anschaffungs- und Betriebskosten
B Einführung gesetzlicher Vorschriften zur Abgasreduzierung
C Senkung der CO_2-Emissionen in der gesamten Energieumwandlungskette
D Verwendung von Werkstoffen mit einer ausreichenden Rohstoffbasis
E Recyclingfähigkeit der eingesetzten Werkstoffe

Von den Beantwortern der Frage wurde einer Kostenreduktion (A) mit Abstand die höchste Bedeutung beigemessen, gefolgt von gesetzlichen Vorschriften (B). Die übrigen drei Faktoren wurden als unbedeutend eingestuft (Abb. A.11). Hinsichtlich der Expertise der Befragten im Fachgebiet Keramik sowie ihrer institutionellen Angehörigkeit konnten dabei keine statistisch signifikanten Differenzierungen festgestellt werden.

A.2.3 Nachwachsende Rohstoffe

Frage 25: Wie beurteilen Sie die Erfolgsaussichten für den Einsatz von Pflanzenfasern in den folgenden Anwendungsbereichen in Westeuropa?

A Verbunde für Fahrzeugverkleidungen in PKW
B Verbunde für Fahrzeugverkleidungen in Nutzfahrzeugen
C Hochleistungsverbunde
D Verbunde als Baustoffe
E Dämmstoffe
F Textilien für den Erd- und Wasserbau

Antwortoptionen: jeweils 5-teilige Skala von „sehr schlechte Aussichten" (1) bis „sehr gute Aussichten" (5)

Von der Gesamtheit der Beantworter dieser Frage wurden die Aussichten für die Anwendung von Pflanzenfasern als Dämmstoffe und Baustoffe (E und D) am höchsten (Mittelwerte 4,1 und 3,8) und für die Anwendung als Hochleistungsverbunde (C) mit Abstand am ungünstigsten eingeschätzt (Mittelwert 2,4). Die Anwendungen A,B und F nehmen eine mittlere Position ein (Mittelwerte 3,3 bis 3,4 ohne statistisch signifikante Unterschiede) (Abb. A.12). Für die Experten mit sehr hoher Fachkenntnis (5) ergibt sich ein ähnliches Bild, wobei allerdings der Einsatz der Fasern in Fahrzeugverkleidungen (A und B) ebenfalls eine Spitzenposition einnimmt (Die Mittelwerte für die Expertengruppe betragen A: 4,2 B: 4,0 C: 2,8 D: 4,2 E: 4,2 F: 3,5; wobei A,B,E,D sowie B und F untereinander jeweils nicht statistisch signifikant differieren, Abb A.13).

Frage 26: Bitte kreuzen Sie für jede der unten genannten Werkstoffeigenschaften an, in welchem Maße sie Ihrer Ansicht nach gegenwärtig ein Hemmnis für den Einsatz von Pflanzenfasern darstellt.

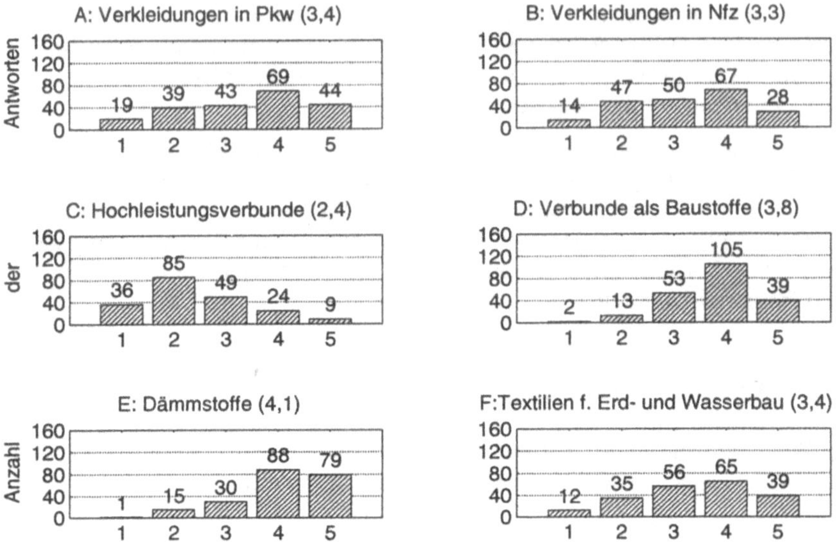

Abb. A.12. Erfolgsaussichten für den Einsatz von Pflanzenfasern in Westeuropa in verschiedenen Anwendungsbereichen (Frage 25, *1* sehr schlechte Aussichten *5* sehr gute Aussichten): Gesamtverteilungen der Antworten (N=214 für A, N=211 für B, N=203 für C, N=212 für D, N=213 für E, N=207 für F). Die Mittelwerte der Verteilungen sind jeweils in der Titelzeile in Klammern angegeben.

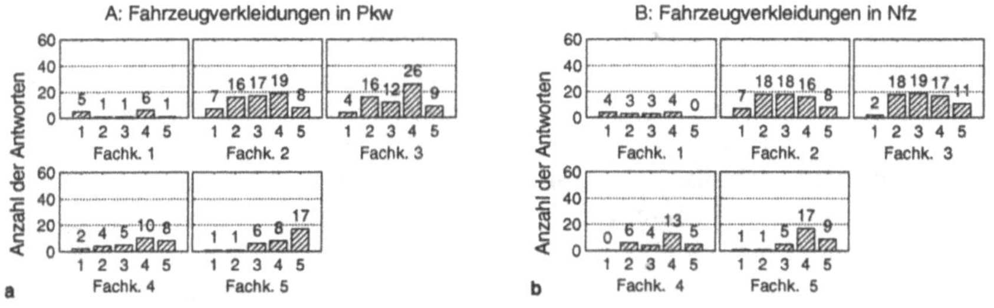

Abb. A.13. Erfolgsaussichten für den Einsatz von Pflanzenfasern in Westeuropa in verschiedenen Anwendungsbereichen (Frage 25, *1* sehr schlechte Aussichten *5* sehr gute Aussichten): Differenzierung nach dem Grad der Fachkenntnis im Bereich Nachwachsende Rohstoffe (*Fachk. 1* keine Fachkenntnis *Fachk. 5* sehr hohe Fachkenntnis) (a) für Fahrzeugverkleidungen in Personenkraftwagen (statistisch signifikant, Irrtumswahrscheinlichkeit nach F-Test 0,01 %) (b) für Fahrzeugverkleidungen in Nutzfahrzeugen (statistisch signifikant, Irrtumswahrscheinlichkeit nach F-Test 0,005 %)

A gleichbleibende Qualität
B Verarbeitbarkeit
C mechanische Eigenschaften
D Haltbarkeit
E Entsorgbarkeit

Antwortoptionen: jeweils 5-teilige Skala von „überhaupt kein Hemmnis" (1) bis „absolutes Hemmnis" (5)

Übereinstimmend wurde sowohl von der Gesamtheit der Beantworter als auch von den Experten mit sehr hoher Fachkenntnis die gleichbleibende Qualität der Pflanzenfasern (A) als das größte Hemmnis (Mittelwert 3,4) und ihre Entsorgbarkeit (E) als das geringste Hemmnis (Mittelwert 1,6) identifiziert. Haltbarkeit (D), mechanische Eigenschaften (C) und Verarbeitbarkeit (B) belegten in der Gesamteinschätzung die Plätze 2 bis 4 (Abb. A.14), wobei die Experten mit sehr hoher Fachkenntnis die Punkte D und C als weniger problematisch betrachteten als die Gesamtheit der Beantworter (Abb. A.15).

Frage 27: Sollte Ihrer Ansicht nach in Zukunft der Einsatz von Nachwachsenden Rohstoffen in Westeuropa gesteigert werden?

Antwortoptionen: ja / nein

Unabhängig von der Fachkenntnis der Teilnehmer wurde diese Frage mit sehr deutlicher Mehrheit bejaht (Abb. A.16)

Frage 28: Welche Maßnahmen sind Ihrer Ansicht nach am dringendsten erforderlich, um den Einsatz von Nachwachsenden Rohstoffen in Westeuropa zu steigern? Bitte kreuzen Sie die maximal zwei wichtigsten Maßnahmen an!

Antwortoptionen:
A weitere Forschung und Entwicklung
B Senkung der Kosten
C Marketing der Hersteller von Werkstoffen aus Nachwachsenden Rohstoffen
D Sicherstellen der Verfügbarkeit von Nachwachsenden Rohstoffen
E staatliche Anreize zum Einsatz von Nachwachsenden Rohstoffen
F weitere gesetzliche Regelungen zum Recycling von Produkten
G sonstige Maßnahmen
H sonstige Maßnahmen

Insgesamt wurde weitere Forschung und Entwicklung (A) mit deutlichem Abstand am häufigsten als wichtigste Maßnahme genannt. Auch von den Experten mit sehr hoher Fachkenntnis wurde diese Maßnahme am häufigsten genannt, allerdings hier in dichtem Abstand gefolgt vom Marketing der Hersteller (C) und der sicheren Verfügbarkeit der Nachwachsenden Rohstoffe (D) (Abb. A.17).

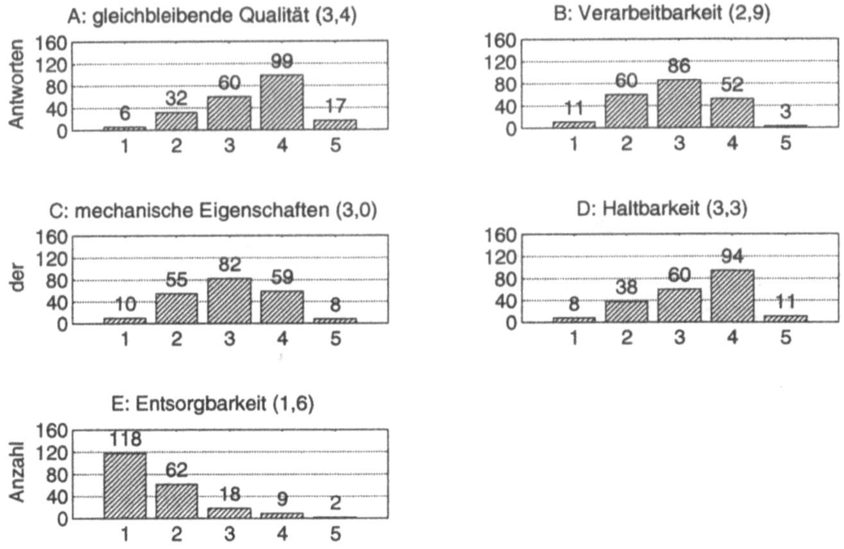

Abb. A.14. Werkstoffeigenschaften, die gegenwärtig Hemmnisse für den Einsatz von Pflanzenfasern darstellen (Frage 26, *1* überhaupt kein Hemmnis *5* absolutes Hemmnis): Gesamtverteilungen der Antworten (N=214 für A, N=212 für B, N=214 für C, N=211 für D, N=209 für E). Die Mittelwerte der Verteilungen sind jeweils in der Titelzeile in Klammern angegeben. Dabei sind die Unterschiede zwischen A und D sowie zwischen C und B nicht statistisch signifikant.

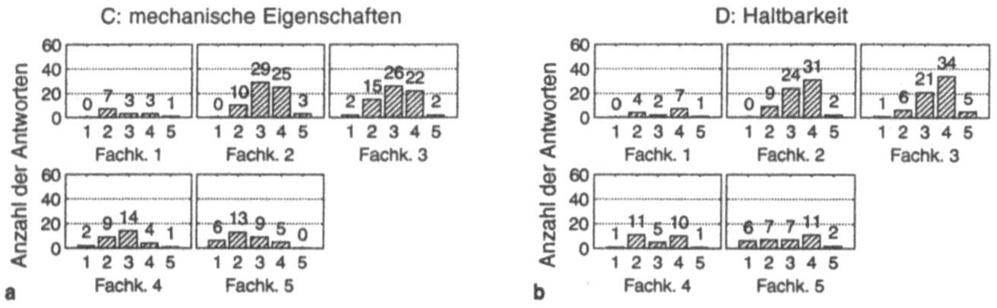

Abb. A.15. Werkstoffeigenschaften, die gegenwärtig Hemmnisse für den Einsatz von Pflanzenfasern darstellen (Frage 26, *1* überhaupt kein Hemmnis *5* absolutes Hemmnis): Differenzierung nach dem Grad der Fachkenntnis im Bereich Nachwachsende Rohstoffe (*Fachk. 1* keine Fachkenntnis *Fachk. 5* sehr hohe Fachkenntnis) (a) für mechanische Eigenschaften (statistisch signifikant, Irrtumswahrscheinlichkeit gemäß F-Test 0,003 %) (b) für Haltbarkeit (statistisch signifikant, Irrtumswahrscheinlichkeit gemäß F-Test 0,4 %)

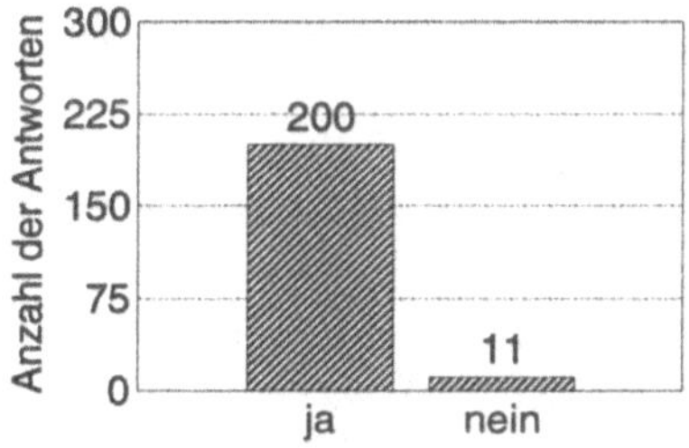

Abb. A.16. Befürwortung einer Steigerung des künftigen Einsatzes von Nachwachsenden Rohstoffen (Frage 27): Gesamtverteilung der Antworten (N=211)

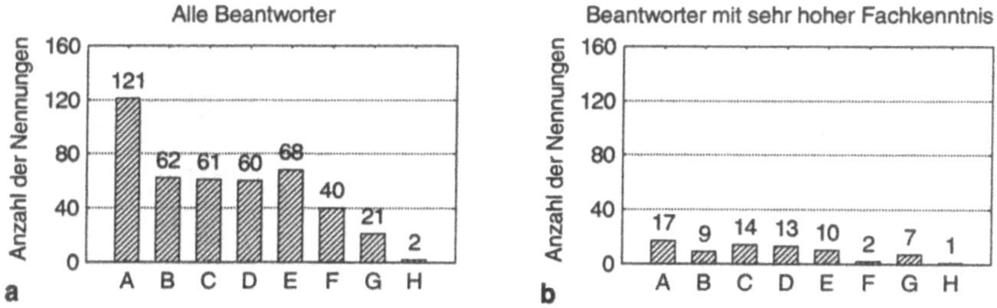

Abb. A.17. Maßnahmen zur Steigerung des Einsatzes von Nachwachsenden Rohstoffen in Westeuropa (Frage 28). (a) Gesamtverteilung der Antworten (N=207, 435 Nennungen), (b) Antworten der Experten mit sehr hoher Fachkenntnis (5) im Bereich Nachwachsende Rohstoffe (N=32, 73 Nennungen). *A* weitere Forschung und Entwicklung *B* Senkung der Kosten *C* Marketing der Hersteller *D* Sicherstellen der Verfügbarkeit *E* staatliche Anreize *F* gesetzliche Regelungen zum Produktrecycling *G* und *H* sonstige Maßnahmen

Frage 29: Werden Werkstoffe aus Nachwachsenden Rohstoffen im Vergleich zu anderen Werkstoffen in der öffentlichen Materialforschungsförderung (A) in Westeuropa, (B) den USA bzw. (C) Japan Ihrer Meinung nach ausreichend berücksichtigt?

Antwortoptionen: ja / nein

Für alle drei Länder erachteten die Befragten mit deutlicher Mehrheit die Forschungsförderung für Nachwachsende Rohstoffe als unzureichend. Diese Einschätzung zeigte sich unabhängig von der Expertise der Befragten (Abb. A.18)

Frage 30: Falls Sie [in Frage 29] bei Westeuropa ‚nein' angekreuzt haben: Was ist Ihrer Ansicht nach der wichtigste Grund für die unzureichende Berücksichtigung von Nachwachsenden Rohstoffen in der öffentlichen Materialforschungsförderung in Westeuropa? Bitte kreuzen Sie nur eine Antwort an!

Antwortoptionen:
A Anbindung an landwirtschaftliche Förderprogramme, in denen Werkstoffe nur eine nachgeordnete Rolle spielen
B Vorbehalte gegenüber Nachwachsenden Rohstoffen
C zu geringe Bekanntheit der Werkstoffe aus Nachwachsenden Rohstoffen
D sonstiger Grund

Insgesamt wurden die Anbindung an landwirtschaftliche Förderprogramme (A) und eine zu geringe Bekanntheit der Nachwachsenden Rohstoffe (C) am häufigsten genannt, wobei A von den Experten mit sehr hoher Fachkenntnis als Erklärung favorisiert wurde, während die übrigen Befragten mehrheitlich zu C neigten (Abb. A.19).

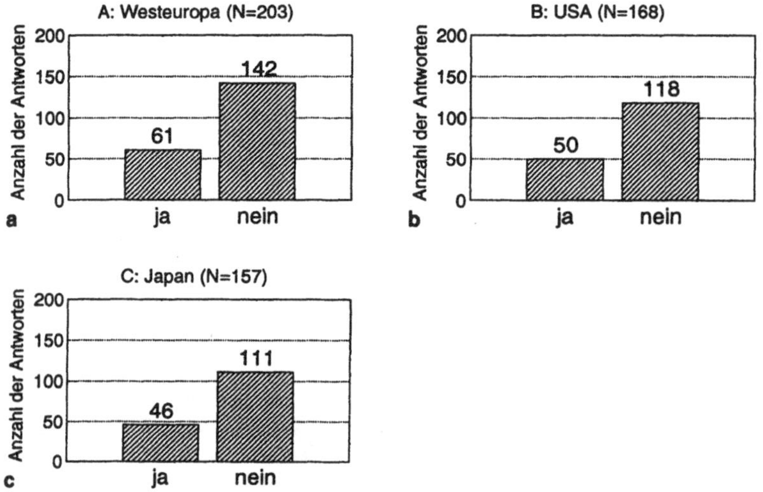

Abb. A.18. Zufriedenheit der Befragten mit der Forschungsförderung für Nachwachsende Rohstoffe (Frage 29) in (a) Westeuropa (N=203) (b) USA (N=168) (c) Japan (N=157)

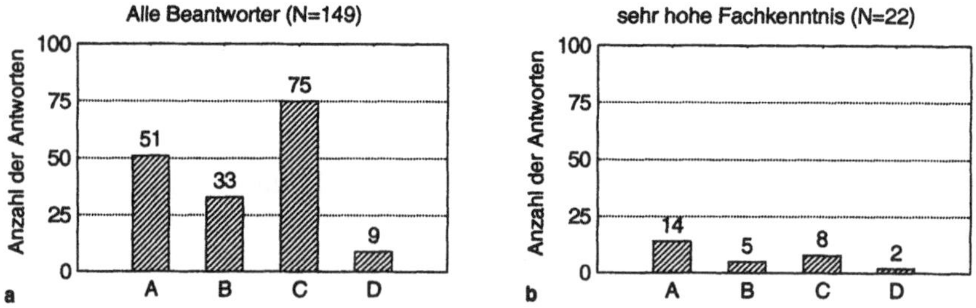

Abb. A.19. Gründe für die unzureichende Forschungsförderung von Nachwachsenden Rohstoffen (Frage 30) (a) Gesamtverteilung der Antworten (N=149) (b) Antworten der Experten mit sehr hoher Fachkenntnis im Bereich Nachwachsende Rohstoffe (N=22). *A* Anbindung an landwirtschaftliche Förderprogramme *B* Vorbehalte *C* zu geringe Bekanntheit *D* sonstiger Grund

A.2.4
Nanostrukturierte Werkstoffe

Frage 19: Die Nanotechnologie ist ein Beispiel für einen Bereich der Grundlagenforschung, der langfristig die Entwicklung neuartiger technischer Produkte verspricht (z.B. Wasserstoffspeicher auf der Basis von Kohlenstoffnanoröhrchen, farbige Beschichtungen, leistungsfähigere Mikroelektronik). Für das Gelingen solcher Entwicklungen könnten verschiedene Faktoren von Bedeutung sein. Bitte ordnen Sie in diesem Zusammenhang die folgenden Faktoren in der Reihenfolge ihrer Wichtigkeit von 1 (wichtigster Faktor) bis 5 (am wenigsten wichtiger Faktor)!

Antwortoptionen:
A Kooperation von öffentlich geförderten Forschungseinrichtungen und Industrie
B Möglichkeiten der Industrie, mit langfristiger Perspektive zu forschen
C gesellschaftlicher Konsens zu risikoreicher, kostenintensiver Langfristforschung
D europäische Kooperationsbedingungen
E Basisfinanzierung öffentlich geförderter Forschungseinrichtungen

Unter den fünf zur Auswahl stehenden Antwortoptionen maßen die Befragten unabhängig von ihrer institutionellen Angehörigkeit der Kooperation von öffentlich geförderten Forschungseinrichtungen und Industrie (A) die größte Bedeutung zu. Etwa 45% der Teilnehmer setzten diese Option auf Platz 1 (Abb. A.20).

Gewisse Unterschiede zwischen Angehörigen verschiedener Institutionstypen zeigten sich lediglich bei der Einschätzung der Bedeutung der weiteren Faktoren. Als zweitwichtigster Faktor wurde von Universitätsangehörigen die Basisfinanzierung öffentlich geförderter Forschungseinrichtungen (E) genannt. Im Gegensatz dazu betonten die Industrieangehörigen an zweiter Stelle die Möglichkeiten der Industrie, mit langfristiger Perspektive zu forschen (B) (Abb. A.21). In der Gesamtverteilung belegen daher beide Optionen (B und E) gemeinsam den zweiten Rang (Abb. A.20).

Die Unterschiede zwischen Universitäts- und Industrieangehörigen bezüglich der Bewertung von Option E sind dabei statistisch signifikant (Irrtumswahrscheinlichkeit < 0,01 % gemäß Kruskal-Wallis-Test). Die Differenzierung zwischen diesen beiden Gruppen im Falle der Bewertung von Option B verfehlt zwar knapp die statistische Signifikanz (Irrtumswahrscheinlichkeit 7,2% gemäß Kruskal-Wallis-Test), erscheint aber dennoch hinreichend plausibel.

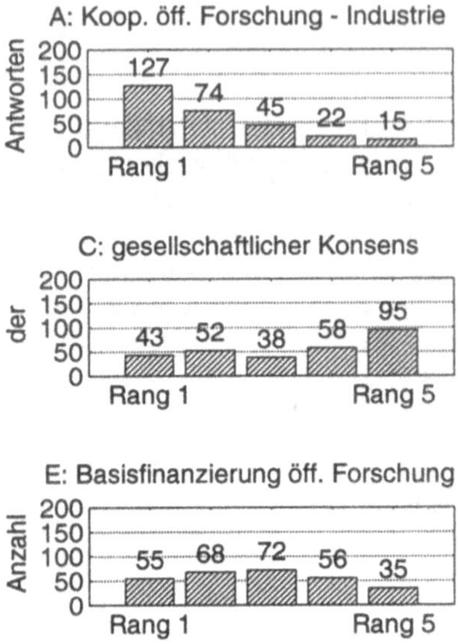

Abb. A.20. Wichtigkeit verschiedener Faktoren für die Umsetzung nanotechnologischer Grundlagenforschung in technische Produkte (Frage 19): Gesamtverteilung der Antworten (N=283 für A, N=287 für B, N=286 für C, N= 283 für D, N= 286 für E)

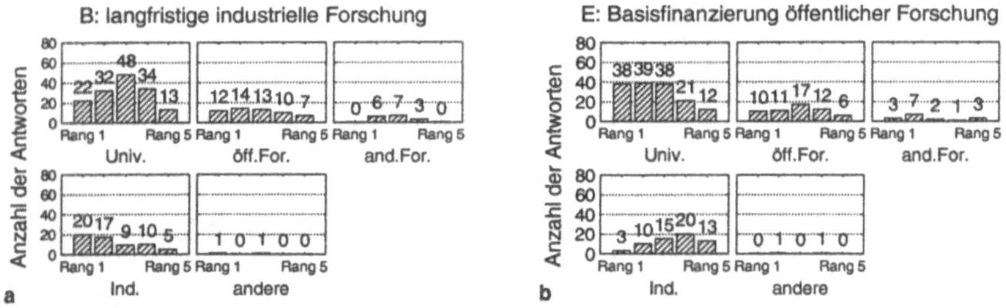

Abb. A.21. Wichtigkeit verschiedener Faktoren für die Umsetzung nanotechnologischer Grundlagenforschung in technische Produkte (Frage 19): Differenzierung nach der institutionellen Zugehörigkeit der Befragten (*Univ.* Universität *öff.For.* öffentlich geförderte Forschungseinrichtung *and.For.* andere Forschungseinrichtung *Ind.* Industrie) (a) bezüglich der Einstufung der Möglichkeiten der Industrie, mit langfristiger Perspektive zu forschen (Differenzierung nicht statistisch signifikant gemäß Kruskal-Wallis-Test, Irrtumswahrscheinlichkeit 7,2 %) (b) bezüglich der Einstufung der Basisfinanzierung öffentlich geförderter Forschungseinrichtungen (Differenzierung statistisch signifikant gemäß Kruskal-Wallis-Test, Irrtumswahrscheinlichkeit < 0,01 %)

A.2.5 Hochtemperaturwerkstoffe

Frage 20: Für wie wahrscheinlich halten Sie es, daß in den nächsten 8 Jahren in Westeuropa Werkstoffsysteme für folgende Entwicklungen in zukünftigen stationären und instationären Gasturbinen realisiert werden?
A Temperaturgewinn von 80 K durch neue Superlegierungen
B Temperaturgewinn von 80 K durch Wärmedämmschichten

Antwortoptionen: jeweils 5-teilige Skala von „vollkommen unwahrscheinlich" (1) bis „sehr wahrscheinlich" (5)

Die Möglichkeit eines Temperaturgewinns von 80 Kelvin durch Wärmedämmschichten (B) wurde insgesamt für deutlich wahrscheinlicher gehalten als ein gleich hoher Temperaturgewinn durch neue Superlegierungen (A) (Mittelwert 3,9 für B gegenüber 2,9 für A). Insbesondere die Experten mit sehr hoher Fachkenntnis im Bereich Hochtemperaturwerkstoffe hielten die Möglichkeit A mehrheitlich für sehr wahrscheinlich (Mittelwert 4,4) und unterscheiden sich damit in statistisch signifikanter Weise von den übrigen Befragten (Abb. A.22, Irrtumswahrscheinlichkeit p < 0,00005 % gemäß F-Test)

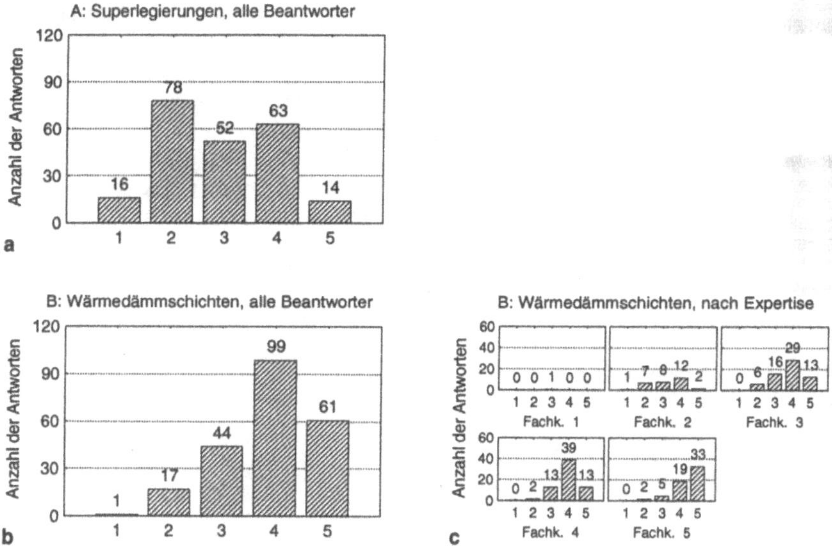

Abb. A.22. Realisierungschancen von Temperaturgewinnen in Gasturbinen durch verschiedene Werkstoffsysteme (Frage 20, *1* vollkommen unwahrscheinlich *5* sehr wahrscheinlich) (a) Gesamtverteilung der Antworten für Superlegierungen (Mittelwert 2,9) (b) Gesamtverteilung der Antworten für Wärmedämmschichten (Mittelwert 3,9) (c) Differenzierung nach dem Grad der Expertise für Wärmedämmschichten. (*Fachk. 1* keine Fachkenntnis *Fachk. 5* sehr hohe Fachhkenntnis) Diese Differenzierung ist statistisch signifikant (Irrtumswahrscheinlichkeit p < 0,00005 % gemäß F-Test).

Frage 21: Wärmedämmschichten sind ein Beispiel für eine mittelfristige Entwicklung im Übergangsbereich zwischen Grundlagenforschung und Anwendung. Für eine rasche, erfolgreiche Einführung der Wärmedämmschichten in die Industrie könnten verschiedene Faktoren von Bedeutung sein. Bitte ordnen Sie in diesem Zusammenhang die folgenden Faktoren in der Reihenfolge ihrer Wichtigkeit von 1 (wichtigster Faktor) bis 5 (am wenigsten wichtiger Faktor)!

Antwortoptionen:
A Kooperation von öffentlich geförderten Forschungseinrichtungen und Industrie
B Möglichkeiten der Industrie, mit mittelfristiger Perspektive zu forschen
C gesellschaftlicher Konsens zu anwendungsorientierter, kostenintensiver Mittelfristforschung
D europäische Kooperationsbedingungen
E Basisfinanzierung öffentlich geförderter Forschungseinrichtungen

Ohne signifikante Unterschiede hinsichtlich der Fachkenntnis wurde der Kooperation von öffentlichen Forschungseinrichtungen und Industrie (A) mit deutlichem Abstand die größte Bedeutung und dem gesellschaftliche Konsens (C) sowie den europäischen Kooperationsbedingungen (D) ebenfalls deutlich die geringste Bedeutung beigemessen (Abb. A.23).

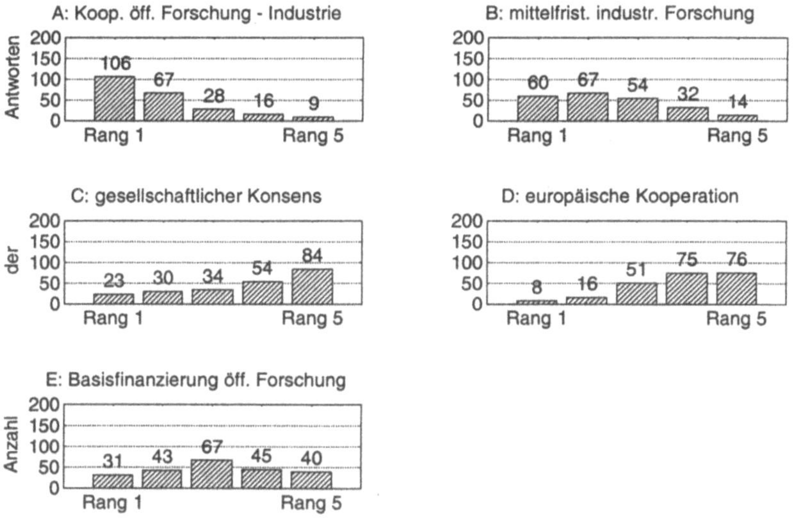

Abb. A.23. Wichtigkeit verschiedener Faktoren für die Umsetzung der Forschung zu Wärmedämmschichten in technische Produkte (Frage 21): Gesamtverteilungen der Antworten (N=226 für A, D und E, N=227 für B, N=225 für C)

A.2.6 Verhältnis von öffentlichen und privaten Aufwendungen für Materialforschung

Frage 6: Wie hoch schätzen Sie den Anteil öffentlicher Fördermittel an den gesamten Aufwendungen für Materialforschung in Ihrem Land?

Antwortoptionen: offene Frage (Angaben in %)

Insgesamt schätzten etwa 45 % der Befragten, daß dieser Anteil im Bereich von bis zu 20 % liegt. Die übrigen Schätzungen verteilen sich etwa gleichmäßig auf den Bereich von 20 bis 80 % (Abb. A.24 (a)). Das gleiche Bild ergibt sich, wenn die Antworten getrennt für deutsche bzw. für ausländische Befragte ausgewertet werden (Abb. A.24 (b) und (c)).

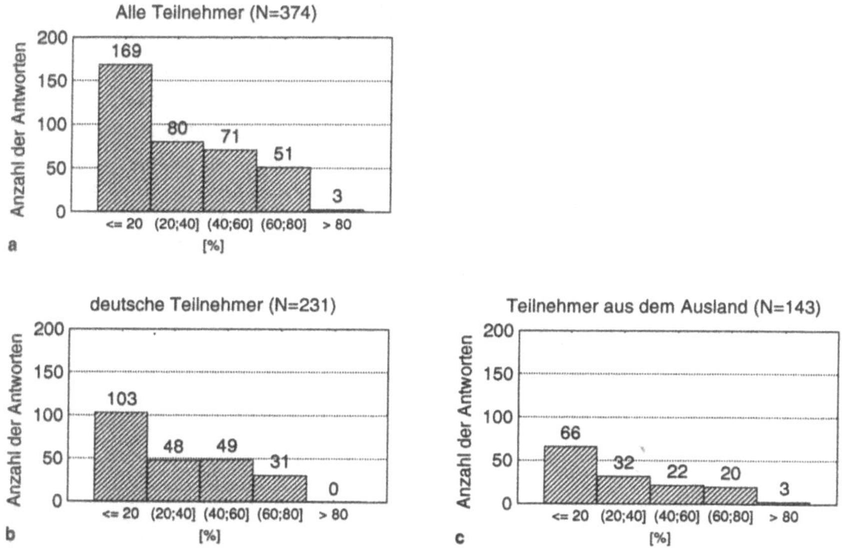

Abb. A.24. Geschätzter Anteil der öffentlichen Fördermittel an den gesamten Aufwendungen für Materialforschung im jeweiligen Land der Befragten (Frage 6): (a) Gesamtverteilung der Antworten (b) Antworten der Teilnehmer aus Deutschland (c) Antworten der Teilnehmer aus dem Ausland

Frage S11: (bezogen auf die Einrichtung, an der die Befragten tätig sind) Herkunft der Mittel für die Materialforschung und die Entwicklung von Verfahrenstechnik:

A eigene Mittel
B öffentliche Fördermittel
C Industrie-Drittmittel
D andere Drittmittel

Antwortoptionen: offene Frage (Angaben in %)

Die beiden folgenden Abbildungen zeigen die Verteilungen der Antworten zu den Fragen 11A bis 11D, wobei zwischen Teilnehmern aus der öffentlichen Forschung (Universitäten, öffentliche Forschungseinrichtungen, Abb. A.25) und Teilnehmern aus der Industrie (Abb. A.26) unterschieden wird. Eine weitere Unterscheidung innerhalb der ersten Gruppe zwischen Universitäten und öffentlichen Forschungseinrichtungen erwies sich als überflüssig, da beide Untergruppen das gleiche Antwortverhalten zeigen.

Wie an verschiedenen Stellen in dieser Studie angesprochen, ist im Hinblick auf die Umsetzung von materialwissenschaftlichen Ergebnissen in industrielle Produkte die Kooperation von öffentlicher und industrieller Forschung von Bedeutung. Vor diesem Hintergrund interessieren bei der Auswertung dieser Frage vor allem die Anteile von Forschungsmitteln, die aus dem jeweils anderen Bereich stammen, d.h. der Anteil öffentlicher Mittel in der industriellen Forschung sowie der Anteil (industrieller) Drittmittel in der öffentlichen Forschung. Aus den Abbildungen A.25(c) und A.26(b) ist zu ersehen, daß beide Anteile zumeist unterhalb von 20% bis 30 % liegen.

Im einzelnen liegt der Anteil öffentlicher Fördermittel in der industriellen Forschung in etwa 54 % der Fälle bei 10 % oder weniger und in etwa 81 % der Fälle bei 30 % oder weniger. Bemerkenswert ist jedoch, daß in einzelnen Fällen der Anteil öffentlicher Fördermittel an den Forschungsaufwendungen eines Industrie-

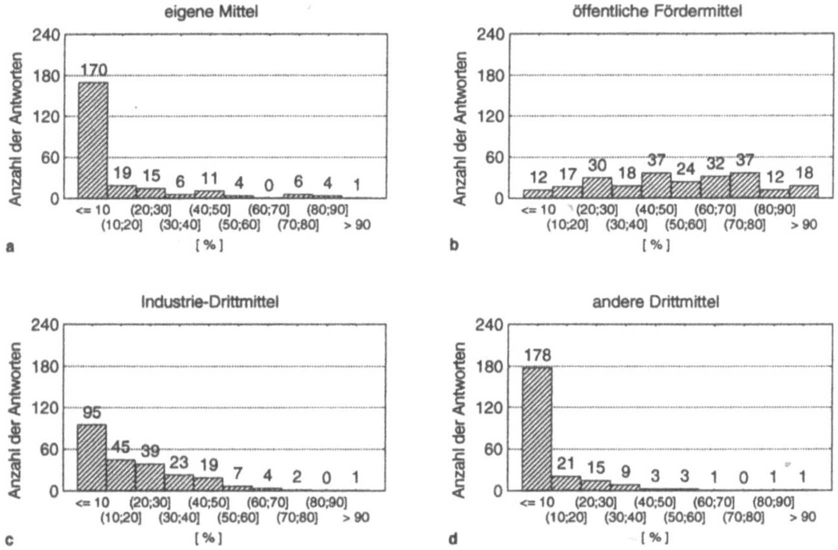

Abb. A.25. Herkunft der Mittel für die Materialforschung und die Entwicklung von Verfahrenstechnik (Frage S11): Antworten der Befragten aus der öffentlichen Forschung (Universitäten, öffentliche Forschungseinrichtungen) (a) eigene Mittel (N=236) (b) öffentliche Fördermittel (N=237) (c) Industrie-Drittmittel (N=235) (d) andere Drittmittel (N=232)

unternehmens 40 bis 50 % betragen kann. Der Mittelwert der Verteilung liegt bei etwa 18 % (Abb. A.26(b)).

Eine ähnliche, etwas breitere Verteilung mit einem Mittelwert von 22 % ergibt sich für den umgekehrten Fall der (industriellen) Drittmittel in der öffentlichen Forschung. In 79 % der Fälle liegt hier der Anteil industrieller Drittmittel im Bereich unterhalb und bis zu 30 % (Abb. 25(c)).

Darüber hinaus kann der geringe Anteil der Industrie-Drittmittel in der industriellen Forschung von durchweg 10 % oder weniger (Abb. A.26(c)) dahingehend interpretiert werden, daß Kooperationen zwischen verschieden Industrieunternehmen im Bereich der Forschung eher die Ausnahme sind.

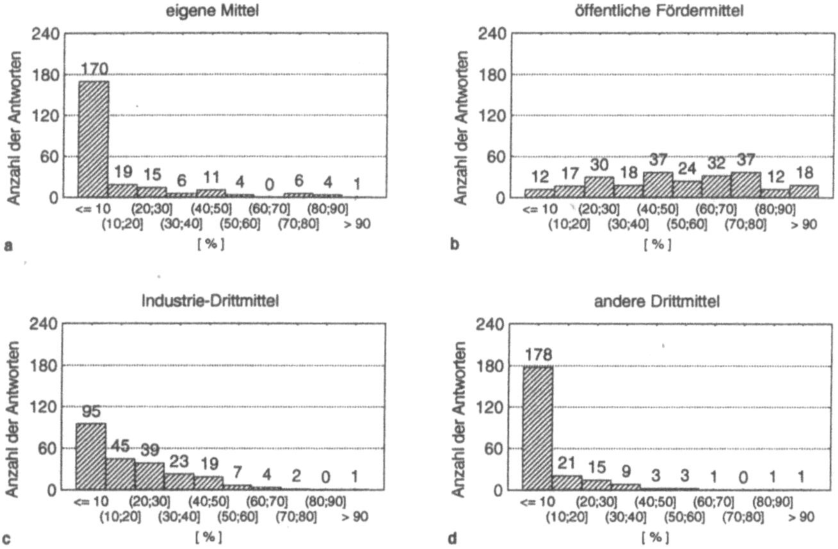

Abb. A.26. Herkunft der Mittel für die Materialforschung und die Entwicklung von Verfahrenstechnik (Frage S11): Antworten der Befragten aus der Industrie (a) eigene Mittel (N=94) (b) öffentliche Fördermittel (N=93) (c) Industrie-Drittmittel (N=92) (d) andere Drittmittel (N=91)

Literaturverzeichnis

Kapitel 1 und 2

AG-MAT, Arbeitsgruppe Neue Materialien Grunwald A, Harig H, Kaysser WA, Langenbach ChJ, Renz R, Schmid G (1997) Technikfolgenbeurteilung der Erforschung und Entwicklung neuer Materialien. Perspektiven in der Verkehrstechnik. Europäische Akademie. Graue Reihe 4. Bad Neuenahr-Ahrweiler

Basalla G (1988) The Evolution of Technology. Cambridge

Baselt JP, Tiebes D (1998) Assessment of publicly sponsored R&D projects in Chemistry related to Ecological and Economic Sustainability. In: Technology. Policy and Innovation. Proceedings of the 2nd International Conference. Lisbon. section 21.3

Barrows Th (1986) Degradable implantant materias: a review of synthetic adsorbable polymers and their applications. Clinical Materials 1. S. 233-257

Bayerische Rück (Hrsg) Risiko ist ein Konstrukt. Hamburg: Knesebeck

Bechmann G, Coenen R, Gloede F (1994) Umweltpolitische Prioritätensetzung. Verständigungsprozesse zwischen Wissenschaft, Politik und Gesellschaft. Stuttgart

Beise M, Stahl H (1998) Effetcs of public research on industrial innovations in Germany. In: Technology. Policy and Innovation. Proceedings of the 2nd International Conference. Lisbon. section 21.2

BMBF, Bundesministerium für Bildung. Wissenschaft. Forschung und Technologie (Hrsg) (1993) Deutscher Delphi-Bericht zur Entwicklung von Wissenschaft und Technik. Bonn

BMBF, Bundesministerium für Bildung. Wissenschaft. Forschung und Technologie (Hrsg) (1998) Deutscher Delphi-Bericht zur Entwicklung von Wissenschaft und Technik. Bonn

Böhm H-P, Gebauer H, Irrgang B (Hrsg) (1996): Nachhaltigkeit als Leitbild der Technikgestaltung. Dettelbach

Chu CC (1983) Survey of Clinically important Wound Closure Biomaterials. In: Szycher M (Hrsg): Biocompatible Polymers, Metals and Composites. Technomic Publ. S. 477-523

Deutscher Bundestag (Hrsg) (1995) Bericht des Forschungsausschusses zu: Neue Werkstoffe. Drucksache 13/1696. Bonn

Gethmann CF (1982) Proto-Ethik. Zur formalen Pragmatik von Rechtfertigungsdiskursen. In: Elwein Th, Stachowiak H (Hrsg) Bedürfnisse, Werte und Normen im Wandel. München. Bd.I. S. 113-143

Gethmann CF (1993) Langzeitverantwortung als ethisches Problem im Umweltstaat. In: Gethmann CF, Kloepfer M, Nutzinger HG (Hrsg) Langzeitverantwortung im Umweltstaat. Bonn. S. 1-21

Gethmann CF (1996) Zur Ethik des umsichtigen Naturumgangs. In: Janich P, Rüchhardt C (Hrsg): Natürlichkeit und Chemie. Berlin. S. 27-46

Gethmann CF, Sander T (1999) Rechtfertigungsdiskurse. In: Grunwald A, Saupe S (Hrsg) Ethik in der Technikgestaltung. Heidelberg. S. 117 - 152

Gottschalk N, Elstner M (1997) Technik und Politik. Überlegungen zu einer innovativen Technikgestaltung. In: Elstner M (Hrsg) Gentechnik, Ethik und Gesellschaft. Heidelberg. S. 143-180

Groys B (1997) Technik im Archiv. Die dämonische Logik technischer Innovationen. In: Rammert W, Bechmann G (Hrsg) Technik und Gesellschaft. Jahrbuch 9: Innovation – Prozesse, Produkte, Politik. Frankfurt/Main, New York. S. 12-32

Grundmann R (1994) Gibt es eine Evolution von Technik? Technik und Gesellschaft. Jahrbuch 7: Konstruktion und Evolution von Technik. Frankfurt/Main, New York. S. 13-39

Grunwald A (1996) Sozialverträgliche Technikgestaltung. Kritik des deskriptivistischen Verständnisses. Europäische Akademie. Graue Reihe 3. Bad Neuenahr-Ahrweiler

Grunwald A (Hrsg) (1998a) Rationale Technikfolgenbeurteilung. Konzeption und methodische Grundlagen. Heidelberg

Grunwald A (1998b) Technisches Handeln und seine Resultate. In: Hartmann D, Janich P (Hrsg) Die kulturalistische Wende. Frankfurt. S. 178-223

Grunwald A (1998c) Rationale Gestaltung der technischen Zukunft. In: Grunwald A (1998a). S. 29-54

Grunwald A (1998d) Das prädiskursive Einverständnis. Prozedurale Rechtfertigung und Bedeutung für den Begriff der wissenschaftlichen Wahrheit. Zeitschrift für allgemeine Wissenschaftstheorie 29. S. 205-223

Grunwald A (1999a) Handeln und Planen. Philosophische Planungstheorie als handlungstheoretische Rekonstruktion. Bonn

Grunwald A (1999b) Technology Policy between Long-Term Planning Requirements and Short-Ranged Acceptance Orientation. New Challenges for Technology Assessment. In: Grin J, Grunwald A (Hrsg) Technology Assessment, Expectations and the 21st Century Society. Heidelberg 1999 (in press)

Grunwald A, Langenbach ChJ (1998) Die Prognose von Technikfolgen. In: Grunwald A (1998a). S. 92-132

Gutmann M, Hanekamp G (1998) Technikfolgenbeurteilung und Wissenschaftstheorie. In: Grunwald A (1998a). S. 55-92

Hofmann M, Hofmann H (1997): Die Zukunft der Materialwissenschaften / -technik im dualen Hochschulsystem der Schweiz (Universitäten, Technische Hochschulen und Fachhochschulen). Schweizer Wissenschaftsrat, Forschungspolitische Früherkennung. FER 176/1997. Bern

Hofmann M, Meier-Dallach H-P, von Willisen FK (1995) Werkstoffinnovationen im Schweizerischen Umfeld. Schweizer Wissenschaftsrat. Technology Assessment. TA 8/1995. Bern

IPTS, Institute For Prospective Technological Studies (Hrsg) (1996a) The Increasing Use of Aluminium: Prospects and Implications. EUR 17284 EN. Seville

IPTS, Institute For Prospective Technological Studies (Hrsg) (1996b) The Car of the Future, the Future of the Car. EUR 17277 EN. Seville

Kalbe J, Koch R (1995) Kriterien für biologisch abbaubare Kunststoffe. Spektrum der Wissenschaft 2/1995. S. 78-81

Knapp HG (1978) Logik der Prognose. Freiburg/München

Kretschmer Th, Kohlhoff J (Hrsg) (1995) Neue Werkstoffe. Heidelberg

Krohn W, Rammert W (1985) Autonomer Prozeß und industrielle Strategie. In: Lutz B (Hrsg): Soziologie und gesellschaftliche Entwicklung. Frankfurt/New York. S. 411-433.

Little AD, Braun M, Gerybadze A., Rätz A., Witzel M (1993) Studie zur Evaluierung Programms Materialwissenschaft. Wiesbaden

Luhmann N (1978) Politische Planung. In. Luhmann N (Hrsg) Politische Planung. Aufsätze zur Soziologie von Politik und Verwaltung. Opladen. S. 66 - 89

MaTech (1997) Neue Materialien - MaTech. Jahresbericht 1996/97. Projektträger NMT (Hrsg). Jülich

Meyer-Krahmer F, Reger G (1997) Die Technologiepolitik öffnet sich nur langsam globalem Denken. Frankfurter Rundschau 61. S. 12

Nigge K-M (1999) Materials Science in Europe. Results of a Survey. Europäische Akademie Graue Reihe Nr. 14. Bad Neuenahr-Ahrweiler

Rafler G (1995) Neue Entwicklungen bei biologisch abbaubaren Kunststoffen. Spektrum der Wissenschaft 2/1995. S. 81-84

Rammert W (1994) Modelle der Technikgenese. Von der Macht und Gemachtheit technischer Sachen in unserer Gesellschaft. Jahrbuch Arbeit und Technik 1994. Bonn. S. 3-12

Ropohl G (1982) Kritik des technologischen Determinismus. In: Rapp F, Durbin PT (Hrsg) Technikphilosophie in der Diskussion. Braunschweig. S. 3-14.
Schweizer Wissenschaftsrat (Hrsg) (1997) Ziele für die schweizerische Forschungspolitik. Periode 2000-2003. Vorschläge des SWR an den Bundesrat. Reihe FOP 43a/1997
Socher M (1997) Neue Werkstoffe – ein interessantes Thema für die Technikfolgenforschung. Rezension. TA-Datenbank-Nachrichten Nr. 3/4, Karsruhe
Socher M, Rieken Th, Baumer D (1994a) Neue Werkstoffe. Endbericht. TAB-Arbeitsbericht Nr. 26. Bonn
Socher M, Fleischer T, Rieken Th, Berg M (1994b) TA-Projekt Neue Werkstoffe. Ergebnisse einer Patentrecherche. Materialien zum TAB-Arbeitsbericht Nr. 22. Bonn
Socher M, Rieken Th (1994) Neue Rohstoffe für Neue Werkstoffe - eine Bestandsaufnahme. TAB-Hintergrundpapier Nr. 3. Bonn
Soete L (1995) Constructive Technology Assessment: An Economic Perspective. In: Rip A, Misa ThJ, Schot J (Hrsg) Managing Technology in Society. London/New York. S. 37-52
VDI. Verein Deutscher Ingenieure (Hrsg) (1991) Richtlinie 3780: Technikbewertung, Begriffe und Grundlagen. Düsseldorf
VDI-Nachrichten: Nr. 3 (17.1.1997). S. 16; Nr. 9 (28.2.1997). S. 15
Wissenschaftsrat (Hrsg) (1993) Stellungnahme zur universitären Materialforschung in Deutschland. Köln
Wissenschaftsrat (Hrsg) (1996) Stellungnahme zur außeruniversitären Materialforschung in Deutschland. Köln
Wissenschaftsrat (Hrsg) (1998) Pilotstudie zu einer Prospektion der Forschung anhand ausgewählter Gebiete. Köln

Kapitel 3

Abschnitt 3.2.1

Bleck W, von Hagen I, Pfeifer H, Schriever U (1998) Stahl und Eisen 118(5). S. 31-38.
Europäische Stahlhersteller (Hrsg) (1998) European Technical Tour. Ultralight steel auto body. March/April
International Iron and Steel Institute (Hrsg) Statistiken des International Iron and Steel Institute. Brüssel.
Philipp IA, Eyerer P, Erve S, Schuckert M, Theobald W, Volkhausen W (1994) Stahl und Eisen 114(11). S. 71-78
Philipp IA, Theobald W, Volkhausen W (1996) Stahl und Eisen 116(11). S. 99-104
Szekely J (1996) Steelmaking and Industrial Ecology - Is Steel a Green Material? ISIJ International 36(1). S. 121-132
Wirtschaftsvereinigung Stahl (Hrsg) (1997) Statistisches Jahrbuch der Stahlindustrie 1997. Düsseldorf

Abschnitt 3.2.2

Dürrschnabel W (1997) Eine Lanze für Kupfer und Kupferlegierungen. Metall 51. Nr. 4. S. 166-167
EAA, European Aluminium Association (Hrsg) (1996) Umweltfragen in der Aluminiumindustrie. Broschüre. Brüssel
Heller W (1996) 6 Copper-Based Alloys. In: Cahn RW, Haasen P, Kramer EJ (Hrsg) Materials Science and Technology. Vol. 8. Structure and Properties of Nonferrous Alloys. Weinheim
Hirsch J (1997) Aluminium hat viele Gesichter. Konstruktion & Engineering. Juli. Nr. 7. S. 64
Kainer KU (1997) Werkstoffkundliche und technologische Aspekte bei der Entwicklung verstärkter Aluminiumlegierungen für den Einsatz in der Verkehrstechnik. Auszug aus Mitteilungsblatt der TU Clausthal. Heft 82. S. 36-44

Kretschmer T, Kohlhoff J (Hrsg) (1995) Neue Werkstoffe. Heidelberg
Leyens Ch (1997) Oxidationsverhalten und Oxidationsschutz von Titanlegierungen für den Hochtemperatureinsatz in Flugtriebwerken. Dissertation RWTH Aachen
Luo A, Renaud J, Nakatsugawa I, Plourde J (1996) Magnesium castings for automotive applications. JOM. July. S. 28-31.
Metallgesellschaft (1993)
Mordike BL, von Buch F (1997) Stand der Technik und Entwicklungspotentiale für Magnesiumanwendungen. In: Magnesium - Eigenschaften, Anwendungen, Potentiale. Berichte zum DGM-Fortbildungsseminar. Oktober. TU Clausthal
Neite G, Kubota K, Higashi K, Hehmann F (1996) 4 Magnesium-Based Alloys. In: Cahn RW, Haasen P, Kramer EJ (Hrsg) Materials Science and Technology. Vol. 8. Structure and Properties of Nonferrous Alloys. Weinheim
Neumann JC (1992) Recycling und Energiesparen. BWK 44. Nr. 9. S. 392-398.
Peters M (1988) Moderne Titanlegierungen für hohe Temperaturen. METALL 42. S. 576-581
Peters M, Leyens C, Kumpfert J (Hrsg) (1996) Titan und Titanlegierungen. DGM. Oberursel
Sauthoff G (1995) Intermetallics. VCH. Weinheim
Sauthoff G (1996) State of intermetallics development. Mat. and Corr. 47. S. 589-594

Abschnitt 3.2.3

Altstädt V, Kirschnick T, Ott H (1997) Polymerblends mit Dreiblockcopolymeren als Phasenvermittler. In: Tagungsband der Erlangener Kunststofftage. Friedrich-Alexander-Universität Erlangen-Nürnberg. 28.-29.10.1997
Auschra C, Stadler R (1993) Synthesis of Blockcopolymers. Polymer Bulletin 30. S. 257-264
Eckes P. et al. (1996) Forschung. Druckschrift BASF AG
Fleissner M (1995) Eigenschaften von Metallocen-Polyolefinen. In: Tagungsband der Erlangener Kunststofftage. Friedrich-Alexander-Universität Erlangen-Nürnberg. 30.-31.10.1995
Grigat E, Salewski K, Timmermann R (1997) Biologisch abbaubar in 60 Tagen. Kunststoffe 87:1
Mühlhaupt R (1996) Kunststoffe für das 21. Jahrhundert. In: 25 Jahre Physik, Werkstoffkunde und Prüfung der Kunststoffe. Tagungsband. 13.-14.6.1996. Institut für Werkstoffkunde und -prüfung der Kunststoffe. Montanuniversität Leoben.
Münstedt H, Streib J (1997) Hochtemperaturbeständige Thermoplaste. In: Schaumburg H (Hrsg) Polymere. Stuttgart
Naarmann H (1997) Elektrisch Leitfähige organische Materialien In: Schaumburg H (Hrsg) Polymere. Stuttgart
Ramlow G (1997) Neue Entwicklungen bei technischen Thermoplasten. In: Tagungsband der Erlangener Kunststofftage. Friedrich-Alexander-Universität Erlangen-Nürnberg. 28.-29.10.1997
Schröder, Geschwill, Breitenbach (1995) Neue Strategien in der Polymerforschung. Druckschrift BASF AG
Sonder C, Sassenrath B (1995) Metallocene revolutionieren die Welt der Polymere. Future Special Polymers. Hoechst AG
Warzelhan V (1995) Trends in der Polymerwerkstofforschung aus Sicht der Industrie. In: Tagungsband der Erlangener Kunststofftage. Friedrich-Alexander-Universität Erlangen-Nürnberg. 30.-31.10.1995

Abschnitt 3.2.4

cfi/Ber.DKG (1998): cfi/Ber.DKG 75(1998) No 3. 70
Materialforschung (1987-1993) Programm des Bundesministeriums für Forschung und Technologie. Jahresberichte. Projektträger Material- und Rohstofforschung (PLR). Jülich
Neue Materialien-MaTech (1998) Programm des Bundesministeriums für Bildung. Wissenschaft. Forschung und Technologie (BMBF). Jahresbericht 1997/98. Projekträger NMT. Jülich

DFG Jahresbericht (1997)

Abschnitt 3.2.5

Beall GH (1997) Glass-Ceramics and related Composites: Issues and Future Direction. In: Norbert Kreidel Symposium „Present State and Future Prospects of Glass Science and Technology“. Glastech. Ber. Glass Sci. Technol. 70 C (1997). Frankfurt/Main
Eisenhauer J et al. (Hrsg) (1997) Report of the Glass Technology Roadmap. US Department of Energy, Office of Industrial Technologies. Energetics Inc. Columbia. Maryland USA
Falbe J, Regitz M (1995) Römpp Chemie Lexikon. 9. Auflage. Stuttgart
Hülsenberg D (1997) Mikrostrukturierung von Glas. In: Spektrum der Wissenschaft. Dezember. S. 112 - 118
Hülsenberg D, Leutbecher Th, Marx G, Winkler V (1996) Glas - Verbundwerkstoff. In: Ziegler G (Hrsg) Verbundwerkstoffe und Werkstoffverbunde. Oberursel
Kaim W (1996) Neue Entwicklungen der Molekülchemie für Sol-Gel Prozesse. Angew. Chemie 13/14. S. 1524
Seddon AB (1995) Chalkongenide glasses: a review of their preparation, properties and applications. Journal of non-crystalline solides 184 4a

Abschnitt 3.2.6

Anderegg K (1995) Passive Funktionsbauweisen im Schienenfahrzeugbau. Dissertation ETH Zürich
Anderegg K (1997) Development of Economic and Ecological Railway Vehicles using Fibrecomposite Materials. In: International Journal for Railway Engineers. 2/3. S. 34 ff
Andrews MC, Day RJ, Patrikis AK, Young RJ (1994) Analysis of the single-fibre pull-out test using Raman spectorscopy. Part I: Pull-out of aramid fibres from an epoxy resin. In: Composites. 25. S. 745-751
Bannister DJ, Andrews MC, Cervenka AJ, Young RJ (1995) Analysis of the single-fibre pull-out test using Raman spectorscopy. Part II: Micromechanics of deformation for an aramid/epoxy system. In: Comp. Sci & Tech. 53. S. 411-421
Bayer R, Grützner R-E (1996) GMT-Abfälle - Rohstoffe für die Spritzgußverarbeitung. In: Neue Technologien für die Kreislaufwirtschaft. Fraunhofer Institut Chemische Technologie. S 60-1 ff
Bledzki AK, Goracy K, Barth Ch (1997) Recycling duroplastischer Verbundwerkstoffe. In: von Leonhardt. G (Hrsg) Recycling von Verbundwerkstoffen und Werkstoffverbunden. Frankfurt. S. 3 ff
Bogoeva-Gaceva G, Mäder E, Häussler L, Dekanski A (1997) Characterization of the surface and interface of plasma-treated HM carbon fibres. Composites Part A. 28A. S. 445-452
Böttcher A (1995) Zähelastisch und flammfest. Kunststoffe 85 8. S. 1142-1144
Brinkmann T, Ehrenstein GW, Steinhilper R (1994) Umwelt- und recyclinggerechte Produktentwicklung. Augsburg
Carfagna C, Giamberini M (1995) Liquid crystalline thermosets. Polym. Mater. Sci. Eng. 72. S. 241-2
Cortesi A et al. (1991) Leichtbautechnik im modernen Lokomotivbau: Leichte Nasen für schnelle Loks. In: Schweizer Eisenbahnrevue. Luzern. S. 435 ff
DASA (1999) BMBF Projekt. DASA/Bremen. Projektstart 1994. (Abschlußbericht in Vorbereitung)
Dittmann R, Hoberg H, Wallentowitz H (1997) Hochwertige Verwertung langfaser-verstärkter Thermoplaste - Neue Aspekte der Aufbereitung. 28. AVK-Tagung. Baden-Baden
Dittmar H, Gittel D et al. (1995) GMT-Recycling im Automobilbau. Kunststoffe 85 3. S. 324 ff
Drechsler K, Brandt J, Kaldenhoff R, Wulfhorst B (1997) Textile Faserhalbzeuge für Verbundwerkstoffe. In: DGM (Hrsg) Verbundwerkstoffe und Werkstoffverbunde. Frankfurt. S. 85 ff

Drewes E-J (1996) ULSAB - Ein neues Konzept zur Reduzierung des Karosseriegewichts. In: Werkstoffe im Automobil. Sonderausgabe von ATZ und MTZ. S. 43-51

Ehlers C (1997) Beitrag zur Qualitätssicherung bei der Verarbeitung kontinuierlich faserverstärkter Thermoplaste. Dissertation. Universität Kaiserslautern

Goedel Dr (1998) persönliche Mitteilung vom 21.09.1998. DUEWAG Aktiengesellschaft. Düsseldorf

Goracy K, Bledzki AK, Rikards R (1997) Duroplaste mit erhöhtem Anteil am Partikelrecyklat. AVK-Tagung. Baden-Baden

Greiner R, Schäfer D, Oehlgarth A (1997) Produktionsabfällen aus kohlenstoffaserverstärkten Kunststoffen. In: von Leonhardt G, Wielage B (Hrsg) Recycling von Verbundwerkstoffen und Werkstoffverbunden, DGM. S. 27- 32

Haldenwanger H-G (1997) Zum Einsatz alternativer Werkstoffe und Verfahren im konzeptionellen Leichtbau von PKW-Rohkarosserien. Dissertation TU Dresden

Heißler H (1986) Verstärkte Kunststoffe in der Luft- und Raumfahrttechnik. Stuttgart

Herrmann AS, Sigle S, Vieler C (1998) Entwicklung von Fertigungskonzepten zur Herstellung von versteiften Rumpfschalen in Faserverbundbauweise. DLR-BS. IB 131 - 98/9

Hoecker F (1996) Grenzflächeneffekte in Hochleistungsverbundwerkstoffen mit polymeren Matrices. Fortschrittsberichte VDI. Reihe 5. Nr. 439. Düsseldorf

Hörold S (1998) Halogenfreier Flammschutz für Duroplaste. Kunststoffe 88 1. S. 81-83

Institut für Polymerforschung Dresden e.V. (Hrsg) (1998) Interphase characterization and study of structure-property relations of fibre-reinforced polymers (interphase). Project n° BETN 96 0507 funded by the European Community under the Industrial & Materials Technologies Programme. periodic progress report 31-10-98

Jakob HD (1997) Modified Isocyanurate Resins for High Performance RTM Composites. BAYER AG. Geschäftsbereich Polyurethane. PU 52 228e. Edition 08.97

Karger-Koscis J (1996) Composites (Structure, Properties and Manufacturing) In: Salamone JC (Hrsg) Polymer Materials Encyclopedia. CRC Press. Boca Raton. Fl. USA. Vol. 2. pp. S. 1378-1383

Karger-Kocsis J, Varga J (1998) Interfacial morphology and its effects in polypropylene composites. In: Karger-Kocsis J (Hrsg) Polypropylene: An A-Z Reference. London

Kleffmann J (1998) persönliche Mitteilung. DLR. Institut für Strukturmechanik. Braunschweig. Dezember

Kupper S (1985) GMT-Glasmattenverstärkte Thermoplaste – Eigenschaften, Verarbeitung, Anwendung. 20. AVK-Tagung. Freudenstadt

Liebold R (1997) Duroplast- und Preßverarbeitung. Kunststoffe 87 11. S. 1641 ff

Meij A (1996) Über den Einfluß der Halbzeugart auf die Herstellung und Qualität von Formteilen aus Glasmattenverstärkten Thermoplasten (GMT). Dissertation Universität Kaiserslautern

Meij A (1997) Vorlesungsmanuskript „Neue Werkstoffe I". Fachhochschule Kaiserslautern

Michaeli M, Dyckerhoff J (1997) Einsatz von GFK-Grobfraktionen im Partikelrecycling bei SMC. In: von Leonhardt G, Wielage S (Hrsg) Recycling von Verbundwerkstoffen und Werkstoffverbunden. DGM. S. 15ff

Müller S (1998) Cellobond-Phenilharze. Basis für flammhemmendes GFK im Schienenfahrzeugbau. Seminarunterlagen Duroplaste im Schienenfahrzeugbau. Mitteldeutsches Kunststoffzentrum. Halle

Nordberg K (1998) Halogenfreie. flammhemmende Hybridharzsysteme auf Basis urethanmodifizierter UP-Harze - Eine neue Kunststoffgeneration. Seminarunterlagen Duroplaste im Schienenfahrzeugbau. Mitteldeutsches Kunststoffzentrum. Halle

Oelgarth A et al. (1998) GMT oder LFT. Kunststoffe 88 4. S. 480-484

Ostgathe M (1997) Zur Serienfertigung gewebeverstärkter Halbzeuge für die Umformung. Dissertation Universität Kaiserslautern

Planitz-Penno S, Roll J, Vermehren S (1997) Recycling von Faserverbundwerkstoffen. In: DGM (Hrsg) Verbundwerkstoffe und Werkstoffverbunde. S. 645 ff

Räckers H (1998) persönliche Mitteilung. Daimler-Benz Aerospace Airbus Bremen. Februar

Räckers B (1997) Faserverbundwerkstoffe - Entwicklungstrends am Beispiel des Airbus. In: DGM (Hrsg) Verbundwerkstoffe und Werkstoffverbunde. S. 3 ff

Renz R, Stelzer G (1998) Mikrobiegeversuch zur Ermittlung der Einzelfaserfestigkeit faserverstärkter Kunststoffe. Vortrag. 1. AVK-TV-Tagung Baden-Baden

Schaefer P (1995) Eigenschaften und Anwendungen von Rezyklaten aus faserverstärkten. gehärteten Kunststoffen (GFK). In: Bandrup J (Hrsg) Die Wiederverwertung von Kunststoffen. München Wien. S. 766 ff

Schiebisch J (1996) Zum Recycling von Faserverbundkunststoffen mit Duroplastmatrix. Dissertation LKT Erlangen

Schmidt S (1997) Halogenfree Highly Flame Ratardand SMC. Rolling Stock Symposium. Wesel

Schulte K, Ahlborn H (1997) Recycling von kohlenstoffaserverstärkten Kunststoffen (CFK). In: von Leonhardt G, Wielage B (Hrsg) Recycling von Verbundwerkstoffen und Werkstoffverbunden. DGM. Frankfurt. S. 21- 26

Starke J (1996) GMT-Direktrecycling in der Serienanwendung. 28. AVK-Tagung. Baden-Baden. S. A3-1 bis A3-7

Starlinger A, Bachmann G (1995) Die Frontkabine der neuen AEG-Hochleistungslokomotive 12X in GFK-Sandwichbauweise. ZEV + DET Glas. Ann. 119 Nr. 9/10. S. 493 ff

Staufer G, Sperl M, Begemann M, Buhl D, Düll-Mühlbach I (1995) Brandschutz. Anforderungen an GFK-Teile aus UP-Harzen. Kunststoffe 4/95

Verleg RL (1997) Ein wärmebeständiges und chemikalientaugliches Hybrid-Harzsystem. Tagungsband der 28. AVK-Tagung. Baden-Baden

Ziegmann G (1997) Faserverbunde im Schienenfahrzeugbau. Kunststoffe 87. München. S. 1142 ff

Zogg M (1996) Neue Wege zum Recycling von faserverstärkten Kunststoffen. Dissertation. ETH Zürich

Zoltek Corporation. Firmenunterlagen. 11 Missouri Research Park. St. Charles. Missouri

Zürn J, Güldenpfennig M et al. (1994) Recycling von Instrumententafeln aus Verbundwerkstoffen. Kunststoffe 84 3. S. 272 ff

Abschnitt 3.2.7

Aichholzer W, Jacobsen S, Ruch J, Seidenstücker T (1997) Neue Polymerwerkstoffe unter Einbeziehung nachwachsender Rohstoffe. 5. Symposium Nachwachsende Rohstoffe - Perspektiven für die Chemie. In: Schriftenreihe des BML (Hrsg) Reihe A: Angewandte Wissenschaft. Sonderheft. Bonn. S. 266 - 274

Balbach G (1997) Beschichtungsmassen aus epoxidierten Pflanzenölen. In: CARMEN e.V. (Hrsg.) 6. Symposium „Im Kreislauf der Natur - Naturstoffe für die moderne Gesellschaft". Tagungsband. Würzburg. S. 123-129

Beyer W, Seitzer J F (1997) Kohlenhydrate - neue Ansätze zur Entwicklung und Nutzung. 5. Symposium Nachwachsende Rohstoffe - Perspektiven für die Chemie. In: Schriftenreihe des BML (Hrsg) Reihe A: Angewandte Wissenschaft. Sonderheft. Bonn. S. 114-121

Bischof C (1994) Nachwachsende Rohstoffe und natürliche landwirtschaftliche Abfallprodukte für die Harz- und Klebstoffherstellung. SWISS BONDING. Tagungsband „Kleben" Duisburg

BMFT (Hrsg) (1991) Nachwachsende Rohstoffe / Konzept zur Forschungsförderung 1990-1995. Bonn. S. 40-48

BML (1995) Bericht des Bundes und der Länder über Nachwachsende Rohstoffe 1995. In: Schriftenreihe des BML (Hrsg) Reihe A: Angewandte Wissenschaft. Sonderheft. Bonn. S. 42-45

BML/FNR (1996) Nachwachsende Rohstoffe Projektdokumentation 1993 - 1996. In: Schriftenreihe des BML (Hrsg) Reihe A: Angewandte Wissenschaft. Sonderheft. S. 173-176

Borbe M (1993) Optimierung von Untersuchungsmethoden zur Ermittlung der strukturellen und mechanischen Eigenschaften von Biopolymeren. Diplomarbeit. Ruhr-Universität Bochum. Institut für Werkstoffe

Borbe M (1997) Verbundwerkstoffe aus Biopolymeren - Herstellung und thermische Eigenschaften von Stärke und Stärkematrixverbundwerkstoffen. VDI Fortschrittberichte Reihe 5/468. Düsseldorf

C.A.R.M.E.N., Centrales Agrar-Rohstoffe-Marketing und Entwicklungs-Netzwerk (1995) Stärke - nachwachsender Rohstoff als Komponente für Verbundwerkstoffe. Informationsbroschüre. Rimpar

Dinkel F, Pohl C, Ros M, Waldeck B (1996) Ökobilanz stärkehaltiger Kunststoffe In: Bundesamt für Umwelt, Wald und Landschaft (BUWAL) (Hrsg) Band I. Schriftenreihe Umwelt Nr. 271/I. Bern. S. 9. 91-95

Endres H-J (1994) Biologisch auf- und abbaubare Werkstoffe auf Basis von Stärke. Kolloquium Werkstoffwissenschaft Natürliche und künstliche Polymerwerkstoffe. Tagungsband. Lehrstuhl Werkstoffwissenschaften

Endres H-J (1995) Herstellung und Eigenschaften von Bauteilen aus biologisch auf- und abbaubaren Werkstoffen auf der Grundlage von Polysacchariden. Dissertation. Ruhr-Universität Bochum

Facco S (1996) Mater Bi - Stärkewerkstoff und seine Anwendungen. In: Süddeutsches Kunststoff-Zentrum (Hrsg) Biologisch abbaubare Werkstoffe. Würzburg. S. B/1-B/10

Falbe J, Regitz M (1995) CD Römpp. 9. erweiterte und überarbeitete Auflage des Römpp Chemie Lexikons auf CD-ROM. Version 1. Stuttgart

FNR, Fachagentur Nachwachsende Rohstoffe (Hrsg) (1996a) Informationen zur Fachagentur Nachwachsende Rohstoffe e.V. Gülzow

FNR, Fachagentur Nachwachsende Rohstoffe (Hrsg) (1996b) Verbraucher wissen wenig über nachwachsende Rohstoffe - Repräsentative Konsumentenbefragung im Auftrag der FNR - Mehr Aufklärung notwendig. Agra-Europe 30/96. 22. Juli 1996, Sonderbeilage 1 bis 10 (Deutschland Biorohstoffe)

Forschungszentrum Jülich (Hrsg) (1997) Programm Neue Materialien für Schlüsseltechnologien des 21. Jahrhunderts -MaTech- des Bundesministeriums für Bildung. Wissenschaft. Forschung und Technologie (BMBF) / Jahresbericht 1996/97. Projektträger NMT. Jülich

Franke W (1989) Nutzpflanzenkunde. 4. neubearbeitete und erweiterte Auflage. Stuttgart

Franke W (1997) Nutzpflanzenkunde - nutzbare Gewächse der gemäßigten Breite. Subtropen und Tropen. 6. überarbeitete und erweiterte Auflage. Stuttgart. S.1

Fritz HG (1995) Flachs als Verstärkungsfaser in bioabbaubaren Polymerwerkstoffen In: FNR (Hrsg) Naturfaserverstärkte Kunststoffe. Gülzower Fachgespräche. Gülzow. S. 15-36

Fritz HG (1997) Innovative Polymerwerkstoffe unter Einbeziehung nachwachsender Rohstoffe. 1. Internationales Symposium „Werkstoffe aus nachwachsenden Rohstoffen". Tagungsband. Thüringisches Institut für Textil- und Kunststoff-Forschung e. V. Rudolstadt

Güttes B (1997) Nachwachsende Rohstoffe - Alternativen im Polyurethan? In: Schriftenreihe des BML (Hrsg) Reihe A: Angewandte Wissenschaft. Sonderheft.S. 134-151

Grupe H (1996) Anwendungen von „Biopol" im Kontakt mit Lebensmitteln. In: Süddeutsches Kunststoff-Zentrum (Hrsg) Biologisch abbaubare Werkstoffe. Würzburg. S. L/1-L/8

Herzog RO (Hrsg) (1930) Der Flachs /erste Abteilung/ Botanik. Kultur. Aufbereitung. Bleicherei. und Wirtschaft des Flachses. Bd. V.1.1. Berlin: Verlag von Julius Springer. Technologie der Textilfasern

Jopski T (1996) ECOPLA: biologisch abbaubare Werkstoffe aus PLA. In: Süddeutsches Kunststoff-Zentrum (Hrsg) Biologisch abbaubare Werkstoffe. Würzburg. S. C/1 - C/10

Käb H (1998) Förderung der Innovation BAW. In: Süddeutsches Kunststoff-Zentrum (Hrsg.): 5. Fachtagung Biologisch abbaubare Werkstoffe. Würzburg. S. O/1-O/14

Karafyllis NC (1997) Ethische Aspekte der Nutzung Nachwachsender Rohstoffe - das Beispiel Energiepflanzen. Praxis der Naturwissenschaften Biologie. Heft 3/46. S. 21-26

Karafyllis NC (1998) Nachwachsende Rohstoffe zwischen Wachstum und Nachhaltigkeit. Kapitel 2. Teil Begriffserklärung. Dissertation. Fakultät Biologie. Universität Tübingen

Kleber S (1994) Einsatzfelder für High-Tech-Werkstoffe aus nachwachsenden Rohstoffen. In: Fraunhofer-Institut / Kermaische Technologien und Sinterwerkstoffe IKTS (Hrsg) Tätigkeitsbericht 1994. Dresden

Kleber S (1998): High-Tech-Werkstoffe aus nachwachsenden Rohstoffen. Fraunhofer-Institut / Kermaische Technologien und Sinterwerkstoffe IKTS. http://www.ikts.fhg.de. Juli 1998

Kretschmer T, Kohlhoff J (1995) Neue Werkstoffe. Heidelberg. S. 120

Lange U (1998) Stärke. In: Waskow F (Hrsg). S. 71 – 92, zitiert S. 83

Leible L (1997) Die relative Bedeutung nachwachsender Rohstoffe in Deutschland, derzeit und in der mittelfristigen Zukunft. In: OstWest WirtschaftsAkademie (Hrsg) Chancen und Risiken des Anbaus und der Nutzung nachwachsender Rohstoffe. Berlin. S. 18-44

LWK-WE / IPP (1995) Hinweisschild Nachwachsende Rohstoffe / Demonstrationsanlage Standort Wehnen. In: Martens R, Müssig J (Hrsg) (1997). Landwirtschaftskammer Weser-Ems. Institut für Pflanzenbau und Pflanzenschutz. Oldenburg

Mann S (1998) Nachwachsende Rohstoffe. Stuttgart. S. 87

Marten R, Müssig J (1997) Faserhanf als Beitrag zur Agenda 21? - Anbau und regionale Verwertung von Nachwachsenden Rohstoffen -. Bremer Umwelt Beiträge. Teil 1 (6/97) S. 10 – 12. Teil 2 (7/97) S. 12-13

Müller G (1997) Innovationsfelder und Projekte durch die Nutzung nachwachsender Rohstoffe. In: OstWest WirtschaftsAkademie (Hrsg) Chancen und Risiken des Anbaus und der Nutzung nachwachsender Rohstoffe. Berlin. S. 7-17

Müssig J (1995) Möglichkeiten der Substitution von Chemiefasern durch Naturfasern in technischen Produkten. Diplomarbeit. Gerhard Mercator Universität -Gesamthochschule- Duisburg. Maschinenbau / Werkstofftechnik.

Poltrock R (1997a) Polyurethan auf Basis von Pflanzenölen für den Automobilbau. 1. Internationales Symposium „Werkstoffe aus nachwachsenden Rohstoffen". Tagungsband. Thüringisches Institut für Textil- und Kunststoff-Forschung e.V. Rudolstadt

Poltrock R (1997b) Polyurethan auf Basis von Pflanzenölen für den Automobilbau. 1. Internationales Symposium „Werkstoffe aus nachwachsenden Rohstoffen". Vortragsfolien. Thüringisches Institut für Textil- und Kunststoff-Forschung e.V. Rudolstadt

Potente, Rücker, Natrop (1994) Aufbereitung von Stärke mit verschiedenen Additiven auf Kunststoffverarbeitungsmaschinen. Starch/Stärke 46. S. 52-59

Rapthel I, Kakuschke R (1997) Entwicklung und Eigenschaften von Sconacell A als kompostierbarer Kunststoff auf Basis teilacetylierter Naturstärke. 1. Internationales Symposium „Werkstoffe aus nachwachsenden Rohstoffen". Tagungsband. Thüringisches Institut für Textil- und Kunststoff-Forschung e.V. Rudolstadt

Reiß J (1997) Bakterien als Kunststoffproduzenten. Praxis der Naturwissenschaften Biologie. Heft 3/46. Köln. S. 44 -47

Schack D (1998) Polyhydroxybutyrat/valerat Copolymere. In: Süddeutsches Kunststoff-Zentrum (Hrsg) 5. Fachtagung Biologisch abbaubare Werkstoffe. S. C/1-C9

Schnegelsberg G (1971) Systematik der Textilien. In: Das Wissenschaftliche Taschenbuch. Abteilung Technik. Verbesserter, fotomechanisch vervielfältigter Nachdruck der 1. Auflage. München. S. 117-119 u. S. 190-193

Schnegelsberg G (1996) Gegenstände der Normung und Normungsalternativen - Wissenschafttheoretische Implikationen für ein Gesamtkonzept. Muttersprache. 2/96. Wiesbaden. S. 147-161

Tegge G (1972) Stärke. In: Bartholome et al. (Hrsg) Ulmanns Encyclopädie der technischen Chemie. Band 22. Stichwort Stärke. Weinheim

VCI (1997a) Konzeption des Fachausschusses Nachwachsende Rohstoffe - Bedeutung nachwachsender Rohstoffe für die Chemie. Verband der Chemischen Industrie: VCI-homepage: http://www.vci.de/r-03.htm. Sommer 1994

VCI (1997b) Konzeption des Fachausschusses Nachwachsende Rohstoffe - Thesen. Verband der Chemischen Industrie: VCI-homepage: http://www.vci.de/r-02.htm. Sommer 1994

Waskow F (1998) Leitfaden Nachwachsende Rohstoffe - Anbau - Verarbeitung - Produkte. Katalyse Institut für Angewandte Umweltforschung. Heidelberg

Wintzer D et al. (1993) Technikfolgenabschätzung zum Thema Nachwachsende Rohstoffe. In: Schriftenreihe des Bundesministers für Ernährung. Landwirtschaft und Forsten (Hrsg) Reihe A: Angewandte Wissenschaft. Sonderheft. S. II-15. V66. V73

Abschnitt 3.2.8

anonym (1994) Neue Holzwerkstoffe für den Baubereich. Holz-Zentralblatt. 4.2.1004. S. 214-215

Deppe H.-J (1994) Holzwerkstoffe – Einsatzwerkstoffe der Zukunft?. In: Holztechnisches Kolloquium: Marktorientiert. schlank und umweltgerecht. Recycling und ökologische Aspekte. ISBN 3-8027-8619-X. S. 1.1–1.12

Hilbert T, Lempfer K, Heine W (1988) Eignung von Bindemitteln aus der Rauchgasentschwefelung zur Herstellung gipsgebundener Spanplatten nach dem Halbtrockenverfahren. Bundesministerium für Forschung und Technologie. Forschungsbericht 14 60 398

Holzbaumagazin (1997) Supplement von Holzzentralblatt und Holz- und Kunststoffverarbeitung. 4

Informationsdienst Holz (1994) Holz – ein Rohstoff der Zukunft nachhaltig verfügbar und umweltgerecht. Deutsche Gesellschaft für Holzforschung. ISSN 0466 – 2114

Informationsdienst Holz (Hrsg) Holzbau Handbuch Reihe 1: Entwurf + Konstruktion. Handbuch Reihe 4: Baustoffe

Kossatz G, Lempfer K (1985) Halbtrockenverfahren zur Herstellung gipsgebundener Spanplatten. tiz 109. Heft 10. S. 756 – 759

Marutzky R, SchmidtW (1996) Alt-Resthölzer. VDI. Düsseldorf. ISBN 3-18-990018-3

Merz K (1993) LSL ein neuer. vielseitiger Holzwerkstoff. Holz-Zentralblatt 55. S. 880-882

Merz K (1994) Parallam (PSL) - ein Furnierstreifenholz. Holz- und Kunststoffverarbeitung. Heft 11. S. 1174-1176

Michanikel A (1994) Die stoffliche Verwertung von Möbelteilen aus Holzwerkstoffen. In: Holztechnisches Kolloquium: Marktorientiert, schlank und umweltgerecht. Recycling und ökologische Aspekte. ISBN 3-8027-8619-X. S. 7.1-7.11

Niemz P (1993) Physik des Holzes und der Holzwerstoffe. DRW. Leinfelden-Echterdingen. ISBN 3-87181-324-9

Pampel H, Schwarz H-G (1979) Technologie und Verfahren zementgebundener Spanplatten. Holz als Roh- und Werkstoff 37. S. 195 – 202

Simon R (1980) Eigenschaften und Anwendung zementgebundener Holzwerkstoffe. Tagungsband 6. Holztechnisches Kolloquium. Braunschweig. S. III-1 - III-5

Tansey P (1995a) A framework for better building design. Wood based panels International. July. S. 8. 22. 25

Tansey P (1995b) Improving on nature. Wood based panels international. July. S. 21-25

Abschnitt 3.2.9

Ahmed H (1997) Observation of a Coulomb Staircase in Electron transport through a Molecularly Linked Chain of Gold Colloidal Particle. Applied Physical Letters. 70/20. S. 2759

Alivisatos A (1992) Semiconductor nanocrystals covalently bound to metal surfaces with self-assembled monolayers. Journal of the American Chemical Society. 114. S. 5221

Alivisatos AP (1996) An Approach to Electrical Studies of Single Nanocrystals. Applied Physical Letters. 68/18. S. 2574

Bard AJ (1992) Chemiluminescence of Anodized and Etched Silicon: Evidence for a Luminescent Siloxene-Like Layer on Porous Silicon. Science. 257. S. 68

Berkowitz AE (1992) Giant Magnetoresistance in Hetrogeneous Cu-Co Alloys. Physical Review Letters. 68/25. S. 3745

Brinker CJ (1996) Template-Based Approach to the Preperation of Amorphous. Nanoporous Silicas. Chemistry of Materials. 8. S. 1682

Fendler H (1998) Nanoparticles and Nanostructured Films - Preperation. Characterisation and Applications. Wiley-VCH

Grätzel M (1995) Light-induced redoc reactions in nanocrystalline systems. Chemical Review. 95. S. 49

Heike S (1996) Nanoneedle formation on silicon (111) surface using a scanning tunneling microscope tip. Journal of Applied Physics. 80/7. S. 4182

Hornyak GL et al. (1992) Optical Properties of Composite Membranes Containing Arrays of Nonascopic Gold Cylinders. Journal of Physical Chemistry. 96. S. 7497

Hornyak GL et al. (1994) Template-Synthesized Nanoscopic Gold Praticles: Optical Spectras and the Effect of Particle Size and Shape. Journal of Physical Chemistry. 98. S. 2963

Klabunde KJ (1996) Size-dependent magnetic properties of MnFe2O4 fine particles synthesized by coprezipitation. Physical Review B. 54/13. S. 9288

Lehmann V (1996) Macroporous Silicon with a Complete Two-Dimensional Photonic Band Gap Centered at 5um. Applied Physical Letters. 68/6. S. 747

Martin CR (1994) Nanomaterials: A Membrane-Based Synthetic Approach. Science. 266. S. 1961

Masuda H (1995) Ordered Metal Nanohole Arrays Made by a Two-Step Replication of Honeycomb Structures of Anodic Alumina. Science. 248. S. 1466

Masuda H (1996) Fabrication of Gold Nanodot Array Using Anodic Porous Alumina as an Evaporation Mask. Japanese Journal of Applied Physics. 35. S. 126

Masuda H (1997) Highly Ordered Nanochannel-Array Architechture in Anodic Alumina. Applied Physical Letters. 79/19. S. 2770

Möller M (1996a) Substrate-induced lateral micro-phase seperation of a diblock copolymer. Advanced Materials. 8/6. S. 513

Möller M (1996b) Gold nanoparticles in micellar poly(styrene)-b-poly(ethylene oxide) films - size and interparticle distance control in monoparticulate films. Advanced Materials. 8/4. S. 337

Möller M, Spatz J (1998) Controlled Mineralization and Assembly of Hydrolysis-Based Nanoparticles in Organic Solvents Combining Polymer Micelles and Microwave Techniques. Advanced Materials. 10/6. S. 473

Moskovits M (1991) Magnetic properties of Fe deposited into anodic aluminium oxide pores as a function of particle size. Journal of Applied Physics. 70/8. S. 4421

Ozin GA (1992) Nanochemistry: Synthesis in Diminishing Dimensions. Advanced Materials. 4/10. S. 612

Ozin GA (1996) Self-Assembling Frameworks: Beyond Microporous Oxides. Advanced Materials. 8/1. S. 13

Schmid G (1992) Large clusters and colloids. Metals in the embryonic state. Chemical Review. 92. S. 1709

Schmid G (1994) Clusters and Colloids - From Theory to Applications. VCH

Schmid G (1996) Coulomb staircases and quantum size effects in tunneling spectroscopy on ligand-stabilzed metal clusters. Europhysics Letters. 33/4. S. 279

Schmid G (1997) Gold Clusters and Colloids in Alumina Nanotubes. Chemistry. A European Journal. 3/12. S. 1951-1956

Schmid G, Chi L (1998) Metal Clusters and Colloids. Advanced Materials. 10/7. S. 515

Schön G (1995a) A fascinating new field in colloid science: small ligand-stabilized metal clusters and possible application in microelectronics Part I: State of the Art. Colloid polymer science. 237. S. 101

Schön G (1995b) A fascinating new field in colloid science: small ligand-stabilized metal clusters and possible application in microelectronics Part II. Colloid polymer science. 273. S. 202

Siegel RW (1994) Nanophase Materials. Encyclopedia of Applied Physics. S. 173

Ulman A (1996) Formation and Structure of Self-assembled monolayers. Chemical Review. 96. S. 1533

Weller H (1993) Kolloidale Halbleiter-Q-Teilchen: Chemie im Übergangsbereich zwischen Festkörper und Molekül. Angewandte. 105. S. 43

Weller H (1994) Preperation, Characterisation, and Photophysics of the Quantum Dot Well System CdS/HgS/CdS. Journal of Physical Chemistry. 98/3. S. 934

Whitesides GM (1995) Polymer microstructures formed by molding in capillaries. Nature 376. S. 581

Whitesides GM (1996a) Two- and three-dimensional crystallisation of polymeric microspheres by micromolding in capillaries. Advanced Materials. 8/3. S. 245

Whitesides GM (1996b) Fabrication of single-mode polymeric waveguides using micromolding in capillaries. Advanced Materials. 8/5. S. 420

Whitesides GM (1996c) Shadowed sputtering of Gold on V-shaped microtrenches etched in silicon and application in microfabrication. Advanced Materials. 8/9. S. 765

Whitesides GM (1996d) Fabrication of three dimensional micro-structures: Microtransfer Molding. Advanced Materials. 8/10. S. 837

Whitesides GM (1996e) Rapid protoyping of complex structures with feature sizes larger than 20um. Advanced Materials. 8/11. S. 917

Abschnitt 3.2.10

Bacon JL et al. (1997) A New Electromagnetic Powder Deposition System. In: Proc. Of the United Thermal Spray Conference. Sept. 15-18. Indianapolis Indiana. USA

Brändle H, Jungblut F, Schulz H (1998) Trockenzerspanung und Hartbearbeitung eine neue Herausforderung für beschichtete Hochleistungswerkzeuge. Balzers AG

Browning JA (1992) Hypervelocity Impact Fusion – A Technical Note. In: Journal of Thermal Spray Technology. Volume 1(4). Dec. S. 289-292

Dommann A, Linder C, Kolawa E, Nicolet M-A (1997) Ternary Amorphous Nitrides for Micromachined Sensors and Actuators. submited to: International Journal Microsystem Technologies

Dorfman MR (1995) Development and Applications of Corrosion Resistant Thermal Sprayed Coatings. In: Proc. Of the 14th ITSC. Kobe. Japan. S. 567-572

Dvorak M (1998) Innovationen in der Hochgeschwindigkeitsspritztechnik. In: Tagungsband des Werkstofftechnischen Kolloquim Chemnitz 1998. Mainz. Aachen. S. 47-60

Dvorak M, Florin Ch (1998) Zerstörungsfreie Prüfung von thermisch gespritzten Schichten durch gepulste Infrarottechnik. In: Tagungsband der SVMT-Tagung ‚Materialprüfung in Produktion. Forschung und Entwicklung'. 18te November 1998 in Biel. SMM-Schweizer Maschinenmarkt. Fachpresse Goldach AG. S. 17

Dvorak M, Schmid J (1996) Twin Wire Arc Spraying of Cored Wires. In: Proc. Of the 9th National Thermal Spray Conference. 7-11 Oct. Cincinnati. Ohio. USA. S. 959

Dvorak M, Torday R (1996) Eigenschaften von mit hohem Brennkammerdruck HVOF-gespritzten Schichten. In: DVS Berichte. Band 175. S. 6-9

Fecht H-J (Hrsg) (1998) Werkstoffdatenbank für die Simulation Mikrosystemtechnischer Komponenten. Öffentliches Status-Seminar. Berlin. 23. Juni 1998. Ulm

Fischer TE (1997) Measurement results presented by Bernard Kear. Rutgers University. USA. at the conference on „Thermal Spray Processing of Nanoscale Materials". Davos. CH. August 3-8

Glass JT, Fox BA, Dreifus DL, Stoner BR (1998) Diamond for Electronics: Future Prospects of Diamond Saw Devices. MRS Bulletin. September. S. 49

Hartmann R, Grützmacher D, Müller E, Gennser U, Dommann A, Schröter P, Warren P (1999) Growth of $Si_{1-y}C_y$/ Si- and $Si_{1-x-y}Ge_xC_y$/ Si- Multiple Uantum Weels Using Molecular Beam Epitaxy. to be published in Thin Solid Films

Henne R et al. (1995) Converging-Diverging Nozzles for improved Atmospheric Plasma Spraying. In: VDI-Berichte Nr. 1166. S. 247-266

Jungklaus H, Lugscheider E, Schwier G, Heinrich P (1996) Keramische Beschichtungen durch Hochleistungs-Plasmaspritzen (HPPS). In: DVS-Berichte Band 175. DVS-Verlag. Düsseldorf. S. 44-48

Kolawa E, Molarius JM, Nieh CW, Nicolet M-A (1990) Amorphous Ta-Si-N Thin-Film Alloy as Diffusion Barrier in Al/Si Metallization. In: J. Vac. Sci. Technol. A8 (3). S. 3000

Langlet R, Isfahani S (1992) Besondere Anwendungsmöglichkeiten von thermisches Spritzen als umweltschonendes Verfahren für kleine und mittlere Unternehmen. In: Woydt M, Hofmann J

(Hrsg) Schriftenreihe Praxis Forum: Oberflächentechnik 'High-Tech-Finishing 1992'. Technik+Kommunikation Verlags GmbH. Berlin. S. 213-223

Lin XW, Pramanik D (1998) Future Interconnect Technologies and Copper Metallization. Solid State Technology. October. S. 63

Linder C, Dommann A, Staufert G, Nicolet M-A (1997) Amorphous Metals as New Materials Transducer Applications. In: Europhsics News 28. S. 82

Lineback JR, Wade W (1998) Copper Moving Faster on Broard Industry Front. In: Semiconductor Business News. August 1998 (www.seminews.com)

Longo F (1992) Industrial Guide-Markets: Materials and Applications for Thermal Sprayed Coatings. In: Journal of Thermal Spray Technology; ASM; Volume 1 (2) June. S. 143

McCune RC, Papyrin AN et al. (1995) An Exploration of the Cold Gas-Dynamic Spray Method for Several Materials Systems. In: Proceedings of the 8th National Thermal Spray Conference. 11-15 Sept. Houston. Texas. USA. S. 1-5

McGill SD (1998) Back-End Processing Requirements for CSP. In: High Density Interconnect. Vol.1. No. 5. S. 34

Meier J et. al (1998) 2nd World Conferenc on Photovoltaic Solar Energy Conversion; Vienna 6-10 July

MRS (1994) Corrosion and Coating. In: MRS Bulletin. October 1994. Vol. XIX. No.10

Muralt P, Kohli M, Maeder T, Kholkin A, Brook K, Setter N, Luthier R (1995) Fabrication and characterization of PZT thin-film vibrators for micromotors. Sensors and Actuators. A 48. S 157

Nicolet M-A (1997) Diffusion Barriers in Semiconductor Contact Technology. In: Proceedings of Defect and Diffusio Forum. Vols. 143-147. Basel. Sitec Publications

Onda N, Stössel Z, Dommann A, Ramm J (1997) DC-Hydrogen Plasma Cleaning: A Novel Process for IC-Packaging. SEMICON Proceedings San Jose

Ramana Murty MV, Atwater HA (1995) Nucl. Instrum. Methods. In: Phys. Res. B 102. S. 293

Rosenblad C, Deller HR, Dommann A, Meyer T, Schröter P, von Känel H (1997) Silicon Epitaxy by Low-Energy Plasma Enhanced Chemical Vapor Deposition. In: J. Vac. Sci. Technol.. A16(5). Sep/Oct. S. 2785

SBN (1998a) SBN's Copper Score Card. In: Semiconductor Business News. August (www.seminews.com)

SBN (1998b) Mitsubishi Prefers Mixture of Copper with Aluminium. Semiconductor Business News. December 7. (www.seminews.com)

SBN (1999) Copper Tool Set to Take Off. Semiconductor Business News. January 6. (www.seminews.com)

Schäffler F (1997) For a recent review. In: Semiconductor Science Technology. 12. S 1515

Schock HW, Shah A, Dimmler B (1997) 14th European Photovoltaic Solar Energy Conference. Barcelona. Spain. S 683. S. 2000

Singer P (1998) Tantalum; Copper and Damascene: The Future of Interconnects. Semiconductor International. June. S. 90

Wade W (1998) Automotive Chip Growth Accelerates. In: Semiconductor Business News. October 21. (www.seminews.com)

Wechsung R, Eloy JC (1998) Market Analysis for Microsystems. an interim report from NEXUS TASK FORCE

Abschnitt 3.3

Binnig G et al. (1987) Atomic-resolution with Atomic Force Microscope. Europhysics Letters. 3/12

Binnig G, Rohrer H (1985) Das Raster-Tunnelmikroskop. Spektrum der Wissenschaften.

Boersch H, Geiger J, Hellwig H (1962) Phys. Lett. 3. S. 64

Buchholz S (1990) Oberflächenuntersuchungen mit Hilfe der Raster-Tunnel-Mikroskopie. GIT 9

Castaing R (1960) Advances in Electronics and Electron Physics. 13. S. 317

Dudek HJ, Leucht R, Borath R, Ziegler G (1990) Microchim Acta. Wien. II. S. 137

Dudek HJ, Leucht R, Hempterunacher J (1996) Metall. Trans. A27. S. 1403
Dudek HJ, Borath R, Leucht R, Kaysser WA (1997) J. Mat. Sci. 32. S. 5355
Dudek HJ, Weber K, Assler H (1998) Proc. Werkstoffwoche (im Druck)
Elings et al. (1988) Scanning Tunneling Microscopy and Atomic Force Microscopy: Application to Biology and Technology. Science. S. 242
Flynn GW (1996) STM Investigations of organic molecules physisorbed at the liquid-solid interface. Chemistry of Materials. 8/8. S. 1600
Fries Th (1993) Rastersondenmikroskopie: Nobelpreistechnologie für die Anwendung. F & M. 101/10
Güntherodt HJ (1989) Theory for the Atomic Force Microscope of Deformable Surfaces. Physical Review Letters. 63/8
Hirsch PB, Howie A, Nicholson RB, Pashley DW, Whelan MJ (1977) Electron Microscopy of Thin Crystals. 2nd edition. New York
Heckl WM (1993) DNA-Basen im Rastertunnelmikroskop. Physikalische Blätter. 49/5
Lancin M, Thibault-Desseaux J, Bour JS, Microsc J (1988) Spectrosc. Electron. 13. S. 503
Masi CG (1997) Scanning Probe Microscopy Earns ist Keep in Industry. R&D Magazin. 22
Michel B (1996) Golden interfaces: the surface of self-assembled monolayers. Advanced Materials. 8/9. 719
Neddermeyer H (1992) Rastertunnelmikroskopie an reinen und asdsorbatbedeckten Oberflächen. Chemie in unserer Zeit. 26/1
Rhodes CG, Spurling RA (1983) Recent Advances in Composites in the United States an Japan. ASTM STP 864. S. 585
Rudberg E (1930) Proc. R. Soc. London. A127. S. 111
Rugar, Hansma (1990) Atomic Force Microscopy. Physics Today.
Ruthemann G (1941) Naturwissenschaften. 29 S. 649
Samori B et al. (1993) Dreidimensionale Abbildung der DNA-Superspiralisierung durch Rasterkraftmikroskopie. Angewandte. 105/10
Sarid, Elings (1991) Review of scanning force microscopy. Journal of vacuum science and technology. B9 (2)
Sarid et al. (1991) Enhanced effects with scanning force microscopy. Journal of Applied Physics. 69/10
Sattler K (1991) Scanning tunneling microscopy and spectroscopy for cluster and small particle research. Zeitschrift für Physik D. 19
Snyder, White (1992) Scanning Tunneling Microscopy. Atomic Force Microscopy and Related Techniques. Analytical Chemistry. 64/12
Schmid G (1990) Direct imaging of Pd561(phen)38On and Au55(PPh3)12Cl6 clusters using scanning tunneling microscopy. Advanced Materials. 2/10. 482
Schmid G (1991a) Scanning tunneling microscopy observations of metallic clusters Pd561 and Au55 and the implications of their use as a well defined tip. Journal of vacuum science and technology. 2. 814
Schmid G (1991b) Scanning tunneling microscopy investigations of stabilized Au55 clusters. Journal of vacuum science and technology. 2. 810
Schmid G et al. (1995) Small metallic particles studied by scanning tunneling microscopy. Physica B. 204. 51
Wemer A (1998) Promotionsarbeit. RWTH Aachen
Wickramasinghe K (1989) Scanned-Probe Microscopes. Scientific American.
Yang YQ, Dudek HJ (1997) Scripta Mat. 37. S. 503

Abschnitt 3.4

Hardouin Dupac OBM (1996) Atomistic Simulation. In: Kirchner HO, Kubin LP, Pontikis V (Hrsg) Computer simulation in Material Science. Nano/ Meso/ Macroscopic. Space and Time Scales. Proceedings of the NATO Advanced Study Institute on Computer Simulation in Materials Science

Schiotz J, Di Tolla FD, Jackobsen KW, J Eisenhauer (1998) Softening of nanocrystalline metals at very small grain sizes. Nature 391. S. 561 - 563
Rappaz M, Kedro M (Hrsg) (1996) Procceedings of the general COST 512 Workshop on modelling in Materials Science and Processing. European Commission. Davos

Kapitel 4

Hofmann M, Meier-Dallach H-P, von Willisen FK (1995) Werkstoffinnovationen im Schweizerischen Umfeld. Schweizer Wissenschaftsrat. Technology Assessment. TA 8/1995. Bern
Socher M, Rieken Th, Baumer D (1994) Neue Werkstoffe. Endbericht. TAB-Arbeitsbericht Nr. 26. Bonn

Abschnitt 4.1

Gugel E (1998) persönliche Mitteilung. Geschäftsführer der CFI. Roedenthal. April und Dezember
Seitz E (1998) persönliche Mitteilung. Abteilungsleiter. Projektleitung NMT. Jülich. Dezember
BMBF (1994) Materialforschung. Programm des Bundesministeriums für Forschung und Technologie. Jahresberichte 1987 bis 1993. Projektträger PLR. Jülich
BMBF (1998) Neue Materialien-MaTech. Programm des Bundesministeriums für Bildung. Wissenschaft. Forschung und Technologie (BMBF). Jahresbericht 1997/98. Projektträger NMT. Jülich
Bartsch C (1997) Mercedes Benz probiert's mit Keramik. FAZ. 10.6.1997
Gugel E, Wötting G, Claeys P, Woditsch P (1998) Siliziumnitrid-Keramik- ein bereits bewährter Werkstoff für Motorventile. Sonderausgabe ATZ und MTZ. Werkstoffe im Automobilbau 97/98. S. 60 - 64
Delphi (1998) Zukunft nachgefragt. Studie zur globalen Entwicklung von Wissenschaft und Technik. Fraunhofer Institut für Systemtechnik und Innovationsforschung. BMBF. Bonn

Abschnitt 4.2

Cairns EJ (1997) persönliche Mitteilung. Head Energy Conversion & Storage programm. USA
Heider A (1997) Technikfolgenbewertung des Elektro-PKW bei geschlossener Betrachtung von Verkehr und Energieversorgung. Dissertation. RWTH Aachen
Haubrich H-J, Heider A (1997a) Evaluation of Electric Vehicle Applications in Germany. Proceedings of the 14th International Electric Vehicle Symposium. Orlando. Dec.
Haubrich H-J, Heider A (1997b) Simulationswerkzeuge zur Bewertung des Elektro-PKW-Einsatzes und deren beispielhafte Anwendung auf die Situation in Deutschland. Fachzeitschrift „Wissenschaft und Umwelt". Heft 3/4. S. 127 - 134
Haubrich H-J, Heider A (1997c) Primärenergiebedarf und Emissionen von Elektro-PKW. DGES-Fachtagung „Elektrofahrzeuge: Technologie - Innovation für den zukünftigen Verkehr". DGES-Berichte. Berlin. S. 14.1 - 14.12
Cordis Datenbank (1997) Eureka-Projekte. Europäische Kommission.Brüssel
Delphi (1998) Zukunft nachgefragt. Studie zur globalen Entwicklung von Wissenschaft und Technik. Fraunhofer Institut für Systemtechnik und Innovationsforschung. BMBF. Bonn

Abschnitt 4.3

Brüssel (1998) persönliche Mitteilung. Fa. Menzolit-Fibron. Januar
Kannegießer Kunststofftechnik GmbH (Hrsg). Gleich K. Neue Verfahren in der Kunststoffverarbeitung. Kiesau W. Vorstellung der Anlage/ Anlagenkonzept. Firmenunterlagen
Liebold H (1996) persönliche Mitteilung. Fa. Menzolit-Fibron. August

Liebold R (1997) Duroplast und Preßverarbeitung. Kunststoffe 87 11. S. 1641 ff
Menzolit-Fibron GmbH (Hrsg) LFT - Eine Neuentwicklung geht in Serie. Firmenunterlagen
Oelgarth A et al. (1998) GMT oder LFT. Kunststoffe 88 4. S. 480-484
Peterson C (1992) Vergleich von GMT-Halbzeugen. Kunststoffe 82 5. S. 395 ff
Spur, Liebelt (1997) Bearbeitung von GMT. Kunststoffe 87 4. S. 442 ff
Wüthrich C, Keser G (1992) Bessere mechanische Eigenschaften durch Vernadeln. Kunststoffe 82 2. S. 127 ff

Abschnitt 4.4

Beyer A (1998) Preisübersicht für Naturfasern. Schriftliche Mitteilung. Firma August Beyer GmbH & Co. KG. Juni. Hörstel-Bevergern
BML (Hrsg) (1993) Statusseminar - Flachs. BML. 2. Statusseminar Flachs. Vorträge zu Ernte- und zu stationären Aufschlußverfahren. Bonn. S. 4 - 74
Bredemann G (1959) Die Große Brennessel Urtica dioica L. Forschungen über ihren Anbau zur Fasergewinnung. Mit einem Anhang über ihre Nutzung für Arznei- und Futtermittel sowie technische Zwecke von Garber K. Berlin. S.1-137
CARMEN, Centrales Agrar-, Rohstoff-, Marketing- und Entwicklungsnetzwerk (1992) Flachskatalog: Gesamtverzeichnis aller von FG, Bund und Ländern geförderten Projekte zum Thema Faserflachs. Informationsschrift. Dezember. Rimpar
DNV (1998) Satzung des Deutschen Naturfaserverbandes/ Waldenburg/Sachsen: Deutscher Naturfaserverband e.V.
Dreyer J (1998) Forschungsförderung im Bereich der Nesselpflanze. persönliche Mitteilung. Institut für Angewandte Botanik. Hamburg. Juni
Dreyer J, Dreyling G, Feldmann F (1998): Fibre Nettle (Urtica dioica L.) as an Industrial Fibre Crop for Composites (PMC's)? In: CARMEN e.V. (Hrsg) Biomass for Energy and Industry. Tagungsband. Würzburg
Eisele D (1994) Faserhaltige Bauteile für die Automobilausstattung/ - Zur Leistungsfähigkeit von Naturfasern -. textil praxis international. Jan/Feb. S. 68 - 76
FNR, Fachagentur Nachwachsende Rohstoffe (1996) Vom Bundesministerium für Ernährung. Landwirtschaft und Forsten im Bereich „Nachwachsende Rohstoffe“ geförderte Projekte (Pflanzenfasern). Informationsschrift. Gülzow. Oktober
FNR, Fachagentur Nachwachsende Rohstoffe (1997) Vom Bundesministerium für Ernährung. Landwirtschaft und Forsten im Bereich „Nachwachsende Rohstoffe“ geförderte Projekte (laufende Projekte. nach Produktlinien). Informationsschrift. Gülzow. Januar
FIBRE, Faserinstitut Bremen (1997) Herstellung von technischen „Nonwoven“-Produkten (Vliesen) unter Einsatz von Naturfasern.. Abschlußbericht / Förderprogramm: Arbeit und Umwelt. Programmteil: Angewandte Umweltforschung. Projektnummer: FV 057. Bremen
Harig H, Müssig J (1998) Werkstofftechnisches Potential der Naturfaser Hanf. nova-Institut. Vortrag. Mai
Heger E (1998) Flachsaktivitäten in Schleswig-Holstein. persönliche Mitteilung. Firma Holstein Flachs GmbH. Mielsdorf. Juni
Herrmann AS (1994) Bio-Verbundwerkstoffe - nach dem Gebrauch auf den Kompost. 2. Internationales CLAAS-Symposium. Harsewinkel. September
Hinrichsen G, Wuttke B (1993) Zur Haftung von Flachsfasern in thermoplastischen Verbundwerkstoffen
Jux O (1998) Ergebnisse des Agrarrates vom 22. bis 26. Juni zum Thema Beihilferegulierung für Flachs und Hanf. Bundesministerium für Ernährung. Landwirtschaft und Forsten. schriftliche Mitteilung. Bonn. Juni
Karus M (1998) Technische Märkte für Hanffasern in der EU. nova-Institut. Vortrag. Köln. Mai
Keijzer P, Metz P (1994) Breeding of flax for fibre production in Western Europe. In: Sharma HSS, van Sumere CF (Hrsg) The Biology and Processing of Flax. Belfast. S. 33–66
Kinkel W (1998) Hanffasern in der Autoindustrie. nova-Institut. Vortrag. Köln. Mai

Knothe J (1997) Herstellung und Eignung von naturfaserverstärkten Kunststoffbauteilen für die Automobilindustrie. In: Kromer K-H (Hrsg) Erzeugung. Aufbereitung und Verarbeitung von Naturfasern für nichttextile Zwecke. 1. Auflage. Bonn. S. 136-144

Martens R (1998) Stellungnahme der Landwirtschaftkammer Weser-Ems / IPP Institut für Pflanzenbau und Pflanzenschutz zur beabsichtigen Änderung der EU zur Hanfbeihilfe an das Bundesminsterium für Ernährung. Landwirtschaft und Forsten. Oldenburg. Februar

Martens R, Müssig J (1997) Qualität von Hanffasern auf der Basis unterschiedlicher Beerntungs- und Bergetechniken. NRW-Hanftag. Landwirtschaftskammer Westfalen-Lippe. Tagungsdokumentation S. 21-33

Müller HG (1998) Anbau und Verarbeitung von Hanf in Deutschland - Struktur und regionalwirtschaftliche Aspekte. 2. Auflage. Aachen

Müssig J (1998) Heimische Pflanzenfasern in faserverstärkten Polymerprodukten - vom Anbau zum Bauteil. Vortrag. Gerhard-Mercator-Universität Gesamthochschule Duisburg

Müssig J, Bäumer R, Hasenpath J (1996) Mechanischer Aufschluß von Hanfstroh. Melliand Textilberichte. Mai. S. 302-303

Müssig J, Harig H (1997) Filze und Vliese aus Hanffasern - Untersuchung zum Einsatz von Nadelfilzen als Geotextilien. nova-Institut. Tagungsband. Köln. S. 372-380

Müssig J, Martens R, Harig H (1997) Hanffasern als textiler Rohstoff für technische Produkte - Faserqualität durch Anbau. Ernte und Aufschluß -. Deutsches Wollforschungsinstitut. Aachen

nova (1998) Marktinnovation Hanf. Auswertung der Fragebögen zur Gestaltung der Tagesseminare. nova-Institut. Köln

Poltrock R (1998) Naturfasereinsatz in Produkten für den Automobilbereich. persönliche Mitteilung. Empe findlay industries GmbH. Geretsried. Januar

Prömper E (1997a) Autoinnenverkleidungen aus Naturfasern. NRW-Hanftag. Tagungsdokumentation. S. 65-67

Prömper E (1997b) Autoinnenverkleidungen aus Naturfasern. NRW-Hanftag. zugesandte Vortragsfolien

Reitz P (1998) Status des Flachsvollernters. persönliche Mitteilung. Firma CLAAS Selbstfahrende Erntemaschinen GmbH. Harsewinkel. Juni

Rottmann-Meyer M-L (1998) Flachsaktivitäten in Niedersachsen. persönliche Mitteilung. Landwirtschaftskammer Hannover. Mai

Scheer-Triebel M, Krukelmann E, Heyland K-U (1997) Einfluss von Umwelt und Genotyp auf die Ertrags- und Qualitätsbildung von Faser- und Öllein. Pflanzenbaulichewissenschaften 2/1997. S. 73-83

Scherzer D (1997) Pflanzenfaserverstärkte Polyurethanschäume in industriellen Anwendungen. Agrarverwaltung Rheinland-Pfalz (Hrsg). Tagungsband. Emmelshausen

Schnegelsberg G (1996) Was ist Hanf? Ein Beitrag zur begrifflichen Klärung. In: Waskow F (Hrsg) Hanf & Co. Die Renaissance der heimischen Faserpflanzen. 2. überarbeitete Auflage. Göttingen: S. 209 - 219

Schulz J (1998) Ernteverfahren für Faserpflanzen im Vergleich. In: Sachsen Leinen e.V. (Hrsg) Technologien zur Ernte und Erstverarbeitung der einheimischen Faserpflanzen Flachs und Hanf. Veranstaltungsdokumentation. Leipzig. S. 5-12

Seurig-Franke G (1998) Naturfasereinsatz in Produkten für den Automobilbereich. persönliche Mitteilung. Triangler Dämstoffwerk / SOMMER ALLIBERT-LIGNOTOCK GmbH. Triangel. Januar

von Gleich A (1992) Handlungsfeld Flachsanbau und Flachsverarbeitung. In: v. Gleich, Lucas, Schleicher, Ulrich (Hrsg) Blickwende in der Technologiepolitik - Naturumgang. Bedürfnisse und räumliche Entwicklungsperspektiven der Region Bergisches Land -. Mensch und Technik / Sozialverträgliche Technikgestaltung. Materialien und Berichte Band Nr. 32. S. 192-251

Abschnitt 4.5

Bernholc J (1998) Theory of growth and mechanical properties of Nanotubes. Applied Physics A. 67. S. 39

Chalier JC (1998) Electronic structure and quantum transport in Carbon Nanotubes. Applied Physics A. 67. S. 79

Collins P-G (1997) Nanotubes Nanodevice. Science. 278. S. 100-103

de Heer WA (1995) A Carbon Nanotubes Field-Emission electron source. Science. 270. S. 1179 - 1180

Dekker C (1997) Individual single-wall Carbon Nanotubes as Quantum wires. nature. 386. S. 474-477

Dörfler HD (1994) Grenzflächen- und Kolloidchemie. VCH

Dresselhaus MS, Dresselhaus G, Saito R (1996) Carbon Nanotubes. Pergamon Press

Fendler H (1998) Nanoparticles and Nanostructured Films – Preperation, Characterisation and Applications. Wiley-VCH

Hummel RE (1992) Electronic Properties of Materials. Heidelberg

Iijima CS (1991) Nature. 354. S. 56

INM (1997) Nanotechnologie am INM. Tagung

Kreibig (1995) Optical properties of Metal Clusters. Heidelberg

Kroto H (1986) Nature. 318. S. 162

Lieber C (1997) Science. 277. S. 1971

Martin C (1997) Template Synthesis of Carbon Nanotubul and Nanofiber Arrays. Nanostructured Materials. 9. S. 133

Martin CR (1994) Nanomaterials: A Membrane-Based Synthetic Approach. Science. 266. S. 1961

Möller M (1996) Gold nanoparticles in micellar poly(styrene)-b-poly(ethylene oxide) films - size and interparticle distance control in monoparticulate films. Advanced Materials. 8/4. S. 337

Möller M, Spatz J (1998) Controlled Mineralization and Assembly of Hydrolysis-Based Nanoparticles in Organic Solvents Combining Polymer Micelles and Microwave Techniques. Advanced Materials. 10/6. S. 473

Overney (1993) Z. Phys.D. 27. S. 93

Roth S (1998) Chromatographic size separation of single-wall Carbon Nanotubes. Applied Physics A. 67. S. 117-121

Saito Y (1998) Field emission from multi-walled Carbon Nanotubes and its application to electron tubes. Applied Physics A. 67. S. 95

Schmid G (1994) Clusters and Colloids - From Theory to Applications. VCH

Schmid G (1997) Gold Clusters and Colloids in Alumina Nanotubes. Chemistry. A European Journal. 3/12. S. 1951-1956

Schmid G (1998) Alumina Membranes - Template for Novel Nanocomposites. Applied Organometallic Chemistry. 12. S. 367-373

Smalley RE (1997) Purification of single-wall Carbon Nanotubes by Microfiltration. Journal of Physical Chemistry B. 101. S. 8839

Ugarte D (1998) Filling Carbon Nanotubes. Applied Physics A. 67. S. 101

VDI (1998) Technologiezentrum Physikalische Technologien. Technologiefrüherkennung. Technologieanalyse Nanoröhren.

Weller H (1993) Kolloidale Halbleiter-Q-Teilchen: Chemie im Übergangsbereich zwischen Festkörper und Molekül. Angewandte. 105. S. 43

Abschnitt 4.6

ATS, Advanced Turbine Systems (1996) Proceedings Materials Workshop. Feb. 1996 Charleston. South Carolina.

Jaslier Y, Alperine S (1998) Electron beam physical vapour deposition thermal barrier coatings: A comparative evaluation of competing deposition technologies. AGARD report 823 8-1/ 8-10

Kaysser WA, Peters M, Fritscher K, Schulz U(1998) Processing. characterization and testing of EB-PVD thermal barrier coatings. AGARD report 823, 9-1/9-11

Maricocchi A, Bartz A, Wortman DJ (1995) PVD TBC experience on GE Aircraft engines. Proc. TBC workshop Cleveland (ed. W.J. Brindley) NASA Conf. Publication 3312, S. 79-89

Meier SM, Nissley DM, Sheffler KD, Cruse TA (1992) Thermal barrier coating life prediction model development. ASME J. Eng. Gas Turbine Power 114, S. 258-263
Parks WP, Hoffmann Jr P, Karnitz MA, Wright IG (1998) The Advanced Turbine Systems Program in the U.S.A.. presented at COST/98
Peters M, Fritscher, K, Staniek G, Kaysser, WA, Schulz U (1997) Design and properties of thermal barrier coatings for advanced turbine engines. Materialwissenschaft und Werkstofftechnik 28, S. 357-362
Rigney DV, Viguie R, Wortman DJ, Skelly DW (1997) PVD thermal barrier coating applications and process development for Aircraft engines. J. of thermal spray technology 6, 2, S. 167-175
Schulz U, Fritscher K, Leyens C, Peters M, Kaysser WA (1997a) Thermocyclic Behavior of Differently Stabilized and Structured EB-PVD Thermal Barrier Coatings. Materialwissenschaft und Werkstofftechnik 28, S. 370-376
Schulz U, Fritscher K, Peters M (1997b) Thermocyclic Behavior of Variously Stabilized EB-PVD Thermal Barrier Coatings. J. Engineering for Gas Turbines and Power 1, 917-921
Sohn YH, Biederman RR, Sisson Jr RD (1994) Microstructural development in physical vapour-deposited partially stabilized zirconia thermal barrier coatings. Thin Solid Films 250, 1-7
Strangmann TE (1982) Columnar ceramic thermal barrier coatings. US-Patent 4 321 311 vom 23.3.1982; European Patent 0042872 B1 vom 7.1.1981
Unal O, Mitchell TE, Heuer AH (1994) Microstructures of Y_2O_3-stabilized ZrO_2 electron beam-physical vapor deposition coatings on Ni-base Superalloys. J. Am. Ceram. Soc. 77, 4. S. 984-992

Kapitel 5, 6 und 7

AG-MAT, Arbeitsgruppe Neue Materialien Grunwald A, Harig H, Kaysser WA, Langenbach ChJ, Renz R, Schmid G (1997) Technikfolgenbeurteilung der Erforschung und Entwicklung neuer Materialien. Perspektiven in der Verkehrstechnik. Europäische Akademie. Graue Reihe 4. Bad Neuenahr-Ahrweiler
Bayern (1998) Neue Werkstoffe. Fakten – Hintergründe – Trends. Bayerisches Staatsministerium für Wirtschaft, Verkehr und Techologie. 26. Januar 1998
BMBF, Bundesministerium für Bildung. Wissenschaft. Forschung und Technologie (Hrsg) (1998) Deutscher Delphi-Bericht zur Entwicklung von Wissenschaft und Technik. Bonn
Boulding K (1964) Review of a Strategy of Decision. American Sociological Review 29. S. 921-942
Braybrooke D, Lindblom CE (1963) A Strategy of Decision. New York
Bremer FJ, Preusser S (1995) Studie zur Wirkung der direkten Projektförderung im Programm MatFo des BMBF. Projektträger PLR des BMBF. Jülich
Camhis M (1979) Planning Theory and Philosophy. London
Collingridge D (1980) The Social Control of Technology. New York
Deutscher Bundestag (Hrsg) (1994) Die Industriegesellschaft gestalten. Perspektiven für einen nachhaltigen Umgang mit Stoff- und Materialströmen. Enquete-Kommission „Schutz des Menschen und der Umwelt" des Deutschen Bundestages: Drucksache 12/8260. Bonn
Deutscher Bundestag (Hrsg) (1995) Bericht des Forschungsausschusses zu: Neue Werkstoffe. Drucksache 13/1696. Bonn
Dierkes M, Hoffmann U, Marz L (1992) Leitbild und Technik: zur Entstehung und Steuerung technischer Innovationen. Berlin
EUREKA (1996) EUREKA - Technologische Zusammenarbeit in Europa. Dokumentation. Köln. Oktober
EU (1994) Wachstum, Wettbewerbsfähigkeit, Beschäftigung: Herausforderungen der Gegenwart und Wege ins 21. Jahrhundert. Weißbuch. Europäische Kommission. KOM(94) 219 endg.
FTE19 (1998) Indikatoren für Wissenschaft und Technologie - Der Stand der europäischen W&T. FTE info - Wissenschaft Forschung Entwicklung - Europäische Kommission. Juni - Juli. S.8 - 9

FTE20 (1998) Stärken und Schwächen der europäischen W&T. FTE info - Wissenschaft Forschung Entwicklung - Europäische Kommission. November. S.22 - 23
Gethmann, CF (1998) Rationale Technikfolgenbeurteilung. In: Grunwald A (Hrsg) Rationale Technikfolgenbeurteilung. Konzeption und methodische Grundlagen. Heidelberg. S. 1 - 11
Grin J, Grunwald A (Hrsg) (1999) Technology Assessment, Expectations and the 21st Century Society. Heidelberg 1999 (im Druck)
Grunwald A (Hrsg) (1998) Rationale Technikfolgenbeurteilung. Konzeption und methodische Grundlagen. Heidelberg
Grunwald A (1999a) Handeln und Planen. Philosophische Planungstheorie als handlungstheoretische Rekonstruktion. Bonn
Grunwald A (1999b) Technology Policy between Long-Term Planning Requirements and Short-Ranged Acceptance Orientation. New Challenges for Technology Assessment. In: Grin J, Grunwald A (Hrsg) Technology Assessment, Expectations and the 21st Century Society. Heidelberg 1999 (im Druck)
Grunwald A, Langenbach ChJ (1998) Die Prognose von Technikfolgen. In: Grunwald A (1998a). S. 92-132
Gutmann M, Weingarten M (1998) Überlegungen zu Innovation und Entwicklung. TA-Datenbank-Nachrichten 1(7). S. 11-15
Hofmann M, Meier-Dallach H-P, von Willisen FK (1995) Werkstoffinnovationen im Schweizerischen Umfeld. Schweizer Wissenschaftsrat. Technology Assessment. TA 8/1995. Bern
I&T6, Innovations- & Technologietransfer (1998) Wettbewerbsfähigkeit - das Hauptanliegen des Technologietransfers. Technologietransfer in Europa. Sonderausgabe Innovationsprogramm. Europäische Kommission. Juli. S.4 - 7
I&T12, Innovations- & Technologietransfer (1998) Innovation, Existenzgründung und Schaffung von Arbeitsplätzen – Handlungsvorschläge. Sonderheft. Europäische Kommission. Dezember
Langenbach ChJ (1997) Auslegung von Raumtransportsystemen unter besonderer Berücksichtigung der Modellierung des Standes der Strukturtechnik. Dissertation. DLR-Forschungsbericht 97-17. Köln
Mambrey P (1999) Technology Assessment as Metaphor Assessment – Visions guiding the development of information and communications technologies. In: Grin J, Grunwald A (Hrsg) (1999) (im Druck)
MaTech (1997) Neue Materialien - MaTech. Jahresbericht 1996/97. Projektträger NMT (Hrsg). Jülich
MaTech (1998) Neue Materialien - MaTech. Zwischenbilanz 1994-1997. Projektträger NMT (Hrsg). Jülich
Meyer-Krahmer F, Reger G (1997) Die Technologiepolitik öffnet sich nur langsam globalem Denken. Frankfurter Rundschau Nr. 61. 13. März 1997. S. 12
Paschen H, Bechmann G, Wingert B (1987) Funktion und Leistungsfähigkeit des Technology Assessment im Rahmen der Technologiepolitik. In: Kruedener J, Schubert K von (Hrsg) Technikfolgen als sozialer Wandel. Köln. S 57 - 73
Paschen H, Coenen R, Gloede F, Sardemann G, Tangen, H (1992) Technikfolgenabschätzung zum Raumtransportsystem „SÄNGER“, Büro für Technikfolgenabschätzung des Deutschen Bundestages. Bonn
Paschen H, Petermann Th (1991) Technikfolgenabschätzung - ein strategisches Rahmenkonzept für die Analyse und Bewertung von Technikfolgen. In: Petermann Th (Hrsg) (1991) Technikfolgen-Abschätzung als Technikforschung und Politikberatung. Frankfurt. S 19 - 42
Paulsen Th, Fröhlich M (1998) Von Amerika lernen? Schlüsselbereich der deutschen Forschungslandschaft im internationalen Vergleich. Centrum für angewandte Politikforschung. München
Popper K (1969/1974) The poverty of Historicism. London. Dt. Übersetzung. In. Popper K (Hrsg) (1974) Das Elend des Historizismus. Tübingen. 4. Aufl.
Rammert W (1994) Modelle der Technikgenese. Von der Macht und Gemachtheit technischer Sachen in unserer Gesellschaft. Jahrbuch Arbeit und Technik 1994. Bonn. S. 3-12
Rip A, Misa T, Schot J (Hrsg) (1995) Managing Technology in Society. London

Sachverständigenrat (Hrsg) (1993) Jahresgutachten des Sachverständigenrates zur Begutachtung der gesamtwirtschaftlichen Entwicklung. Deutscher Bundestag. Drucksache 12/6170. Bonn

Schweizer Wissenschaftsrat (Hrsg) (1997) Ziele für die schweizerische Forschungspolitik. Periode 2000-2003. Vorschläge des SWR an den Bundesrat. Reihe FOP 43a/1997

Socher M, Fleischer T, Rieken Th, Berg M (1994a) TA-Projekt Neue Werkstoffe. Ergebnisse einer Patentrecherche. Materialien zum TAB-Arbeitsbericht Nr. 22. Bonn

Socher M, Rieken Th, Baumer D (1994b) Neue Werkstoffe. Endbericht. TAB-Arbeitsbericht Nr. 26. Bonn

VDI, Verein Deutscher Ingenieure (Hrsg) (1991) Richtlinie 3780 Technikbewertung, Begriffe und Grundlagen. Düsseldorf

Wagner-Döbler R (1989) Das Dilemma der Technikkontrolle. Berlin

Weber J, Schäffer U (1998a) Sicherstellung der Rationalität von Führung als Controlleraufgabe? WHU-Forschungspapier Nr. 49. Vallendar

Weber J, Schäffer U (1998b) Sicherung der Rationalität in der Willensbildung durch die Nutzung des fruchtbaren Spannungsverhältnisses von Reflexion und Intuition. WHU-Forschungspapier Nr. 51. Vallendar

Wissenschaftsrat (Hrsg) (1993) Stellungnahme zur universitären Materialforschung in Deutschland. Köln

Wissenschaftsrat (Hrsg) (1996) Stellungnahme zur außeruniversitären Materialforschung in Deutschland. Köln

Wissenschaftsrat (Hrsg) (1998) Pilotstudie zu einer Prospektion der Forschung anhand ausgewählter Gebiete. Köln

Anhang

Nigge K-M (1999) Materials Science in Europe. Results of a Survey. Europäische Akademie GmbH. Graue Reihe Nr. 14. Bad Neuenahr-Ahrweiler

SAMPE, Society for the Advancement of Material and Process Engineering (1998) Membership Directory 1997-1998. SAMPE Journal. November / December 1997. S. D1 - D160

Autorenverzeichnis

Altstädt, Volker, Professor Dr.-Ing., Studium der Physik in Kassel, 1987 Promotion an der Universität Gh Kassel, Mitarbeiter im Kunststofflabor der BASF AG in Ludwigshafen, von 1987 bis 1991 in der Abteilung Faserverbundwerkstoffe und von 1992 bis 1995 zuletzt als Gruppenleiter in der Abteilung Polymerphysik. Seit 1995 Professur für Kunststoffe im Ingenieurwesen und Leiter des Arbeitsbereichs Kunststoffe und Verbundwerkstoffe an der Technischen Universität Hamburg-Harburg. Arbeitsgebiete: Polymerblends, Duromere, Polymerschäume und Ermüdung von Polymerwerkstoffen.

Bader, Martin, Dr. rer. nat., M.B.A., Studium der Physik in Stuttgart und Berlin, Business Administration-Studium an der CU Bellevue, Washington State. 1985 bis 1987 am Fritz-Haber-Institut der Max-Planck-Gesellschaft, Berlin, tätig. 1987 Promotion in Physik an der FU Berlin. Seit 1987 Mitarbeiter der Balzers AG, Fürstentum Liechtenstein. Als Executive Vice President heute verantwortlich für die Halbleiter-Equipment-Division von Balzers Process Systems.

Baumgartner, Franz, Professor Dr. rer. nat., Studium der Elektrotechnik an der Technischen Universität Wien. 1992 Promotion im Bereich der Festkörperphysik an der Universität Konstanz. Wissenschaftlicher Mitarbeiter an der Universität Konstanz im Bereich der Solarzellenforschung. Seit 1997 Professor für Elektrotechnik an der Interstaatlichen Fachhochschule für Technik Buchs NTB, Schweiz. Arbeitsgebiete: Photovoltaik und Erneuerbare Energien, Elektronische Messtechnik, Angewandte Halbleiterphysik.

Bleck, Wolfgang, Professor Dr.-Ing., Studium der Metallkunde in Clausthal und Aachen. Wissenschaftlicher Assistent an der TU Clausthal, 1979 Promotion. 1980 bis 1994 wissenschaftlicher Mitarbeiter, Abteilungsleiter und Abteilungschef in der Forschung der Thyssen Stahl AG. Seit 1994 Professor, Leiter des Instituts für Eisenhüttenkunde an der RWTH Aachen. Arbeitsgebiete: Werkstoffentwicklung und -charakterisierung, Prozeßoptimierung, Modellierung.

Brändle, Hans, Dr. sc. nat., Studium in physikalischer Chemie an der ETH Zürich, 1990 Promotion am Institut für Festkörperphysik, ETH Zürich. 1996 bis 1998 Leiter Entwicklung Geschäftsbereich Verschleißschutz, Balzers AG, Liechtenstein. 1997 Executive MBA an der Universität St. Gallen. Seit 1998 Geschäftsführer, Balzers GmbH, Deutschland.

Dirschmid, Werner, Dr.-Ing., Studium allgemeiner Maschinenbau an der Technischen Universität Wien, Promotion 1979 Universität Stuttgart, 1989 Leiter Technische Berechnungen in der Produktentwicklung der Audi AG, 1998 Leiter Einsatz Computertechnologie und Informationstechnik für die Prozeßketten Karosserie/Design/Gesamtfahrzeug/Elektrik der Audi AG.

Dommann, Alex, Professor Dr. sc. nat., Studium der Kristallographie und Physik an der Universität Zürich. 1988 Promotion im Bereich der Festkörperphysik an der ETH Zürich. Post-Doc am Calfornia Institute of Technology in Pasadena. Wissenschaftlicher Mitarbeiter am Paul Scherrer Institut in Würenlingen und an der ETHZ im Bereich Materials Research. Seit 1991 Professor für Werkstofftechnik an der Interstaatlichen Fachhochschule für Technik Buchs NTB, Schweiz. 1998 Leiter Institut für Mikrosystemtechnik am NTB. Arbeitsgebiete: Mikrosystemtechnik, Werkstofftechnik und Röntgenanalytik an Realstrukturen.

Dvorak, Michael, Dr.-Ing., Studium der Physik, 1993 Promotion in Maschinenbau an der Universität Dortmund, Wissenschaftlicher Mitarbeiter am Lehrstuhl für Werkstofftechnologie der Technischen Universität Dortmund 1987 bis 1992, Senior Scientist und nachfolgend Leiter der Prozeß- und Applikationsentwicklung im Research an Technologie Center der EUTECTIC + CASTOLIN Group, Lausanne, Schweiz 1992 bis 1998, Seit Sommer 1998 Inhaber der Firma DACS (Dvorak Advanced Coating Solutions) in Thun, Schweiz. Arbeitsgebiete: Oberflächentechnik, Schweißtechnik und zerstörungsfreie Werkstoffprüfung.

Grunwald, Armin, Priv.-Doz. Dr. rer. nat., Studium der Physik, Mathematik und Philosophie in Münster und Köln. 1998 Habilitation in Philosophie an der Universität Marburg. Wissenschaftlicher Mitarbeiter am Deutschen Zentrum für Luft- und Raumfahrt 1991 bis 1995. Stellvertreter des Direktors der Europäischen Akademie Bad Neuenahr-Ahrweiler GmbH seit 1996. Arbeitsgebiete: Technikfolgenbeurteilung, Ethik der Technik, Wissenschaftstheorie, Planungs- und Entscheidungstheorie.

Harig, Helmuth, Professor Dr.-Ing., Studium des Maschinenbaus an der Technischen Universität Berlin, dort Promotion und Habilitation; 1976 Professor für Werkstofftechnik an der Universität-GH-Essen; seit 1989 Professor für Werkstofftechnik an der Universität Bremen und zugleich Direktor des Faserinstituts Bremen e.V.; Arbeitsgebiete: Faserprüfung, Fasereinsatz für technische Textilien, Faserverbundwerkstoffe, Einsatz von Naturfasern, Sprühkompaktieren von Metallen, Thermometrie in der mechanischen Werkstoffprüfung.

Hofmann, Heinrich, Professor Dr.-Ing., Studium der Materialwissenschaften an der TU Berlin. 1983 Promotion an der TU Berlin, anschließend wissenschaftlicher Mitarbeiter des Max Planck-Institutes für Metallforschung in Stuttgart. 1985 bis 1993 Zentrale Forschung der Alusuisse-Lonza (anorganische, nichtmetallische Materialien). Seit 1993 ordentlicher Professor für Pulvertechnologie im Departement für Materialwissenschaften an der Eidgenössischen Technischen Hochschule Lausanne. Arbeitsgebiete: Keramik, Nanostrukturierte Materialien, Pulvertechnologie für neue Materialien.

Kaysser, Wolfgang A., Professor Dr. rer. nat., Studium der Werkstoffwissenschaften an der Universität Stuttgart. 1980 bis 1992 Forschungsarbeiten am Max-Planck-Institut für Metallforschung (PML Stuttgart) zum Sintern, rascher Erstarrung, Heißverdichten. Seit 1992 ordentlicher Professor für Angewandte Metallkunde der Nichteisenwerkstoffe an der RWTH Aachen und Direktor des Instituts für Werkstoff-Forschung des Deutschen Zentrums für Luft- und Raumfahrt (DLR e.V) in Köln-Porz. Arbeitsgebiete: Wärmedämmschichten, metallische Leichtbauwerkstoffe, oxidische Keramikverbundwerkstoffe, Thermosensoren.

Langenbach, Christian J., Dr.-Ing., Studium der Luft- und Raumfahrttechnik in München und Stuttgart. 1997 Promotion an der Technischen Universität Berlin. Wissenschaftlicher Mitarbeiter am Deutschen Zentrum für Luft- und Raumfahrt 1991 bis 1996. Wissenschaftlicher Mitarbeiter der Europäischen Akademie Bad Neuenahr-Ahrweiler GmbH seit 1996. Arbeitsgebiete: Technikbewertung, Technikfolgenbeurteilung, Simulation und Modellierung, Informationsgesellschaft.

Müssig, Jörg, Dipl.-Ing., Studium des Allgemeinen Maschinenbaus an der Gerhard Mercator-Universität GH Duisburg. Seit 1995 wissenschaftlicher Mitarbeiter am Faserinstitut Bremen e. V. Arbeitsgebiete: Verbundwerkstoffe, Nachwachsende Rohstoffe, heimische Pflanzenfasern, naturfaserverstärkte Bauteile.

Nigge, Karl-Michael, Dipl.-Phys., M.E.S., Studium der Physik in Kaiserslautern, Zürich und Konstanz, Studium in Environmental Studies an der York University, Toronto. Seit 1996 wissenschaftlicher Mitarbeiter der Europäischen Akademie Bad Neuenahr-Ahrweiler GmbH im Rahmen der Doktorandenförderung. Arbeitsgebiete: Energietechnik, Energie- und Emissionsbilanzen.

Ramm, Jürgen, Dr. phil., Studium der Physik in Dresden. 1981 Promotion in Physik an der Universität Zürich. R&D Manager bei Balzers & Leybold in Balzers, Fürstentum Liechtenstein. Arbeitsgebiete: Elektronenmikroskopie, Diskrete Mathematik, Kernphysik, Oberflächen- und Dünnschichtanalytik, Dünnschichttechnologie, Plasmatechnologie, Vakuumtechnik.

Renz, Rainer, Professor Dr.-Ing., Studium des Maschinenbaus an der Universität Stuttgart, 1977 Promotion an der Universität Karlsruhe, Tätigkeit in der Automobilindustrie. Leiter des Gesamtarbeitskreis „Kunststoffe im Maschinenbau" im Forschungskuratorium Maschinenbau. 1985 bis 1995 Lehrauftrag „Werkstoffkunde für Luft- und Raumfahrt" an der Universität Stuttgart, 1994 Ernennung zum Honorarprofessor. Seit 1995 Univ.-Prof. an der Universität Kaiserslautern. Leiter des „Lehrstuhls für Recyclinggerechte Produktgestaltung/Entfertigung", Arbeitsgebiete: umweltgerechte Produktgestaltung, Demontageuntersuchungen, innovative Verfahren zur Werkstoff- und Bauteilanalyse, Befestigungstechnik, Altautorecycling.

Sawitowski, Thomas, Dipl.-Chem., Studium der Chemie in Essen, seit 1996 wissenschaftlicher Mitarbeiter am Institut für Anorganische Chemie der Universität GH Essen. Arbeitsgebiete: Nanoporöse Matrizes, elektronische Eigenschaften von Metallclustern und Clusterarrangements in quasi 1-dim Anordnungen.

Schmid, Günter, Professor Dr. rer. nat., Studium der Chemie an der Ludwig-Maximilians-Universität (LMU) München. 1965 Promotion an der LMU München. 1969 Habilitation für das Fach Anorganische Chemie an der Universität Marburg. Seit 1977 ordentlicher Professor für Anorganische Chemie an der Universität Essen. Arbeitsgebiete: Cluster- und Kolloidchemie, Nanotechnologie.

Thole, Volker, Dipl.-Ing., Studium des Maschinenbaus an der Technischen Universität Braunschweig. Wissenschaftlicher Mitarbeiter am Fraunhofer-Institut für Holzforschung, Wilhelm-Klauditz-Institut (WKI), Braunschweig. Arbeitsgebiete: Werkstoffentwicklung, organisch und anorganisch gebundene Holzwerkstoffe, Verfahrenstechnik der Holzwerkstoffe, nachwachsende Rohstoffe.

Springer
und
Umwelt

Als internationaler wissenschaftlicher Verlag sind wir uns unserer besonderen Verpflichtung der Umwelt gegenüber bewußt und beziehen umweltorientierte Grundsätze in Unternehmensentscheidungen mit ein. Von unseren Geschäftspartnern (Druckereien, Papierfabriken, Verpackungsherstellern usw.) verlangen wir, daß sie sowohl beim Herstellungsprozess selbst als auch beim Einsatz der zur Verwendung kommenden Materialien ökologische Gesichtspunkte berücksichtigen.
Das für dieses Buch verwendete Papier ist aus chlorfrei bzw. chlorarm hergestelltem Zellstoff gefertigt und im pH-Wert neutral.

Springer

SPRINGER NATURE

GPSR Compliance

The European Union's (EU) General Product Safety Regulation (GPSR) is a set of rules that requires consumer products to be safe and our obligations to ensure this.

If you have any concerns about our products, you can contact us on ProductSafety@springernature.com

In case Publisher is established outside the EU, the EU authorized representative is:

Springer Nature Customer Service Center GmbH
Europaplatz 3
69115 Heidelberg, Germany

Kolibri 360 GmbH
Ferdinand-Jühlke-Straße 7
99095 Erfurt, Deutschland
produktsicherheit@kolibri360.de